中国社会科学院创新工程学术出版资助项目

总主编：史 丹

可再生能源

技术、经济和环境

【德】马丁·卡茨施密特

【奥】沃尔夫冈·施特莱歇尔 著

【德】安德利亚斯·维泽

吕 峻 译

经济管理出版社

ECONOMY & MANAGEMENT PUBLISHING HOUSE

北京市版权局著作权合同登记：图字：01—2013—4775

Translation from English language edition：
Renewable Energy
by Martin Kaltschmitt，Wolfgang Streicher and Andreas Wiese

图书在版编目（CIP）数据

可再生能源：技术、经济和环境/(德）马丁·卡茨施密特，（奥）沃尔夫冈·施特莱歇尔，（德）安德利亚斯·维泽著；吕峻译. —北京：经济管理出版社，2017.10
ISBN 978-7-5096-5418-7

Ⅰ.①可… Ⅱ.①马… ②沃… ③安… ④吕… Ⅲ.①再生能源—研究 Ⅳ.①TK01

中国版本图书馆 CIP 数据核字（2017）第 249276 号

责任编辑：胡　茜　赵亚荣
责任印制：黄章平
责任校对：陈晓霞

出版发行：经济管理出版社
（北京市海淀区北蜂窝 8 号中雅大厦 A 座 11 层　100038）
网　　址：www. E-mp. com. cn
电　　话：(010) 51915602
印　　刷：唐山玺诚印务有限公司
经　　销：新华书店
开　　本：720mm×1000mm/16
印　　张：31.75
字　　数：604 千字
版　　次：2021 年 6 月第 1 版　2021 年 6 月第 1 次印刷
书　　号：ISBN 978-7-5096-5418-7
定　　价：128.00 元

《能源经济经典译丛》专家委员会

序言

Prologue

能源已经成为现代文明社会的血液。随着人类社会进入工业文明，能源的开发利用成为了经济活动的重要组成部分，于是与能源相关的生产、贸易和消费及税收等问题开始成为学者和政策制定者关注的重点。得益于经济学的系统发展和繁荣，对这些问题的认识和分析有了强大的工具。如果从英国经济学家威廉·杰文斯 1865 年的《煤的问题》算起，人们从经济学视角分析能源问题的历史迄今已经有一个多世纪了。

从经济学视角分析能源问题并不等同于能源经济学的产生。实际上一直到 20 世纪 70 年代，能源经济学才作为一个独立的分支发展起来。从当时的历史背景来看，70 年代的石油危机催生了能源经济学，因为石油危机凸显了能源对于国民经济发展的重要性，从而给研究者和政策制定者以启示——对能源经济问题进行系统研究是十分必要的，而且是紧迫的。一些关心能源问题的学者、专家先后对能源经济问题进行了深入、广泛的研究，并发表了众多有关能源的论文、专著，时至今日，能源经济学已经成为重要的经济学分支。

同其他经济学分支一样，能源经济学以经济学的经典理论为基础，但它的发展却呈现以下特征：首先，研究内容和研究领域始终是与现实问题紧密结合在一起的。经济发展的客观需要促进能源经济学的发展，而能源经济学的逐步成熟又给经济发展以理论指导和概括。例如，20 世纪 70 年代的能源经济研究焦点在于如何解决石油供给短缺和能源安全问题；到了 90 年代，经济自由化和能源市场改革的浪潮席卷全球，关于改进能源市场效率的研究，极大地丰富了能源经济学的研究内容和方法，使能源经济学的研究逐步由实证性研究转向规范的理论范式研究。进入21世纪，气候变化和生态环境退化促使能源经济学对能源利用效率以及能源环境问题展开深入的研究。

其次，需要注意的是，尽管能源经济学将经济理论运用到能源问题研究中，但这不是决定能源经济学成为一门独立经济学分支的理由。能源经济学逐步被认可为一个独立经济学分支，在于其研究对象具有特殊的技术特性，其特有的技术发展规律使其显著区别于其他经济学。例如，电力工业是能源经济学分析的基本对象之一。要分析电力工业的基本经济问题，就需要先了解这些技术经济特征，理解产业运行的流程和方式。例如，若不知道基本的电路定律，恐怕就很难理解电网在现代电力系统中的作用，从而也很难为电网运行、调度、投资确定合理的模式。再如，热力学第一定律和第二定律决定了能源利用与能源替代的能量与效率损失，而一般商品之间替代并不存在着类似能量损失。能源开发利用特有的技术经济特性是使能源经济学成为独立分支的重要标志。

能源经济学作为一门新兴的学科，目前对其进行的研究还不成熟，但其发展已呈现另一个特征，即与其他学科的融合发展，这种融合主要源于能源在经济领域以外的影响和作用。例如，能源与环境、能源与国际政治等。目前，许多能源经济学教科书已把能源环境、能源安全作为重要的研究内容。与其他经济学分支相比，能源经济学的研究内容在一定程度上已超出了传统经济学的研究范畴，它所涉及的问题具有典型的跨学科特征。正因如此，能源经济学的方法论既有其独立的经济方法，也有其他相关学科的方法学。

能源经济学研究内容的丰富与复杂，难以用一本著作对其包括的议题进行深入的论述。从微观到宏观、从理论到政策、从经济到政治、从技术到环境、从国内到国外、从现在到未来，关注的视角可谓千差万别，但却有内在的联系，从这套由经济管理出版社出版的"能源经济经典译丛"就可见一斑。

这套丛书是从国外优秀能源经济著作中筛选的一小部分，但从这套译著的书名就可看出其涉猎的内容之广。丛书的作者们从不同的角度探索能源及其相关问题，反映出能源经济学的专业性、融合性。本套丛书主要包括：

《电力市场经济学》(*The Economics of Electricity Markets*)、《能源经济学：概念、观点、市场与治理》(*Energy Economics*：*Concepts*，*Issues*，*Markets and Governance*)、《可再生能源：技术、经济和环境》(*Renewable Energy*：*Technology*，*Economic and Environment*) 和《全球能源挑战：环境、发展和安全》(*The Global Energy Challenge*：*Environment*，*Development and Security*) 既可以看作汇聚众多成熟研究成果的出色教材，也可以说其本身就是系统的研究成果，因为书中融合了作者的许多真知灼见。《能源效率：实时能源基础设施的投资与风险管理》

（*Energy Efficiency*：*Real Time Energy Infrastructure Investment and Risk Management*）、《能源安全：全球和区域性问题、理论展望及关键能源基础设施》（*Energy Security*：*International and Local Issues*，*Theoretical Perspectives*，*and Critical Energy Infrastructures*）、《能源与环境》（*Energy and Environment*）和《金融输电权：分析、经验和前景》（*Financial Transmission Rights*：*Analysis*，*Experiences and Prospects*）均是深入探索经典能源问题的优秀著作。《可再生能源与消费型社会的冲突》（*Renewable Energy Cannot Sustain a Consumer Society*）与《可再生能源政策与政治：决策指南》（*Renewable Energy Policy and Politics*：*A Handbook for Decision-making*）则重点关注可再生能源的政策问题，恰恰顺应了世界范围内可再生能源发展的趋势。《可持续能源消费与社会：个人改变、技术进步还是社会变革》（*Sustainable Energy Consumption and Society*：*Personal*，*Technological*，*or Social Change*）、《能源载体时代的能源系统：后化石燃料时代如何定义、分析和设计能源系统》（*Energy Systems in the Era of Energy Vectors*：*A Key to Define*，*Analyze and Design Energy Systems Beyond Fossil Fuels*）、《能源和国家财富：生物物理经济学导论》（*Energy and the Wealth of Nations*：*An Introduction to Biophysical Economics*）则从更深层次关注了与人类社会深刻相关的能源发展与管理问题。《能源和美国社会：谬误背后的真相》（*Energy and American Society*：*Thirteen Myths*）、《欧盟能源政策：以德国生态税改革为例》（*Energy Policies in the European Union*：*Germany's Ecological Tax Reform*）、《东非能源资源：机遇与挑战》（*Energy Resources in East Africa*：*Opportunities and Challenges*）和《巴西能源：可再生能源主导的能源系统》（*Energy in Brazil*：*Towards a Renewable Energy Dominated Systems*）则关注了区域的能源问题。

对中国而言，伴随着经济的快速增长，与能源相关的各种问题开始集中地出现，迫切需要能源经济学对存在的问题进行理论上的解释和分析，提出合乎能源发展规律的政策措施。国内的一些学者对于建立能源经济学同样也进行了有益的努力和探索。但正如前面所言，能源经济学是一门新兴的学科，中国在能源经济方面的研究起步更晚。他山之石，可以攻玉，我们希望借此套译丛，一方面为中国能源产业的发展和改革提供直接借鉴和比较；另一方面启迪国内研究者的智慧，从而为国内能源经济研究的繁荣做出贡献。相信国内的各类人员，包括能源产业的从业人员、大专院校的师生、科研机构的研究人员和政府部门的决策人员都能从这套译丛中得到启发。

翻译并非易事，且是苦差，从某种意义上讲，翻译人员翻译一本国外著作产生的社会效益要远远大于其个人收益。从事翻译的人往往需要一些社会责任感。在此，我要对本套丛书的译者致以敬意。当然，更要感谢和钦佩经济管理出版社的精心创意和对国内能源图书出版状况的准确把握。正是所有人的不懈努力，才让这套丛书较快地与读者见面。若读者能从中有所收获，中国的能源和经济发展能从中获益，我想本套丛书译者和出版社都会备受鼓舞。我作为一名多年从事能源经济研究的科研人员，为我们能有更多的学术著作出版而感到欣慰。正如上面所言，能源经济的前沿问题层出不穷，研究领域不断拓展，国内外有关能源经济学的专著会不断增加，我们会持续跟踪国内外能源研究领域的最新动态，将国外最前沿、最优秀的成果不断地引入国内，以促进国内能源经济学的发展和繁荣。

丛书总编 **史丹**

2014 年 1 月 7 日

前言

Preface

可再生能源的利用从本质上说不是新的事物。在人类历史中，可再生能源在很长时间内是能源生产的主要选择。这一情况只是在褐煤和硬煤重要性逐渐增加的工业革命时期发生了改变。后来，原油的使用也受到重视。原油作为一种原材料，具有便于运输和加工的优势，在今天已经成为主要能源载体中的一种。此外，用于空间供热和电力供应及运输的天然气，由于资源富裕和能源转换设施的低投资成本，其重要性也逐渐增加。由于化石能源载体逐渐用于能源生产，至少在工业化完成的国家，可再生能源的应用绝对量和相对量都逐渐下降。除了一些例外，可再生能源在总体能源生产中处于第二重要的位置。

但是，化石能源载体的利用产生了一系列非预期的效应，在21世纪初，由于这些效应容易对环境和气候产生影响，工业化社会越来越不能容忍。这就是为满足能源需求，对社会能接受的合适能源载体的寻求越来越迫切的原因。同时，考虑到过去几年全球能源市场（不仅是欧洲）上化石能源价格上升，可再生能源利用的各种方法都被寄予了很高的希望和预期。

在这一背景下，本书的目标是提供可再生能源的主要利用方法的物理和技术原理。首先，总结可再生能源的主要特性。其次，说明从被动式和主动式太阳能体系中热供应的技术。最后，说明来自太阳辐射的发电过程（光伏和太阳热能站技术），以及风能、水能和地热能的发电过程。只有生物质的能源开发方法没有详细解释。

对于可再生能源利用的主要方法还提供了对讨论的技术方案进行经济评价和

环境评价的参数和数据。这种评估数据使得我们可以对各种利用可再生能源的选择和限制有一个更好的判断。

目前的英文版本是在 2005 年初的德文版本上的修正和扩充。和德文版本相比，所有的阐述和信息已经调整到适合中欧之外的框架条件。此外，英文版本显著加强了对于太阳能热发电的说明。在这里，首先，我们非常感谢 Lahmeyer 国际有限公司对于本书翻译服务的资助，没有他们的支持，英文版本将不可能面世。我们对 Ilka Sedlacek 硕士工程师、Olaf Goebel 博士、Öko Rosa Mari Tarragó 硕士、Richard Lawless 硕士和 Eckhard Lüpfert 博士工程师表示极大的感谢，感谢他们对本书所做的有价值的贡献以及支持。其次，我们也非常感谢 Zandia Viebahn 的英文翻译。此外，我们对 Barbara Eckhardt、Petra Bezdiak 和 Alexandra Mohr 对于本书排版方面的协助表示衷心的谢意。同时，我们要感谢出版商等很多人的合作和协助。最后，最重要的是，我们感谢有高度责任心和合作精神的作者。

Martin Kaltschmitt，Wolfgang Streicher and Andreas Wiese
汉堡/莱比锡，格拉茨，法兰克福
2007 年 1 月

作者名录

Author list

斯蒂芬妮·弗里克（Stephanie Frick）硕士，工程师

能源与环境研究所（IE），莱比锡，德国

恩斯特·辛格斯（Ernst Huenges）博士

GeoForschungsZentrum（GFZ），波茨坦，德国

克劳斯·乔迪（Klaus Jorde）教授，博士，工程师

生态环境水力学研究中心，爱达荷大学，伯伊西，美国

莱因哈德·荣格（Reinhard Jung）博士

GGA 研究所，汉诺威，德国

弗兰克·卡巴斯（Frank Kabus）博士，工程师

新布兰登堡地热能有限责任公司，新布兰登堡，德国

马丁·卡茨施密特（Martin Kaltschmitt）教授，博士，工程师

环境技术和能源经济研究所，汉堡技术大学，德国

能源与环境研究所（IE），莱比锡，德国

克劳斯·凯尔（Klaus Kehl）教授，博士
奥登堡/奥斯特弗里斯兰/威廉港应用科学大学，埃姆登，德国

多尔特·莱因（Dörte Laing）硕士，工程师
德国航空航天中心，技术热动力学研究所，斯图加特，德国

埃瑞斯·莱万多夫斯基（Iris Lewandowski）博士
可持续发展和创新哥白尼研究所，科学、技术和社会系，乌德勒支大学，荷兰（目前工作在壳牌全球解决方案国际公司，阿姆斯特丹，荷兰）

温弗里德·奥特曼斯（Winfried Ortmanns）硕士，工程师
太阳技术公司，汉堡，德国

乌韦·劳（Uwe Rau）博士
物理电子学研究所，斯图加特，德国

布克哈德·塞纳（Burkhard Sanner）博士
UBeG GbR，韦茨拉尔，德国

德克乌韦·绍尔（Dirk Uwe Sauer）教授
电化学能源转换和储存系统集团，电力电子学和电气传动研究所，亚琛工业大学，德国

斯文·施耐德（Sven Schneider）硕士，工程师
能源和环境研究所（IE），莱比锡，德国

格尔德·施罗德（Gerd Schröder）硕士，工程师
能源和环境研究所（IE），莱比锡，德国

彼得·赛布特（Peter Seibt）硕士，工程师
新勃兰登堡地热有限公司，新勃兰登堡，德国

马丁·斯卡巴（Martin Skiba）硕士，工程师
瑞能系统公司，汉堡，德国

沃尔夫冈·施特莱歇尔（Wolfgang Streicher）副教授，硕士，工程师，技术博士

热能工程研究所，格拉茨技术大学，奥地利

格哈德·温瑞博（Gerhard Weinrebe）博士，工程师

施莱希·贝格曼及合伙人工程设计事务所，结构顾问工程师，斯图加特，德国

安德利亚斯·维泽（Andreas Wiese）博士，工程师

Lahmeyer 国际有限公司，巴德菲尔贝尔，德国

目 录

Contents

❶ 介绍和结构

本书的目标是总结和介绍可再生能源应用的主要领域，从而为评价可再生能源的利用打下坚实的基础。为达到这一目标，本书会同时介绍与之相关的物理原理和技术的基础知识。此外，本书也根据能源需求情况，对与新能源分类有关的重要图表和数据进行详细解释。为了保证对提供热和电的可再生能源的利用方法有一个简单、全面和直观的介绍，我们对描述各种可利用方法的各章节尽可能地按照相似的结构进行编排。

出于上述目的，首先，本章对全球能源系统以及引入可再生能源的能源供应框架做了介绍。其次，对本书章节的基本结构进行了更为详细的解释，并定义了贯穿整书经常使用的技术术语。再次，对描述各个可再生能源特性的图表数据的基本方法做了介绍。最后，对利用化石能源载体供应热和电的最重要的技术进行了简单的描述和界定。这为评估基于可再生能源的能源供应方法建立了一个基础的标准。

1.1 能源系统

如果没有能源，我们现在的生活标准是不能维持的。能源供应，或者更准确地说，与能源相关的服务（如供热的生活空间、信息和迁移）对环境有很大的影响，这一环境影响在 21 世纪正越来越难以被容忍。这就是为什么与潜在的“环境问题”相关的“能源问题”持续在能源工程领域以及欧洲乃至全球的能源和环境政策方面作为一个主要话题的原因。从目前的视角出发，这一态度在近期预期不会发生改变，世界范围内对于人为温室气体效应的争论只是一个例子。相反，考虑到广义上与能源利用相关的知识和认知逐渐增加，复杂性肯定是可以预期的。

在此背景下，之后要对全球能源系统进行说明和讨论。但是，我们首先对一些能源术语进行定义。

1.1.1 能源术语

根据马克斯·普朗克（Max Planck）的观点，能源被定义为一个系统引起外部动作的能力。从这一角度可以区分为如下的能源形式：机械能（如势能或动能）、热能、电能和化学能、核能、太阳能。在实际的能源应用中，通过力、热和光完成工作的能力是可以看见的，而通过化学能、核能和太阳能完成工作的能力只有在这些能转换为机械能和（或）热能的情况下才能够被看到。

能源载体——也就是上面定义的各种能源的载体，是指可以被用来直接或者通过一个或几个转换过程产生能源的一种物质。根据能源转换程度，能源载体可以分为一次能源载体、二次能源载体和最终能源载体。这些能源载体的内容分别由一次能源、二次能源和最终能源组成。它们各自的定义如图 1–1 所示。

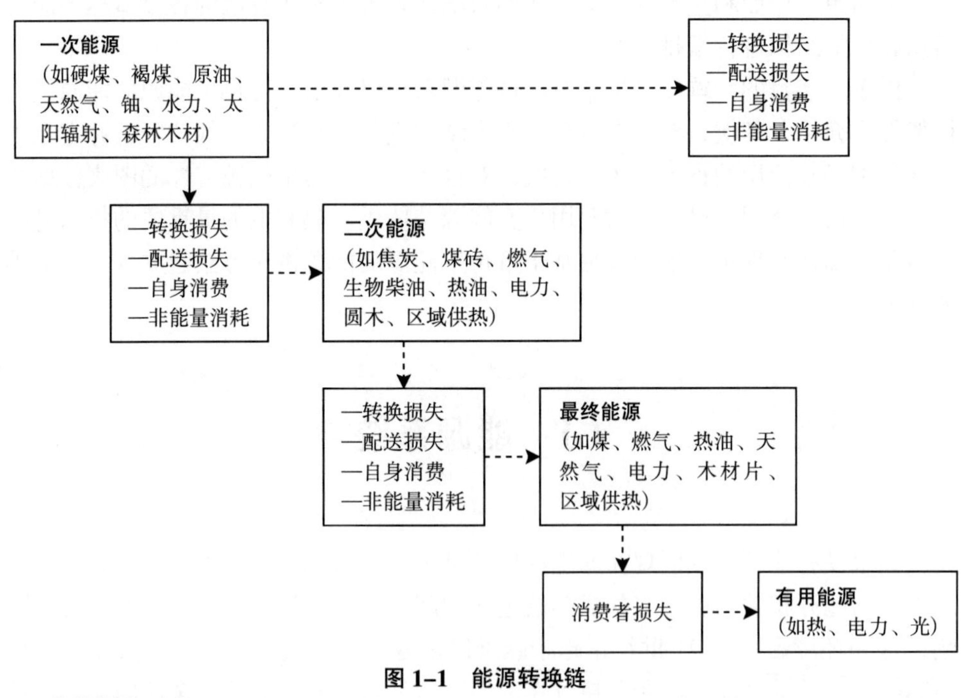

图 1–1 能源转换链

资料来源：文献/1–1/。

（1）一次能源载体是指那些没有经过任何技术转换的物质。相应地，一次能源的术语是指一次能源载体的内容和“原始”能源流量。从一次能源（如风能、太阳能）或者其载体（如硬煤、褐煤、原油、生物质）直接或经过一次或几次转换步骤获得二次能源或二次能源载体。

（2）二次能源载体是指一次能源或者其他二次能源载体直接或经过一道或几道技术转换过程所得到的能源载体（如汽油、燃料油、菜油、电能）。相应地，二次能源是指二次能源载体的内容和相应的能源流。一次能源加工过程要产生转换损失或者配送损失，二次能源可以被消费者转换为其他二次能源或者最终能源。

（3）最终能源载体和最终能源是指被最终的使用者消费的能源流（如房主油库中的轻燃料油、燃烧炉前面的木材切片、建筑物的集中供热）。它们通过二次能源或一次能源或其载体减去转换损失和配送损失，以及转换过程中的自身消费和非能量消耗得来。它们可以用来产生有用的能源。

（4）有用能源是指在最后的转换环节之后，对消费者有用的、可以满足各种能源需求（如加热、食物加工、运输）的能源。它们通过最终能源或者其载体减去最后的转换损失（如电灯泡发光和木材在炉子中燃烧发热，因散热产生的损失）得来。

可以被人类开发使用的所有能源称为能源基础。它是由能源资源（主要是不能再生的）和能源来源（多数是可以再生的）组成。

就能源资源来说，一般有化石资源和近代资源之分。

（1）化石资源是在古地质时期通过生物和（或）地质过程形成的能源储备。它们可以进一步分为化石生物能源资源（如生物能源载体储备）和化石矿物能源资源（如矿物或非生物能源载体的储备）。前者包括硬煤、天然气和原油储量等，后者包括如核聚变过程中使用的铀储量和资源的含能量。

（2）近代资源是近代形成的能源资源（如通过生物过程形成的能源资源）。它们包括生物质能源内容和自然储层潜在能源。

相比之下，能源来源在一个长时期内提供能源流；从人类（时间）角度来说，它们被认为几乎是不会耗竭的。但是这些能源流是化石能源资源通过自然且技术上不可控的过程（如太阳内部的聚变）释放的。即使这些过程在很长的一段时期内发生——从人类（时间）角度来看是无限的，它们也会枯竭的（如未来某一时间太阳会烧毁）。

可用的能源或能源载体可以被进一步分为化石生物质能源、化石矿物能源载体和可再生能源（或可再生能源载体）。

（1）化石生物质能源主要包括煤能源载体（褐煤和硬煤）以及液态或气态碳氢化合物（如原油和天然气）。进一步可以区分为原始生物质能源载体和二次生物质能源载体（如汽油、柴油）。

（2）化石矿物能源载体包括所有通过核裂变或聚变提供能源的物质（如铀、钍、氢）。

（3）可再生能源主要是指从人类（时间）角度来说不会耗竭的能源。它们不断通过能源来源（如太阳能、地热能源和潮汐能源）产生。许多其他可再生能源（如风和水力）和可再生能源载体（如固体或液体生物燃料）与太阳内部产生的能源有关。垃圾只有在其来源于非化石原体（如有机生活垃圾，来自食品加工产业的垃圾）时，其拥有的能含量才可以称为可再生能源。从合理的角度来说，只有自然可用的一次能源或一次能源载体而非二次能源或者最终能源及其载体才是可再生的。例如，当前通过技术转换过程来自可再生能源的能源本身不是可再生的，因为它只有在各自技术转换工厂运行的时候才可用。但是，一般来说，来自可再生能源的二次或最终能源经常也被称为可再生能源。

1.1.2 能源消费

在 2005 年，世界范围内一次化石能源载体和水力的消费量达到约 441EJ。其中，欧洲和欧亚约占 28%，北美约占 27%，中南美洲约占 5%，中东约占 5%，非洲约占 3%，亚洲和太平洋地区（主要是澳大利亚和新西兰）约占 32%。北美、欧洲和欧亚地区以及亚洲和太平洋地区的一次化石能源和水力的消费量约占当前能源消费量的 90%。

图 1–2 展示了 1965~2005 年各地区的一次化石能源载体和水力的消费量的变化情况。根据该图，世界范围一次化石能源的消费量在这一时期增长了 2.5 倍。图中所有地区的能源消费都有大幅度的增长，也可以看出能源消费的增长并不是线性的，而是受到 1973 年和 1979~1980 年的两次石油价格危机的显著影响。同时，也可以看出在 20 世纪 90 年代初期，世界范围内的化石能源消费增长显著下降。这部分可以归因于全球经济下滑和前东欧国家以及苏联重组。此外还可以看到亚洲一次化石能源消费的显著增长。接近 20 世纪 90 年代中期，世界范围内一次化石能源消费量又有了一次更加快速的增长。20 世纪 90 年代末，一次能源的消费量增长慢了下来，但在 21 世纪第一个十年的开始阶段又显著增长。

2005 年，在总体化石能源载体和水力消费量中，原油占 36%，天然气占 24%，煤炭占 28%，核电和水力各自占 6%。在地区层面上，由于变化的各国能源政治和各区域可开发一次化石能源资源的差异，这一能源消费结构与地区和国家特性密切相关（见图 1–3）。例如，在亚洲，一次化石能源载体需求中煤炭占有主要份额（这点特别适合中国），而在类似于中东的区域中，煤炭所占份额微不足道，这是由于这一地区拥有丰富的原油和天然气资源，主要使用液体和气体

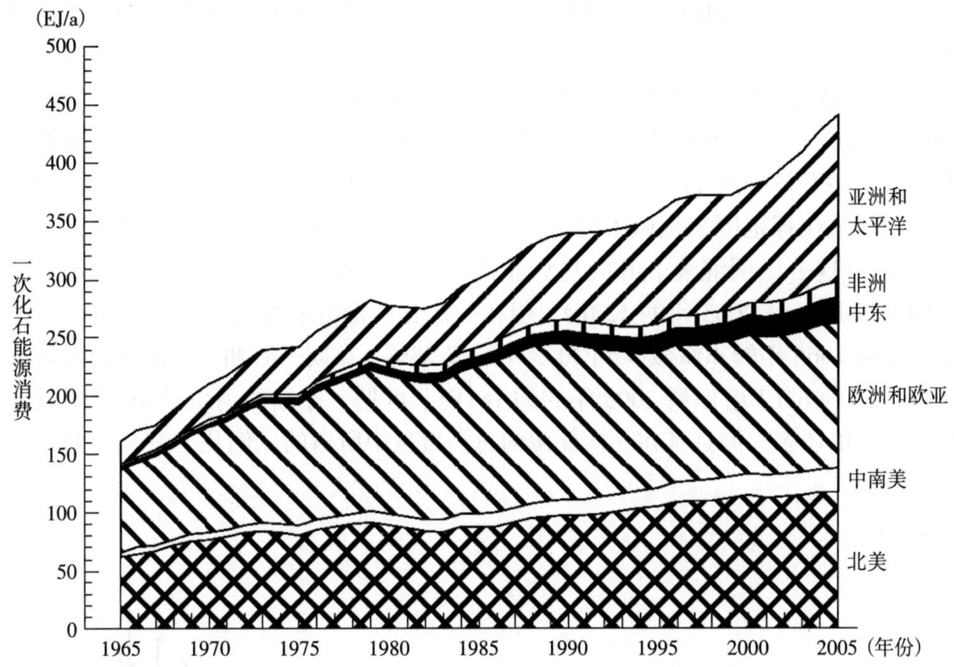

图 1–2 按照地区的一次化石能源载体和水力的全球范围消费量的演变

资料来源：文献/1–3/。

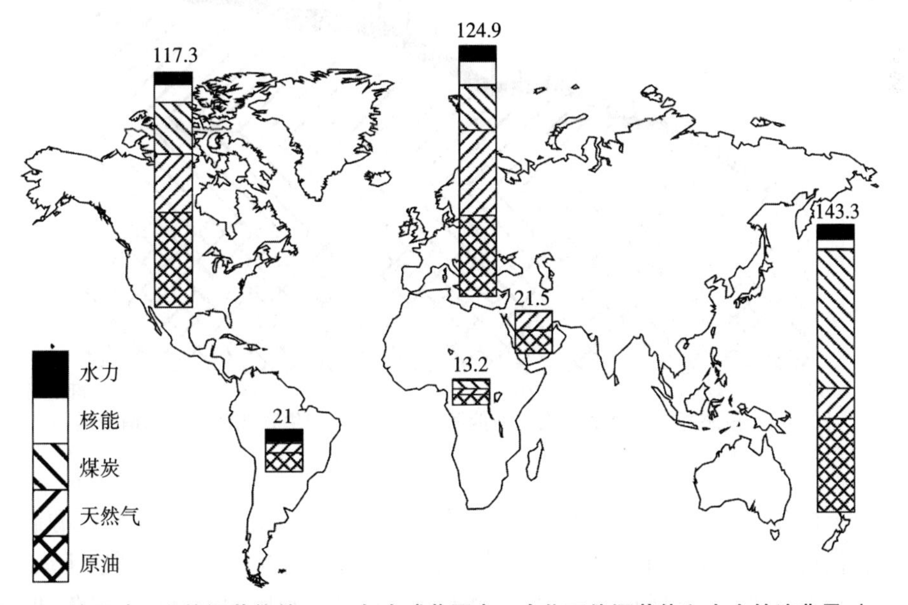

图 1–3 按照地区和能源载体的 2005 年全球范围内一次化石能源载体和水力的消费量（EJ/a）

资料来源：文献/1–3/。

化石碳氢化合物。与我们的观察相一致，天然气在俄罗斯的大量使用归因于该国拥有丰富的天然气资源。

在 1965~2005 年，世界范围内使用的能源载体组成结构发生了很大的变化(见图 1–4)。这一变化特别适用于天然气，1965 年，天然气只占总体一次化石能源和水力消费量的约 17%，到 2005 年，已经占总体一次能源需求的 24%。1965 年，核能从全球范围来说微不足道，到 2005 年，它已经占全球一次能源需求的 6%，而且这一比例继续上升的趋势非常明显。尽管煤炭的消费量从 1965 年的 62EJ 明显增加到 2005 年的 123EJ，但在一次化石能源和水力总消费量中，所占比例则从 1965 年的 40%减少到 2005 年的仅 28%。在同一时期，原油的消费量从 1965 年的约 65EJ 增加到 2005 年的约 161EJ。可见，原油的消费仅 40 年间就已经翻了一倍还多，但是其在一次能源的总消费量中所占的比例几乎没有变化。

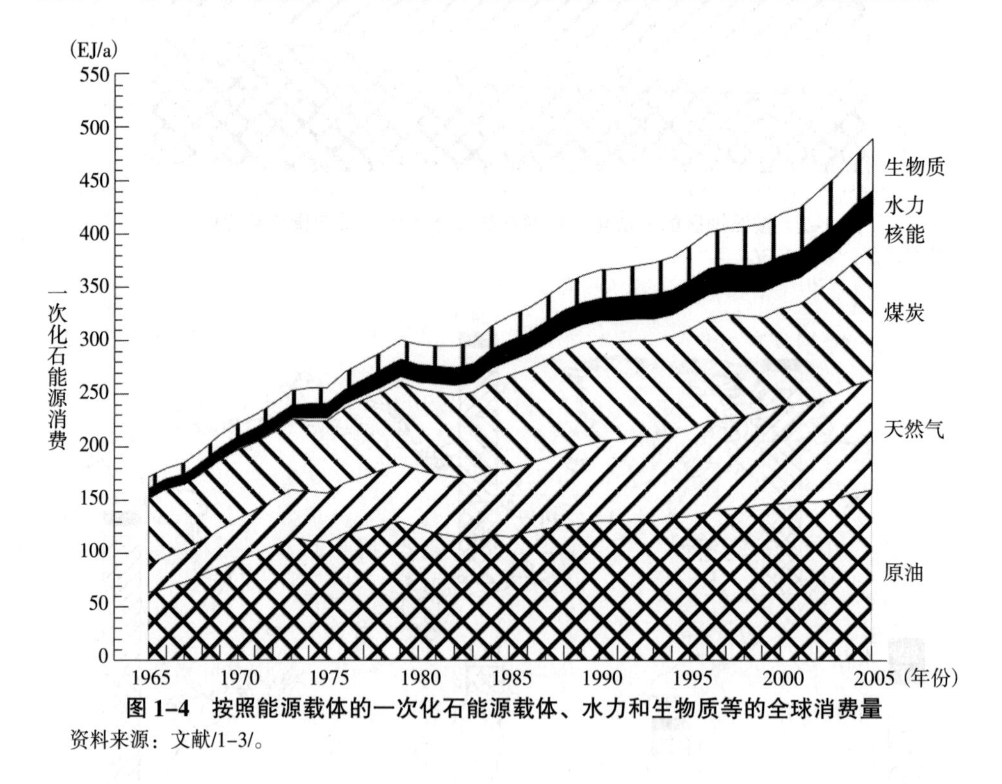

图 1–4　按照能源载体的一次化石能源载体、水力和生物质等的全球消费量

资料来源：文献/1–3/。

以上的说明只包括水电和核能以及在全球商业能源市场上交易的能源载体。各种其他可再生能源和非传统能源，如木柴、其他各种生物质（稻草、干粪）和风力尚没有被考虑。目前，只有对于如生物质和风能利用的粗略估计。例如，对于生物质这一最重要的非商业可再生能源载体的利用，估计范围差异很大，达到从 20EJ 到近 60EJ 的区间。根据这一估计，为了满足已有的能源需求，生物质贡献了占全球范围一次化石能源载体和水力的5%~15%的能源。

1.2 可再生能源的利用

通过可再生能源提供最终或有用的能源，是基于行星运动和重力，地球储存和释放的热能（如地热能），特别是太阳辐射能（如太阳辐射）所产生的能源流。因此，按照能源密度、可开发的能源形式以及通过其提供的二次能源和最终能源及其载体，可再生能源有许多种分类。每一种上面描述的可再生能源流及载体利用的技术选择，必须要与可再生能源相应的特性相适应。因此，成功开发可再生能源，其技术过程和方法在当前和将来有非常大的选择范围。

下文中，将对不同的可再生能源来源进行分类，能源利用方法也将会在全书中做更加详细的分析。

1.2.1 可再生能源

由于自然界不同的能源转换过程，三种可再生能源有许多非常不同的能源流及载体来源。就这一点而言，如风能、水能以及洋流能（作为能源流）和固体或者液体生物燃料（作为能源载体，如储存的太阳能），都或多或少地代表太阳能的转换（见图1-5）。

直接或间接产生于再生能源来源的可利用能源流差异很大，例如，在能源密度空间和时间上的差异。下面的阐述仅限于最重要的再生能源利用方法，只对这些再生能源流以及对应的转换方法和技术进行详细的讨论。它们主要包括：①太阳辐射；②风能；③水电；④光合作用固定的能源；⑤地热能。

利用再生能源的上述选择具有非常不同的特征。因此，在整本书的阐述中，首先对再生能源流形成的相应物理原理和化学原理进行深入的讨论。其次讨论度量各种能源流场地大小的可用方法（如使用风速计度量风速，或使用辐射仪度量太阳辐射）。最后附带强调再生能源供应在空间和时间上的变化。

1.2.2 研究的选择

各种再生能源流或载体可以采用合理的技术，各自开发和转化成二次能源和最终能源、能源载体或有用的能源。目前，能源的利用方法、技术现状和使用领

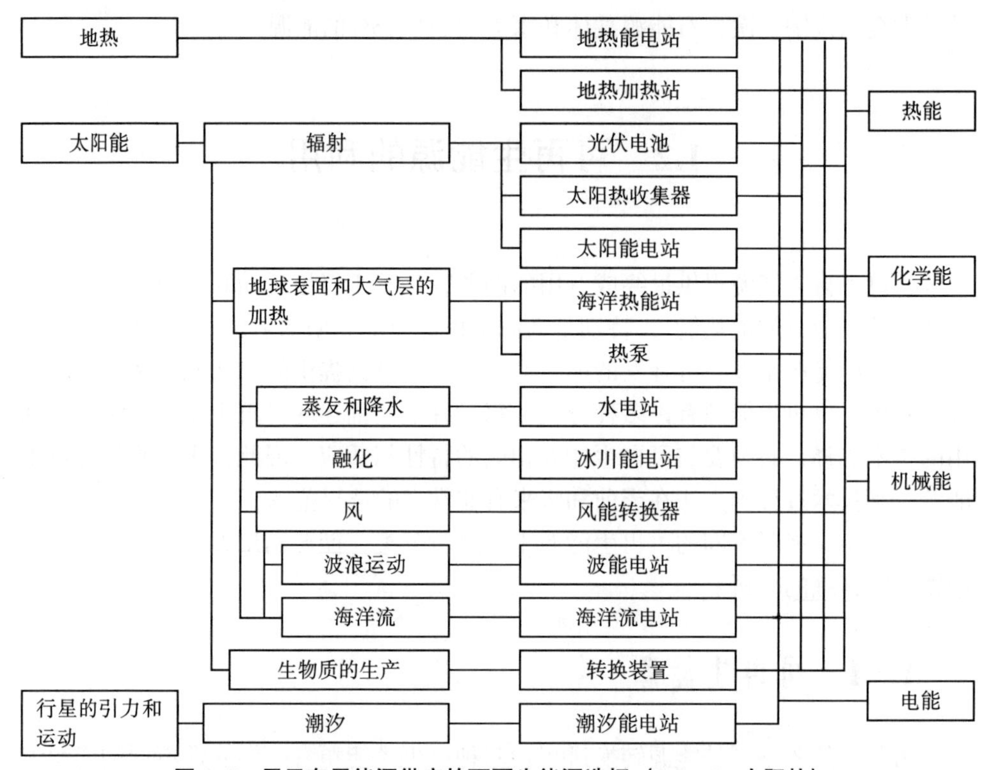

图 1–5　用于有用能源供应的可再生能源选择（Solarth. 太阳热）

资料来源：文献/1–1/。

域有非常多的变化。此外，不是所有的方法对于任何场所或边界条件都是可能的。因此，那些从当前来说最有前景的方法会在下面进行更加详细的研究。它们包括：

（1）被动式系统的太阳热能供给（如利用太阳能的建筑）；

（2）主动式系统的太阳热能供给（如太阳热能收集系统）；

（3）太阳热能电力供给（如塔式太阳能热发电站、太阳能场发电站、碟式/斯特林（stirling）和碟式/布雷顿（brayton）系统、塔囱式太阳能发电站）；

（4）太阳辐射通过光伏转换为电能（如光伏系统）；

（5）通过风能产生能源（如风力涡轮机）；

（6）通过水力产生能源提供电能（如水力电站）；

（7）利用空气和浅层地热提供热（如以热力泵的方式利用低地热）；

（8）利用深层地热能源提供热或电力（如通过开放和封闭系统利用储存在孔隙、裂隙岩石储层的能源）；

（9）利用光合作用固定的能源提供热、电力、运输燃料（如基于生物质的能源供给）。

除生物质利用之外，所有上面提到的利用可再生能源的方法将在下面进行总结并详细讨论。此外，在附录中，讨论了海洋能源（如潮汐能、海流能）的可利用方式。此外，类似生物质能利用的光合作用固定的能源利用，也会在附录中做简要概述；利用有机物质提供能源的更加详细和综合的描述请参考文献/1–4/。

1.3 结构和程序

由于利用可再生能源来源满足最终的或有用能源的需求有很多种方法，因而很难用一种方式表述各种不同的利用方法。所以，用一种灵活的方式阐述可再生能源利用的不同方式至关重要。接下来阐述各种利用方法的基本程序。此外，对阐述中所涉及的主要术语也进行了定义。

1.3.1 原则

将可再生能源转换为最终能源或有用能源的方法和边界取决于各自的物理和技术条件。因此，本书将对每一种利用方式所依赖的条件进行详细解释和讨论。除此之外，只要有可能，本书将会指出理论上和技术上可以获得的最高效率和可利用时间。关键的术语定义如下：

（1）效率。效率指有用的能源产出（如电力、热）和能源投入（如太阳辐射、地热能）之间的比率。它的变化依赖于转换站各自的运营条件，以及其他一系列因素，效率随着时间的变化而变化（如对于供热锅炉来说，其效率会随着周围温度的变化而变化）。

（2）利用率。利用率指在一个特定的时期之内（如一年），有用能源的总产出和总能源投入的比率。特定的时期包括部分运行、暂停、启动和关闭时间。因此，利用率通常低于设计的满负荷运行状态下确定的转换站效率。

（3）技术上的可利用时间。技术上的可利用时间指一个转换站为了特定目的在观察期内实际可以正常运行的时间所占的比例。因此，该术语也考虑了设备故障引起的转换站不能运行的时间。

1.3.2 技术说明

可再生能源可以通过合适的转换站转化为二次能源或最终能源，或直接转化为有用能源，其物理原理和供应特性将首先被描述。接下来的章节中将描述在给定的条件下适合的转换方法和程序，这些阐述是基于当前最新的技术和条件进行的。

首先，将在整体能源转换系统的背景中，讨论并解释与各种利用方法相关的系统组成部分，包括特征曲线、能源流以及完整供应或转换链中的损失。此外，将深度讨论与各种转换技术相关的其他内容。

1.3.3 经济和环境分析

将可再生能源转换为最终或有用能源的不同方法，是从经济上和环境上通过参考转换站进行评价的。下面，将对经济和环境评价所基于的一些相关术语、定义和方法进行讨论。

（1）参考站的定义。合适的参考站是基于当前的市场范围和技术现状定义的。其中所涉及的技术将在每章进行描述和讨论。这里，需要区分热供应和电力供应。对于热供应来说，因为不存在国家层面的热的配送网络，要确定热供应的任务，必须要在保障消费者需求的背景下考虑热的供应。此外，也要确定通过参考站产生的特定可再生能源供应量。这些当前状况下典型的转换站将会作为后面实际的经济和环境分析的基础。

（2）热的供应。就热供应任务来说，分析三个有不同热需求的单位：单个家庭房屋（SFH）、多家庭房屋（MFH）以及三个不同规模的社区供热网络（DH）。根据表 1-1，对于不同的热需求任务是以家庭热水和空间供热（SFH 和 MFH）或相应的总热需求（DH）来区分的。单个家庭房屋 SFH-Ⅰ代表低能源热需求房屋；单个家庭房屋 SFH-Ⅱ代表实现最新保温条件的建筑；单个家庭房屋 SFH-Ⅲ代表具有典型中欧保温条件的建筑。多家庭的房屋是按照最新保温标准建造的包含 15 个公寓的建筑。

表 1-1 供热的任务

需求情景	小规模系统				大规模系统		
	SFH-Ⅰ[a]	SFH-Ⅱ[b]	SFH-Ⅲ[c]	MFH	DH-Ⅰ	DH-Ⅱ	DH-Ⅲ
家庭热水需求（GJ/a）	10.7	10.7	10.7	64.1	8000	26000	52000
空间供热需求[d]（GJ/a）	22	45	108	432			
建筑/总热负荷[e]（KW）	5	8	18	60	1000	3600	7200

注：对应于低能房屋建筑；b 对应于最新保温水平；c 对应于中欧平均保温水平；d 为扣除锅炉传输损失和本地热储存或者配送的损失（区域供热网络和房屋供热分站）；e 是在所有消费者相连的区域供热网络的情形下。

经济和环境调查的系统边界是本地热水或者空间供热网络进入房屋的接入点(如热水的储存罐出口、锅炉出口)。但是，还没有考虑各种建筑内热输送损失和供热系统及热水系统循环泵的动力消耗。假定对于基于化石和可再生能源的所有技术来说，系统构件是相同的。这样的假定是为了便于直接比较获得的结果。

调查的区域供热网络是为居住房屋空间供热而设计的三个系统（相当于家庭用户消费者行为特征的建筑）。不同的区域供热系统的重要能量数据如表 1-2 所示。但是，区域供热网络具有传送损失的特点，由于存在这种传送损失，以及在建筑热力站和供热建筑中热存储的损失，通过供热站进入区域供热网络的总热量超过所有相连用户的总热需求。在区域供热网络 85%的平均利用率、热力分站平均 95%的利用率（家庭热水的供应）下，通过供热站输入供热网络的热量达到 9900 GJ/a（DH-Ⅰ）、32200 GJ/a（DH-Ⅱ）和 64400 GJ/a（DH-Ⅲ）。

表 1-2 调查的区域供热系统的重要能量数据

需求情景	DH-Ⅰ	DH-Ⅱ	DH-Ⅲ
热量需求[a]（GJ/a）	8000	26000	52000
供热站的热量[b]（GJ/a）	9900	32200	64400
网络的热利用率[c]（%）	0.85	0.85	0.85
热力站的热利用率[d]（%）	0.95	0.95	0.95

注：a 表示所有连接的用户；b 包括热配送网络和建筑分站的损失；c 表示全年的平均值；d 表示所有连接的用户的平均利用率（热水 80%，空间供热 98%）。

（1）电力供应。对于发电系统，没有定义需求任务，系统的边界是电网的接入点。由于这个原因，没有考虑传统发电厂内的网络加固和改造的潜在需要，也没有调查对容量的影响。

（2）经济分析。任何能源生产方式的关键数字是成本，因此本书将详细讨论每一种方式的成本。出于这一目的，将说明转换技术最重要的系统组件的投资和总体投资量，这些数据将会以欧洲当前条件为背景进行讨论。

调查的不同能源利用方式的具体能源供应是以 2005 年货币价值为基础的，因此，需要提供剔除通货膨胀因素的成本数据。为了达到这个目的，本书的经济计算假设通货膨胀调整折现率 i 为 0.045（也就是 4.5%）。一般来说，所提供的成本覆盖了整个经济寿命周期，即能源转换站投资按照能源站或组成部分的技术寿命（*L*）进行折旧，技术寿命因采用技术或系统不同而有所变化。但是，计算成本时不考虑税（如增值税）、补贴（如市场启动期内给予的奖励、从公共机构获得的低利率信用贷款），以及特殊折旧方法。年金总是建立在初始总投资的基础上。在总投资（I_{total}）的基础上，整个技术寿命期内的年份额 I_a（年金）根据等式（1–1）进行计算。

$$I_a = I_{total}\frac{i(1+i)^L}{(1+i)^L - I} \tag{1–1}$$

在年金（在整个技术寿命内分摊到每年的总投资份额）的基础上，每年总成本通过考虑附加的变动成本（如维护成本、运行成本、燃料成本）进行计算。在每年总成本的基础上，考虑工厂出口的平均年能源供应量（如风力发电机送入电网的电量，在需要利用浅层地热情况下，热泵送入居住房屋内热供应系统的热量），就可以计算单位能源供应成本（以€/kWh 为单位的电力生产成本，以€/GJ 为单位的热供应成本）。

和基于名义价值的更普通的计算相比，采用固定货币价值的方法会得出更低的成本（因为要进行通货膨胀调整）。不过，不同利用方式成本的排序和关系不会变化。但是，基于真实成本的这种计算具有获得可知货币价值的优势——2005 年情景下的货币价值。

由于成本计算程序或计算基础假设或对外部效应考虑不同，在后文提到能源生产成本，可能与其他一些研究或分析有很大的不同。本书所指的成本因此可以被认为是整个经济寿命周期的平均量。在不同的具体场地条件下观察到的成本可能和本书给出的生产成本数据有很大的偏离，这种偏离可以是增加价值，也可以是减少价值。

就主要基于可再生能源发电的利用方法来说，要测定和给出确定的电力生产成本。除此之外，计算和讨论转换站的热生产成本。

（3）环境分析。在能源政治和能源产业领域内，对特定能源来源或能源载体的使用所造成的环境影响的讨论非常重要。这就是为什么使用可再生能源提供有用能源有不同选择的原因。本书也重点讨论某些环境影响，环境影响评估将分别从建设、正常运行、故障和运行终止四方面进行。

1.4 传统能源提供系统

可再生能源来源及相应的技术通过替代基于化石燃料能源传统技术，用于热和电力的提供。因此，比较使用可再生能源和相应被替代化石燃料能源的方式是理所当然的。

出于这一目的，将在下面定义和讨论用于比较的基于化石燃料能源的标准的传统的能源提供技术。此外，提供的成本数字可以用作再生能源方式比较的成本参数。

1.4.1　边界条件

能源价格是描述化石能源载体可用性的一个重要参数。消费者的直接平均支出包括消费税（如矿产石油税），但是不包括增值税，如表 1–3 所示。2006 年，对于发电厂使用的硬煤、天然气，发电厂运营者需要分别支付约 2.2€ /GJ、6.0 € /GJ。和这一数据相比，最终消费者支付的价格水平更高。尽管这一价格在 2004 年和 2006 年有大幅度变化，但是仍然假设在发电厂寿命期这一价格数字是保持固定不变的。

表 1–3　化石能源载体的能源价格[①]

单位：€/GJ

加热轻油，家庭用户	12~18
天然气，家庭用户	15~19
天然气，电厂	5~7
硬煤，电厂	1.7~2.7

1.4.2　发电技术

接下来，对传统发电技术的主要系统组成进行总结描述。此外，定义了两个参考系统，它们的成本是在投资、运营、维护和燃料成本基础上计算的。这些计算使得传统发电厂和相应的再生能源发电进行比较。此外，也讨论了其中的一些环境影响。

（1）经济分析。火电厂转换燃料（如硬煤、褐煤、天然气、原油）中的能量成为电能。为了实现这一目的，经常使用基于蒸汽循环和/或燃气轮机的发电厂。下面，将会简要描述这一技术的主要系统特性。但是，不涉及用于独立系统（如山地客栈）发电的引擎（engine）、备用能源供应引擎和部分满足高峰需求的引擎。

• 蒸汽发电厂。煤、天然气或原油蒸汽发电厂的主要组成部分包括锅炉、蒸汽产生器、涡轮机、发电机、水循环、燃料气体清洁（取决于使用的燃料灰尘

① 对于家庭来说包括增值税，平均值价格是根据近年来的数字确定的。

过滤器，烟道气体的脱硫和脱氮），以及控制和电气技术设备。燃煤电厂额外需要处理燃料（如煤的粉末）。直至今天，对普通的现代化的硬煤和褐煤发电厂来说，燃料以粉末的方式燃烧。对于产能在500MW以下的发电厂来说，也使用流化床系统。油和燃气锅炉一般用于装备一种传统的燃烧器。下游的蒸汽产生器转换燃料氧化释放的能量进入水循环，在那里产生的蒸汽随后通过多级蒸汽涡轮机排放。已经转换为机械能的热能之后被传送给发电机，发电机将机械能转换为电能。为了完成这一循环，从涡轮机出来的蒸汽被冷却系统进行冷凝，然后通过上水管道重新传送给蒸汽发生器。目前，蒸汽涡轮机电厂的净效率在45%及以上。

• 燃气涡轮机电厂。燃气涡轮机电厂主要包括涡轮压缩机、燃烧室、涡轮机和发电机。首先，压缩机压缩从外部吸取的环境空气，然后将气体传送到燃烧室。在燃烧室中，压缩的空气和燃料发生化学反应产生热。涡轮机内下游，烟道气体减压到环境压力水平，因此以较高的温度释放到大气层中；与涡轮轴相连的发电机将机械能转换为电能。燃气涡轮机电厂的净效率达到38%，比蒸汽电厂效率略低。因此，这类电厂的重要性在降低。

• 燃气和蒸汽电厂。从理论上来说，一个燃气涡轮机电厂可以和蒸汽涡轮机电厂联合。这样的燃气和蒸汽电厂，通过燃气涡轮机释放的废热气被传送到热回收锅炉，它产生蒸汽过程中的过热蒸汽。这种燃气和蒸汽电厂可以获得高于58%的效率。

这种传统发电厂的能源供应相应的成本是不同的。这些将在下面简要地进行讨论。但是，首先根据当前技术设计，定义一个硬煤蒸汽发电厂和一个天然气燃气和蒸汽发电厂。

• 对于燃煤蒸汽发电厂来说，假定具有600MW产能和平均45%的年效率(见表1–4)，并进行粉碎燃煤。因此，该电厂代表将来欧洲建设条件下的电厂。

表1–4　基于化石能源发电系统技术和经济参数

	硬煤燃烧发电厂	天然气燃烧发电厂
燃料	硬煤	天然气
发电厂类型	粉碎燃烧	天然气和蒸汽发电
名义产能（MW）	600	600
技术寿命期（年）	30	25
年平均系统效率（%）(净)	45	58
满负荷运行小时（小时/年）	5000	5000
燃料消耗（TJ/年）	24000	18600

此外，假定电厂是满负荷发电小时大约为5000小时/年的典型中等负荷发电站。

- 另外一个利用化石能源载体进行电力生产选择的是燃气和蒸汽涡轮发电厂，其产能也是600MW，年平均系统效率为58%（见表1–4）。同样，假定这一类型的电厂是中等负荷发电（满负荷运行小时为5000小时/年）。

在对传统的发电技术和基于可再生能源的发电技术的经济数字进行比较时，假设传统技术的发电小时是平均的而不是最大负荷的。从技术角度来说，传统技术的发电小时可以达到每年8000小时或以上（从理论上来说每年最大发电小时可以达到8760小时）。相比而言，基于可再生能源的发电小时，取决于可再生能源来源的可获得性（如可用的风或水的供应）。因此，可再生能源的满负荷发电小时与各自场地能源来源特点密切相关。尽管基于可再生能源的发电厂从理论上来说可以根据网内既定的电力需求运行，但出于经济原因，它们被优化到能达到最大发电能力的程度。然而，在传统可再生能源发电系统内运行的传统发电厂通常提供满足总体发电系统各阶段（供应基础、中等或峰值负荷的电力）内特定电力的需求。因此，传统发电厂满负荷运行小时的定义在这里不同于基于可再生能源的系统，可再生能源满负荷运行小时由初始能源的可获得性决定。此外，必须要考虑到基于再生能源转换工厂提供的电力，通常替代中等负荷的传统电厂提供的电力。

为了估计化石能源的发电成本，下面讨论表1–4中总结的参考电厂的投资和运行成本以及发电成本。

- 投资和运行成本。和天然气和蒸汽涡轮机发电厂相比，硬煤燃烧发电厂由于具有更高的煤炭准备和烟道气体处理的支出，而投资和运行成本（见表1–5）较高。运行成本包括如人力、维护、烟道气体清洁、燃烧剩余物（灰）处理、保险，特别是燃料成本。由于具有较低的燃料成本，评估的硬煤发电厂比燃气及蒸汽涡轮机发电厂的燃料支出要低。

表1–5 来自硬煤和天然气的发电成本

	硬煤发电厂	天然气发电厂
总投资（€ /KW）	1100	500
年成本		
年投资（Mio.€/a）	40.5	20.2
运行成本（Mio.€/a）	22.3	8.8
燃料成本（Mio.€/a）	52.0	111.7
合计（Mio.€/a）	114.8	140.8
发电成本（€/KWh）	0.038	0.047

• 发电成本。根据讨论的边界条件，发电厂的发电成本（见表 1–5）计算是基于表 1–4 的假设和假定的经济边界条件（假定在各自 30 年或 25 年的物理寿命期的利率是 4.5%）进行的。

根据这些假设，计算的燃煤发电厂的发电成本大约是 0.038€/kWh，通过天然气发电的发电成本相对高一些，达到 0.047€/kWh（见表 1–5）。对于天然气发电来说，燃料成本在年成本中占有主要份额，而对于硬煤发电来说，成本在投资、燃料和其他运行成本上的分布相对均衡。

（2）环境分析。除了排放有害气体物质（如二氧化硫、氮氧化物和温室气体和灰尘），在评估的发电厂正常运行时也排放其他的污染物（如重金属）。此外，化石燃料的供应也与一系列其他的环境影响有关。下面，讨论一些有代表性的环境影响。

• 从长期来看，燃煤发电厂是欧洲尘埃、二氧化硫排放的主要来源之一。只有引入更加严格的法律排放规制，要求发电厂安装大量的烟道气体清洁系统，这些物质的排放才会大量减少。

• 地上的褐煤开采。占用大量空间以及转运大量物质会严重影响地貌，但是，这些影响在可用褐煤从地层中开采出来之后，可以在复垦阶段进行补偿。在一些情况下，可以建设湖泊，甚至可以增加场地的休闲价值。硬煤的地下开采可能会导致挖掘洞上的地面下陷，从而降低地平面。因此，地下水层可能会被影响，上面的建筑物可能出现裂缝，溪流可能转移方向，从而对于区域的使用可能有很大的限制。

• 煤燃烧的剩余物可能含有金属和放射性成分。由于煤炭的组成成分，特别是微粒物质，部分会随烟道气体排放到空气中，可能含有有害物质。因此，受污染的尘埃必须要以安全的方式从烟道气体中清除。

• 在天然气的开发过程中，可能会污染地层（陆上）或海洋（近海），例如，在钻井或天然气生产过程中化学助剂和运行材料（如钻井液）的排放造成污染。

1.4.3 供热技术

接下来，将总结和讨论当前用于从传统化石能源产生热的转换技术。首先，根据当前的技术发展介绍技术和系统。其次，从经济和环境方面对这些技术进行分析。

（1）经济分析。使用原油或天然气提供热力的工厂主要系统组成部分，除带有燃烧器的供热锅炉之外，还有燃料储存和供应以及生活热水供应系统。

燃烧天然气的供热锅炉通常使用来自天然气管道网的燃料。除了这一选择之外，供热锅炉也可能使用发生炉气体（producer gas）或液化气（如丙烷）。燃油系统采用钢或塑料罐储存燃料，储存罐被放置在地下或地上，通过卡车来运输。

在锅炉内部，液体或气体燃料通过被氧化而释放热。换热器传输这种热给合适的热载体或传送介质（绝大多数情况下是水），它们将热能输送给消费者。

对于空间供热或生活热水的供应，当前主要使用低温和冷凝锅炉。在这些系统内部，使用有风扇或无风扇的燃烧器。

- 有风扇或无风扇的气体燃烧器。有风扇的气体燃烧器在燃烧发生之前，添加燃烧用空气作为气体燃料。无风扇的气体燃烧器，也称为大气式气体燃烧器，以自吸入运行（通过热升力传送燃烧用空气给燃烧室）。因此烟囱必须有足够长的烟道，以克服供热系统的所有阻力，气体或空气的混合物在相应的喷嘴里燃烧。然后，通过氧化产生的热从废气中分离，随后被利用。

- 有风扇的燃油燃烧器。燃油燃烧器为了将通过风扇添加的燃烧空气和燃料充分融合，应该将液体燃料（加热油）尽可能地雾化或者蒸汽化，产生的混合物燃烧时要尽可能不泄漏。为了加热，主要使用高压雾化燃烧器。普通燃油燃烧器在火焰中点燃碳氢化合物分子，以黄色的火焰燃烧（所谓的黄色火焰燃烧器）。与所谓的蓝色燃烧器相比，油滴在燃烧器管道内通过热燃料气体循环，在实际燃烧之前被气化。这种技术是以在燃烧方面具有优势为特征的。

- 低温锅炉。取决于环境温度，低温锅炉以 40℃~75℃或更低的可变出水温度运行。特别是在夏天不加热时期，有生活热水加热系统的锅炉烟道气体和待机功耗可以大幅度减少，从而，可以获得 91%~93%的年效率（与燃料的加热价值相关）。

- 冷凝式锅炉。冷凝式锅炉可以使得燃料中所含能量得到最大程度的利用。通过供热系统入口，热烟道气体大范围冷却，烟道气体中废气的显热和蒸汽的潜热（蒸发热量）几乎可以得到全部利用。但是，这种热只有在供热系统返回（流入）温度低于由锅炉释放的烟道气体露点温度时才能被使用，只有这种情形下烟道气体含有的蒸汽部分通过释放能量（热）才能被冷凝。这种冷凝式锅炉适用于油和天然气。参照气体热值，天然气冷凝式锅炉的年效率达到 104%。

生活热水生产主要通过供热锅炉顶上、下面或者边上的储存式生活热水加热器来进行。水通过位于储存设施（也就是加热储存罐）内部或者外部的换热器（间接热储存罐）来加热。此外，目前也使用生活电热水器。

通过燃油或燃烧天然气锅炉来进行生活热水生产的热供应或空间供热成本的特点，将在下面做简要的介绍。

根据定义任务的热供应量（见表 1-1），取决于采用不同技术锅炉需要的热容量，这里做如下假定：对于具有冷凝技术的天然气锅炉来说，各任务需要的锅炉容量是：SFH-Ⅰ为5kW，SFH-Ⅱ为8kW，SFH-Ⅲ为18kW，MFH为60kW；对于使用大气低温天然气锅炉来说，需要的锅炉容量是：SFH-Ⅱ为9kW；对于燃油低温锅炉来说，SFH-Ⅲ为20kW，MFH为67kW（见表1-6）。生活热水通过储存系统提供，对于多家庭房屋（MFH）来说，使用外部换热器加热；对于单个家庭房屋（SFH-Ⅰ，SFH-Ⅱ，SFH-Ⅲ）来说，使用内部换热器加热。

表1-6 基于化石燃料能源评估的热生产系统的参数

需求情景	SFH-Ⅰ	SFH-Ⅱ		SFH-Ⅲ		MFH	
热水需求（GJ/a）	10.7	10.7	10.7	10.7	10.7	64.1	64.1
热量需求（GJ/a）	22	45	45	108	108	432	432
锅炉容量（kW）	5	8	9	18	20	60	67
燃料	NG[h]	NG[h]	NG[h]	NG[h]	FO[a]	NG[h]	FO[a]
技术	CB[b]	CB[b]	LT[c]	CB[b]	LT-BB[d]	CB[b]	LT-BB[d]
技术寿命[e]（a）	15	15	15	15	15	15	15
锅炉效率（%）	104	104	93	104	93	104	93
系统效率[f]（%）	95	98	88	101	91	100	90
燃料输入[g]（GJ/a）	34.5	56.6	63.2	117.2	131	495.5	553.5
热水储存（L）	160	160	160	160	160	800	800

注：a表示家庭燃料油；b表示冷凝式锅炉；c表示大气低温燃气锅炉；d表示有蓝色火焰燃烧器的低温燃油锅炉；e包括燃烧器、锅炉和热水储存；f除锅炉效率之外，系统效率还考虑了家庭热水生产系统的能量损耗；g包括损耗；h表示天然气。

化石能源燃料的消耗量取决于给生活热水储存和建筑物的热输送系统提供的热量，以及热生产系统总体的系统效率。因此，已经考虑了在不加热的夏天，生活热水储存和低锅炉效率所带来的损失。特别是对于特定的低热需求（如SFH-Ⅰ），年平均系统效率可能低于锅炉的效率较多。

表1-2中定义的使用化石燃料能源的区域供热系统不会在本书进行分析。出于经济和环境原因，当前更加倾向于执行分散式的解决方案。

为了估计基于化石燃料能源的热生产成本，表1-7中总结了定义的参考系统的投资、运行成本和热生产成本。

• 投资和运行成本。为了确定投资成本，表1-6中所指系统的锅炉、燃烧器、生活热水储存、土建结构（如炉室设计、烟囱、油罐、与天然气网的连接）以及装配和安装成本（见表1-7）已经被考虑。

评估的热供应工厂的运行成本还包括维护和维修费用和工厂运行所需要的电力（包括燃烧器、风扇、自燃系统）。此外，必须要考虑燃料成本，它们分别和其他运行成本分开在表 1–7 中列示。

表 1–7　热供应成本

需求情景	SFH–Ⅰ	SFH–Ⅱ		SFH–Ⅲ		MFH	
锅炉容量（kW）	5	8	9	18	20	60	67
技术	CB[a]	CB[a]	LT[b]	CB[a]	LT–BB[c]	CB[a]	LT–BB[c]
投资							
锅炉、燃烧器等（€）	2800	2800	2600	3100	3000	7000	7000
罐、烟囱等（€）	2600	2600	2600	2600	3200	5880	6200
装配、安装（€）	830	830	830	830	950	1180	1200
合计（€）	6230	6230	6030	6530	7150	14060	14400
运行成本（€/a）	225	233	174	283	349	422	422
燃料成本（€/a）	575	943	1053	1953	1965	8258	8303
热提供成本（€/GJ）	40	31	28.3	24.3	22.7	20.2	18.2
热提供成本（€/kWh）	0.144	0.112	0.102	0.087	0.082	0.073	0.065

注：a 表示冷凝式锅炉；b 表示大气低温燃气锅炉；c 表示有蓝色火焰燃烧器的低温燃油锅炉。

- 热生产成本。和发电成本相比，单位热生产成本的计算也是基于同样的经济边界条件（利率为 4.5%，按照工厂的技术寿命期摊销）。技术假设条件如表 1–7 所示。

评估的燃油加热系统的热生产成本分别是 18.2€/GJ（MFH）和 22.7€/GJ（SFH–Ⅲ）。相比较，评估的燃气加热系统有略高的热生产成本，达到 20.2€/GJ（MFH）和 24.3€/GJ（SFH–Ⅲ）（见表 1–7）。在两种案例下，成本在燃料费用、热提供系统的建设和运行系统之间均匀分布。评估也说明热生产成本在很大程度上与安装容量相关。它们随着热容量的下降显著上升（SFH–Ⅱ和 SFH–Ⅰ）。例如，对于 SFH–Ⅰ（低能的独立式住宅），供热成本达到 40€/GJ。

（2）环境分析。除化石燃料能源的消耗和有害物质排放之外，污染物在燃油或者燃气加热装置运行期间，会进入土壤、空气和水。这些污染物显示有迥异的环境影响。一种环境影响的例子就是未燃烧的碳氢化合物在紫外线辐射之后会有助于近地表臭氧的产生。

此外，化石能源的供应也会和一系列可能会损害环境的影响有关。

- 在钻井或抽取原油和天然气时，用于钻井和生产的化学辅料或原油本身进入周围的土壤（陆上）或海里（近海），这会对环境有显著的影响。
- 在海上运输原油及其产品时，不断发生的油轮事故会对水生动植物造成灾难性的影响。

- 在炼油厂加工原油时，会产生一系列需要当作有害废物处理的无用产品。同时，易挥发的碳氢化合物在加工原油的过程中可能会被释放，进入空气、土壤和水中。

- 在从炼油厂运输燃料油到消费者的过程中，潜在的风险是土壤和水等环境的重要危险来源。例如，如果存储在住宅地下室的油罐在遇到洪水被淹没时，燃料油可能会从油罐中发生泄漏而进入地表水中。这些油的泄漏产生的环境危害比洪水本身引起的环境影响更加严重。

❷ 可再生能源供应基础

2.1 地球上的能源平衡

地球上的能源流通过各种来源输送。太阳能占地球上可转换能源的份额超过99.9%。地球上太阳辐射在大气层内减弱并部分转换为其他能源形式（如风能、水能）。因此，在描述全球能源流的平衡之后，将更加详细地描述地球大气层的结构和主要特性。

2.1.1 可再生能源来源

（1）太阳能。太阳是我们行星体系内的中心体，它是距地球最近的星球，带有其主要参数的结构如图 2-1 所示。相应地，其核温度达到约 15Mio.K。通过氢聚变成氦发生核聚变释放能量，产生的质量损失转换为能量 E。根据爱因斯坦的研究，E 用质量（m）乘以光速（v_c）的平方计算。大约 650Mio.t/s 的氢被转换成大约 646Mio.t/s 的氦，两者的差额 4Mio.t/s 被转换成能量。

$$E = mv_c^2 \tag{2-1}$$

在太阳核中释放的能量通过辐射传送到约 0.7 倍太阳半径，通过对流进一步传送到太阳表面。随后，能量被释放进入太空。太阳释放能源流一方面和物质辐射不同，另一方面和电磁辐射也不同（参见文献/2-1/）。

- 物质辐射包括太阳以大约 500km/s 的速度释放的质子和电子。然而，只有少量的这种带电的颗粒到达地球表面，多数的颗粒由于地磁场的作用偏离轨道。这一点对于地球上的生命特别重要，严重的物质辐射不会允许有机生命以目

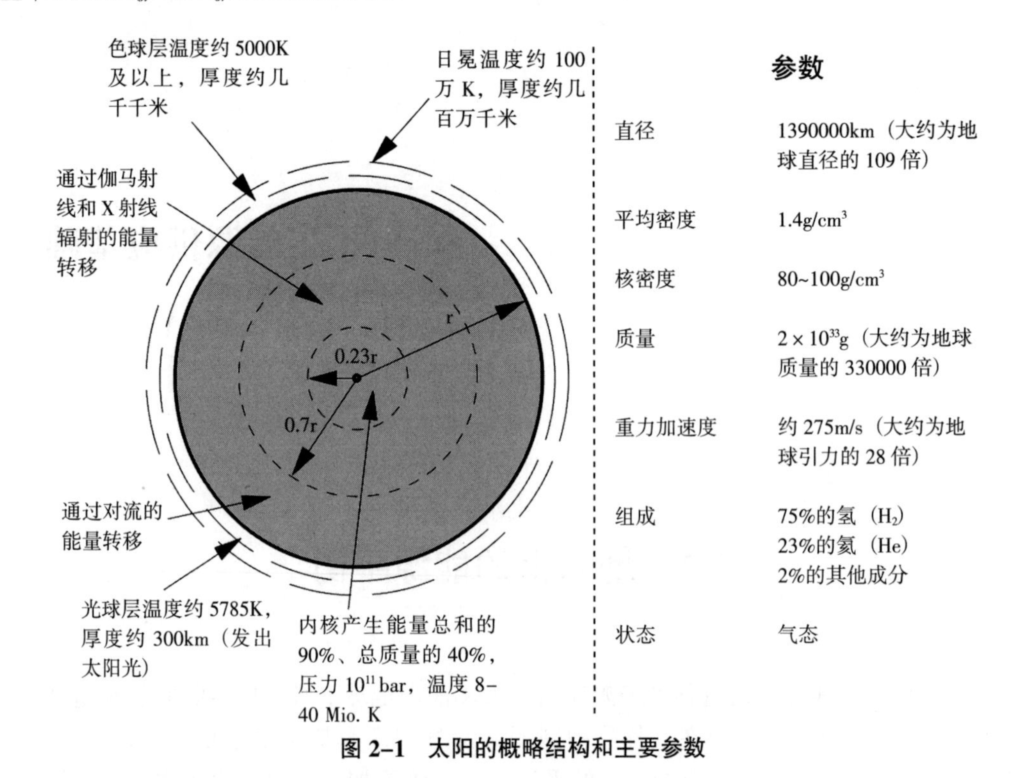

图 2-1 太阳的概略结构和主要参数

前的形式存在。

• 主要通过光球层释放的电磁辐射覆盖长波和短波辐射的所有频率。这种类型的太阳辐射近似等价于一个黑体的辐射。辐射流密度取决于光球层内的温度（约 5785K）、辐射强度和斯特藩—玻耳兹曼（Stefan-Boltzmann）常数，它近似等于 63.5×10^6 W/m²。

如果不考虑损失，太阳辐射流密度与距离的平方成反比。因此，地球大气层外缘的辐射流密度 E_{SC} 可以根据公式（2-2）计算：

$$E_{SC}=\frac{M_S\pi d_S^2}{\pi(2L_{ES})^2} \tag{2-2}$$

如果考虑到太阳的直径 d_S 达到光球层（约 1.39×10^9 m），太阳和地球间的平均距离（L_{ES}）约为 1.5×10^{11} m，那么大气层上边缘的太阳辐射流密度将为 1370W/m²（参见文献/2-3/）。这一均值称为太阳常数。由于太阳活动的波动，这一数值数年的变动幅度小于 0.1%。

然而，整个年度过程中的大气层边缘的太阳辐射具有季节变动的特性。这是由于地球在年度中按照椭圆形轨道围绕太阳运动（见图 2-2）。这样就会改变两个天体之间的距离，这一距离的改变导致大气层边缘太阳辐射的波动，这一过程中的太阳常数如图 2–3 所示。

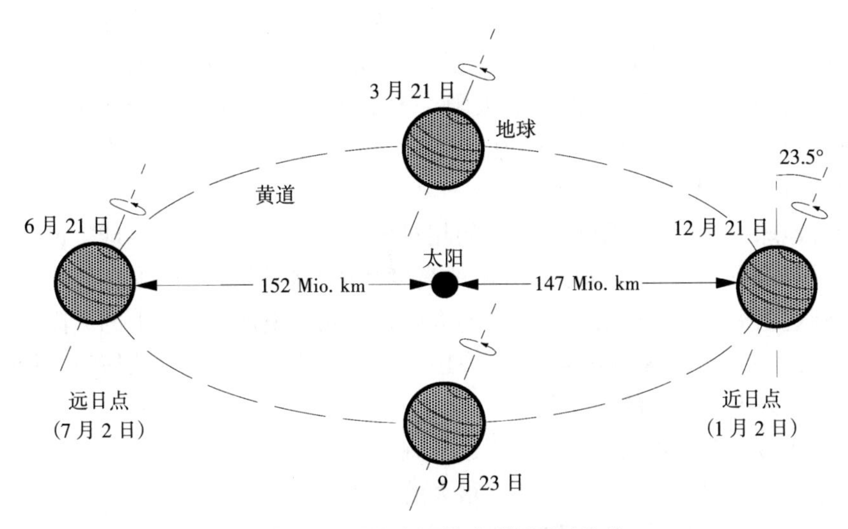

图 2–2 围绕太阳的地球椭圆形轨道

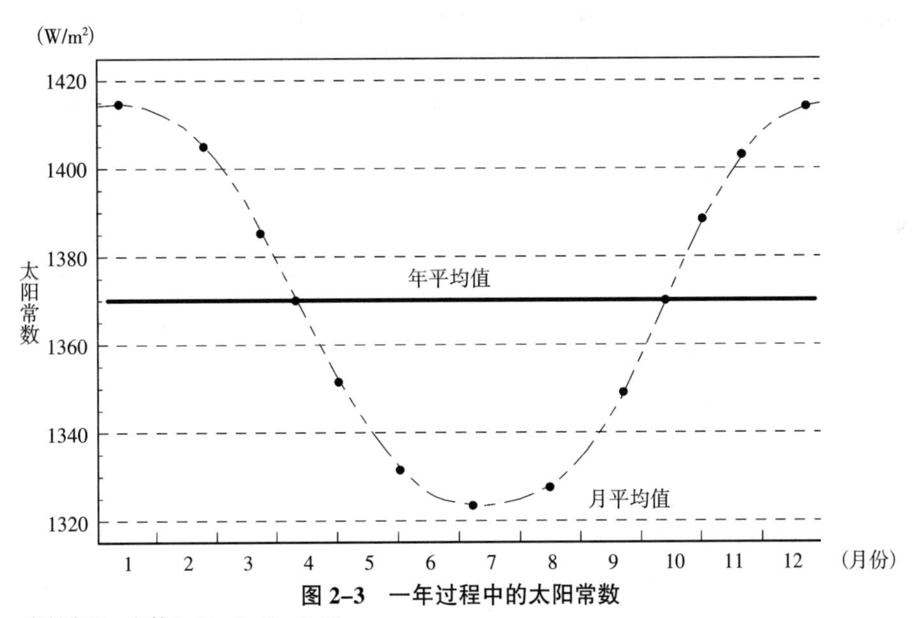

图 2–3 一年过程中的太阳常数

资料来源：文献/2–2/、/2–3/、/2–5/。

因此，由于 1 月 2 日太阳和地球之间的距离最短（近日点），太阳常数在 1 月达到最高值，几乎为 1420 W/m²。相反的情况发生在 7 月 2 日（远日点），此时太阳常数约为 1330 W/m²。

尽管外部大气层的边缘有更高的辐射强度，平均来说北半球的冬季温度比夏季显著低。原因是地球的旋转轴和轨道平面形成 66.5°的角度。因此在冬季，南半球比北半球面对更多的太阳，这产生了更高的太阳高度角和更长的阳光照射。

但是，在北半球，太阳在冬季以更加平的角度辐射，拥有的白昼短。接近北极的区域有时在一整天内不能面对太阳。冬至那天，北纬 66.5°和极地之间的所有地方拥有“永恒的极夜”。相应地，在南半球，南纬 66.5°太阳从来不会在地平线下消失（“夜半太阳”）。

随着地球持续围绕太阳旋转，它的相对位置也在改变。对北半球来说，太阳开始越升越高，而在南半球中午太阳的高度却逐渐降低。3 月 21 日，太阳辐射会同时到达两极。北半球会面对更多的太阳，换句话说地平面之上的太阳位置逐渐升高。这一趋势持续到夏至（6 月 21 日），此时午夜的太阳会照亮北极地区，南极地区会陷入“永久的黑夜”。

这些相互关系的存在，主要由于地球轴的角度朝向黄道（the ecliptic），地球上太阳辐射在不同的地区随着季节有很大的波动。

（2）地热能。从地球内部向地球表面流动的能源有三种来源。第一种是在地球形成过程中产生的储存在地球内部的引力能。第二种是在地球形成之前的原始热能来源。第三种是地球中（特别是地壳中）放射性同位素衰减过程释放的热量。由于岩石具有较低的导热性，通过这三种来源产生的热很大程度上存储在地球内部。

地球的形成大约发生在 45 亿年之前。它是雾中物质（岩石、气体、灰尘）逐步积累的过程。这一过程以低温开始，温度会由于物质集聚的机械力的增加而产生变化。由于物质的集聚，引力能几乎可能完全转化为热能。在 2 亿年之后，随着这一集聚过程接近尾声，地球的顶层产生了融化。由于这一融化过程，许多被释放的热又排放到空间中。尽管这个阶段物质的积累和能量的释放具有不确定性，这一阶段保存在地球中的能量在 15×10^{30}~35×10^{30} J（参见文献/2-4/）。低值反映了从冷到暖的原始地球，高值反映了从暖到热的原始地球。

地球包含放射性元素［如铀（U238，U235）、钍（Th232）、钾（K40）］。由于放射衰变的过程，它们释放了百万年的能量。例如，铀或钍在花岗岩中的质量比重大约是 20ppm，在玄武岩中的质量比重是 2.7ppm。以合理的半衰期，发生一个衰减事件释放约 5.55MeV（兆电子伏特）的能量，约 6 次（钍）或 8 次（铀）衰减事件达到稳定条件，大约会产生 1J/(ga) 的热量。这会导致花岗岩石中大约 2.5μW/m^3 的放射性热生产效率，玄武岩中 0.5μW/m^3 的热生产效率。

这种地球上长寿命的天然同位素的衰减会恒久地产生热量。近地表层的同位素主要富含在大陆地壳中。由于这些放射性衰减过程，地球自从其形成之后已经接受了 7×10^{30} J 的放射性热量。尚存的放射性同位素潜在的放射产生的热量约为

12×10^{30} J（参见文献/2–4/）。由于对地球内部放射性同位素分布知之甚少，这一数据实质上是非常模糊不清的。

地球形成产生的热包括原始热，以及放射性同位素迄今为止释放的热和进一步衰减产生的热，这三个渠道产生的地球上当前可用的热量总计在 12×10^{30}~24×10^{30} J；从外部地壳到 10000m 深地层，这一热量约为 10^{26} J。这一潜在的能源相当于几百万年来太阳辐射地球产生的能量。

（3）来自行星引力和行星运动的能源。地球和月亮围绕一个共同的引力中心旋转。由于这两个天体的总体质量不均衡，引力中心位于地球上。当地球和月亮围绕引力中心旋转时，天体上所有的点围绕引力中心以相同的半径做圆形运动。在地球内部的中心，月亮的引力等于其绕地球旋转的向心力。在面对月亮的一边，引力更大，因此，地球这边所有的物质试图朝着月亮移动。相反，在背对月亮的一边，月亮的质量引力小于其所有物质按照轨道运动所需的向心力。因此，地球上所有的物质试图朝离开月亮的方向运动。举例来说，这一效应可以通过地球表面的潮汐现象观察到。

地球体在引力的作用下，会拉伸到一定的程度。在 24 小时内 360°改变方向的这种变形的反应时间太短而不能让地球完全拉伸。因此，理论上的完全变形是不会发生的。然而，由于内部物质的摩擦、与海面的摩擦，水从海湾或者海峡进入拍打大陆边缘，跟随这一变形有一个延迟。因此，这一延迟的力引起最高月亮位置和高潮汐之间的阶段的变换，也导致地球旋转速度减慢。

引起潮汐的能源主要来源于所有的行星运动，以及天体、地球和月亮之间的相互引力效应。

2.1.2 大气层

地球大气层被定义为因地球的引力所附着的气体层。它被分成不同的“层”（见图 2–4）。只有地球表面地层的大气对于可再生能源的使用有独特的用处。高度最高达到几百米的大气对风能具有使用意义。

大气层的较低层称为对流层。它是影响天气的大气层，主要在这里产生云和降水。在一定的时空内，大气层的特性是温度会随着海拔的升高而下降。这一温度变化的程度依赖于地点和时间。温度梯度围绕平均 0.65K/100m 的值在一个相当大的边界范围内变动。在特定的气象条件下，可以清晰界定的垂直层就会出现，在那里气温不随海拔升高而降低，反而会增加。这种现象特别会在行星边界层的 1000~2000m，刚刚高于地球表面（“土壤逆温”）和对流层顶时会出现。

对流层的边界是与平流层相连的对流层顶。在平流层内，海拔 40~50km 时

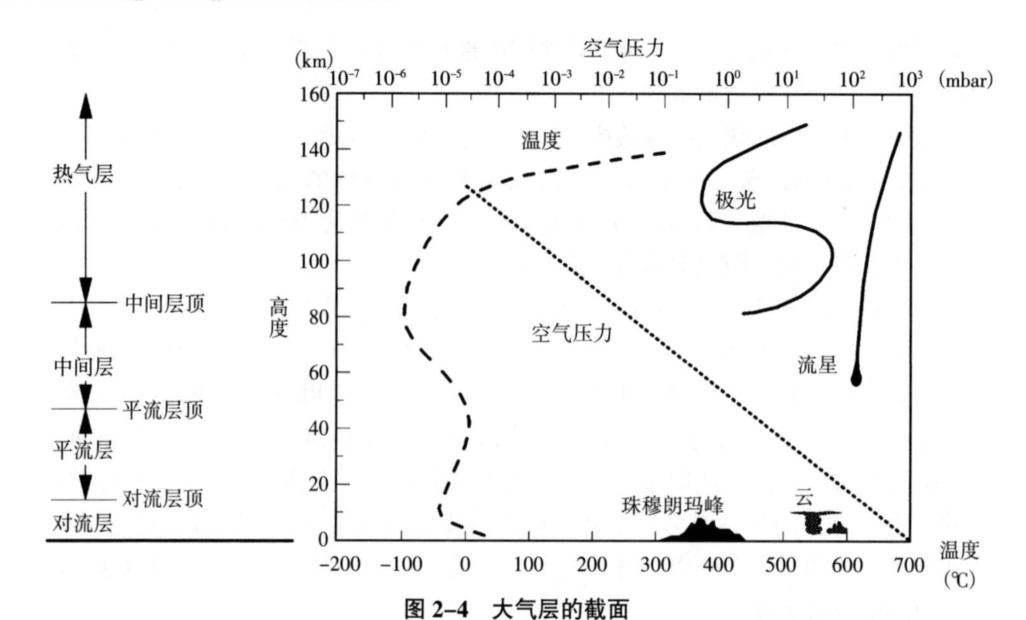

图 2-4 大气层的截面

资料来源：文献/2-2/。

温度达到最高。下一个大气层是中间层，它达到另外一个温度极值，海拔为大约 80km 时温度最低。在中间层往上，以中间层顶部为界，是热气层。

海拔达到 100km 左右，大气层包含不同的混合气体（见表 2-1）。具有不同比例成分的物质被定义为化学混合物。这种气体的混合，特别是在对流层，是水蒸气和散布的气溶胶悬浮液混合。但是，这一成分随着时间和地点的不同会产生很大的变化。

表 2-1 空气的组成

与时间和空间无关的成分	
氮（N_2）	78.08vol.%，75.53mass%
氧（O_2）	20.9vol.%，23.14mass%
氩（Ar）	0.93vol.%，1.28mass%
其他惰性气体（He，Ne，Kr，Xe）	微量
与时间和空间有关的成分	
蒸汽（H_2O）	取决于气象条件，可达 4%
二氧化碳（CO_2）	0.03vol.%，0.05mass%，目前有增加的趋势
其他混合物	
气体 臭氧（O_3）	产生于大气高层
氡（Rn）	产生于放射性土壤的呼吸

续表

与时间和空间有关的成分		
	二氧化硫（SO_2）	产生于如火山喷发，后火山活动
	一氧化碳（CO）	短期内会氧化为二氧化碳
	甲烷（CH_4）	产生于如动物消化，植物厌氧发酵
	VOC	产生于植物
气溶胶	气体气溶胶	产生于气体反应（硫酸盐，硝酸盐等）
	灰尘	如平原、沙漠或者火山灰
	植物灰	产生于森林和草原火灾
	海水盐	随着波峰的破碎散布到空气中
	生物质	如微生物，花粉

注：vol.%是指体积百分比，mass%是指质量百分比。
资料来源：文献/2-2/。

基本物质——干燥和纯的空气，由各种在大气层条件下不能变为液体和固体的气体组成（永久性气体）。它们冷凝和固化的温度远低于大气层内的各种温度。除了主要成分氮（N_2）和氧（O_2），还有少量的氩（Ar）和二氧化碳（CO_2）。此外，还有少量的惰性气体如氖（Ne）、氦（He）、氪（Kr）、氙（Xe），以及少量的臭氧（O_3）和氢（H_2）。特别是后两种气体比例随时间和地点的变化而有所不同（参见文献/2-2/、/2-3/、/2-5/）。

2.1.3 能量流的平衡

来源于三种主要再生能源资源太阳、地热和行星的引力和运动的能源，以非常不同的形式（如热、化石能源载体或生物质）在地球上形成，或者产生非常不同的结果（如波浪、蒸发物或降水）。图 2-5 给出了各种能源来源对应的各种形式和效果流程图。此外，为了对能源状况有一个全面的认识，也给出了非再生能源或能源载体。但是，图中只给出主要路线和核心，因为要对各种能源形式和效果进行明确的定义并不总是可行的。例如风能，它是由于太阳辐射引起并被地球旋转影响的大气层内的空气运动的结果。人类可以利用的地壳热包括太阳能和地热。

根据图 2-5，除了来自太阳、地热、行星引力和运动的再生能源，另一个主要的非再生能源的来源是原子核。它可以通过核聚变或核裂变产生热。太阳能流引起很多种额外类型的能源形式和效果。经过几百万年的时间，其中化石生物能源载体（如煤炭、原油和天然气）已经通过太阳辐射产生了。和来源于原子核的

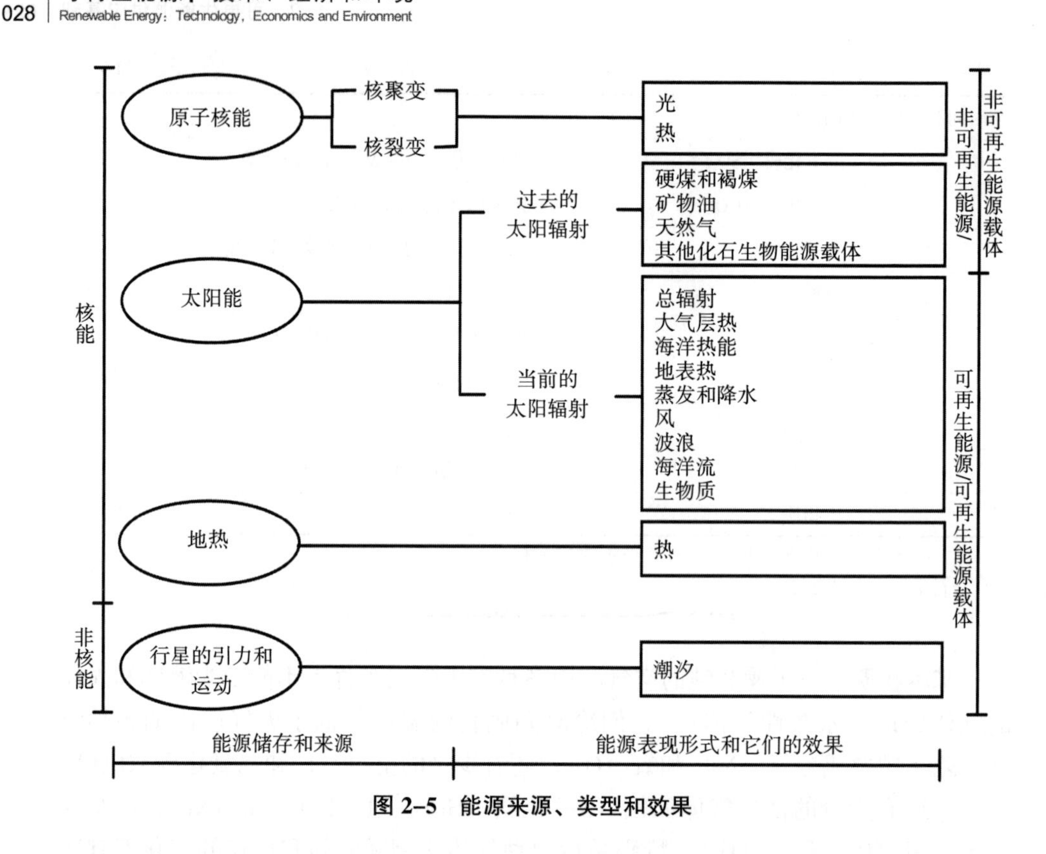

图 2–5　能源来源、类型和效果

能源（也就是化石矿物能源载体）一起，它们是人类可以利用的非再生能源或载体，所有其他形式的是再生能源或者其载体。来自太阳在地球表面产生的当前能源一部分在大气层内转换形式，引起其中的一些结果——蒸发和下雨，风和波浪。地球表面的总辐射加热了海洋和陆地表面，这种温暖尤其对于海洋环流和植物生长有利。和这些表现形式一起，地热、行星引力和运动引起的潮汐能，被计入再生能源。

由于地球几乎是一个能源平衡体，新增加的能源必须要由相应的能源退出来平衡。地球的这一能量平衡如图 2–6 所示。每年在地球上转换的绝大部分能源产生于太阳（超过 99.9%）。行星的引力和运动以及地热能只占约 0.022%。来源于化石生物质和化石矿物质能源储藏和资源的一次能源占 0.006%，或者说每年 413EJ（参见文献/2–38/）。

地球上的太阳辐射每年大约为 5.6×10^{24} J。其中有 31%直接在大气层边缘表面被直接反射回太空，剩下的 69%进入大气层。大部分到达地球表面，少部分在大气层内被吸收。到达地球表面的少部分（平均约占 4.2%）辐射立刻被反射回大气层。到达地球表面的大部分辐射可以用作蒸发、对流和辐射。最后被转换成长波

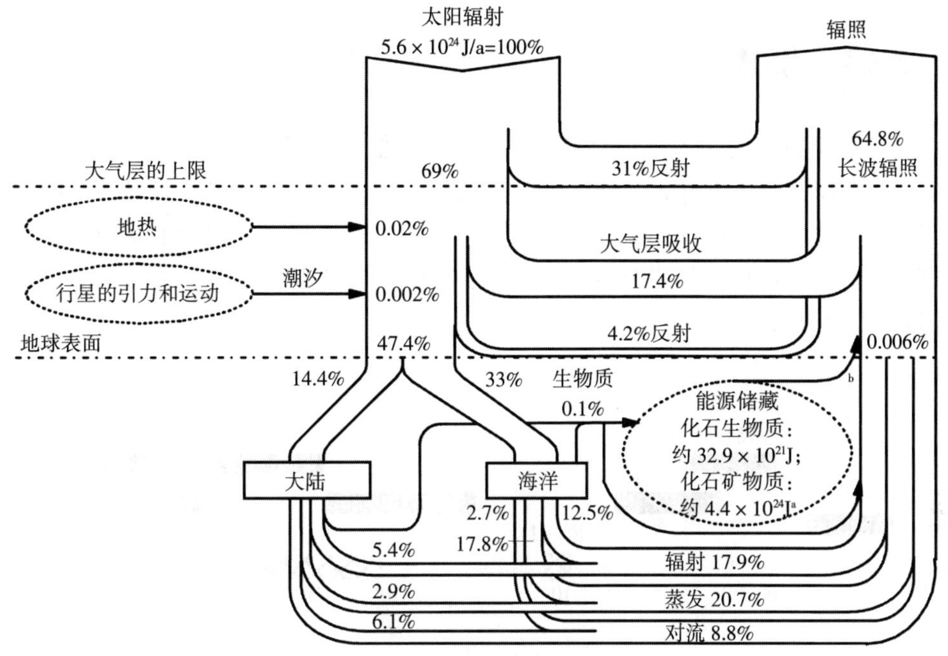

图 2–6 地球的能量平衡

注：a 表示本例中只是采用增殖反应技术的核裂变（1.5TJ/kg 铀），此外，没有在这里提出的——核聚变也是可能的选择；b 表示一次能源的全球使用，即化石生物和化石矿物能源载体，在 2005 年大约是 413EJ/年（参见文献/2–38/）。

热辐射等，反射回太空。到达地球表面的一小部分辐射通过光合作用转换为有机物。

因此，在地球表面有一个大体的能量输入和输出的平衡状态。但是，由于部分能量以生物质的方式储存，增加的能量比抽取的能量略高。如果有机物质不被人类进行有机分解、燃烧或转换为其他任何形式，它可以在地质期内转换为化石生物能源载体。这主要涉及部分沉入海底的在海里生长的浮游生物。此外，更多的能量在短期内通过使用化石生物或者化石矿物能源载体释放，超过通过所描述的可再生能源流动增加到地球的能量。

2.2 太阳辐射

太阳辐射的部分能量被地球表面直接接收并转换为不同形式的能源。因此，下面讨论太阳辐射的原理和供给特性。

2.2.1 原理

（1）光学窗。对于太阳辐射来说，大气层在很大程度上是不可穿透的。只有在光谱范围内（0.3~0.5μm，窗口Ⅰ）和低频范围内（10^{-2}~10^{2}m，窗口Ⅱ）的辐射才能穿过大气层（所谓的大气层光学窗），如图 2-7 所示。由于能量原因，只有窗口Ⅰ与太阳能的技术使用有关。光学窗Ⅰ的最重要的部分覆盖了 0.38~0.78μm 的可见光范围。

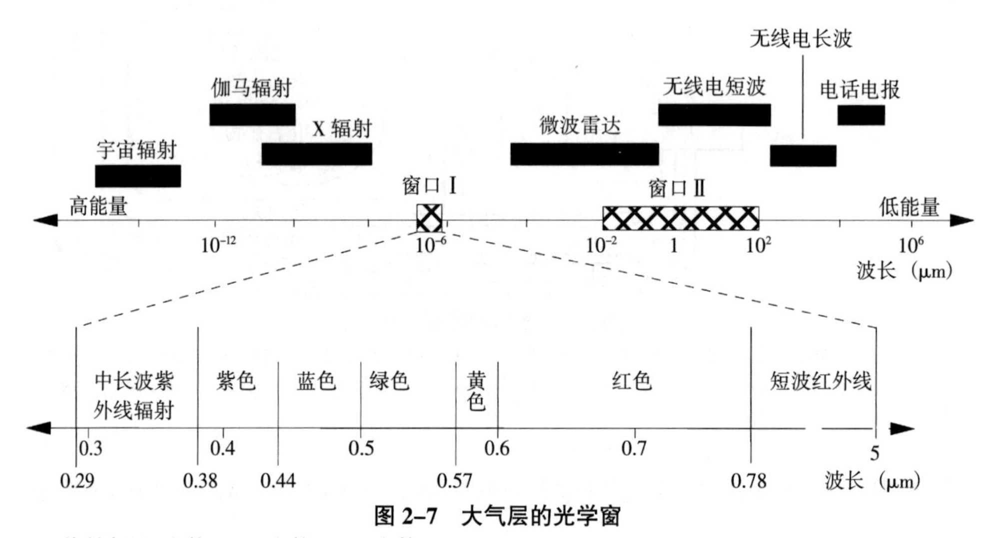

图 2-7 大气层的光学窗

资料来源：文献/2-2/、文献/2-3/、文献/2-4/。

（2）辐射的减弱。在大气层内辐射是减弱的，这一过程称为消光。这与不同的机制有关。

• 散射（diffusion）。散射是无能量传输和损失的从原始辐射角度的辐射偏离。在遇到空气分子、水滴、冰晶、气溶胶粒子时会发生散射。散射可以区分为瑞利散射、米氏散射。瑞利散射在半径显著小于入射光波长的粒子上发生（如空气分子）；米氏散射在半径和入射光波长相当时或者大的粒子上发生（气溶胶粒子）。阳光散射的粒子越大，散射方向越向前。米氏散射可以变成衍射。

• 吸收（absorption）。吸收是太阳辐射转换为其他能源形式。一般来说，太阳辐射在这一过程中转换为热。这种吸收可以发生在气溶胶、云、降水（雨、雪、冰）粒子上。此外，选择性吸收也是可能的，一定光谱和波长范围的太阳辐射可以被大气层中的一些气体所吸收。臭氧（O_3）和水蒸气（H_2O）就是其中特别的例子。例如，臭氧几乎能够完全吸收光谱范围在 0.22~0.31μm 内的所有辐射。二氧化碳（CO_2）和它比较，则只能吸收最小量的太阳辐射。

这一减弱可以被所谓的透射因子 τ_G 所描述，它涉及所有从大气层外层通过大气层影响太阳地球辐射的减弱效果。G_g 是总辐射，E_{SC} 是太阳常数。

$$G_g = E_{SC}\tau_G \tag{2-3}$$

透射因子由瑞利散射 τ_{RD}、米氏散射 τ_{MD} 和气体内吸收 τ_{GA} 以及颗粒内吸收 τ_{PA} 组成。

$$\tau_G = \tau_{RD}\tau_{MD}\tau_{GA}\tau_{PA} \tag{2-4}$$

（3）光谱范围。由于辐射在地球大气层内的减弱，阳光的能量分布光谱也发生了变化。图 2-8 显示了太阳辐射在通过地球大气层之前和之后的光谱。

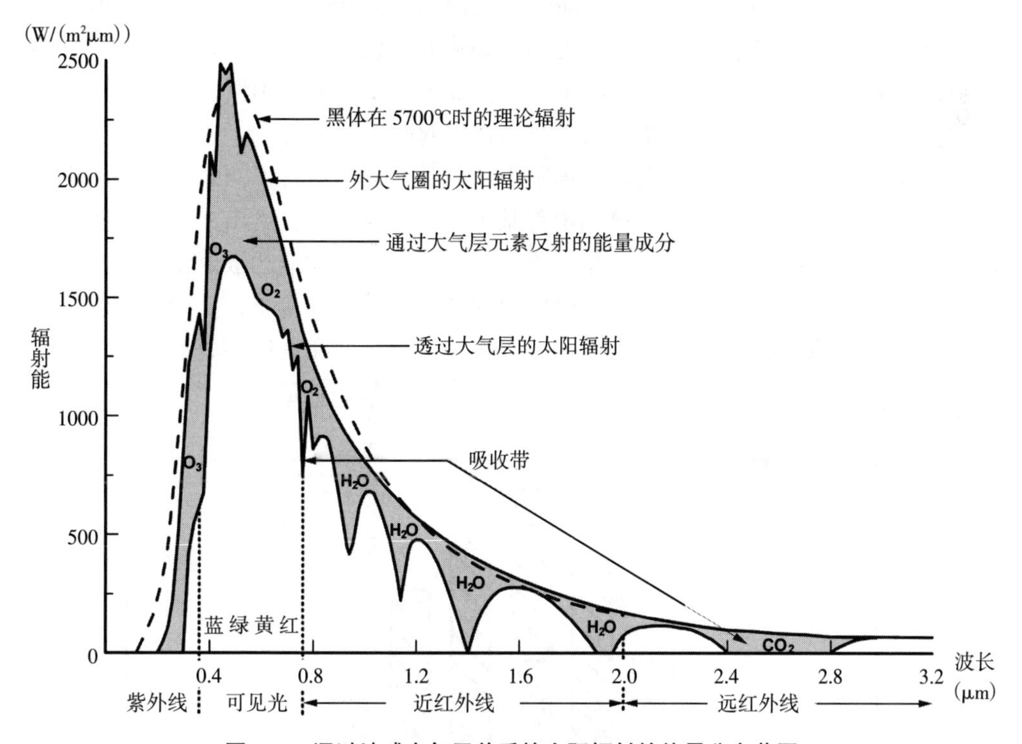

图 2-8 通过地球大气层前后的太阳辐射的能量分布范围

资料来源：文献/2-3/。

由于如上描述的辐射在地球大气层内减弱的过程，到达地球的太阳辐射的能量分布显示了如下特征：

- 在可见光光谱范围 0.5~0.6μm 内（绿光到黄光）能量最大。
- 随着波长的减少（也就是在紫外线光谱内），辐射能量下降很快。
- 随着光谱范围的扩大（也就是在红外线光谱内），辐射下降较慢。

- 一些特殊的波长在能量分布曲线中显示了很深的削减（“黑范围”）。它们是由于大气层内选择性的成分对于太阳光的选择性吸收造成的。

（4）直射、散射和总辐射。大气层内散射机制产生了对地球表面的散射辐射和直接辐射。直接辐射是从太阳到地面以直线路径对于特定地点的辐射。相反，散射辐射则是大气层内散射引起的辐射，因此是间接到达地球表面的特定地点。和水平接收表面相关的直接（光线）辐射 G_b 和散射辐射 G_d 之和，称为总辐射 G_g。散射辐射 G_d 由大气层内被分散的辐射、大气层的反辐射和邻近物体反射的辐射组成。

$$G_g = G_b + G_d \tag{2-5}$$

为了计算特定接收表面总太阳辐射（如太阳能集热器表面），直接辐射和散射辐射由于在接收表面入射平均角度不同必须要加以区分。接收表面上大气层的反辐射和邻近物体反射的辐射影响不大。然而，在冬天或者山区，反射的辐射对于总辐射来说贡献较多，如由于雪等覆盖物引起的反射辐射。

在特定地点的散射和直射在总辐射中所占的比例在每日不同时间和一年中不同季节都会有变化。图 2–9 以德国南部某个特定地点为例，给出了该地点年度直接辐射、散射辐射和总辐射的变化过程。根据该图，中欧地区散射辐射超过直接辐射很多。在冬季，总辐射几乎完全由散射辐射组成。在夏季，直接辐射份额上升很显著，但是平均来说总是小于散射辐射。这一情形在地球的其他地方可能会完全不同。在沙漠中，直接辐射的份额在大多数情况下总是很高。此外，在降雨

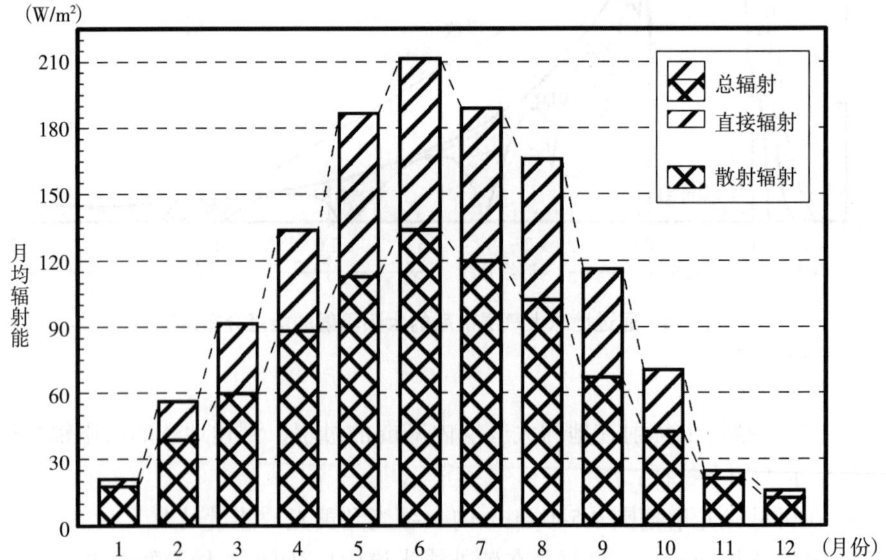

图 2–9　以德国南部一个场地为例的散射辐射、直接辐射和总辐射的年度变化情况

资料来源：文献/2–3/。

量较多或雾很多的地区，散射辐射对于总辐射的贡献可能会超过 80%。一天不同时间或一年中不同季节，各种辐射所占比例也会发生较大的变化。

（5）在倾斜均衡表面的直接辐射。在倾斜表面的直接辐射由入射的角度 ψ（见图 2-10）决定。这一角度依次取决于接收表面的准线（alignment）、位置和太阳的位置。

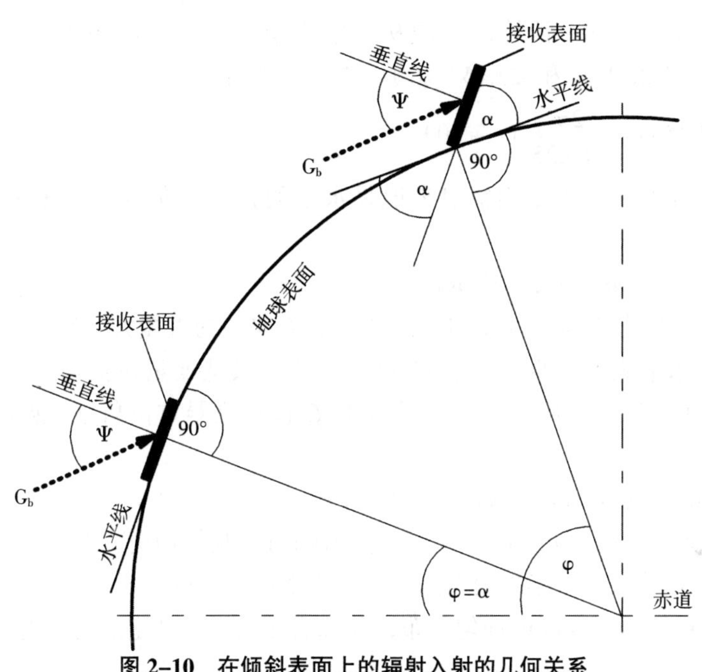

图 2-10 在倾斜表面上的辐射入射的几何关系

资料来源：文献/2-8/。

其中，α 是表面的斜度或者倾斜角（水平为 0），β 是表面的方位角（即从南准线的偏移，南边为 0，西边为正），φ 是纬度（北边为正），δ 是太阳赤纬角，ω_h 是太阳小时角度（当太阳在最高的位置时这一角度是 0°，早晨时为负值，下午时为正值）。换算公式见（2-6）。

$$cos\psi = (cos\alpha sin\varphi - cos\varphi cos\beta sin\alpha)sin\delta + (sin\varphi cos\beta sin\alpha + cos\alpha cos\varphi)cos\delta cos\omega_h + sin\beta sin\alpha cos\delta sin\omega_h \tag{2-6}$$

根据国际惯例（冬季时间）的当地时间 LT（小时）和时间 E 的等式，可以用真太阳时间（TST）计算 ω_h。时间 E 考虑了影响太阳穿过观测者子午圈（observer's meridian）时间的地球旋转率的摄动，见式（2-7）（参见文献/2-8/）。

$$\omega_h = (LT \times 60 + 4 \times (\lambda_0 - \lambda) + E)/60 \times 15 - 180$$

$$E = 229.2 \times (0.000075 + 0.001868 \cdot cosB - 0.032077 \cdot sinB - 0.014615 \cdot cos(2B) - 0.04089 \cdot sin(2B)) \quad (2\text{-}7)$$

$$B = (n-1)\frac{360}{365}$$

其中，n 是年观察天数（1~365），λ_0 是参考子午线（按格林威治平均时间（GMT）是–15°，按中欧时间（CET）是–30°），λ 是地点的经度。太阳的赤纬 δ，描述了根据式（2–8）计算的太阳从天空赤道的最高点的角距。它假设值在–23.45°（12 月 22 日）和+23.45°（6 月 22 日）之间。

$$\delta = -23.45 \cos \frac{2\pi}{365.25}(n+10) \quad (2\text{-}8)$$

如果接收表面对于太阳辐射来说是水平的，天顶角 ψ_z 可以根据式（2–9）计算。

$$cos\psi_z = sin\varphi sin\delta + cos\varphi cos\delta cos\omega_h \quad (2\text{-}9)$$

在倾斜的均衡表面（即朝向一个特定的方向）的直接太阳辐射 $G_{b,t,a}$ 可以用其他变量和水平表面的直接辐射 G_b 进行换算。其他变量包括辐射入射夹角 ψ、与水平相比的表面倾斜度 α、太阳方位角 β 和集热器方位角 γ。换算公式见式（2–10）。

$$G_{b,t,a} = G_b(sin\psi cos\alpha - sin\alpha cos\psi sin(\beta - \gamma)) \quad (2\text{-}10)$$

（6）在倾斜均衡（aligned）表面的散射辐射。倾斜均衡表面的太阳辐射的散射部分 $G_{d,t,a}$ 换算依赖于影响因素的数量，不能以完全的分析来描述。简单起见，如果假定散射辐射在空间内均匀分布，地球表面某一个特定点的散射入射量在所有方向是相同的（各向同性模式）。在这些简化的边界条件下，在倾斜均衡表面的散射辐射可以用在水平表面的散射辐射 G_d 和相对于水平的接收表面的倾斜度 α 进行计算，计算公式见式（2–11）。

$$G_{d,t,a} = 1/2G_d(1 + cos\alpha) \quad (2\text{-}11)$$

假定各向同性分布的辐射只是在有限程度上描述了给定的情形。如果由于重的同质的云的覆盖，大气层只是充满了散射辐射，太阳位置周围的区域通常比天空的其他空间都亮。这一方面在等式（2–12）中进行了考虑，它假定在空间各向同性辐射的一个均匀分布，被一个所谓环绕太阳的份额（sircumsolar share）所叠加（参见文献/2–9/）。

$$G_{d,t,a} = G_d(\frac{1}{2}(1 - \frac{G_{b,t,a}}{E_{SC}})(1 + cos\alpha) + (\frac{G_{b,t,a}}{E_{SC}} \frac{cos\psi}{cos(90° - \alpha)})) \quad (2\text{-}12)$$

（7）在倾斜均衡表面的反射。一个确定表面的邻近物体上总辐射的特定部分可以被反射到倾斜均衡的接收表面 $G_{r,t,a}$。这种反射的辐射可以用反射率 A_G（即反射与总辐射的比率)、水平接收表面的总辐射 G_g 和相对于水平方向的倾斜角 α 计算，计算公式如下：

$$G_{r,t,a}=A_G G_g sin^2(\alpha/2) \quad (2-13)$$

反射率取决于具体的场地条件。举例来说，在有雪的情况下取值范围在 0.7~0.9，在有沙的情况下取值范围在 0.25~0.35，在森林和农场情形下取值范围在 0.1~0.2。

(8) 在倾斜均衡表面的总辐射。举例来说，在光伏模块表面，由直接入射 ($G_{b,t,a}$)、散射辐射 ($G_{d,t,a}$) 和邻近物体对于接收表面的反射 ($G_{r,t,a}$) 组成。因此，在倾斜均衡表面的总辐射可以根据等式 (2-14) 计算。

$$G_{g,t,a}=G_{b,t,a}+G_{d,t,a}+G_{r,t,a} \quad (2-14)$$

2.2.2 供给特性

(1) 计量辐射。为了能够计量经过大气层的短波和长波的辐射流量，有许多不同的计量工具可以用。一般来说，计量工具区分为相对计量和绝对计量工具 (参见文献/2-3/、/2-10/)。

如果辐射能需要按照绝对量进行计量，那么入射的太阳能必须要首先转换为可计量参数。因此，多数这种辐射计量工具在一个涂黑的表面吸收辐射能，将辐射转换为热。由于在这个过程中表面的温度会上升，相应地，单位时间的热量在工具上通过热传导释放或者通过热辐射进入空气。基于平衡条件，辐射转换为热能所导致的温度上升就是对于辐射能的计量。这种类型的绝对计量工具，举例来说，有 Moll-Gorcynsky 日辐射强度计、埃斯特罗姆补偿式太阳热量计。相对计量工具可以用来校准绝对计量的工具，如 Michelson-Marten 光能测定仪。

为了计量直接入射的太阳辐射 (即总辐射的直接辐射部分)，要用到太阳热量计。它用两块相同的涂黑的薄锰铜片作为接收表面，其中一块直接暴露在太阳辐射下加热，另外一块的表面没有太阳辐射，利用电能加热到和太阳辐射那块同等的温度。热的生产和电流的平方呈比例关系。电流等价于吸收的辐射能。太阳热量计正常来说调整到入射辐射，以仅接收直接辐射方式制造接收表面，如在管道内安置平面。

为了计量总辐射，使用辐射强度计 (如 Moll-Gorcynsky 日辐射强度计)。这种工具有一个辐射热电堆作为接收表面。它的计数器接头用热的方法以套管相连。由于太阳辐射对于接收表面的加热引起的温差产生压力，这种压力可以作为总辐射的计量。为了避免大气层对于计量过程的影响，接收表面用由不同材料制成的球形壳保护，与要被计量的光谱范围一致。例如，为了计量短波辐射流，使用由硅玻璃制成的半球形壳；为了计量长波和短波辐射流，使用聚乙烯制成的球形壳；为了计量长波辐射流，使用半球形硅壳。辐射强度计在水平上是均衡的。如果通过使用圆盘或者固定的遮阳环（阴影带）屏蔽直接太阳辐射，切断总辐射中的直接辐射部分，那么这些工具也可以用来计量散射辐射。

为了计算辐射平衡，上下半球需要一个辐射强度计。取决于不同类型的覆盖物，平衡可以在不同的光谱范围获得。

通常，只有在日照时间来进行计量。大多数情况用康培斯托克日照计来记录，它采用一个玻璃球将阳光射线聚集到一个密集点或者焦点，焦点能够在以球体为中心的曲线卡片上燃烧产生标记。

（2）辐射的分布。在世界范围内，总辐射在许多地方进行测量。如果获得小时、日或月的测量所得辐射值，可以按年计算均值并计算长期均值，从而可以获得特定地点平均的预期辐射量。图 2–11 显示了地球上总辐射分布。

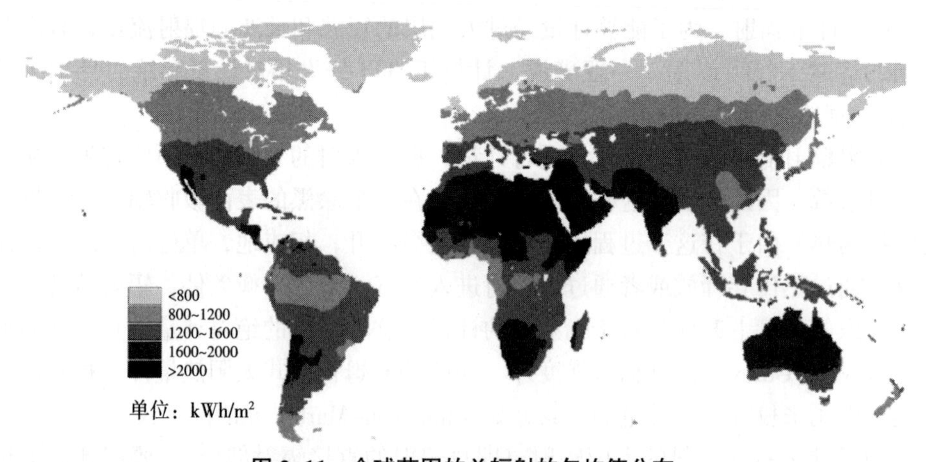

图 2–11　全球范围的总辐射的年均值分布

资料来源：文献/2–11/。

图 2–11 揭示了总辐射最高发生在赤道南北区域。特别是这一区域的沙漠和山上，年辐射总量达到最高值。在这一地带的南北全年接收的辐射减少。

图 2–11 只能给出一个较广区域内预期总辐射量的大致估计。在图 2–11 所示的边界内局部的太阳辐射会有变化。因此，图 2–12 说明了德国和奥地利许多年以来典型的平均总辐射分布。

很明显，德国南部的太阳辐射值最高。在德国北部，除了北海和波罗的海群岛，太阳辐射总量在有些时候明显很低。德国南部辐射高是由于越往南，距赤道越近。此外，该地区通常少云。两者导致了更高的太阳辐射和更长的日照时间。

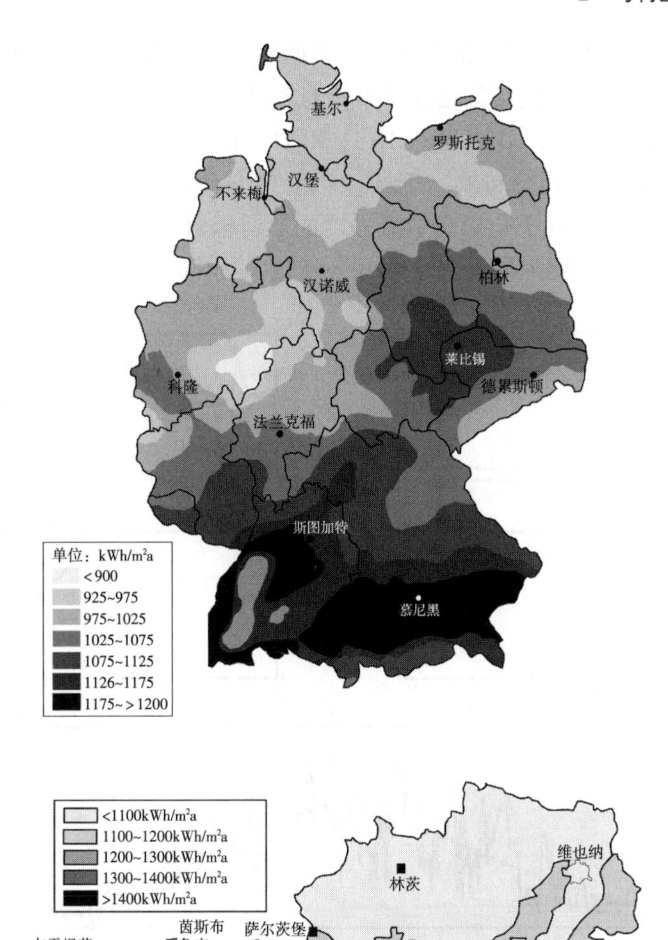

图 2-12 德国（上图）和奥地利（下图）总辐射均值的分布

资料来源：文献/2-12/和文献/2-13。

许多年来，该地区的平均太阳辐射根据地域的差异在 290~470kJ/(cm²a) 或 800~1300kWh/m² 变化。

奥地利的情况基本相似。但奥地利由于更靠南一些，所以平均总辐射要略微高一些。同样，奥地利的辐射最高值也出现在一些山的顶部。这是由于高山和低地相比，大气相对更加稀薄一些，太阳辐射被减弱得要少一些。

（3）时间变化。一个地点的太阳辐射的多少与时间变化显著相关。这些波动有一些是确定性的，有一些是随机性的。

图 2-13 用德国北部某一地点的辐射数据例证了太阳总辐射供应的时间变化。日辐射强度在全年的变化特征是在冬季相对较低，在夏季相对较高。

图 2-13 显示了以 1 月 30 日和 10 月 30 日为例的日辐射量变化过程，图解了辐射在一天时间是如何分布的。例如，1 月 30 日的辐射流密度的时间分布受该天全为阴天的影响，几乎全部是很低强度的散射辐射。但是，10 月 30 日一天几乎无云，只有正午总辐射的下降表明有云经过。

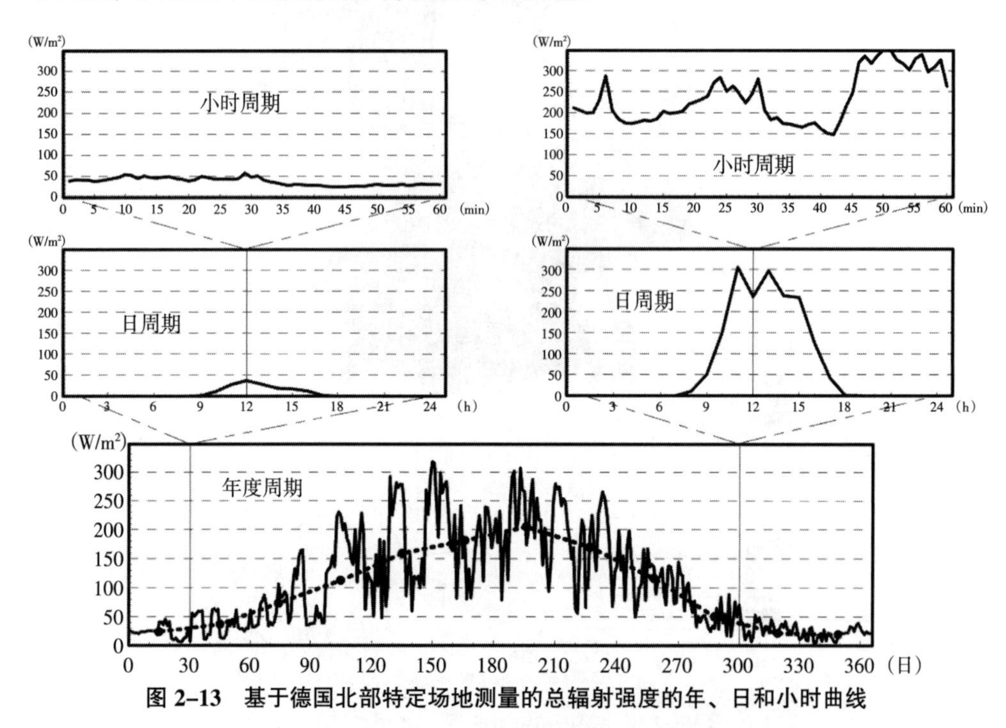

图 2-13 基于德国北部特定场地测量的总辐射强度的年、日和小时曲线

此外，午间每分钟的平均辐射强度在 1 月 30 日由于全天阴天，太阳辐射很少而且变化不大。相反，在 10 月 30 日，太阳辐射很高，因云量的变化产生很大的波动。

类似的曲线在地球的其他地方也可以看到。但是显著的变化也可能发生。测量的总辐射量级大小可能除其他因素之外取决于测量地点的纬度。日周期也受纬度和一年中时间变化的影响。同时，辐射强度受微观气象条件的影响很大（如蓝天或者多云）。

太阳辐射年周期显著不同的例子如图 2-14 所示。该图显示了瑞典斯德哥尔摩、马来西亚吉隆坡、阿根廷维多利亚、阿尔及利亚贝沙尔和巴西玛瑙斯的总辐射。位于最北面的斯德哥尔摩显示了一个明显的年度周期。维多利亚也显示了相同的特性，但是和斯德哥尔摩的正好相反。这是因为维多利亚位于南半球，而斯德哥尔摩位于北半球。和这两个城市相比，吉隆坡和玛瑙斯因位于靠近赤道而表现出不明显的年周期。但是，由于不相同的微观气象条件，测量的总辐射水平是不同的。

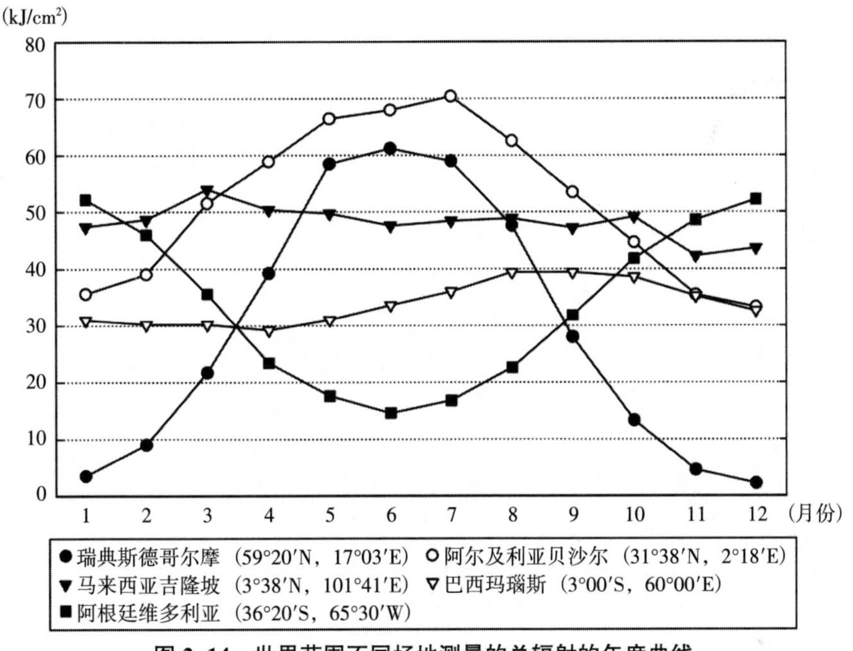

图 2–14 世界范围不同场地测量的总辐射的年度曲线

太阳辐射也有明显的随年度变化的特性。从图 2–15 中可以清楚地看到，该图给出了 1961~1996 年德国四个地点的总辐射的年度总和。此外，该图也说明了平均总辐射、相应的标准差以及最大值和最小值。通过这些数字，可以得出如下结论：

- 在这些代表城市中，最南端的观测站沃恩派森博格在过去几年来具有最大的平均总辐射，而汉堡，这座最北端的城市，则记录了最低的总辐射。沃恩派森博格高的辐射值不只是由于相对于其他地点它位于最南端，也是由于其测试站暴露的位置（山地站）。
- 只有将四个地点的总辐射平均值和相关年度总辐射标准差进行比较才有意义。这一比较说明这四个地点是比较相似的，最大的标准差在±10%。在德国，年度总辐射值合计的相对标准差几乎独立于总辐射的年度之和。理论上来说，不仅标准差如此，最大值和最小值也是如此。

图 2–16 采用图 2–15 观测站的例子，说明了 30 多年来月平均辐射汇总的变化过程。和图 2–15 一样，辐射平均值、标准差、最大值和最小值也在图 2–16 有

所标注。和太阳辐射的季节特征一样，夏季通常比冬季有更大的辐射量波动。

此外，太阳辐射也具有鲜明的日特性。因此，图 2-17 显示了过去 10 年德国两个观察站平均小时辐射强度日变化过程。

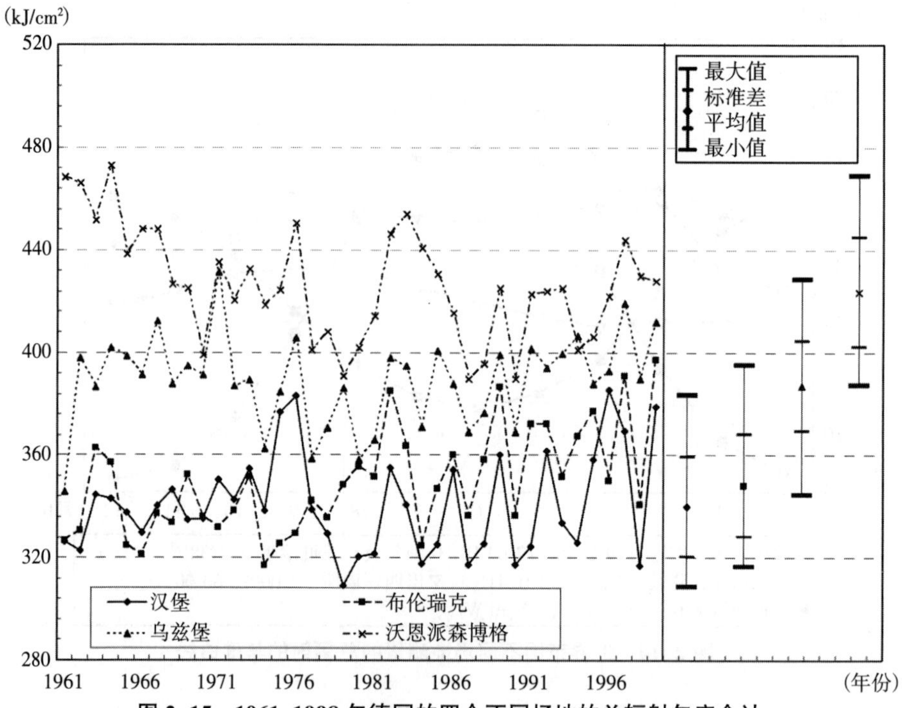

图 2-15　1961~1998 年德国的四个不同场地的总辐射年度合计

资料来源：文献/2-12/。

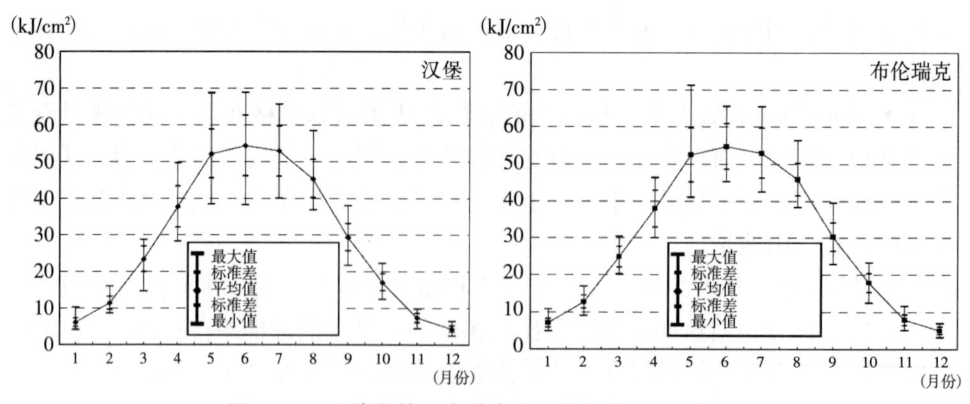

图 2-16　以德国的四个地点为例的月度平均总辐射

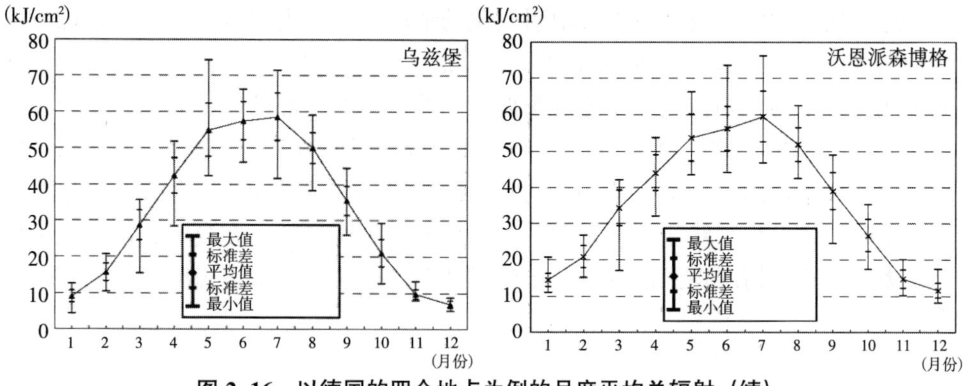

图 2-16 以德国的四个地点为例的月度平均总辐射（续）

注：数据在 1961~1998 年取得。

资料来源：文献/2-12/。

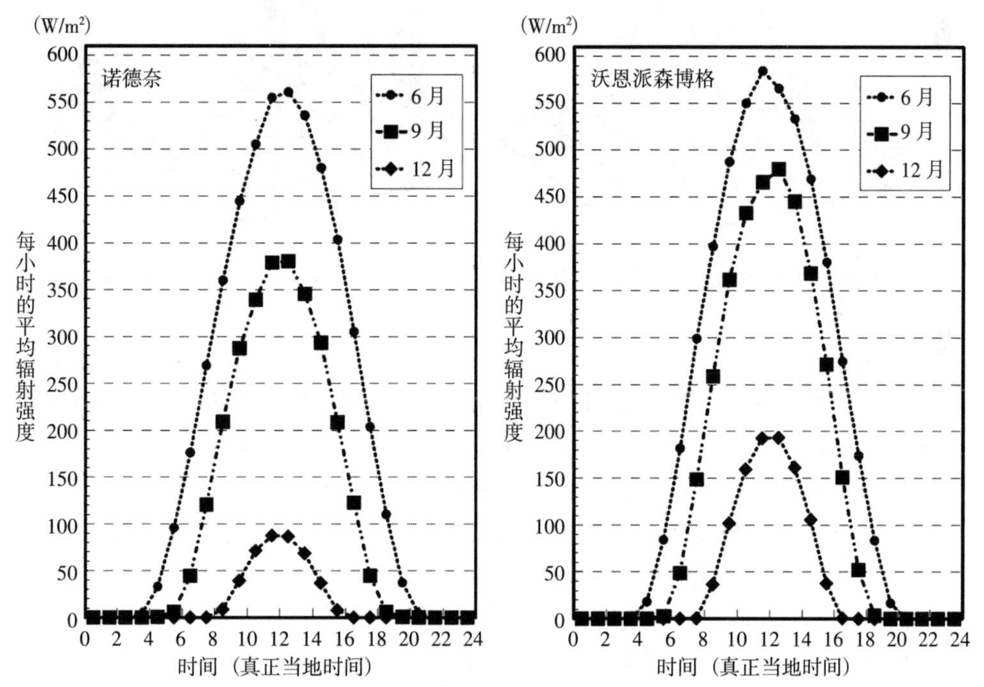

图 2-17 以德国的两个地点为例的太阳辐射的平均日变化过程

资料来源：文献/2-12/。

这些数字说明了已知一天日辐射的典型变化过程，上午太阳辐射增加，中午达到最大值，下午和夜间下降。辐射最大值、日辐射时间和曲线包围的面积说明辐射在夏季达到顶峰。在冬季，相应地处于较低的水平。这一特性可能随着纬度的变化而改变。通过对南半球地点（如澳大利亚、智利）总辐射的分析可以得出，在冬季总辐射达到最大值，在夏季显著变低。

这种典型的在春夏秋冬有日辐射变化的情况，在很大程度上是由于地球的旋转轴向太阳倾斜引起（从垂直方向大约23.5°偏离度，见图2-2）。这使得北半球地平线之上平均太阳位置冬季比夏季低。此外，赤道北部的冬季阳光在一天中照射时间比夏季短。这些特征在图2-18中可以清楚地看出来，左边的图显示了中欧按照月度平均的高于地平线的日均太阳的位置。和夏季相比，冬季高于地平线的较短时期以及地平线之上非常低的太阳位置是很明显的。在夏天，由于北半球面对太阳，这一情况得到改变。对于南半球来说，这一现象是相反的。

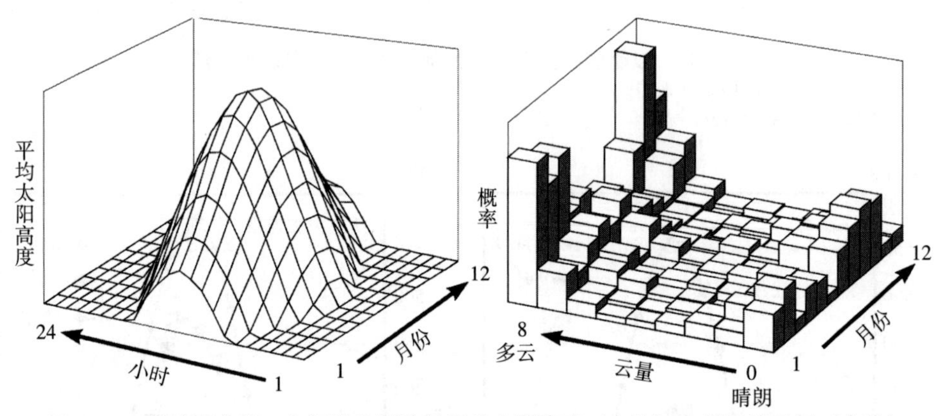

图2-18 以德国南部一个场地为例的月平均太阳高度（左边）和月平均云量（右边）

大体来说，地球大气层太阳辐射的减弱与太阳辐射通过大气层的辐射过程呈比例关系。在夏季，大气层顶部边缘的辐射大部分到达地球的表面，分布在地球的大部分地区。这是太阳位置较低，从而有平均较短的辐射路径造成的。此外，大气层的辐射吸收和反射与大气层的水含量有关，即天空阴晴的程度。地球许多地方的主要气象条件受到显著的季节波动影响。图2-18（右图）以德国南部一个场地为例说明了可能的月均云量。按照气象计量的日均云量，在0（无云）和8（完全阴天）之间波动。按照图2-18（右图），比较云量的多少，该调查地点大气层在冬季比夏季多云是非常明显的。这一结论对于南北半球的大部分地区地点和季节也是适用的。总之，冬季大气层和夏季相比，具有更短阳光照射时间、更小的辐射入射角、更多比例云量，因此更多的辐射被削减。

这一情况说明辐射是由一个确定性和一个随机性的单元组成的。前者是一直存在的辐射成分（即当全阴天时，全天内散射辐射的部分），后者是确定性辐射和最大可能辐射（即在全晴天中，一整天最大可能的辐射量）之间的那部分辐射。图2-19显示了中欧的一个地点在冬至和夏至那天最小和最大可能的平均小时辐射强度变化（也就是全晴天或全阴天的辐射强度对照）。此外，该图也包含了一个示范性的太阳辐射强度可能的变化过程。根据该图，昼夜日小时里太阳辐射在一个很大的范围内波动。另外，云量对于太阳能效率的实质性影响是很明显的。

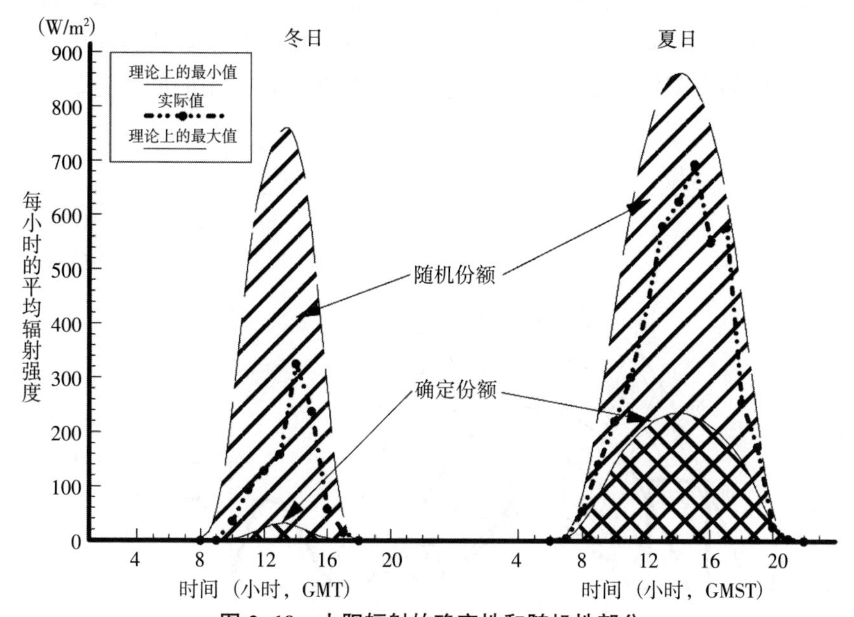

图 2-19　太阳辐射的确定性和随机性部分

资料来源：文献/2-7/。

因此，每小时的辐射能在一定范围内是确定的和可预测的。然而，由于对应不同的日或年的时间，范围差异可能非常大，辐射供应主要是随机的。太阳辐射的随机特性受当时的宏微观气象条件的显著影响。相邻的不同时间点的辐射变化是相互有关系的。因此，一个特定时间点的云量对下一个小时大气遮盖程度是有显著影响的。这种影响随着时间间距的延长会下降。这种规律对于空间依赖（space dependency）也是适用的。云量在地理上相近的不同地点是有联系的——取决于当地的条件——在大气层内云量规模相互依赖。

例如，为安装太阳能电池板，需要评估一个具体地点的太阳辐射量，由于山、建筑物和树造成直接太阳辐射的遮盖必须要考虑到，太阳位置图（见图 2-20）可以用来度量遮盖程度。特定纬度的每月 21 日，太阳方位角之上的太阳位置（也就是太阳入射和地平线的夹角）显示在这些图上。此外，太阳位置对应的时间也包括在内。

周围高度的轮廓线这时可以加入太阳位置图中。之后，相关的日或季节遮盖效应可以从该图表中读出。例如，为了最优地利用太阳辐射，这样一个图可以帮助辨别有高被动式太阳能产出房子的理想位置，在利用太阳能的期间，保持遮盖效应最低。

一块太阳能电池板的位置校准对于它的能量产出也是决定性的。因此，图2-21说明了中欧一个地点不同的校准位置表面月度总辐射（也就是直接辐射和散射辐射之和）。根据该图，在冬季的供热月份，在所有垂直的表面中，校准朝南的垂直表面的太阳辐射量最高。在夏天的非供热月份，南向的垂直表面的太阳

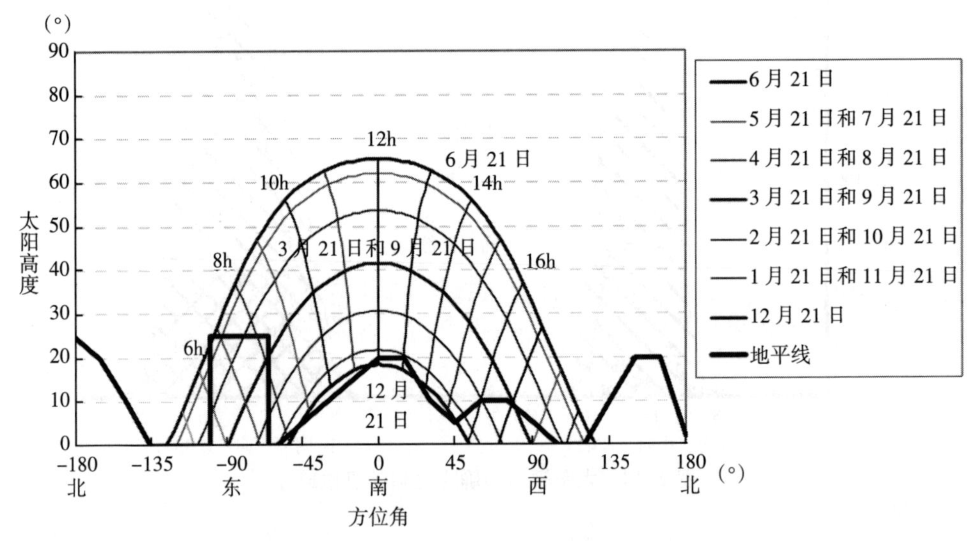

图 2-20　北纬 48°场地带有地平线的太阳位置

资料来源：文献/2-14/。

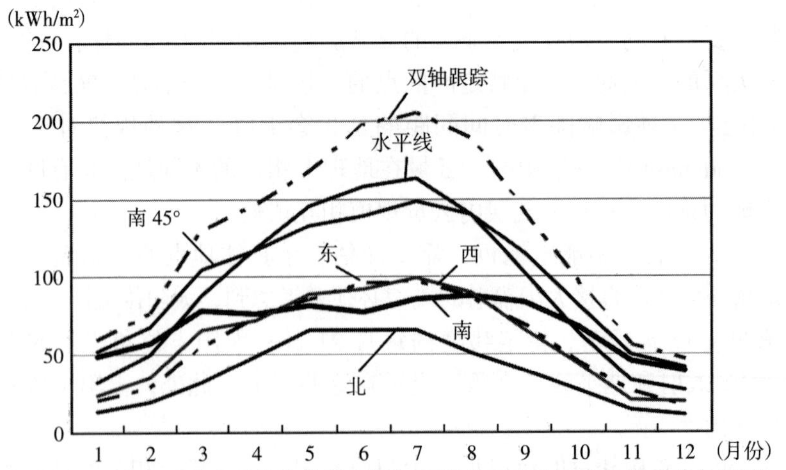

图 2-21　中欧（奥地利格拉茨的气候）不同序列的表面接收的月度总辐射

资料来源：文献/2-14/。

辐射低于朝向为东或为西的垂直表面。在供热期，校准朝北的垂直表面只有散射辐射。倾斜向南的天窗在夏天具有非常高的太阳辐射，然而，在冬季，获得的辐射量和垂直南向墙相似。玻璃朝南倾斜的阳光间在夏季经常有过热的问题。最顶部的曲线显示了具有双轴跟踪太阳的表面的理论最高辐射接收值。在冬季，只有少量太阳辐射入射垂直南向的表面。

2.3 风　能

除了全球水循环，太阳辐射也维持地球大气层内空气物质的运动。入射到大气层外层的总太阳辐射中，大约有 2.5%或者 1.4×10^{20} J/a 的辐射能量被用于大气层的运动。这在理论上产生了大约 4.3×10^{15} W 风能总量。运动的空气物质中所含的能量，可以通过风力发电机转换为机械能或者电能。下面说明风能供应的主要基础原理，并讨论它的供给特性。

2.3.1 原理

（1）机械系统。风通过平衡气流产生，从实质上说是地球表面温度水平变化的结果，温度差异会产生空气压力。于是，空气物质从高压区域流向低压区域。

通过高压和低压地带的压力梯度引起所谓的梯度力对空气粒子产生影响。科里奥利力影响一个旋转参照系统内的每一粒子，科里奥利力总是和运动的方向和旋转轴的方向垂直。

如果在高海拔地区有一个大的压力差，受这种压力差影响的一个空气粒子开始从高空气压力点向低压力点运动。它试图从压力 P_1 的等压线向压力 P_2 的等压线迁移（见图 2-22）。通过从 P_1 向较低的压力水平 P_2 移动，梯度力以不断增加的速度加速粒子。同时，科里奥利力的影响增加。这种力被定义为粒子质量、旋转系统角速度和相对于旋转参照系统粒子速度共同作用的结果。由于它总是从垂直于运动的方向产生作用，不断地引起速度矢量方向发生改变。只要科里奥利力大小和梯度力相等，这种对于运动方向的改变就会持续。粒子之后不再受到合力的影响，从而进入均衡状态。因此，粒子的速度和科里奥利力不会改变，平行地向等压线运动。这种空气沿着等压线运动的风的类型，被称作地转风（见图 2-23 左图）。

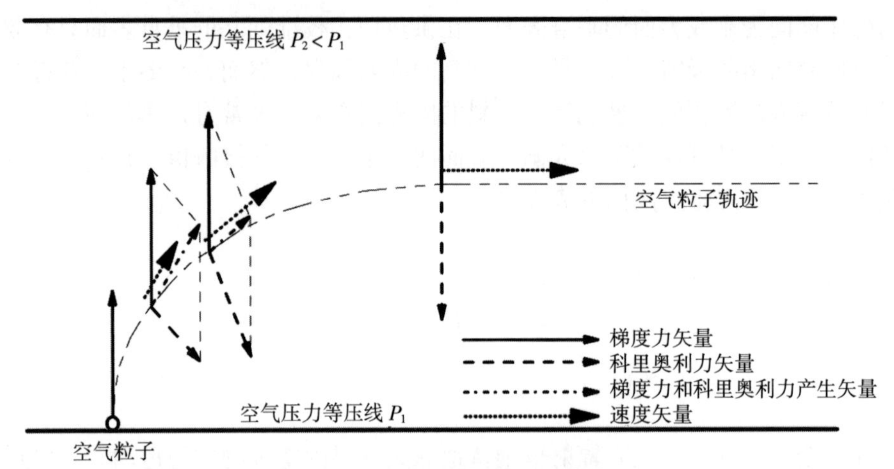

图 2-22 地转风的起源（北半球）

资料来源：文献/2-6/。

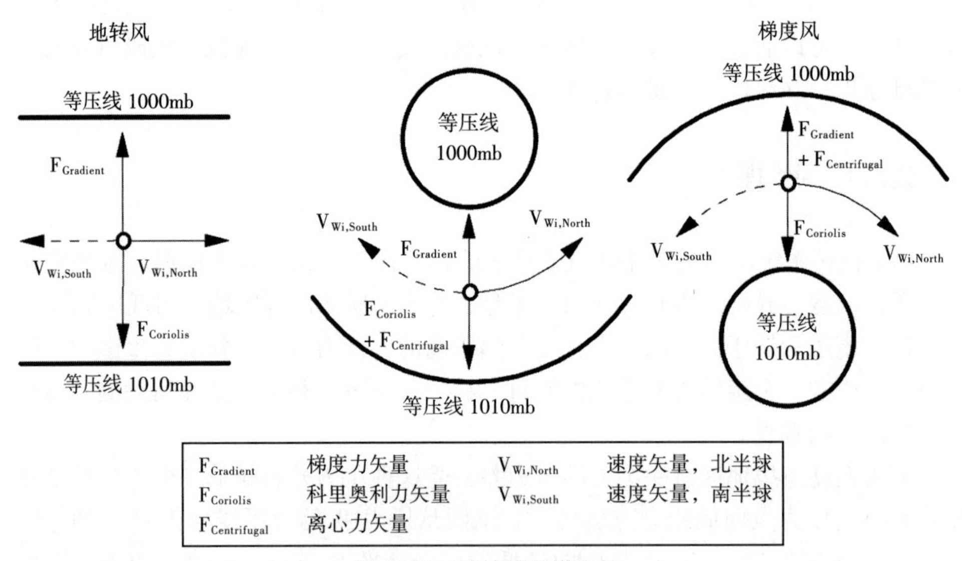

图 2-23 地转风和梯度风

资料来源：文献/2-2/、/2-3/、/2-5/、/2-6/。

压力梯度越大，等压线越靠近在一起，梯度力越高。因此，空气粒子加速越多，粒子从压力为 P_1 的等压线向压力为 P_2 运动的速度越快。所以，科里奥利力和该力对粒子速度影响成比例增加。

因此，对于平行的等压线来说，科里奥利力和梯度力的均衡，造成的粒子沿等压线直线运动的现象总是会发生，这与压力差或梯度力无关。地转风本身的速度大小仅取决于压力差的大小。

在具有低或高压力核心的区域，等压线是曲线。除了前面已经提到的两种力，第三种力——离心力也会作用于空气粒子。它呈放射状地指向外部（见图2–23中图和右图）。这样产生的风称为梯度风。在北半球，它围绕低压区域反时针吹，而在南半球顺时针吹。对于高压区域来说，情形相反。由于离心力在高原地带加强梯度力，而在低压地带减弱梯度力，因此，梯度风速度在高压区域大于在低压区域。

（2）全球空气循环系统。上面描述的大气层内空气运动的机械系统是全球空气循环存在的前提条件（见图2–24）。

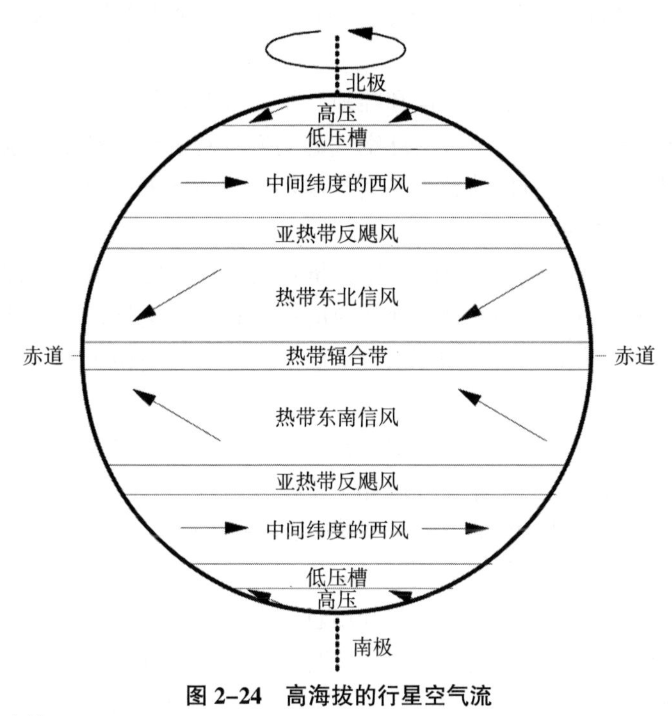

图2–24 高海拔的行星空气流

资料来源：文献/2–3/。

在全球范围，地球表面加热最多的地方位于太阳在天顶的位置（即赤道周围）。这会在赤道附近引起低压带，在这里空气从南北流入。没有大陆的影响，这种赤道辐合带将会沿着赤道像一条带子一样延伸，随季节性太阳位置变化而平行地在南北回归线之间移动，移动的时候有一定的时间延迟。

现实中，由于海洋和大陆的影响，这条辐合带几乎总是在赤道的北部；然而，它会随着季节变化有轻微的移动。如果地球不旋转，空气将会贴着地面从极地地区流向赤道。这时，它将会被抬升进入辐合带，并在更高的大气层内又流向极地。通过极地上空的高压带时下沉，这一循环过程将会结束。

这样简单的流动条件在旋转的行星上是存在的。乍一看，只考虑了“理想”的旋转行星，而没有考虑海洋和陆地的影响。因此，考虑温度只由纬度决定的星球，空气向热带辐合带流动接近赤道。然而，科里奥利力会使得运动方向发生偏移。这导致在全年度空气流实际上以相同的力从东北和东南方向吹（东北和东南信风）。信风从位于每个半球纬度为30°的附近即所谓的副热带高压槽流动。副热带高压带的特征是弱风和晴天。在极地一边相邻位置有一个由中纬度的西风支配的地带，如中欧就在这一受影响的地带之内。在这一区域，风向和风速受到游荡的气旋和反气旋的显著影响。这种西风区域受到一个各自朝向极点的低压槽的限制。在极地区域内，风况波动很大。通常，在更深的大气层内弱高压区域占主流。

通过这种在很大程度上受海洋和陆地、季节或其他效应影响的复杂联系，形成了全球空气循环系统。它负责全球空气的交换。对于能源利用来说，这种空气的运动不是很重要，因为目前利用在空气循环非常活跃的高海拔地区中运动的大气能，几乎是不可能的。

(3) 局地空气循环系统。风的产生力量在大气层内的任何地方都很活跃。但是，越接近地球表面，它们受到局地效应的影响程度就会增加。因此，大气层可以区分为前面描述的全球空气循环系统活跃的高海拔的自由大气层和靠近地球表面的行星边界层。

地转风和梯度风只会在压力梯度和科里奥利力占优的时候发生。这种情况只会在自由大气层内发生。全球空气循环系统也只能发生在那里。在自由大气层下面就是行星边界大气层，它的下端是地球表面。

在靠近地表的边界层内产生的空气流称为局地风。热流的上下，陆海风、山谷风都属于这一类型。在因太阳照射升温较快的区域，也就是具有低热容的区域（如陆地），可以发现上升的气团；但是在高热容邻近区域（如海洋）之上，可以发现下降的气团。在白天，风从后者地带吹向前者地带（如海风）；在夜晚，这一过程则相反（如陆地风）（参见文献/2-15/）。

这些具有不同力的局地空气循环系统几乎在地球的每一个地方都会发生。由于它靠近地球表面，它们可以被用作风能发电。利用这种陆海风的例子是加利福尼亚（美国）的一些大的风能发电站。

由于和地球（粗糙）表面的摩擦，或者由于局地效应产生的空气循环，地转风在直接接近地面时，在行星边界层（因此也称为摩擦层）内会几乎减弱到停滞。选择的几个不同类型地球表面上产生的垂直平均风速轮廓如图2-25所示。风的垂直过程（vertical course）以及行星边界层的高度，取决于天气条件、土壤的粗糙程度和地形特征。边界层的厚度在地面之上500~2000米变动。

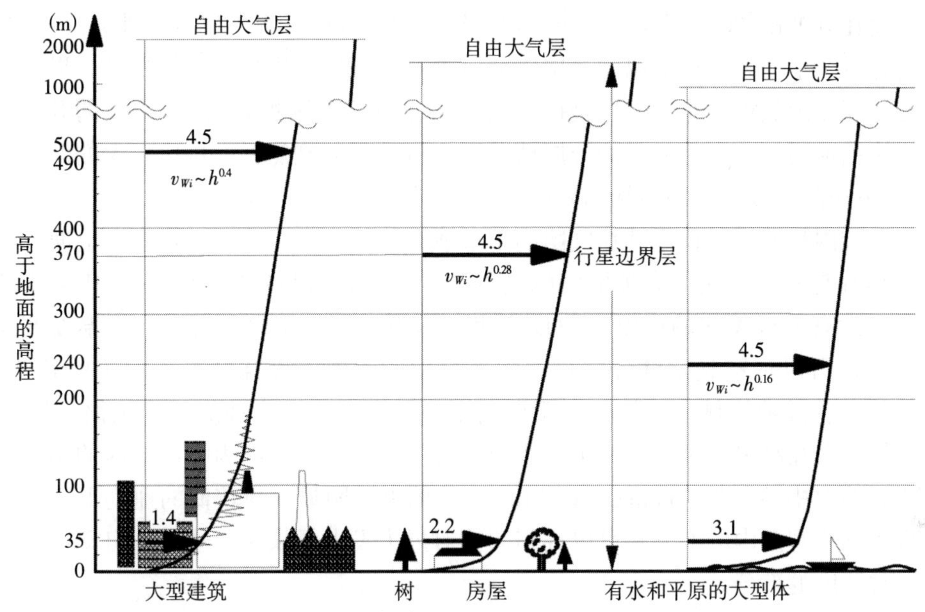

图 2-25 高程 h 和风速 v_{wi} 的关系

资料来源：文献/2-7/。

地面的粗糙程度是由植被和土地开发所决定的。低粗糙度的表面（如水面）之上，在行星摩擦层下端 10%内，风速随海拔的升高增加得很快。相反，粗糙度很高的区域（如居民区）之上，只有在更高的海拔上才能达到自由层的风速；这种情况下，地面上风速的垂直升高比较慢。所以，地面的粗糙度是衡量垂直方向地面之上风速增加率的一种方法，它通常以术语粗糙长度来描述。表 2-2 给出了一些典型的值。

表 2-2 不同表面典型的粗糙长度

地面覆盖物类型	粗糙长度（cm）
光滑表面	0.002
雪的表面	0.01~0.1
沙面	0.1~1.0
草地（随植被而变）	0.1~10
谷地	5~50
森林和城市	50~300

资料来源：文献/2-16/。

除粗糙度之外，热分层也会影响行星摩擦层风速的垂直变化。例如，如果垂直温度在 0.98K/100m 范围内下降，叫作绝热温度梯度。大气层以中性方式分层。在这种情况下，大气层的温度分层不会对垂直风廓线产生影响。但是，如果垂直温度梯度比绝热梯度小，分层是稳定的。在这种条件下风速会随着海拔的升高而更加快速地增加。在不稳定的分层情况下（也就是和绝热梯度相比更大的温度梯度），风速随海拔的升高增加的幅度更小一些。

一天内热分层的稳定性在气团的附近或在气团中发生改变。在海洋上面，由于水具有与湍流热交换有关的特殊高的热容，水面温度在一天中只有非常小的变化，没有值得关注的层温度的日变化。另外，在一年中，由于水面温度变化的延迟，可以观察到温度分层在春天有稳定的趋势，在深秋有不稳定的趋势。相比较，在陆地区域，在强烈太阳照射下，热分层的稳定性的日变化很明显。

但是，在高风速下，通常可以假定具有中性热分层，因为大气层内的湍流混合引起的对中性条件（neutral condition）的偏离不明显。在较低的速度下，进入垂直风廓线观测内的部分是可以利用的。对风力发电场来说，这是从启动速度到达正常速度的部分。

为了对行星边界层的垂直风廓给予定量的描述，过去开发了不同的方法。但是，由于参数很难确定，垂直风廓的许多描述对于通常的使用是不合适的。为了达到工程应用的目的，通常使用一个半实证的公式。

赫尔曼方法（即赫尔曼测高公式）是一种相对简单的近似的方法，它根据方程（2–15）来定义。$v_{Wi,h}$ 是海拔在 h 的平均风速，$v_{Wi,ref}$ 是海拔在 h_{ref} 的风速。α_{Hell} 是高空风指数（赫尔曼指数，粗度指数），是粗糙长度与行星边界层热稳定性的函数。

$$v_{Wi,h} = v_{Wi,ref}\left(\frac{h}{h_{ref}}\right)^{\alpha_{Hell}} \tag{2–15}$$

表 2–3 给出了一些近海岸的不同表面和行星边界层的不同分层下的近似 α_{Hell} 值。从对特定行星边界层高度下预期的平均风速的长期观察来说，随着其他因素的影响在一整年中可以达到均衡，指数 α_{Hell} 可以看作主要是粗糙长度的函数。

表 2–3　不同的沿海地点和分层稳定性下的赫尔曼指数的近似值

稳定性	开放的水面	平的、开放的海岸	城市、乡村
不稳定	0.06	0.11	0.27
中等的	0.10	0.16	0.34
稳定的	0.27	0.40	0.60

尽管等式（2–15）有一定的缺陷，但这些近似值仍然在实践中得到了应用。

因为在条件不是很极端和海拔不是很高的情况下，它提供的结果是有用的（参见文献/2-16/、/2-17/、/2-18/）。

（4）地形的影响。此外，由于空气低的压缩性，地势之上的流动空间发生变化，行星边界层内的流动过程受到地形的影响。由于地球表面的影响，流动气团的垂直运动会在障碍物的两边生成。此外，水平的流动会在逆风一侧加速，而在顺风的一侧减慢，也会引起空气流的水平流动偏移（参见文献/2-20/）。

同时，因为实践中障碍物的具体形状几乎很难捕捉到，各类区域海拔之上的精确空气流分析描述是非常困难的。此外，风廓也受到初始风向、分层稳定性和地面粗糙度的影响。

因此，受如悬崖顶部、山岗或山脊等地形影响的速度变化的效应（见图2-26），经常以相关的术语命名，并定义为加速比率（speed-up-ratio）Δs，或简写为加速（speed-up），见等式（2-16）。其中，v_{Wi} 是平均风速，Δh 为相应的高于地面的高度。x 表示整个高度内截面，α 表示不受气流影响的山岗上逆风面的一个点。

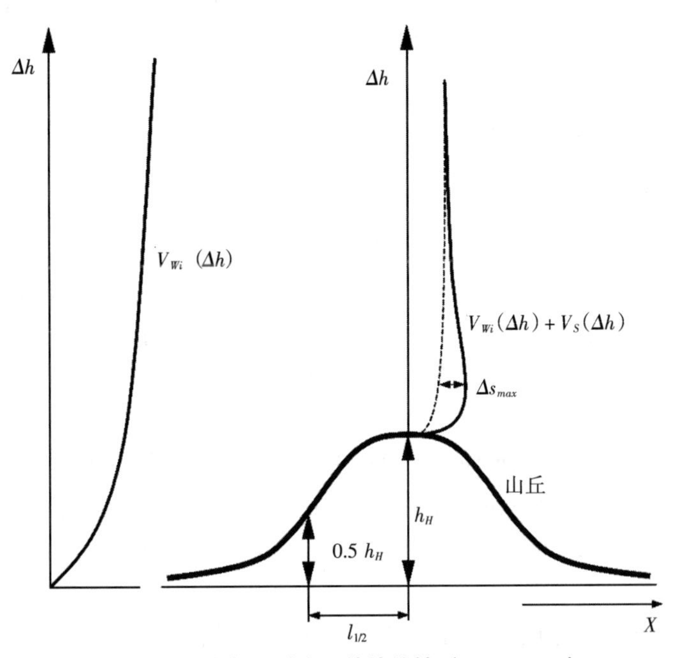

图 2-26 空气漫过山丘的粘结性（coherences）

$$\Delta s = \frac{v_{Wi,x}(\Delta h) - v_{Wi,\alpha}(\Delta h)}{v_{Wi,\alpha}(\Delta h)} \tag{2-16}$$

对于丘陵来说，可能会用到近似值 $\Delta s = 2h_H/l_{1/2}$ 和 $\Delta s = 1.6h_H/l_{1/2}$。$h_H$ 是山岗高

于周围环境的高度，$l_{1/2}$ 被称作半值长度，即顶点和半高（即山岗顶峰高度的一半）之间的水平距离。例如，对于典型的值（$h_H = 100m$，$l_{1/2} = 250m$）来说，风速最高可以增加约 60%或以上，这对风电站的能量产出会有显著的影响。

对于大多数山岗来说，顶峰之上风速增加最高的高程在 2.5m 和 5.0m 之间（参见文献/2-10/、/2-14/）。

（5）风能。根据上面的描述，大气层的气团永久性地处于运动中。这些运动中的气团的动能 E_{Wi} 取决于空气质量 m_{Wi} 和风速 v_{Wi} 的平方值，见等式（2-17）。

$$E_{Wi} = \frac{1}{2} m_{Wi} v_{Wi}^2 \tag{2-17}$$

通过一个特定表面的空气质量流 m_{Wi} 由表面积 S、空气密度 ρ_{Wi} 和风速 v_{Wi}确定，见等式（2-18）。

$$m_{Wi} = S\rho_{Wi}\frac{dx}{dt} = S\rho_{Wi}v_{Wi} \tag{2-18}$$

这样，用等式（2-17）和等式（2-18）可以计算出风所包含的能量 P_{Wi}，见等式（2-19）。根据该等式，风能与风速的立方成比例；此外，它也取决于空气密度 ρ_{Wi} 和等式中风流过的截面面积 S。

$$P_{Wi} = \frac{1}{2} m_{Wi} v_{Wi}^2 = \frac{1}{2} S\rho_{Wi} v_{Wi}^3 \tag{2-19}$$

2.3.2 供给特性

（1）测量风向和风速。风向用在风压下朝着风向、排列一致的风叶轮来测定。测定结果可以以机械或电子方式传送给一个登记在册的工具。

测量风速的工具（风速仪）可以按照测量瞬时或平均值进行区分。测量瞬时风速的工具有：

- 直板风速计，风压致使一个悬挂的平板垂直对齐风的方向。
- 动态风速指示仪，测量空速管压力（即一个反方向流动物体前面停滞点的压力（皮托管））或动态压力（即空速管压力和周围静态压力之差（普朗特的皮托管））。
- 热敏风速仪，由于气团流过所导致的诸如热导线的温度变化，这一变化很容易测量。

测量平均值的工具有：

- 转杯风速仪，它用来测量经过数秒钟（大约 10~30 秒）的平均风速或风路（windpath），风路是平均风速和时间的结果。转杯风速仪是测量 10 秒平均风速和 2 秒阵风最常用的工具。

- 叶轮风速计，主要功能和转杯风速仪相同。

（2）风的分布。上面总结的计量工具在世界各地都在使用，可以分析测量的风速并计算平均值。如果对不同年度的年平均风速进行平均，相似风速的区域就可以被区分。图 2-27 显示了高于地面 10m 之上世界范围内的这些值。

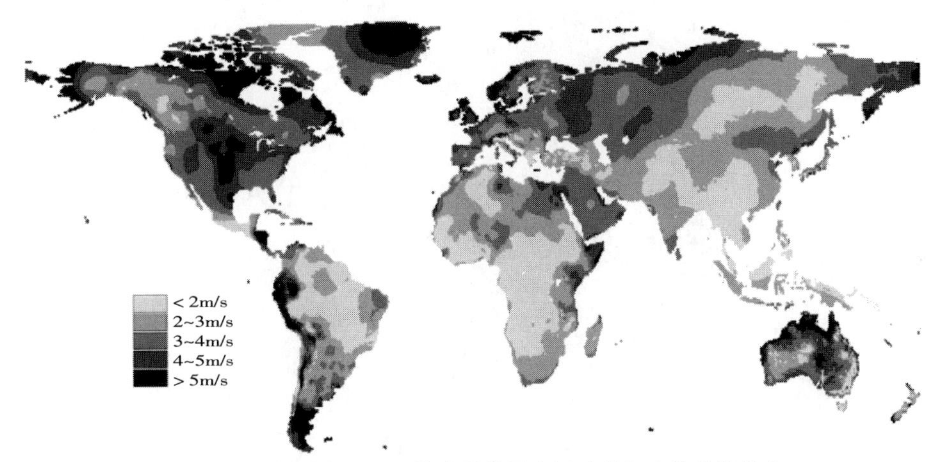

图 2-27 高于地面 10m 的世界范围内风速的年度均值的分布

根据该图，沿海地区高平均风速被特别标出，如澳大利亚的北部沿海地区、阿根廷巴塔哥尼亚的大西洋沿岸、加拿大的北部沿海地区。但是一些山区诸如在秘鲁、玻利维亚的安第斯山脉的西侧和一些平原（如美国的中西部）也具有较高风速的特征。在说明这样一个世界范围内风速的分布时，我们需要考虑到一些区域的风速数据库是比较缺乏的。

如果把高于地面 50m 以上的风速标注在德国全部地区，就可以总结出如图 2-28 的情形。根据该图，北海的海岸线地区具有年平均风速超过 8m/s 的特征。在东西弗里西亚群岛和沼泽地，长期的空气流速在 7~8m/s 或者之上。在沿海和内陆，风速相对来说比较小。例如，在北海沿海和相邻的内陆地区测量的平均风速在 6~7m/s，在波罗的海沿海地区观测的风速在 5~6m/s。在内陆地区，这一规模的风速只会在更高海拔的地区（或低山区域最高点和一些个别山峰）产生。在德国的其他地区，北部地区平均风速在 4~5m/s，南部地区有时会低于 3m/s。在德国南部受保护的河谷，平均风速有时甚至会低于 2m/s。

如图 2-27 和图 2-28 所示的风速分布是通过可比较的几个测量点来区分的。对于风能利用和场地的技术经济评价所需的小型分析来说，这些相互关系（interdependencies）会因局部影响参数而改变，这种情况对于地形非常复杂的低山

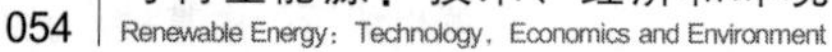

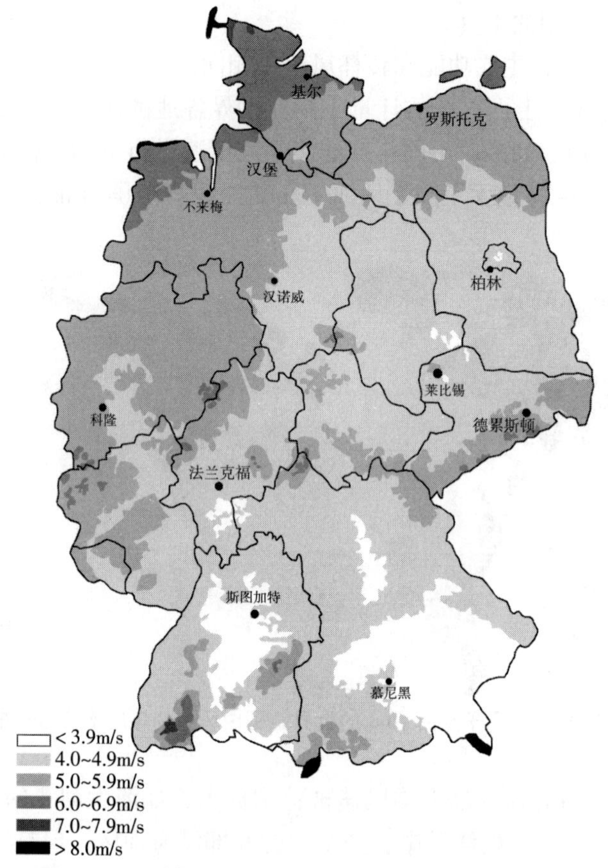

图 2–28　以德国为例的高于地面 50m 的相似风速带

区域是尤其可能的。

因此，图 2–29 另外显示了高于地面 50m 的具有复杂地形的地带的平均年风速分布。其中的等高线清晰地界定了区域内的山丘和山谷。在这样的例子中，由于遮蔽效应山谷中平均年风速低于 4m/s。相对照，由于风可以自由流动，所以逆着山顶的这些区域风速较高，有时高于 6m/s。此外，移动的气团在漫过山形之后会加速。逆山丘的风流动的这些特点会导致山顶有相对较高的风速。相对而言，平原地区的平均风速在 4~5m/s。

由于这种地图提供的长期平均年风速的区域分布具有模糊性，所以只是作为寻找高风能潜在风场而进行的初步地域划分。对于一个具体地点的评估，不能用这种地图显示风速替代当地的风速测量，因为风速在很大程度上还取决于场地地面粗糙度、当地环境中潜在的遮挡物、地貌和海拔等因素。然而，在图 2–29 中作为例子显示的风速分布地图，可以辨认地区和可能的风场，这对于更加详细地

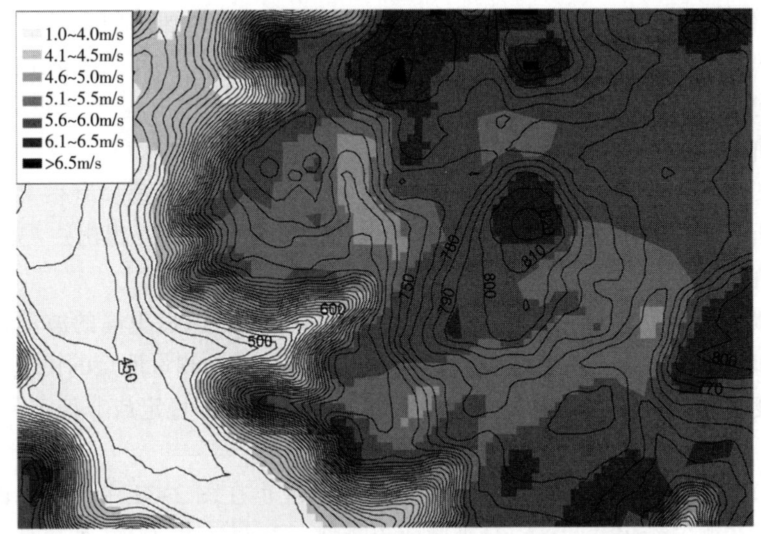

图 2-29 复杂地形区域高于地面 50m 的风速分布的例子

检查和测量风况很有意义。

（3）时间变化。使用德国北部的一个场地为例，图 2-30 显示了月度和日平均风速的年度变化过程。此外，也显示了基于每小时平均风速值的两日（该年的

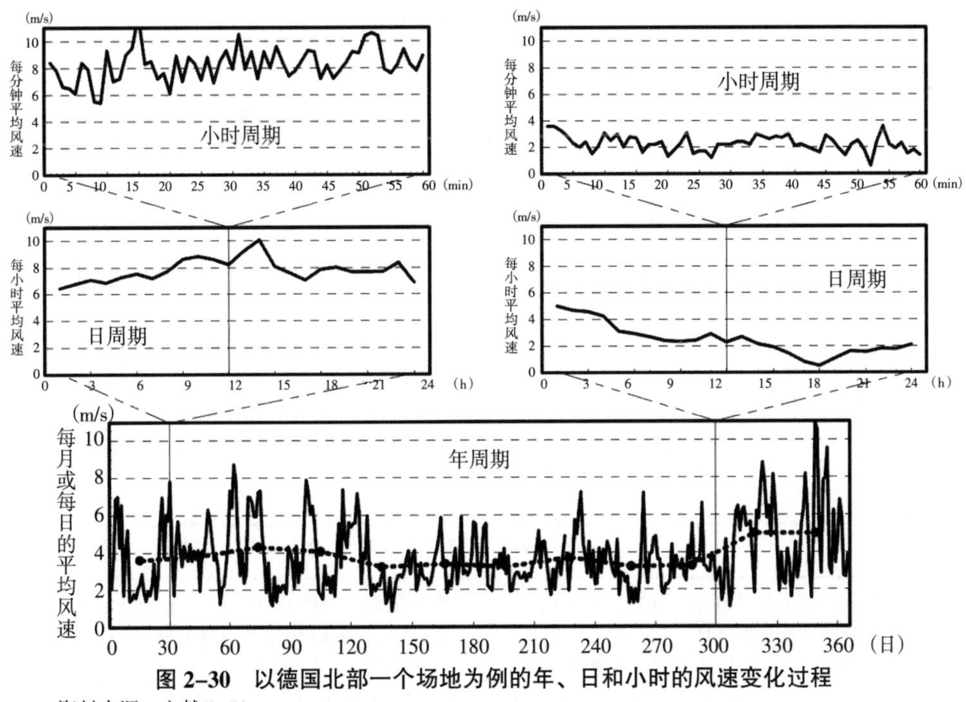

图 2-30 以德国北部一个场地为例的年、日和小时的风速变化过程

资料来源：文献/2-7/。

第30天和第300天）风速变化过程和基于每分钟平均风速的两小时（都是第12小时）风速变化过程。相应地，该地点的风速特征是弱的年度变化过程。相对照，平均小时风速值和每分钟风速值只是在一个非常有限的程度表现了一个典型的过程曲线。

该图也说明在给定时期内平均的日、小时和分钟的风速会有很大变化。例如，分析与平均小时值有关的平均分钟风速的变化，就可以得出±（30%~40%）的变化值。

相似的曲线在地球上其他地点也可以发现，但是风速更高的波动也可能发生。例如，风速量级可能会随着除其他因素之外的当地测量地点的情况和海拔的变化而变动。风速也在很大程度上受到微气象条件（即稳定或非稳定天气情况）的控制。

例如，年度风速循环会产生很大波动的情况也在图2-31中进行了说明。该图显示了在德国赫尔戈兰岛、马来西亚吉隆坡、新西兰惠灵顿、西班牙加那利群岛兰扎罗特岛和阿根廷布宜诺斯艾利斯平均月度风速。根据这些数据，图中的风速年度循环多少显示了明显的季节变化特性。例如，兰扎罗特岛的风速在夏季达到最高，在冬季下降。

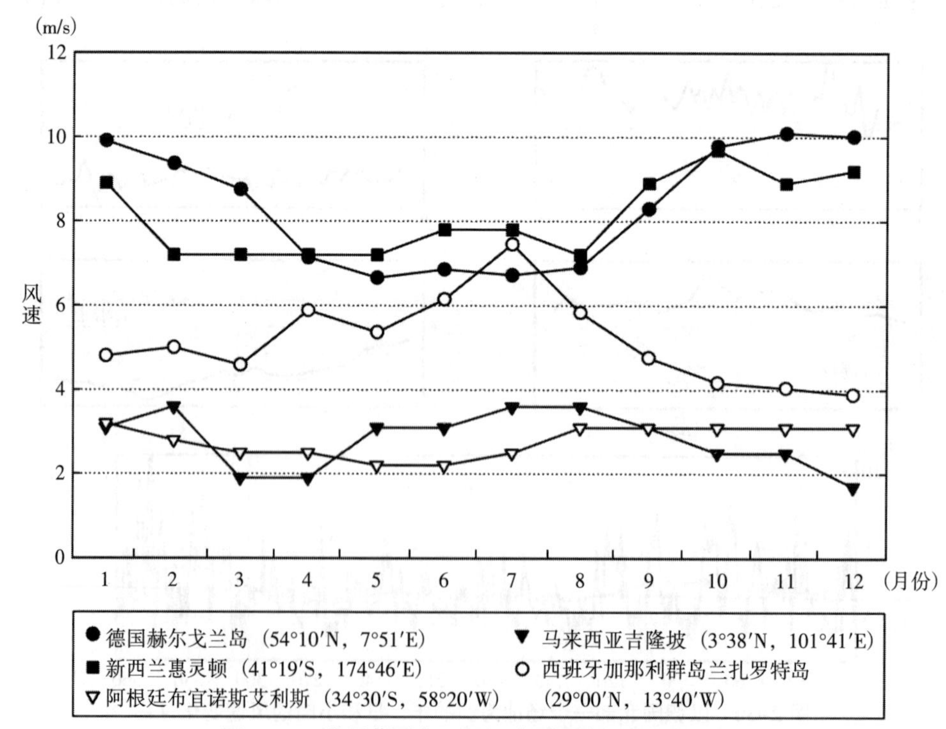

图2-31　世界范围内不同场地测量的风速年度曲线

平均风速在不同年份有很大的不同。图 2-32 显示了 1961~1998 年德国作为例子的四个地点的平均年风速。例如，在费尔德贝格，考察期间内的年平均风速在 6.1~8.5m/s 波动，显示平均值为 7.2m/s，因此变化达到约 1/5。类似的波动在其他地点也会发生。

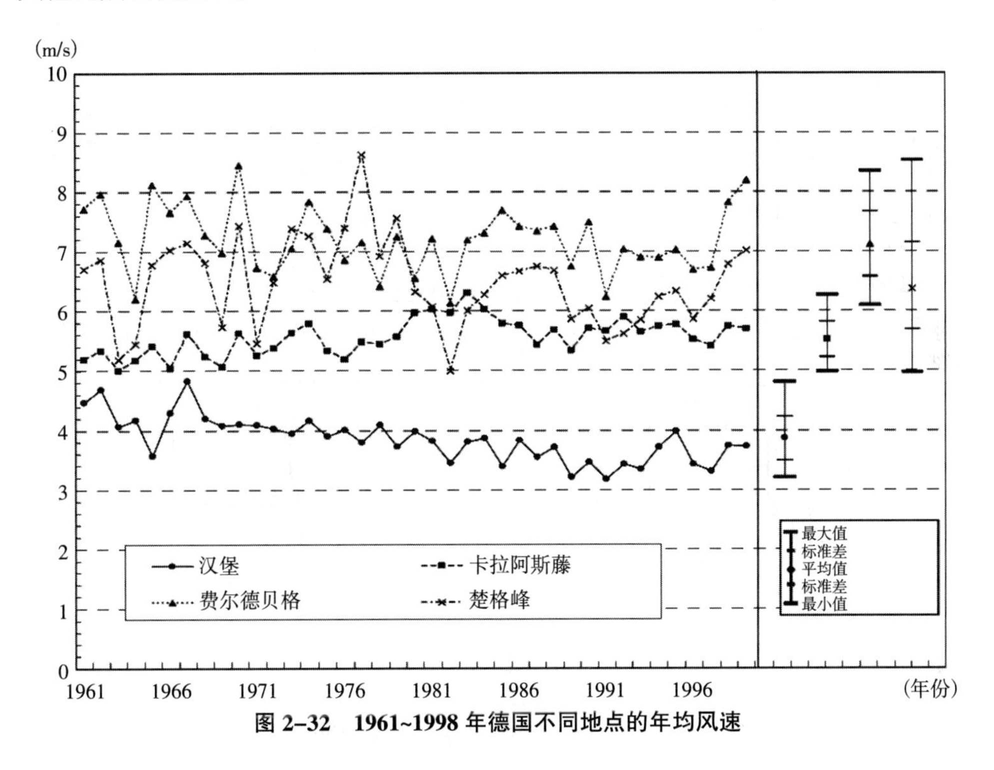

图 2-32　1961~1998 年德国不同地点的年均风速

此外，风速年变化过程可能由于明显不同的气象条件随年份有很大的变动。当观察和图 2-32 上地点相同的图 2-33 总结的月平均风速时，这一特征比较明显。此外，图中也给出了风速的最大值和最小值以及标准差。

所有在图 2-33 中显示的气象站都以特定的年度循环为特征。在夏季，这些地点的风速低于年平均值，几乎与当地条件无关。但是在冬季，观察长期平均风速，高于平均值风速占主流。但是每个月的平均风速有显著的波动。这种观察结果是与具体地点无关的。

通常，一个地点的风速特征表现为一年来典型平均日变化过程。日循环有时候可以在特别的某一天清楚地观察到。但是，大部分时间只能在非常有限的程度上观察到，或者根本无法观察到。除了世界范围内几个非常少有的例外场地，其他地方的风速平均日变化过程和被称为低地（low-land）或地面（ground）的类型（如德国诺德奈，见图 2-34）是一致的。在晚间直到凌晨 6 时，风速处于最低值。然后，空气移动速度缓慢增加。在早晨9时通常达到日平均值。在下午2时到4时，风速达到最大值，然后又开始下降。在晚上7时到8时，它又达到日平均值，午夜或随后达到最低值。

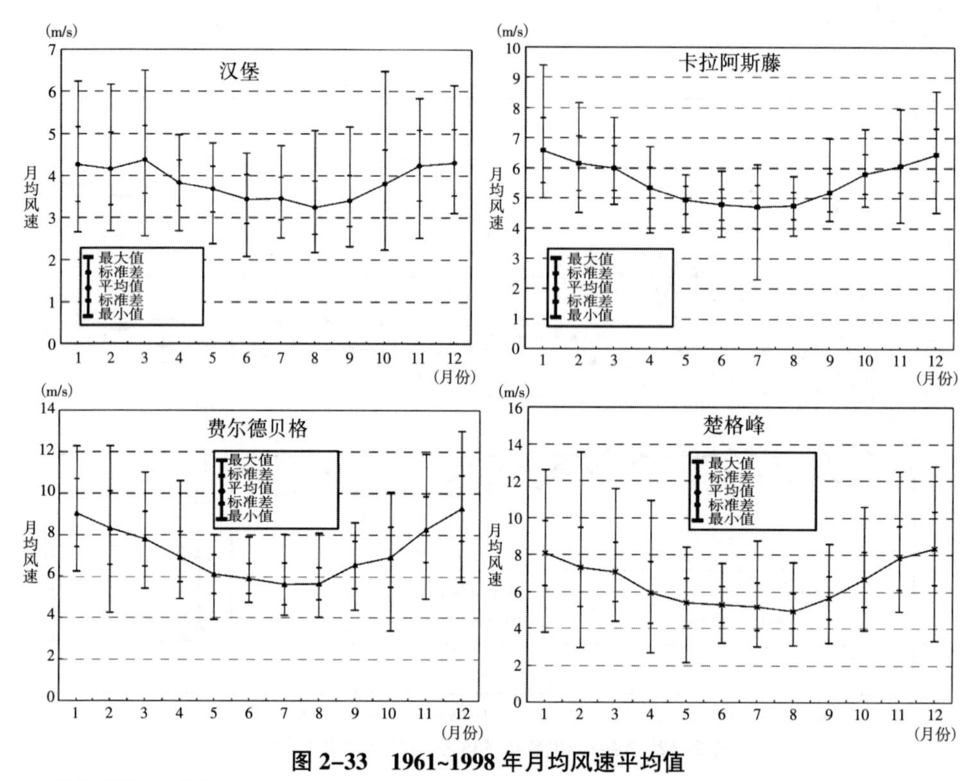

图 2-33　1961~1998 年月均风速平均值

资料来源：文献/2-12/。

某些天风速的日变化过程会由于变化的气候条件而与给定的年度平均日变化过程有很大的差异。但是，一年中，一般来说稳定的气候情况较多。举例描述的德国诺德奈的风速日变化过程，等于气候稳定期间热分层的日变化过程。在白天，由于入射的太阳辐射，接近地面的空气层有一个较强的混合；在夜间，分层比较稳定（参见文献/2-15/）。

对于高于地面 50~100m 的裸露的山顶场地（如德国沃恩派森博格，见图 2-34）和地形结构不太明显的地域，和地面类型相比，这些地方的风速日变化过程是相反的。这种情况被称为反向类型。晚上风速达到最大值，在日间中午或下午达到最小值。风速平均日变化过程的反向可以用日间和夜间变化的热分层来解释。在白天，由于太阳能被隔离和热辐射被反射，热分层不稳定，行星边界层扩张，这导致风速变慢。如果热分层在夜间是稳定的，顶部的空气流和近地面层相

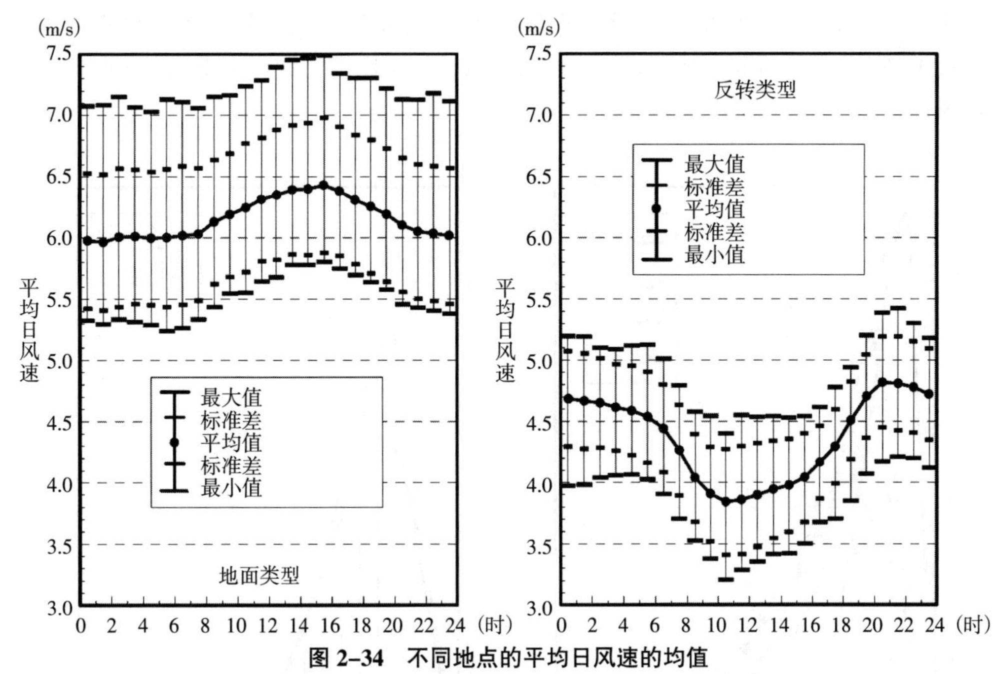

图 2-34 不同地点的平均日风速的均值

注：地面类型，数据来自德国诺德奈；反转类型，数据来自德国沃恩派森博格。

资料来源：文献/2-12/。

分离，从而导致风速达到高值（参见文献/2-15/）。

在高于地面 50~100m 的部分，平均风速日变化过程称为“过渡类型”。在这一海拔，有两个风速最高值的双波就会在中午和午夜发生。在早晨和夜间可以观察到两个最小值，但在文献/2-15/的例子中振幅相对较小。

（4）频率分布。尽管风速日变化和年变化过程按平均值来观察，但是测量的风速随不同的时间、地点和高度会有显著的变化。这就是对测量的风速时间序列进行比较非常困难的原因。因此，根据时间进度测量的风速时间序列，是以它们的分布函数为特征的。在此基础上，可以容易和可靠地对它们进行比较。出于这一目的，测量的风速值被分为不同风速类别。对于每一类别，计算按测量风速值总体数量分配给该类别的风速值的发生概率。这一频率分布总是显示一个典型的过程。

图 2-35 的左图显示了在不同场地测量的小时平均风速分布。根据这些发现，在年均风速区域内，给出各自的最高发生概率。如果平均风速相对较低，这些概率值较高。然而，这一特征只是限制在一个较小的风速范围内。随着风速值的逐渐增加，最高发生概率的绝对高度下降，频率分布均衡更加显著。

对以这一概率分布的数学近似可以采用不同的函数进行，这些函数能被较少的参数所描述。对于风速分布，可以用威布尔分布或瑞利分布描述（见图 2-35

右图）。今天，主要用威布尔分布更加广泛定义分布函数。相应地，根据等式（2–20）定义密度函数。其中，k 是形状参数，A 是比例参数（scaling factor），v_{Wi} 是风速。

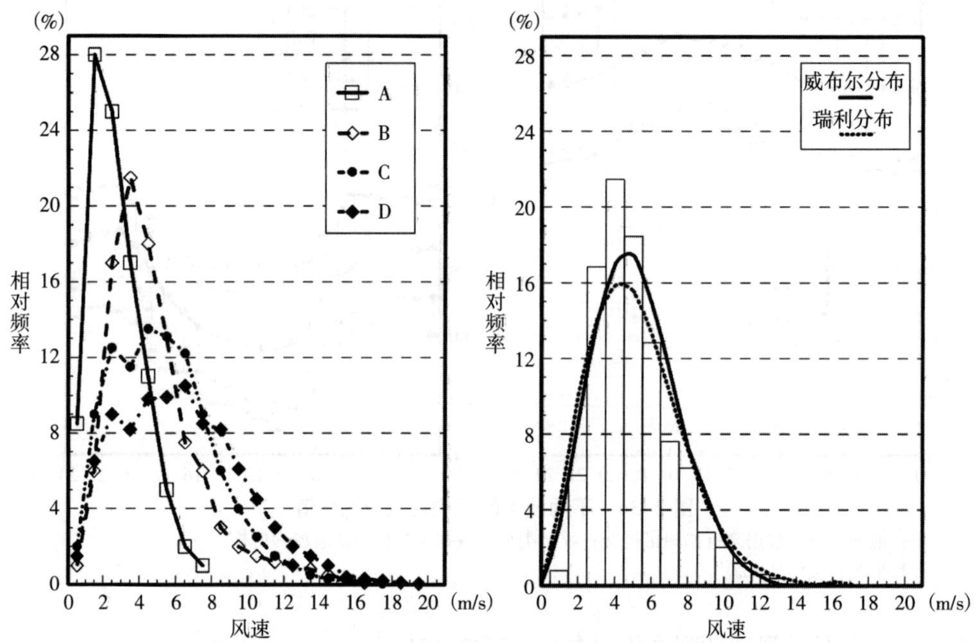

图 2–35　不同场地的风速频率分布（左）和场地 B 的相应的数学近似（右）

资料来源：文献/2–7/。

例如，根据德国的不同地点收集的计算的形状和比例参数结果见表 2–4。根据该表，形状参数的特征是值更小和平均年速度下降。

表 2–4　作为例子的德国不同地点的年均风速的形状和比例参数

单位：m/s

地点	年均风速	比例因子	形状因子
赫尔戈兰岛	7.2	8.0	2.09
利斯特	7.1	8.0	2.15
不来梅	4.3	4.9	1.85
不伦瑞克	3.8	4.3	1.83
萨尔布吕肯	3.4	3.9	1.82
斯图加特	2.5	2.8	1.24

$$f(v_{Wi}) = \frac{k}{A}\left(\frac{v_{Wi}}{A}\right)^{(k-1)} e^{-\left(\frac{v_{Wi}}{A}\right)^{k}} \tag{2-20}$$

2.4　径流和水库供水

地球上入射的总太阳能中，约21%或1.2×10^6EJ/a用于全球水循环和降水。但是，在这一能量中，只有储存在河流和湖泊中的非常少的0.02%或200EJ/a作为动能或势能可以被利用（参见文献/2–23/）。

2.4.1　原理

（1）地球上水的储存。地球上可用的以固体（冰）、液体（水）和气体（水蒸气）方式储存的可用的水量仅有$1.4 \times 10^9 km^3$（参见文献/2–23/）。

表2–5提供了地球上不同形态的水在数量上的分布。根据该表，大气中的水蒸气在地球上所有水的储存中占比很低，只有约0.001%；冰的占比约为2.15%，也是比较少的。因此，储存在地球上绝大多数的水是液态水，占比在97.8%左右，主要集中在海洋中。

表2–5　地球上水的储存

	量（$10^3 km^3$）	占比（%）
大气中的水蒸气（易挥发）	大约13	大约0.001
水（液体）：河流和溪流	大约1	大约0.00001
淡水湖	大约125	大约0.009
地表水	大约8300	大约0.61
海洋	大约1322000	大约97.2
冰（固体）：极地冰和冰川	大约29200	大约2.15
总计	大约1360000	100.0

资料来源：文献/2–23/。

（2）水循环。前面描述的地球上水循环持续地被入射的太阳能所驱动。水循环主要通过海洋水、植物和陆地水的蒸发维持（见图2–36）。蒸发的水在大气层中通过全球和局部的风循环转换为水蒸气，而后，通过降水转换为如雨、雪、软雹、露水等形式。在海洋上部，降水比蒸发少一点。相应地，这导致陆地上更高的降雨水平，从而造成水从海洋到大陆的净流入。这些降雨养育了雪地、冰川、河流、湖泊和地下水。

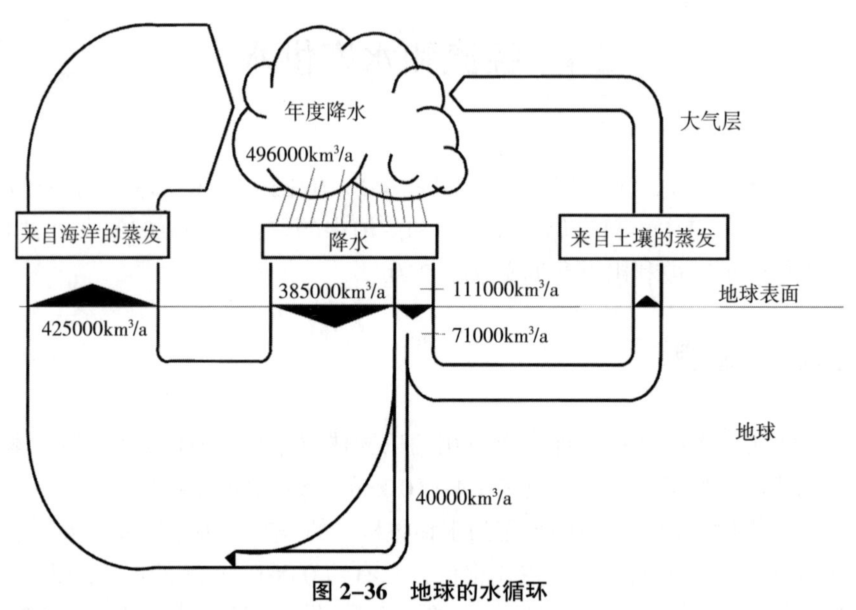

图 2-36　地球的水循环

资料来源：文献/2-23/。

如果全球总降水和地球表面相关，那么年均降水大约为 972mm（1mm 等于 1L/m²）。但是，根据局部地方条件，这一值在各地有显著的不同。例如，一些沙漠地区多年来从不下雨（如撒哈拉沙漠、卡拉哈里沙漠）。在一些无遮蔽的地点，（如山坡）在一年之中可以观察到相当于 5000mm 和更多的降雨。平均来说，大陆年均降水量大约为 745mm。在这些降水量中，如在中欧地区的条件下约 62%被直接或间接蒸发，剩余的 38%作为地表水流走。但是这一比例在其他条件下会有变化。

到达大气层的云和雨形成层的水的势能可利用性非常有限。对于海洋上的部分降雨，这种能主要转换为不可利用的低温。对于降落在大陆上的降雨部分，约 64%排入地下。由于被排下去的水只有在位于更低海拔的下山地方才能露出地面，所以陆地降雨产生势能也不能被全部利用。

因此，最终只有在地面流的水可以被开发利用，相应地，大约等于大陆总降水的 36%。由此，因降水地和海平面的高度差而产生的势能从理论上来说是有用的。没有任何技术上的利用措施，以势能形式储存在水道或湖泊中的能量通过侵蚀河床和涡流，转换为接近环境温度的热能。

（3）降水。在地球的大气层内，不同的气层有不同蒸汽含量。如果空气温度下降到低于露点，这些蒸汽转化为附着有凝结核（也就是浮动气溶胶颗粒）的水分子的可见形式，形成小水滴。如果温度高于凝固点，小云滴相互附着（凝聚），不能被气流继续携带，降水就会发生（参见文献/2–24/）。

液态降水被称为雨。它和毛毛雨通过半径区分，毛毛雨滴的半径在 0.05~0.25mm，雨滴的半径在 0.25~2.5mm。液态降水也能从含有冰晶的云（如雷电云）发生。在从大气层到地球表面的路上，通常是这种降水从固态到液态的转化阶段。然而，如果云下面气层的空气温度也低于凝固点，固态降水就会发生。这些固态降水类型有雪片、雪晶、冰针、软雹和冰雹。雪可以以“普通降雪”或阵雪产生，包括雪星或其他类型冰晶体，它们可以单独降落或融合在一起降落形成小薄片（参见文献/2–24/）。

如果十分接近地面的地表温度低于露点或霜点，就会通过气态水的凝结或沉积而产生露或霜两种形式的降水。此外，雾或云能形成水积（water deposits），或者在温度低于凝固点时，形成各种类型的霜积（frost deposits）（参见文献/2–24/）。

（4）从降水到流动。在一定时间内一块陆地区域内的降水储存在地表，而后蒸发或通过溪流和河流流走。在特定的时期、特定的区域内可利用的水资源可以用水资源等式（见等式（2–21））进行描述（见图 2–37）。P_s 是一块特定区域的表面降水，$F_{a,S}$ 和 $F_{b,S}$ 分别是调查的时间期间 Δt 内该区域的高于地面的流量和低于地面的流量。E_S 和 R_S 是分别在同一时间段的该区域的地面蒸发量和保留量

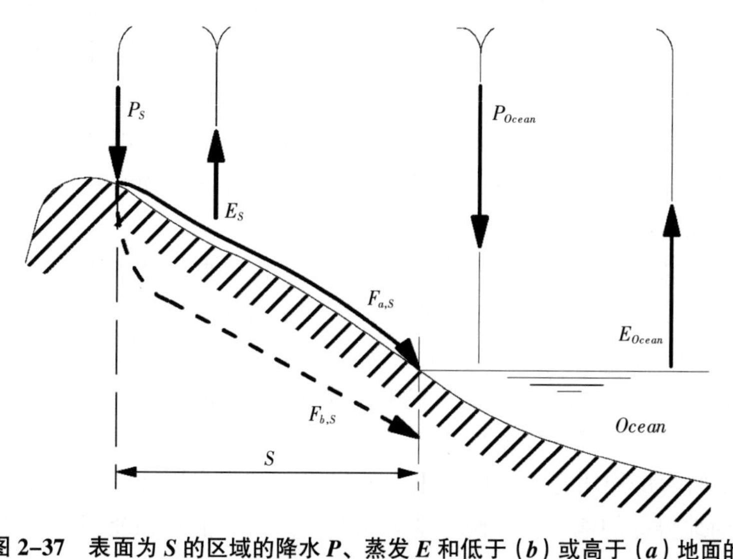

图 2–37 表面为 *S* 的区域的降水 *P*、蒸发 *E* 和低于（*b*）或高于（*a*）地面的水流 *F* 的自然水循环

资料来源：文献/2–23/。

（也就是以地下水储存在地下的降水部分）。

$$P_S = (F_{a,S} + F_{b,S}) + E_S \pm R_S \quad (2\text{-}21)$$

在地表之上，降水可以是雪、冰和/或水（也就是雨），但是地下只能产生水。如果时间段 Δt 足够长，降水量完全可以达到平衡，保留量可以忽略不计。

通常，降水是以降水量（即降水体积和表面积的比值（P_S/S），单位 mm）这个术语来表示的。该术语也用于描述总降水量中没有被蒸发而被排出或随地下水流走的部分，即径流量。径流系数（flow coefficient）被定义为流量和降水量的比值，它描述降水量中最终被排出的部分。和其他参数一起，径流系数具体由分析区域的降水和区域条件（即植被、渗透性、地形）所决定。但是，径流系数一般随着降水量的增加而增加。

以这些相互依赖变量为基础，就可以描述特定地区的流量特征。用降水、蒸发和保留的知识，至少可以对水流状态进行定性解释。水流状态（flow regime）定义为在特定地区一年中溪水或河流的实时的水流入和流出量。为了获得该值，要明确地确定外流溪水或河流的集水区域（catchment area）。这样，朝着一条溪流或河流沿线中特定点的“流入”量等于各自集水区的“流出”量。在一年内的不同方向和时间段以及不同月份的水流状态一般是随时间而显著变化的。

此外，潜在集水区的流量取决于区域面积和降水的规模。必须考虑，在倾斜的不透水层条件下，集水区的地上分水岭和地下分水岭可以有很大的不同。这就会显著地增加或减少特定集水区的流量。

降水和一个特定集水区的径流只是间接联系的，因为只有部分的雨在落下来之后立即流走。在高降水时期，由于形成储水，径流被延迟；而在低降水时期，由于储水被使用，会有更多的流量。在温度低于凝固点时，由于水以雪和冰的方式储存，径流会有额外的延迟。此外，部分降水通过诸如立即蒸发、植物生长造成的间接蒸发，或者由于灌溉设施造成的增量蒸发而完全损失掉了。因此，从雨量到径流无法得出直接的结论。

降雪对于特定地区的径流来说也是重要的，因为储存在雪中的水只有在一定延迟之后才会形成径流。在其他因素中，雪的覆盖会受到空气温度、总辐射、风和地形的影响。超过一个地区储存容量而瞬间融化的雪和暴雨一样，会造成洪水。因此，极端的洪水经常会在融雪和暴雨同时发生的时候产生（在中欧部分地区的早春，这种情况经常发生）。

（5）水的能量和功容量。由于重力的作用，溪流或河流中的水流会从地势高的地方流向地势低的地方。在两个地方水有不同的势能和动能特性。为了近似地确定这些外流水能量的差异，可以假定一个固定的、无摩擦、不可压缩的水流。在这些前提条件下，可以使用流体伯努利（Bernoulli）压力方程，该方程见等式

(2–22)。

$$p+\rho_{Wa}gh+\frac{1}{2}\rho_{Wa}v_{Wa}^{2}=const. \tag{2–22}$$

其中，p 是流体静压，ρ_{Wa} 是水密度，g 是重力加速度，h 是深度，v_{Wa} 是水流速度。方程（2–22）可以变换为第一项表示压力水平，第二项表示场地水头水平，第三项表示速度水平（见等式（2–23））。

$$\frac{p}{\rho_{Wa}}+h+\frac{1}{2}\frac{v_{Wa}^{2}}{g}=const. \tag{2–23}$$

例如，等式（2–23）可以决定溪流或河流中特定河道可以利用的水头 h_{util}。它可以根据等式（2–24）中的压力差、地势高程差、水速差来计算。当使用这个公式时，我们需要记住这是一个理想化的没有考虑任何实际损失的分析方式。因此，在实际条件下，计算可利用的水头，必须要减去单个水分子之间和周围物质的摩擦导致的水头损失（见第 7 章）。

$$h_{util}=\frac{p_1-p_2}{\rho_{Wa}g}+(h_1-h_2)+\frac{v_{Wa,1}^{2}-v_{Wa,2}^{2}}{2g} \tag{2–24}$$

由于压力差和速度差通常相对较小，水流过程（如溪流或河流）中两个水面的地势水头在初步估算时通常可以用作可利用的水头。等式（2–24）的其他元素主要在水电站的水力系统中考虑。

从这一假定开始，来自水供给的能量 P_{Wa} 可以使用等式（2–25）计算。q_{Wa} 是与量相关的流速。根据这一等式，水流和可利用水头的乘积主要决定水的能量。大水头通常能在山区获得，而在低洼地区，主要假定水流具有高值。

$$P_{Wa}=\rho_{Wa}\,g q_{Wa}\,h_{util} \tag{2–25}$$

通过整合随时间变化的等式（2–25），相应的水能的功容量就可以获得。功容量在水密度、重力加速度、定义时间段内流速和可利用的水头的基础上计算。

在高降水时期，特定的水量 $V_{Reservoir}$ 可以被储存。对于这种类型的储存，应用含有流入、流出、发生的泄露和蒸发损失的水资源等式（见式（2–21））计算储存的水量。此外，该等式讨论的条件适用于由水库提供的能量和功的计算。水库储存的能源 E_{Wa} 由水库规模——储存的水量和可利用的水头决定，可应用等式（2–26）计算得到。

$$E_{Wa}=\rho_{Wa}gh_{util}V_{Reservoir} \tag{2–26}$$

2.4.2 供给特性

（1）测量水—技术参数。可利用的水能只有在测量的基础上才能被可靠估计。因此，测量降水、径流或流量非常重要。各自的测量技术将在下面做简要的解释（参见文献/2-23/）。

1）测量降水。当前，常用的降水测量工具为获取水平衡的微小集水区。作为雨计量器（雨量计）或记录雨的计量器（雨量记录计）设计的集水盆是相对简单的。

一个最简单的雨量计标准模型测量一段特定时期获得的降水。这可以通过一个圆柱形的测量容器来进行，每一水平的增加等于一个特定的降水高度。

雨量记录计持续地记录储留的水。例如，这可以通过水盆内浮动的测量器或通过对水盆持续称重进行。

就固体的降水（如雪）来说，通过称为雪芯筒的工具从积雪中取得一定量立柱雪，这些数量的雪融化后随之就表现为降水水平。

2）径流测量。为了测量流动水的流量，目前主要有三种基本的方法可以采用。

- 测量水流的速度（stream velocity）。流量（flow rate）定义为通过流水截面水速的积分。如果截面已知，用水流驱动的水平排列的螺旋桨测量水流速度。测量的值可以计算通流（through-flow）。磁感应计量仪或声学多普勒也可以用作同样的目的。如果以不同的流量水平测量流速，可以导出具体地点的水平流量。

- 测量水位（water level）。如果水位和水流的关系可以获得（如通过测量、水力学计算或样本实验），以测量板测量水位，浮动的或其他测位仪是足够的。然后，可以从流量曲线导出流量。由于这种方法的简单性，这种水位的测量方法最适用于自动收集许多年来水位数据和流量数据的情形。

- 测量示踪浓度（tracer concentration）。这种方法，是将盐或染料加入河流的上游，测量下游添加物的浓度。假定经过溪流或河流的所有截面后，盐或染料的浓度几乎保持不变，而且流量也是不变的，基于盐或染料平衡原理，就可以计算流量。

3）流量测量。测量管中的通流主要用内置测量器进行。和测量流动水的流量相比，这种方法一般更为简单。一般用到下面的方法。

- 测量压力管线中截面变化前后的压力差，由于技术的便利性，可以相对简单地进行测量。它直接和速度的变化相关。如果管的直径已知，通流就可以计算出来（文丘里管）。

- 运动物体的流动阻力也可以相对容易地测量。如果一个物体在垂直管线中运输（如水），那么该物体的静态重量和动静态浮力之间的平衡就会建立。因此，如果物体的重量已知，通流就可以被确定。由于这种测量方法会导致管线中水力损失，如今几乎很少采用。

• 当移动导电体到一个磁场电力线，因感应在导体中产生的电压可以被测量。电压的变化和导电体的运动是成比例的。水中的离子作为这样的导电体运行。如果管的直径和磁感应已知，那么在测量电压的基础上就可以计算通流。

• 通过一个管道的流量也可以采用超声波顺着或逆着水流方向进行测量。这是由于水的声速变化和管道有关。

• 此外，通过一个机械连接驱动仪器（如水表）运转，也可以用牢固安装在管道里的液体比重计的叶片测量一个管道的通流。

（2）降水的分布和变化。测量降水的工具（如雨量计）已经在世界范围内使用了几个世纪。测量的值可以用来计算年均降水量。如果年均降水量通过多年的数据平均得到，具有相似降水量的地区就可以得到辨认。图 2–38 显示了世界范围内的这些值。

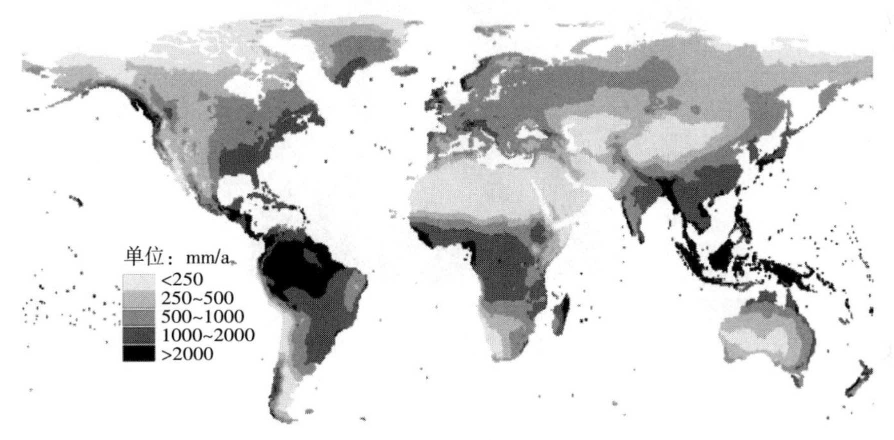

图 2–38 平均年度降水分布

注：时间为 1961~1990 年；海洋中的一些数据点的数据可能来自气象浮标。
资料来源：文献/2–11/。

根据图 2–38，高降水地区主要分布在赤道附近。此外，众所周知，地球上的沙漠降水量是非常低的。

该张平均年降水的地图只能提供世界范围内特定的降水集聚或分散的初步估计，为了更加详细地分析相互关系，图 2–39 以德国为例显示其降水分布。这里，年均降水主要受地形和逐渐向东增加的大陆性气候影响，降水量在莱茵河流域的北部约 500mm 和阿尔卑斯山脉的边缘逾 2500mm 之间变化。在低山范围内也有降水很多的地区。

在图 2–39 中显示的多年来的降水量均值在一个整年度内会有很大的差异。图 2–40 揭示了德国四个不同地区（汉堡、卡塞尔、沃恩派森博格、柏林）1961~1996 年的年降水水平。这一覆盖 35 年的年均降水量如沃恩派森博格在±25%的范

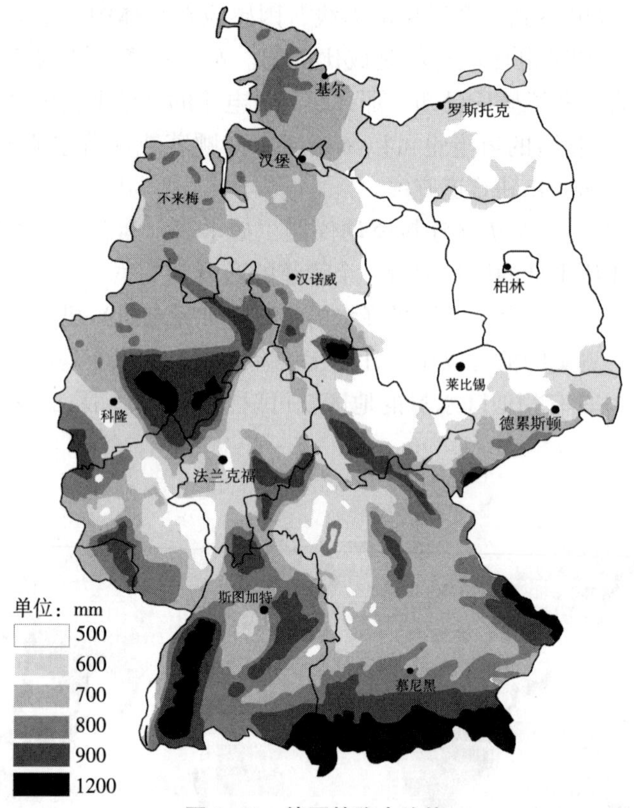

图 2-39 德国的降水均值

资料来源：文献/2-12/和文献/2-24/。

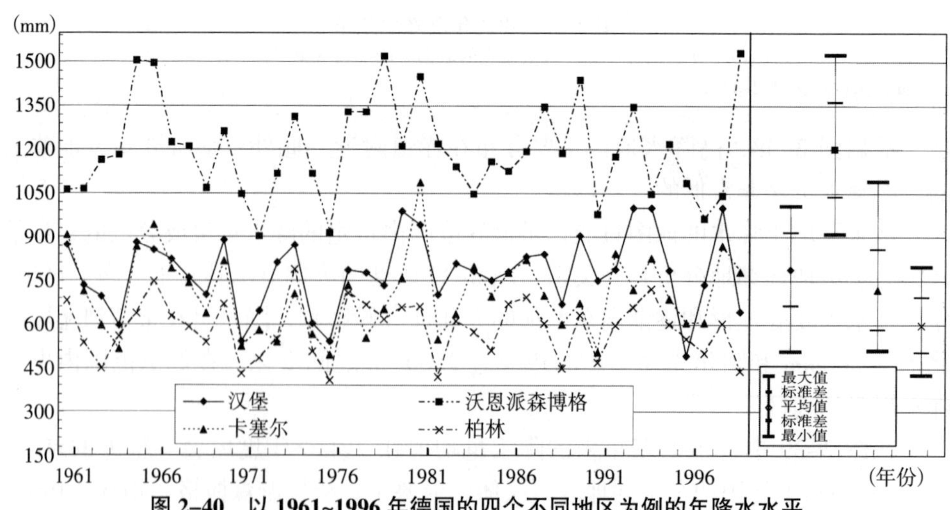

图 2-40 以 1961~1996 年德国的四个不同地区为例的年降水水平

资料来源：文献/2-12/。

围内波动，而汉堡在±50%的范围内波动[①]。

降水量不只是在不同年度之间变化，也经常会在同一年度内有很大的波动。因此，图 2-41 显示了德国赫尔戈兰岛、象牙海岸阿比让、巴西贝伦、阿尔及利亚贝沙尔、马来西亚吉隆坡地区的月均降水水平。首先，年度降水周期有非常不同的降水量是明显的。这是由于贝沙尔在沙漠内，贝伦在热带地区。其次，图中明显显示降水周期是受季节影响的。如阿比让在 5 月、6 月、7 月的特征是雨季，这一时段是年度降水周期的显著顶点。同样的规律也适用于其他地区，但是显著性会降低很多。

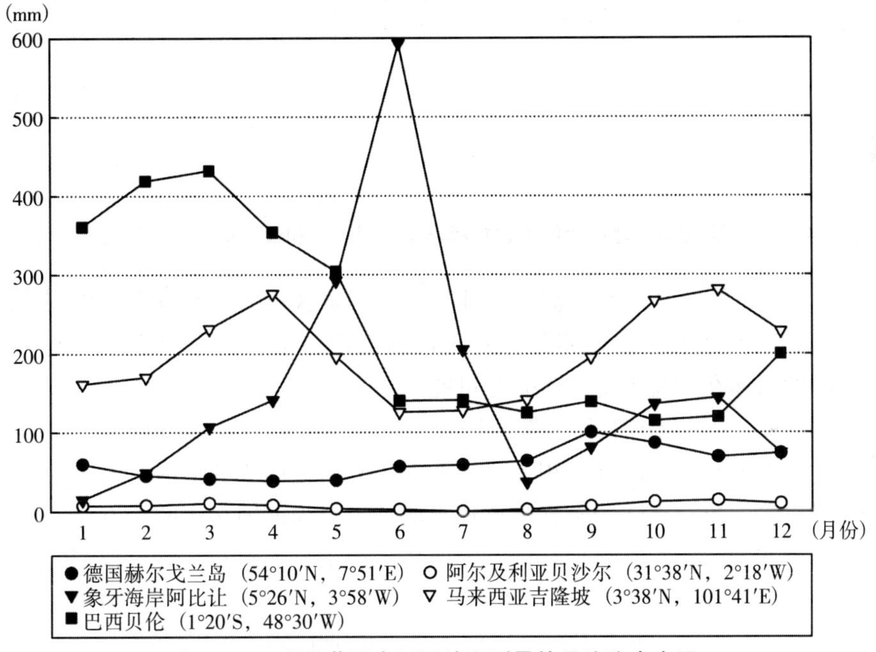

图 2-41 世界范围内不同地区测量的月均降水水平

但是，具体到某一年度，这些降水周期可能会由于特定微观气象条件而有相当大的变化。因此，图 2-42 给出了图 2-40 中四个地点降水的相应的标准差、最高值和最低值。根据这些代表值，月度平均降水有与地点无关的明显特征。这一点从标准差、最大值和最小值可以观察到。

由于以日为期间的降水非常不规律，表述日降水曲线是没有意义的。大致来说，可以假定中欧降水是随机发生的。但是，热带地区可能并不相同。

① 译者注：原文疑有误，已按照图 2-40 修改。

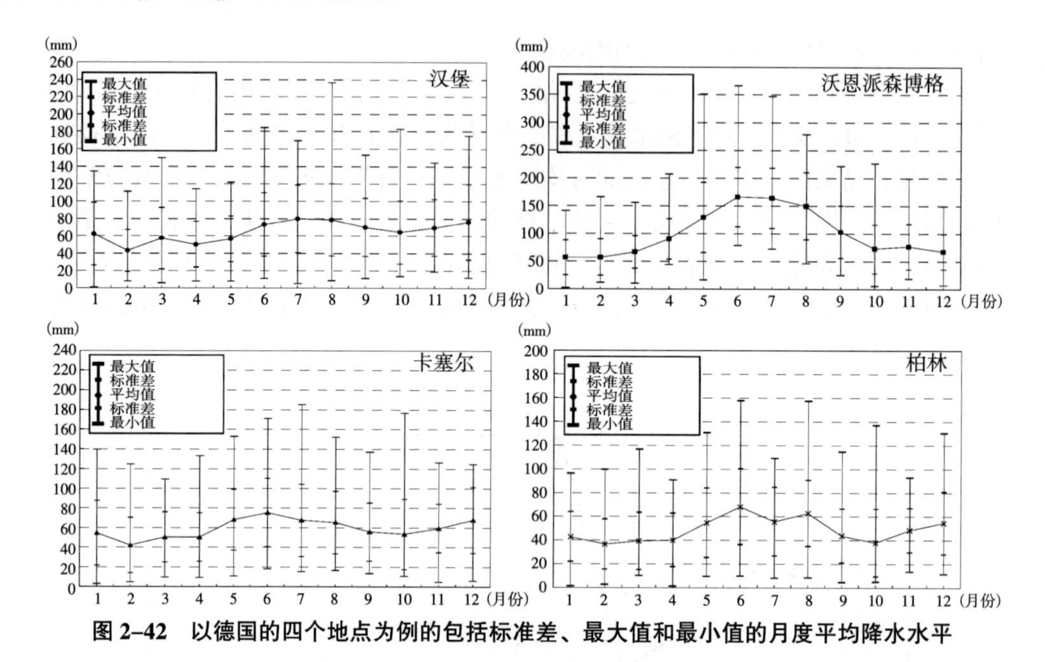

图 2-42　以德国的四个地点为例的包括标准差、最大值和最小值的月度平均降水水平

(3) 河流系统、径流和径流的特征。一个特定区域的径流或多或少明显地具有上面总结的降水特征。流走的水排进溪流或河流中，径流聚集在河流中，因此，流动的水体在河流中提供能源是可能的。

图 2-43 显示了以奥地利为例的拥有各自汇集区的主要河流系统。该地图清晰地说明了奥地利拥有由许多相互连接的河流和溪流构成的良好水系。由于相对较高的降水量，流动水体的密度是比较高的。也因为该国多山的特点，使用储存在这些河流和湖泊中的能源具有良好的前景。这也是奥地利在世界范围内占有高的发电份额的原因之一。

图 2-43 显示的一些溪流和河流部分是由奥地利境外地区的降水输水的。这些外部水源不是产生于奥地利的能源供应。在估计开发总体能源时，这些影响必须要考虑进来。

在这些溪流和河流中，日均降水有时候非常多。图 2-44 以德国西南的内卡河为例显示了不同日的水流量。特别是由于黑森林融雪的缘故，春天具有非常高的平均通流，特别是当融雪伴随着暴雨时，水流会有非常显著的变化。然而，一年的最后时段，是以低通流为特点的。这些时间通流的快速上升和随之而来的快速下降是比较显著的。

观察多年来的日度或月度平均径流均值，可以看出径流具有季节性波动的特性，这种特性取决于被分析的河流以及该河流特定支流，取决于河流及气象条件，这种年度周期可能在一年内或只在长期平均值中观察到。作为年度周期特性

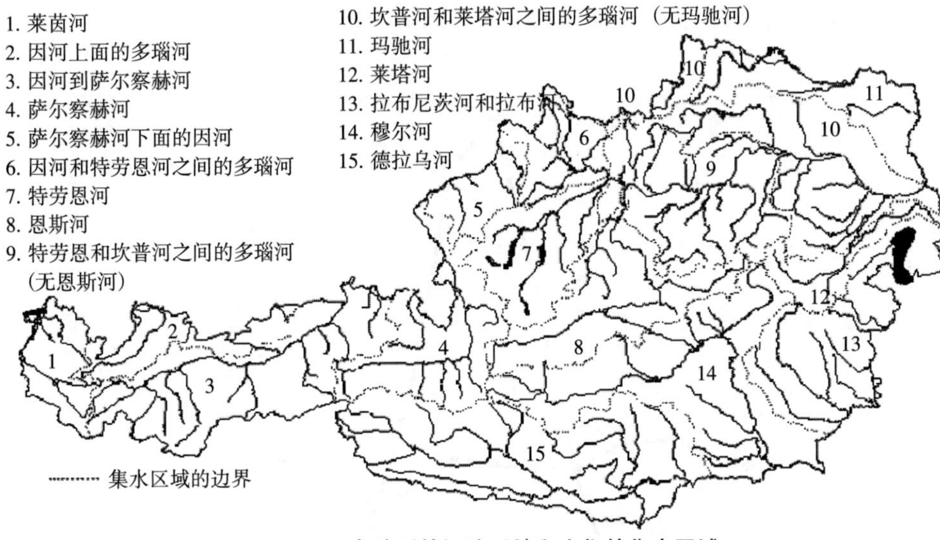

图 2-43 奥地利的河流系统和它们的集水区域

资料来源：文献/2-13/。

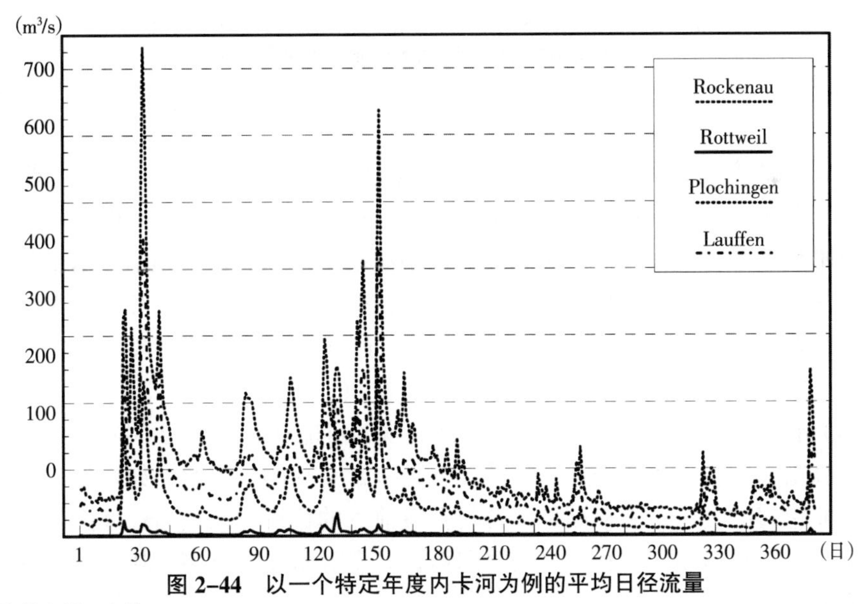

图 2-44 以一个特定年度内卡河为例的平均日径流量

资料来源：文献/2-7/。

的例子，图 2-45 显示了几个奥地利河流径流月度均值。根据该图，多瑙河和奥茨塔尔河在不同月份的径流表现出了明显的差异。由于阿尔卑斯山高海拔区域积雪融化，这里的径流最大值出现在夏天。但对于曼丁（Mattig）河流来说，情况则不同：由于该河流的汇集区位于低山地区，那里积雪融化和奥茨塔尔河相比在一年中要早一些，所以，该条河流的径流最高值出现在春季。

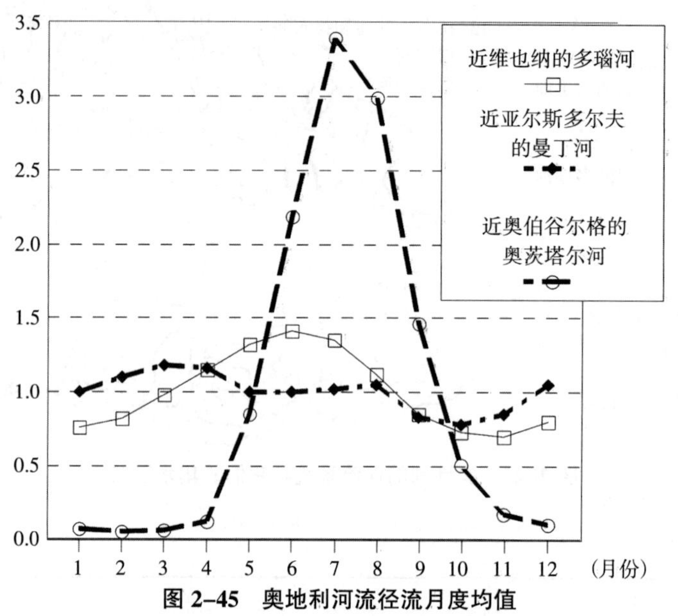

图 2-45 奥地利河流径流月度均值

资料来源：文献/2-13/。

但是，年度周期的长期平均在不同的年度会有显著的变化。因此，图 2-46 以内卡河的 Rockenau 和莱茵河上游的 Maxau 的水位为例，给出了许多年来通流的月度平均值和相应的高低水量和最大最小波动的范围。根据该图，基于月度平均的径流在不同年度的变化可能是巨大的。在一些月份，测量的径流最大值比内卡河均值高 10 倍，比莱茵河均值高约 4 倍。这种洪水事件经常会对村庄、城市和农地有害。

(4) 水库。按照地形条件，不同地区储水的可能性有很大的不同。

在高山地区，储水的条件多数情况下是非常有利的。因此，如阿尔卑斯山已经拥有非常多的水库；佛根湖是莱希河上最前头的径流式水电站；德国最早的高压电站之一在科赫尔湖和瓦尔兴湖之间运行。多数水库具有多个功能，发电不总是它们的主要功能。

在低山地区，储水湖的存在有时可能主要是为了发电，但有时是为了保证饮用水和家庭用水的供应。在没有水库的地区，由于低蓄水量造成供水的短缺主要在夏天发生。通常两种情况是相互关联的。

为了发电储水的典型例子是阿尔卑斯山的年度蓄水。它们通常在冬季结束的时候是空的，在夏天通过集水区的雪融化和其他流域水的转移来补充水。在这期

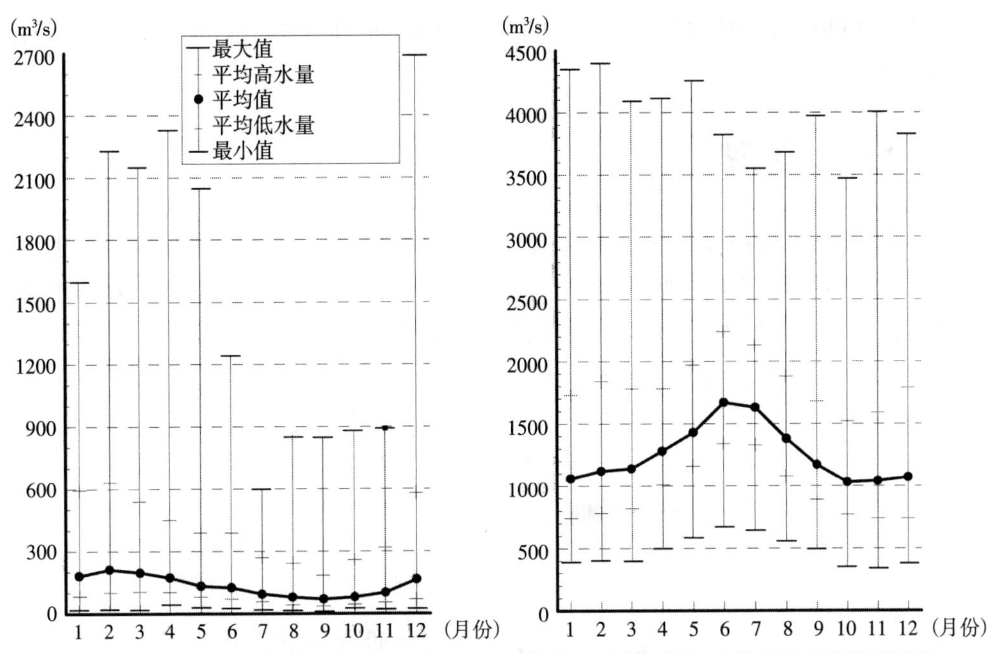

图 2-46　在 Rockenau/内卡河（左）和 Maxau/莱茵河（右）的河流的月平均径流的均值、平均高低水量以及最高和最低的波动

资料来源：文献/2-25/。

间，它们只释放很少的水。在夏天结束时，水库应该被完全充满。在冬季，当电力需求较大时，实际上没有水流流入水库，只能使用储存的水。这些水库也会增加下游河流的流量。

2.5　光合作用固定能源

广义上来说，生物质包括所有的植物生物质和动物生物质。据估计，在陆地上有 1.84×10^{12} 吨干的生物质。植物生物质或者植物的主要部分产生于自养生物，它们可以通过光合作用利用太阳能生产自己所需的能量生存。异养生物主要包括动物生物质，需要消耗有机物质来产生能量。

生物质可以分成主产物和副产物。前者通过光合作用直接利用太阳能生产。就能源供应来说，有的来自能源作物种植（即快速生长树、能源草）或植物的副产品；有的来自农业和林业的残渣、废弃物，包括相应的下游产业和私人经济（即稻草、木材残渣或毁坏的木材、家庭和工业废料中有机成分）。副产品通过更高一级有机物（如动物的消化系统）中有机物质的分解和转化产生，这些物质有液体厩肥和污水污泥等。

2.5.1 原理

(1) 植物的结构和组成。植物由茎、叶和根组成。后者将植物固定在土地中，使得它能够从土壤中吸取水分和营养。茎携带叶子，供应植物来自根系中的水和营养，并运输叶子中产生的有机物质到根部。叶子吸收光合作用所需的阳光。为了光合作用、呼吸、蒸腾，叶子使二氧化碳、氧气和蒸汽进行气体交换（见图 2–47）；为了繁殖，植物开花，种子从花中产生。

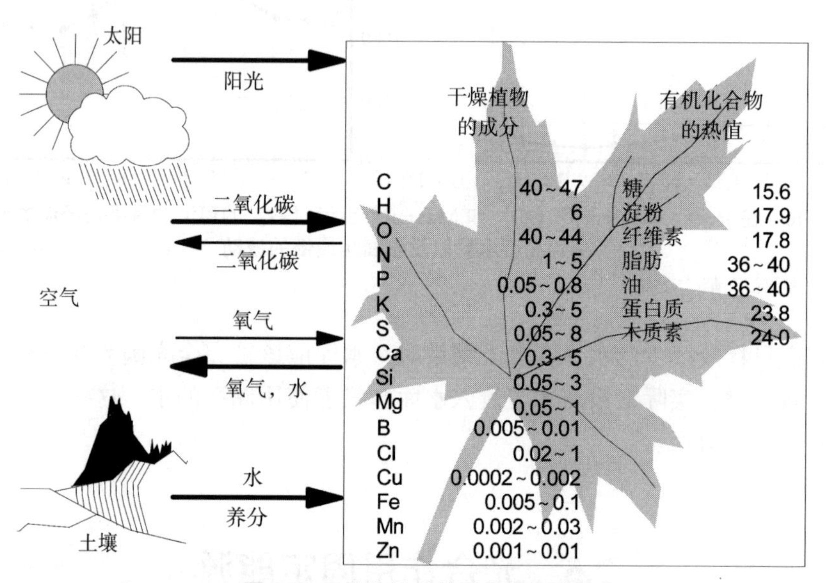

图 2–47 植物物质的形成和组成

资料来源：文献/2–7/。

(2) 光合作用。生物质发电最重要的过程是光合作用。通过使用光能的光合作用的过程，植物物质吸收二氧化碳，从而将碳（C）加入植物物质（吸收），在这里，太阳能转换为化学能。

光合作用分为光反应过程和暗反应过程。在光反应过程中，细胞通过光化学反应产生吸收二氧化碳（CO_2）所需要的能量。除了产生氧气（O_2），还产生高能物质三磷酸腺苷（ATP）和还原型烟酰胺腺嘌呤二核苷酸磷酸（NADPH）以及氢离子（H^+）。在没有光的暗反应过程中为了二氧化碳（CO_2）的同化吸收，高能物质被使用完。光合作用过程的最终产品是己糖或糖（$C_6H_{12}O_6$）。整个过程见等式（2-27）。

$$6CO_2 + 6H_2O \xrightarrow[\text{叶绿素}]{\text{光}} C_6H_{12}O_6 + 6O_2 \tag{2-27}$$

二氧化碳（CO_2）和水（H_2O）向己糖的转化过程发生在叶绿体，叶绿体含有绿色的吸收光的叶绿素。二氧化碳（CO_2）通过植物的缝隙或细胞孔隙扩散到光合作用活跃的细胞中，在那里和1，5-二磷酸核酮糖绑定，6个碳原子的分子随后分解。然后，碳水化合物（如葡萄糖）的一种成分——磷酸甘油酸，通过消耗ATP和$NADP^+$产生。这些碳水化合物被植物用作新陈代谢过程中和产生植物物质元素的一种能量来源（参见文献/2-26/）。

这一光合作用的过程在温带地区也被称为植物生长的典型的C_3型途径。该名称起源于光合作用的初级产物，三磷酸甘油酸包含3个碳原子。负责固化二氧化碳的C_3植物的二氧化碳接收器是1，5-二磷酸核酮糖。一些主要产生于副热带地区的庄稼如玉米、甘蔗或芒草，用磷酸烯醇丙酮酸作为二氧化碳接收器。这些物质对CO_2比C_3型植物的二氧化碳接收器有更大的吸附性。首先，这些物质会产生含有4个碳原子的化合物。其次，对于称为C_4型的植物，光反应和暗反应发生在相互分离的不同类型的叶绿体上。这就使C_4型植物在叶子边缘的叶肉细胞中的叶绿体中固化二氧化碳，并在有利于同化的内部束状部分的叶绿体中积累高的二氧化碳浓度。

光合作用过程的效率说明照射到植物上的辐射有多大的比例通过光合作用以化学能的方式被植物储存。通常，光合作用的过程在每克同化的碳水化合物上使用15.9kJ。对于单个叶子来说，通过光合作用对辐射的利用，在适宜的条件下，可以达到15%（C_4草达到24%）。但是，在绝大多数情况下，效率水平在5%~10%，甚至更低。考虑所有的植物、季节和地方变化的同化条件，不同植物群体的光合作用效率从在沙漠地区的0.04%到雨林的1.5%。农作物在它们的生长期内的效率在1%~3%（参见文献/2-26/）。

和有机物质相比，二氧化碳的能源含量较低。这种能量差在植物呼吸时被植物运用，即分解在光合作用过程中产生的碳水化合物（异化）。能量被用于新陈代谢过程，积累生物质不同的成分，如蛋白质、脂肪、纤维素。呼吸作用随着温度水平的提高而增加，会导致物质的损失。正常来说，有光时发生的光合作用期间获得的物质大于在白天（光呼吸）或晚上（暗呼吸）都可以发生的呼吸作用造成的物质损失。净光合成量等于总的光合成量减去呼吸损失。对于C_3型植物，它可以每100cm^2叶面每小时产生30mgCO_2，对于C_4型植物每100cm^2叶面每小时产生50~90mgCO_2（参见文献/2-27/）。C_4型植物产生的有机物质比C_3型植物更高的一个原因是其光呼吸更低。这是由更加有效的二氧化碳固化和描述的不同类型的叶绿体的分离造成的。进一步的能量损失是由水蒸发导致的长波反射和热释放引起的，水的蒸发是为了保持温度到生理上可以接受的水平。

图 2–48 以角树林为例说明了一个生态系统净的生物质获得。通过利用 1%的入射太阳能，年均每公顷树林产生 24t 生物质（干物质）。其中有一半会通过植物的呼吸损失掉。剩余生物质的一部分会随着落叶进入土壤中并分解为微生物。每年每公顷的净生物质储存在地面上大约为 5.7t，随着根和腐殖质储存在地下的大约为 2.4t。

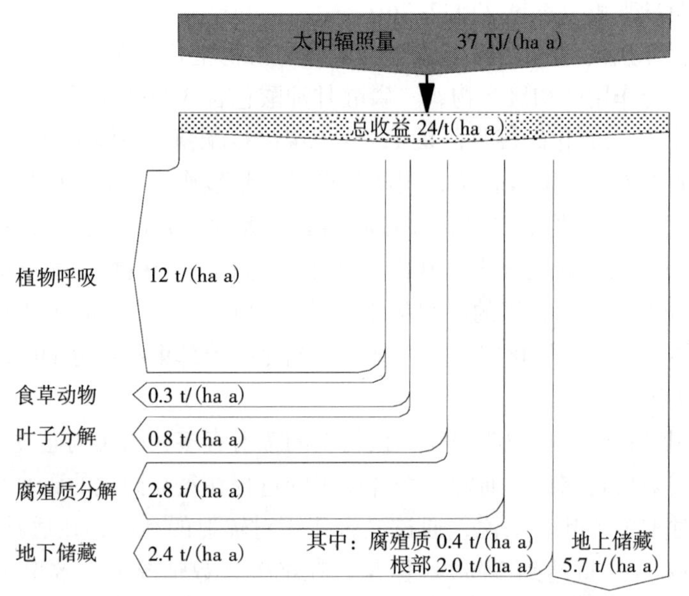

图 2–48 以温带气候的一个角树林为例的植物总体的物质平衡

资料来源：文献/2–26/。

（3）不同生长因素的影响。生物质的形成主要受光照、水、温度、土壤、养分和植物耕作措施的影响。这些参数的讨论如下（参见文献/2–28/）：

1）辐射。净光合作用随光照强度的增加而增加，直到达到一个饱和点。如果光照水平很低，呼吸消耗的二氧化碳会超过同化所吸收的二氧化碳。光照强度在某一水平时，呼吸消耗的二氧化碳等于同化吸收的二氧化碳，这一点称为光补偿点。对于大多数植物来说，这一点在 4~12W/m^2 之间变化。

入射到植物上的光照只有部分被植物所吸收，剩余的被植物反射或穿过植物。植物组织吸收的光照是有选择性的，也就是它取决于波长。特别是在 0.7~1.1μm 的红外范围内，大部分能量穿过植物体而没有被吸收（见图 2–49）。

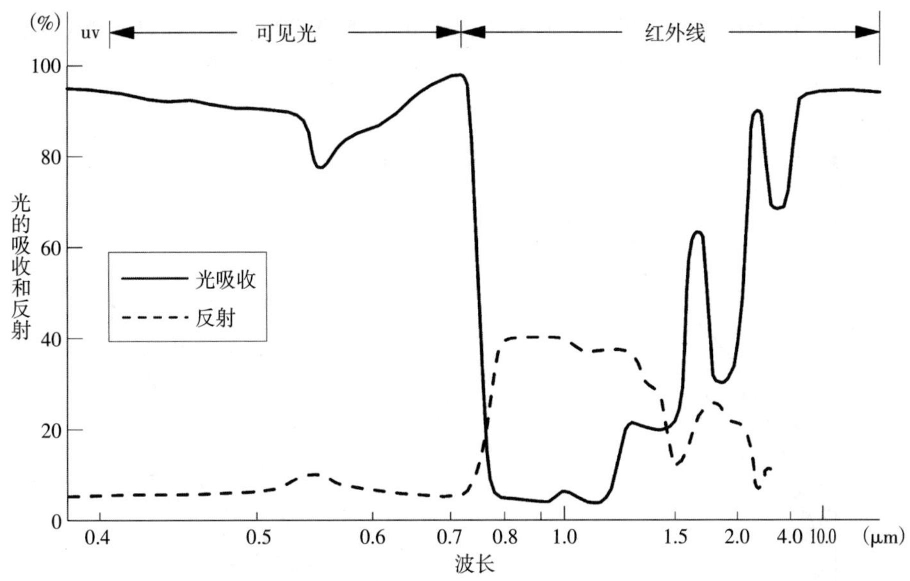

图 2–49 白杨叶子的吸收和反射光谱范围

净光照取决于非反射的总光照量和长波的反射。反射系数是反射量和入射能量的比率。这一系数主要取决于入射角度、表面构造和植物颜色。对于绿色植物体来说，反射系数在 0.1~0.4。

不同植物单个叶子的二氧化碳同化水平随着入射光照和光合作用的类型成比例增加。在同一光照水平下，C_4 型植物的同化吸收高于 C_3 型植物（参见文献/2–29/）。

2）水。绿色植物的组成部分中大约有 70%~90%的水。水的含量与植物器官的类型和年龄有关。植物内的水具有非常重要的功能，特别是具有运输溶解的物质和维持静水压以保持组织紧密的功能。水也是所有新陈代谢（如光合作用）重要的原材料。此外，绝大多数生物化学反应在水溶液中进行。

植物内的水平衡主要通过根部水吸收和水的释放所确定。后者主要通过植物叶面的蒸腾作用发生。如果释放的水量超过吸收的水量就会产生水缺口。这种情况会发生在高蒸腾作用、低地下水获取或根部抑制代谢时。根部通过根细胞的吸力吸收地下水。水吸收能力会在枯萎点停止，在这一点上地下水含量很低以至地下留滞水的能力超过根部的吸力。

植物生物质的生产直接与它们的水供应相关。每一植物需要一定量的水生产有机物质。蒸腾系数描述植物生产 1kg 干物质所需的水量。对于 C_4 型植物如玉米和芒草来说，需水量为 220~350L/kg，用水最有效，因此蒸腾系数最低。除其他因素之外，这主要是与它们的紧密排列的光合作用活细胞而导致的低蒸腾损失有关。C_3 型植物如小麦和速生柳树水需要量在 500~700L/kg。通常，水供应量的增加会增加一个地方潜在的生物质的生产水平（见图 2-50 左图）。

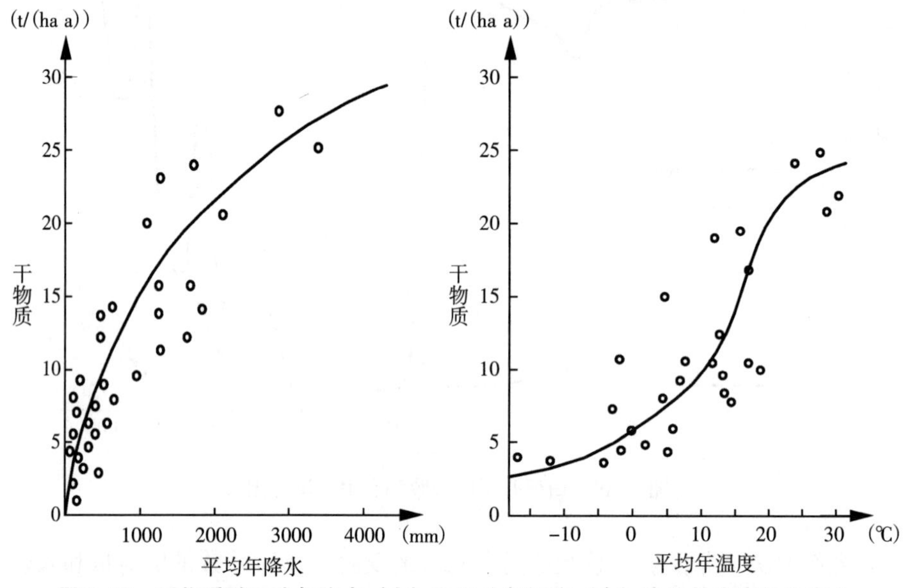

图 2-50　干物质随平均年降水（左）和平均年温度（右）变化的净森林生产力

资料来源：文献/2-30/。

3）温度。温度影响所有生命过程。对于光合作用、呼吸作用和蒸腾作用来说更是如此。在它们的活动中，典型的不同物种植物表现出一个最佳的温度范围。C_4 型植物比 C_3 型植物拥有更高的最佳温度（C_4 型植物是 30℃以上，C_3 型植物约是 20℃）。

在寒温带，植物光合作用活动的底线温度或最低温度是零下几度。如果供水充足，随着年均温度的上升（直到大约 30℃），一个地点生物质的潜在产出也会增加（见图 2-50 右图）。

不同植物光合作用的上限温度在 38℃~60℃变化，如果温度高于这一上限，会导致酶活动减少和损害细胞膜，这会使新陈代谢过程停止。

4）土壤和养分。在微生物（生物层）的影响下，地球表层通过风化会产生土壤。土壤由各种类型和尺寸的矿物质和来自有机物的腐殖质组成。此外，土壤含有水、空气和各种活的生物体。土壤为植物的根提供生长空间。根的功能是固定植物并为植物运送水、营养和氧气。

土壤的物理特性、生物特性和化学特性对于植物的生长、发育和产量有重要影响。物理特性是土壤的厚度，也就是能被植物根部触及的表层深度。其他物理特性有结构或粗糙度、传导空气的气孔比例，以及储存水和储存与释放热的能力。为了吸收营养和水，一个足够大的根部空间对于植物最佳生长很重要。化学特性是土壤的营养含量和 pH 值。土壤的生物特性由土壤中微生物存在和活动所决定。在很大程度上，这些微生物产生于由死亡植物释放在地下的生物质。微生物活动释放由植物根部所吸收的营养。

非矿物质营养元素碳和氧气通过植物叶子从空气中吸收。和氧气可以大量地获得相比，在空气中可获得的二氧化碳只占空气体积的 0.03%，浓度很低。如果辐射更加强烈，叶绿体的二氧化碳供应会限制植物体的生长速度。

主要的矿物质营养是氮、磷、镁、硫以及微量元素铁、锰、锌、铜、钼、氯和硼，这些物质主要通过植物根部从土壤中吸收。

根的表面越大，即根部系统发育越好，植物吸收的营养和水分越多。随着土壤成分密度的增加和受压层的产生，生根减少。受压层产生于在湿地进行土壤耕作或以重型机械进行耕作。

5）植物种植方法。和降水温度等地域自然条件一起，植物种植措施对植物生长进行人为影响是可能的。这些方法包括选择适合特定地点条件的庄稼、土壤耕作和播种方法、肥料以及田间管理和收割方法。植物种植生产技术应该支持特定地点某类植物产量潜力的实现。

要提高植物产量，主要的要求是选择适合生产地生态和环境条件的植物类型。植物类型会影响对于土壤条件、降水量及其分布、温度和年内温度分布曲线的要求。土壤的耕作包括疏松土壤，将剩余庄稼残留物和矿物以及有机肥料（即畜肥）混合加入土壤，除草，为播种准备土壤和播种或种植植物幼苗。土壤耕作的时间选择和技术必须要按照土壤条件（如土壤的湿度）和植物的需求来调整。

庄稼的轮作决定一块地里庄稼的时间顺序。由于连续年度种植同一或相关植物受到疾病的限制，所以这一顺序受生物因素影响。因此，一些作物不能在同一片土地中连续年度种植。作物轮作必须要按照在收割一种作物和播种下一种作物之间留下足够的准备土壤的时间的方法来规划。例如，冬油菜和冬大麦等一些播种较早的作物，不能和玉米、甜菜等收割晚的作物在同一块田中。

肥料是为了直接改进植物的营养供应（矿物氮肥）和土壤的特性（如石灰处理或有机物质的添加）。施肥的水平取决于植物从土壤中吸收的营养的数量。对于产量影响最大的是氮肥的施用，因为地下的氮供应是影响产量的主要限制性因素，氮主要支持生物质的生长。氮可以通过豆科植物（如苜蓿）对氮的固化，或通过空气中的雨水（从人类来源释放的氮主要以氮氧化物形式部分储存在农地，并起到氮肥的作用），主要以矿物或有机肥的形式添加到土壤中去。和氮一起，磷和钾的施肥也是在常规基础上进行的。除了作为一种植物营养，钾对于土壤肥力也是十分重要的。它影响土壤中的 pH 值以及化学反应和各种营养的获得，并以桥梁的作用稳定土壤结构。除了镁在钾肥中可以经常发现外，所有额外的营养在多数情况下在土壤中可以充足地获得，只有在明显缺乏的情形下才进行施肥。

植物生长过程中实施保护措施的目的是防治病虫害或除草。杂草和作物为生长素而竞争，因此要减少它们的生长或完全排挤掉它们。杂草不仅在多数情况下会导致生物质产量的减少，也会生产出低质量或非期望的生物质特性。植物生长中产生的病虫害和储藏物质具有同样的效果。

能达到能源用途的生物质的比例和质量取决于收割的过程和技术。为了不产生较大的损失，选择合适的收割时间和技术尤为重要。

2.5.2 供给特性

(1) 空间供给特性。与地域相关的生物质供给特性按照土壤质量、降水量和分布及年度温度曲线的综合来定义。降水和温度在一个大的地域内的变动是有限的，而土壤质量在一个很小空间范围内会有变化。因此，生物质产量的特征在世界范围内具有很大的差异。

高生物质生产率的区域主要是以高质量的土壤和充足的降水量为特征的。在这方面必须要考虑到不同的作物对于土壤、温度和降水条件的要求是有变化的。

图 2-51 以德国为例说明了各城市和区域冬小麦和冬油菜的产量水平。如果沙土伴随着低的水保持能力和低降水量，如勃兰登堡（也就是德国的中东部），

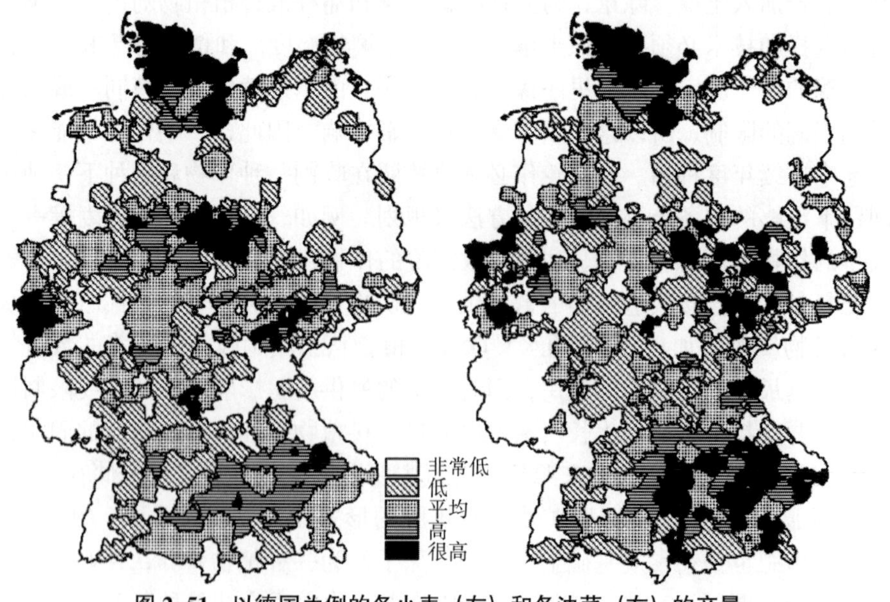

图 2-51 以德国为例的冬小麦（左）和冬油菜（右）的产量

生物质的潜在产量是比较低的。对于冬小麦种植产量高的区域，主要是以高质量的土壤为特征的，主要分布在黄土、沼泽土区域。德国的最北边，如石勒苏益格和霍尔施坦因地区，是以土壤质量和均衡的降水为有利条件的。高质量的土壤和生物质产量集中区也可以在较西边的德国中部（如科隆湾）和巴伐利亚地区（如德国东南部分）发现。

（2）时间供给特性。生物质的增加具有日周期和年周期特性。

由于光合作用的过程依赖被隔离的太阳能，光合作用的日节奏由太阳辐射的日变化过程所决定（见图 2-52）。光合作用活动随着太阳辐射的增加而增加，中午太阳辐射达到最高水平的时候光合作用活动也达到顶峰，并随着夜晚的降临而下降。云层引起的辐射减少会降低光合作用活动。

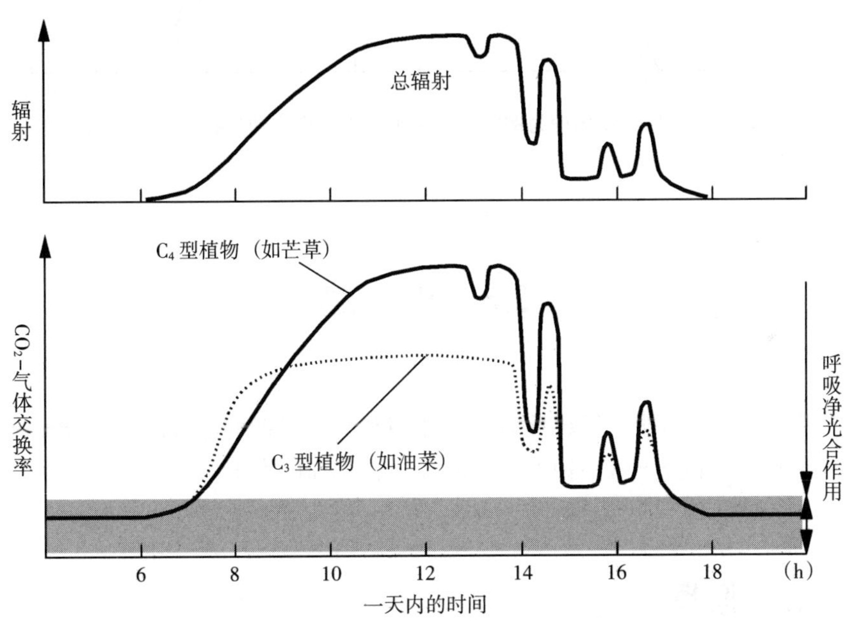

图 2-52 依赖被隔离的太阳能辐射（顶部）的 CO_2-气体交换率（底部）的日周期缩略图

资料来源：文献/2-31/。

生物质生产的年周期由环境温度变化过程和白昼的长度所决定。例如，对于中欧的多数作物来说，生物质增加非下限温度为日平均温度 5℃；这一情形在世界的其他地区可能有所不同（如热带地区）。通常来说，光合作用活动和生物质积累随着逐渐增长的白昼和温度的升高而增加，中欧在 4~8 月达到顶峰水平（见图 2-53）。

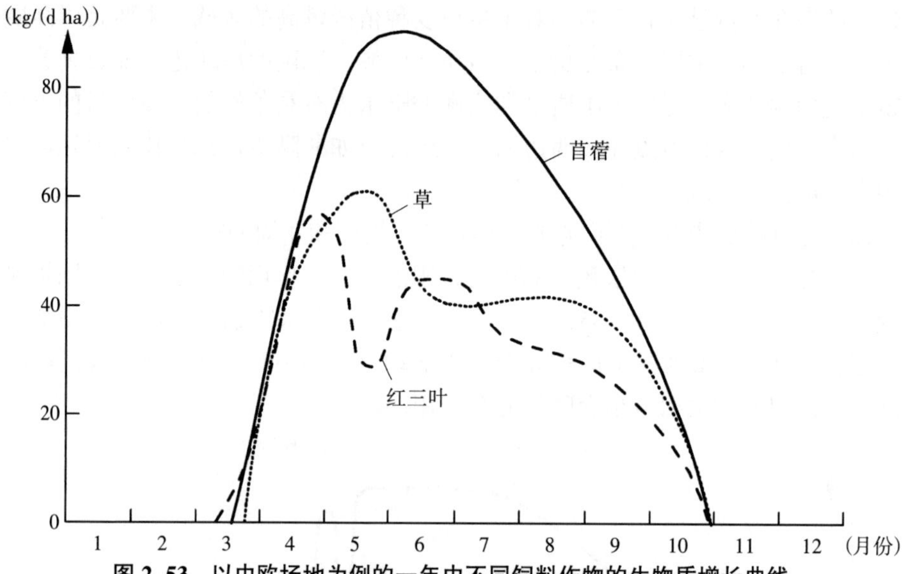

图 2-53　以中欧场地为例的一年中不同饲料作物的生物质增长曲线

资料来源：文献/2-32/。

2.6　地　热

除了产生于太阳能、行星重力相互作用和行星运动的能源之外，储藏在地球中的热对于人类来说是另一种可再生能源。在下面的章节中，将会描述和讨论这类能源供应的原理。

2.6.1　原理

（1）地球的结构。地震以物质压缩方式产生声波（压缩波），或者垂直于传播方向运动产生声波（也就是剪力波）。它们可以被分布在全球的接收器（地震仪）所测量。通过跟踪和分析这些声波，可以确定地球的层状结构。

地壳——地球的最外层，在大陆下的深度大约为 30km；在海洋下只有平均大约 10km 厚度（见表 2-6）。莫霍洛维奇（即莫霍面）不连续面将地壳和地幔分割开来。地震压缩波从地壳到地幔，速度会增加。地幔是固态的，深度直达约地下 3000km。它包围着地核，地核被认为是液态的，至少最外面的部分（约 3000~5100km）是液态的。地核显示没有剪力波的传播（见图 2-54）。

表 2-6 地球内部的物理特性

	深度（km）	密度（kg/dm³）	温度（℃）
地壳	0~30	2~3	接近 1000
地幔	接近 3000	3~5.5	1000~3000
地核	接近 6370	10~13	3000~5000

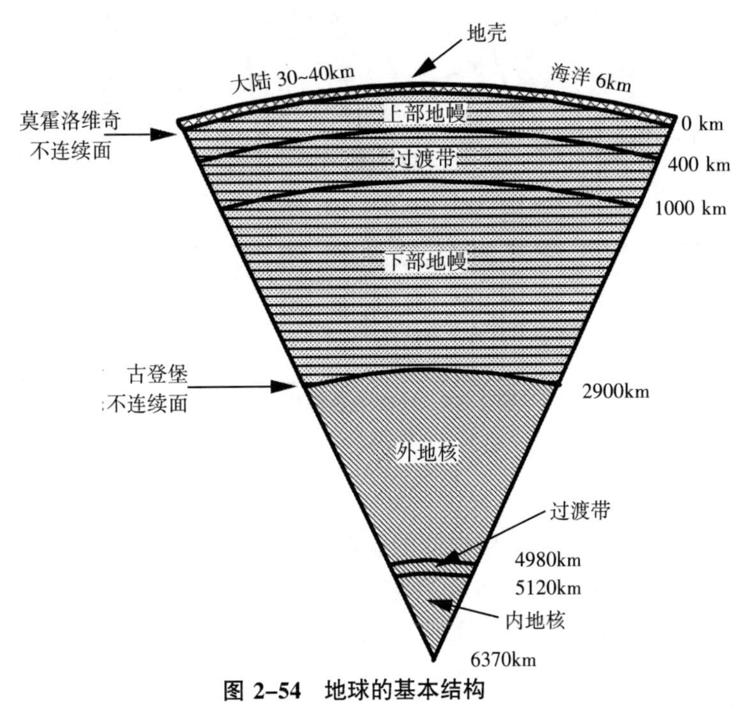

图 2-54 地球的基本结构

资料来源：文献/2-4/。

地球外壳直到大约 20km 深度主要由花岗岩类岩石（大约 70%是二氧化硅，大约 15%是三氧化二铝，大约 8%是氧化钾或氧化钠）组成。地球内壳主要由玄武岩（大约 50%是二氧化硅，大约 18%是三氧化二铝，大约 17%是氧化亚铁、氧化铁或氧化镁，大约 11%是氧化钙）组成。下面的地幔主要由具有矿物橄榄石的橄榄岩组成。地核被认为由铁和镍组成。地球深部结构的假定和其他研究一样，是基于地球之外天体光谱分析、火山岩组成分析和地球物理方法建模之上的。

根据过去几十年来发展的构造地质学理论，地壳的外层主要由厚约 30km 的固体板块（即岩石圈）构成，漂浮在“更软”的下层（即地幔）上（见图 2-55）。这种板块构造地质学理论与这里讨论的地球的层状结构是一致的。但是，它提供了一种诸如新地壳形成、板块的俯冲或岩石圈板块边界火山现象的动态过程

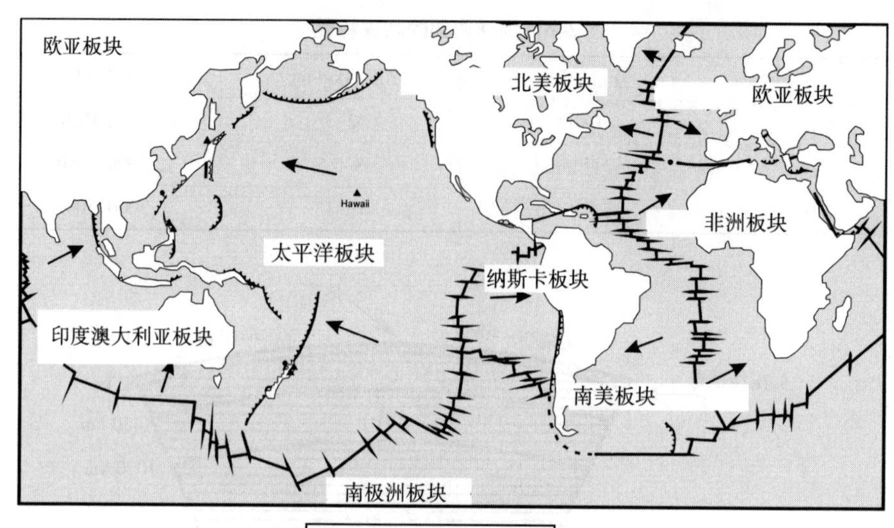

图 2–55　地球的重要岩石圈板块

资料来源：文献/2–4/。

的解释。

（2）温度梯度。地壳外层内部的温度梯度在深井中被测量过，大约为 30K/km（见图 2–56）。在老的大陆地壳地盾区域（如加拿大、印度、南非），可以观察到更低的温度梯度（如 10K/km）。相反，更高的温度梯度可以在地质构造活跃、年轻的地壳区域测量到，如岩石圈板块的边界（见图 2–55，如冰岛、意大利的拉德莱罗，大约为 200K/km），或断裂带地区（如在莱茵河裂谷达到 100K/km 以上）（参见文献/2–4/）。

地幔的温度梯度可以通过它的地质特性予以估计。即使考虑到熔解温度的压力依赖，地幔温度必须在硅质岩石熔点之下。因此，地幔的最高温度梯度估计大约为 1K/km。

（3）热含量和来源的分布。地幔的温度剖面图受到地核中铁和镍熔点的限制。据估计，地幔上部温度主要大约在 1000℃。在地球内部，可以假定最高温度在 3000℃~5000℃（见表 2–6）。

假定地球热值平均为 1kJ（kg K），平均密度在 5.5kg/dm^3 左右，估计地球的热含量大约为（12~24）× 10^{30}J。1000m 深的外部地壳热含量大约为 10^{26}J。

地球中储存的热首先来源于 45 亿年之前地球形成之时，由于气体、尘埃和岩石收缩，通过重力能所产生。其次有可能存在原始的热能。最后存储在行星中

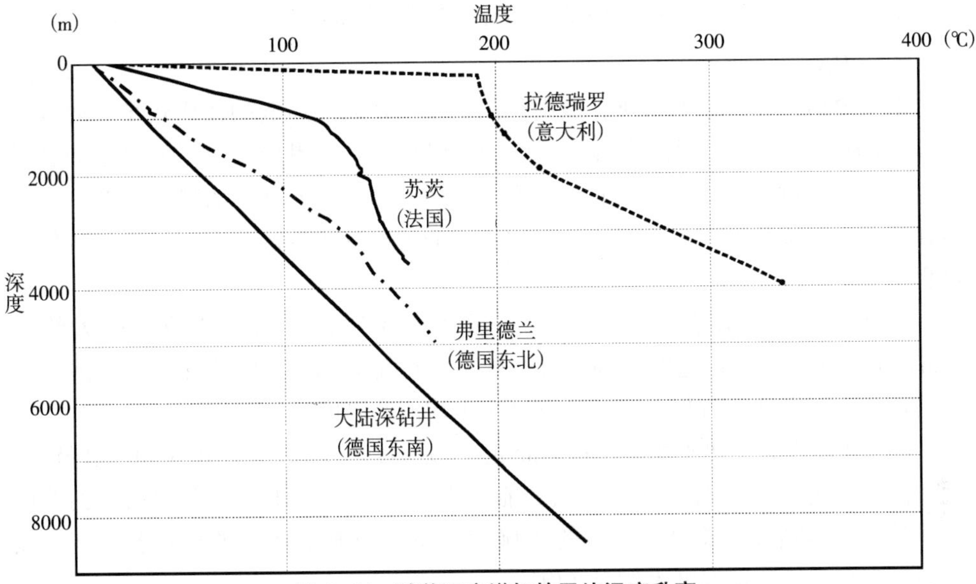

图 2–56　随着深度增加的平均温度升高

资料来源：文献/2–4/。

的热有一部分产生于原始地球形成之时放射性同位素的衰减。根据目前的认知，产生热的同位素铀 U^{238} 和 U^{235}，钍 Th^{232} 和钾 K^{40} 在主要由花岗岩和玄武岩组成的大陆地壳中是富集的。在花岗岩中，放射产生的热生产率大约为 2.5μW/m³，在玄武岩中大约为 0.5μW/m³。此外，热也通过地球中化学过程小范围的释放出来。

（4）地热（terrestrial heat）流密度。地热是通过固体岩石在地球内部传导（称为完全热流 $\dot{q}$ 的传导比（$\dot{q}_{conductive}$）），是以液态方式被液体运输（称为完全热流的传递比（$\dot{q}_{convective}$））。热流或热流密度被定义为在特定的时间单元内通过单位面积的热的流量。地热流密度 $\dot{q}_t$，即在层厚 Δz 的深度范围内单位面积的热流，由这两个成分和沿着深度范围汇总的热产量 H 组成。根据傅立叶热传导方程，在大陆地壳主要的热流密度的传导比 $\dot{q}_{conductive}$ 是温度梯度 $\Delta\theta/\Delta z$ 和地壳上层岩石的地热传导率 λ 的乘积。它可以按照方程（2–28）描述：

$$\dot{q}_{conductive}=\lambda\frac{\Delta\theta}{\Delta z} \tag{2–28}$$

地壳上层岩石的热传导率在 0.5~7W/(m K) 变动。这一相对大的变动范围主要是由于岩石的矿物化学结构和岩石构造（如颗粒之间接触程度、孔隙度）的不同造成的。这导致了大陆地壳表面 65mW/m² 的平均热流密度。

根据等式（2–29），在特定深度的区域产生的放射热 $\dot{q}_{rad}$（如在整个热流密度中放射热产生的比例）是由层厚 Δz 和热产量 H 决定的：

$$\dot{q}_{rad} = H\Delta z \tag{2-29}$$

由于放射性同位素的缺乏，放射热的产生在地幔中所起的作用较小。通过等式（2-29）可以估计在大约 30km 深度的地幔和地壳交界处，由于放射性的衰减产生的热流密度大约是 35mW/m²。这代表了一个平均 1μW/m³ 的热生产率，这一值在地壳中非常常见。因此，地球表面供应的地热的主要部分在放射性元素分解过程中产生。

海洋地壳主要由低热量的玄武岩组成。此外，平均的热流密度大约在 65mW/m²。来自岩石圈边缘的地球外层热岩体对流涌动产生的热在这里扮演着重要的角色，因为这一过程中可以达到高于平均值的温度。

（5）地球表面的热平衡。65mW/m² 的热流密度产生约 33×10^{12} W 的地球辐射能，因此，地球每年对大气层提供的能量为 1000EJ。相比较，太阳辐射到地球表面的能量是陆地热流释放能量的 2000 倍还多。释放和吸收的热辐射决定了地球表面观察到的平衡温度大约是 14℃。

也可以从图 2-57 得到这一结论。需要假定非常接近地球表面的地层（也就是到几米深）的温度主要受到太阳辐射产生热能的影响。此外，这也解释了这样

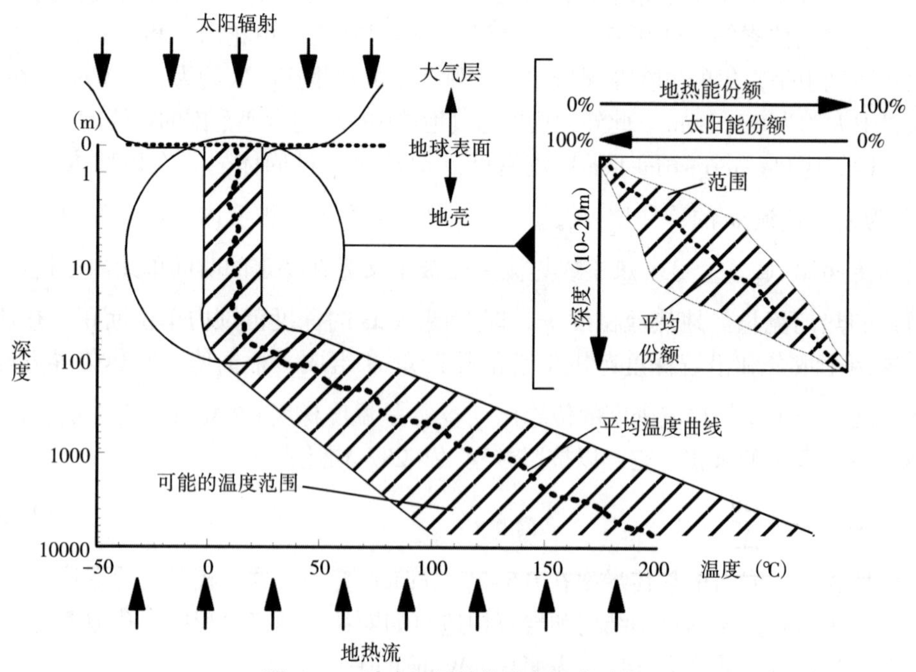

图 2-57 地壳顶层的热流和温度过程

资料来源：文献/2-7/。

一个事实，一些地方的土壤冰冻到几米厚，但夏天有时会被加热到一个非常高的温度（在高太阳辐射下有时达到 50℃或以上），这完全是由于太阳辐射季节性差异导致的近地球表面大气层温度变化所引起的。太阳辐射对地球温度的影响达到地球内部 10~20m 的深度（年度变化）。

在地壳的顶层，地热和入射太阳能产生的全部热流受许多不同效应的影响。一个主要影响参数是雨。地球表面和地下水通过太阳能“加热”，运送入射太阳能到地球浅层。因此，加热的水能局部影响近表面地层到 20m 的深度，在一些例外的情况下，会到达更深的深度。

（6）地热系统和资源。由于经济方面的原因，约 65mW/m^2 的自然表面热流密度不能在地球表面直接被利用。另外，有时只有几百米深的热水，温度随着深度增加而增加达到几千米深的热水，地球表面的热井，以及众所周知的火山区域证明了地热的存在以及地热能的潜力。

地热储藏通常可以划分为如下几种不同的类型：

• 在地球浅层的热。这些热储藏从地球表面延伸到地球表面之下几百米，温度可达 20℃。这种地热主要受到太阳辐射的影响，通过土壤的热导性和太阳能加热的地下水的循环，影响达到大约 10~20m 的深度。尽管这种热受到太阳能的强烈影响，但根据定义仍称为地热能。

• 水热低压库。这种热储藏可以进一步分为温水库（即温度达到 100℃）和热水库（即温度高于 100℃），以及温度达到 150℃以上的湿蒸汽库和热干蒸汽库。这些库是以岩石中的水或蒸汽中的热为基础的。如在中欧，这种储存可以在约 3000m 的深度被发现，温度在 60℃~120℃变动。当前，这些水热能的一部分已经被利用。达到 3000m 深度特别高的温度（150℃~250℃）只会在一些特殊的地质构造区域发生，如地壳的断裂带，在那里岩浆岩从地下深处被“举”了上来。

• 水热高压库。这种储藏包含有预先流入并和气体（如甲烷）混合的热水（如在美国南部的得克萨斯州和路易斯安那州的墨西哥湾地区）。它们由多孔的独立岩石单元组成，这些岩石单元是通过地质构造过程短时间内俯冲进入地球内部的。然后，孔隙水和气体成分受到那种深度的主流压力和温度条件的影响。

• 热干岩。利用现代钻井技术可在深度约 10km 以上的地方接触到的真正热干岩石层是地壳的一个特例。岩石的形成中没有足够可用的天然水使地热水在较长的时期内（几年）进行循环也称为“干”。所以，大的范围内具有不同渗透力和含水量的岩石层统一被称为“热干岩”。这种储藏，是迄今为止通过现代技术可以利用的最大的潜在地热能源。

• 岩浆矿床。接近地质构造活动带，可以发现高于 700℃熔化的岩石（即岩浆），它们通常和周围还是固体的岩石相比具有较低的密度。这种部分液化的岩石由于具有较低密度，被从较深的地方抬升到3~10km深度。高温度的流动系统通常可以在这种岩浆房周围发现。然而，开发这种系统对技术是一种挑战。

这些地热储藏的利用很大程度上取决于它们的能源成分和温度。

高于130℃的地热储藏可用来发电。大体上来说，低于这一温度范围用于发电也是可能的。世界上“最冷”的地热电站位于德国诺伊施塔特—格莱沃地区，它在约98℃温度水平上运转；但是，高于130℃是将地热以充足效率转化为电能所必需的。高于150℃的地热能已经在几个地方（如意大利、新西兰）被利用。通常，地热能的生产是不受一天中时间或季节或地点气候条件的影响。因此，地热储藏从经济角度可以用来供应基本负荷能，在许多情况下，这种利用是以环境友好方式运行。然而，地热能利用必须要满足合适的地质条件。这是世界范围内地热能得到有限利用的唯一原因。

在低于130℃的温度下，地热可以以许多不同的方式被利用。典型的例子总结如下：

- 区域供热的热站，用于私人家庭（即用于取暖或生活热水），对热需求量小的消费者（即加热温室和鱼池）和工业（如烘干木材，加热浸池（dip pools））。
- 地源热泵，即为单一家庭或多家庭房屋供热，或者提供工业空调系统。
- 带有空气调节（加热或冷却）热交换系统的地下接触式建筑物组件。
- 身体上的使用，即用于洗澡和治疗目的。

2.6.2 供应特性

（1）浅层地下。在接近地球表面的地球浅层中，温度的高低主要受到太阳辐射和反射、降雨、地下水运动以及地下热传导的影响。在这些地层中，地热流对温度的影响是非常微小的。由于温度具有很高的季节波动性，相应地，这些地球表面下的浅层温度也有季节性波动。

在地壳的浅层地下内，地热和入射的太阳能产生的热在全部地热流中所占的份额受许多因素的影响。例如，同样方式的降水会受到周围环境温度的影响。一些雨水渗入地下，会产生热的传输。这种以媒介进行的热传输具有对流性。当水渗入地下时，水的温度可以有很大的变化。越快接触到地下，深入下层土壤的水越多，水的热状况通常变动越小，对地下水的加热或冷却效应越大。这是渗透性强的覆盖层和地下水含水层的主要情形。如果水在接触地下水之前在下层土壤中保留了很长时间，情况就会不同。在这种情形下，水温就会调整到周围岩石的温度。如果水进入疏松的岩石（如沙）时接触面非常大，会非常有利于热交换。

太阳辐射的季节性影响直到地球表面下10~20m深度也能观察到（见图2–58

和图 2–59）。地球表面下约 20m 深温度的季节性变化是由太阳辐射的季节性变化引起的。由于土壤的能量储存能力，近地表空气层温度的变化对于近地表土壤温度没有直接的影响。这样，地层的温度曲线和随季节变化的平均空气温度曲线相比，具有一定的时间滞后。在地下 10~20m，年平均温度固定在大约 9℃~10℃（见图 2–58）。由于太阳辐射，地球的最表层温度会在日间发生变化，随着深度的增加，这一变化会减少，对于浅层地热能的利用实际上没有重要影响。

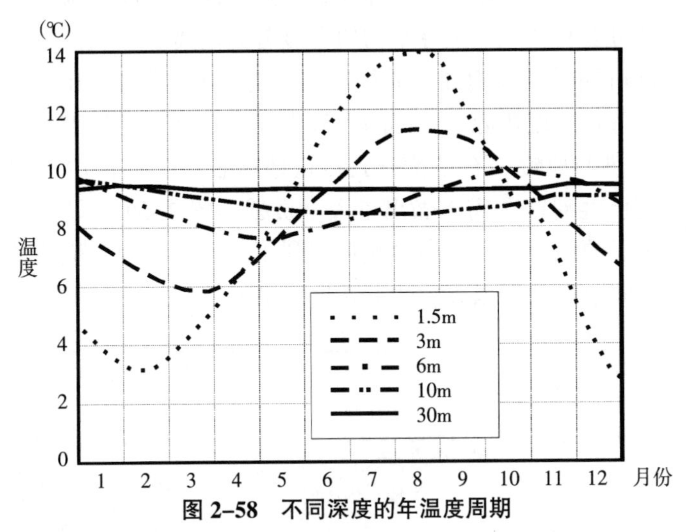

图 2–58　不同深度的年温度周期

资料来源：文献/2–4/。

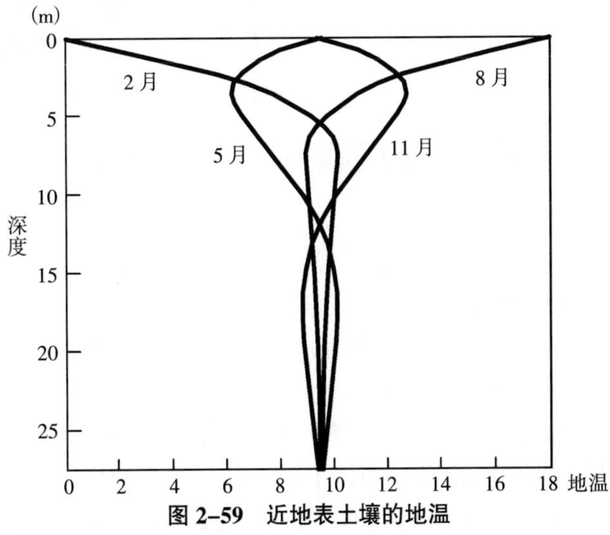

图 2–59　近地表土壤的地温

资料来源：文献/2–33/。

没有季节性温度波动的深度层被称为中性带。根据德国标准学会（DIN）4049文件，这是年温度波动不超过0.1K的地球表面以下的地层。温度的波动随着深度增加而减少，它们受到岩石地热传导性和地下水流的强烈影响。中性带可以在深度约20m处被发现。在中性带以下，温度主要受到地热流的影响。大体来说，中性带内的温度等于各个区域地球表面长期（多年）年平均温度（如中欧地区在9℃~10℃）。

（2）深度地层。不同的热传递过程导致了同一深度不同的温度。因此，当地的地热温度梯度可能和区域或全球平均值有显著的偏离。

地热流梯度可能受到火山或地质构造活动的影响。图2-60显示了与地球动态活动有关的最重要的地热源。中部的大洋山脊有很高的地热潜能。这里，海洋地壳相对较薄，热的地幔岩石被抬升到接近地球表面。这种情形的例子就是冰岛，那里地热能已经对能源需求做出了大量贡献。图2-60也显示，海洋地壳运动到大陆地壳之下的地方具有很高的地热能利用潜力。在两个板块的边界上，热的地幔岩石可能向上运动，以火山的形式显现出来。

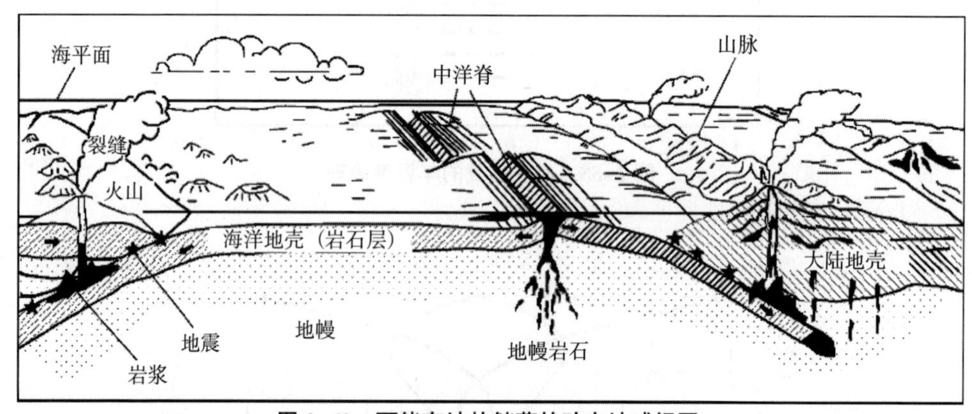

图2-60 可能有地热储藏的动态地球视图

资料来源：文献/4-2/。

这种地热活动典型的例子是南美洲沿安第斯山脉的许多火山。即使在地质活动期间很难直接利用火山能源，具有较高温度并且深度不大的后火山地区也是利用地热能的潜在地区。美国加利福尼亚的盖瑟尔斯地热田（Geysers Field）和新西兰的地热田就是这种类型地热源的例子。

大陆地壳的其他地区（如欧亚板块，见图2-55）也显示有相当多的地热流。因此，图2-61根据当前知识状态图解了欧洲部分地区的热流密度。根据这一地图，相对较高热流密度地区是可见的，如莱茵河上流河谷和巴黎南部大面积区域。托斯卡纳地区（Tuscany）具有很高的热流密度，这一区域也是第一台地热电站安装并运行的地区。

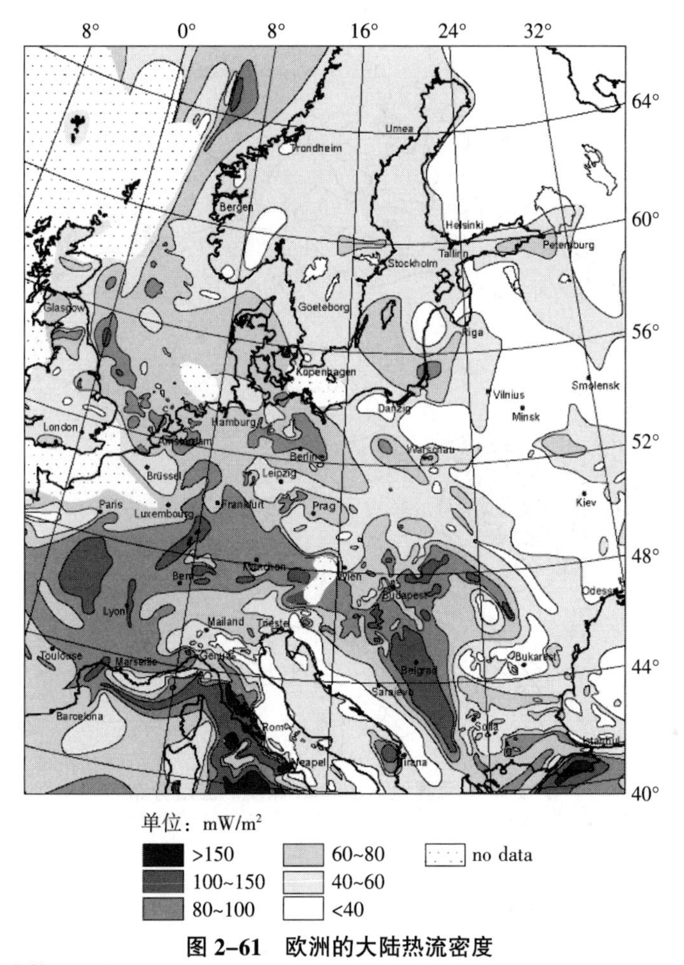

图 2-61　欧洲的大陆热流密度

资料来源：文献/4-42/。

根据这样一张热流密度图，并利用深钻井测量的值，可以绘制温度地图。例如，图 2-62 举例显示了德国地下 2000m 深的等温线。莱茵河上游河谷的高温度是很引人瞩目的，它们受到宽裂谷地下水流循环的影响。此外，斯瓦比亚山地区、靠近巴特乌拉赫（Bad Urach）的斯图加特南部、北德波兰盆地地区都具有高的温度，盐石结构（saline structure）也支持了这一温度反常现象。

图 2-62　德国地下 2000m 深度的温度分布

资料来源：文献/2-34/、/2-35/、/2-36/。

从技术角度开发这种能源，温度水平只是一个影响参数。热是否只是储存在岩石中，或是否以可抽取的液体形式天然地存在岩石缝隙（载体岩石具有很高的渗透性和多孔性）是起决定作用的。通常，它们是深层的湿岩石。为了直接开发这种能源，有充足水的蓄水层的可利用性以及储存得不是很深，是必要条件。这些蓄水层在世界许多地方的大沉积构造地带可以发现。图 2-63 举例显示了现存的沉积盆地。从水热条件来说，最有吸引力的地区是多瑙河和阿尔卑斯山之间的磨拉石盆地，那里有玛姆统（Malm）（即具有晚侏罗系的石灰岩的地质层）的水可以被利用。

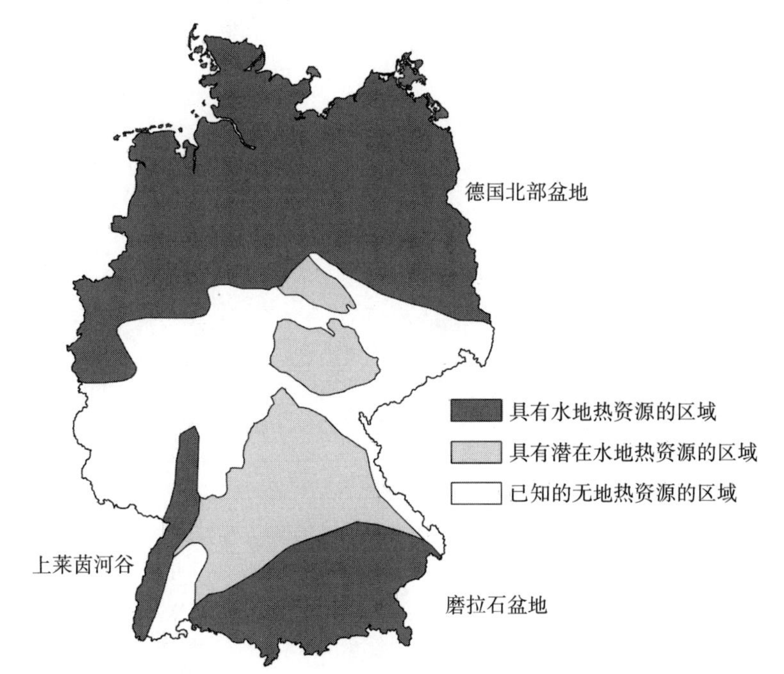

图 2–63　德国具有水热和潜在水热能资源的地区

资料来源：文献/2–4/。

地热流不受白昼和季节的影响。因此，从人类时间角度来说，能源供应没有变化。只有从地质时间表角度来说，地热流可能会有变动。存在于地球内部热的缓慢冷却肯定是很漫长的过程。在较短期内——可能是几百万年内，地壳内部局部封闭的热中心迁移，举例来说，地质构造过程会导致热储层地点发生变化。与沉积盆地中盐的增加有关的过程（即盐穹的增长）也会起一定的作用。但是，所有这些在热含量上与时间有关的缓慢变化对于能源的利用没有影响。

❸ 被动式太阳能的利用

“被动式太阳能利用”这一术语最初是在 20 世纪 70 年代引入的。在那时，“补充的辅助能”的标准用于和主动式太阳能利用作明确的区分。一个系统如果使用辅助能单元（如扇子），这一系统就称为混合系统。但是，被动式系统和主动式系统的界定仍然是不固定的：装备有自动遮阳设施的窗户既是被动式也是混合式系统。只有在最近，“被动式太阳能利用”的术语以更切实际和精确的方式被定义。根据新的定义，被动式太阳能系统通过建筑结构自身，即通过透明的建筑物外壳和立体储存构件，将太阳辐射转换为热。因此，被动式太阳能的利用（经常指被动式太阳能建筑）是以利用建筑物外壳作为吸热器、建筑物结构作为热储存器为特征的。在大多数情况下，太阳能不经过任何热媒介传递装置传递。但是，这一定义也不总是能够给予主动式和被动式太阳能的利用一个清晰的区分。

3.1 原　理

在一座建筑内，可以观察到几个能源流（见图 3-1）。首先，能源通过空间供热系统提供；其次，热通过人、照明和家用器具提供（即所谓的内部热增益）；最后，被动式太阳能热增益（heat gain），如通过透明表面产生的热（即所谓的被动式能源利用）。热损失或热增益（取决于周围的温度）是由于建筑物外壳的热传导性所产生的（即传输）。额外的热损失主要是通风系统和过滤系统产生的。这些系统通常是为了维持一个特定的空气质量并防止系统有超过规定水平的过量二氧化碳、其他有害物质、空气湿度和特定的气味。在建筑物内部，额外的能源以吸收太阳能的形式通过可用的蓄热体（thermal mass）被吸收或被重新辐射。

蓄热体既能吸收热，也可以在过热时作为中介储存热。热只有在蓄热体比房间温度高时才会释放。下面的阐述全部集中在被动式太阳能的利用方面，因此，只适用于建筑物内的一种能源流。

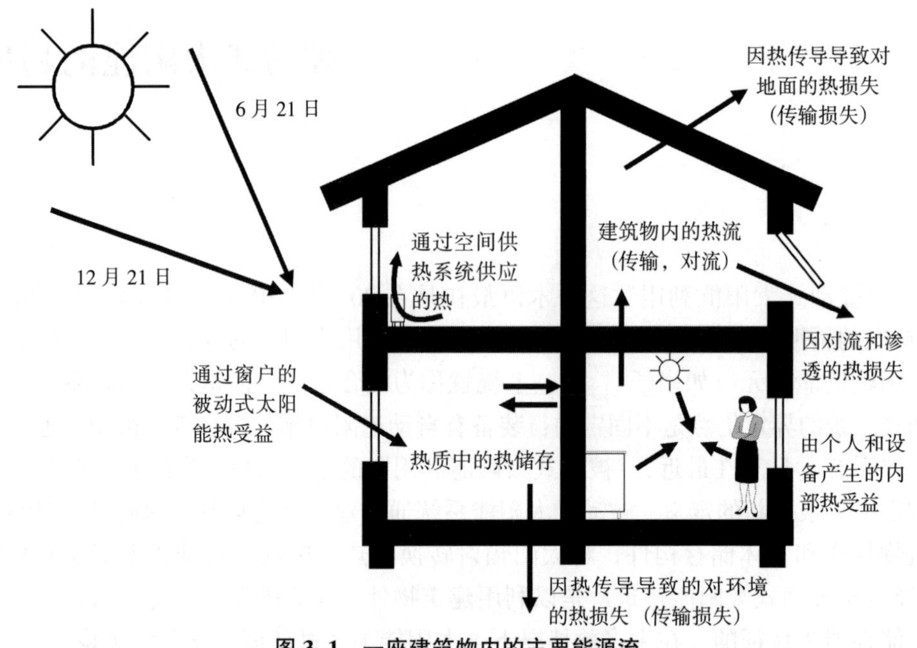

图 3-1 一座建筑物内的主要能源流

被动式太阳能的利用基于短波太阳辐射的吸收，这种吸收既可以随着太阳辐射透过透明的外部结构构件通过建筑物内部吸收，也可以由建筑物外壳吸收。相关的结构构件通过吸收的太阳能得到加热。能量通过对流和长波辐射释放回给外界。暴露在辐射下的表面所吸收太阳能的量取决于它的朝向、遮阳设施和相关吸收体表面的吸收系数（见图 2-20 和图 2-21）。释放能源的数量和时间取决于吸收材料本身及放置在其后材料的热传导性、密度和单位热容以及和周围温度的差异。被动式能源利用的季节效应可以通过相关表面或遮阳设施的合理朝向进一步强化（见图 2-21 和图 3-3）。

3.2 技术说明

接下来的章节中描述和图解与被动式太阳能利用相关的所有系统部件。但是，解释限于对当前被动式太阳能利用的主要方面，首先提供基础技术术语的汇集。

3.2.1 定义

（1）术语。墙的透明性经常通过不透明、透明和半透明，以及太阳孔径面术语来描述。

不透明的建筑外壳不透光，包括砖墙、铺有瓦片的屋顶等。

建筑物的透明和半透明的部分（如窗户）太阳辐射能够透过。一般情况下，透明意味着清晰，而建筑物的半透明则表示不能够看透。就太阳能利用来说，为了表达不只是可见光的渗透性也包括太阳光谱的其他成分的渗透性，透明也用于描述能够被看透但是不清晰的建筑物的外部部分。

太阳孔径面指适合于太阳能利用的半透明的外壳表面。

（2）关键指标。下面是关于被动式太阳能利用中使用的一些主要关键指标的定义。

1）透射系数（transmission coefficient）。透射系数 τ_e 表示受辐射的结构构件上的入射总辐射中，以短波形式透过玻璃进入建筑物的辐射份额。这一指标也考虑太阳辐射的不可见波长。如果透射系数指垂直的辐射入射，它表示为 τ_e^*。

2）二次热流（secondary heat flow）。二次热流指标 q_i 指总辐射 G_g 中，以长波和对流形式被一个结构构件所吸收并重新辐射进入建筑的辐射所占份额（参见文献/3-1/）。透明的构件（玻璃）也通过吸收入射的辐射升温，因此也提供一个二次热流。

3）能量透射因子（energy transmittance factor）（g 值）。除了通过辐射透射提供的能量之外（即除透射系数 τ_e 之外），g 值或能量透射因子也包括二次热流 q_i。它由垂直辐射入射和结构件两面同样的温度所定义（参见文献/3-2/）。对于透明的建筑物构件（玻璃），它由假定辐射垂直入射的透射系数 τ_e^* 和二次热流 q_i 组成（见等式（3-1））。q_{in} 代表加在结构构件上的热流。二次热流 q_i 通过这一附加的热流和总辐射 G_g 计算。

$$g = \tau_e^* + q_i \text{ 和 } q_i = q_{in}/G_g \tag{3-1}$$

4）散射能量透射因子（diffuse energy transmittance factor）（散射 g 值）。随着时间和季节的不同，太阳辐射从非常不同的角度照射透明的建筑物构件。因此，通常情况下，太阳不是垂直照射透明的表面。此外，温和气候是以高的散射比例为特征的，散射在总的入射太阳辐射中所占比例达到约 60%，平均入射角度大约为 60°。在垂直入射时，散射的 g 值 $g_{diffuse}$ 考虑了能量透射因子或 g 值的下降，下降比例约为10%（参见文献/3-3/）。和传统的g值相比，散射的g值$g_{diffuse}$考虑更多的实际结果。

5）热透射系数（U值）。U值或热透射系数是假定$1m^2$面积和1K温差条件下，度量从建筑物的外立面传递到内部的热值。它包括从构件一面来自空气的热的传递、构件内部热的传导性和从构件另一面到空气的热传递。在双层玻璃的情况下，热通过长波和两个玻璃片之间的对流进行传递。对于窗户来说，我们区分U_G值和U_W值，前者仅适用于玻璃，后者也考虑窗框的热损失，因此适用于整个窗户。

6）等价热透射系数（等价U值）。等价U值度量一个建筑物构件热损失和太阳辐射产生热增益的差异。与U值和g值一样，它也取决于透明表面上辐射入射和其后建筑物的动态行为。为了确定它，热增益只是在供热季节必须考虑，因为玻璃表面之上的太阳辐射造成的房屋过热不是预期的。负的等价U值说明通过透明表面获得的热增益超过热的传递。等式（3-2）在考虑整个窗户（包括边框）、g值（能量透射因子）和窗户朝向的校正因子S_W的基础上，以U_W值的方式估算了等价U值U_{eq}。窗户朝向的校正因子S_W在北朝向0.95、东西朝向1.65以及南朝向2.4之间变化。

$$U_{eq} = U_w - S_w g_g \tag{3-2}$$

7）透射损失。如图3-1所示，建筑物的热损失$\dot{Q}_l$包括对流和渗透损失$\dot{Q}_v$和透射损失$\dot{Q}_T$。透射损失用一座房子构件的表面（即表面A_n）、房屋内部温度θ_i和相应的外部温度θ_e之差来计算（见等式（3-3））。但是，透射损失必须不能误认为是透明构件的透射系数τ_e。

$$\dot{Q}_T = \sum_{n=1}^{m} \left(U_n \cdot A_n \cdot (\theta_{i,n} - \theta_e) \right) \tag{3-3}$$

3.2.2 系统组成

被动式太阳能系统包括透明的面层（如窗户、透明的热绝缘体）、吸收器、热储存或遮阳设施。下面是所有系统组成的详细描述。

（1）透明的面层（transparent covers）。作为一个例子，图3-2显示了通过双层玻璃的能源流。入射太阳辐射只有部分透射进内部，剩余的部分被外部窗玻璃表面反射。通过两层玻璃直接透射到内部的辐射，占照射到外层玻璃辐射的比例，用透射系数τ_e表示。另一部分入射的太阳辐射被玻璃面所吸收，加热两层玻璃中间的空隙，因此通过长波辐射和对流导致内部进一步进行热传递。g值或能

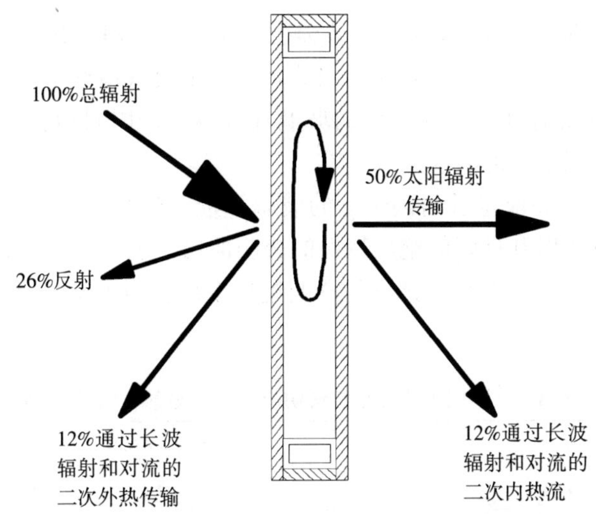

图 3–2 一个具有平均绝热效果的双层玻璃的总能量透射因子

资料来源：文献/3–1/。

量透射因子显示了传递进内部的总热量和入射辐射的比例。

透明的面层（如窗户）用于传输最大份额的太阳辐射给内部，同时确保和外部的最大可能的绝热。一般来说，这两个特性以 g 值（能量透射因子）和 U 值（热透射系数）表示。

好的透明面层具有高 g 值和低 U 值的特性。过去所使用的单个玻璃面板和绝热玻璃一方面具有很高的 g 值，另一方面不利的是，也具有很高的 U 值。在双层玻璃之间填充的惰性气体具有低的热传导性、低热容量和高粘度，有助于进一步减少两层玻璃之间通过对流产生的热传输。此外，玻璃片间隔的最佳调整可以保证尽可能低的 U 值。表 3–1 说明了最优间距例子并列举了一些最常见填充气体的物理特性。

表 3–1 玻璃片之间最优间距和一些填充有气体的窗户在 10℃下的热动力学特性

充填的气体	玻璃之间最优间距（mm）	热传导性（W/mK）	密度（kg/m^3）	动态粘滞度（Pas）	具体热容量（J/kgK）
空气	15.5	2.53×10^{-2}	1.23	1.75×10^{-5}	1007
氩气	14.7	1.648×10^{-2}	1.699	2.164×10^{-5}	519
氪气	9.5	0.9×10^{-2}	3.56	2.34×10^{-5}	345
六氟化硫	4.6	1.275×10^{-2}	6.36	1.459×10^{-5}	614

资料来源：文献/3–1/。

低 ε 涂层有助于减少两个玻璃片之间和内部因辐射交换产生的热损失。这些保护层降低了热释放系数 ε。对于长波辐射来说，从最初的 0.84 减少到 0.04。对于短波辐射来说，这些涂层是高度透明的。对于填充有惰性气体的低 ε 涂层的双层或三层玻璃以及有红外反射涂层的玻璃片来说，同时具有低 U 值（热透射系数）和高 g 值（能量透射因子）。

通过开发具有高能量透射因子 g 的玻璃和透明热绝缘材料（TI），可以获得同时具有高能量透射和良好的绝热特性的透明面层。表 3–2 举例说明一些典型玻璃类型 g 值和 U 值和一些可供选择的透明绝热系统。为了说明能量的透射，散射 g 值也被考虑。

表 3–2 不同玻璃类型和透明热材料的散射 g 值和 U 值

	散射 g 值（W/m^2K）	U 值（W/m^2K）
隔热玻璃（4+16+4mm，空气）	0.65	3.00
双层绝热玻璃（4+14+4mm，氩气）	0.60	1.30
双层绝热玻璃（4+14+4mm，氙气）	0.58	0.90
充填氩气的三层绝热玻璃	0.44	0.80
充填氪气的三层绝热玻璃	0.44	0.70
充填氙气的三层绝热玻璃	0.42	0.40
10cm 的毛细管状塑膜，单面板	0.67	0.90
10cm 的蜂窝状塑膜，单面板	0.71	0.90
10cm 的毛细管状玻璃，双层面板	0.65	0.97
2.4cm 的颗粒状气凝胶，充填空气的双层面板	0.50	0.90
2cm 的真空（100mbar）的气凝胶板，双层面板	0.60	0.50

注：对于 4mm 贫铁前玻璃，测量散射 g 值。对于 U 值，假定平均 10℃的样本温度。
资料来源：文献/3–4/。

表 3–3 说明了对应于不同玻璃种类的等价 U 值。通过选择最新的具有绝热特性的朝南双层玻璃，热损失几乎可以得到完全补偿；三层玻璃能获得能量增益。高级的朝北三层玻璃的热增益甚至超过它的热透射。

但是，表 3–3 中所示的散射 g 值只适用于玻璃本身。因此，在对窗户计算时，窗框需要从窗户表面减去。对于大表面的窗户，一个窗户 U_W 的 U 值包括有 30%的窗框表面；对于小一些的窗户，U_W 值需要用窗框和玻璃面板的热透射系数（U 值）重新计算，由于连接部分造成的额外热损失必须要考虑。

此外，玻璃面板的 g 值（能量透射因子）也因为玻璃面板上的灰尘 F_D、可能的固定阴影 F_S 和变动的阴影 F_C 而减少。甚至对于频繁清洁的表面，由于灰尘，必须要假定会造成 5%的 g 值减少（参见文献/3–6/）。考虑到倾斜的辐射入射，该

表 3–3 窗户（U_W）的散射 g 值（$g_{diffuse}$）、U 值和不同玻璃类型对应的等价 U 值（U_{eq}）

	$g_{diffuse}$	U_W	U_{eq}（南）(W/m²K)	U_{eq}（东/西）(W/m²K)	U_{eq}（北）(W/m²K)
简单玻璃	0.87	5.8	3.7	4.4	5.0
双层玻璃（空气 4+12+4mm）	0.78	2.9	1.0	1.6	2.2
氩气充填的双层绝热玻璃(6+15+6mm)	0.60	1.5	0.1	0.5	0.9
氪气充填的三层绝热玻璃(4+8+4+8+4mm)	0.48	0.9	–0.3	0.1	0.4
氙气充填的三层绝热玻璃(4+16+4+16+4mm)	0.46	0.6	–0.5	–0.2	0.2

资料来源：文献/3–5/。

值需要进一步减少。这一因素在表 3–2 和表 3–3 都通过散射 g 值进行了考虑。

根据等式（3–4），在面积 Q_S 内一段确定的时间内产生的太阳热可以通过将窗户上的太阳总辐射入射 $G_{g,t,a}$ 和 g 值，以及减少因素如固定或变动的阴影（F_S 和 F_C）（见表 3–4 和表 3–5）、污染 F_D 和窗框部分 F_F 相乘获得（见表 3–6）。

表 3–4 不同纬度、窗户朝向和水平夹角下的决定水平遮阳效率 F_h 的部分遮阳因子

水平夹角	纬度 45°			纬度 55°			纬度 65°		
	S	E/W	N	S	E/W	N	S	E/W	N
0°	1.00	1.00	1.00	1.00	1.00	1.00	1.00	1.00	1.00
10°	0.97	0.95	1.00	0.94	0.92	0.99	0.86	0.89	0.97
20°	0.85	0.82	0.98	0.68	0.75	0.95	0.58	0.68	0.93
30°	0.62	0.70	0.94	0.49	0.62	0.92	0.41	0.54	0.89
40°	0.46	0.61	0.90	0.40	0.56	0.89	0.29	0.49	0.85

注：S：南；E：东；N：北。
资料来源：文献/3–3/。

表 3–5 不同纬度、窗户朝向和水平夹角下与顶部悬挂遮阳（F_o）和悬挂（翅片（fins））遮阳（F_f）对应的遮阳因子

角度	纬度 45°			纬度 55°			纬度 65°		
	S	E/W	N	S	E/W	N	S	E/W	N
顶部悬挂遮阳（F_o）									
0°a	1.00	1.00	1.00	1.00	1.00	1.00	1.00	1.00	1.00
30°a	0.97	0.95	1.00	0.94	0.92	0.99	0.86	0.89	0.97

续表

角度	纬度 45°			纬度 55°			纬度 65°		
	S	E/W	N	S	E/W	N	S	E/W	N
顶部悬挂遮阳（F_o）									
45°a	0.85	0.82	0.98	0.68	0.75	0.95	0.58	0.68	0.93
60°a	0.62	0.70	0.94	0.49	0.62	0.92	0.41	0.54	0.89
投影遮阳（F_f）									
0°b	1.00	1.00	1.00	1.00	1.00	1.00	1.00	1.00	1.00
30°b	0.97	0.95	1.00	0.94	0.92	0.99	0.86	0.89	0.97
45°b	0.85	0.82	0.98	0.68	0.75	0.95	0.58	0.68	0.93
60°b	0.62	0.70	0.94	0.49	0.62	0.92	0.41	0.54	0.89

注：a 表示悬挂角度；b 表示侧面投影角度。S：南；E：东；N：北；对于角度的定义见图 3-4。
资料来源：文献/3-3/。

表 3-6　可选择的内部和外部遮阳设施的遮阳因子

遮阳设施	光学特性		遮阳因子	
	吸收	传输	内部遮阳设施	外部遮阳设施
白百叶窗	0.1	0.05	0.25	0.10
		0.1	0.30	0.15
		0.3	0.45	0.35
白布	0.1	0.5	0..65	0.55
		0.7	0.80	0.75
		0.9	0.95	0.95
彩色布	0.3	0.1	0.42	0.17
		0.3	0.57	0.37
		0.5	0.77	0.57
铝涂布	0.2	0.05	0.20	0.08

资料来源：文献/3-3/。

$$Q_S = F_S\, F_D\, F_F\, F_C\, gG_{g,t,a} \tag{3-4}$$

（2）遮阳设施。通过合理的建筑设计（如阳台和投影），可以在不产生任何额外成本的情况下提供阻止夏天太阳从高角度照射的合格的遮阳保护设施。这种固定遮阳设施的好处是简单和永久运行，因为这种装置不需要特殊控制的活动部分。由于它们能融入原始设计之中，很容易应用于大多数的新建筑。这种设施应该朝南以确保在夏天可以很好地遮阳，在冬天通过低角度的太阳获得高辐射进入建筑物（见图 3–3）。如果朝东和朝西会使建筑物即使在夏天也通过低角度遭受高辐射，而冬天这些朝向获得的辐射较低（见图 2–21）。但是，固定的遮阳设施在季节之间（春天和秋天）还需要空间供暖系统的时候提供遮阳，从而减少被动式太阳能利用的效率。

因此，建筑物的遮阳效果取决于以下参数或因子（对于相关角度的定义参考图 3–4）：

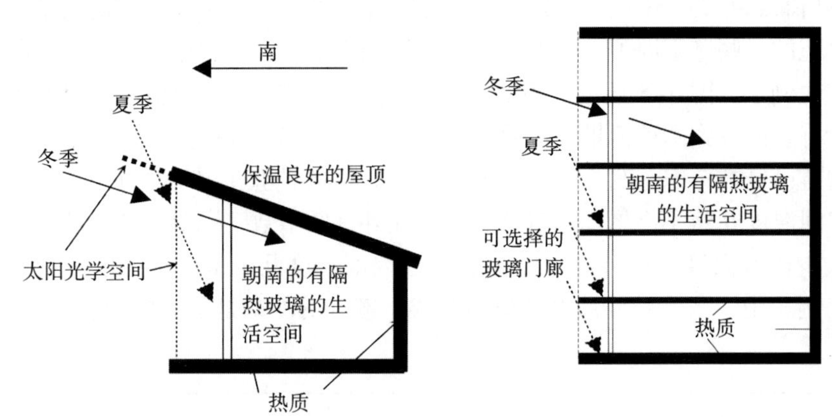

图 3–3 透明建筑物表面通过屋顶悬挂的遮阳（左：单家庭房屋；右：多家庭房屋）

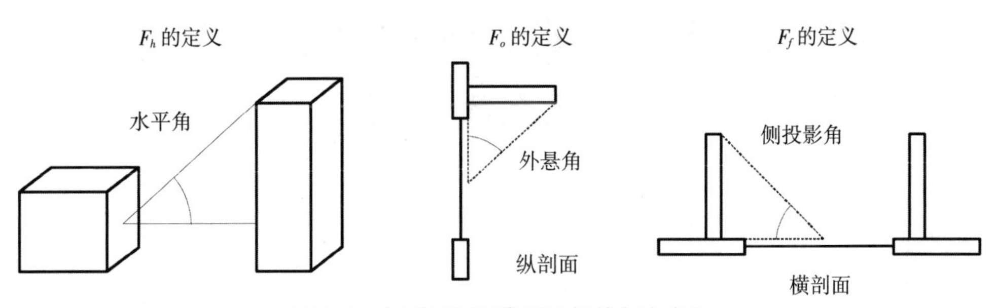

图 3–4 相对于不同类型这样的角度定义

注：左边：对应水平遮阳因子 F_h 的角度；中间：对应悬挂遮阳因子的 F_o 的角度；右边：边部悬挂遮阳因子 F_f 对应的角度。

资料来源：文献/3–3/。

- 通过水平遮阳 F_h：取决于太阳位置的轨迹（见图 2–20）或根据表 3–4 决定。
- 通过投影结构的遮阳：分为顶部悬挂 F_o 和边部悬挂（翅片（fins））F_f（见表 3–5）。

遮阳因子的 F_s 涵盖所有的遮阳类型。根据等式（3–5），它由水平遮阳因子

F_h、顶部悬挂遮阳因子 F_o 和边部悬挂遮阳因子 F_f 组成。和简化的等式相比，动态的建筑模拟可以提供更加准确的建筑物的总遮阳效率参数。

$$F_S = F_h F_o F_f \tag{3-5}$$

除了上面描述的固定遮阳构件，可调整的遮阳设施也用于被动式太阳能系统的控制。例如，如果太阳热增益超过太阳照射的生活空间的热需求，太阳能孔径表面能被遮盖以阻止过热。外部的遮阳构件，如遮帘布和百叶窗，重新传递吸收的辐射热给周围空气，因此经常比内部遮阳设施更有效率。然而，内部遮阳设施（如百叶窗或窗帘）不必抗风雨，因此设计需求较少。表 3-6 举例说明了可活动遮阳设施的一些遮阳因子 F_C，对应的是不同类型的可调整设施和相应的朝向。

作为例子，图 3-5 显示了环境温度 θ_e 在 12℃~27℃变化的情况下，有遮阳设施和没有遮阳设施两种情景下，通过建筑物动态模拟计算的房间温度。被动式太阳热增益已经被考虑。对于这一例子，假设房间温度超过 26℃时有主动的空气冷却，房间温度 θ_i 将不会增加超过这个值。此外，图中数字说明内部百叶窗只能轻微地减少内部温度，而外部百叶窗能减少内部温度几个 Kelvin（开氏度温标）。在这一例子中，当使用外部百叶窗的时候，额外的冷却是不需要的。

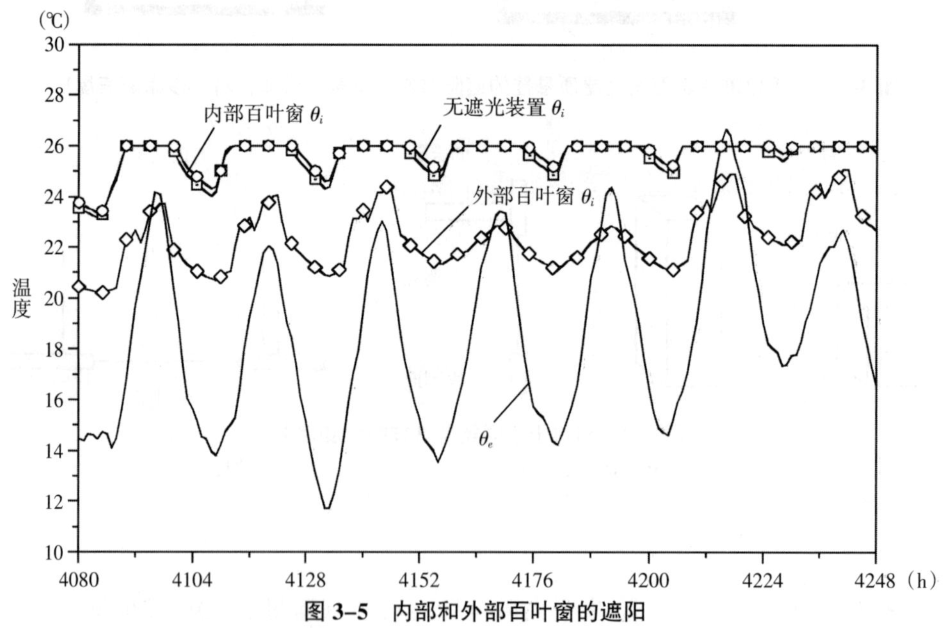

图 3-5　内部和外部百叶窗的遮阳

注：θ_e 是环境温度，θ_i 是房间温度。
资料来源：文献/3-7/。

相对照，遮阳系统和玻璃面板结合起来可以大大增加其可靠性。这些系统包括下列运作原理：

• 在确定的外部或系统温度下，热致性玻璃就会变得模糊，因为分子倾向于积累在窗框一体的凝胶层。

• 电致变色玻璃的特性是在确定的电压下特殊的涂层从透明转变为模糊。

• 全息图箔覆盖的玻璃反射来自高角度太阳的辐射，从而小角度的太阳射线入射可以没有任何障碍地到达吸热器。

（3）吸热器和热存储。吸收和热储存装置是主动式太阳能系统中两个单独的组件，而在被动式系统中它们作为整体融入建筑物结构之中。

在直接受益系统中，暴露在太阳辐射下房屋外壳作为吸热装置的表面。因此，被动式太阳能系统应该提供具有强吸热能力的外表面，和适用于太阳能系统的热储存建筑物结构。

"经典"的被动式能源系统不装备任何控制系统。通过太阳辐射加热的房子中的热质，在滞后一定时间后又释放给内部空间，无任何使用者干扰其降低温度。因此，必须要防止被动式储能器过分加热房间。为了达到这一目的，需要知道被动储存的时间滞后和热流减少参数。在大多数情况下，夏天需要提供额外（积极）的遮阳设施减少能量吸收。

非直接加热的热质（如未加热的内墙）只能合理地使用于相应的房间温度变化是允许的情况。在房间高温情况下，热缓慢地通过逐渐升温的空间所加热的热质所吸收。相反，如果房间温度跌到低于热质表面温度，储存的热就会释放回给空间。

已经设立的热流 $\dot{q}$ 取决于冷热蓄能器（accumulator）的温度（θ）差、比热容量 c_p、存储媒介的密度 ρ_{SM} 和热导性 λ，以及加热和热消散时间 t。例如，在一个很短的时间内，蓄能器只会加热表面，从而只吸收很少量的能量。

根据等式（3–6），热流 $\dot{q}$ 通过傅里叶（fourier）（单维）热传导定律，以及进入和来自储存构件的热流计算（储存等式，见等式（3–7））。

$$\dot{q} = -\lambda \frac{\partial \theta}{\partial x} \tag{3–6}$$

$$\frac{\partial \dot{q}}{\partial x} = -\lambda \frac{\partial^2 \theta}{\partial x^2} = \rho_{SM} c_p \frac{\partial \theta}{\partial t} \tag{3–7}$$

作为一个例子，图 3–6 说明了在 24h 内一个混凝土内墙（储能墙）的温度。在该期间内，房间的另一边温度变化了 6℃，而在该墙假定条件下这一期间内储存和释放的能量达到 0.076kWh/m²d。只是达到约 15cm 的墙厚处温度发生了显著变化。因此，墙厚度的增加并不增加其热储存能力。

在大多数间接增益系统中，只有外墙用作热储存，这是一个固定的设计，外墙的表面起吸热功能。为了这一目的，墙表面或被涂黑或覆盖黑的吸收箔。

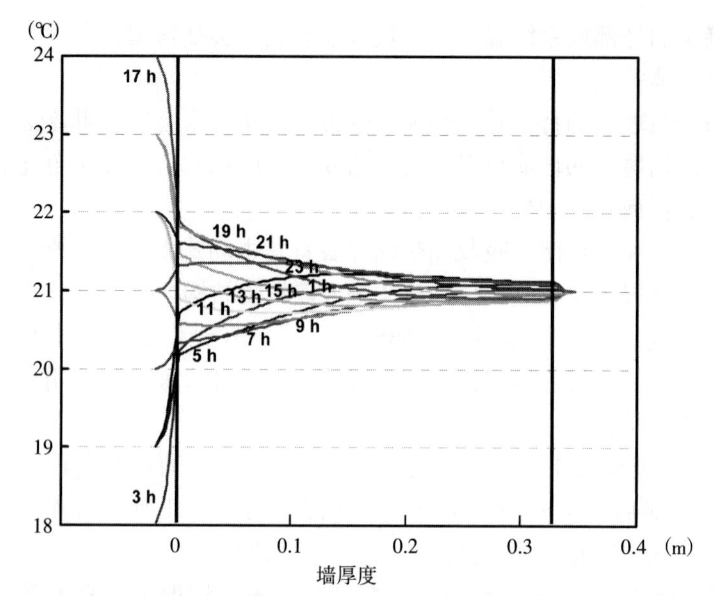

图 3–6　暴露在辐射下的内墙温度和另一边的温度变化（左）

资料来源：文献/3–9/。

只有在解耦系统（decoupled system）中，吸热器和蓄能器是分开的部件，黑色或选择的涂层金属片作为吸热器的媒介。热载体通过通道或更加优良的媒介传送给蓄热器。例如，如果设计成空心楼盖或双墙砌体，蓄热器本身就是建筑结构的一部分。岩石储存不是双重用途，因为它们不是建筑结构的一部分。

建筑物动态模拟可以确定加热能量的需求 Q_H，该值由建筑物热损失 Q_L 减去可用能量决定，可用能量由太阳辐射 Q_S、内部热 Q_i（即由人和家用器具产生的热）和利用因子决定（见等式（3–8））。

$$Q_H = Q_L - \eta(Q_S + Q_i) \tag{3–8}$$

简单来说，对于可用太阳能 Q_S 和内部热增益 Q_i 的利用来说，主要取决于利用因子 η。等式（3–9）表示了采用热增益和热损失比率的利用因子 η 的近似计算，小于 1.6，等式（3–10）是普通热惯量的计算（参见文献/3–6/）。

$$\eta = 1 - 0.3\gamma \tag{3–9}$$

$$\gamma = (Q_S + Q_i)/Q_L \tag{3–10}$$

3.2.3　功能系统

依据太阳能利用的系统形式和布置，可以划分为四种不同功能系统：直接取热系统、间接取热系统、解耦系统、阳光间。但是，它们之间的边界仍然是不确定的。

（1）直接取热系统（direct gain sysystem）。太阳辐射通过透明的外部表面透射进居住空间，并且在房间内部表面转换成热。房间温度和房间表面温度的变化几乎是同时的。典型的直接受益系统是普通的窗户和天窗（见图 3–7）。

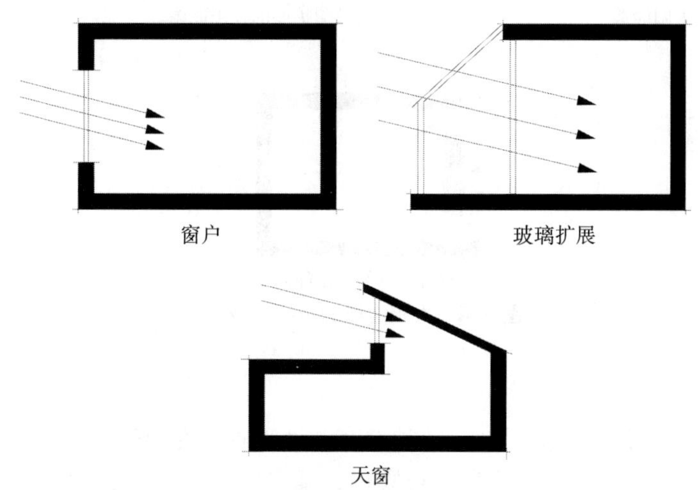

图 3–7 直接取热系统的不同类型

资料来源：文献/3–8/。

直接取热系统在居住空间内将辐射能现场转换为热，具有结构简单、低控制要求和低储存损失的特点。但是，它对于辐射和内部温度之间的阶段轮换（phase shifts）的低反应能力可能是它的弱点。因为通过热质重新辐射进空间的热不能被调节，直接受益系统只能被遮阳设施所调节。所以，为了确保太阳能取热利用的有益性，还需要低惯性的额外加热系统。

在许多办公楼里，如果辐射和加热需求是同时产生，直接取热系统是非常有益的。为了节约照明用能源需求，直接取热系统也和采光系统结合在一起。因此，直接取热系统特别适合于补充对于入射辐射和热需求阶段轮换反应更加容易的间接取热系统。

（2）间接取热系统（indirect gain sysystem）。在间接取热系统内（太阳能墙），太阳辐射是在和居住空间相反的一边的储存构件内转换成热。通过热传导能量迁移到储存构件的内部表面（房间一边），并释放进房间的空气中（见图 3–8）。因此，在太阳辐射和内部温度之间有一个特定的阶段轮换，阶段轮换受到储存构件材料和其厚度的影响。

和直接取热系统相比，太阳能墙系统的特征有结构简单、阶段交替加热、较低的房间温度变化。但是，对于周围环境的高热损失可能是它的劣势，热供应只

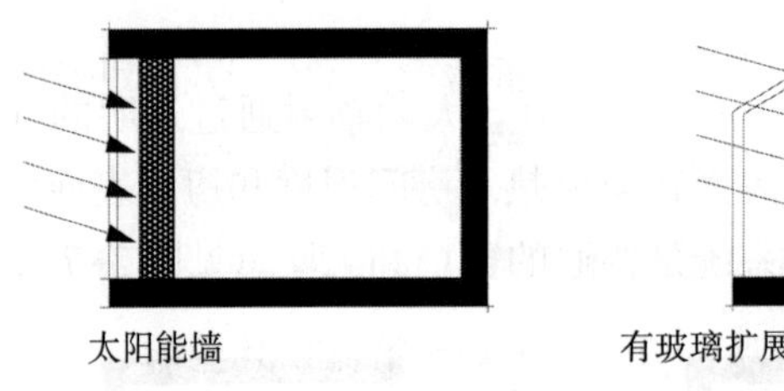
太阳能墙

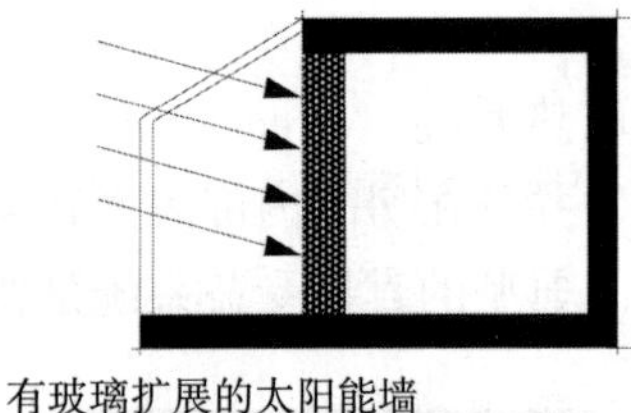
有玻璃扩展的太阳能墙

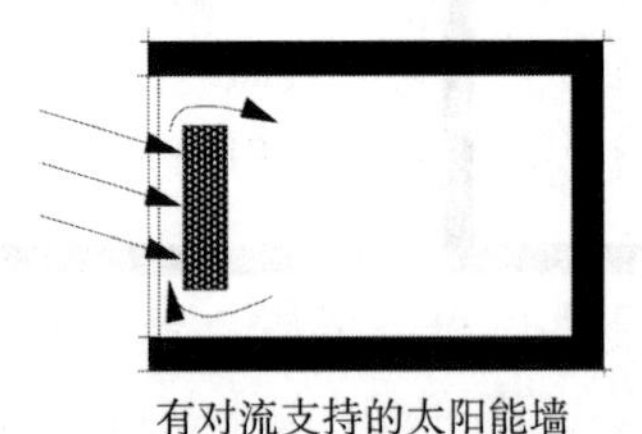
有对流支持的太阳能墙

图 3-8　太阳能墙的不同类型

资料来源：文献/3-8/。

能通过合理的遮阳设施调节。一旦热被储存构件吸收，传导热进入居住空间之后不再能被控制。对于对流支持的系统来说，随着室内空气和加热空气逐渐地融合，透明外壳的内部一边也需要被清洁。

太阳能墙系统或间接取热系统适合于补充直接取热系统，因为当两者结合在一起时，可以扩展热能传送。两者的结合特别适合具有持续供热需求的居住空间。

1）透明的热绝缘。除了通过窗户的太阳辐射的直接利用，在最近的几年里，也开发具有透明热绝缘体（TI）的墙系统以增强被动式太阳能取热。它们是间接取热系统的变体，由于透明热绝缘体的使用，中欧的被动式太阳能系统得到了有效的利用。

在模糊的热绝缘体上的太阳辐射入射只有非常少部分能够被利用（见图 3-9 左）。在吸收太阳辐射期间，外层表面可以被加热，然而，由于绝缘层的低导热性，在同样具有较大温差（空间内外部之间）的情况下，只有很少的热透射进内部。

相反，大量的太阳辐射可以透过具有透明绝缘材料的构件，当照射到具有黑涂层的构件（吸热器）时转换为热（见图 3-9 右）。由于绝缘材料的高阻热性，大量的热传输进入储存墙。

图 3-10 显示了在一个寒冷且多雾的冬天 24h 内一个有热绝缘体（TI）的太阳能墙样本的温度变化过程以及相应的热流密度、U 值（传热系数）和等价 U 值（U_{eq}）。为了保证吸热器创造的热（有用的热）有一个良好的传送和避免过高的温度，透明热绝缘材料（TI）后面的墙必须具有高的传热系数和良好的储存特性。

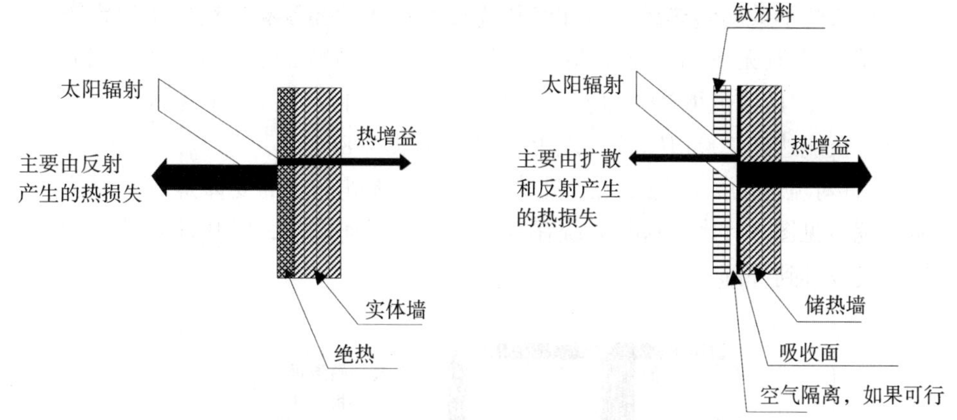

图 3–9 模糊（左）和透明（右）热绝缘体的比较

但是，这些特性会导致很低的热绝缘。透明热绝缘体（TI）的总 U 值因此经常高于单独的绝热墙。在晚间，当热质冷却下来，这种墙比单独的绝热墙具有更高的热损失。但是，对于设计良好的具有热绝缘体的墙，热损失在绝大多数情况下会被热增益超额补偿；等价 U 值（U_{eq}）（包括太阳能增益）较低，甚至是负的（净热增益）。在图 3–10 所示的例子中，在这令人愉快的一天，U 值达到 0.527W/(m^2 K)，等价热 U 值（U_{eq}）为 0.267 W/(m^2 K)。

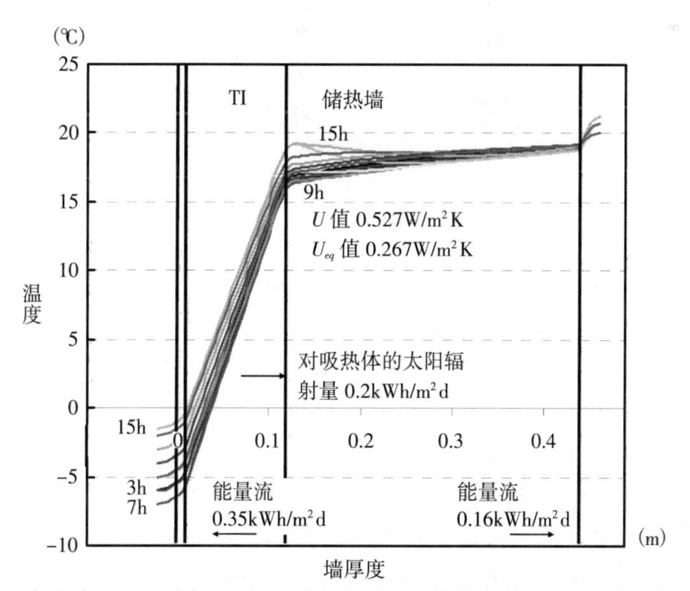

图 3–10 在一个寒冷和多雾的冬季一天内由玻璃—透明绝热体（TI）—空气—吸热体—混凝土墙组成系统的温度分布

资料来源：文献/3–9/。

和普通的不透明绝热系统（如绝热连接系统或后面没有通风外墙的系统）相比，有绝热体但无遮阳设施的朝南太阳能墙可以节约的有用能量每年为 350~400mJ/(m^2a)，具体值取决于采光口的面积。如果内部的温度非常高，可以节约的能量甚至能达到 700mJ/(m^2a) 之上（参见文献/3-8/）。

2）有对流热的太阳能系统。非直接取热系统进一步的变体是有对流热的太阳能系统（见图 3-11）。这些系统在夏天不需要任何遮阳，吸热体和蓄热体之间的热空气被排到外部。

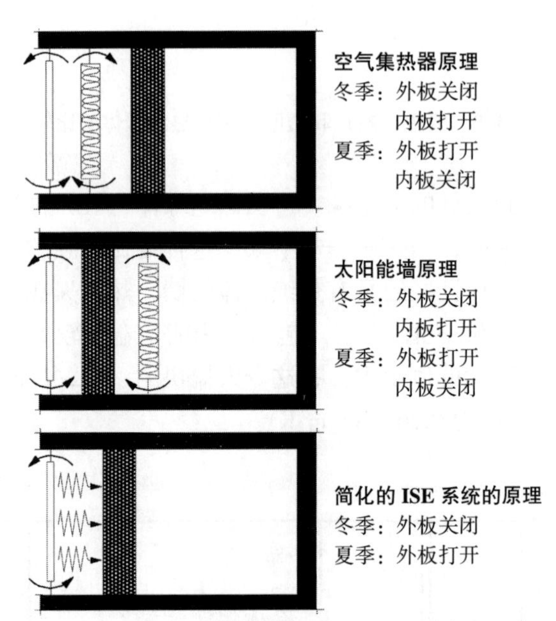

图 3-11 带有对流热的不同类型的太阳能墙系统

资料来源：文献/3-8/。

（3）解耦系统（decoupled systems）。解耦太阳能系统的一些部件（如热传输装置和风扇）不是建筑物结构的组成部分。由于它们实质上属于能源供应系统，将它和主动太阳能利用系统清楚地进行区分不总是可能的。

这些解耦系统将入射的太阳辐射在吸热器表面转化。吸热器表面和内部空间是绝热的（见图 3-12）。随后，太阳热以空气作为传输载体，通过通道系统传送到蓄热器。蓄热器可以和建筑物结构结合为一体，也可以自身单独作为一个技术构件（或二者结合）。空心楼顶和双墙的砖石结构是蓄热器和建筑结构整合在一起的例子，而岩石和水储存罐是独立于建筑结构的。

如果热交换是完全对流形式的（因此排除辅助装置），蓄热器是建筑结构的一部分，那么太阳能系统是很明确的被动式系统。然而，如果风扇用于空气流通，系统被称为半被动式的。通过装备有绝热体的蓄热器，整个房间的热分配可以被来自吸热器和储存器的温度独立控制。

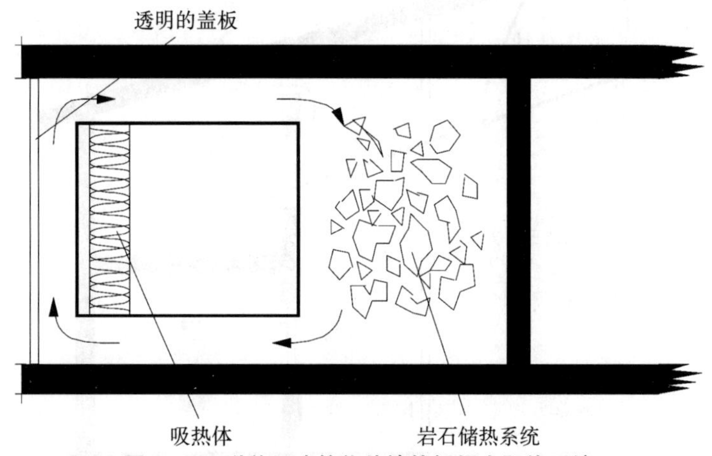

图 3–12 附着于建筑物外墙热解耦太阳能系统

资料来源：文献/3-8/。

解耦系统的特征是具有良好的可控制性。借助于吸热器和内部空间之间的热绝缘，夜间的热损失是非常少的。然而，该系统的缺点是高建设成本、容易产生缺陷（如泄漏）和高吸热器温度。

热解耦系统非常适合补偿太阳辐射和热需求之间的时间滞后。如果有已经可用的单独集热器，或者容易融入建筑结构，它们是很有优势的。

（4）阳光间（sunspace）。阳光间是功能系统的另外一种变体。未供热的阳光间是很流行的，如果需要供热和相邻阳光间的温度更高，它和内部居住空间连接的门是敞开的。此外，两层或更多层的阳光间也可以用作房屋的通风（见图 3-13）。在冬天，最低温度达到 0℃，而夏天热需要被排到外部以避免过度供热（高于 50℃的温度是可能的）。因为这一原因，应该避免倾斜的窗户，屋顶应具有良好的隔热性。东朝向和西朝向是不好的，因为入射的太阳辐射在冬天会很少，而在夏天只能靠百叶窗，而不是屋顶的挑檐。

在供热季节，一个良好设计具有最佳调节功能的阳光间供应给房子的能源和其接受来自房子的能源相等或稍多。除了被动式太阳能的利用，未加热的阳光间也减少建筑物的热负载，因为系统墙—阳光间—墙与外墙一样通常具有更低的 U 值（热传递吸收）。但是，供热的阳光间将会导致较高的热损失。

在夏天，靠屋檐遮阳的阳光间甚至经常过热。图 3–14 揭示了一个装备了地板供热系统的房屋在夏季三个好天气中，阳光间的温度（θ_{ss}）、居住空间的温度（θ_i）、周围温度（θ_e）和屋顶温度（θ_{ce}）的变化。尽管具有高的对流性，温度还是

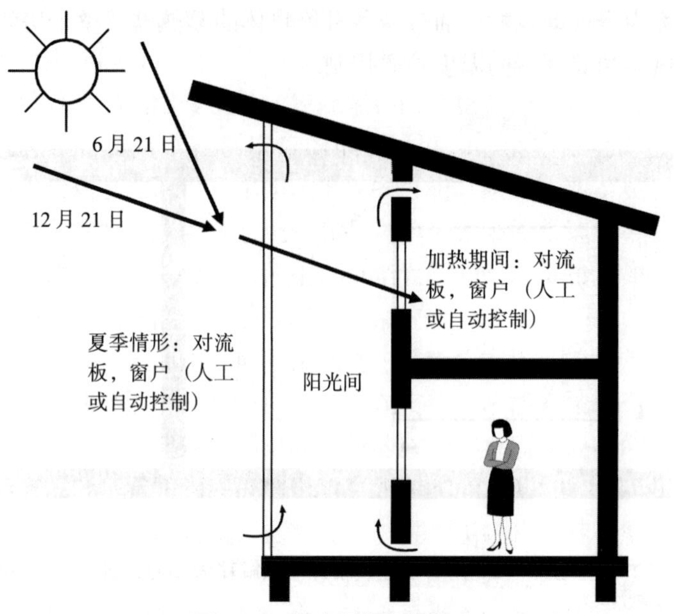

图 3–13　阳光间的运行原理

资料来源：文献/3–10/。

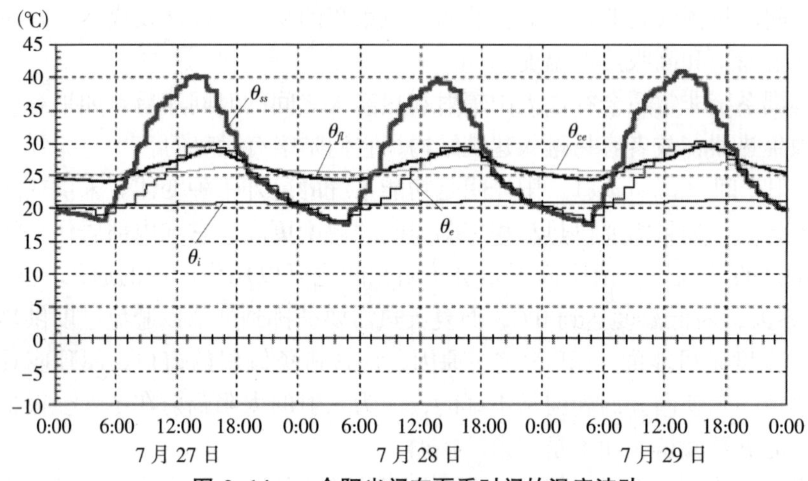

图 3–14　一个阳光间在夏季时间的温度波动

资料来源：文献/3–11/。

上升到高于 40℃。然而，相邻居住空间的最高温度只达到 30℃。

在多家庭的住宅，阳光间通常用作走廊，因为那里的温度和居住空间相比，波动更容易被接受。然而，这些高空间的温度分布需要很仔细的观察，自然的空气循环或气流需要考虑进来。为了达到这一目的，多数的阳光间在其顶部和底部拥有盖板（flaps），使新鲜空气进来并排出过热的空气。

④ 太阳热的利用

4.1 原　理

部分太阳辐射能可以通过使用吸收器（如太阳能集热器）转换为热能。和其他部件一起的吸收器就是太阳能系统。太阳能系统是为了给游泳池加热、生产家庭热水、满足空间供热需求或其他需要热的客户需求，而将太阳辐射转换为热的装置。下面描述这种太阳热利用形式的能量转换的物理原理（参见文献/4-1/、/4-2/、/4-3/）。

4.1.1　吸收、释放和传递

太阳热利用的基本原理就是将短波太阳辐射转化为热。这种能量的转换过程又可以称为光热转换。如果辐射入射到材料上，一部分的辐射就会被吸收。一个物体吸收辐射的能力被称为吸收能力或吸收系数 α，α 反映了照射到物体的全部辐射被吸收的比例。理想的黑色物体吸收每一波长的辐射，因此其吸收系数等于 1。

发射（emission）系数 ε 代表物体的辐射出射力。吸收系数 α 和发射系数 ε 之间的关系用“基尔霍夫定律”定义。对于所有物体，在给定的温度条件下，辐射发射系数和吸收系数之间的比率是恒定的，从量上来说，等于这一温度下黑体的辐射发射系数。该比率只是温度和波长的函数。具有高吸收能力的物质，在确定的波长范围内，也具有同一波长范围内的高辐射发射能力。

除了吸收和发射，反射和传输也起作用。反射系数 ρ 描述反射辐射和入射辐射之间的比率。根据等式（4–1），传输系数 τ 定义通过给定材料的辐射传输和整个辐射入射之间的比率。因此，吸收、反射和传输系数合计等于 1。

$$\alpha + \rho + \tau = 1 \tag{4–1}$$

4.1.2 吸收器的光学特性

吸收器必须要吸收辐射并部分地转换为热。除了其他特性之外，吸收器的特征如等式（4–2）所示，对于辐射不传导（$\tau = 0$），在吸收器内吸收系数 α 和反射系数 ρ 总和等于 1。

$$\alpha + \rho = 1 \tag{4–2}$$

一个理想的吸收器不反射任何的短波辐射（$\rho = 0$），因此符合等式（4–2）完全吸收这一波段范围内的太阳辐射（$\alpha = 1$）。对于高于一定边界波长的长波辐射，情况恰恰相反。对于一个理想的吸收器，它反射所有的辐射，根本不吸收任何这一波长范围的辐射。相应地，这一波长范围内的发射等于零（基尔霍夫定律）。图 4–1 显示了一个理想的吸收器的吸收与反射系数和波长之间的依赖关系。

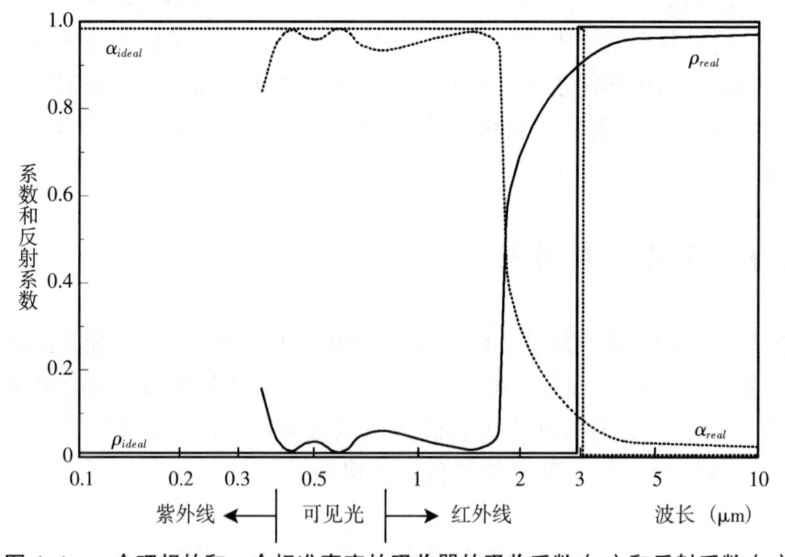

图 4–1　一个理想的和一个标准真实的吸收器的吸收系数（α）和反射系数（ρ）

理想的场景在现实生活中不可能完全实现。所谓的选择性表面（或选择性涂层）接近于最佳的吸收器特性（见图 4–1）。在太阳辐照度光谱范围内，选择性系数 ρ_{real} 接近零，在红外线光谱范围内（>3μm）接近 1。吸收系数 α_{real} 正好说明相反的情况。

表 4–1 显示了各种不同材料的吸收系数和太阳辐射光谱范围内太阳辐照和红外线的传输和反射系数。和非选择性吸收器相比，选择性吸收器的表面显示更高的 α_S/ε_I 值。

表 4–1 吸收器的光学特征

		太阳辐照			红外线辐射			α_S/ε_I
		$\alpha_S(\varepsilon_S)$	τ_S	ρ_S	$\alpha_I(\varepsilon_I)$	τ_I	ρ_I	
选择性吸收器	黑镍	0.88	0	0.12	0.07	0	0.93	12.57
	黑铬	0.87	0	0.13	0.09	0	0.91	9.67
	铝窗格	0.70	0	0.30	0.07	0	0.93	10.00
	氮化钛氧化物	0.95	0	0.05	0.05	0	0.95	19.00
非选择性吸收器		0.97	0	0.03	0.97	0	0.03	1.00

资料来源：文献/4–1/。

α_S 是太阳辐照光谱范围内的吸收系数，ε_I 是红外线辐射光谱的发射系数。这种表面也称为 α/ε 表面。比率 α_S/ε_I 在 9~19 之间，如该值为 19 的钛氧化物显示特别高的 α_S/ε_I 比率。

4.1.3 盖板的光学特性

为了减少吸收器和周围环境对流的热损失，在许多情形下，在太阳热系统中使用的吸收器有一个透明的盖板。理想的盖板在太阳辐射的范围内传导系数为 1，而在这一光谱范围内反射和吸收系数等于零。

在现实生活中，这一条件是不能实现的。表 4–2 显示了不同盖板材料的特性。根据该表，玻璃能很好地满足发光光谱范围内所必须的光学特性。然而，集热器发射的红外光不能通过，主要被吸收。如果吸收程度较高，根据基尔霍夫定律，玻璃盖板的温度就会上升，对周围环境的辐射损失相应地也高。通过采用反

表 4–2 盖板的光学特性

	太阳光谱			红外线辐射		
	$\alpha_S(\varepsilon_S)$	τ_S	ρ_S	$\alpha_I(\varepsilon_I)$	τ_I	ρ_I
玻璃片	0.02	0.97	0.01	0.94	0	006
红外反射玻璃（In_2O_3）	0.10	0.85	0.05	0.15	0	0.85
红外反射玻璃（ZnO_2）	0.20	0.79	0.01	0.16	0	0.84

资料来源：文献/4–1/。

射红外光的真空涂层可以减少这些损失。

4.1.4 能量平衡

（1）总体能量平衡。等式（4-3）描述了一个介质吸收辐射并转换为热的总体能量平衡：

$$\dot{G}_{G,abs}=\dot{G}_{conv,abs}+\dot{G}_{rad,abs}+\dot{G}_{refl,abs}+\dot{G}_{cond,abs}+\dot{G}_{useful} \tag{4-3}$$

$\dot{G}_{G,abs}$ 是到达吸收器表面全部总的入射辐射，$\dot{G}_{useful}$ 是可利用的热流。此外，有四种不同的损失流：

- 吸收器对于周围空气的对流损失 $\dot{G}_{conv,abs}$；
- 吸收器的长波辐射损失 $\dot{G}_{rad,abs}$；
- 吸收器的反射损失 $\dot{G}_{refl,abs}$；
- 热传导损失 $\dot{G}_{cond,abs}$。

（2）集热器的能量平衡。在太阳能集热系统中，吸收器通常是集热器的一部分。集热器的其他部分是边框、盖板和绝热体。在这些给定的条件下，下面进一步讨论能量平衡。

集热器利用通过集热器的热传送介质转移可利用的热能（见图 4-2）。进口和出口的热传送介质的能量差就是被传送介质移走的热流 $\dot{Q}_{useful}$（见等式（4-

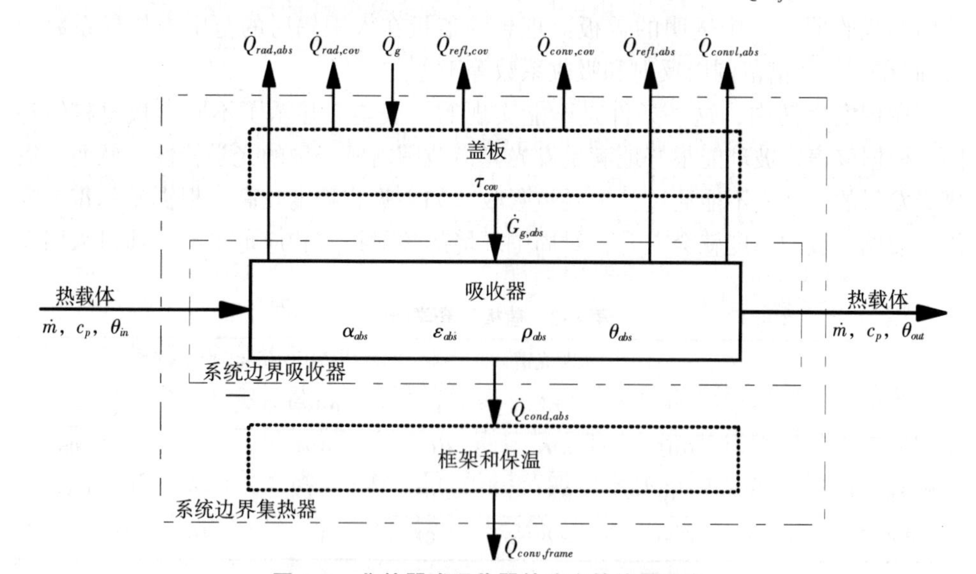

图 4-2 集热器或吸收器的稳定的能量平衡

4))，等式中 c_p 是比热容量，$\dot{m}$ 是传送介质的质量流量，θ_{in} 和 θ_{out} 是传输介质进出集热器入口和出口的温度。

$$\dot{Q}_{useful} = c_p\dot{m}(\theta_{out} - \theta_{in}) \tag{4-4}$$

对于一个集热器的吸收器，将产生如下能量平衡（见等式（4-5））。

$$\dot{G}_{g,abs} = c_p\dot{m}\theta_{out} - c_p\dot{m}\theta_{in} + \dot{G}_{conv,abs} + \dot{G}_{rad,abs} + \dot{G}_{refl,abs} + \dot{G}_{cond,abs} + \dot{G}_{cond,abs} \tag{4-5}$$

吸收器的总辐射 $\dot{G}_{g,abs}$ 由在集热器盖板上的总辐射 $\dot{G}_g$ 和相应的传导系数 τ_{cov} 所定义（见等式（4-6））。

$$\dot{G}_{g,abs} = \tau_{cov}\dot{G}_g \tag{4-6}$$

吸收器的反射损失可以用吸收器上的辐射和反射度计算（见等式（4-7）。被朝向吸收器的盖板背面重新反射的由吸收器反射的小部分辐射被忽略。τ_{cov} 是盖板的传导系数，吸收器的反射系数为 ρ_{abs}。

$$\dot{G}_{refl,abs} = \tau_{cov}\dot{G}_g\rho_{abs} \tag{4-7}$$

根据史蒂芬—波兹曼辐射定律（stefan-boltzmann radiation law），按照等式(4-8)，辐射损失 $\dot{Q}_{rad,abs}$ 是由发射度（degree of emission）ε、吸收器温度 θ_{abs} 和外围温度 θ_e 的四次方之差、史蒂芬—波兹曼常数（stefan-boltzmann-constant）σ（$5.67 \times 10^{-8}W/m_2K_4$）所决定的。此外，它与辐射吸收器的面积 S_{abs} 呈正比关系。

$$\dot{Q}_{rad,abs} = \varepsilon_{abs}\sigma(\theta^4_{abs} - \theta^4_e)S_{abs} \tag{4-8}$$

吸收器的对流热损失首先被传送到盖板。在稳定状态下（即盖板的温度不在变化），这一热流完全被传送到环境中去。这一对流热流 $\dot{Q}_{conv,abs}$ 可以假定大约是线性的。它依赖吸收器温度 θ_{abs} 和周围空气温度 θ_e 的差，可以通过在最初的估计中不变的热传递系数 U^*_{coll}（即与温度无关的热传导系数）来描述。相应的等式如下：

$$\dot{Q}_{conv,abs} = U^*_{coll}(\theta_{abs} - \theta_e)S_{abs} \tag{4-9}$$

相对于其他热流，由于从吸收器到边框的热传递和绝热体是很少的，热流 $\dot{Q}_{conv,abs}$ 可以忽略不计。所以，对于通过热传递介质的热能 $\dot{Q}_{useful}$ 能量平衡见等式(4-10)。

$$\dot{Q}_{useful} = \tau_{cov}\dot{G}_g - \tau_{cov}\dot{G}_g\rho_{abs} - U^*_{coll}(\theta_{abs} - \theta_e)S_{abs} - \varepsilon_{abs}\sigma(\theta^4_{abs} - \theta^4_e)S_{abs} \tag{4-10}$$

等式（4-10）的前两项可以合并。此外，吸收器通常具有较低的发射度。如果吸收器和环境的温度差保持在较低的水平，等式（4-10）的最后一项在许多情况下可以忽略不计。整个热和辐射损失，使用热传递系数 U^{*}_{coll} 和温度差可以近似表示。这一假定可以用等式（4–11）表示。

$$\dot{Q}_{useful} = \tau_{cov}\alpha_{abs}\dot{G}_g - U^{*}_{coll}(\theta_{abs} - \theta_e)S_{abs} \tag{4–11}$$

在一些情况下，忽略四次方项会导致较大的遗漏。该项也可以用二次方项近似估计。这可以用等式（4–12）描述。C_1 和 C_2 是相应的辅助常数。

$$\dot{Q}_{useful} = \tau_{cov}\alpha_{abs}\dot{G}_g - C_1(\theta_{abs} - \theta_e)S_{abs} - C_2(\theta_{abs} - \theta_e)^2S_{abs} \tag{4–12}$$

4.1.5 效率和太阳能节能率（solar fractional savings）

在集热器中太阳辐射能转换为可用热能的效率 η 是热传递介质传输的有用热流和投射到集热器上的总入射辐射的比值（见等式（4–13））。

$$\eta = \dot{Q}_{useful}/\dot{G}_g \tag{4–13}$$

给定集热器的传递和吸收系数以及热导系数，集热器的效率可以通过等式（4–11）或等式（4–12）联合等式（4–13）计算（分别用等式（4–14）和等式（4–16））。如果 1 平方米的集热器面积可以获得能量平衡，将会分别有等式（4–15）和等式（4–17）。$\dot{G}_{g,rel}$ 是 1 平方米吸收器面积（净集热器面积）上的总辐射。C_1 和 C_2 是计算集热器上可用热能的辅助常数。

用给定的材料参数，在吸收器、环境和最大辐射之间的最小可能的温度差下可以获得最高的效率。

$$\eta = \tau_{cov}\alpha_{abs} - \frac{U_{coll}(\theta_{abs} - \theta_e)S_{abs}}{\dot{G}_g} \tag{4–14}$$

$$\eta = \tau_{cov}\alpha_{abs} - \frac{U_{coll}(\theta_{abs} - \theta_e)}{\dot{G}_{g,rel}} \tag{4–15}$$

$$\eta = \tau_{cov}\alpha_{abs} - \frac{C_1(\theta_{abs} - \theta_e)S_{abs}}{\dot{G}_g} - \frac{C_2(\theta_{abs} - \theta_e)^2S_{abs}}{\dot{G}_g} \tag{4–16}$$

$$\eta = \tau_{cov}\alpha_{abs} - \frac{C_1(\theta_{abs} - \theta_e)}{\dot{G}_{g,rel}} - \frac{C_2(\theta_{abs} - \theta_e)^2}{\dot{G}_{g,rel}} \tag{4–17}$$

在许多情形下，太阳能节能效果 F_s 是显著的。相关的文献对其有不同的定义方式。在这里，它是安装的外部储热器通过太阳辐射的转换而发射的可利用的能量和被太阳能热部分或全部满足的加热、生活热水或工业用热的热需求之间的比值（见等式（4–18））。当采用这一定义时，所有在储热器中的热损失被分配给太阳能系统。因此，它定义为传统能源载体节约量 $\dot{Q}_{aus}$ 和相应的热需求 $\dot{Q}_{demand}$ 的比值。对于单独的传统系统来说，不需要储存或只需要很少的储存。对于常见的传统能源载体的替代是太阳能系统的出发点。因此，只有在太阳能系统中使用储热器，等式（4–18）的定义是合适的。

$$F_S = 1 - \frac{\dot{Q}_{aus}}{\dot{Q}_{demand}} \tag{4–18}$$

4.2 技术说明

除了集热器之外，太阳热系统也包括其他系统部件，最基本的是液体或气体的传送介质以及用来运输传热介质的管道。正常来说，需要设有换热器或者有一个或几个换热器的蓄热器，在特定设计下，还需要维持热载体循环的驱动泵、传感器和控制工具。

4.2.1 集热器

集热器是太阳热系统的一部分，转换部分太阳辐射为热能。随后，部分热能被流经集热器的热载体所带走。为了达到这一目标，集热器由吸收器、盖板、集热器箱等组件组成。

（1）集热器组件。图 4–3 显示了平板液体型集热器的主要组件。相应地，集热器由吸收器、透明盖、边框和绝热体构成。此外，热载体的入口和出口以及固定方法也在图中显示出来。根据集热器设计的不同，不是包括所有图中所显示的组件。但是，吸收器和运输热载体的合适管道是绝对需要的。对于大多数设计，下面描述的其他组件也是集热器的组成部分。

1）吸收器。吸收器转换短波辐射为热能（光热转换）。“辐射吸收”的功能由在发光光谱范围内具有高吸收能力的一种吸收器材料来执行。另外，低吸收和高发射能力是为了在热辐射波谱范围内。随着通常有玻璃盖和选择性涂层的绝热吸收器的温度上升到 200℃以上，吸收器必须要能使热方便地传送给热载体，并具有较好的耐温性。在集中式的热水器中，温度通常更高。

为了满足这些要求，主要用铜和铝制造吸收器。由于太阳能集热器的市场持续增加，这些材料可能会短缺，聚合材料和钢在未来可能会变得更加重要。最简

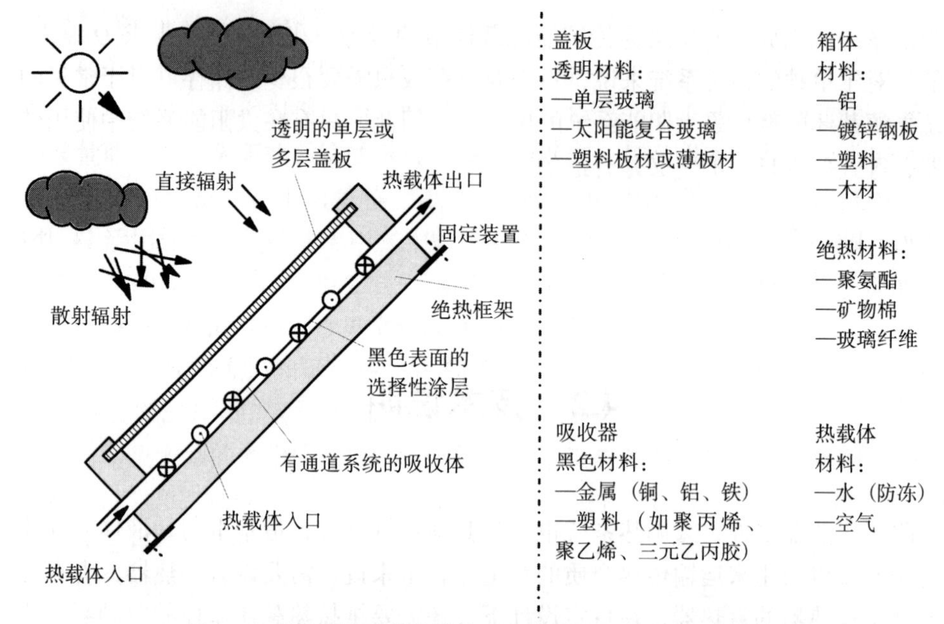

图 4–3 平板液体型集热器的主要组件和材料以及概略设计图

资料来源：文献/4–6/和其他来源。

单的情形下，基础材料吸收辐射的一面被涂为黑色（最大的吸收器温度大约为130℃）。对于大量的吸收器，该面也进行选择性的涂刷（吸收器最大温度大约为200℃）。

热载体流经吸收器内部的通道。照射到吸收器的辐射在吸收器内部被转换为热能，部分被运输到热载体（通过输送）。吸收器的管道系统依据管道材料、管道截面、长度和集热器内的管道配置有所不同。

2）盖板。透明的盖板对于太阳辐射应该尽可能透明，并阻挡吸收器的长波热辐射。同时，它必须减少对于环境的热对流损失。

合适的盖板材料有玻璃板、合成板或合成箔（如聚乙烯或聚四氟乙烯）。高材料压力通常会导致合成材料易碎和污损。此外，暴露在大气层的外部表面也容易被刮擦。因此，合成盖的透射价值长期来说是不稳定的，绝大多数情况下使用玻璃做盖板材料。从太阳能的收集和安全角度考虑，使用的玻璃应该具有高透明性和抗冰雹性能。此外，低铁含量能减少短波光谱的吸收能力。因此，可以避免玻璃板的加热，减少对于冷环境的热对流损失。为了反射从吸收器到盖板的长波热辐射进入吸收器，盖板的底层通常做真空红外反射涂层。这样一来，损失会进一步减少。

3）集热器箱。集热器箱主要容纳为了辐射透射、吸收、热转换和绝热所需要的组件。它可以由铝、镀锌钢板、合成材料或木材制成，使集热器在机械上更加稳固并可以抵御周围环境的干扰。然而，为了减少由于温度波动引起的高低压力和去除潮湿，必须要保证低水平的通风。

独立于材料，箱体的设计可以根据其安装在屋顶瓦片上，还是和屋顶集成在一起而有所不同。箱体安装在屋顶的外部需要一个盖板（如由铝材料制成）安装在后面，而和屋顶一体的箱体则不需要这样一个盖板。

4）其他组件。由标准的绝热材料（如聚氨酯、玻璃纤维棉、矿物棉）制作的绝热体属于其他组件。在箱体的外边，安装一个供热质进入的管道和一个供热质流出的管道。此外，依附在集热器的必要组件在箱体的外边。屋顶之上安装的集热器，通常需要额外的部件，以使屋顶集热器的安装和屋顶坡度有一定的角度。一般来说，通过这些措施只会使能量的输出少量增加。对于屋顶内安装的集热器，经常在旁边提供为了垂直悬挂的金属板。如果需要测量集热器内部或外部的温度，有钻孔或者其他方式可用。

（2）安装。集热器主要安装在倾斜的屋顶，和屋顶集成在一起或者在瓦上进行屋顶之上的安装是常见的技术方案。安装类型独立于：

- 必须要承载集热器的屋顶静力（屋顶内的集热器比打算使用的瓦片要轻）；
- 和屋顶的连接必须确保集热器不要和屋顶分离（如背风）；
- 集热器和管道的热膨胀不可以被阻碍。

和安装在屋顶上相比，将集热器集成到屋顶中，视角上不是很明显而且便宜。它特别适用于新建筑物和已有屋顶上的大型集热器阵。此外，建屋顶的成本也由于屋顶一部分安装集热器而节约了。如果为了方便返修改造，集热器经常被安装在屋顶瓦片之上。这种更加简单的安装方式不损害屋顶的覆盖层，在集热器发生泄漏或玻璃损坏的情况下，可以在很大程度上排除对建筑物的损坏。

在平面上（如平屋顶上或花园内）安装集热器和在倾斜的屋顶安装相比，方便进行最佳的调整和倾斜。标准化的外框主要用于集成集热器。外框的安装要避免遮荫。以相对较低的角度（如 20°）建造集热器是有用的。由于低水平的内部遮荫，可以在同一区域建造更大的集热器面。此外，安装成本随着外框和风力负荷的变小而减少。和最佳安装相比，由于吸收器面更加平的坡度而减少的产出对于低太阳能效率节能来说是不显著的。

（3）集热器的设计和实际应用。根据热载体和吸收辐射方式的不同，不同的集热器设计是有差异的。根据这一方法，基本集热器设计可以区分为以下几种：

- 非聚光式游泳池液体型集热器；
- 非聚光式玻璃平板液体型集热器；
- 非聚光式的玻璃空气集热器；

- 辐射聚光式的液体型集热器；
- 辐射聚光式空气集热器。

在这五种基本设计中还有许多变体。图 4-4 显示了各种选择，然而，只有很少类型作为标准的解决方案已经在市场获得了成功。

1）非聚光式游泳池液体型集热器。最简单形式的最常用基本设计是由一个吸收器垫和相应的用于热载体运输的管道系统组成（见图 4-4 左上）。这种集热器的设计通常称为集热器类型的“吸收器”。它较适用于加热露天的游泳池。这种应用需要水温在环境温度水平上。因为没有热损失的驱动力（温度差），对周围环境的绝热是不需要的。所以，集热器后面的透明盖板和绝热体是不需要的，光学损失只由吸收器的反射系数 ρabs 引起。吸收器的材料主要是三元乙丙橡胶(ethylene-propylene-diene monomer)，这种材料能够抵挡紫外线辐射和 150℃的温度。由于缺少绝热体，不会产生高温。这种吸收器类型非常便宜，用于游泳池是非常有效率的。

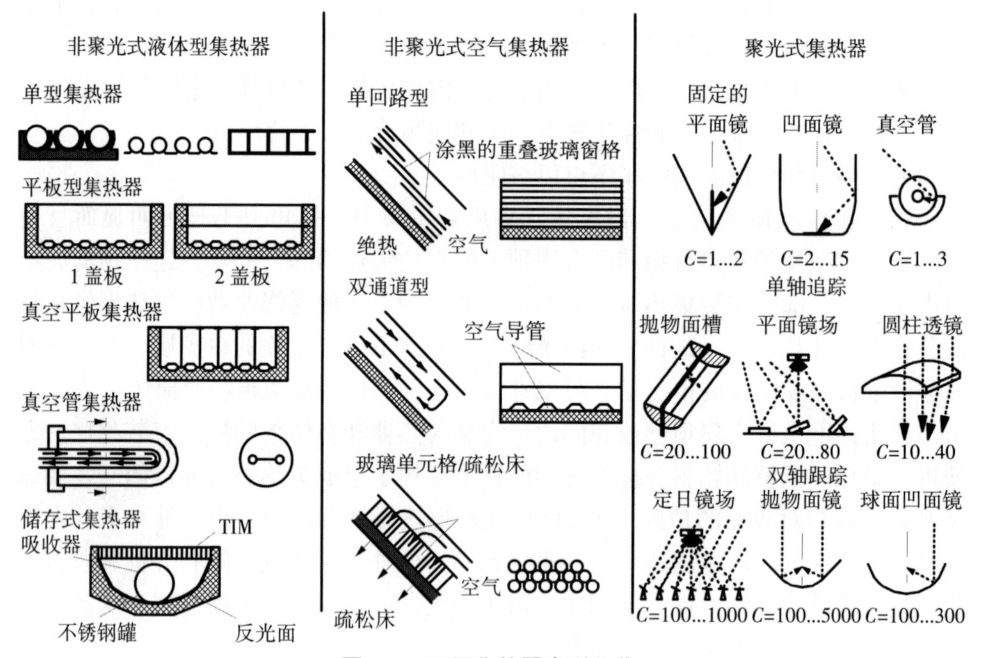

图 4-4　不同集热器类型总览

注：C 为集热率，定义为光学上主动式集热器面积和暴露给辐射的吸收器面积的比率；TIM 为透明绝热材料。

资料来源：文献/4-2/等。

非聚光式玻璃平板液体型集热器。如果需要更高的温度，在许多情况下会使用玻璃平板集热器（见图 4-3 和图 4-4 左边）。它们可以用一个或多个更加透明的盖板建造。为了进一步减少从吸收器到盖板的热对流损失，两者之间的空间可以是真空的，这样集热器就会变为真空平板集热器。在这种情况下，由于有压力差，盖板必须要从内部获得支撑。集热器后部的热损失可以通过绝热材料加以避免。集热器、盖板和绝热层通过集热器箱固定。

集热器的管道既可以设计为许多由吸收器内一个分布器（distributor）或集热器连接的平行的管子，也可以设计为覆盖整个集热器表面的一个弯曲的管子。在前一种情形下，在吸收器内（平行的管子）有一个高的总质流，但是在被辐射期间温度的提升低（高流原理）；后一种情形下，总的质流很低（只有一个管子），但温度的提升高（低流原理）。

玻璃集热器由下至 $1m^2$ 的单元到上至 $16m^2$ 的单元构建。较大面积的集热器的优点是减少现场管道的工作，从而减少了失败的可能性。另外，这种大的单元不能人工安装，需要起重机安装。将集热器集成进屋顶，意味着集热器是屋顶不漏雨的表面，从而节省了瓦片。屋顶内的外框可以用木材制成。这种安装方法只有在屋顶有正确朝向的时候才是可行的，但是如德国、奥地利等国的绝大部分太阳能集热器是这种安装方法。另外一种可能是将集热器作为屋顶上的单独构件安装。在这种情形下，整个外框必须要能抵抗所有天气条件的破坏，由铝或钢制成。也有一种趋势将太阳能集热器集成进朝南的墙里。对于太阳能联合系统（生活热水和空间供热）来说，这种安装方法是非常值得关注的，太阳能联合系统在夏天为了生产生活热水，集热器面积非常大，在供热季节也需要尽可能多的太阳辐射。

储存式集热器（见图 4–4 左边）是一种特殊的平板集热器。它将集热器和热积累功能集成在一个部件上。在集聚辐射的镜子中央安装有一个抗压罐。罐的表面可以进行选择性涂层或涂成黑色。储存式热水器直接由冷水和热水管连接。集热器上的辐射通过镜子反射到罐上，通过罐子的流水吸收热并能被使用。有时候通过其他渠道的能源进一步加热。这种设计的优点是低数量的组件和比较紧凑。主要缺点是在晚上或坏天气情况下高对流热损失会导致储存器内部有一个显著的温度下降。如果安装在屋顶之上，为了屋顶的静力承受能力，必须要考虑水的重量。此外，由于普通的自来水正常流经集热器，冬天在中欧和北欧的气象条件下有结霜的风险。

另外一个特殊类型的液体型集热器是热管，它使用工作介质在蒸发和冷凝之间交替产生相变。因此，热可以以非常低的温差输送。尽管有这些和其他的优点（如自我调节、不过热），但由于其具有较高的生产成本，这种设计还没有被广泛接受。

2）非聚光式空气集热器。图 4–4 也显示了不同类型的非聚光式空气集热器的设计。由于吸收器和空气之间的热传递系数低，吸收器和流动空气之间的接触面必须要大。这可以通过诸如条纹状吸收器、多通道系统或多孔的吸收器结构来保证。

由于没有霜冻、过热和腐蚀问题发生，和液体型集热器相比，空气集热器设计简单。即使热载体发生泄漏，处理起来也不复杂。其缺点是需要大通道，为了风扇的运转经常需要较大的驱动力。

中欧和北欧建筑供热和生活热水供应中没有广泛使用空气集热器的原因是通常采用基于热水输送网络的供热系统。但是空气集热器可以用于个案，如太阳能食品干燥系统，已经有只需空气输送和收集系统而不需要水加热系统的具有排风、热回收功能的低耗能房屋。

3）聚光式液体型或空气集热器。这些集热器类型通过镜面反射太阳辐射的直射部分，因而将直射辐射聚集在吸收器表面。太阳辐射的集聚水平是聚光率或聚光因子 C。它被定义为光学活跃的集热器面积和被辐射照到的吸收器面积之比。最大的理论聚光率 46211K 是太阳和地球之间距离和太阳半径的结果。从技术角度来说，在当前是可以实现最高达到 5000K 的聚光率（参见文献/4-1/、/4-2/、/4-3/）。

吸收器上所能达到的温度主要取决于聚光率（见图 4-5）。理论上吸收器最高温度在最大聚光率（约 5000K）的情形下正好等于太阳的温度。现实中可以达到的温度要明显低一些。例如，旋转的抛物面镜可以达到的吸收器的最高温度值是 1600℃（参见文献/4-2/）。

聚光式集热器可以分为三种不同的组：固定、单轴和双轴跟踪系统（见图 4-4 右边）。固定型的聚光集热器的聚光率最低，而双轴跟踪系统的聚光率最高。

使用何种热载体主要取决于可以达到的温度。在低温范围内液体是较好的，而随着工作温度的升高，也会用到气体介质上。

由于只能聚集直射辐射，聚光式集热器从技术的角度来说只有在具有高度直射辐射水平的地区使用才有意义。在中欧和北欧，实际上根本没有使用这种集热器。

(4) 数据和特征曲线。光和热损失是集热器效率的决定性因素。光损失是盖板透射系数和集热器吸收系数的乘积。该损失只与材料有关，基本上与辐射和温度没有关系。热损失和其他非固定损失一起由一个不变的热转换系数描述。初步估计，该损失与吸收器和周围环境的温度呈线性相关，和辐射呈反比关系。

单个平板型集热器的效率曲线如图 4-6 所示。在大温度差下，假定与温度线性相关，可以观察到和真实效率偏离增加的曲线。其原因是在这种温差范围内，热辐射非线性增加。因此，集热器等式（4-12）或效率等式（4-17）在许多情形下使用——在那种情形下热辐射通过使用平方值进行近似。

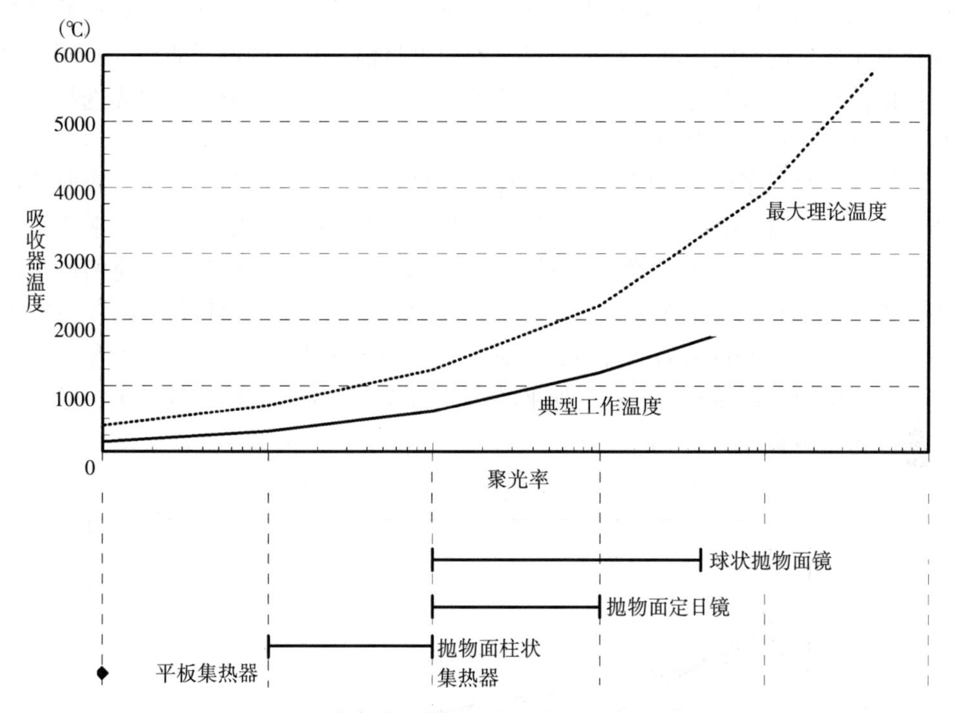

图 4–5　理论上最高的吸收器温度和聚光式集热器的实际温度

资料来源：文献/4–1/、/4–2/、/4–3/等。

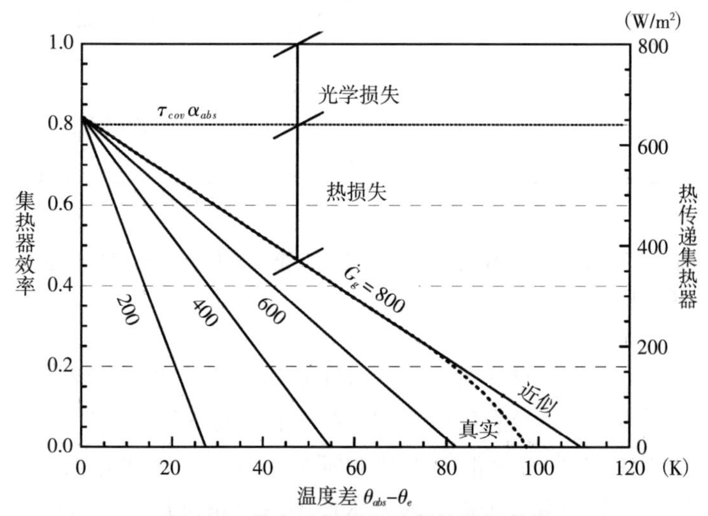

图 4–6　单个平板型集热器的特征曲线

注：$\tau_{cov}\alpha_{abs}=0.82$；$\dot{G}_g$是水平接受面上的总辐射。

资料来源：文献/4–1/、/4–2/、/4–3/。

此外，图 4–6 显示了在不同的辐射水平下同一集热器特征曲线变化过程。很明显，效率的近似直线随着辐射的增加变得更加平缓，吸收器和周围环境的温差变化对于效率的影响变低。如果通过温差画出与辐射有关的特征曲线，不同辐射强度的曲线几乎合并为一条。因此，这种代表形式在许多情形下是优先选择（参见文献/4–1/、/4–2/、/4–3/）。

图 4–7 显示了许多不同非聚光液体型集热器设计的特征曲线。单个吸收器可能有一条显著陡峭的特征曲线，不过如果只是用于吸收器和环境温差平均很低的情形下，可以获得高的单位能量产出。例如，对太阳能露天游泳池的加热的吸热器，因为它们只是在夏天运行，且对热的温度水平要求也较低。由于没有盖板（$\tau_{cov}=1$），在小的温差条件下，这种集热器的光学效率比其他类型的集热器要高。全年使用的集热器一般有更加平的特征曲线，因为随着温差的加大，效率不会下降得很厉害。

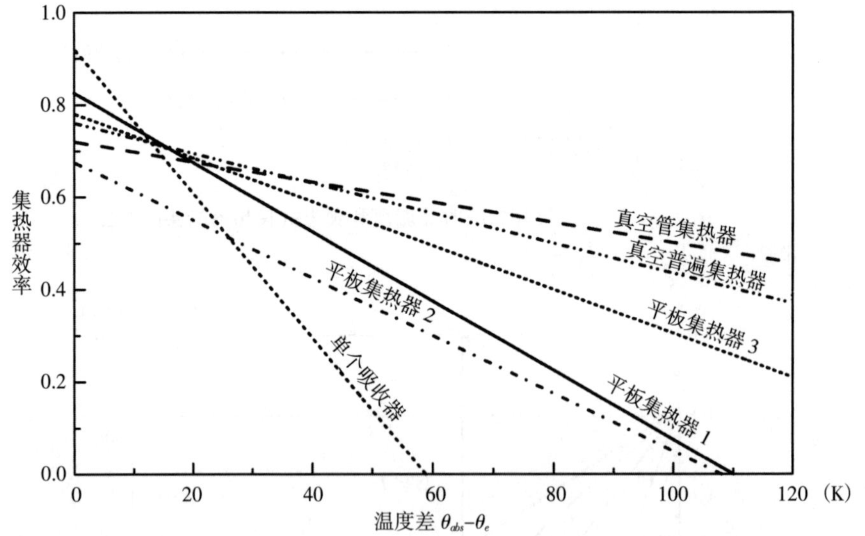

图 4–7　总辐射为 800W/m² 水平下不同非聚光液体型集热器的特征曲线

资料来源：文献/4–1/、/4–2/、/4–3/。

在中欧和北欧最经常使用的非聚光式集热器的一些典型参数和重要应用领域如表 4–3 所示。集热器中热载体的温度依赖于气象条件和设计—运行过程中在 0℃~100℃。太阳能露天游泳池的加热和满足部分生活用水是典型的应用领域。生活用水和空间供热的双太阳能供应（太阳能联合系统）的使用也逐渐增加。奥地利和瑞士有 50%、德国有 30%的集热器领域采用的是太阳能联合系统（参见文献/4–4/）。

表 4-3 不同的非聚光液体型集热器设计的参数

	光学效率	热损失因子 (W/m²K)	典型温度范围 (℃)[a]	需要的努力[g]	典型的应用
单个吸收器[b]	0.92	12~17	0~30	小	OASW
平板集热器 1[c]	0.80~0.85	5~7	20~80	中等	DHW
平板集热器 2[d]	0.65~0.70	4~6	20~80	中等	DHW
平板集热器 3[e]	0.75~0.81	3.0~4.0	20~80	中等	DHW，SH
真空平板集热器	0.72~0.80	2.4~2.8	50~120	大	DHW，SH，PH
真空管集热器	0.64~0.80	1.5~2.0	50~120	很大	DHW，SH，PH
累计集热器[f]	大约 0.55	0.55	20~70	很大	DHW

注：OASH 表示露天游泳池；DHW 表示生活热水；SH 表示空间供热；PH 表示工艺用热；a 表示介质工作温度；b 表示黑色，非选择性，没有盖板；c 表示非选择性吸收器，单个盖板；d 表示非选择性吸收器，双玻璃和支撑金属片；e 表示选择性吸收器，单个盖板；f 表示样机 ISE；g 表示生产吸收器必需的努力。

资料来源：文献/4-1/、/4-2/、/4-3/和其他来源。

（5）集热器线路。在许多情形下几个集热器被连接在一起。这些集热器既可以串联也可以并联，主要采用这两种方式连接。通过串联，可以获得的集热器温度升幅增加但总质流减少（低流量）。能够快速供应热水的优势，会因较大温差造成的吸收器对环境的高热损失的劣势所抵消。串联引起的高压力损失可以通过因低水平的总质流造成的管道中的低压力损失所克服。由于较低的总质流，泵的输出会下降。当串联时，有一个更加规律的质流通过集热器表面。液压系统布局必须要按照总质流调整。面积在 15m² 以下的集热器的高流量设施绝大多数和生产热的内部换热器联合在一起，但低流量系统为了防止因混合引起的储存热水的冷却，试图以层级单元的方式蓄热。

集热器和输入与输出的配送管道相连。为了均等地分配热载体给单个吸收器，从而在连接管道中保留压力损失，并使循环泵的电力需求处于低水平，配送管道的直径应该大于吸热器的管道直径。由于同一原因，并联的集热器内流渠道也应该相同。管道的进口和出口应该在相反的端口连接（参见文献/4-2/）。然而，随着并联的集热器数量增加，集热器中的流量差和温差（$\theta_{out}-\theta_{in}$）上升。因此，对于大型的集热器组，并联线路应该用控制阀调节。

4.2.2 其他系统组件

（1）蓄热体。根据太阳热积累的基本物理原理，蓄热体是不需要的。然而，对于大多数太阳热设施来说，蓄热体是其中的一部分。原因是太阳辐射供应和热需求之间一般不相关。

蓄热体积累在集热器中通过太阳辐射产生的热，并储存热直到需要热的时候。为了达到这一目的，一个蓄热体必须由热积累介质、有绝热材料的固体盖板和热的进出口装置组成。

热容量是热积累介质的一个重要参数。它是材料温度增加 1K 所需要的热量。不同热积累介质的热容量（与质量和体积有关）和密度如表 4–4 所示。决定一种材料作为热积累介质的另外的技术条件有可获得性、和其他物质的兼容性（如腐蚀风险）、环境友好性。

表 4–4 温度在 20℃下不同的热积累介质的热容量和密度

	热容量（kJ/kg K)）	热容量（kJ/m³ K）	热容量（KWh/m³ K）	密度（kg/m³）
水	4.18	4175	1.16	998
卵石，沙	0.71	1278~1420	0.36~0.39	1800~2000
花岗岩	0.75	2063	0.57	2750
砖	0.84	1176~1596	0.33~0.44	1400~1900
铁	0.47	3655	1.02	7860
油	1.6~1.8	1360~1620	0.38~0.45	850~900
卵石和水	1.32	2895	0.80	2200

资料来源：文献/4–5/。

一般有几种不同蓄热体的设计。根据热积累类型（化学的、热的）和积累材料的条件可以区分它们。热积累主要用于低温蓄热（接近 80℃）的领域，可以分为液体蓄热（水蓄热）、固体蓄热体和潜热蓄热体。

1）液体蓄热（水蓄热）。这是绝大多数情形下使用的蓄热形式。最简单的案例就是多功能露天游泳池。在多数情况下，使用独立安装的无压力罐或有压力罐。

这些蓄热体可以直接或间接充热。在中西欧主要使用强制循环系统，正常来说有一个含有热载体的加压的蓄热体，有冷水的进口和热水的出口。蓄热体经常有一个二次的换热器或浸入式的电加热器作为加热的辅助热源。蓄热体通常被分为几个带。为了能够使集热器达到尽可能高的效率，太阳能装置在最低点（即最冷点）将热供应给系统。辅助性加热的空间在蓄热器的顶部。它的大小由辅助性加热器的效率和所需的最小运行时间决定（见图 4–8）。

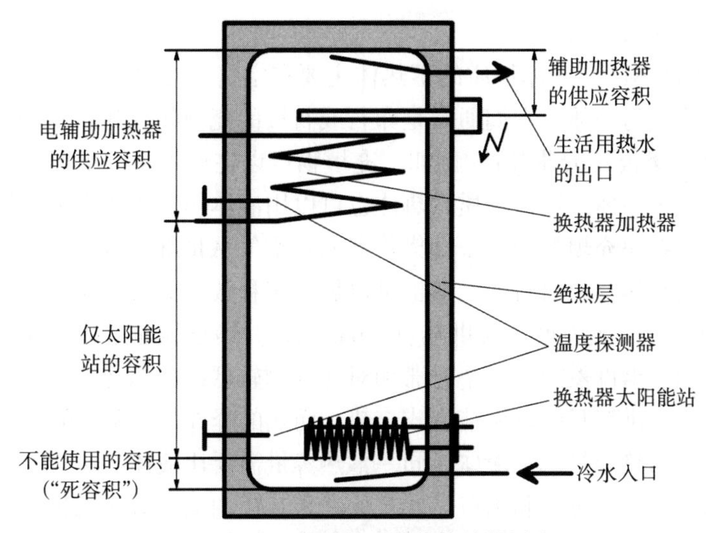

图 4–8 太阳能站的水蓄热体的带划分

资料来源：文献/4–6/。

高等级或搪瓷钢或有耐热涂层的钢（大约 120℃）可用来作为抗腐蚀和长寿命的罐体材料。在个别情形下，也使用耐热的玻璃纤维增强型合成材料。罐体外部使用矿物棉、软泡沫和特殊的合成材料做绝热层。为了避免冷桥和热损失，连接法兰和固定件必须特殊绝热。如果合理设计生活用热水供应的太阳能集热装置，每年的包括剩余冷桥的平均损失占从集热器释放到蓄热体的热的 10%~15%。

由于热水箱内温度分层——重一些的冷水在底部，而明显较轻的热水在顶部，集热器回路的内部换热器必须位于蓄热体的底部。充热和放热过程中的蓄热体内的温度分布也是冷水进口在底部、热水出口在顶部的原因。辅助加热的换热器位于蓄热体的上部分。因此，低一些的空间可以完全用于太阳能系统。

这种水蓄热体的一个变体是热虹吸蓄热体。和传统的蓄热体相比，底部的换热器在敞开的上升管底部垂直放置。因此，在太阳能系统运行期间，水可以流过换热器，加热的水向上流动。上升管特殊设计成每段都有出口。水的上升取决于温度高低，如果上层温度更高，水不再上升，加热的水通过这些出口流入蓄热体箱。有这些分层单元，加热的水总是在蓄热体温度和热水温度一致时流入蓄热体。这一过程取决于集热器的效率和太阳辐射的供应。这样一种上升管被称为分层充热单元。

对于更大的集热器面积，由于使用内部换热器所要求的最低温度损失传送热不再可能，需要外部换热器。所以，在换热器和蓄热体之间需要一个额外的泵。蓄热体既可以在一个或两个固定的高度下充由集热器加热的水，也可以通过一个分层充水单元充水。

2）固体蓄热体。固体物质的蓄热体主要在空气集热器系统中使用，经常直接和建筑物集成为一体。它们通常是卵石或石块的充填物或建筑物的质量较大的部分（如墙、楼板、天花板）。例如，充填物可以在地下室的下面或垂直地和建筑物的墙集成为一体。固体物质蓄热体也可以用液体作为热载体来运行。

在松散的石块充填物中，来自集热器的热空气从顶部放进来；在从蓄热体的底部离开之前将热释放给石块。热也可以倒过来释放。如果建筑的部分直接作为蓄热体使用，它们成为火炕式供热（hypocaust）。热空气通过通道输送给单个组件并加热它们。组件然后以一个时滞和对建筑物较低的振幅释放热。和岩石蓄热体相比，火炕式供热只能以调节方式充热，而热的释放是不调节的。

由于岩石的热容量低于液体，同一蓄热容量需要比液体的体积大 2~3 倍。此外，在低温差下，热进口和出口需要大的在蓄热体内均匀分布的传热区域。充有直接热载体和火炕式供热时不需要这种热传送。因为岩石蓄热体在没有压力情况下工作，需要更大空间的缺点可以被更简易生产的优点所抵消。此外，该系统只是对紧密性有一些要求，它也可以在非常高的温度下工作。

3）潜热蓄热体。改变一种材料总体的状态（相变）是在固定的温度下通过充入和释放能量来实现的。在融化或蒸发的过程中，必须要加入热能；相应地，在固体化或冷凝过程中释放热能。融化和固体化以及蒸发和冷凝的温度在这种情况下是相同的。在相变的阶段内，通过材料积累的热和释放的热被称为潜热或融解热。如果相变发生在比周围温度高的情况下，潜热可以通过材料储存。为了积累热，增加温度达到相变所需要的温度水平，必须要相应地加入热。

在低温的蓄热体情形下，只使用从固体到液体的相变，因为在正常的压力条件下液体到气体的相变过程中体积会增加，为密闭的蓄热体内的膨胀装置需要做许多努力。

潜热蓄热体具有高能量密度的特点。热的充入和释放可以发生在几乎固定的温度水平上，主要的缺点是相变过程中体积的变化。一些材料也在热释放的过程中过于冷却、固体和液体条件下不同的热导性也是一个问题。如果使用无机盐，腐蚀也是一个问题。

一种特殊的潜热蓄热体是吸附蓄热体，如硅胶可以用作吸附剂。在蓄热的过程中，通过加热从硅胶中提取水。这一过程可以从 60℃以上开始，因而可以有效使用通过太阳能集热器提供的热。干的硅胶很容易储存。为了提取热，它和蒸汽接触，通过放热反应吸收水，产生的热可以被使用。由于低的绝对运行压力（10~100mbr），在冬天，蒸汽可以通过太阳能集热器产生。能量密度在 150~250kWh/m^3（参见文献/4–7/）。不幸的是，尽管处于更高的温度下，但释放的热几乎和蒸汽生产的热相等。因此，吸附蓄热体可以看作一种热泵。迄今为止，没有用于太阳能设施的潜热蓄热体面市。

根据储存期不同，蓄热体可以分为短期蓄热体、日蓄热体和季节蓄热体。

短期蓄热体只储存热几个小时。一个典型的例子是集成在集热器内的储存罐。

日蓄热体可以储存热从一天到几天。经典的案例就是太阳热生活热水设施和节能效率大约为60%的太阳能联合系统（用于生活热水和空间供热）。

如果一个太阳能设施是用于满足几乎所有的加热需求，主要使用季节蓄热体。在这种情况下需要大体积的蓄热体。可以使用水、含水层和垂直的土壤耦合蓄热体。

• 水蓄热体可以使用保温钢或混凝土盖板建在地上或地下，或建在岩石密封的洞穴中。

• 含水层（即从岩石层分离的渗透水）中的蓄热，通过特殊布置井，以热水的流入和冷水的排出的方式产生（见第9章）。

• 卵石床水蓄热体由充填有卵石和水的密封罐组成。这个蓄热体是自我支持的，因此可以以很低的成本生产。热容量低于水蓄热体。但是，它可以达到和水蓄热体相似的分层。热通过换热器从蓄热体的不同层加入或排出。

• 探针存储（probe storage）使用土壤或岩石作为蓄热介质。垂直的探针通过钻或撞击的方式进入地下（见第9章）。太阳能产生的热通过作为地下换热器的管道加入或提取。储存介质主要是岩石、壤土或粘土。必须要考虑这种蓄热体不能在有地下水流的区域，因为地下水流会转移热。

（2）传感器和调节系统。传感器和调节工具的数量和类型在很大程度上取决于系统的理念。自然循环系统正常来说不需要任何主动的调节工具。在中北欧主要使用的强迫循环系统中，集热器的循环通常来说由一个温差调节装置主动控制。集热器上或内部以及蓄热体上或内部的温度传感器，测量温度并将其转换为电子信号。如果使用内部换热器，在热介质从集热器线路向蓄热体释放热的情况下测量蓄热体的温度。如果使用外部换热器，在略微高于对着换热器的蓄热体出口位置测量温度。在集热器内，应该在接近对着蓄热体出口最热点测量温度。在调节系统中比较两个温度，如果目标集热器温度超过蓄热体温度，集热器循环泵开关打开。如果温差降到第二设定值，泵的开关关闭。对于普通的太阳能生活用热水系统，开关打开的温差设定值在5~7K，开关关闭的温差设定值通常大约是3K，调节应该精确到1K。此外，由于温度会在更长的管道中发生变化，时间滞后装置的使用是有用的。一个最近引入的调节策略是，当集热器被加热之后，使用集热器回路的压力上升。集热器回路热边和冷边的两个温度传感器用于再次关掉泵。这一系统可以是预制构件，没有传感器必须是现场安装（参见文献/4-8/）。

除了在强制循环系统中控制集热器回路中的循环泵之外，必须要保证维持蓄热体和集热器回路的温度限制。蓄热体的温度必须不能超过一个最大的值。在太阳能生活热水供应系统的标准罐中，超过 70℃的温度会引起石灰石沉积。此外，必须要避免集热器回路中热载体的蒸发，或者产生的蒸汽必须通过为冷凝过程设计的系统部件所冷凝（即蓄热体中的换热器）。

有几种避免集热器停止（standstill）情况下可能产生问题的方法（参见文献/4-6/）。如果蓄热体温度超过了最大允许的温度，集热器回路中的循环泵可以被完全关闭，以避免往蓄热体中充入更多的能量。在这种情况下，集热器达到它的停止温度，对于有选择性涂层的集热器来说停止温度明显超过 140℃，集热器内物质被蒸发。由于蒸发过程中体积的增加，最好的情况是，整个液体物质被压出吸收器，然后被用于此目的的膨胀罐所捕获；最差的情况是，集热器内所有液体物质必须要蒸发掉，并在系统中再一次冷凝。这通常会发生在用于蓄热体的换热器中。在这种情况下，膨胀罐必须也要吸收管道的流量（参见文献/4-9/）。因为不需要辅助能，经常用到蒸发策略。近些年来，开始使用耐热的换热器，因此在此类运行中换热器没有提前老化的风险。循环泵只能在集热器停止后温度低于100℃时才能打开。因此，需要确保蒸发介质能够自由进出集热器。

- 回流集热器系统通过引导气体（氮或空气）从集热器进入蓄热体（进入蓄热体本身或进入一体化的中间罐）加入循环的方式，解决了停止产生的问题。当系统运行时，传热介质流经气体。在集热器停止时，气体进入集热器，集热器液体充填预先由气体充填的空间。这一过程不需要辅助能。但是，它需要集热器有清空自己的能力（落下管子（falling pipe)，非“液袋”(liquid sacks)。集热器中的气体这时能够加热自己到停止温度，不必要蒸发热载体。当重新启动时，循环泵又从集热器压迫气体到设计的罐中。因此，需要比普通循环泵更高的压位差。如果气体以一种使所有暴露在环境温度的系统部件充满气体的方式分散，集热器循环甚至可以在没有抗冻剂的情况下运行。
- 通过夜间循环泵的运行，集热器循环也可以用来冷却蓄热体。由于集热器循环的热损失比在蓄热器中高很多，蓄热体在夜间冷却到一个设定的温度线。温度需要保持在这样的一个水平，如果第二天是温暖和阳光充足的，能够阻止集热器加热蓄热体到它的最大温度。缺点是这种类型的冷却依赖辅助能的使用，如果断电就不会有热排出。此外，做出夜间冷却蓄热体到什么程度的决定需要建立在知道第二天天气预报的基础上。
- 系统也可以有自己一体化的热排出系统，当需要时通过调节工具打开（如游泳池、屋顶的换热器、通过烟囱自然对流冷却的辅助锅炉)，但是使用辅助能也是一个问题。

除了这两个任务——调节循环泵和维持温度限额——一个合适的调节也必须要保证在低辐射下有额外的加热。

（3）传热介质。对于传热介质的一些要求是：

- 高比热容；
- 低粘度，即良好的流动性；
- 在运营温度下不凝固或沸腾；
- 对导管系统中不具有腐蚀性；
- 不具有可燃性；
- 不具有毒性和可生物降解性。

水能够很好地满足大部分要求。然而，在0℃下凝固的危险性会造成一些问题。因此，没有添加剂的水只能用于地球上没有结霜风险的温暖地带。

在中北欧地区，主要用水和抗冻剂的混合物。通常来说，由于水和抗冻剂的混合物比纯水更具有腐蚀性，抗腐蚀剂也加入抗冻剂中。最常见的防冻剂是乙二醇和丙二醇。对于生活用热水供应系统，通常使用具有食品安全的丙二醇。这些添加剂的缺点是和水相比具有低比热容、高粘性和减少的表面张力。混合物因此能够渗透纯水不能通过的空隙。此外，压力损失更高、热传输性更差。因此，主要部件（泵、管道截面、热载体）必须要调整适合这种混合物。最近，特别用于有停止运行（standstill operation）的太阳能系统，能够抵抗290℃高温的烷撑二醇（alkylen-glycol）和完全淡化水混合的热载体已经在市场上可以见到了（参见文献/4-10/）。

（4）管道。集热器和蓄热体由管道相连。系统的规模和吸收器的材料决定管道材料的选择。绝大多数管道使用软硬铜管或波纹不锈钢管，以及钢和聚乙烯管。然而，如果吸收器由铝制成，由于附带的腐蚀危险，铜管不建议使用。但是，如果情况是这样，至少必须要应用电隔离（galvanic isolation）技术。

在提供生活用热水的太阳热系统运行的过程中，单位集热器面积为30~50l/h流量是比较常见的。最近若干年来，低流量系统（单位平方米集热器面积为10~15l/h），即低流量设计，已经被使用（参见文献/4-2/、/4-6/）。即使流过集热器回路的单流，通过需要的温差也可以加热传热介质。这种系统优点是管道内更低的压力损失和来自集热器系统更快的热水供应；缺点是集热器内更高的热损失导致更低的能量生产率。此外，为了在集热器内获取传热良好的湍流，这种系统需要更长的系列集热器的连接。只有在使用与蓄热体几个充热水平相连的外部换热器时，或者使用通过外部或特殊建造的内部换热器的层级充热单元时，这种低流设计才优于高流设计。

截面和水压方案决定需要克服的压力损失和管道中传热介质的物质特性。因为管道中的热质随着截面的增加而增加，大截面可以减少压力损失，但使调节更加困难。此外，管道的面积和热损失呈正比例关系。

为了减少热损失，集热器系统的管道必须要绝热。可以用的物质有矿物棉、聚氨酯壳和泡沫橡胶。集成有集热器传感器线缆导管的高等级波纹钢管制成的预绝缘双管逐渐开始使用。

在生活用热水供应的标准太阳能热系统中，尽管有绝热体，但是发生在管道中的热损失还是存在的，等于集热器释放能量的 10%~15%（参见文献/4–1/）。

（5）换热器。换热器用于在物理上分离介质时，将热从一个介质传输到另外一个介质。如果蓄热体间接地充热或放热，必须要使用它们。传输的热依赖于：

- 两种介质的温度差；
- 换热器的面积；
- 传热介质和换热器两边的流速（热传输系数）。

在太阳热系统中使用外部和内部换热器。

内部换热器的一个优点是它们不需要许多空间；缺点是相对较低的热产出，需要更大的温差和大小有限制。内部换热器使用直管和内螺纹管的换热器。有时使用双套（double –mantle）换热器。

外部换热器大多为逆物质流设计（逆流式换热器）。普通的设计有壳管（对于大型系统）、平板同轴换热器。使用外部换热器的优点是在较低的温差下更高的热传出产出和可以使用加热过的水给蓄热体顶部充热。出于这一原因，它们优先适用于 15~20m^2 的集热器面积。在蓄热体内部，可以比内部换热器获得更好的温度分层。更高的热损失、大空间的要求，以及二次循环中对于泵的额外需求是它们的缺点。

大体平均估算，对于内部换热器来说，在热水系统中对于每平方米的集热器面积来说，需要大约 0.4m^2 的内螺纹管交换面积、大约 0.2m^2 的光管交换面积（参见文献/4–11/）。对于外部换热器来说，由于良好的热传输性，交换面积可以减少到 0.05~0.08m^2（参见文献/4–6/）。

（6）泵。在强制性循环的太阳热系统中，为了运行集热器循环需要一个泵。体积流量值在 40~501（hm$^2_{collectorarea}$）是比较常见的（高流量）（参见文献/4–1/）。对于低流量系统来说，体积流量在 10~151（hm$^2_{collectorarea}$）。集热器循环泵的设计也取决于这一体积流速度。

高流量系统总是有简单的离心泵，多数情况下该泵装备有人工调速控制。但是对于低流或回流系统，使用的叶片泵或齿轮泵也在更高压力升幅和更低流速下显示了良好的效率。

泵正常来说是电力驱动的，一般直接接入公共电网。然而，它们也可以和所需电力的光伏模块相连。然后，它们作为直流泵运行。对于这一成本更高的泵电力供应，如果相应的太阳能可以获得，电能主要用于泵是一个优势。因此，辐射供应和能源需求是相关的。因为泵的驱动是独立于电网的，所以电能的储存不是必需的。

需要驱动泵的电能，对于提供生活用热水的标准太阳热系统来说，大约为1%和2%。它和太阳能装置出口可获得的热是有关的。对于更大的系统来说，由于更好的泵效率，所需的电能甚至更低。

4.2.3 能量转换链和损失

（1）能量转换链。由上面描述的系统部件组成的太阳热系统转换太阳辐射能为热能。图 4–9 显示了这样一个太阳热装置和集热器、热载体以及蓄热体（可选）在一起的全部的能量转换链。根据图 4–9 可知，太阳辐射的光子被吸收器吸收，引起吸收器原子发生震动。因此，吸收器内的温度上升从而产生热。部分热通过吸收器内热导体运输到传热介质流经的吸收器管道。这部分热被释放给热载体并进一步传输。其后，在多数情况下，在热传送给消费者之前，热通过换热器传送到蓄热体内。

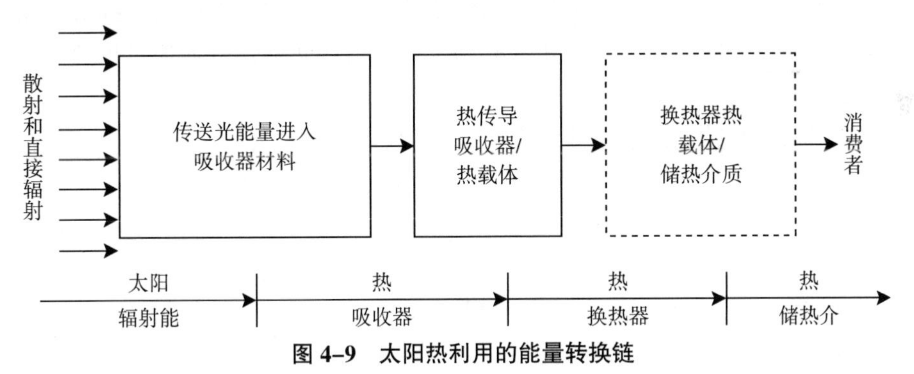

图 4–9 太阳热利用的能量转换链

资料来源：文献/4–6/。

（2）损失。由于有不同的热损失方式，只有部分太阳辐射对消费者来说是可以利用的。图 4–10 显示了目前技术状态下，支持一个 3~5 人私人生活用热水供应的、拥有平板集热器和强制循环以及一到两天蓄热体的太阳热装置。在大约 $6m^2$ 的集热器面积下，平均年太阳能节能率是 50%~60%。这一数字在夏天更高，超过 90%，到冬天降到低于 15%。

图 4–10 描述的相对损失是年平均值。它们是中欧气象条件下的典型值，并与集热器上的辐射有关。如果蓄热体已经被加热到最高温度，或者给蓄热体充热

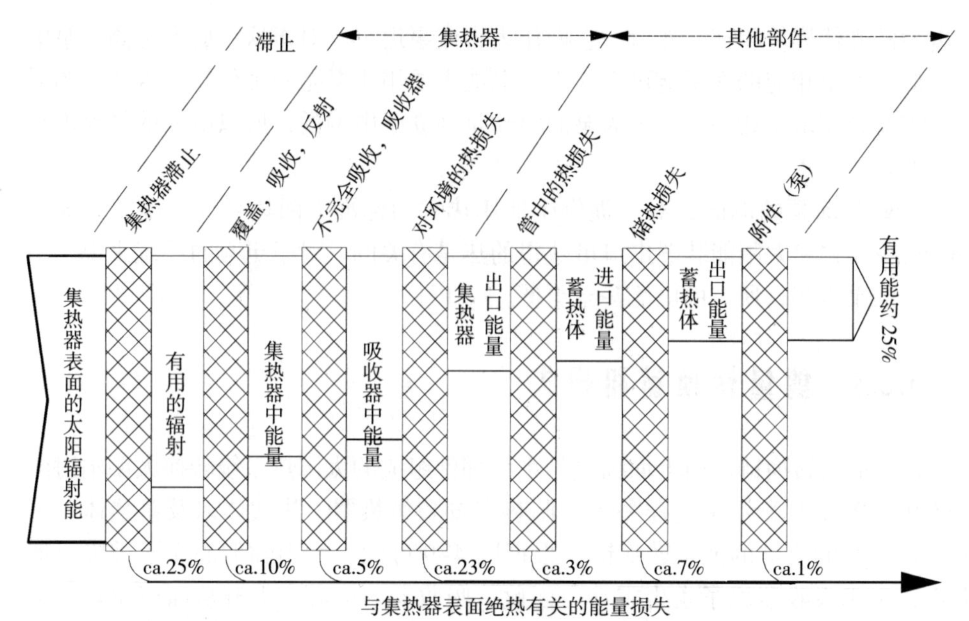

图 4–10　支持生活用水供应的拥有平板集热器的强制循环太阳热系统的能量流

资料来源：文献/4–6/。

要求的温度还没有达到，由于集热器的停止就会产生大约 25%的较大损失。集热器内最大的损失大约为 38%，发生在转换太阳辐射到热能过程或通过传热介质进一步传输热能之前。

从太阳辐射开始到生活用热水实际可利用热这一阶段，太阳热系统的总体年系统效率在 25%左右（这里生活用热水储存的所有损失分摊给了太阳能装置），从太阳辐射开始到集热器释放热给生活用热水存储水箱这一阶段，该值为 32%。集热器辐射水平在 3760~4520MJ（m^2 a），这等价于太阳热系统出口产生年能量在 1200~1450MJ（m^2 a）或在 330~400Wh（m^2 a）。

太阳热装置规模和单个系统部件的协调布局是总系统效率的决定性因素。总体系统效率和太阳能节能率是相关的。对于给定的集热器面积，太阳能节能率随着总体系统效率的增加（如通过使用更好的集热器，减少导管损失或使用更好的蓄热绝热材料或增加蓄热体的效率）而增加。如果要在一个已经设计好的系统中增加太阳能节能率，若该系统为更低的生活热水需求设计，整个系统的效率就会减少。原因是在夏天集热器转换了太多的辐射能为当时不能利用的热能。另外，如果集热器面积增加，但保持原始设计，太阳能节能率增加，但是整个系统的效率减少，因为当太阳能节能率已经接近 100%时，额外热主要是在夏天产生的，但过量的热在夏天会被损失掉。

4.2.4　系统设计原理

太阳能系统由上面描述的所有系统部件组成。不同系统装置种类可以根据传热介质循环的类型描述，因此可以分为：

- 无循环的系统（蓄热式集热器）；
- 自然循环系统（热虹吸系统）；
- 强迫式循环系统。

如果采用太阳热回路的形式进行区分，则可以分为：

- 开放系统；
- 封闭系统。

在这些标准的基础上，可以定义五项太阳能系统的基本原理。图 4-11 描述了为了功能和安全运行的必要系统部件。

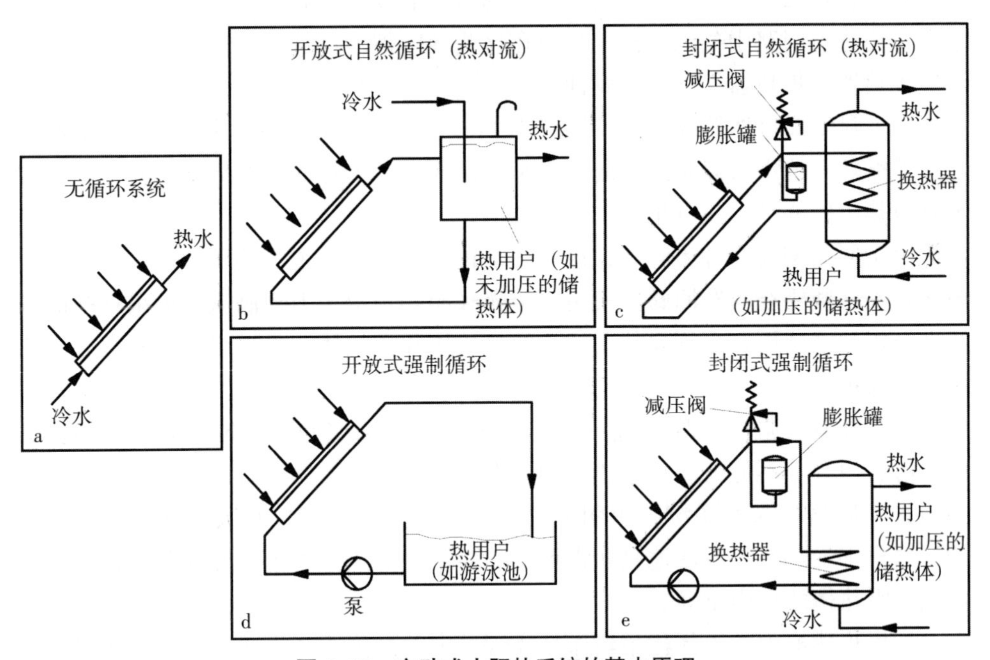

图 4-11　主动式太阳热系统的基本原理

资料来源：文献/4-6/。

（1）无循环系统（见图 4-11a）。该系统原理是所有可选择的原理中最基础的。传热介质和消费者使用的液体是同一物质。在正常的饮水或生活用水回路中，集成有一个适用的集热器。当水流经集热器时，被加热然后被使用。按照给出的例子，这一基本原理应用在储水式集热器中。

（2）开放式自然循环系统（见图 4-11b）。所有循环设计的最基本要素包括集热器、水流、返回管、无压力和开放式蓄热体。自然循环的原因是液体随着温度的升高密度下降。例如，水密度在温度 20℃时为 998kg/m³，在温度 80℃时为 972 kg/m³。如果有冷介质的蓄热体置放在集热器之上，集热器中热液体和蓄热体中冷液体之间的密度差以及集热器中的流管创造系统循环。

这一密度差形成的驱动力被管道摩擦力造成的压力下降所抵减。在稳定状态时流动产生的上升压力和压力损失是相同的。这将产生流体的质量流。如果辐射强度增加，集热器出口的温度也会上升，这样一来，蓄热体和集热器的温度差也会增加，并引起质量流的增加，增加了的传热介质带着热传输给蓄热体，并释放热给蓄热体中的介质。最后，集热器的温度又会下降。因此，这一系统，至少其基本方式，是一个可以在没有传感器和调节工具下工作的自我调节系统。

在这种情况下，自然循环系统是开放的。同一液体流经集热器，并直接传送给消费者，在加热后被利用。由于南部国家一般没有结霜的危险，所以传热介质不会在集热器回路中凝固，这一系统在这些地区被广泛使用。由于饮用水一般要流经集热器，集热器必须要抗腐蚀。

（3）封闭式自然循环系统（见图 4-11c）。为了防止凝固和腐蚀，集热器回路在自然循环系统中可以是封闭的。但是，需要一种传热介质在集热器回路中正常地释放热给能够进一步分配热的蓄热体。

由于回路密封和外界隔离，这一系统正常来说处于更大的压力下。为了安全地运行，必须要在主要回路中安装一个膨胀箱和一个压力控制阀。如果这样的系统在结霜地区使用，必须要使用抗霜的热载体和蓄热体，冷热水服务管道必须要做抗霜保护。

（4）开放式强制循环系统（见图 4-11d）。如果吸热体（heat sink）（如蓄热体、游泳池等）不能安装在集热器的上面，传热介质的循环必须要通过集成的泵强迫进入回路。这种系统一个明显的优点是集热器的方位和吸热体是相互独立的，这对于加热室外游泳池是非常重要的。室外游泳池的集热器通常放置在屋顶或高于吸热体的自由空间。

如果集热器中的流体比集热器循环管道中的流体冷却更快，那么泵在夜间不运行时，循环可能在夜间发生逆转。在这种情况下，冷的流体就会从集热器下压，并从蓄热体或换热器中抽走热流体。这种情况可以通过在集热器的回流管道中安装一个检查阀来阻止。

（5）封闭式强制循环系统（见图 4-11e）。对于开放的强制循环系统，流经集热器回路的介质一般是普通的水。因此，这一系统和开放式自然循环系统同样暴露出霜冻和腐蚀的风险。为了避免凝固，强迫式回路被封闭起来，并由抗霜冻的液体流过。封闭式强制循环的设计对于中北欧是最实际的应用解决方式。如果用在建筑物上，集热器通常安装在屋顶。来自集热器回路的热正常被传输到位于地下室的蓄热体。和封闭式自然循环系统一样，除了一个膨胀罐外，一个压力控制阀也是需要的。此外，和开放式强制循环系统一样，也需要安装一个检查阀。

4.2.5 应用

（1）露天游泳池的太阳能加热。使用太阳热能的最好途径之一就是加热露天游泳池，在那里需热时间和可用的太阳辐射或多或少是相关的。此外，由于充满水的露天游泳池可以作为储热体使用，外部的蓄热体是不需要的。由于池中的水只是必须要加热到一个相对低的温度（最高温度约为 28℃），使用可以安装在露天游泳池屋顶之上或相邻空闲空间的无覆盖吸收器垫（absorber mat），能够产生高的能量产出。而且，这种吸收器垫简单且成本较低。

图 4-12 是一个太阳能加热的露天游泳池的示意图和流向。是否需要基于传统能源载体的辅助加热源，很大程度上取决于现场的具体要求。因此，露天游泳池的热收益由下列组成：通过吸收器释放进入池中的能量 $\dot{Q}_{abs}$、照射到游泳池的

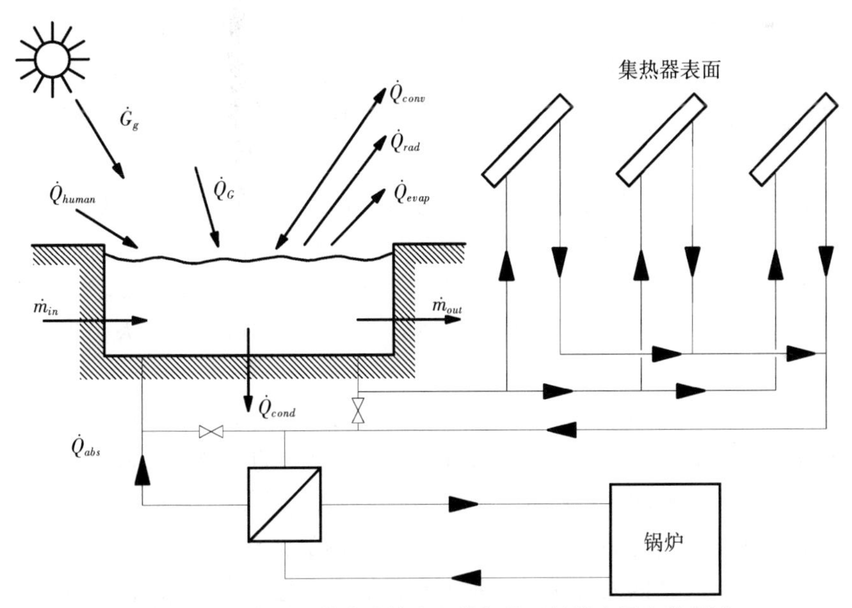

图 4-12 一个露天游泳池的太阳能加热系统的布局和能量流

资料来源：文献/4-1/。

辐射创造的热收益 $\dot{Q}_G$，以及游泳池的使用者释放的热 $\dot{Q}_{human}$。对流热损失 $\dot{Q}_{conv}$、辐射损失 $\dot{Q}_{rad}$ 和水表面的蒸发损失 $\dot{Q}_{evap}$，以及进入土壤的传输损失 $\dot{Q}_{cond}$ 是固有的损失。由于水循环（$\dot{m}_{in}$ 或 $\dot{m}_{out}$），有少量的热也在循环管道中损失了。

具体来说，辐射和对流的损失总计（$\dot{Q}_{rad}$ 和 $\dot{Q}_{conv}$）线性依赖于池中水温和空气中平均温度之差。如果环境温度高于池水的温度，对流热损失就会反转，池水就会以对流的方式吸收周围的热。通过蒸发产生的热损失，正常来说最高，取决于池的面积、风速、空气的潮湿度以及水温和环境温度的温差。地面传输损失较低，只占整个热损失的 3%左右。

如果游泳池夜间覆盖，对流、辐射和蒸发的损失就会显著地减少。用标准的吸收器材料覆盖水池 10h 可以减少约 30%的蒸发损失和 16%的辐射和对流损失。

通过游泳池吸收的太阳辐射获得的能量取决于游泳池的面积、池水和池底吸收度。随着池底和墙的颜色从白过渡到浅蓝再到深蓝的加深，以及水深度的增加，吸收度随着上升。额外产生的能量取决于游泳者释放的热。根据游泳者的运动，每个游泳者产生的热能在 100~400W（参见文献/4–2/）。

超过这一能量供应的任何能量需求必须通过吸收器或其他化石能源（如天然气）或可再生能源载体（如木质颗粒）驱动的加热器生产。考虑一个 130 天的游泳期间，每平方米泳池面积需要的能量在 540~1620MJ。为了获得一个平均在 3℃~6℃的平均升温（升温幅度取决于泳池的覆盖），吸收器的面积应该为泳池面积的 50%~70%（参见文献/4–2/，/4–3/）。

（2）小型系统。在过去，家庭生活用的太阳热系统主要用于太阳能支持的生活热水（DHW）的加热。太阳能系统支持的附加空间供热，也称为太阳能综合系统，正逐渐地引起人们的重视。在奥地利和瑞士，所有的太阳能系统有 50%的系统可以归类为综合系统（参见文献/4–12、/4–13/）。

对于这样一个系统，很重要的一点是考虑到生活热水的能量需求，正常来说在全年中处于同一水平；然而，空间供热的需求一般和可获得的太阳辐射是负相关的。

1）拥有封闭强制循环的 DHW 系统。图 4–13 显示了一个支持生活热水生产的封闭型强制循环太阳热系统的全部布局。这一系统的规模主要取决于生活热水的需求。一般场景下的需求值如表 4–5 所示。根据这些值，太阳能系统应该在夏天满足生活热水全部需求的 70%~90%。储水罐的体积大约是一天额定需求的 1.5~2.5 倍。对于一个四人的家庭，每人每日的需求是 50L，使用标准的平板集热器，安装的集热器的面积对于非选择性涂层来说应该 7~8m^2，选择性涂层应该是 5~6m^2。此外，需要的储水罐的体积是 250~500L（参见文献/4–1/、/4–2/）。如果保持这些参数大小，大约 50%~65%的生活热水供应能够通过太阳能满足。

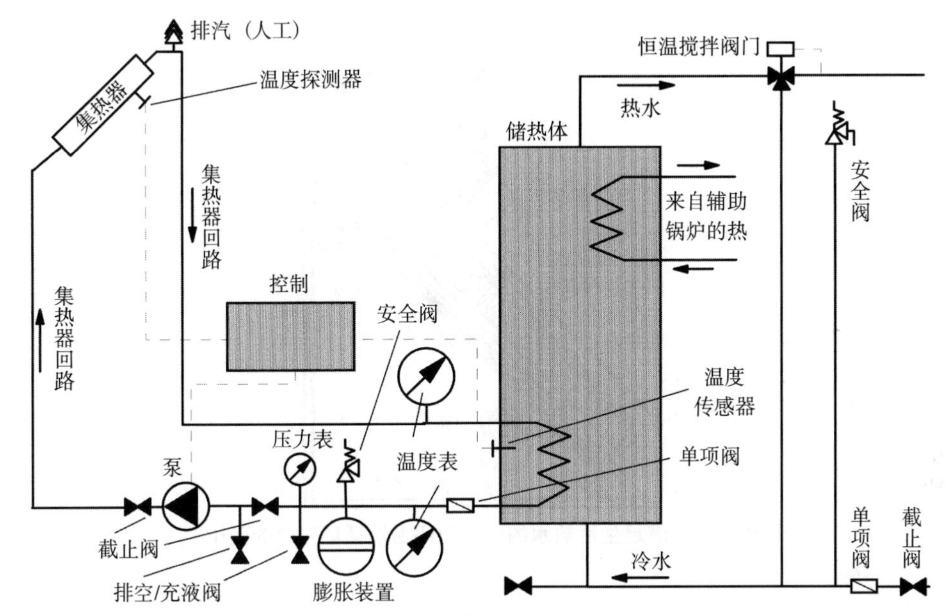

图 4–13 支持生活用水供应、拥有平板太阳能集热器的强制性流通太阳热系统

资料来源：文献/4–2/。

表 4–5 生活水需求的标准值

	生活热水（L/人·天）	可以利用的热（MJ/人·天）
高需求	70~115	10.44~16.70
中需求	50~70	7.31~10.44
低需求	35~50	5.22~7.31

资料来源：文献/4–14/。

在描述的案例中，为了获得大约 70%这样一个较高的太阳能节能率，对于非选择性涂层的集热器面积需求是 15~18m²，对于选择性涂层的集热器面积的需求是 10~12m²。储罐体积必须在 600L 左右。在夏天，集热器停止会有规律地发生。

2）拥有封闭自然循环的 DHW 系统。在南欧的大多数 DHW 热站是以封闭自然循环系统建造的。图 4–14 显示了这样一个系统组成：固定集热器的金属框架、储水罐（有水平或者垂直的轴）和所有其他必需的部件。它是预先制成的，能够很容易地安装在房屋的平顶上。只有冷热水管必须要和房屋的装置连接。用于泵或控制的电力是不需要的。蓄热体大部分是以内部装有热水的夹层罐（mantle tank）方式建造的，集热器流体浮在储水罐的夹层中。

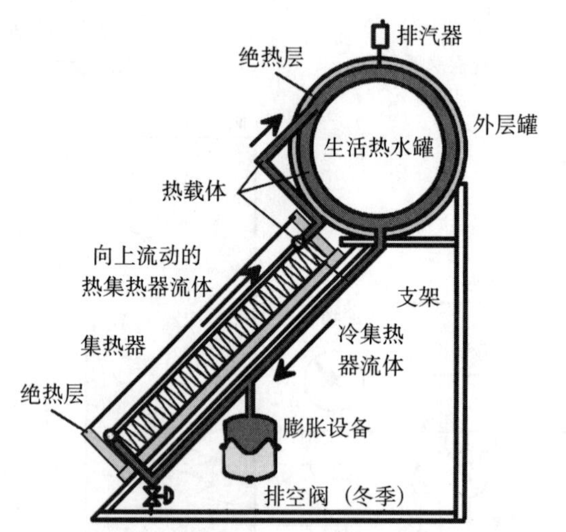

图 4-14　满足生活热水的一个封闭自然循环系统的例子

资料来源：文献/4-6/。

这一系统的一个缺点是当储水罐已经是最高温度的时候，集热器循环不能被关掉。如太阳继续照射，储水罐内温度就会继续升高直到水开始沸腾。只要太阳照射，沸腾就会继续，必须要在水的回路中有一个释放蒸汽的压力控制阀。对于这一问题的一个简单解决办法是使用有低临界温度的廉价集热器（即无选择涂层表面的集热器）。

3）太阳能综合系统。如果太阳热系统必须要满足更大部分的全部热需求，空间供热也要部分地通过太阳能供应。这些热站称为太阳能综合系统。一般而言，改进建筑物的隔热性能比将太阳能系统集成进供热系统更加有效率，成本更低。

有各种不同的途径将太阳能系统集成进供热系统。下面的参数具有最显著的影响：

- 供热锅炉的类型（有开关操作的滚筒式锅炉或自动化锅炉、固体燃料锅炉）；
- 供热系统的类型和特性（高级储热质，如地板供热；低级储热质，如散热片；高低温系统）；
- 太阳能系统（如集热器面积和效率）；
- 使用者的要求（恒定的房间温度或一定程度的温度波动）；
- 使用者的目标（花费巨大努力获得尽可能高效率，或在低成本下获得好的效率）（参见文献/4–6/）。

作为例子，图 4–15 显示了三种系统设计。图的左边显示了一个有电力控制自动化锅炉的双储存罐布局。一个储罐是用来生产热水，另一个储罐用来满足使用太阳能的部分空间供热需求。在这一案例中，锅炉中加热的水直接进入空间供热系统（见图 4–15 左边）。如果不是电力控制的锅炉（如木屑颗粒），为了获得增加了的运行时间和与供热系统质流分离的质流，锅炉必须要和空间供热储罐集成在一起。由于太阳能综合系统具有更大的集热器面积，外部换热器经常用来为空间供热储罐充热。

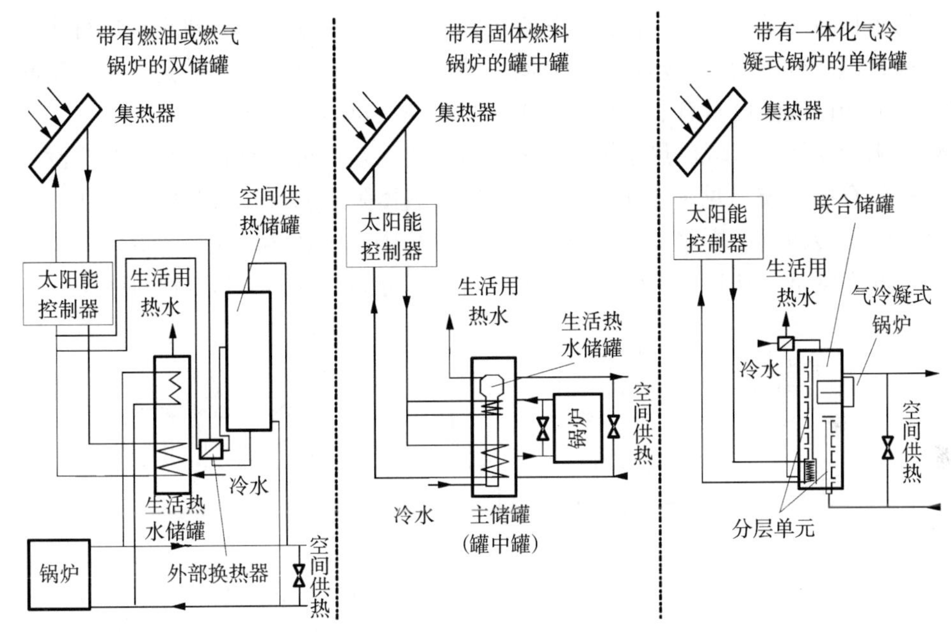

图 4–15　满足生活热水和空间供热需求的太阳热系统（太阳能综合系统）可能的类型

资料来源：文献/4–6/、/4–13/。

中间和右边的系统是单储罐系统的变种。从安装角度来说，比分开安装的储存装置更加容易处理。但是，双热传输是一个缺点（集热器/储罐和储罐/生活热水加热器）。

图 4–15 中间的系统特别适合集成有一个类似惰性固体燃料锅炉（如木材加热锅炉）的太阳能系统。生活热水加压罐被集成在更大的加热罐中。在这个双罐内，使用自然对流和垂直稳定分层。在热水储罐顶部，总有足够的热水充满一个澡盆。双储罐的一个缺点是成本更高。

右边的系统是供热和生活热水的热储罐和辅助加热装置（如一个气体冷凝式

锅炉）的集成。这样的小型热储罐也称为联合储罐（combistores）。它的一个优点是，作为一种太阳能综合系统，体积较小且现场可以进行小型安装。太阳能系统通过分层充热单元为热储罐提供热。传统燃料的燃烧器用法兰直接和储罐集成为一体。使用在储罐一侧可以控制质流的单一通道外部换热器生产生活热水。因此，可以避免生活热水的储存和军团菌出现的可能（参见文献/4-6/、/4-13/）。

（3）太阳能支持的区域供热系统。和通过单个太阳能系统给单个房屋供热的系统相比，几个热使用者联合一起使用从单个太阳能站获得热。如果实际情况是这样，该系统被称为太阳能支持的区域供热系统。

通常来说，有许多比使用区域太阳能供热系统成本更低的改善保温效果的措施。为了从技术上和经济上优化总体系统，在安装太阳能区域供热系统进行热供应之前，需要分析所涉及建筑内的空间供热的减少。特别要说明的是，热配送网络的低流和回流温度具有非常积极的影响（如 80℃/40℃）。

太阳能支持的区域供热系统正常来说可以进一步区分为有长期热储存或没有长期热储存的系统（见图 4-16）。从安装在蓄热体附近的集热器开始，热通过管道和换热器传输到中央储罐。此外，为了从供热中心配送热给私人家庭，需要一个热水配送网络。从这一方面来说，网络可以区分为双管网络和四管网络。

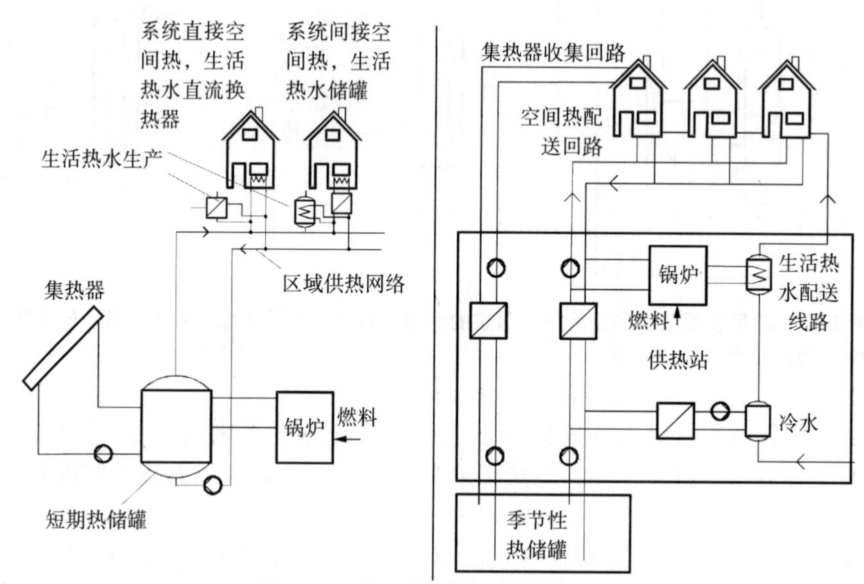

图 4-16 太阳能支持区域供热系统

注：非集中式的生活热水加热的双管系统（左边）和有长期热储存的四管系统（右边）。
资料来源：文献/4-15/、/4-18/。

• 双管网络使用非集中式的生活热水供热。供热通过拥有生活用水储存的供热网络或个体房屋的生活热水换热器进行（见图 4-16 左边）；加热器直接集成进更小的网络中，然而它通过换热器和更大的网络结合。为了在低温网络中保持较低的热损失，加热生活用热水罐是在特定的时间段内进行的，如在夜间和使网络中水流和回流温度增加的最强辐射时间。在这样一个双管网络中，通常导致热损失和破坏分层的生活热水循环管道不是必须要使用的。此外，由于少量的生活热水储存，军团菌危险较低。

• 在四管网络中，空间供热和生活热水是分开配送的。这一供热和生活热水分开配送（四管网络，见图 4-16 右边）的优点可以更好地利用蓄热体和太阳能系统，因为生活热水是预加热的，甚至在较低储存温度下。

没有长期储存，对于主要供应私人家庭的拥有大型集热器组的区域供热系统来说，可以获得 10%~20%的太阳能节能率。节能率与空间供热和生活热水的能量需求相关。使用季节性的长期储存可以获得高节能率。如果集热器为节省空间主要安装在建筑物顶部，在当今许多中欧国家的热控制规则下，有可利用的屋顶空间及长期热储存，可以获得最高 50%~60%的节能率。如果使用增强的保温措施，节能率还可以增加（参见文献/4-15/）。只有在用户没有其他用途的大型阳光区域，为了获得更高的太阳能节能率，这类集热器才可以安装。

对于太阳能支持的区域供热系统，采用光学效率大约为 80%和热损失系数大约为 3W/(m^2K) 的高效平板空间集热器是有效的。它们可以串联或并联连接作为低压力损失的大型集热器模块（>10m^2），形成大型集热器组。这种集热器类型适用于部分满足生活热水需求的系统（即没有长期热储存的系统），每人集热器面积估计为 0.9~1.2m^2，每平方米集热器面积的存储器体积估计为 40~60L。在有长期热储存的系统情况下，每平方米集热器的面积应该为 2~3m^3，每 GJ 热供应需求的集热器自身的面积必须在 0.4~0.7m^2。部分满足空间供热和生活用热水的系统，可以在太阳能系统的出口获得有用的热收益大约为 900~1370MJ/(m^2 a) 或 250~380kWh/(m^2 a)（参见文献/4-15/）。如果太阳能区域供热系统只是用来支持太阳能生活用水的供应，由于在这种情况下储存损失较低，因而产出比更高（参见文献/4-15/、/4-16/、/4-17/）。

（4）更多的应用。假设在中北欧的辐射和稳定条件下，如果在一个较低的温度水平下需要热，热的需求和太阳能的获得或同时发生或至少不会在完全不同的时间发生，太阳热的使用是有效率的。除了私人家庭的生活用热水供应，许多公共设施也是这样的。一个例子是给公共体育设施洒水的用水供应，特别是如果该设施主要或只是在夏天运行（如露天网球场）。其他在夏天有高热需求的例子包括野营地、小型宾馆、医院、老人之家以及小型疗养院（参见文献/4-19/、/4-20/）。此外，还有其他太阳能应用。

• 平板集热器可以以较低的成本集成进入已经存在的区域供热网络。集热器直接提供区域供热网络的回流，因此能够部分地满足热需求，特别是在夏天（参见文献/4-15/、/4-17/）。

• 通过使用高效的平板集热器或真空管集热器，甚至在中北欧的给定辐射条件下，不必应用辐射集聚，能够可以给工业用途或 BTS（商业、贸易和服务领域；其他主要是小用户）供应超过 90℃温度（典型的在 90℃~120℃）的热。

• 许多工业用途的热水需要达到 60℃的温度（如光实验室、零件清洗）。这一温度可以通过太阳能产生。

• 收获的草料和谷物可以通过太阳能烘干。空气集热器可以有这样的用途。

• 对于全年有供热和冷却需求的更大的建筑物，太阳能集热器可以在夏天用来加热，在晚上和冬天用来冷却。

• 使用太阳能集热器通过吸附支持的空气调节过程在夏天使房间凉爽。

4.3 经济和环境分析

下面，从成本和选定的环境影响角度分析一些反映当前市场领域技术参数的太阳热系统。

4.3.1 经济分析

下面将说明在考虑乌兹堡（德国）的气候条件下满足第 1 章总结的供应需求系统的五个案例。这些案例的参数如表 4-6 所示。

（1）支持生活用水加热（SFH-Ⅰ）、拥有 25m² 集热器面积的太阳热系统。它是一个热负荷为 5kW（在周围温度为-12℃）房屋的太阳能综合系统。太阳能能够满足大约 62%的 45℃温度下 200L/d（升/天）生活用水的平均需求。这大约是一个四人之家的需求。太阳能节能率在 44%左右。

（2）同样的系统（即一个太阳能综合系统），但是面对的是热负荷为 8kW 的 SFH-Ⅱ。太阳能节能率大约是 31%。

（3）只支持一个家庭生活用水加热（SFH-Ⅲ）的拥有 7.4m² 集热器面积的太阳热系统。生活热水需求和第一个例子是一样的。

（4）支持多个家庭的热需求和生活用水加热（MFH），拥有一个集热器面积 60m² 和直接集成有双管网络的中央太阳热系统。对于 10 层的整个能源需求（大

表 4-6 分析的太阳热系统的技术数据

系统[a]	SFH-Ⅰ	SFH-Ⅱ	SFH-Ⅲ	MFH	DH-Ⅰ
空间供热需求（GJ/a）	22	45	108	432	8000（+1900 网络损失）
生活热水需求（GJ/a）	10.7	10.7	10.7	64.1	
太阳能系统					
集热器类型	屋顶内的平板集热器，选择性		屋顶之上的集热器，选择性	屋顶内的平板集热器，选择性	
安装的净集热器面积（m^2）	25	25	7.4	60	620
集热器循环的长度（m）	30	25	20	120	300
技术生命周期（a（年））	20	20	20	20	20
集热器效率（%[b]）	18.6	21.0	28.1	38.4	26.0
集热器的收益（kWh/(m^2a)[c]）	219	248	331	453	312
(MJ/(m^2a)[c])	787	893	1191	1632	1124
有用的太阳热（kWh/(m^2a)[d]）	161	193	252	327	274/221[g]
(MJ/(m^2a)[d])	578	696	906	1178	985/795[g]
太阳能节能率（%[e]）	44	31	63（5.6）[h]	10.4	6.2
系统效率（%[f]）	14	16	21	28	23/19[g]
储存器					
储存器类型	罐	罐	罐	罐	罐
储存器体积（l（升））	2000	2000	2000	2000	55000
换热器	外部	外部	内部	外部	外部
集热器泵					
连接容量（W）	2×50	2×50	30	2×75	2×400
年运行时间（h/a）	1050	1173	1435	2200	1364

注：a 表示系统 SFH-Ⅰ、SFH-Ⅱ、MFH、DH-Ⅰ用于太阳能支持的空间供热和生活热水加热，系统 SFH-Ⅲ仅用作太阳能支持的生活热水加热；b 表示在集热器表面上的年均太阳辐射量 1180kWh/(m^2 a)（参考年乌兹堡，德国，朝南倾斜 45°）中，存储器入口的可用太阳辐射能所占份额；c 表示输入储存器的热（没有存储损失）；d 表示存储器出口有效的有用热；e 表示和系统 SFH-Ⅰ、SFH-Ⅱ、MFH、DH-Ⅰ相关的空间供热和家庭热水供应需求，和系统 SFH-Ⅲ相关的生活热水需求；f 表示存储器出口的有用太阳热占集热器表面上太阳辐射的份额；所有的储存损失都分配给太阳能系统；g 表示有/无网络损失（15%）和房屋传输站损失（5%）；h 表示与生活热水需求或空间供热和生活热水总体需求相关。

约 500GJ/a），大约 10.4%由太阳能满足。在加热中心，太阳能系统和满足剩余加热需求的传统锅炉联合在一起。

（5）满足空间加热和生活热水（DH-Ⅰ），带有短期储存的太阳热支持的区域供热系统。通过太阳热能支持的太阳能区域供热系统在供应者一边有一个

1MW 的锅炉和 9.9TJ/a 的热需求。网络按照-12℃下流动温度和回流温度为 95℃/60℃设计。太阳能节能率为 6.2%。它是具有消费者直接加热生活用水功能的双管网络。

除了在 SFH-Ⅲ（非集中的生活热水加热）例子中使用带有高级钢托盘的铜吸收器外，所有集热器是带有矿物绝热层的选择性平板集热器（铜吸收器），使用木制框架安装在屋顶内部。太阳能区域加热系统（DH-Ⅰ）额外使用面积特别大的集热器模块。

非集中的生活用水加热（SFH-Ⅲ）和太阳能综合系统（SFH-Ⅰ和 SFH-Ⅱ）中存储太阳热的钢罐位于建筑物的地下室。除了参照系统 SFH-Ⅲ的太阳能支持生活热水系统之外，蓄热体通过一个外部换热器充热。对于多家庭房屋的双管系统（MFH 的变种），中央供热的钢缓冲存储罐位于供热中心。生活热水的储存和热传输站是分布式的，保存在公寓内，它们可以看作供热系统的部件。对于带有短期储存的太阳能支持的区域供热网络（DH-Ⅰ），储罐保存在供热站，集热器表面安装在屋顶之上或临近供热中心的地方。

太阳能生活用水加热（SFH-Ⅲ）和太阳能综合系统（SFH-Ⅰ和 SFH-Ⅱ）的集热器回路由 30m 的绝热铜管组成。对于多家庭房屋（MFH），大体需要一个 120m 的连接管（tube）；对于有短期存储器的太阳能区域供热系统（DH-Ⅰ），大体需要 300m 的管子（pipe）。太阳能综合系统（SFH-Ⅰ和 SFH-Ⅱ）和多家庭房屋（MFH）的水力布置通过一个外部换热器和分层充热设计为低流量系统（low-flow systems）。SFH-Ⅲ的太阳能系统根据高流原理（high-flow principle）运行。表 1-2 的规格参数对于区域供热系统 DH-Ⅰ是适用的。

系统效率包括所有步骤的能量转换，从集热器表面辐射入射直到存储器出口有用热能（对于区域供热系统，同时给出没有和有区域供热系统和房屋传输站的热损失的值）。非集中生活用水加热（SFH-Ⅲ）和区域供热系统（DH-Ⅰ）的相对高效率是由于夏天太阳能产出几乎可以被完全利用引起的。太阳能综合系统（SFH-Ⅰ和 SFH-Ⅱ）的较低效率，是由于较大的集热器面积、夏天对生活用水加热和空间供热所产生的过量热系统不能使用和系统经常停滞造成的。系统 MFH 的高效率是由于低的太阳能比值（solar fractional）、太阳辐射可以在整个夏天使用的事实、来自热配送网络的低回流温度所引起的。

当计算除太阳能装置之外需要的传统加热锅炉大体的利用程度时，和太阳能站的节能效率在夏天和冬天变化一样，锅炉效率的季节性变化要同等程度考虑进来。太阳能生活用水加热（SFH-Ⅲ）的年节能效率在 60%左右，如夏天节能率在 80%~100%，而冬天，有时会下降到甚至低于 20%。因此，用于生活用水加热的化石燃料锅炉效率，夏天要低于冬天。而且，当热液可以通过太阳能系统供应时，锅炉的平均效率有时低于年平均水平。这就是燃油被替代之后，对于非集中生活用水加热（SFH-Ⅲ）和太阳能综合系统（SFH-Ⅰ和 SFH-Ⅱ），锅炉效率假定为 80%的原因。对于多家庭房屋（MFH）集中式太阳热系统和太阳能支持的区域供热网络（DH-Ⅰ），估计压缩锅炉的年平均效率为 98%。

为了评估通过太阳热利用产生的成本，首先，描述太阳热系统的投资以及运行和维护成本。其次，在此基础上可以确定单位太阳热生产成本和单位的等价燃料成本。后者为以和太阳能系统连接的传统加热锅炉效率评估的存储器出口的有用太阳能成本（即通过太阳热生产热避免的（化石）燃料成本）。

（1）投资。太阳能低温热生产系统的投资可能有很大的变化。下面只说明平均成本。实际成本有时候和这些平均成本有非常大的差异。

1）集热器。当前可用集热器的成本大约在 50~1200€/m^2。集热器的类型是成本的决定性因素；简单的吸收器垫成本在 40~80€/m^2，有黑色或选择性涂层的吸收器的单玻璃平板集热器成本在 200~500€/m^2，这取决于热站的规模。真空管集热器、多层覆盖平板集热器或通过透明绝热材料改进的集热器，成本可能增加到超过 700€/m^2，有时候高于该值。

除了技术之外，集热器成本也取决于集热器的大小。相对于规模来说，大面积的集热器模块比小集热器便宜；在一些情形下，大型集热器模块报价是 200€/m^2，非常大的集热器面积的报价甚至更低（即低于 200€/m^2），这一价格包括安装和管道系统（参见文献/4-15/）。不过，实际成本一般来说或略微高于这一水平。

集热器也经常作为成品套件购得，并可以由负责运行系统的个人/公司组装。所以成本会有所降低。然而，由于系统安装价格下降，自组装的集热器套件过去几年来已经失去市场份额。

2）存储器。存储器的成本主要取决于存储器的体积，包括换热器，体积在 200~500L 的存储器小型系统的投资成本为 1.5~3€/L，或者按集热器面积 100~200€/m^2 计算。

体积在 200m^3 的绝热钢罐是目前流行的存储技术。一个 100m^3 存储器的成本在 300~400€/m^3。地下更大的储存器会明显便宜。一个体积在 12000m^3 的地下储存器（ground reservoirs）总成本估计在 75~80€/m^3。这一数字包括了准备建筑物场地的人工和材料成本、土方工程和排水以及钢和混凝土工程。对于用金属箔片密封、体积在 7000~40000m^3 之间的保温地下储存器，给出的成本报价在 50~80€/m^3。

3）其他系统部件。包括管道、传感器和控制工具、泵、防冻剂和与安全相关的所有装置（如安全和关闭阀、膨胀罐）。对于非集中式生活用水供应系统，正常来说要安装 20~30m 的管道。因此，包括绝热材料在内的管道成本在 40~70 €/m² 集热器面积。总体来说，对于非集中式太阳热系统，这些部件的投资成本在 60~90€/m²。

对于集中式太阳热生活用热水系统，其他部件的总成本在 65~130€/m² 变动。初步估计，这一范围也可以代表更大型的太阳能支持区域供热系统的成本范围。

4）安装和运行。对于家庭的生活用热水加热的太阳热系统，经常部分或完全自助安装。管理系统的潜在人力成本一般来说很低。然而，如果由一家公司安装系统，单位安装成本在 70~250€/m²。这些成本包括集热器的安装、管道的安装、太阳能存储器的连接、传感器和控制工具及泵的安装、余热供热系统的连接，以及系统充热和调试。安装管道占到这些成本的最高份额。集热器的安装成本大约是总体安装成本的 20%~30%。

对于中央太阳热生活用热水和更大的太阳能区域供热系统，系统的安装和调试成本通常较低。大型集热器组的安装成本大约占总体集热器成本的 10%~20%，或者在 30~50€/m²。系统的总体安装和调试成本大约在 50~100€/m²。

5）总投资。太阳热系统的总投资的变动范围较大。市场上可见的标准生活用热水系统成本通常在 5000~6000€（参见文献/4-16/等）。相比较，专门为生活用水加热的自助安装系统明显便宜很多；这些系统大多数成本在 3000~5000€。大集热器面积的系统按照比例来说更加便宜。

集热器以总成本的 45%左右占总投资的最大份额，存储器大约占 20%，安装和调试成本大约占 25%。其他系统部件对总成本的贡献最小，大约占总成本的 10%（参见文献/4-6/）。后者也包括管道安装和防冻剂的成本。对于一个区域供热网络（DH-Ⅰ）的更大集热器来说，对于总体成本的贡献上升到占总成本的 60%。

将所有成本加总起来，根据表 4-7，对于为分离家庭房屋的太阳能生活用热水加热（SFH-Ⅲ），如果安装和调试全部由专业化的企业负责，其平均成本估计大约为 5200€（700€/m² 集热器面积）（见表 4-7，SFH-Ⅲ）。如果减去传统生活热水存储器和集成屋顶系统所节约的瓦片的投资，整套系统成本可以减少到大约 4400€（600€/m² 集热器面积）。如果系统的安装是自助的，只是由专业企业负责充热和调试，总投资可以减到大约 3500€（550€/m² 集热器面积）。

对于太阳能支持的非集中式空间供热系统（SFH-Ⅰ和 SFH-Ⅱ），单位投资成本比小型系统略低。这是由于大型的集热器面积成本在 500€/m² 集热器面积（包括了存储器和瓦片成本的抵减）。对于多家庭房屋（MFH），系统成本减少为大约 460€/m² 集热器面积，这是由于减少的集热器成本和同比例减少的管道安装成本造成的。

表 4–7 分析的太阳热参考系统的投资和维护成本以及单位热生产成本

系统 [a]	SFH–Ⅰ	SFH–Ⅱ	SFH–Ⅲ	MFH	DH–Ⅰ
集热器面积（m²）	25	45	74	60	620
有用的太阳热（GJ/a）	14.4	17.4	6.7	70.7	610/490
投资					
集热器（€）	6100	6100	2600	13430	132500
存储器 [b]（€）	3400	3400	1000	3400	24000
控制（€）	400	400	300	610	6500
安装，小部件 [c]（€）	3700	3700	1300	13100	54000
小计（€）	13600	13600	5200	30540	217000
抵减瓦片 [d]（€）	–200	–200		–730	–6500
递减存储器 [e]（€）	–750	–750	–750	–2200	
总体太阳能系统（€）	12650	12650	4440	27600	151500
（€/m²）	500	500	600	460	250
区域供热网（€）					1360000
DH 太阳能份额（€）					84200
热传送站（DH）（€）					6000
运行成本 [f]（€/a）	220	230	86	540	3500/4800
总计年成本 [g]（€/a）	1200	1200	430	2700	19600/27900[h]
热生产成本（€/GJ）	82.8	68.9	63.8	37.7	32.2/45.8[h]
（€/kWh）	0.30	0.25	0.23	0.14	0.12/0.16h
等价的燃料成本（€/GJ）	66.2	55.1	51.0	37.0	31.5/44.8h
（€/kWh）	0.24	0.20	0.18	0.13	0.11/0.16h

注：a 表示系统 SFH–Ⅰ、SFH–Ⅱ、MFH、DH–Ⅰ服务于空间供热和生活热水加热的太阳能支持生产系统，系统 SFH–Ⅲ只是用作太阳能支持的生活热水加热；b 表示根据表 4–6 的太阳热存储器；c 表示包括管道安装和绝热材料；d 表示 SFH–Ⅰ、SFH–Ⅱ、MFH、DH–Ⅰ是屋顶集成系统，SFH–Ⅲ是安装在屋顶上没有瓦片递减项的系统；e 表示无太阳能系统的生活用水存储器成本；f 表示利率 4.5%，摊销期为系统的整个技术生命周期；g 表示运行和维护；h 表示有/无网络和热传送站的区域供热网的太阳能系统相应的成本。

目前，对于太阳能支持的为空间供热的区域供热系统和生活热水加热，达到 150m² 的系统总成本估计大约为 450€/m²，对于超过 500m² 的系统，总成本估计为大约 350€/m² 集热器面积（参见文献/4–1/）。这些成本包括由集热器、集热器回路和存储器组成的太阳热部件。当集成有一个短期存储器时，太阳能的节能率可以在很小到 15%之间。区域供热网络相应的投资成本（以太阳能节能率为权数的投资成本）大约为60%①。

（2）运行成本。在太阳热系统的正常运行期间，维护成本只有在传热介质更换和小型维修（如密封剂更换）时发生。由于传热介质正常来说通过集热器回路由泵抽取，所以太阳热系统的运行也需要辅助能。相关成本的高低很大程度上取决于电力的价格。在电力价格为0.19€/kWh，电力需求在0.008~0.03kWh热能时，生活用热水加热的非集中式太阳热系统的运行成本大约在6~10€/a，太阳能综合系统的运行成本在18~25€/a。系统大部分部件的维护成本占总投资的1%~2%（没有安装和调试）（参见文献/4-14/）。因此，太阳热生活用水加热系统和太阳能综合系统的维护和运行成本占到总投资的0.9%~1.8%（包括安装和调试）。就参照系统SFH-Ⅲ来说，年成本在60~80€（见表4-7，SFH-Ⅲ）。

对于更大型的太阳能支持区域供热系统，维护和杂项成本（如保险）的年总成本估计为总投资成本的1%（不包括系统的安装和调试成本）（参见文献/4-15/）。如果将通过集热器循环泵消耗的年电力成本包括进来，相应的太阳能支持的区域供热网络的维护成本必须要加进来（见表4-7，参考系统DH-Ⅰ）。

表4-7给出的值是在假定的参考系统配置下各自系统部件的平均成本。安装是由一个公司来进行，它也包括集热器、存储器和加热锅炉的连接。传感器和控制工具以及泵和所有安全控制的装置（如安全和关闭阀，膨胀罐）综合为控制成本。

瓦片的节约以及没有太阳能支持的生活用热水存储器的投资，对系统的总投资进行了抵减。因此，只是和传统生活热水存储器相比，太阳能系统造成存储体积的增加所产生的额外成本才分摊到太阳能系统投资中去。

（3）热生产成本。单位的能量供应成本可以从给出的绝对投资额加上维护和运行成本中推算出来。投资是按照系统的整个技术生命周期分摊（20年）。在迄今所做的融资假设下（见第1章），太阳热生活用热水和私人家庭的综合系统（参考系统SFH-Ⅰ、SFH-Ⅱ和SFH-Ⅲ）通过太阳能提供热的成本大约在60~85€/GJ。多家庭房屋内的太阳热系统单位热生产成本大约为38€/GJ（见表4-7，参考系统MFH）。对于太阳能区域供热系统，采用短期存储器的热生产成本，如果不包括太阳能支持区域供热网和房屋传输站，则大约为32€/GJ，包括后者则大约是46€/GJ（见表4-7，参考工厂DH-Ⅰ）。包括供热网和房屋传输站之后，热生产成本翻倍，一方面是由于投资成本增加40%引起的，另一方面是由于区域供热网效率等级引起的运行成本增加30%造成的。所以，从经济角度来说，从本章分析的案例可知，太阳热支持的空间供热和多家庭房屋生活热水加热，以及较

---

① 译者注：传统能源的网络投资成本的60%。

低太阳能覆盖（10.4%和 6.2%）带有短期存储器的太阳能支持区域供热是最有利的选择。

除了这些太阳热生产成本，也就是太阳能系统的投资和运行产生的成本，等效的燃料成本也在表 4-5 中列示。可以就连接太阳能装置的传统加热锅炉的利用度，评价存储器出口的有用太阳能的成本。由于利用等效的燃料成本可以立即计算出节约的如化石能源载体的直接年度成本和预期的燃料节约量，它对于一座房屋业主是否安装太阳能系统决策有重要的影响。这使得可以在太阳热供应和避免的燃料成本之间，可以直接进行比较。

在表 4-7 中进行的这样一个比较揭示出所有分析的太阳热供应的变体一般来说明显比传统的采用油或气体的空间供热或生活用水加热都要贵。当电价在 70 €/GJ（家庭电价）下，比较采用电力的生活水加热的单位热成本，所有的太阳能案例是更加划算的。

然而，这些值不应该认为是通常的有效均值或参考值。在特殊的情形下，在给定的边际和边界条件下，会产生很显著的偏离。例如，露天游泳池的太阳热价格在 7~14€/GJ。因此，在许多情况下，当前露天游泳池的太阳能加热已经比传统加热成本更低了。其原因是高水平的太阳辐射时间和地温热的高需求时间是一致的，没有存储系统，泳池用来作为热的存储。此外，用于露天游泳池的无盖吸收器比有盖的吸收器更加便宜。

为了更好地评估和评价不同变量的影响，图 4-17 显示了主要敏感性因素的变化，以非集中式太阳热生活用水加热系统（SFH-Ⅲ）作为基础。根据这一例子，投资成本的变化和利率的变化在给定气候下，对于加热成本有最显著的影响。在给出的例子中，投资减少 30%可以将单位热生产成本从 55€/GJ 削减到 41 €/GJ。这说明了太阳热系统被市场认可的经济驱动因素的重要性。进一步，分析了不同的气候条件。以德国乌兹堡气候作为 100%参照辐射，给出了从热那亚的 30%还多到赫尔辛基的 10%还少的不同气候条件下的辐射。估计的成本方法不变。这就可以看出所有分析的参数中气候对热生产成本有最高的影响。

4.3.2 环境分析

太阳能系统的特征是运行时无噪声和没有直接的物质排放。下面从建设、正常运行、发生故障和运行的终止四个方面分别进行当地环境方面的分析。

（1）建设。太阳能系统建设的环境效应和制造业是一致的。只有吸收器的生产对于环境有特别的显著影响。过去使用的电镀方法需要高水平的能源投入并产生有问题的废料。近年来，在生产过程中环境影响问题少得多的真空镀和溅镀逐

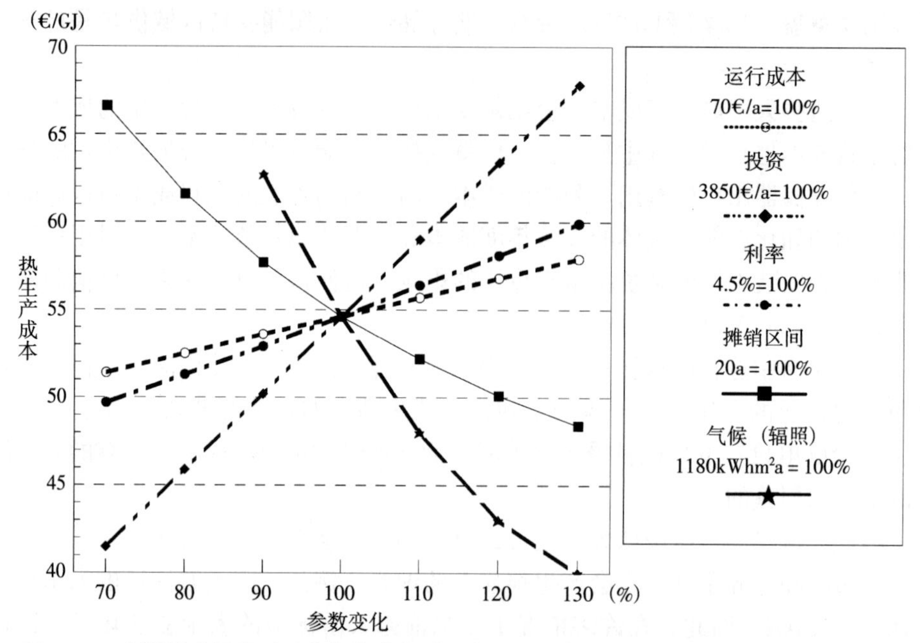

图 4-17 主要影响因素对于非集中式生活用水加热（参考表 4-7 系统 SFH-Ⅲ）的单位热生产成本影响的参数变化

渐得到重视（参见文献/4-7/、/4-9/）。最近越来越多的用作覆盖太阳能集热器的抗反光玻璃也遵照环境标准进行生产（参见文献/4-18/）。

当加工太阳能存储器时，在生产和加工中对于环境几乎没有影响的材料在过去几年来已经越来越多地得到使用。例如，在生产和处置中会引起环境问题的聚氨酯泡沫体（PU）在许多场合已经被聚丙烯（PPP）所替代（参见文献/4-21/）。

在德国市场上超过一半的太阳能集热器分配给了蓝色天使（Blue Angel）(RAL-ZU 73)。这种蓝色天使显示没有将卤代烃用作传热载体，并且用于集热器的绝热材料也没有使用卤代烃生产。

因此，在太阳能系统的生产过程中，没有超过一般平均水平环境影响事件发生。如果坚持合适的环境保护规则，可能产生一个非常环境友好型的生产。

集热器的屋顶安装可能是危险的。在系统安装期间从屋顶坠落产生的死亡风险和屋顶工、烟囱清洁工或木匠承担的风险相当，因此被认为是比较低的。

（2）正常运行。由于太阳能集热器的运行不释放任何物质，它们一般来说可以以非常环境友好型的方式运行。此外，安装在屋顶的集热器从它们的吸收和反射行为来说和屋顶比较相似。所以，在屋顶上安装情形下，几乎对当地气候没有任何负效应。被集热器覆盖的屋顶部分有时候从远处可以看见，这对城市和乡村的视角外观有较小的影响。一般来说使用已经存在的屋顶面积，太阳能集热器的空间占用也是很低的。

只有在空闲地安装集热器，可能对于微气候会有负面的影响。然而，影响主要限于阴影区，是可以忽略的低影响。大体来说，阴影区域还可以广泛用于耕种。

此外，在集热器的停止时期的蒸发应该可以通过恰当的系统设计所防止，因此没有健康风险。

（3）发生故障。太阳能集热器系统大的故障对于环境影响是不存在的。由于高技术的应用，含有防冻剂的传热介质可能的泄漏几乎不会造成人类健康风险或地下水或土壤污染。这些问题也可以通过定期的检查或采用食品安全级的传热介质（如丙二醇和水的混合物）得到避免。

火灾以释放有限数量的载有示踪气体的空气进入环境。然而，它们不是太阳热系统所特有的；进一步说，由于它们的设计，集热器的火灾只有在整个建筑物发生火灾时才可能发生。

此外，由于没有在屋顶正确安装而坠落的集热器可能产生伤害的危险一般来说可以通过遵循有效的健康和安全标准得到避免。危险发生的可能性和屋顶瓦片造成的危险是同一水平。

军团菌在生活用热水系统繁殖很快，因此如果人们接触到被感染的水，会给人类造成危险。然而，这不是太阳能系统特有的问题，但是这一问题过去在太阳能系统中发生过。由于军团菌在温度大约 60℃时会很快死亡，这一危险可以通过合适的技术措施很容易得到限制。测试也显示迄今为止超过 DVGW（德国天然气和水协会）推荐标准的延长的存储周期不一定会导致军团菌的繁殖（参见文献 /4-22/）。如果遵守 DVGW 的相应规定，军团菌的繁殖能够完全避免。所有现代太阳能系统都能满足这些要求。在本章分析的系统布局图之外，这一问题只会在有生活用热水储存的 SFH-Ⅲ系统中发生。在所有其他的系统中，军团菌事实上不会产生。

总之，太阳热加热的潜在环境影响和一项事故发生的概率一样低。

（4）运行的终止。从原理上来说，回收太阳热系统主要部件（如太阳能集热器、存储器）是可能的。例如，德国的生产者按照德国蓝色天使协议（german blue angel agreement）的部分内容承诺在集热器的技术生命末期，收回集热器和再利用材料。因此，对于特定材料的回收利用有常见的环境影响，但是，它不是太阳能系统所特有的。

❺ 太阳能热力发电站

“太阳能热力发电站”这一术语包括将太阳辐射最初转换为热的发电站。太阳辐射转换的热能随后通过一个热发动机转换为机械能，然后转换为电力。根据热动力学原理，为了获得最高的效率，需要获得高温。高温可以通过增加集热器上太阳辐射入射的能量流密度达到。这需要我们使用聚光辐射或者聚光型集热器。考虑到整体系统的技术/经济优化，在一些情形下，可以选择使成本减少很多的低温设计。但是，这一设计意味着使用成本有效的大面积集热器。上面提到的框架条件引出了一系列的不同的太阳能热力发电站的概念。

根据太阳辐射聚光的类型，太阳能热电站可以进一步分为聚光系统和非聚光系统，前者又进一步分为点和线聚光系统。此外，根据如太阳辐射接收器类型、传热介质和热储存系统（如果可以应用）或基于化石燃料能辅助点火，太阳能热电站可以有其他的区分。但是，为了使本章的结构尽可能明晰，这些区分在这里不会涉及。

聚光系统主要涵盖下面的发电站的设计：

- 塔式太阳能发电站（即中央接收器系统）作为点聚光发电站；
- 碟式/斯特林系统作为点聚光发电站；
- 抛物面槽式和菲涅尔槽式发电站作为线聚光发电站。

非聚光系统包括太阳能上升气流塔发电站和太阳能池发电站的设计。

不同的设计将在下面的章节中解释和讨论。但是，重点主要放在能实质上满足全球范围内给定电力需求的最具有前景的技术和过程。

聚光型集热器可以达到类似于已有化石能源支持的热电站（如煤或天然气支持的发电站）的温度水平。因此，实际热能转换过程需要的不同组件（包括例如涡轮机和发电机）已经处于最先进的技术水平。在下面的章节中，只详细讨论与太阳能相关的这种发电站的特殊组件。

5.1 原 理

大体来说，太阳能热发电过程在下面的步骤内实现：

- 通过集热器系统聚集太阳能辐射；
- 如适用，增加辐射流密度（即聚集太阳能辐射到接收器上）；
- 太阳辐射的吸收［即接收器内辐射能到热能（即热）的转换］；
- 传输热能到能源转换组件；
- 使用热力发动机（如蒸气涡轮机）转换热能为机械能；
- 使用发电机转换机械能为电能。

图 5-1 显示了这样一个太阳能热发电的一般能源转换链。下面选择这种太阳能转换中的一些方面进行讨论。

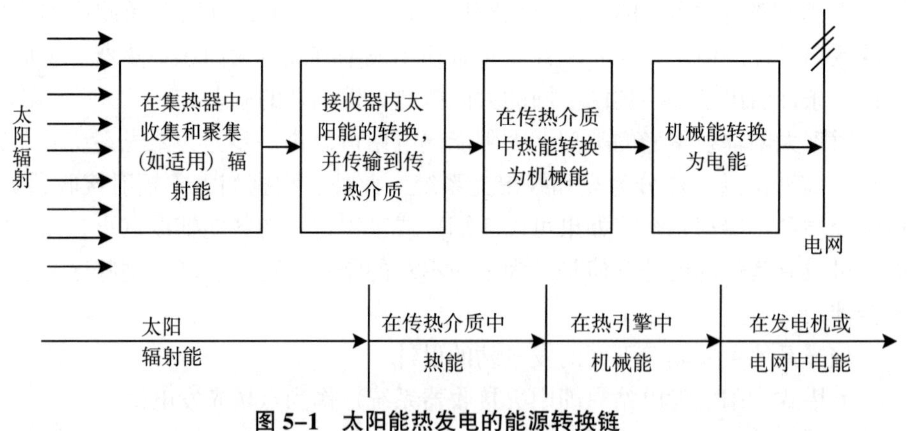

图 5-1 太阳能热发电的能源转换链

5.1.1 辐射的聚集

如果需要的温度比平板集热器产生的温度更高，辐射的聚集是必须的。太阳辐射的聚集由聚光率（concentration ratio）描述。聚光率用两种不同的方法定义：

- 一方面，聚光率 C（C_{geom}）可以单独用几何方法决定，反映的是太阳能采光口面积 A_{ap} 和吸收器面积 A_{abs} 的比率［见式（5-1）］。本章的解释是建立在这个定义基础上的。因此，典型的采光口宽 5.8m、接收器管直径 70mm 的抛物面槽式集热器，聚光率达到大约 26。对于抛物面槽式集热器来说，有时候采光口宽度和接收器直径的比率被看作聚光率；这一值和通过等式（5–1）由因素 π 定义的聚光率是不同的。

$$C = C_{geom} = \frac{A_{ap}}{A_{abs}} \tag{5-1}$$

• 另一方面，聚光率 C 可以被定义为在采光口的辐射流密度 Gap 和相应的接收器的该值 $Gabs$ 的比率［$Cflux$，见等式（5–2)］。不过，在这里提到这一定义只是为了对聚光率有一个全面了解。

$$C = C_{flux} = \frac{G_{ap}}{G_{abs}} \tag{5-2}$$

基于热力学第二基本定理，二维（抛物面槽式）和三维（如旋转的抛物体）集热器的最大可能聚光率可以推算出来（参见文献/5–1/）。为了达到这一目的，需要知道“受光角”$2\theta_a$。该角覆盖了不必移动集热器或它的部件而通过集热器聚集光束的全部视角范围。

对于单轴聚光器（如抛物面槽式），例如，给定半受光角 θ_a，最大聚光率 $C_{ideal,2D}$ 根据等式（5–3）计算。

$$C_{ideal,2D} = \frac{1}{\sin\theta_a} \tag{5-3}$$

对于双轴聚光器（如旋转抛物体槽式），最大聚光率 $C_{ideal,2D}$ 根据等式（5–4）计算。

$$C_{ideal,3D} = \frac{1}{(\sin\theta_a)^2} \tag{5-4}$$

由于在地球表面，太阳的受光角 $2\theta_a$ 达到 0.53 或 9.3 毫弧度（mrad），对于二维几何（抛物面槽式线聚光）来说，最大的理想聚光系数是 213，对于三维几何（点聚光）最大理想聚光系数是 45300。

但是，在实际中，聚光器的受光角一定会增加，因此实际可获得的聚光率必然大幅度减少。这是由于下面的原因：

• 接收器的追踪误差、几何反射和不完美定位导致受光角大于太阳孔径角（aperture angle）较多。

• 采用的镜子不完美，扩大反射的光束。

• 大气散射会扩大有效太阳孔径角，使其超过约 4.7mrad 的半接受角理想几何值很多。

辐射聚集的目的是增加接收器温度，从而增加聚集热的有效能。此外，接收器表面可能由于集聚的太阳辐射而采用更小的设计。因此，减少不可避免的因辐射、对流和热传导产生的热损失更加容易。如果是抛物面槽式集热器的接收器，热损失的减少通过真空熔管和在相应的波长范围内具有低散热系数的接收器涂层实现。图 5–2 显示了吸收器的两种不同散热系数 ε（左边 $\varepsilon_{abs}=1$，右边 $\varepsilon_{abs}=0.08$），在吸收器温度 θ_{abs} 下，聚光率对于集热器效率 η_{coll} 的影响。

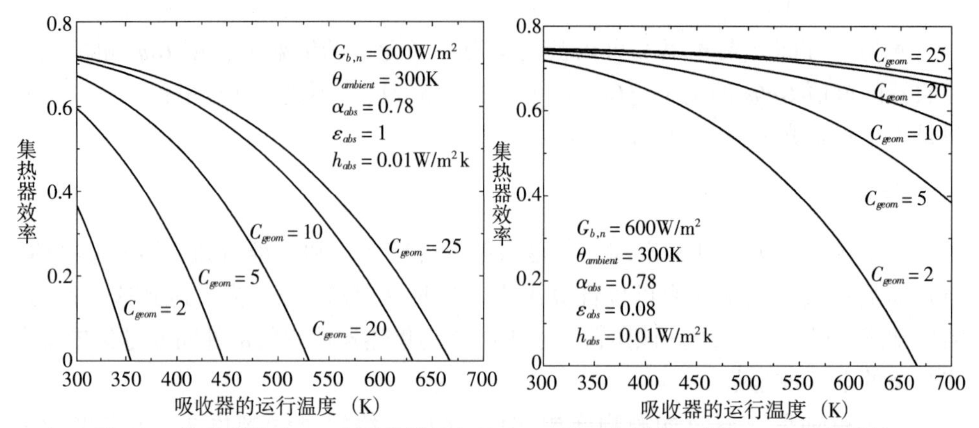

图 5–2 集热器效率 η_{coll} 和吸收器运行温度 θ_{abs} 及几何聚光系数 C_{geom} 之间相关性

注：左边是散热系数 $\varepsilon_{abs}=1$ 的吸收器（“黑体辐射计”），右边的散射系数为 $\varepsilon_{abs}=0.08$，一个实际更加容易获得的值；简化起见，假定 0.96 的固定截距系数（即入射和反射辐射的比率）；$G_{b,n}$ 描述的是正常的直接辐射；α_{abs} 是吸收器的吸收系数；h_{abs} 是吸收器的热损失系数。

由于通过衍射和折射的直接聚集只能采用成本较高的刚硬和透明的材料（如玻璃镜）来进行，这一方法因为经济原因还没有大规模地应用。反射面由于反射几乎平行地入射辐射到一个特定点或线上，已经证明是最成本有效的。抛物线剖面图显示了这些特性［见图 5–3（a）］。为了获得可能的最高聚光率（即反射器和吸收器面积比率，因经济原因应该非常高），剖面设计为旋转的实体（见图 5–3（e））。作为一种选择，反射的剖面也可以被挤压，因此焦点就不是一个点而是线的形状，这些可能性在图 5–3（c）进行了总结。

抛物线越平坦，从抛物线顶点到聚焦点（或太阳图像的聚焦平面）距离越远。当和更加陡峭的抛物线剖面比较时，平坦剖面具有更低的反射器面积和孔径面积（即有效的集热器面积）的比值。因此，材料的消耗会减少。此外，剖面的一定深度和高技术努力是必要的。作为一种选择，分段的抛物线剖面（也称为菲涅尔剖面）被应用。抛物线剖面进一步分为作为剖面在同一点具有相同斜率更小的分块，但是这些分块位于同一水平。由于入射和反射辐射的阻挡，反射效率（即入射孔径表面上的辐射和聚集辐射的比率）一般比实现的抛物线剖面要小。图 5–3（d）显示了这种压扁了的分段剖面的简略图，图 5–3（f）为含有旋转实体的简略图。

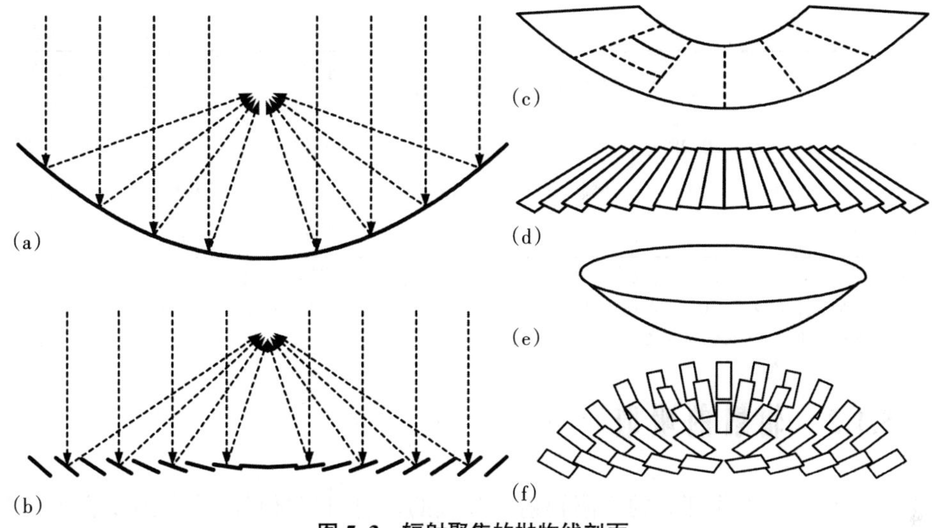

图 5-3 辐射聚集的抛物线剖面

注：(a) 是放射路径的抛物线剖面，(b) 是分段的放射路径抛物线剖面（菲涅尔），(c) 和 (d) 是从剖面 (a) 和 (b) 挤压的剖面，(e) 和 (f) 是 (a) 和 (b) 剖面的旋转实体。

旋转的剖面一般具有更高的聚光率，从而具有更高过程温度的优势。然而，这种集热器需要更高技术要求的双轴太阳跟踪装置。线聚光系统只需要单轴跟踪装置，因而具有较低的过程温度和效率。

在下面，旋转抛物体剖面的电站被称为碟式/斯特林系统或抛物面发电站，带有分段旋转剖面的大型电站称为太阳能塔式电站（由于聚光面位于塔顶）。配有压扁抛物线剖面的线形聚光电站中，共同的技术术语是抛物线槽式电站或线性菲涅尔集热器电站。

除了应用于反射器材料的光学特性之外，可获得的效率很大程度上受反射器的几何形状和太阳跟踪系统的精度影响。在实践中，主要用光学测量方法评估聚光器的质量和性能。

应用聚光型集热器的不同太阳能发电技术的典型聚光因素和参数在表 5-1 进行了总结。为了能进行比较，也加入了非聚光式太阳能热电站的技术数据。

表 5-1 选择的太阳能热电站的聚光因素和技术参数

	太阳能塔式	碟式/斯特林	抛物线槽式	菲涅尔反光镜	太阳能池	太阳能热气流塔
典型的容量（MW）	30~200	0.01~1[a]	10~200[c]	10~200[c]	0.2~5	30~200[c]
真实的容量（MW）	10	0.025	80	0.3d	5	0.05
聚光系数	600~1000	接近于 3000	50~90	25~50	1	1

续表

	太阳能塔式	碟式/斯特林	抛物线槽式	菲涅尔反光镜	太阳能池	太阳能热气流塔
效率[b]（%）	10~28	15~25	10~23	9~17[d]	1	0.7~1.2
运行模式	网状	网状/岛状	网状	网状	网状	网状
开发状态[e]	+	+	++	0	+	+

注：a 表示通过一个场地内许多单个电站相互连接；b 表示辐射能转换为电能，年平均具有现场特性；c 表示假设太阳能倍数是 1.0；d 表示集成到一个传统的发电站中；e0 表示示范电站成功运行，+表示示范电站成功连续运行，++表示商业运行。

5.1.2 辐射的吸收

所有材料会吸收部分的太阳辐射。吸收的辐射引起材料的原子因发热而产生振动。这种热可以在吸热材料内传导，和/或通过热辐射释放，或者对流回到大气层中。

太阳辐射的主要部分由可见光（见图 2–8）组成；也就是说辐射的短波部分占主要部分（2.2 节）。不同波长的发光率分布大体对应于一个温度约 5700K 的黑体辐射计（black body radiator）相应部分。相对比，对于太阳能热电站温度（100℃~1000℃），黑体辐射主要是中波和短波辐射（维恩定理）。当只观察小光谱范围时，吸收系数和发射系数（emission coefficient）是相等的（基尔霍夫定律）。但是，适合的选择性涂层确保短波阳光能够被很好地吸收，而（长波）热辐射是被抑制的。因此，这种接收器材料的特征是在长波热辐射角度上，对于太阳辐射来说具有高吸收系数 α_{abs} 和低放射系数 ε_{abs}，它们有时也称为α/ε 涂层（见图 5–2）。

5.1.3 高温热的储存

太阳辐射是一种能量密度因地球旋转（白天/黑夜）和受气象条件随机影响（云、气雾等）变化的能源。为了补偿这种波动，可以采用热储存技术。

这里，将热储存区分为传热介质储存、批量储存（mass storage）和相变材料储存。

• 在传热介质储存情况下，热立即被储存在绝热容器中。但是，这隐含为了尽可能降低容器成本，传热介质可以低成本地获得和具有高热容。目前，热油和熔盐容器已经被使用，但是，水/蒸汽的储存器已经在计划中。这种储存模式的优点是传热介质是恒温的，它们的温度只是因储存罐的热损失降低（是储存期、容器表面和绝热性的函数）。

• 在批量储存情况下，传热介质将热充给具有高热容的第二种材料。为了这一目的，在传热介质和储热介质之间必须要具有良好的热传输（即大表面和高传热系数），以保证需要的驱动温差和减少随后的热传输能量损失。如果传热介质本身很昂贵（例如合成的热传送油）或很难储存（例如降压了的空气），就需要采用批量储存技术。批量储存用到下面的组合：热油/混凝土、热油/熔盐、蒸汽/油—盐和空气/陶瓷砖。批量储存具有储热材料的低成本的优势。但是，除了和其他储存技术一样，共同具有储存罐热损失之外，在储热材料的充热和放热的双热传输中，具有会发生能量传输损失的缺点。

• 在相变材料的储存罐中，蒸汽在等温条件下压缩，以便储存材料（例如诸如 NaCI、$NaNO_3$、KOH 之类的盐）等温下凝固/融化。在这种情况下，也存在由于双向热传输而造成的能量损失。此外，这种相变材料还是非常昂贵的。

表 5-2 显示了选择的储存介质的热动力学数据。一个特征参数是热渗透系数 α_{th}，根据等式（5-5），α_{th} 被定义为热传导系数 λ、储存介质密度 ρ_{SM} 和比热容 C_p 乘积的平方根。

表 5-2 不同储存材料的参数（标准值）

	最高温度℃	热传导性 W/(mK)	密度 Kg/m^3	比热容 J/(kgK)	热渗透系数 $Ws^{1/2}/Km^2$
硅油	400	0.1	970[a]	2100	450
矿物油	300	0.12	900[a]	2600	530
熔融氯化钠	450	0.57	927[b]	1500	890
隔热砖	700	0.9[c]	约 1000[d]	950	925
加强的混凝土	400	1.5	2500	850	1785
结构钢	700	40	7900	430	11700

注：a 表示在 20℃；b 表示在熔点；c 表示 0.18~1.6W/(mK)；d 表示在 800~1200kg/m^3。

5.1.4 热动力循环

热的可用能（exergy）可以封闭或开放地循环利用。在这些过程中，一个工作介质经历了一系列或由热交换或由做功引起的状态的变化。

• 如果最初的状态等同于最终状态，从而工作介质又要经历同一过程，这一过程被称为“封闭循环”（见图 5-4）。

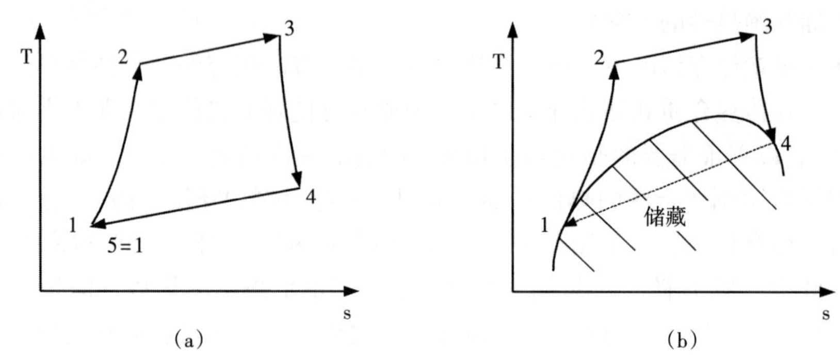

图 5-4 一个封闭系统［左，(a)］和一个开放系统［右，(b)］的温度/熵图（T，s 图）

注：箭头指示循环进行的方向。

• 如果工作介质是一种“不可耗尽”储藏（例如周围空气）的一部分，最终的状态和原始的状态不同，这一过程称为“开放循环”（见图 5-4）；但是，严格来说，这一过程也是封闭的，因为最后的状态变化是在实际过程之外发生的，也就是说在“不可耗尽”储藏中发生的。

下面，以温度/熵图的方式图示这一循环。这种表示方法的优势是，等温（即不变的温度）和等熵（即不变熵）状态变化可以用直线表示（见图 5-5 (a)）（参见文献/5-2/）。

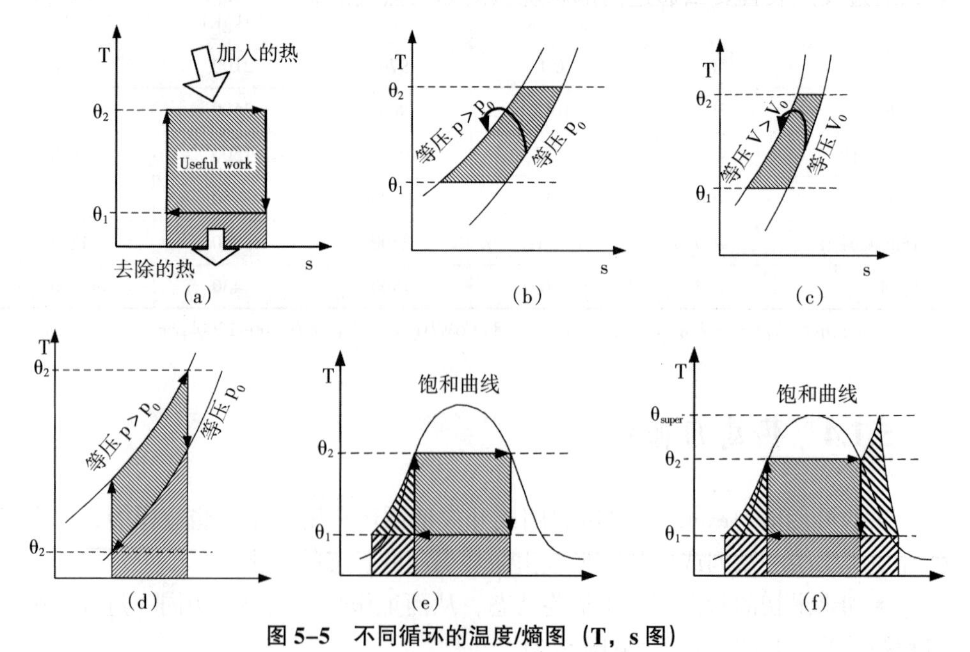

图 5-5 不同循环的温度/熵图（T，s 图）

注：(a) 卡诺循环，(b) 艾礼逊循环，(c) 斯特林循环，(d) 焦耳循环，(e) 克劳修斯—朗肯循环，(f) 带有过热的克劳修斯—朗肯循环。P 表示压力，V 表示体积，T，θ 表示温度，s 表示熵。

• 在卡诺循环（Carnot cycle）中，全部的能量从供应的热中抽取，从而使满工作容量（full working capacity）变得有用。这一循环由等熵压缩/解压缩（即压力变化做功）与等温热供应和耗散组成。卡诺循环是一个理想的相对过程，但是，大多的等熵压缩/膨胀不能投入实践（见图 5-5（a））。

• 艾礼逊循环（Ericson cycle）代表一个理想卡诺循环最初的技术方法；等压压缩和膨胀替代等熵压缩/解压缩。在这一循环中，热的加入和排出是通过内部热传输支持的（见图 5-5（b））。

• 斯特林循环（Stirling cycle）和艾礼逊循环相似。但是，压缩/解压是等体积的（即密度保持不变）（见图 5-5（c））。

• 焦耳循环（Joule cycle）由等熵压缩、等压热加入（燃烧）、等熵膨胀和等压散热组成（见图 5-5（d））。

• 克劳修斯—朗肯循环（Clausius-Rankine cycle）（蒸汽力循环/双相循环）使用物质的相变过程。这种相变与等温热加入和特殊容量大量热加入是对应的。这种技术应用容易实现（等熵压缩/解压缩、等温热加入和散热）。这就是这种过程首先得到应用的原因（见图 5-5（e）（f））。

在当前的工业实践中，焦耳循环和朗肯循环是最广泛应用的技术。

• 对于焦耳循环，工作介质"环境空气"是在加热之前被吸入和压缩的。热要么通过发热装置要么通过内部燃烧（例如天然气的燃烧）加入。对于太阳能应用，热直接从接收器传送给能量转换过程的工作介质。体积接收器自身具有非常大的表面，既有利于热传送，也有利于辐射的吸收。因为加压的空气用作工作介质，这样一个接收器必须是封闭设计。间接的热加入，例如通过热传输介质，是不利的，因为工作介质空气的热导性差，需要大的表面用于热传导。

• 相比较，克劳修斯—朗肯循环需要相变的介质去进行等温吸热。在大多数情况下，使用水作为介质，但是也存在用于低温的采用有机工作介质的工程（所谓的有机朗肯循环（ORC））。在一开始，液体工作介质是高度加压了的，在吸热的过程中发生了一次相变。在进一步的吸热中，气态物质随后可能膨胀。随后当热耗散之后，气体在低压下发生冷凝。

所有以上提到的循环具有一个共同的特点，即热首先用于增加气态工作介质的体积流。随后，在膨胀过程中，这一体积流在压力引擎中做机械功，压力发动机可以设计成变动工作体积的振动机械（即往复式发动机）或具有固定流量的机械（即涡轮机械或涡轮机）。对于处理大体积流量的大型发电厂，无一例外地使用涡轮发动机。

涡轮机称为涡轮发动机，这种发动机先将流动工作介质的势能转换为动能，随后转化为旋转涡轮机轴的机械能。通过涡轮机的介质流造成涡轮机轴向或径向旋转。叶片形成喷嘴（nozzles）的定子使工作介质先行膨胀，同时加速转子。在接有涡轮机轴的转子内部，工作介质的动能随后转换为轴扭矩。转子和定子组合被称为涡轮机阶段，例如，在大型涡轮机中，要完成多达 60 个后续阶段。涡轮机出口不可避免的摩擦、不可转换的动能和所谓的间隙泄漏被考虑用作度量涡轮机的效率；当前蒸汽涡轮机的效率高于 40%，而气体涡轮机的效率甚至超过 55%。

5.2 太阳能塔式电站

在太阳能塔式电站（也称为“中央接收器系统”）中，以双坐标轴追踪太阳变化过程的镜子，称为定日镜（“固定的太阳”的希腊语），太阳反射直接辐射到位于塔中央的接收器上。在那里，辐射能转化成为热能并传送到传热介质（如空气、液体盐、水/蒸汽）。热驱动传统的热发动机。为了确保在变化的太阳辐射时期有稳定不变的参数和工作介质流，可以使用集成到系统的热储存或使用例如化石燃料（如天然气）或可再生能源（如生物质燃料）进行辅助加热。这种系统在下面进行详细描述。

5.2.1 技术说明

下面描述包括所有相关组件的太阳能塔式电站的技术。

5.2.1.1 系统组件

（1）定日镜（Heliostats）。定日镜是具有双轴跟踪系统的反射面，可以确保入射的太阳光在一整天朝着一个特定目标点反射。此外，定日镜通常通过一个曲线表面或局部表面适当定位的方式集聚太阳光，以便提升辐射流密度。

定日镜由发射器表面（如镜子、镜面、其他阳光反射面）、具有驱动马达的太阳追踪系统、地基以及电子控制设备组成。单个定日镜定位通常基于太阳当前位置、定日镜空间位置和目标点计算。目标值以电子方法通过一条通信线路传送给各自的驱动马达。这一信息每几秒钟就要更新一次。目前可以采用定日镜的聚光器表面尺寸在 20~150m^2 范围内变动。迄今，最大定日镜面积达到 200m^2。

定日镜表面要占这种电站太阳能组件成本的大约一半。这也是过去做了很多努力开发具有良好光学质量、高可靠性、长技术寿命和低单位成本的定日镜的原因。出于经济上的考虑，定日镜的制造有向面积在 100~200m^2 或更大的范围发展的趋势。但是，也存在通过有效地批量生产制造更小定日镜以降低成本的方法。

定日镜通常由中央控制和中央提供电能。作为一种选择，已经开发了可以进行局部控制的自主定日镜。控制处理器和驱动所需的能量通过平行安装在反射器表面的光伏电池提供。

为了控制接收器上辐射流密度，定日镜是分别控制的。因为这一原因，不是所有的定日镜都聚焦于接收器上的同一点。这种控制在某种程度上确保了在整个接收器表面上具有均匀的辐射流分布。

基于过去几年的发展，定日镜可以区分为面状玻璃/金属定日镜和薄膜定日镜（见图 5-6）。

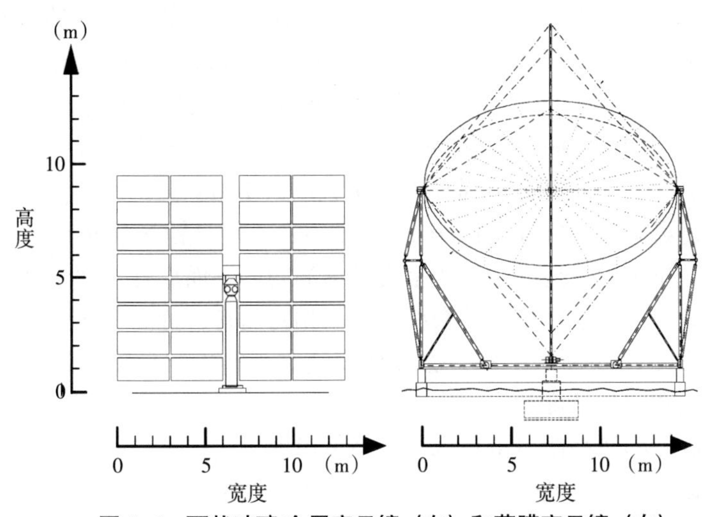

图 5-6　面状玻璃/金属定日镜（左）和薄膜定日镜（右）

资料来源：文献/5-3/。

1）面状定日镜（faceted heliostats）。通常，面状定日镜由安装在网格部件上的特定数量的反射面组成，网格部件上依次放置有一个上升的管子。面一般设计为尺寸在 2~4m² 的单个的镜子。上升结构（称为“斜面（canting）”）顶部的单个镜子的定位，在定日镜区域内对于每个定日镜是不同的，因此非常昂贵。定日镜通常以相互垂直安置的双轴（通常上升管和垂直主轴）根据期望的方位角和俯仰角跟踪。大多数情况下，为了减少为倾斜所做的工作和单个驱动数量，目前建议使用宽面状定日镜。图 5-6（左）显示的是一个以宽度 12.8m 和高度 8.94m 为例的玻璃/金属定日镜。单面尺寸是每个 3m × 1.1m。不包括基础的整体重量达到近 5.1T（参见文献/5-3/）。

2）薄膜定日镜（membrane heliostats）。为了避免或减少与单面相关的制造和装配工作，和同时获得高光学性能，已经开发了“拉伸薄膜”定日镜。反射表面由一个“鼓”（drum）组成，“鼓”依序由一个金属压环组成，金属压环具有附着在前边和后边的拉紧薄膜。为了实现这一目标，使用塑料薄片或金属薄膜。金属薄膜情形下，定日镜具有相对更长的技术生命，为了获得期望的反射率，前边薄膜由薄玻璃镜覆盖。在聚集器内部，通过吹风机或真空泵创造一个轻微的真空环境（只有几 mbar）。通过这种措施，薄膜形状被改变以便平镜变形成为聚集器。其他设计使用一个中央机械或水力冲压使薄膜变形。这两种配置的优点是在运行时容易设定焦距和可能改变焦距；缺点是定日镜的光学性能受到风的影响，在使用真空吹风机时，吹风机的能量消耗会影响定日镜的性能。

图 5-6 显示了这样一个金属薄膜定日镜的例子，该定日镜配有一个依靠六个轮子移动的简单的管状钢立体框架，为了垂直旋转轮子安装在环形基座上。两个轴承形成水平轴。对于这种类型的追踪，引入力进入远离旋转轴的稳定压力环（对于图示定日镜大约是 7m）。减少的驱动力矩使齿轮减速箱尺寸小而且成本不高。图示的带有一个 150m² 镜面的定日镜（ASM150）的聚集器直径达到 14m。聚集器的厚度为 705mm，不包括基座的重量大约为 7.5T。

（2）定日镜场和塔（heliostat fields and tower）。定日镜场的布局由技术和经济优化所决定。位于塔最近的定日镜呈现最低的阴影，而放置于北半球北边的定日镜（或南半球南边）呈现最低的余弦损失。相对而言，远离塔放置的定日镜依据地理位置需要更高精度的跟踪，必须要安装在距临近定日镜更远的位置。因此，土地、跟踪和定位精度的成本决定场地的经济规模。

安装有接收器的塔高度也由技术和经济最优度决定。更高的塔一般更加有优势，因为可以使用具有更低阴影损失的更大和更密的定日镜场。但是，这一优势被对单个定日镜跟踪精度更高要求、塔和管道成本以及泵送和热损失所抵消。一般塔的高度是 80~100m，采用格子和混凝土塔。

管道成本或安装在塔顶的热发动机的技术挑战可以通过在塔顶安装第二个反射器避免，这一反射器引导入射辐射到位于底部的接收器上（波束下行原理）。尽管这一措施帮助减少塔、管道和热发动机的成本，但定日镜场的总体效率由于第二反射器造成的额外光学损失而降低。

（3）接收器（receiver）。太阳能塔电站的接收器用于转换通过定日镜场转移和聚集的辐射能成为技术有用的能源。现今，普通辐射流密度在 600~1000kW/m² 范围内变动。这种接收器进一步根据采用的传热介质（如空气、熔盐、水/蒸汽、液态金属）和接收器几何形状（如平的、空腔、圆柱形或圆锥形接收器）进行区分（参见文献/5-4/、文献/5-5/）。在下面，根据采用传热介质介绍主要技术进展。

1）水/蒸汽接收器。第一台太阳能塔发电站（如在加利福尼亚的 Solar One、西班牙的 CESA-Ⅰ）已经用管道接收器设计。它们的设计在很大程度上和图 5-7 显示的盐管接收器一致，和传统的蒸汽过程相似，水在这样一个换热器（即管接收器）内被蒸汽化和部分处于超热状态。由于超热不易于热传输，启动操作或部分负荷运行需要复杂的控制，这种方法目前没有进一步发展。这些技术困难可以通过避免超热（即生产饱和蒸汽）部分予以防止。但是，在这些情况下，受热动力学的约束，电站过程只能以较低效率运行。

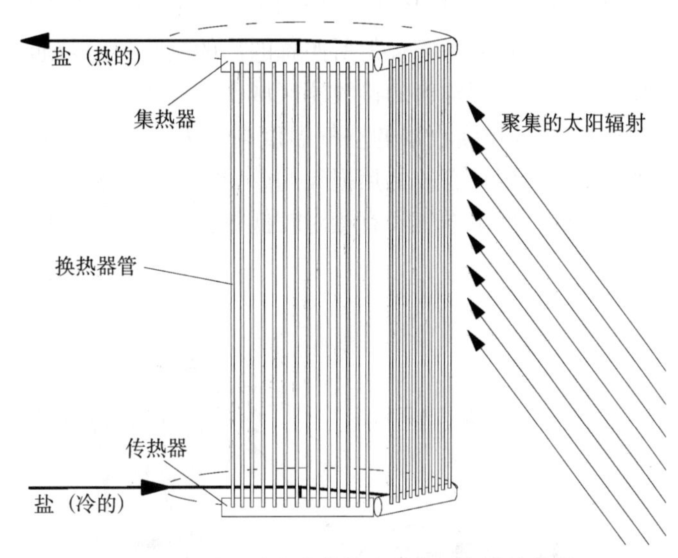

图 5-7 使用盐作为传热介质的垂直管接收器

2）盐接收器（salt receiver）。在图 5-7 中与垂直管接收器有关的热传输困难通过一个附加的传热介质回路可以部分避免。用于这种第二回路的热传送介质应该具有高热容和良好热导性，含有钠或硝酸钾（$NaNO_3$，KNO_3）的熔盐符合这些要求。对于两种选择，由于良好的热导性，传热介质另外可以用作储存介质，所以可以补偿可获得的辐射波动。这种传热介质的热随后通过对应的换热器进入热力过程。

这种盐接收器的一个缺点是在没有太阳辐射的空闲期间里，盐必须要保持液态。这种要求也需要加热充有盐的设施的整个部分（除其他组件之外，包括罐、管道和阀门），所以增加电站的能量消耗，或者需要完全冲洗盐回路。用过的盐的高度腐蚀性气体也具有有害的影响，因为对于特定的操作，由于局部过热，少量的非预期的蒸发不能完全排除。

作为盐管接收器的一种选择，盐膜接收器也可能得到应用。在这一过程中，或者熔盐直接暴露到聚集的太阳辐射下，或者通过内部盐膜冷却空腔型接收器（参见文献/5-6/、文献/5-7/）。

除熔盐之外，一般也采用液态金属，例如钠（Na）。但是，由于这种传热介质的负面使用经验（火灾），这种方法已经不再继续使用。

3）开放容积式空气接收器（open volumetric air receiver）。聚集的太阳辐射入射到由钢丝或多孔陶瓷组成的容积式接收器材料上。这种容积式接收器的特征是具有吸收表面和吸收传热介质空气的流道之间高比值。环境空气通过吹风机吸入，并渗入被辐射的接收器材料上（见图 5-8）。空气流吸收热量，以便面对定日镜场（即通过定日镜反射的太阳辐射所照耀的）的接收器区域通过流入空气冷却。由于这种冷却效应，太阳辐射的接收器区域比通过流入空气传输热的内部接收器区域更凉。所以，离开接收器的空气温度高于太阳辐射的接收器区域的温度。这就是这种接收器类型具有较低热损失的原因。作为一种开放式接收器，这种电站用环境压力运行。由于空气具有相对较低热容，需要大型体积流和接收器表面。

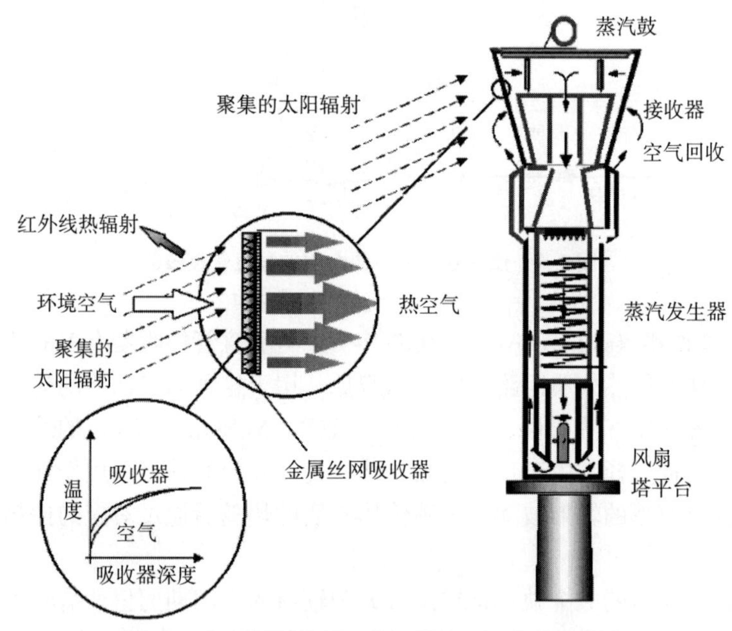

图 5-8 根据福玻斯原理的开放容积式空气接收器

空气作为传热介质呈现无毒、无腐蚀性、防火和随处可以获得以及容易处理的优点。它的缺点是相对较低热容，需要大型传热表面，但是这对于容积式接收器一般是可行的，它们的较低热质（thermal masses）保证了电站的顺利启动。

4）封闭（有压）空气接收器（closed（pressurised）air receivers）。太阳能塔的接收器可能被设计为封闭的压力接收器。这种接收器的孔径通过一个溶凝石英窗户来封闭，从而工作介质空气可能在超压状态下被加热，例如被直接传送到一个燃气涡轮机的燃烧室。到目前为止，例如，一组热容达到1000kW的封闭式接收器在15Bar的压力下已经被测试过，获得的空气温度略微超过1000℃（参见文献/5–9/）。单个接收器根据它们不同的热应力进行设计和相互连接。在商业性应用中，可以加入几个模块组（见图5–9）。

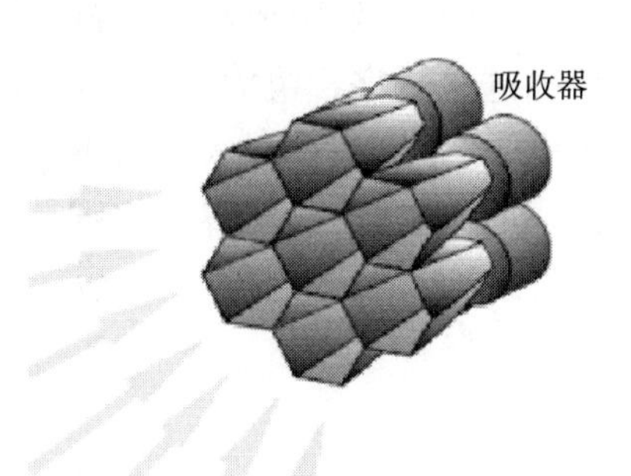

图5–9 配有第二聚光器的封闭容积式空气接收器簇

资料来源：文献/5–9/。

（4）电站循环。应用于太阳能塔式电站的电站循环主要基于当今商业上可行的传统电站组件；目前可获得的应用于太阳能塔式电站的工作介质的压力和温度符合当今的电站技术。因此，容量范围为5~200MW的太阳能电站可以使用商业上可行的涡轮机和发电机及其所有附件去设计。

5.2.1.2 系统原理

根据采用的传热流体或工作介质，应用系统具有不同原理。由于开放或腔管接收器达到500℃~550℃的工作温度，它们主要用于通过蒸汽运行的朗肯循环。蒸汽或直接在接收器内部产生，或通过第二回路（如熔盐）产生。

通过开放的容积式接收器产生的约700℃的热空气，可以在类似于热回收锅炉的现有的蒸汽发电机中使用。入口温度，例如通过一个集成的天然气燃气管道燃烧器维持固定不变，因此这种原理特别适用于混合系统（即集成有如天然气的化石燃料的太阳能利用）。出口气体/空气通过吹风机重新送到接收器里，因此至少近60%是重新循环的。

另外一种可能性被称为逆气体涡轮机过程。在这种循环内部，应用开放的容积式空气接收器，热空气被直接送入气体涡轮机，在那里空气膨胀（参见文献/5–10/）。相比燃气循环，这种循环优势是设计非常简单，但是迄今这种循环仅停留在理论分析上。

在过去，几个太阳能塔式电站通过公共资金和产业的资助在研究项目中已经实现，在下面的阐述中，将说明这些研究的一些内容。

（1）太阳能一号（solar one）。太阳能一号是电力容量 10MW 的太阳能发电站，它 1982~1988 年在加利福尼亚莫哈韦沙漠中运行。这一电站证明了在兆瓦级别水平上太阳能塔式电站产生太阳能热发电的一般可行性。接收器的传热介质使用水。除了其他困难外，这种电站在云飘过时，维持运行也具有问题。

图 5-10 说明了作为一个典型太阳能塔式电站的运行特性的例子——太阳能一号电站的运行特性。根据这些数字，电力是从 4~5kWh（m^2d）的日总直接辐射中产生的。随着直接辐射的增加，发电量大约呈线性增加。发电的临界值主要是由水蒸汽管接收器技术所决定的。这一临界值特别是在使用熔盐和容积式接收器时更低。

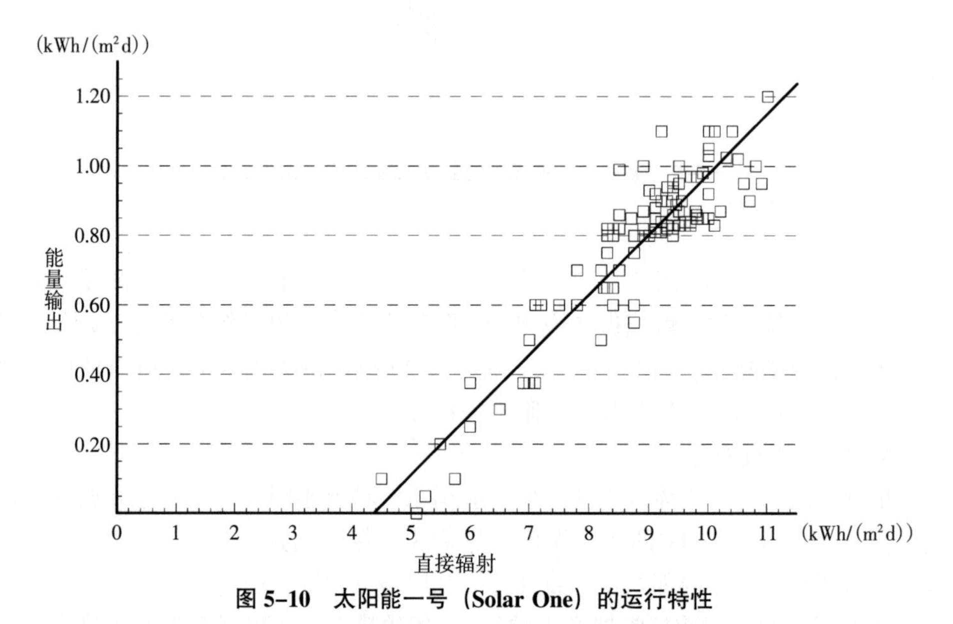

图 5-10 太阳能一号（Solar One）的运行特性

（2）太阳能二号（solar two）。图 5-11 显示了太阳能二号电站的运行原理。首先，从一个“冷”盐库中盐被泵送到塔上面，并从那里传送给接收器，然后通过反射的太阳辐射加热。之后，它到达“热”库。热盐和随之产生的能量从储存设施根据需要取得，并抽送到为传统蒸汽涡轮机循环生产蒸汽的蒸汽发生器。随后，在蒸汽发生器内被冷却的盐重新回到“冷”盐储存库。

原则上，这一原理可以不只是白天发电，如果有足够大的能量储存和太阳能场，全天都可以发电。太阳能二号显示，在日落之后，由于电站的能量储存，10MW 的电力产出仍可以维持三个小时。

（3）菲比斯/TSA/太阳能系统（phoebus/TSA/solair）。这种太阳能电站是带有提供热空气的开放容积式空气接收器的电站（参见文献/5-8/）。热空气之后通过提供过热蒸汽的蒸汽发生器，过热蒸汽可以用来驱动涡轮机/发电机单元。图5-12显示了相应的简略图。

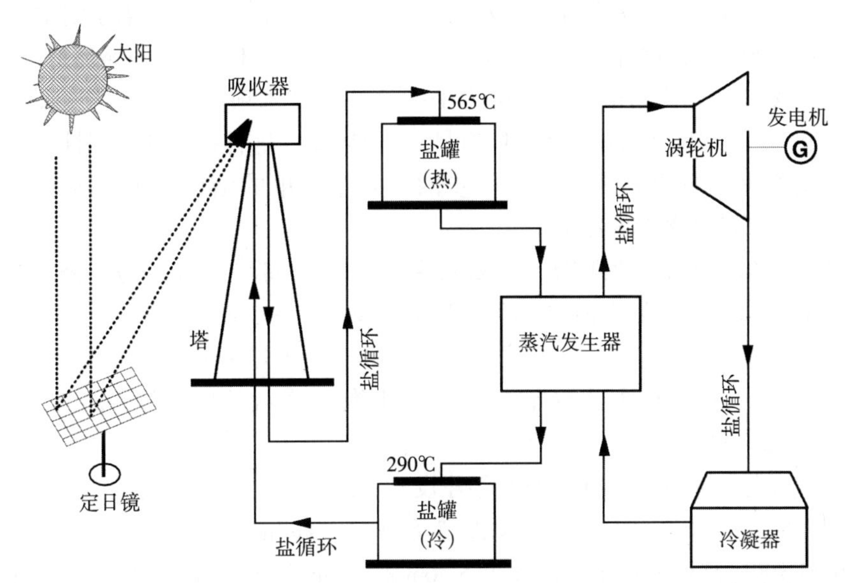

图 5-11　使用熔盐作为传热介质和热储存介质的太阳能二号（solar two）电站原理

资料来源：文献/5-11/。

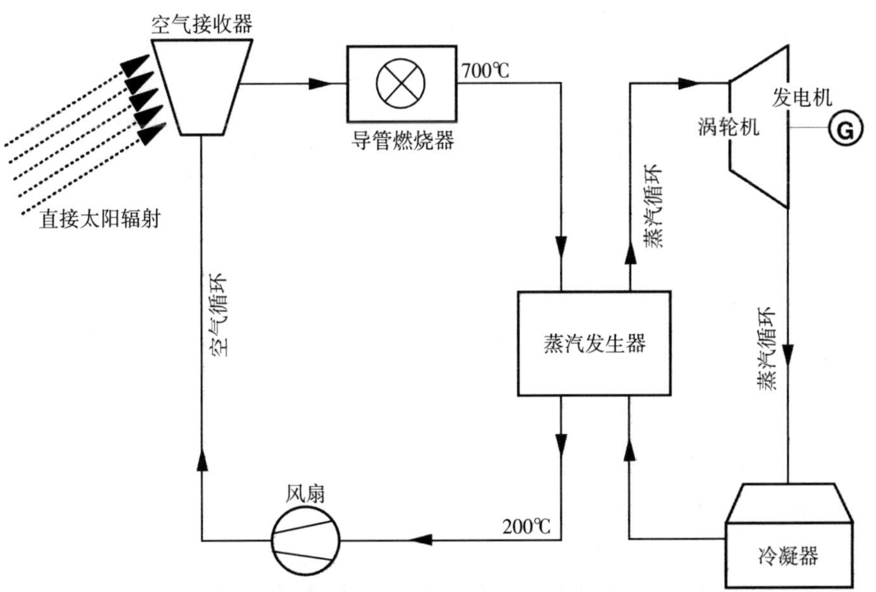

图 5-12　根据菲比斯原理配有额外化石燃料燃烧的导管燃烧器的一个开放容积式空气接收器的简略图

资料来源：文献/5-12/。

如果太阳辐射不足以供应期望的蒸汽数量，一个放置在接收器和蒸汽发生器之间的天然气导管燃烧器增加热给空气。因此，菲比斯电站可以不只在太阳照耀时发电，也可以在恶劣天气和夜间发电，发电不是单独依靠可获得的太阳能辐射。

1993~1997 年，这种配有一个空气吸收器和一个 3MW 热容的循环持续运行，该系统包含未来菲比斯电站（被称为 TSA 系统（技术项目太阳能空气吸收器））的所有组件。实验结果显示，组件和可以快速启动的这种系统的热惯性之间具有良好非交互性。这种技术方法进一步的好处是简单的结构和无问题的传热介质——空气（参见文献/5-13/）。

（4）PS10。因为菲比斯/TSA/太阳能系统良好的经验，一个西班牙公司领导的欧洲财阀，2004 年计划在西班牙西南部建设和运行一个命名为 PS10 的 10MW 的电站，这一电站装备有一个容积式空气接收器（参见文献/5-14/）。但是，这一原理已经改变。这一电站目前配有一个管式饱和蒸汽接收器，该接收器供应 40bar 和 250℃的蒸汽。

北方的定日镜场在 2005~2006 年建设。它由 624 个面状玻璃/金属定日镜（T 类型）组成，每个是一个 121m² 镜面“圣路卡（sanlucar）120”。腔管式接收器安装在约 100m 高度的塔上，由 4 个 5.36m × 12.0m 的管式面板组成。集成在电站中热储存器有 20MWh 的有用能量，允许 70%负荷下 30 分钟运行（参见文献/5-12/）。机组计划在 2007 年试运行。

（5）太阳能三号（solar tres）。这种电站是基于太阳能二号电站建设和运行期间收集的技术知识（使用盐作为传热介质和储热介质）建设的。这是这一项目称为“solar tres”的原因（是西班牙语对“太阳能三号（solar three）”的翻译）。这种配有一个熔盐管式接收器和电力容量为 12MW 的塔式太阳能电站仅是为太阳能运行设计。北方定日镜场拥有 2494 面、每个表面为 96m² 的定日镜。使用的定日镜是简单设计的装备有高反射镜的面状玻璃/金属定日镜类型（T 类型）（太阳能倍数是 3）。它按照 120MW 的热容和圆柱状熔盐管状设计规划。集成进这一系统中的储存器（600MWh）能够使电站用来自热储存中的热运行 16 小时（参见文献/5-15/）。

（6）solgate。solgate 项目是装备有一个封闭容积式接收器、一个二级集热器和一个陶瓷吸热体的太阳能塔式实验电站，该电站是混合运行设计（即使用天然气和太阳能辐射的联合运行），名义电力容量 250kW。在 PSA’s CESA-1 场中安排的定日镜具有每个 40m² 的镜面表面（太阳能倍数是 1）。迄今，运行条件已经允许空气出口温度达到 1050℃和气体涡轮机的直接驱动（参见文献/5-9/）。

5.2.2 经济和环境分析

下面将根据经济和环境参数评价太阳能塔式电站。

(1) 经济分析。在经济分析的范围内，为了讨论太阳能热电站的类型，将要计算发电成本。和应用于本书通篇的先前的评估方法一样，在整个电站寿命期内的建设和运营成本以年金方式确定和分配。在年度摊销和给定的电能基础上，计算每千瓦时的电力成本。如果没有其他说明，为了和其他发电技术比较，假设所有设备的技术寿命是 25 年，利率为 4.5%。

由于太阳能热电站的安装只有对于具有高直接辐射份额的地区才有意义，参考场地设定水平表面的年总辐射为 2300kWh/m^2 和直接辐射总量为 2700kWh/m^2。这些值，例如可以在加利福尼亚或北部和南部非洲的有利场地可以获得。

基于这些场地条件，评估配有开放容积式接收器的 30MW 太阳能塔式电站。相应的技术数据总结在表 5-3。这一电站代表当前太阳能塔式电站技术的最新水平。

表 5-3 评价的 30MW 太阳能塔式电站的技术数据

名义容量	30MW
镜面表面	175000m^2
全负荷小时	2100h/年
储存容量	0.5h
太阳能份额	100%
技术寿命	25 年

1) 投资。迄今，没有商业化太阳能塔式电站投入运行。为了估计发电成本，我们需要回到制造和项目开发公司公布的数字。基于这些数据和定日镜适用的具体成本，这种电站的总成本达到 9900 万欧元（见表 5-4）。在敏感性分析范围内，评估投资成本变动对于发电成本的影响。

表 5-4 参考太阳能塔式电站平均投资和运行成本以及相应的发电成本

名义容量	30MW
投资	
定日镜场	30Mio.€
接收器和蒸汽发生器系统	20Mio.€

续表

塔	15Mio.€
其他组件	20Mio.€
安装和调试	10Mio.€
设计、工程、咨询、杂项	5Mio.€
总计	99Mio.€
运行和维护成本	1.5Mio.€/年
发电成本	0.130€/kWh

2）运行成本。包括运行和维护成本的年运行成本估计为 50€/kW。在设定案例中，对应的是年约 8.6€/m² 的镜面表面成本（见表 5-4）。对于观察的电站，年度总运行成本因此达到约 1.5Mio.€。

3）发电成本。在上面投资和运行维护成本假定下，这种太阳能塔式电站在参考场地的发电成本达到约 0.13€/kWh（见表 5-4）。

发电成本很大程度上受每年满负荷小时数量、投资成本和平均利率的影响。基于这些参数的敏感性分析在图 5-13 中揭示了这种关系。例如，如果投资下降 30%，发电成本可以减少到约 0.10€/kWh。

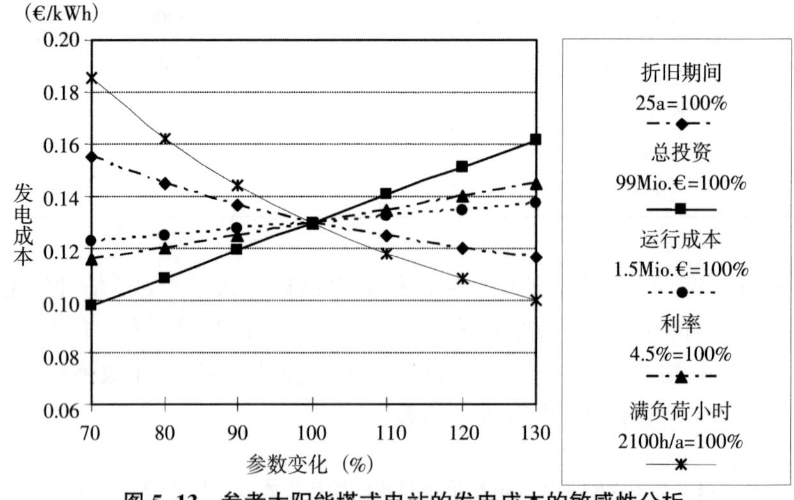

图 5-13 参考太阳能塔式电站的发电成本的敏感性分析

但是，敏感性分析也显示对于其他的经济参数（即更高的利率、短期折旧期间）和不同的特定场地条件，发电成本可能会有显著的变化。

（2）环境分析。下面的分析目的是讨论与电站建设、正常运行和故障以及终止运行相关的一些环境影响。

1）制造（建设）。与太阳能热电站相关的环境影响在不同的电站组件生产时已经产生。它们在很大程度上和传统电站及其他工业生产过程对环境的影响是一样的。但是，环境影响限制在非常有限的时间内，在许多国家受到广泛的法律约束。此外，太阳能热电站主要位于人口密度相对较低的沙漠和草原地区。这是对于这种电站对于人类和环境的潜在影响知之甚少的原因。

正常运行。就所有热电站来说，也包括太阳能热电站在正常运行期间具有一定的环境影响。下面讨论其中的一些方面。

• 土地需求。太阳能热电站使用太阳辐射作为能量的来源，也就是能量来源具有相对较低的能量密度。这是这种电站需要较大收集器面积和大范围土地面积的原因（见表 5-5）。由于单个的收集器必须在运行时要能接触到阳光，收集器场安装的土壤在建设阶段要密实并且平整。此外，生长较高的植物可能会干扰运行和减少收集器的技术寿命（如潮湿、阴影和火灾）。所以，在太阳能热电站的区域最多允许种植草本植物。因此，土壤更加容易受到侵蚀的影响。由于太阳能热电站一般位于降雨量很低的区域（即沙漠和草原），收集器场必须要提供广泛的雨水管道系统以保护地基和确保可以接触到阳光，这种影响几乎可以忽略。由于玻璃反射器，收集器场容易受到如极端风力造成的损害的影响。因此，整个电站一般都被围起来，以便在这种太阳能热电站的建设期间，确保大型动物自然栖息和平常过客都不受到影响。然而，由于沙漠和草原地区的有利条件，这一要求一般可以没有任何问题地得到满足。

表 5-5 太阳能热电站的空气要求

塔式电站	20~35m²/kW
线性聚光型电站	10~25m²/kW
抛物面槽式电站	15~30m²/kW
太阳能上升气流塔式电站	大约 200m²/kW
太阳能池电站	大约 55m²/kW

• 视角影响。由于具有中央塔，塔式和太阳能上升气流塔式电站对于自然景观的影响不可忽视；并且塔越高，这种影响越大（对于太阳能塔式电站高度大约 100m，对于太阳能上升气流塔式电站高度大约 1000m）。和风能转换器相比，由于没有移动组件（诸如风能转换器的转子），对于景观的影响是静态的。这就是对于自然景观的影响更加容易被观众接受的原因。此外，可以和风能转换器情形一样通过一致的形状和颜色对视觉影响非常有限。在夜晚，不可缺少的航空警示

灯可能被视为干扰。由于塔高度达到收集器场半径的15%~25%，电站外干扰阴影只在太阳高度角低于15°时发生。这种电站通常建设在沙漠或草原区域，由于人口密度低，对于人类的负面光学影响几乎是不存在的。

• 反射。太阳能塔式、槽式或碟式电站聚集太阳辐射到一条特定的线或点上。假设电站正常、合理地运行，即镜面准确地跟踪，没有已知的环境影响是存在的。但是，由于聚集的太阳辐射部分非常高的能量流密度，人和/或资产可能在不合理运行情形下暴露在相对大的危害之下。所以，电站合理的运行和准确的辐射聚焦无论如何都要确保。

• 排放。由于一些太阳热电站也采用传统电站技术，它们也具有潜在的空气排放物。然而，温室气体排放和其他类型的排放只有在含有化石或生物质燃料的混合运行时才会排放到大气中。由于这些类型燃料的使用一般受到广泛的法律的约束，环境影响通常来说是非常有限的。此外，噪声可能由涡轮机和泵所产生。这些声音排放通过已经成为最新要求的合适噪声防护措施保持到最低水平，噪声防护措施需要符合现有的噪声防护规定，不同的国家会有略微差异。由于发电模块绝大多数位于收集器场地的中央位置，设施限额内的噪声排放在实际中是可以忽略不计的。这就是噪声排放问题迄今为止还没有被报道的原因。额外的排放是冷凝器的再冷却系统和热回路的通用热负荷可能产生的烟雾。在这一点上，为了获得电站运行的许可，它们也要满足广泛的法律和规定的要求。

2）故障。在发生故障情况下，对于环境的影响和燃化石或生物质燃料的传统电站是一样的。可能产生于太阳能场的额外故障是由于传热介质泄漏造成人员和环境损害的运行故障。

3）终止运行。为了避免不希望的环境影响，电站在终止运行时要采取适当的方式拆除和丢弃。应用的电站组件的丢弃不应该造成任何大的环境影响。它们在很大程度上和传统设备技术的丢弃是相似的，由于受到适用法律约束，因而对环境影响是相对较低的。

5.3 抛物面槽式电站

抛物面槽式电站的线聚焦太阳能场和菲涅尔集热器反射入射辐射到放置在聚光器焦线上的吸收体。集热器以单轴跟踪太阳（见图5-14）。由于这种“单面聚光”，15~30的几何聚光因子和前面讨论过的双面聚光器相比低很多。这是和太阳能塔式电站相比获得温度较低的原因。但是，这一劣势可以通过较低的单位成本和更加简单的结构和维护予以抵消。

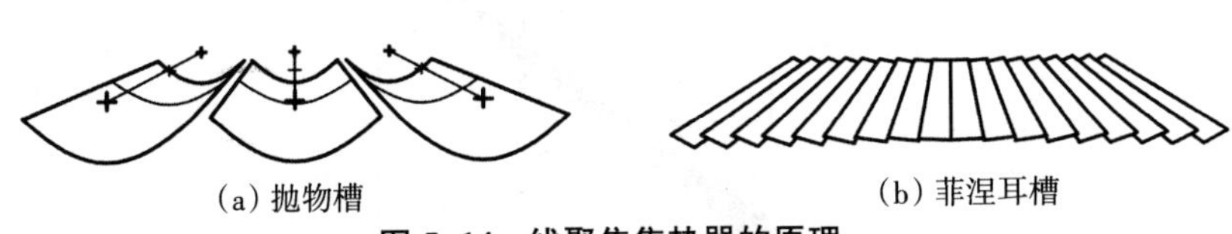

(a) 抛物槽　　(b) 菲涅耳槽

图 5-14　线聚焦集热器的原理

线聚焦太阳能电站具有一个模块结构。因为这一特性和太阳能场的形状，线聚焦太阳能电站在过去也被称为“太阳能农场”(solar farms)。

5.3.1　技术说明

下面描述抛物面槽式电站和菲涅尔集热器及相应的组件的技术。

5.3.1.1　系统组件

抛物面槽系统构件包括集热器、吸热体、传热介质和集热器场。

(1) 集热器。集热器典型长度是 100m，但是现在也可以是 150m，它配有单轴太阳能跟踪技术。抛物面的年均余弦损失 (cosine losses) 在 10%~13%变动，而菲涅尔原理的损失是双倍的。在减去集热器内部光和热损失之后，辐射到镜面的太阳能从技术上说有 40%~70%可以使用。这一百分比取决于电站的设计、场地规模和地理位置。下面讨论主要集热器类型。

1) 抛物面槽式集热器。这种集热器类型的特点是具有一个集聚入射辐射到一个放置在焦线上管上的抛物面反射器 (见图 5-14 (a)、图 5-15、图 5-16)。

反射器本身既可以由配有一个反射层 (金属箔、薄玻璃镜) 的表面组成，也可以由安排在桁架结构上几个曲面镜单元组成，后者变体被商业化地应用。集热器被安装在支架结构上，并通过跟随的纵轴的一个单轴系统跟踪太阳日间变化过程。

为了在太阳光谱内获得高反射率值，镜面分块一般由背面镀银的白色低铁玻璃组成。当镜面是干净的时候，平均太阳能反射率达到约 94%。由于玻璃是不受气候影响的，干净反射器的这一反射率在实际中保持不变。

单集热器 (SCA = 太阳能集热器组件) 由单个长度为 13m 的若干集热器构件 (SCE = 太阳能集热器构件) 组成。迄今为止建成的最大集热器 (Skal-ET) 由 12 个 SCE [中央驱动电缆塔 (drive pylon) 每一面各 6 个] 组成。它具有 150m 的总体长度和 5.77m 的口径宽度。

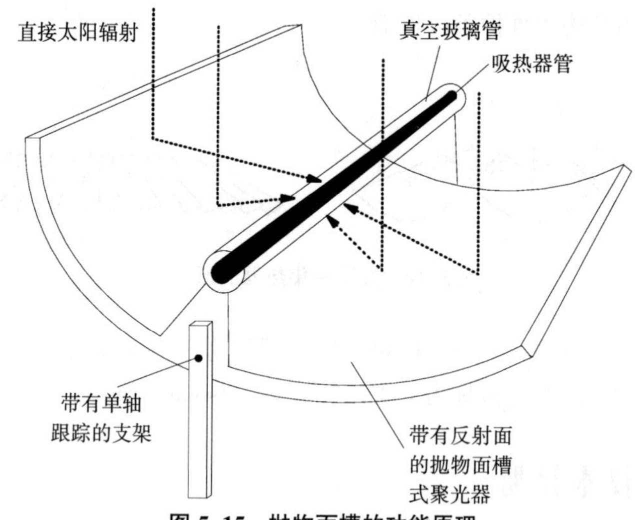

图 5–15 抛物面槽的功能原理

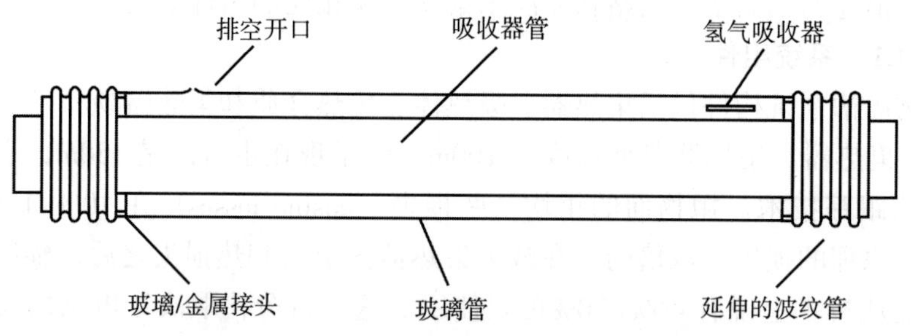

图 5–16 一个抛物面槽式集热器的吸热器管

每个集热器单元装配有一个角位置传感器去跟踪集热器的位置，并配有光学上的太阳传感器。具有变速箱或线缆绞车的电动马达用作驱动。对于更新的LS–3和欧盟槽（Euro Trough）集热器，应用成本有效的水力驱动（参见文献/5–16/）。

2）菲涅尔集热器。对于这种类型的集热器，抛物线截面接近于个体模块（见图 5–14（b））。宽达到 2m 的单个长方形镜面模块以类似于定日镜场的方式跟踪太阳，以便它们反射入射辐射到一个共同的焦线上。所有模块安装在同一水平上（要么近地面，要么高于支架结构）。由于宽度较低，它们和抛物面槽式集热器相比暴露在较低风力负荷之下。但是，不同的模块相互遮荫。由于这一特殊的几何形状，菲涅尔集热器和抛物面槽式集热器相比具有较低聚光和较低光学效率。这种损失至少部分可以通过变换镜面位置得到抵消。

每一个反射模块围绕它们重心点旋转。模块单独驱动或者以组方式驱动。菲涅尔集热器和抛物面集热器相比，由于必须要使用更多的驱动器，所以需要更加复杂的控制系统。这也是菲涅尔集热器只是在小规模实验，以及自 2004 年在澳大利亚的里德尔只是小规模商业化应用的原因（参见文献/5–17/）。

（2）吸热体/热收集构件（HCE）。单个水平管道在这种集热器中被用作吸热体；对于菲涅耳集热器，由于它们更宽的焦线，可能必须使用管道组。为了最小化热损失，当今抛物面槽式集热器的不锈钢吸热体管（即热收集构件（HCE））用真空玻璃管包裹（见图 5–16）。在抛物面集热器情形中，真空也用作保护高度敏感的选择性涂层。当今，这种选择性涂层在直到 450℃~500℃的温度下仍然保持稳定；太阳能吸收率达到 95%以上，400℃下的辐射率低于 14%（参见文献/5–18/）。

除了已经被确认 HCE 设计（见图 5–17（a）、（b）、（c））显示使用第二聚光器和管束接收器的两个额外变化，两种选择都已经被建议适用于菲涅尔集热器的光学特性。

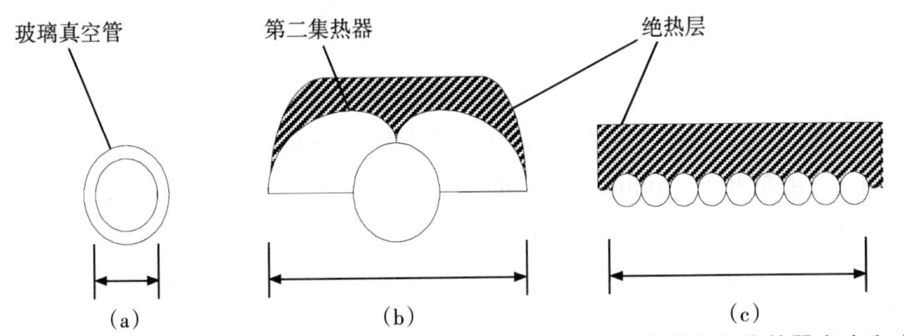

图 5–17　抛物面槽式集热器（a）的设计原理；也见图 5–16 和菲涅尔集热器（b）和（c）（A 是焦线宽度）

（3）传热介质。迄今，高沸腾的合成热油已经用于吸热体管的传热介质。由于油的有限热稳定性，最高的工作温度仅限于 400℃。这一温度需要保持油具有压力（12~16bar）。这是集热器管和膨胀油库与换热器必须要具有抗压设计的原因。所以，需要相对高投资。

因此，作为一种选择，熔盐已经被建议用作传热介质。熔盐具有低成本和高热容的优点，所以一方面具有较高潜在工作温度，另一方面，由于介质的更高粘性和更高的熔解温度，需要伴热（trace heating）。由于较高的热容，和热油相比，泵送电力需求预期相对较低。迄今，只有这种变体的样机已经得到建造。

因为这一原因，预期具有较大的成本节约和效率潜力，所以在集热器管内直接生产蒸汽的调查研究得到促进。优点是作为工作介质的蒸汽可能具有更高的工作温度，不需要包括换热器在内的二次换热流体回路。在水平管中与水蒸发有关的预期问题（包括两阶段流和因此导致不同的热传输）可以通过现行技术（具有相对高的再循环率和水/蒸汽分离器的强迫循环锅炉）加以解决。因此，高蒸汽压力（通常在50~100bar）需要相对较高管壁厚度，这样，对于非常宽的集热器，管束可能比已经经过实践检验的单管更加适合（参见文献/5-40/）。

（4）集热器场。当前，集热器场由一组每个长约600m的特定数量的回路组成。这些回路的每个回路连接到一条馈入线（“冷镦机”（cold header））和一条排出线（“热墩机”（hot header））。集热器是南北向的，以便获得高的和固定的能量产出。

就集热器场的设计来说，特别强调的是单个集热器列之间的距离。这一距离决定早晨和夜晚时期的遮荫情况，从而决定整个场的相应效率降低情况。此外，土地和输送成本以及热和泵损失必须要考虑进来。由于遮荫的影响也取决于纬度，每个场的设计必须要根据场地的具体条件进行优化。作为一个不成文惯例，抛物面槽线之间的典型距离为孔径宽度的三倍。

集热器被水平放置；几度的斜坡也是可以接受的。但是，更加严重的场地不平必须要调整或者做成平台。

整个场地可获得的热产出受到传热介质和输送成本的限制。目前，一个以热油运行的太阳能场的经济上的最高的合理热容估计在600MW左右。

5.3.1.2 电站原理（plant concepts）

太阳热电力的主要份额是通过抛物面槽式电站生产的。在美国加利福尼亚的莫哈维沙漠建立了九个被称为SEGS（太阳能电力生产系统）的电站，这些系统的原理在下面详细说明。此外，讨论另外方法途径。

（1）SEGS电站。1985~1991年，九个总计电力容量为354MW的SEGS电站在加利福尼亚的莫哈维沙漠中被安装（参见文献/5-19/）。所有这些电站一直是在商业基础上运行发电（见表5-6）。

表5-6 建设的抛物面槽式电站的技术参数转换链

	SEGS Ⅰ	SEGS Ⅱ	SEGS Ⅲ	SEGS Ⅳ	SEGS Ⅴ
建设年份	1985	1986	1987	1987	1988
容量（MW）[a]	13.8	30.0	30.0	30.0	30.0
状态	在运营	在运营	在运营	在运营	在运营
集热器场					
集热器类型	LS1/LS2	LS1/LS2	LS2	LS2	LS2/LS3
数量	608	1054	980	980	1024
总表面积[b]（m）	82960	190338	230300	230300	250560
最大流体温度（℃）	307	321	349	349	349
储存容量（MWh）	120				

续表

	SEGSⅥ	SEGSⅦ	SEGSⅧ	SEGSⅨ	
建设年份	1989	1989	1990	1991	
容量（MW）[a]	30.0	30.0	80.0	80.0	
状态	在运营	在运营	在运营	在运营	
集热器场					
集热器类型	LS2	LS2/LS3	LS3	LS3	
数量	800	584	852	888	
总表面积[b]（m）	188000	194280	464340	464340	
最大流体温度（℃）	390	390	390	390	

注：a 表示净容量；b 表示总体集热器表面。
资料来源：文献/1-1/、文献/5-19/。

所有的 SEGS 电站以通过太阳能场泵送的热油运行。对于首座电站（SEGS Ⅰ），选择的是可以低温运行并不需要加压运行的矿物油。蒸汽涡轮机运行所需的过热通过一个燃天然气的锅炉提供，这也确保了整个电站的温度运行。使用的油很便宜，以致可以增加 120MWh 的简单热储存。

对于下面的电站，使用的传热介质和电站的配置都已经被调整。今天仍旧使用的热油可以使最高运行温度接近 400℃，但必须至少保持在 12bar 的压力下。

从电站 SEGSⅥ开始，额外集成了一个太阳能再加热器（和增强的蒸汽参数一起），增加电站循环的效率在 30.6%~37.5%（见图 5-19）。图 5-18 显示了这种电站运行特性的一个例子（即将直接辐射作为提供电能的函数）。

需要的蒸汽既可以直接产生，也可以通过一个二次回路间接产生（见图 5-19）。对于间接生产来说，典型的蒸汽参数是大约 100bar/371℃（由于传热介质温度限制），对于直接生产来说是 80bar/430℃。和传统蒸汽电站循环比较，这些显示的值是相对较低的。但是这在很大程度上可以通过增强了的技术努力加以补偿。但是，对于这一容量范围内的电站，需要不平常的过程改进，比如中间过热和多阶段内部送水预热。因此，尽管在某种程度上具有不利的蒸汽参数，但是 30MW 的 SEGSⅣ和Ⅵ电站的发电模块的热效率可以达到 38%。

为确保在波动或没有太阳能辐射期间的运行，通过集成基于化石和/或生物质能载体的额外燃烧的混合也是可能的。作为一种选择，也可以采用并联的蒸汽发生器。这种额外的技术努力可以产生更好的蒸汽参数，从而具备更高的发电效率。

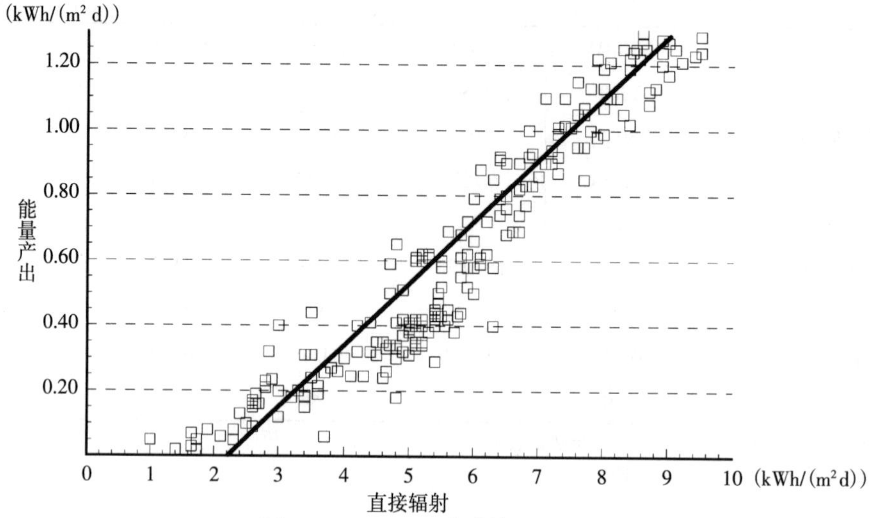

图 5-18 SEGSⅥ电站的运行特性

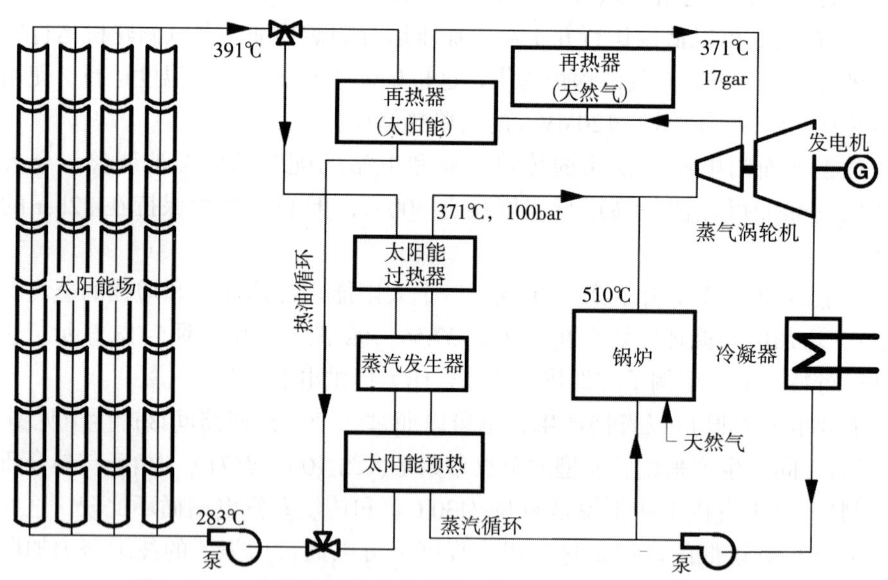

图 5-19 一个抛物面槽式电站的示意图（SEGSⅥ和 SEGSⅦ）

资料来源：文献/5-19/。

SEGS 电站的运行原理也正应用于更多最新的抛物面槽式电站，这些电站的运行主要通过没有大量额外燃料的太阳能来保障。

（2）一体化的太阳能联合循环系统（ISCCS）。为了增强可用性、效率和可控制性，太阳能场可以集成到一个联合循环的电站中。太阳能蒸汽在一个热回收锅炉中再一次过度加热到达约 530℃的温度。

如果太阳能场集成到一个一体化的太阳能联合循环系统的蒸汽循环中，“太阳能”蒸汽被传送到蒸汽发生器的高压力循环中。因此，需要的化石燃料能就会减少，用同样烟气（flue gas）流可以生产更多的蒸汽，或者为了提供同样数量的蒸汽，需要的烟气流就会减少。在这种运行模式中，气体涡轮机可以以部分负荷运行；因此，太阳能场节约了化石燃料能源。太阳能发电的份额在3%~10%。

（3）集成到传统电站中。将太阳能热集成到传统电站过程的一个另外方法是将太阳能热并入到传统蒸汽电站的送水预热中。对于内部送水预热，正常需要涡轮机抽取蒸汽，其后，涡轮机中膨胀不再可行。如果对于送水预热，太阳能热可以获得，这些蒸汽对于涡轮机来说是可以利用的。

在2004年夏天，以菲涅尔集热器方式的太阳能送水预热的第一阶段在澳大利亚的里德尔进行试运行。对于最后配置，计划只是通过太阳能热运行最终高压预热加热器（参见文献/5–17/）。

5.3.2 经济和环境分析

下面的阐述是根据经济和环境参数评估抛物面槽式电站。

（1）经济分析。在下面的分析中，计算概述的太阳能热电站的发电成本。和应用整本书的前面评估方法一致，建设和运行成本以电站整个技术寿命年金的方式确定和给出。基于这些年度成本和提供的电能，计算每千瓦时的发电成本。为了可以比较，假设正常技术生命周期是25年，利率为4.5%。

由于这种电站只是在直接辐射份额较高的地区安装，又对参考场地条件进行了假设，场地特征是年直接辐射总计为2700kWh/m^2。

被评价的50MW抛物面槽式电站的关键数据总结在表5–7中。该电站被定义为类似于AndaSol Ⅰ 发电站（参见文献/5–15/），差别在于选择参考地点不同。

表5–7 被评估的装备有热储存的50MW抛物面槽式电站的关键数据

额定容量	50MW
镜面面积[a]	510000m^2
满负荷小时	3680h/a
7小时储存	熔盐
太阳能份额	大约200m^2/kW
技术寿命	25年

注：a表示对于一个没有储存的80MW电站是足够的。

1）投资。这种电站的投资成本在220~300Mio.€变化。这里假设平均值是大约260 Mio.€。因此，单位投资成本为5200€/kW，包括储存。表5-8显示了投资成本的大体分布。

表5-8 一个抛物面槽式电站的投资成本的估计

电站（包括热平衡）	60 Mio.€
包括传热介质回路的太阳能场	155 Mio.€
太阳能场的准备（平整、围栏和道理）	5 Mio.€
小计（没有能量储存）	220 Mio.€
热能量储存（7h储存）	40Mio.€
总计	260 Mio.€

2）运行成本。集热器场的年度运行成本估计为5€ /m²。此外，还有电站的残留成本。总之，这种大小的电站的运行成本估计为年10€ /m²镜面。

3）发电成本。基于上述提及的投资、运行和维护成本，以及可能的发电成本，具有集成热能储存的抛物面槽式电站的参考场地发电成本计算为0.12€ / kWh。

表5-9 具有热熔盐储存的抛物面槽式电站的发电成本的估计

名义容量	50MW
投资成本[a]	260Mio.€a
运行和维护成本	5.1Mio.€/a
发电成本	0.12€/kWh

注：a包括储存。

就太阳塔式电站来说，不只是满负荷小时和假定平均利率显著地影响发电成本。因此，基于这些和其他参数，进行了敏感性分析。这种分析结果显示，就参考的太阳能塔式电站来说具有非常相似的相关性（见图5-13）。相应地，根据经济框架调整和/或假定的技术参数，可以获得不同的发电成本。

（2）环境分析。抛物面槽式电站的环境影响和太阳能塔式电站是非常相似的，由于在太阳能塔式电站的相应章节中已有讨论（见5.2.2节），在此不再赘述。

5.4　碟式/斯特林系统

碟式/斯特林系统主要由抛物线形状的聚光器（碟）、一个太阳能接收器和一个由带有互联发电机作为热引擎的斯特林电机组成。

抛物面聚光器以双轴跟踪太阳，以便反射直接太阳辐射到放置在聚光器焦点的接收器上。在接收器内由辐射能转换的热被传送到斯特林电机，电机作为热引擎，转换热能为机械能。发电机直接连接到斯特林电机轴上，将机械能转换为期望的电能（见图 5–20）。对于混合运行，系统可能平行或额外通过一个气体燃烧器加热（例如通过天然气或生物气体运行）。

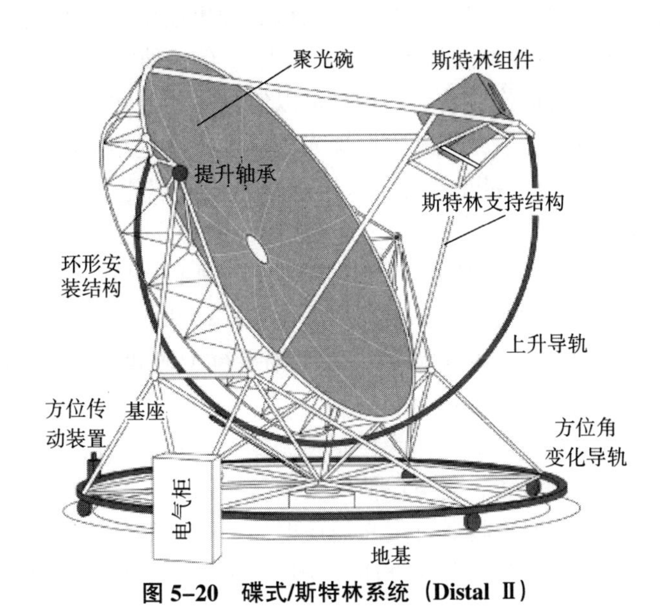

图 5–20　碟式/斯特林系统（Distal Ⅱ）

下面讨论这种系统主要的组件，随后评估相应的整个系统。

5.4.1　技术说明

在下面的叙述中，讨论包括所有组件在内的碟式/斯特林电站的技术。

5.4.1.1　系统组件

（1）抛物面聚光器（碟）。抛物面形状的凹镜（碟）面集聚阳光到一个焦点。

点的大小取决于聚光器的精度、表面条件和焦距。通常聚光器获得1500~4000的聚光率，最大直径为25m。

就聚光器设计来说，可以区分为面状抛物面和全表面抛物面。

• 对于面状聚光器，几个镜面分块被安装在一个支架结构上。这些镜面分块单独支撑并单独定位。这种镜面分块既可以由玻璃镜面组成，也可以由金属箔覆盖媒介或薄玻璃组成。

• 对于全表面聚光器，整个的聚光器表面通过一个成型过程形成抛物面状。例如，一个预应力金属或塑料薄膜两边附着在一个稳定的环上（拉伸薄膜技术）。随后，通过一个成型过程（例如水负载）转换为期望的形状，并通过特定真空加以稳固。这种低重量金属薄膜设计提供了具有高硬度和高光学性质的全表面聚光器。作为一种选择，面（facets）也可以由用玻璃纤维增强环氧树脂制作并粘贴玻璃镜面在上面的夹层构件组成（参见文献/5-20/）。

（2）支架结构。抛物面聚光器的支架结构必须由反射器分块或全表面聚光器的形状所决定。有许多种类的技术方案。但是，有一种特定的趋势是使用转台（turntables），转台同时用作驱动环。转台可以使材料消耗和驱动扭矩最低。

（3）太阳跟踪系统。点聚焦抛物面聚光器必须持续地跟踪太阳路径，以确保太阳辐射总是平行于光学聚光器轴。太阳跟踪系统可以进一步区分为方位角/高度和极跟踪系统。

• 对于方位角/高度太阳跟踪，聚光器在一个轴上（高度轴）平行于地球表面移动，并在第二个轴垂直于地球表面（方位角）移动。

• 对于极（或变位角）太阳跟踪，一个轴平行于地球旋转轴（极轴），另一个轴垂直于第一个轴（赤纬轴）

两种系统是可以全自动的。作为控制系统参考的参数，可以采用基于日期和一天的时间计算的太阳位置，也可以使用太阳传感器。

（4）接收器。接收器吸收通过聚光器反射的太阳辐射，并将其转换为技术上可以用的热。工作介质本身或传热介质可能经历了温度上升和/或相变。

因此，这一系统的最高温度在接收器内发生。对于直接加热工作介质的系统来说，目前普通的运行温度在600℃~800℃，压力在40~200bar。焦点内聚集的辐射密度分布由于不可避免的镜面误差不可能是完全均匀的。这是额外有大温度梯度可能在吸收器表面产生的原因。

在众多的可用的接收器技术中，下面讨论两种不同技术。

1）管式接收器（tube receiver）。直接被辐射的管式接收器是适用于斯特林系统运行的最简单的太阳能接收器。工作介质流过的斯特林电机的加热管作为吸热体表面（见图5-21左边）。因此，接收器管通过聚集的太阳能辐射直接加热。

为了保持引擎的低容积，在管中充填的工作介质量应该尽可能低。接收器形状必须适合于通过聚光器产生焦点的几何形状。

2）热管道接收器（heat pipe receiver）。对于热管道接收器（见图 5–21 右边），采用相变的传热介质。由于这种传热介质经历了一个蒸发和冷凝循环，潜蒸汽热从被辐射吸收体表面传送到加热器中，在那里传给斯特林电机（motor）的工作介质，同时温度几乎保持恒定。随后，冷凝物通过一个毛细结构再传送到加热带。由于热管原理，这种结构从生产工程来说，需要相对较高努力（efforts）。但是，这一原理由于良好的热传导，具有高的或极端不同热流密度可以被同质地传送到斯特林加热器上的优势。同时，热管道接收器也具有较容易地和其他类型运行联合的好处；即除了太阳辐射，它也可以通过液体或气体的化石或生物质燃料运行（参见文献/5–22/）。

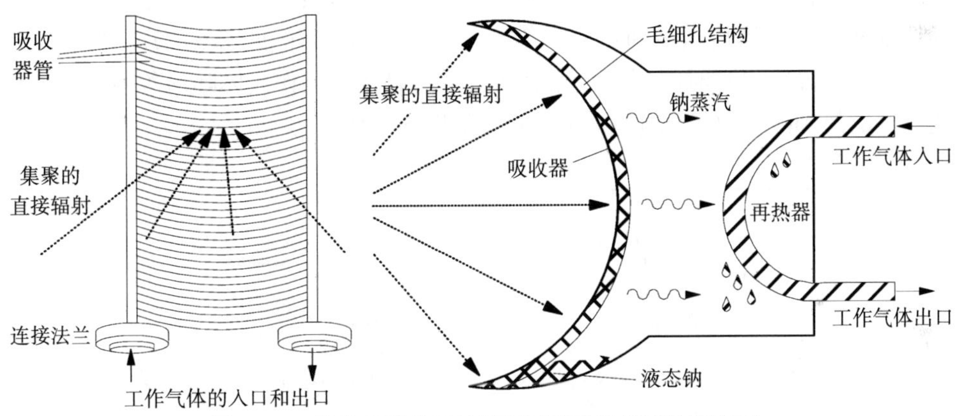

图 5–21 碟式/斯特林系统的不同接收器类型的概略图

注：左边：管式接收器，右边：热管道接收器。

资料来源：文献/5–21/。

这种接收器最常见的是设计成腔式接收器。集聚的辐射通过一个小孔径并冲击一个空腔。实际的吸收表面，因入射辐射受到温度约束，被放置在焦点之后。由于这种几何位置，吸收器表比孔径大；冲击接收器的辐射密度因而减少。但是，对于腔式接收器来说，热损失相对较低，因为通过孔径损失的由吸收体排出的散射辐射和通过诸如风造成的对流损失只占较小的部分。

（5）斯特林电机（stirling motor）。由聚集的太阳辐射提供的热能可以使用配有发电机的斯特林电机转换为电能。斯特林电机属于热气体机械组，使用一个封闭系统；也就是在工作循环内总是使用同一工作气体（参见文献/5–23/）。和奥拓或柴油引擎相反，通过外部热供应提供能量，因此斯特林电机也适用于太阳能运行。

斯特林电机基本原理是基于在温度发生改变时气体容积发生变化做功的效应。这一过程基于热介质遇冷等温压缩和遇热等热膨胀，在热供应时是以连续的低容量，在热排除时是以连续大容量（等时的）（见图 5-5（c））。周期性温度变化和其导致的连续运行，可以通过在连续的高温度和连续的低温的两个室之间移动工作气体来保障。

就技术实现来说，一个压缩活塞被移动到封闭端，以便冷工作气体通过一个回热器（regenerator）流向暖室。回热器传输以前吸收的热给工作气体（等容加热过程（1）；见图 5-22）。气体被加热到暖室的温度，同时回热器冷却冷室的温度。随后，暖室的工作气体等温膨胀，并吸收来自暖室的热（等温膨胀阶段（2）；见图 5-22）。

膨胀的工作气体移动工作活塞到开放端并做功。如果工作活塞通过更低的中心，从而被移动到封闭端，热工作气体被强迫通过回热器，并运动进入冷室。热等容地从工作气体传送给回热器（等容的冷却阶段（3）；见图 5-22）。气体被冷却到冷室的温度，同时回热器被加热到暖室的温度。工作气体随后等温压缩并传送产生的热到冷室（等温压缩阶段（4）；见图 5-22）。

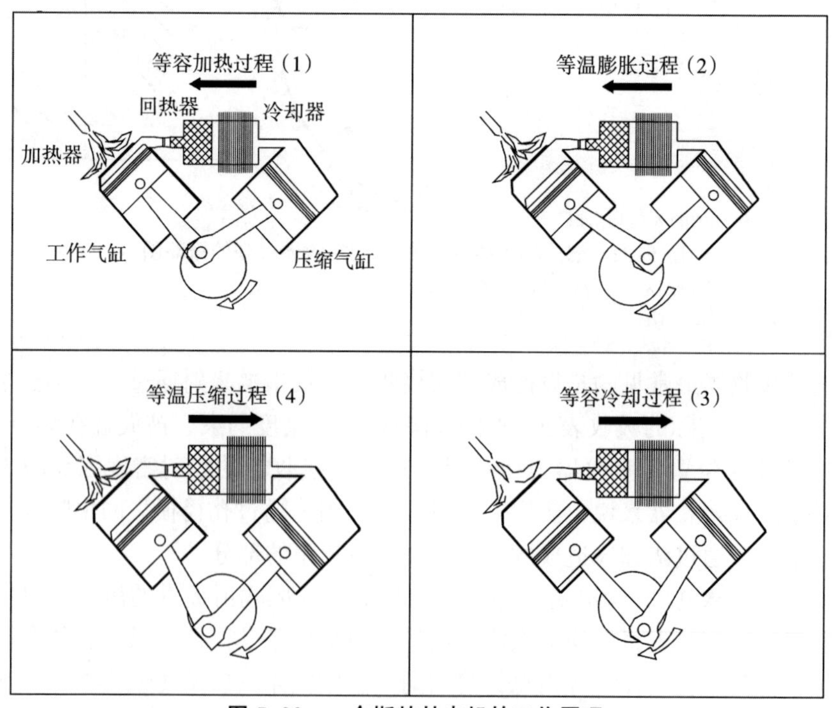

图 5-22　一个斯特林电机的工作原理

资料来源：文献/5-24/。

因此，基本的系统组件包括加热的工作圆缸、冷却压缩圆缸和一个作为中间能量储存的回热器。在多数情况下，回热器是具有高热容的多孔体，这种多孔体比流经其本身的气体具有相当大的质量。回热器中轮流的热交换越完全，工作和压缩缸之间平均温度差越大，从而斯特林电机的效率越高。

如果通过一个驱动机制或振动系统，运动活塞以合适的相位角和工作活塞连接一起，整个系统可以用作热引擎。

从机械设计角度，可以区分为单动机械和往复式运动机械。在单动机械中，只有压缩或膨胀活塞的一边在工作室内经历了压力波动，而工作气体的压力对于往复式运动机械两边都有影响；在后者情形下，它们同时作为压缩和膨胀活塞工作（参见文献/5–21/、文献/5–24/）。

斯特林机械也可以区分为运动式斯特林引擎和自由活塞式斯特林引擎。

• 运动式斯特林引擎通过一个链接机制进行能量传送。发电机通过一个通向外部的轴和这一传动装置相连接。

• 自由活塞式斯特林引擎缺少工作介质、位移装置和环境之间的内部连接。两个活塞都自由地移动。转换的能量可以通过一个轴发电机传送外部。机械内部链接通过内部弹簧阻尼系统替代，这是需要两个可移动部分的原因。为了拉紧，避免机械是牢牢密封的。自由活塞式斯特林机械呈现简单构造和高可靠性的理论上的优势，但是当和机床（kinematic machine）相比，在发展上目前远远落后。

应用于碟式/斯特林系统的机械使用温度在 600℃~800℃的氦气或氢气作为工作气体。斯特林电机的能量输出通过变化工作气体平均压力来进行控制。

5.4.1.2 电站原理

由于规模和空间需求，单个碟式/斯特林系统适用于中小型网络的能源供应（微型和迷你网络）。当和电池或以化石或生物质可燃物运行的其他发电机联合时，它们适用于边远社区的能源供应。从这一角度，由于它们必须要和大量的其他可再生能源竞争，当前的发展集中于自动化操作和成本的降低。

作为一种选择，为了提供大量的热和电力，碟式/斯特林电站可以相互连接。最大的园区于 1984 年在加利福尼亚试运行，包括 700 个单个收集器和一个电力总容量大于 5MW 的中央热引擎。

过去几年里，不同碟式/斯特林模型已经被开发和测试。其中有一些模型，已经建设了几个单元。表 5–10 显示了当前碟式/斯特林电站的主要参数（参见文献/5–25/）。

图 5–23 显示了一个自 2001 年开始连续运行（从日升到日落），总计约 10000 小时的 10kWEuroDish 电站的典型特征电力曲线的例子（根据 IEA 指导对能量和容量数据标准化；参见文献/5–21、文献/5–25/）。根据这些数据，斯特林

表 5-10 试验和试用的太阳能热电站

	MDAC	SES/Boeing	SAIC/STM	WGA ADDS	SBP	EuroDish
运行年份	1984~1988	自 1998	自 1994	自 1999	1990~2000	自 2000
净容量（kW）	25	25	22	9	9	10
效率（%）	29~30[a]	27	20	22	18~21	22
数量	6	3	5	2	9	7
运行小时（h）	12000	25000	6400	5000	40000	10000
可利用率（%）	40~84	94			50~90	80~95
状态	终止	试运行	试运行	试运行	终止	试运行
聚光器						
直径（m）	10.57	10.57	12.25	7.5	7.5~8.5	8.5
设计	1[b]	1[b]	2[c]	3[d]	2[c]	3[d]
面的数量	82	82	16	24	1	12
面的大小（cm）						
镜面支持	玻璃	玻璃	玻璃	玻璃	玻璃	玻璃
反射器	银	银	银	银	银	银
反射率（%）	91	>90	>90	94	94	94（新）
聚光因子	2800	2800			3000	2500
运行小时（h）	175000	30000	18000	54000	100000	10000
效率（%）	88.1		909（设计）		88	88
设备						
制造商	USAB	USAB/SES	STMCorp.	SOLO	SOLO	SOLO
容量（kWel）	25	25	22	10	9	10
工作气体	H_2	H_2	H_2	H_2	H_2	H_2
压力（MPamax）	20	20	12	15	15	15
最高气体温度（℃）	720	720	720	650	650	650
运行小时（h）	8000	35000		80000	350000	100000
效率（%）	38.5		33.2	33	30~32	30~33
接收器						
类型	管式	管式	管式	管式	管式	管式
孔径直径（cm）	20	20	22	15	15~25	15
管温度（℃）	810	810	800	850	850	850
效率（%）	90			90	90	90

注：a 表示气体温度在 760℃下；b 表示面状玻璃镜；c 表示拉伸薄膜；d 表示三明治结构。
资料来源：文献/5-25/。

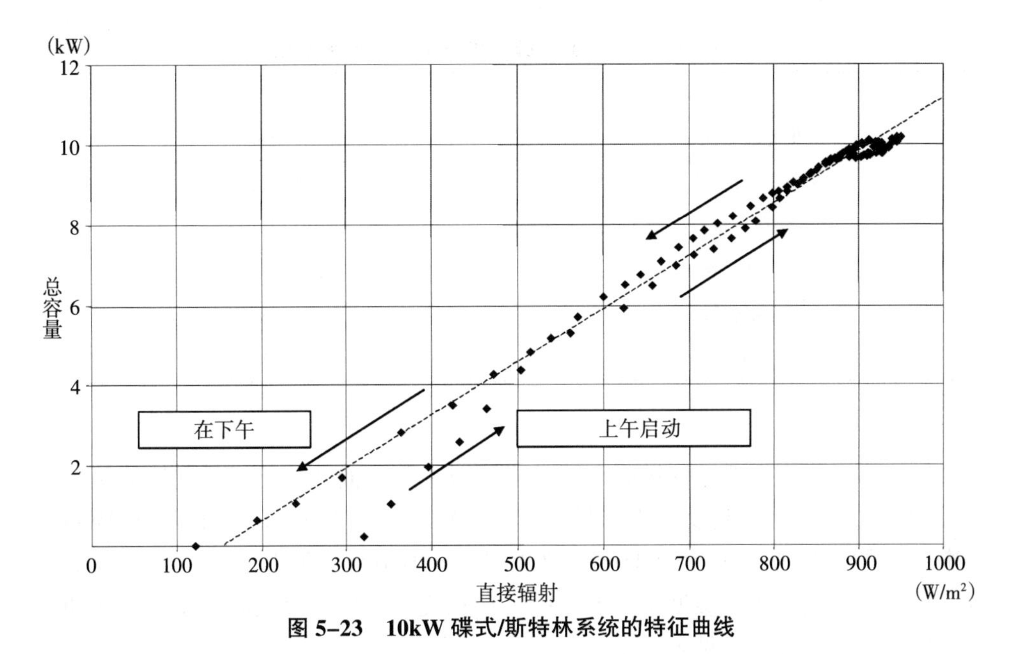

图 5-23 10kW 碟式/斯特林系统的特征曲线

设备具有 11kW 的轴功率。管式接收器在超过 800W/m² 的过载范围内通过一个风扇冷却。

聚光器由玻璃纤维加强环氧树脂组成的三明治式构件组成。分部分组装形成一个通过环形桁架组件支持的封闭壳，环形桁架组件具有高刚度和轮廓精度的特点。壳的前边用薄玻璃镜覆盖，以连续获得大约 94%的高反射性。

5.4.2 经济和环境分析

下面的解释目的是根据经济和环境参数评价碟式/斯特林系统。

(1) 经济分析。描述的碟式/斯特林电站的发电成本的计算和贯穿于本书应用的评价方法是一致的。根据这一点，建设和运行成本是以电站整个技术寿命期内年金的方式计算的。单位发电成本是基于这些年折旧和产生的电能计算的。除非额外提到，假设电站技术寿命是 20 年，利率是 4.5%。

由于这种电站只是安装在直接辐射份额较高的区域，所以假设参考场地的年直接辐射总计 2700kWh/m²。

评价的 10kWEuroDish 类型的碟式/斯特林系统的主要技术数据见表 5-11。

1) 投资。碟式/斯特林系统在美国和西班牙已经连续试运行超过了 15 年。然而，它们仍旧在商业上不可行。为了大体量化投资，采用供应商公布的数据。

表 5-11 评价 10kW 碟式/斯特林系统技术数据

额定容量	10kW
聚光器直径	8.5m
满负荷运行小时	2400h/a
储存容量	无
太阳能份额	100%
太阳能倍数	1.3
技术寿命	20 年

资料来源：文献/5-38/。

通过做这些，我们需要记住试验电站的投资成本和为商业系统成批制造的值会有很大的不同。因此，假设每年成批生产 1000 个系统（即装机容量为 10MW/a），整个系统的单位成本大约为 45000€/kW 或 4500€/kW，加上运输、安装和试运行、规划和咨询费用（参见文献/5-39/）。包括支持结构的聚光器，驱动单元和基础贡献了主要的份额（见表 5-12）。

表 5-12 10kW 碟式/斯特林发电站的投资、运行和维护成本以及发电成本

投资	
镜、结构、驱动和基础	25000€
斯特林电机（含接收器）	11000€
运输、装配和试运行	4000€
规划、工程、咨询、杂项	6000€
偶发费用	4000€
总计	50000€
运行和维护成本	750€/a
发电成本	0.18€/kWh

2）运行成本。运行和维护成本估计占到投资成本的 1.5%（见表 5-12）。

3）发电成本。表 5-12 也给出了计算得出的发电成本。根据 1.3 太阳能倍数（即聚光器尺寸足够大，额定容量在平均辐射水平下就已经可以达到），尽管没由设计储存，碟式/斯特林系统 2400h/a 的满负荷小时是相对较高。对于叙述的参考系统，因此，如果假设的 1000 个电站投资成本减少可以达到，单位发电成本为 0.18€/kWh。

就塔式和农场抛物面槽式电站来说，发电成本主要受到可获得满负荷小时、投资和假定的平均利率的影响。

（2）环境分析。由于碟式/斯特林电站的环境影响和太阳能塔式电站非常相似，在太阳能塔式电站的相应章节中已经讨论过（见5.2.2节），在此不再赘述。

5.5　太阳能塔气流电站

对于太阳能上升气流台式电站，玻璃屋顶集热器、塔囱和涡轮机三个组件联合在一起。这种发电的联合使用在70年以前就已经存在了（参考文献/5-26/）。

太阳能塔气流电站运行原理如图5-24所示。入射直接和散射太阳辐射加热棚下面空气，棚具有圆形玻璃屋顶，在圆周处开口，底部连接地下，形成一个空气集热器。屋顶中间配有一个垂直塔囱，塔囱具有大的开口以供应空气。屋顶密封地连接塔囱的底部。由于暖空气比冷空气具有较低密度，它上升到塔囱管道的顶部。同时，塔囱的吸力使暖空气从集热器流向塔囱内部，以便环境空气流入集热器。因此，太阳辐射确保塔囱内连续的上升气流。空气流含有的能量可以被位于塔囱底部的压力涡轮机转换为机械能。最后，能量通过发电机转换为电能。

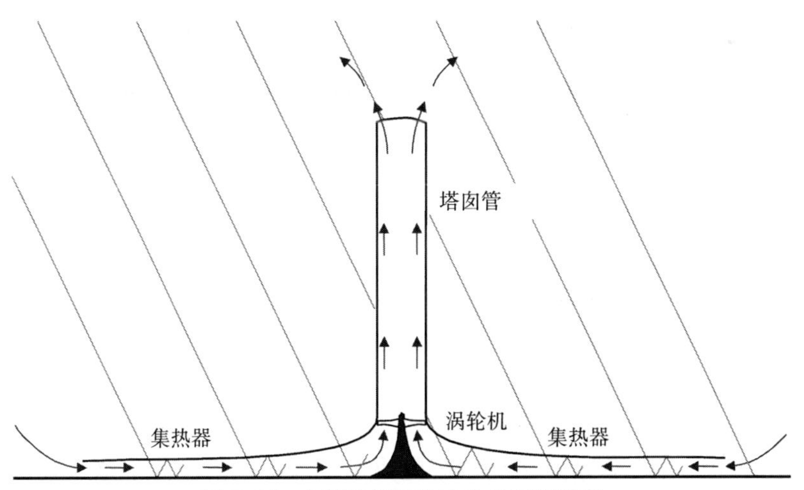

图5-24　太阳能塔气流电站的运行原理

根据等式（5-5）可以计算一个太阳能塔气流电站可以获得的电力产出P_{el}，也就是基于供应太阳能$\dot{G}_{g,abs}$和电站效率η_{pp}计算。后者依次由组件集热器效率η_{Coll}、囱管道效率η_{Tower}和涡轮机效率$\eta_{Turbine}$组成（参见文献/5-29/、文献/5-30/）。

$$P_{el}=\dot{G}_{g,abs}\cdot\eta_{pp}=\dot{G}_{g,abs}\cdot\eta_{Coll}\cdot\eta_{Tower}\cdot\eta_{Turbine} \tag{5-5}$$

根据等式（5-6），供应给电站的太阳辐射$\dot{G}_{g,abs}$是基于在水平集热器表面的气候条件总辐射入射$\dot{G}_g$和水平集热器表面积 S_{abs} 计算的。

$$\dot{G}_{g,abs}=\dot{G}_g\cdot S_{abs} \tag{5-6}$$

入射的总辐射具有明显的日变化特征，这也对太阳能塔气流电站的能力循环有影响。考虑到为了和电力供应系统的集成更加容易，这样一个电站的电力产出的平衡应该是需要的，通过太阳能的中间储存实现这一平衡是可能的。通过放置在太阳能塔气流电站底部的充有水的黑色塑料管或包作为中间储存，在技术上是可能的。在白天，水在这些储存构件中被加热，在夜晚储存的能量被释放（见图5-25）。尽管整天太阳辐射有波动，这一方法使塔内有一个连续的气流，从而保证了连续的电力供应（参见文献/5-27/、文献/5-28/）。

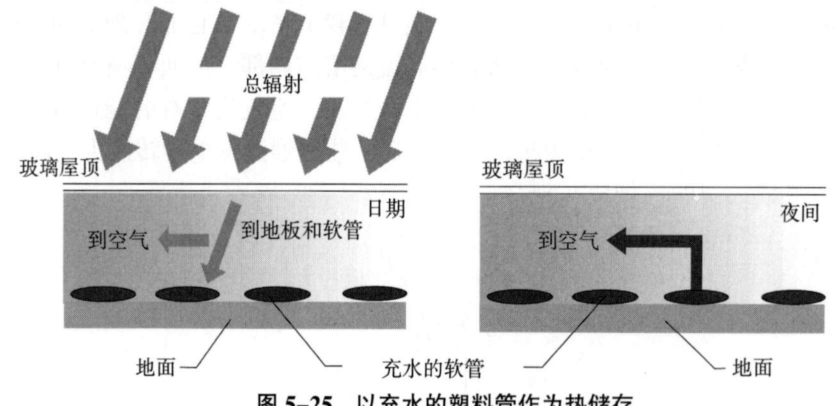

图 5-25 以充水的塑料管作为热储存

注：左边：白天状态；右边：夜间状态。

集热器效率 η_{Coll} 主要由集热器吸收的辐射和热损失决定（见 4.1 节）。

涡轮机效率 $\eta_{Turbine}$ 由涡轮机叶片设计和速度的其他参数决定。叶型损失和叶尖损失可以最小化。使用带有入口导流叶片的多叶片涡轮机（total-to-static pressure）可以达到约 80%的效率。

相比而言，塔效率 η_{Tower} 主要参数的决定要复杂很多。为了这一目标，假设塔转换由集热器供应的热能为动能（对流），并转换为势能（涡轮机压力下降）。塔内空气密度 $\rho_{Air,Tower}$ 和环境空气密度 $\rho_{Air,amb}$ 之差作为驱动力。高度为 h_T 的塔内暖气更轻的空气柱和塔底部（集热器出口，因而是塔的入口）的相邻大气连接，并随后获得浮力。因此，在塔底部和环境之间有一个等式（5-7）描述的压力差 Δp，压力差随着塔高度同比例增加。g 代表重力加速度。

$$\Delta p = g\int_{0}^{h_T}(\rho_{Air,amb} - \rho_{Air,Tower})dh_T \tag{5-7}$$

压力差 Δp 由一个静压 Δp_s 和一个动压 Δp_d 组成。压力差的静态部分在涡轮机中下降，而动态部分描述气流的势能。压力差的分布取决于涡轮机从气流抽取的能量额。

根据等式（5–8），气流中含有的能量 P_{Flow} 可以用等式（5–8）计算的压力差 Δp 、塔内流速 v_{Air} 和塔的直径 d_T 来计算。

$$P_{Flow} = \Delta p \cdot v_{Air} \cdot d_T \tag{5-8}$$

在此基础上，塔效率 η_{Tower} 通过气流含有能量 P_{Flow} 和集热器供应的能量 P_{Abs} 的比率来计算，P_{Abs} 通过由集热器效率 η_{Coll} 减少的供应给电站的太阳能 $\dot{G}_{g,abs}$ 来计算。

$$\eta_{Tower} = \frac{P_{Flow}}{P_{Abs}} = \frac{P_{Flow}}{\dot{G}_{g,abs} \cdot \eta_{Tower}} \tag{5-9}$$

在集热器内部，流动的空气以与质流 $\dot{m}_{Air}$ 和空气具体热容 $c_{p,Air}$ 有关的一定温度 $\Delta\theta_{Air}$ 加热。在此基础上，集热器热能量 P_{Abs} 可以根据等式（5–10）计算。

$$P_{Abs} = \dot{m}_{Air} C_{p,Air} \Delta\theta_{Air} \tag{5-10}$$

没有涡轮机的能量抽取，流动空气团 $\dot{m}_{Air}$ 的最高空气流速 $v_{Air,max}$ 可以创建。在这种情况下，整个压力差 Δp 被转换为动能，即空气流被加速。根据等式（5–11）计算空气流含有的能量 P_{Flow}。

$$P_{Flow} = \frac{1}{2}\dot{m}_{Air} \cdot v_{Air,max}^2 \tag{5-11}$$

在塔内温度和环境温度的曲线大体上是平行的简化假设下，自由对流产生的流速可以用托里拆利温度修订方程（等式（5–12））来表示；g 代表重力加速度，θ_{Air} 是空气的环境温度，$\Delta\theta_{Air}$ 是在集热器出口或塔入口的温度上升。

$$v_{Air,max} = \sqrt{2gh_T\frac{\Delta\theta_{Air}}{\theta_{Air}}} \tag{5-12}$$

基于上面讨论的关系，塔效率 η_{Tower} 可以通过等式（5–13）来确定。

$$\eta_{Tower} = \frac{g \cdot h_T}{c_{p,Air} \cdot \theta_{Air}} \tag{5-13}$$

根据等式（5–13），简化的表达揭示了塔效率主要取决于塔的高度。总之，太阳能塔气流电站的能量产出与集热器面积和塔高度呈正比例关系（和图 5–26 所示的圆柱的体积呈正比例关系）。

由于太阳能塔气流电站的电力产出和由塔高和集热器面积创立的圆柱的体积呈比例关系，特定的容量既可以通过小集热器和高塔的组合来获得，也可以通过

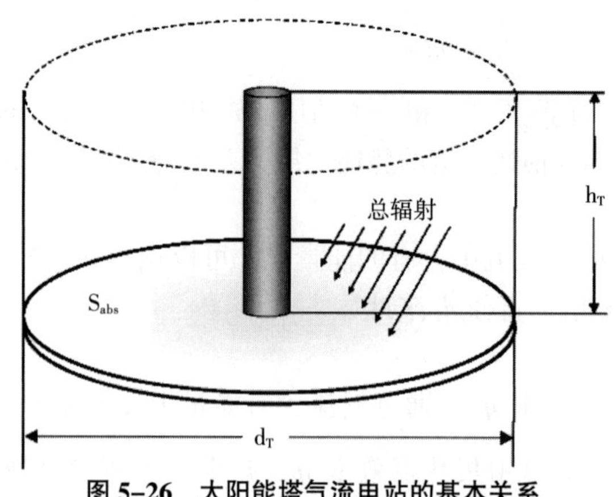

图 5-26 太阳能塔气流电站的基本关系

大集热器和小塔的组合来完成。因此，这里有一个被解决的经典技术/经济优化问题。

5.5.1 技术说明

下面描述太阳能塔气流电站和其组件的技术。

5.5.1.1 系统组件

(1) 集热器。太阳能塔气流电站运行所需的热气通过一个简单的空气收集器产生。后者由一个位于高于地面 2~6m 的水平半透明的玻璃或塑料屋顶组成（见图 5-27）。

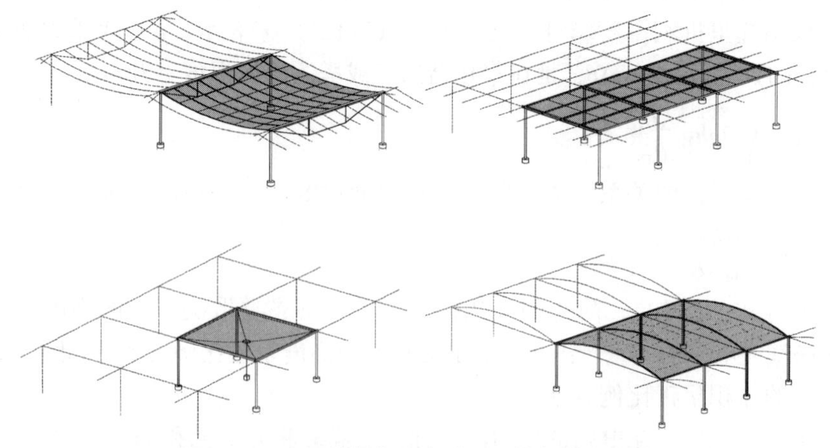

图 5-27 太阳能塔气流电站适用的各种集热器

资料来源：文献/5-27/、文献/5-28/。

半透明的屋顶可以被太阳辐射透过，但是不能被通过太阳加热的集热器底部发射的长波热辐射透过。这就是屋顶下底面被强烈地加热并输送热给从外部快速流到塔的空气，从而加热空气的原因。

空气型集热器的高度向着塔升高。根据这一情况，流速不能上升太高，以便使摩擦损失保持低水平。此外，在空气从水平方向向垂直方向的变化过程中的损失也达到最小化。

（2）储存。如果预计下午有一个不是很明显的发电高峰，而晚上会有更高的电力需求，太阳能可以立即储存起来。为了这一目的，可以使用放置在集热器底部的充水的软管或软垫，这会极大地增加地层已经具有的天然热储存能力。

由于软管内自然对流，水具有很低的流速，软管和水之间的热转移比集热器下地球的辐射吸收表面（和地下的土壤层）之间要高很多，同时也因为水的热容比土壤高 5 倍，软管内的水储存了部分入射的太阳辐射。储存的热只会在夜间当集热器内空气温度低于软管内水的温度时得到释放。这是太阳能气流电站可以只通过太阳驱动就可以在白天和夜间运行的原因。

软管只是充一次水，并随后保持密封，以便没有水被蒸发。根据期望的运行特性，软管内水的数量应该低于集热器 5~20cm 的平均水深（见图 5–28）。

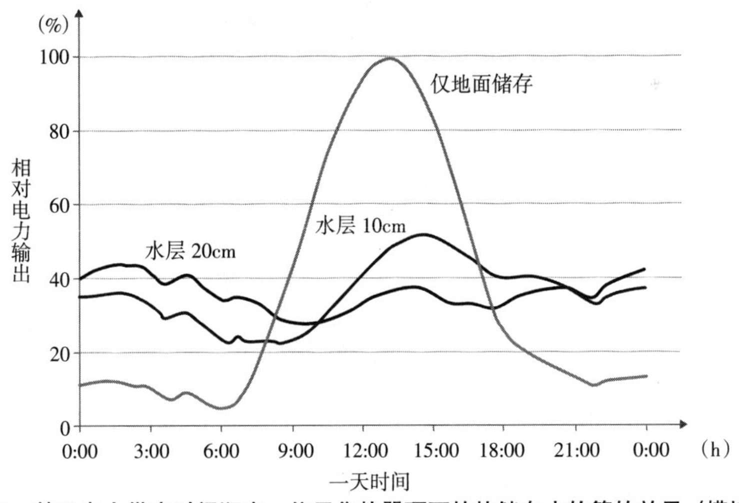

图 5–28 基于电力供应时间顺序，位于集热器顶下的热储存水软管的效果（模拟结果）

（3）塔。塔或囱代表实际的太阳能塔气流电站的热引擎。大致来说，集热器内被加热的空气的上升是和集热器内空气温度的上升以及塔囱的高度呈比例关系的。例如，大型太阳能塔气流电站情况下，环境空气温度一般可以上升 35K，因而在塔囱内产生大约 15m/s 的空气流速度。从技术角度来说，太阳塔气流电站的塔囱是非常大的大气冷却塔。

1000m 高度的塔意味着一个很大的挑战，但是在今天来说可以被很好地控制。例如，当前正在建设的高层建筑迪拜塔，高度超过 700m，上海也在规划一座超过 800m 的高层建筑。对于一个太阳能气流电站来说，只需要简单空圆柱，这一圆柱不用有非常苗条的形状，和居民建筑相比，要求会低很多。

这种塔可以使用不同的技术建设。除了自支撑的钢筋混凝土管之外，钢塔或者具有薄板或薄膜保护层的拉线式塔管的设计也是可以的。研究表明，对于所有考虑过的场地来说，实质上钢筋混凝土是最耐用和成本有效的方法。

对于这种 1000m 高的塔，底部的墙厚度略微高于 1m。这一厚度将在一半高度时大约下降 0.3m，随后保持不变。但是，这种细通道会被风荷载变形为椭圆形截面（“椭圆化”）。这对于图 5-29 表示的吸式侧面（suction flanks）尤其如此。纵向应力变得非常高，因此由于裂缝刚度下降，并具有塌陷的危险。椭圆化可以通过一束束钢绞线以延伸跨过塔截面的平放辐条轮的方式予以避免。它们具有和隔膜一样的硬化效果，但是至少最低限度地减少上升气流。

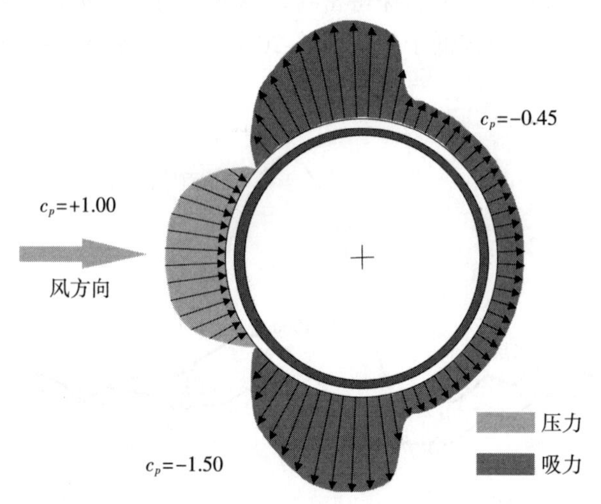

图 5-29　围绕圆柱的气流的典型压力/吸力分布（c_p 是压力系数）

（4）涡轮机。能量通过涡轮机从空气流中抽取。这种用于太阳能塔气流电站的涡轮机不是像自运行风能转换器那样速度启动（velocity-staged）（见第 7 章）。它们和套管风能涡轮发电机组一样是压力启动的，类似于水力电站一样抽取静压。因此，可以达到的效率比自运行的风力涡轮机要高。

涡轮机前后空气的速度几乎是一样的。抽取的能量和涡轮机的容积流量与压力下降的乘积呈比例关系。涡轮机控制目标是在所有可能运行条件下最大化这一乘积。

电站内压力的下降与导致的流速和空气流通过涡轮机的叶片调整机制来控制。如果在极端情形下，叶片和空气流成直角，发电量为零；如果在另外一种极端情况下，空气流通过不受阻挡的转子，然后涡轮机的压力下降为零，在这种情形下，通过转子不会产生电力。最佳的叶片位置是在这两种位置的中间，就涡轮机的设计来说，我们可以回到从水力发电站、风能转换器、冷却塔技术和风通道风扇中收集的经验。在这方面，垂直轴的涡轮机似乎是最显而易见的解决方法。作为一种选择，许多的水平轴涡轮机也可以使用，放置集热器和塔中央位置，这样可以采用相同尺寸的成本有效的涡轮机。

5.5.1.2 电站原理

为了研究，迄今已经建设了几个数米高的非常小型的太阳能塔气流电站的试验设施（如在美国、南非、伊朗和中国）。但是，只有一个在西班牙建设的大一些的电站在 20 世纪 80 年代用于发电运行了几年。

（1）位于西班牙曼萨纳雷斯的样型。在 1981~1982 年，在曼萨纳雷斯（距马德里南约 150km）建设了一个高峰容量为 50kW 的太阳能气流试验电站（参见文献/5–27/、文献/5–31/、文献/5–32/）。

这一研究项目是在现实技术和气象条件下验证理论方法和评估单个组件对于电站容量和效率的影响。为了这一目标，建设了一个高度约为 195m、直径约为 10m 的塔（囱），塔由直径为 240m 的集热器所围绕（见表 5–13）。

表 5–13 曼萨纳雷斯的样型的技术数据

塔高	194.6m
塔半径	5.08m
平均集热器半径	122.0m
平均屋顶高度	1.85m
涡轮机叶片数量	4
涡轮机叶片剖面	FXW–151–A
叶尖速度	10
运行模式	网状连接或离网
典型的集热器内升温	20k
安装的铭牌容量	50kW
塑料薄膜—集热器表面	40000m^2
玻璃屋顶—集热器表面	6000m^2

塔囱由一个梯形薄板（测量为 1.25mm，关节深度 150mm）制成的拉线式管组成。管道位于高于地面 10m 的支撑环上；这个环通过 8 个细管型塔所承载，以便暖空气在烟囱基座上实现没有阻挡地流动。一个具有良好流动特性的塑料涂层纤维的预应力薄膜形成屋顶和烟囱之间的转移。

为了寻找最好的、长期来说最成本有效的材料，选择了各种类型的塑料薄板和玻璃。研究证明，玻璃不仅具有自我清洁的功能（零星的阵雨就足够了），甚至能够经受住许多年的严重暴风雨。

在 1982 年建设完成之后，进入了实验阶段，目的是证明太阳能气流电站的运行原理。项目在这一阶段的目标是：①获得开发的技术的效率数据；②证明全自动、高度可靠的发电站运行；③记录和分析长期测量基础上的运行行为和物理关系。

图 5-30 显示了从曼萨纳雷斯选择的典型的一天的运行数据。数据清晰地说明，没有额外热储存的这种电站白天的电力产出和太阳辐射密切相关。然而，甚至在一些夜间个别小时内，仍有特定的气流可以用作发电。这在图 5-31 也很明显，图 5-31 显示了图 5-30 同一天的这种样例电站的特征曲线。该图也描述了上升气流速度和电力供应与总辐射水平直接呈比例关系。

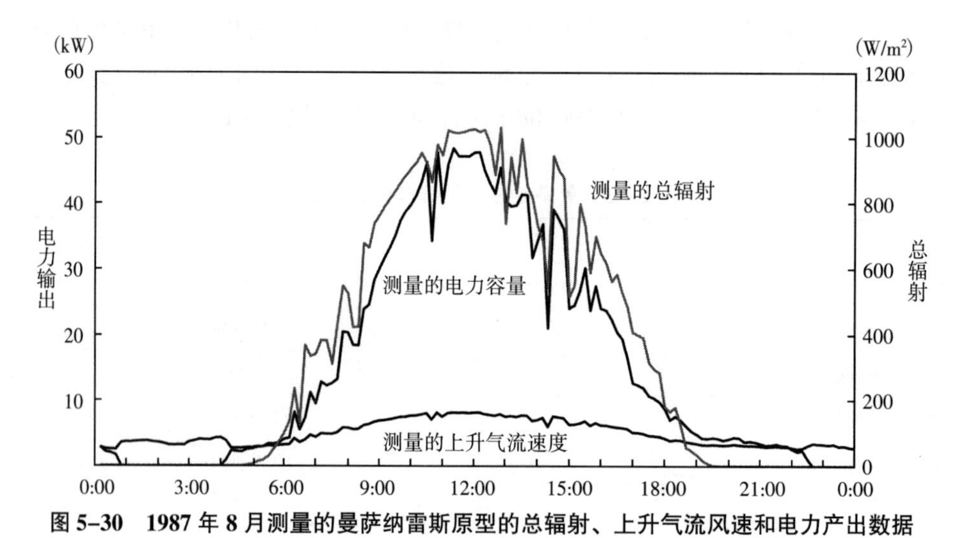

图 5-30　1987 年 8 月测量的曼萨纳雷斯原型的总辐射、上升气流风速和电力产出数据

在 1987 年，该电站已经运行了总计 3197h，这符合 8.8h 的平均白天运行时间。这可以通过一个完全自动电站管理实现，完全自动电站管理确保一旦流速超过特定值（典型的为 2.5m/s），电站自动启动和电网的同步性。

尽管具有绝对积极的运行结果，并进一步证实了计算的数据，但该实验电站在 20 世纪 80 年代末一场暴风雨后被完全拆除。

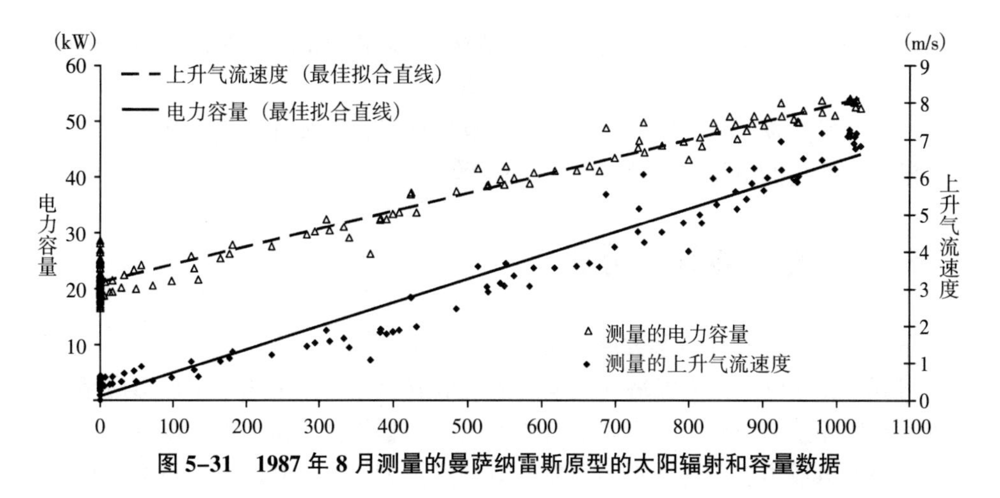

图 5-31 1987 年 8 月测量的曼萨纳雷斯原型的太阳辐射和容量数据

（2）大型太阳能塔气流电站。尽管曼萨纳雷斯的试验电站的规模和规划的 200MW 电站有非常大的差异，但两者的热力学参数是非常相似的。例如，就集热器内温度上升和流速来说，曼萨纳雷斯电站温度上升达到 17K 和 12m/s 的流速，而计算的一个 200MW 电站的升温为 18K 或流速为 11m/s（参见文献/5-33/）。

图 5-32 图示了位于具有明显季节特征的场地上的这样一个 200MW 电站模拟计算的结果，显示每个季节 4 天时期。因此，该电站在没有额外热储存的情

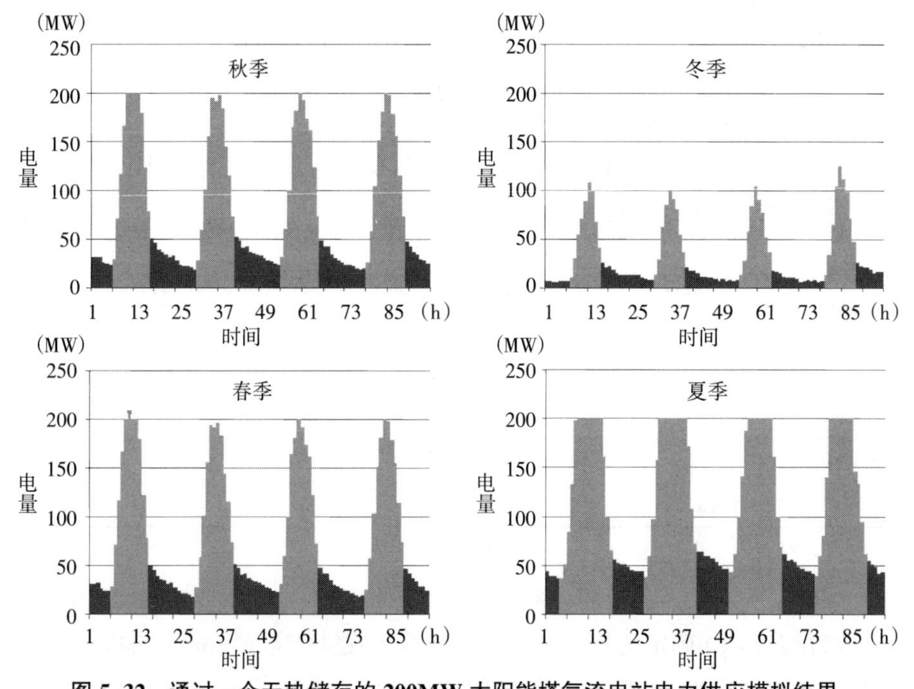

图 5-32 通过一个无热储存的 200MW 太阳能塔气流电站电力供应模拟结果

况下也可以在晚上和白天运行，尽管电力的产出在夜间，特别是在冬季夜间会减少。

尽管已经开发了不同大型太阳塔气流电站项目，例如在印度和澳大利亚，但迄今没有商业化的电站被建设。

5.5.2 经济和环境分析

下面根据经济和环境参数评价太阳能塔气流电站。

（1）经济分析。太阳能塔气流电站的发电成本也可以采用本书通篇应用的方法计算。遵循这一方法，建设和运行成本以电站整个技术寿命期年金的形式确定和分配。发电成本基于这些折旧和发电量计算。为了这一目的，假设电站技术寿命为 25 年和利率为 4.5%。实际中，太阳能气流塔的设计寿命更长（如塔具有 60 年寿命）。

由于这种电站只是在具有高总辐射份额的区域安装，也为了这个目的，假设参考场地在水平面上年总辐射为 2300kWh/m²。

一个太阳能塔气流电站能量产出与总辐射、集热器面积和塔高呈比例关系。在这方面，没有物理上最佳结果。因此，根据组件成本（集热器、塔和涡轮机）和土地成本优化尺寸是需要的。这是为适应当地条件，以最小化的成本建设不同规模电站的原因。如果集热器表面是便宜的，并且钢筋混凝土是昂贵的，这样可以建设一个具有大集热器和相对较小塔的电站。但是，如果集热器是昂贵的，可以建设更小的集热器和更大的塔。

表 5-14 提供了太阳能塔气流电站的典型规模的总览。表中显示的数据是基于国际上普通材料和建设成本。

表 5-14 选择的参考场地的太阳能塔气流电站的典型尺寸和电力供应

额定容量	MW	5	30	50	100	200
塔高	m	550	750	750	1000	1000
塔直径	m	45	70	90	110	120
集热器直径	m	1250	2950	3750	4300	7000
能量供应	GWh/a	14	87	153	320	680

1）投资。表 5-15 显示的投资成本是在单位成本和规模基础上确定的。根据当前所知和表 5-14 确定的技术数据，投资成本在 43Mio.€（对于 5MW 电站）和 634 Mio.€（对于 200MW 电站）之间变动。但是，需要考虑的是这种电站的投资

会比传统电站受到更多不确定因素的影响，这是因为，迄今为止，尚没有这种规模的电站建成。

表 5-15 太阳能塔气流电站的投资、运行和维护成本以及发电成本

额定容量	MW	5	30	50	100	200
塔成本	Mio.€	19	49	64	156	170
集热器成本	Mio.€	11	54	87	117	287
涡轮机成本	Mio.€	8	32	48	75	133
工程、试验和杂项	Mio.€	5	17	24	41	44
总计	Mio.€	43	152	223	389	634
投资的年金	Mio.€/a	2.3	8.2	12.1	21.2	34.4
运行和维护成本	Mio.€/a	0.2	0.7	1.0	1.7	3.0
发电成本	€/kWh	0.18	0.10	0.09	0.07	0.06

2）运行成本。在全球范围基础上估计年度运行成本占到投资成本的 0.5%。和水力发电站相似，运行成本是较低的，因为涡轮机是唯一运动的组件。没有组件暴露在高压力或高温下。大多数电站的组件是高度经久耐用的。

3）发电成本。基于模拟模型确定的年度发电量，就可以计算发电成本；它们在表 5-15 所示的范围之内。依据该表，发电成本在 0.18€/kWh（对于 5MW 太阳能塔气流电站）和 0.06€/kWh（对于 200MW 电站）之间变动。因此，发电成本随着电站规模的增加显著下降。

敏感性分析显示和太阳能塔式电站相似的结果（见图 5-13）。

（2）环境分析。太阳能塔气流电站的环境影响和太阳能塔式电站的影响非常相似。因此，它们在 5.2.2 节关于太阳能塔式电站的讨论的范围内。

5.6 太阳能池发电站

太阳能池利用作为集热器的水分层效应发电。充有盐水（即水/盐的混合物）的盆作为集热器和热储存器运行。太阳能池底部的水用作主要的热存储器。更深的水层和太阳池底部作为吸热器接受直接和散射太阳辐射。由于在盆内向底部增加的盐浓度的分布，因蒸发、对流和辐射而在表面的自然对流和随之而来的热损失被最小化。这是温度在 80℃~90℃（临界温度大约 100℃）的热可以从底部抽取的原因。依靠合适的热动力学循环（如 ORC 过程），热随后可以用作发电。

5.6.1 技术说明

下面阐述太阳能池发电站（solar pond power plants）包括所有相关组件的技术。

5.6.1.1 系统组件

下面详细描述太阳能池电站的主要系统组件。

（1）池集热器。池集热器可以是自然或人工湖、池和盆地，由于分层各个水层的含盐量不同，所以可以作为平板型集热器。具有相对较低含盐量的上部水层经常具有塑料盖板以阻止波浪。这种池集热器的上部混合带通常大约 0.5m 厚。相邻的过渡带厚度为 1~2m，更低一层的储存带厚 1.5~5m。

如果普通池或湖的深部水层通过太阳加热，加热的水比冷水具有较低密度，上升到表面。通过太阳供应的热在水表面返回到大气层中。这是在大多数情况下平均水面温度近似等于环境温度的原因。在一个太阳能池中，向大气层的热传送通过更深层溶解的盐可以防止，因为含盐度高，池底部的水密度高到深层水不会上升到表面，甚至在太阳加热水的温度接近于沸点的时候也是如此。

因此，不同水层的盐浓度必须随水深增加（见图 5-33）。在第一阶段，这可以保障稳定的水的分层。含盐量很少的上层水只是作为池底热储存层的透明、热绝缘覆盖层。

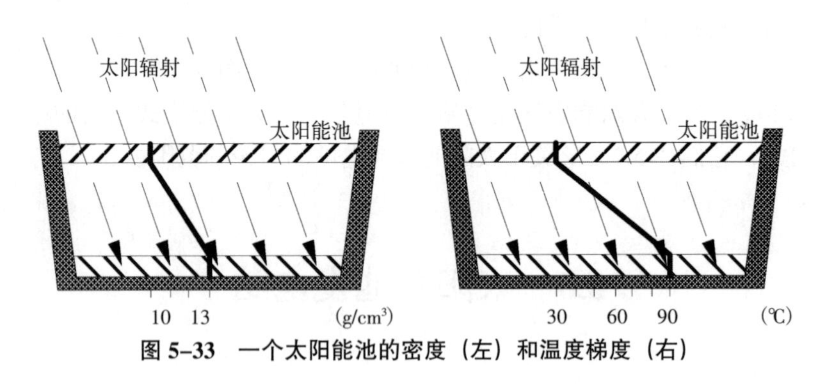

图 5-33 一个太阳能池的密度（左）和温度梯度（右）

为了确保太阳能池稳定地分层，随深度增加的温度上升必须不能超过密度的上升（即盐含量）。这是为了在适当的时候采取适当措施（如热抽取、盐供应），所有相关参数必须要持续监控的原因。

为了获得最高的集热器效率，必须要保证高比例的太阳辐射到达吸收带。但是，只有顶层具有足够的穿透能力时才可以实现这一目标。

在太阳能池运行期间，透射性、含盐量和温度必须要进行日常的监控。为了确定可以从池中抽取的热量或为了确定保持各自所需盐浓度和水质（防止因颗粒物、藻类和细菌造成的浑浊）的标准，必须要测量从水表面到地下的这些参数的实时变化。

扩散能够确保太阳能池中盐浓度的永久均衡，盐浓度甚至可以由近表面风产生波浪运动而增加。这是盐要从表层水抽取并加到深层的原因。为了这一目的，表层水在分离平盆（盐水）内蒸发。随后，抽取的盐被添加到深层带中。

（2）换热器。大体上来说，有两种方法从太阳能池中抽取热。

• 热引擎的工作流体流过管束型换热器从而被加热，换热器安装在太阳能池的储存带内。

• 热盐水也可以通过一个吸入扩散器（intake diffuser）从储存带内抽取，随后被传输到热引擎的工作流体，一旦盐水被冷却下来，最终通过另外一个扩散器返回到池的更深层处。技术方法允许调整吸入扩散器的位置到最高温度的深度。池底的热损失因冷却后的水重新循环到池内底部附近而减少。

作为原则问题，足够尺寸的换热器单元对于太阳能池的成功运行是不可缺少的。特别是在高辐射时期（即中午），必须要保证热可以安全地从池中抽取，防止相变和/或使分层不稳定性。

（3）热引擎。为了转换太阳热能为机械能并进而转换为电能，通常采用 ORC 过程（见 5.1.4 节和 10.3 节）。这些过程基本上是利用低沸点、通常是有机循环流体的蒸汽循环。这些过程允许以低有效温差提供电能。

5.6.1.2 电站原理

图 5-34 显示了太阳能池发电站的一般结构。根据该图，水类似于传统太阳能集热器的吸收体，吸收入射的直接和散射辐射，并被加热。技术上调整的盐浓度防止自然对流和其在水表面因蒸发、对流和辐射导致的热损失。

因此，热可以在 80℃~90℃温度下从池底的储存带抽取。这些热随后通过一个 ORC 过程被用于发电。

在以色列、美国（得克萨斯）、澳大利亚和印度，以及一些其他国家，已经建设了电力容量从几十 kW 到几个 MW 的太阳能池电站（对于过程热供应参见文献/5-34/）。以大约 1%的水平，太阳热的效率是低的；平均比容量，依据辐射水平、盐含量和最高温度，在 5~10W/m^2 变化。短期来说，也可以获得更高的容量；但是，在这样一个案例中，太阳能池会很快地冷却下来。表 5-16 给出了一些典型的例子（参见文献/5-35/、文献/5-36/、文献/5-37/）。

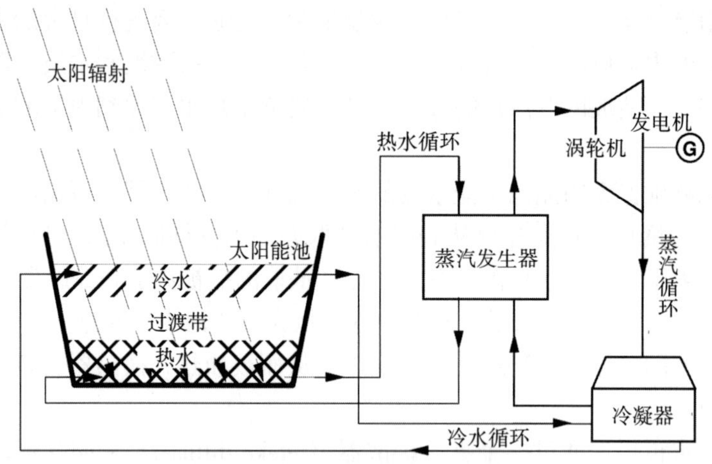

图 5-34　太阳能池电站的图解

表 5-16　精选的太阳能池电站的数据

	美国得克萨斯艾尔帕索	以色列贝特哈阿拉瓦	澳大利亚金字塔山
容量	300kWth	5MWelmax	60kWth
	70kWel	570kWel（平均）	
池表面	3350m²	250000m²	3000m²

5.6.2　经济和环境分析

下面根据经济和环境参数评估太阳能池电站。

(1) 经济分析。和前面评估方法一致，下面计算太阳能池电站的发电成本。根据这一点，建设和运行成本是以年金形式确定和评估的。基于这一假设和生产的电能计算发电成本。为了这一目标，假设技术寿命为 25 年，利率为 4.5%。

由于这类电站只安装在太阳辐射份额高的区域，假设参考的场地具有在水平轴上年总辐射 2300kWh/m² 的特征。

表 5-17 总结了评估的太阳能池的主要参数。这里调查的太阳能池电站具有 5MW 的容量。

表 5-17　评估的太阳能池的参数

额定容量	5MW[a]（尖峰容量）
集热器表面	250000m²
换热器	外部的；从池中抽取盐水并在冷却状态下重新循环到池中

续表

满负荷小时	1150h/a
储存	池的最深水层作为热储存
太阳能份额	100%
净效率[b]	1%

注：a 表示平均容量大约为 650kW；短期更高的容量是可能的，从而可以获得更高的收入（尖峰负荷电力）；b 表示入射太阳辐射和生产的电能之间的效率。

1）投资成本。由于只有少数太阳能池，它们都是独一无二的，实质上来说没有可以获得市场价格用于分析的基础。这就是下面的成本估算是建立在文献数据（literature values）基础上的原因。为了这一目标，假设单位投资成本为 40€/m^2（池表面）。文献数据是建立在土木工程和地织膜（geomembranes）成本估算的基础上的，其他来源数据显示这一值在 15~75US$/$m^2$（参见文献/5-37/）。总之，对于总体电站来说，假设单位投资成本大约为 2000€/kW（见表 5-18）。

表 5-18 配有外部换热器的 5MW 太阳能池的发电成本的估算

单位投资成本	2000€/kW
运行成本	100000€/a
发电成本	0.14€/kWh

2）运行成本。为了这一目标，运行成本按照投资成本的 1%估算。除了换热器和 ORC 工厂的维护，由于从底部到表面扩散的盐必须要收回，进一步的措施是需要的。和传统的蒸汽电站相比，需要的水量要高许多倍。

3）发电成本。根据表 5-18，250000m^2 表面和年运行成本约为 100000€的一个太阳能池发电成本大约为 0.14€/kWh。但是，已经假设盐水或适量的盐可以在免费的场地获得，因此运输的测量是需要的。

对于运行优化范围内的经济评估，也必须要考虑电力容量在每天任何时候都可用。因此，太阳能池也一般用作高峰负荷电站。

（2）环境分析。太阳能池电站的环境影响在很大程度上类似于太阳能塔式电站；因此，它们在太阳能塔式电站 5.2.2 节已经讨论过。此外，盐卤水在污染太阳能池周围的时候可能造成环境影响。同时，在这类电站的运行期间，淡水的使用可能性相当大。在水资源短缺的区域，这一点可能造成环境影响。

❻ 光伏发电

6.1 原　理

太阳能除了制热并用于发电外，还可以进一步直接利用光辐射的能量进行光伏发电。然而，相比太阳光的热能发电，太阳能也可以直接转化成电能。下面是其能量转化方式要点的物理原理概述（参见文献/6–1/、文献/6–2/、文献/6–3/、文献/6–4/、文献/6–5/、文献/6–6/、文献/6–7/、文献/6–8/、文献/6–9/）。

6.1.1　能隙模式

除了带正电的质子与不带电的中子在原子核内，一个原子还由围绕在原子核周围呈现不连续能级的带负电的电子组成（就像“贝壳”或者“轨道群”）。只有有限数目的电子占据在特定的能级上；按照所谓的泡利不相容原理，任何可能（存在）的能级上最多可能只有两个电子占据，且这两个电子只能在它们有不同的“自旋”（即自转角动量）方向时存在。

如果有一些来自晶体的原子，其中单个原子的不同能级会相互重叠而扩展成能带。位于这些“允许的”能带之间的就是能隙（即“禁带”）。它们对内部电子的允许（电子跃迁的）带较窄，使其紧紧地束缚在原子核周围，对外边电子的允许带较宽。禁带的宽度以（与电子到原子核距离）相反的方向变化：靠近原子核的禁带较宽，随着能级的增加而逐渐减小，所以外部的能带会相互重叠。通带的能态距离和能隙宽度，以及各自的电子在通带中的分布形式决定了晶体的导电性和光学特性。

在这些能带中被多电子占据的能级的数量也是有限的（即其空间数是有限制的），因此存在一个“有限的能态密度”。具有低能级的原子内部的状态及能带实体基本上都各自被电子占满了。这些电子在此不能自由移动；它们只能（在同能级内）变换位置。这些电子不具有任何导电性。（最外边）这个能量最充足的能带，里面占满了电子，被称为价带；包含在这里的电子决定了材料的化学键类型。

一个固体有导电性需要有能自由移动的电子。然而电子只能在还没有被电子占满的能带中自由移动。由于能量约束的原因，只有位于价带外的能带才有导电性。这个能带因此被称为导带。

价带和导带之间的能量间隙被称为“带隙”（见图 6–1）。这个能量间隙恰好等于使一个电子从价带跃迁到导带所需的最小能量。

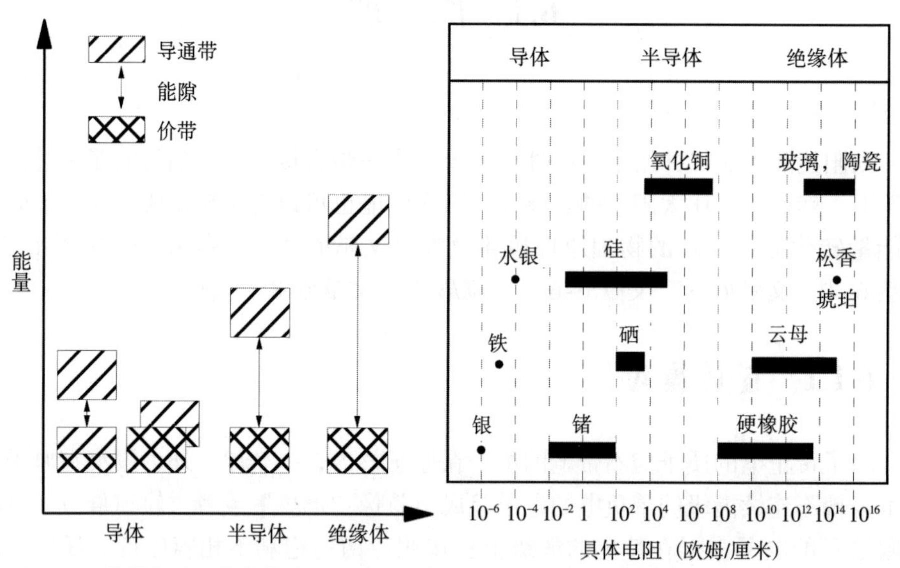

图 6–1 价带和导通带及能隙（左图），以及导体、半导体和绝缘体的具体电阻（右图）
资料来源：文献/6–2/、文献/6–10/。

6.1.2 导体、半导体和绝缘体

导体、半导体和绝缘体的差异在于它们的价带的结构及其中所占有的电子数目方面（见图 6–1）。

（1）导体。在导体（例如金属及其合金）内部可能存在以下两种状态：

● 没有被电子完全占满的能量最充足的带（即导带）。

● 被电子占满了的能量最充足的带（即价带），导带位于顶端的重叠部分，这样也使部分隐藏带（导带）形成。

电流的传输是由电子的自由移动产生的，不管晶格材料的各自温度怎样，其中有大量可有效利用的电子。由于这样，导电体（如金属）的特性就为有较低的特定阻抗。随着温度的升高，增强的原子核的热振动会阻碍电子的运动。这就是为什么金属的特定电阻会随着温度升高而增大。

（2）绝缘体（如橡胶、陶瓷）的特性是价带中充满了电子、宽的能隙（E_g>3eV）及空的导电带。因此，绝缘体中几乎没有自由移动的电子。只有在温度非常高（强的“热激发”）的情况下才会有一小部分电子能够克服能隙的约束。因此，例如陶瓷，只会在温度非常高的时候才会显现出导电性。

（3）半导体。原则上来讲，半导体（比如硅，锗，砷化镓）是相比而言能隙较小的绝缘体（$0.1\ eV < E_g < 3eV$）。因此，在低温条件下，在化学结构上纯半导体扮演的是绝缘体的角色。只有当热能增加时，电子才会从化学键释放出来，跃迁到导电层。这就是半导体在温度增加时会出现导电性的原因。这也是半导体区别于导体的另一个原因，导体的导电性会随温度升高而减小。由于这种特性，半导体的阻抗性介于导体和绝缘体之间。在半导体转变成导体的部位只需很小的能隙（$0\ eV < E_g < 0.1\ eV$），这种元素也称为准金属或半金属，因为它们会显示和金属相似的导电性。然而，不同于真正的金属，其特性是导电性会随温度下降而减小。

6.1.3 半导体中的导电原理

（1）本征导电性（固有导电性）。半导体在高于一个特定温度的水平时是导电的，价带中的电子会从化学键中释放出去，随着温度的不断升高从而到达导带（即本征（固有）导电性）。它们就成为可以在晶格中自由移动的导电电子（即电子导电）。

同时，会导致（缺少电子的）空位在价带中产生并可以在半导体中自由移动，因为邻近的电子会填充到该空位。这样一来，空位（空穴）也具有了导电性（空穴导电）。由于每一个自由电子会产生一个空穴，在未破坏的纯半导体中两种类型的电荷是等价存在的。

本征导电性会通过复合而消失。复合是指自由电子和带正电的空穴的结合。尽管有这种复合，但空穴和自由电子的数目仍是相等的，因为在一定温度水平下总会是相同数目的电子—空穴对形成复合。因而在任何温度下，会有一定数目的自由空穴和自由电子存在一种平衡状态。这些电子—空穴对的数目会随着温度的升高而增多。

如果对这种晶格在外部施加外置电压，电子会向正电极移动，同时空穴会向负电极移动。这种半导体内部本征导电性的原理也可以用能隙模式来描述（见图6-2）。

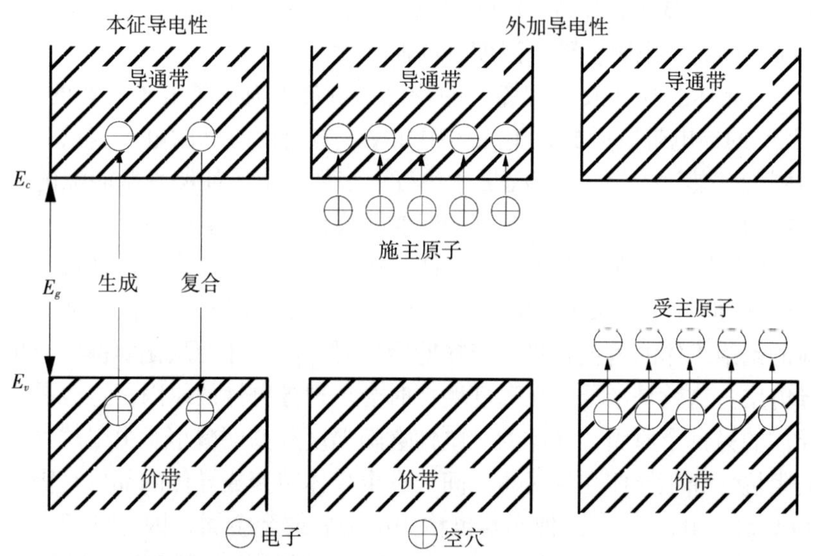

图 6-2 能隙模式所示的本征导电性（左图）及外加导电性（中、右图）

注：E_V表示价带能级，E_C表示导通带能级，E_g表示能隙。

资料来源：文献/6-1/和文献/6-2/。

（2）外加性电导（非固有导电性）。除了纯晶格中导电性低的本征电导之外，外加性电导可由外部原子（杂质）有目的添加结合形成。当这种杂质的价电子数目与基体（被掺杂）材料不同时会非常有用。例如，假设杂质价电子的数目超过了晶格原子的［例如，五价的砷（As）掺进四价的硅（Si）晶格中，如图6-3所示］，那么多出来的一个电子仅会被微弱地束缚在杂质原子中。因此这些电子在晶格中由于热运动会很容易从杂质原子中逃离出来成为自由电子，从而增大了晶体的导电性。这些外来的增加了电子数目的原子就被称为施主原子。这样一来，半导体内的电子数会远远超过空穴数目。在这种情况下，电子被称为多数载流子，相比空穴被称为少数载流子。因此，其导电性主要由负电荷产生，这种类型的电导被称为N（Negative，带负电的）型导电性。

如果掺入半导体材料中的杂质原子的外围价电子数相比晶格原子要少（例如，三价的硼（B）或铝（Al）掺入到四价的硅（Si）中，见图6-3），这些掺杂原子便容易从基体材料的价带中吸收一个额外的电子。这种外来的原子因此被称为受主原子。它们增加了空穴（准正电荷载流子）的数目，产生了 P（Positive，带正电的）型导电性。在这种情况下，亏损的电子（即空穴）被称为多数载流子，相反自由电子成了少数载流子。

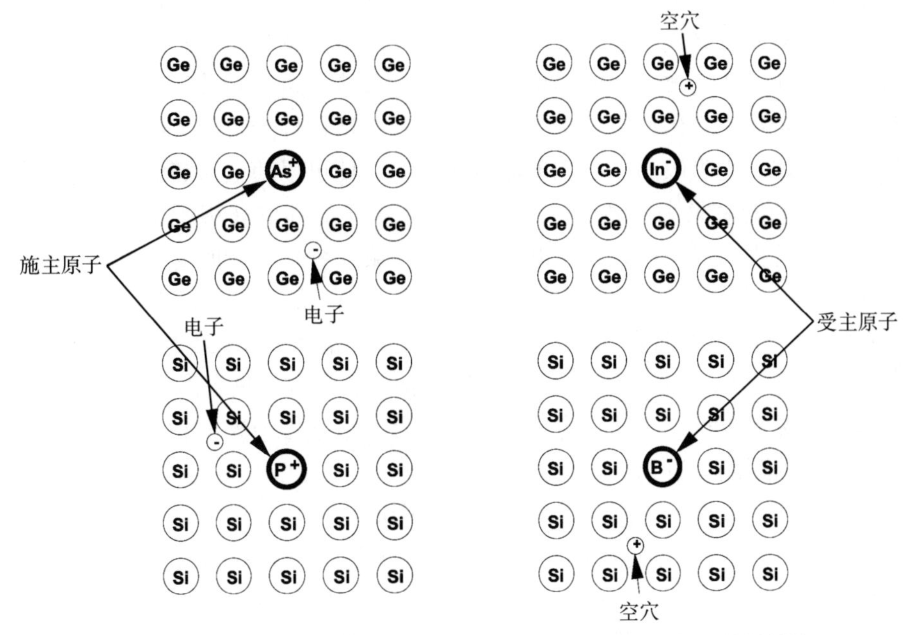

图 6–3 施主原子（左）和受主原子（右）产生的效应（不同材料源）

同样，上文提到的情形也可以用能隙模式进行演示（见图 6–2）。在未掺杂的半导体材料（见图 6–2 左）中形成了某些浓度均衡的可自由移动的电荷载流子，这是由于电子空穴对有不断地产生和复合的循环过程。在这个过程中，空穴和电子的数目是相等的。除了温度，电荷载流子在均衡浓度中的密度是由晶格价带中一个电子可以逃逸的最小能量决定的，因此被描述为能隙。例如锗（Ge）的能隙量为 0.75eV，硅的为 1.12eV。因此当未掺杂的半导体内的电子和空穴的密度保持较低时，其导电性也比较低。

导通带内的电子数通过施主原子的添加会有相当的增加（见图 6–2 中）。在能隙模式中，施主原子的相应能级几乎不能低于导通带的能级。在价带中（见图 6–2 右）增加受主原子就相应增加了空穴的数目。在能隙模式中，受主原子的能级要稍微高于价带的能级。

通过在半导体中掺杂受主原子（P 型掺杂）和施主原子（N 型掺杂），半导体材料的导电性可以控制交叉在几个数量级内。然而，某些材料产生的电子与空穴的密度是一个与温度有关的物质常量。因此，比如说如果电子的密度在结合了施主原子后有所增加，则空穴的密度就会自动减少。不过导电性还是增强了。然而这两种类型的掺杂物必须不能同时应用，否则受主和施主之间会相互抵消（参见文献/6-3/、文献/6-4/）。

半导体可进一步区分为“直接带隙”和“间接带隙”的半导体。对于直接带隙半导体，只要有必需的能量，就可以使电荷载流子从价带转移到导通带，对于间接带隙半导体还需要一定的动量才能让电荷载流子进行转移。这主要由带结构决定，并且会让半导体材料对于太阳能电池片的适用性产生巨大的影响。对于直接带隙半导体，当吸收的入射光子能量充足时，便可以使电荷载流子跃迁到导通带（即转移的能量只来自光子）。对于间接带隙半导体的转移还需有额外的适量动能。这个过程需要三种粒子：电荷载流子（第一种）同时既需要接收来自光子（第二种）的充足能量，还需要来自声子（第三种）的必要的动量（晶体动量的量子被称为声子）。当且仅当所有的三种粒子同时相遇（即三种粒子的进程）时，电荷载流子才会跃迁进入导通带。和直接带隙半导体（只有两种粒子过程）相比，这些情况很少见。这就是为什么在间接带隙半导体中光子要在半导体材料中经过比较长的距离，直到被吸收。

晶体硅就是这样一种间接带隙半导体，因此硅电池片必须要有相当量的厚度以及/或者含有适当的光诱捕措施用来形成一个延长距离的光通道。非晶硅，如碲化镉（CdTe）或 CIS（见 6.2.1 节），是相对的直接带隙半导体。由这些材料制成的太阳能电池片的厚度明显低于 10μm，而晶体硅制成的太阳能电池片代表性的厚度在 200~300μm。更薄的晶体硅电池片会有明显的不足，但是倘若必须要有上述讨论的光学特性，会导致其制造成本的增加。

6.1.4 光电效应

光电效应指能量从光子（即电磁辐射量子）传递给电子储存在金属里面，从而光子能量就转化成了电子的势能和动能。这些电子吸收整个光子的量子能就定义为普克朗量子与光子频率的产品。外光电效应与内光电效应是有区别的。

（1）外光电效应。如果在紫外线的范围内的电磁辐射照射到固体表面，电子就会吸收来自光子的能量。只要提供的光子有足够的能量，它们就能够超出其所需的逸出功而逃离固体。这个过程被称为外光电效应。

在能隙模式中，能量充足的电子跃迁到另一边的导通带，以致它们不再被认为是固体的一部分。对于单个原子相应的充足能量界限为电离能，反之它被称为固体真空级（其余的被称为固体的真空级层），它被定义为能量界限，在这个界限电子的能量可以从固体逃离，在真空层，电子的引力为零。这个真空层即等同于导通层的上边缘或者位于价带层之上所有层的上边缘。

（2）内光电效应。内光电效应同样描述了固态物体内部对电磁辐射的吸收。电子在这种情况下没有逃离固体本身。它们只是从价带跃迁到导通带。因此，生成的电子空穴对增强了固体的导电性能（见 6.1.3 节）。

内光电效应是光生伏特效应以及此类太阳能电池片的基础。然而，光生伏特效应还需要额外的边界层，例如金属半导体结、PN 结或 PN 异质结（即不同导电类型的两种材料组成的界面；见 6.1.6 节）

6.1.5 PN 结

为了更好地定义添加的施主原子和受主原子（的扩散、合金、离子注入）的毗邻处，我们让 P 型区域和 N 型区域建立在半导体晶体中（见图 6–4）。特别是从一种类型的导电性到另一种类型的内部转移是通过晶体的取向附生获得的。在这里，半导体层与层之间的生长使转移发生在几乎是原子和随后的原子的层之内的。

如果让 P 型和 N 型掺杂的材料进行接触，空穴会从 P 型掺杂的一端扩散到 N 型掺杂的一端，反之亦然。这样开始会有一段很强的浓度梯度在 PN 结中形成，包括导体内的电子和价带内的空穴。由于这种浓度差，空穴会从浓度高的 P 区向浓度低的 N 区进行扩散，同时电子会从浓度高的 N 区向浓度低的 P 区扩散。由于这种扩散，多数载流子的数目会在 PN 结的两端减少。这些附属于施主原子或受主原子的电荷于是会在 P 端转移区创建一个带负电荷的空间，同时在 N 端创建一个带正电荷的空间。

结果一个自由电荷载流子浓度均衡的电场建立在了边界界面的交叉处（PN 结）。上文描述的这个过程会创建一个耗尽层，在其中的扩散离子流会和反向电流相互补偿。当施主离子和受主离子不再补偿达到稳态后将此定义为一个耗尽层，其宽度取决于掺杂的离子浓度（见图 6–4 与图 6–5）。

图 6–5 所示为理想状态下的 PN 结。简而言之，已经假定多数载流子的浓度在整个空间电荷区是忽略不计的，同时耗尽区边缘的耗尽层的多数载流子的浓度仍然不断上升。这也就意味着各自的掺杂物的浓度在 PN 结的边缘不断上升，PN 结的离子转换会因此结束。图 6–5 所示为相应的正电荷粒子的电势能以及耗尽层中建立的扩散电压的曲线。

由于在能隙模式中，Y 轴代表电子的能量，在图 6–5（c）中所示的扩散电压是方向相反的，因此与上面所示的分布函数不相匹配（见图 6–5（b））。

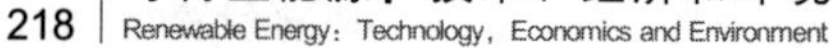

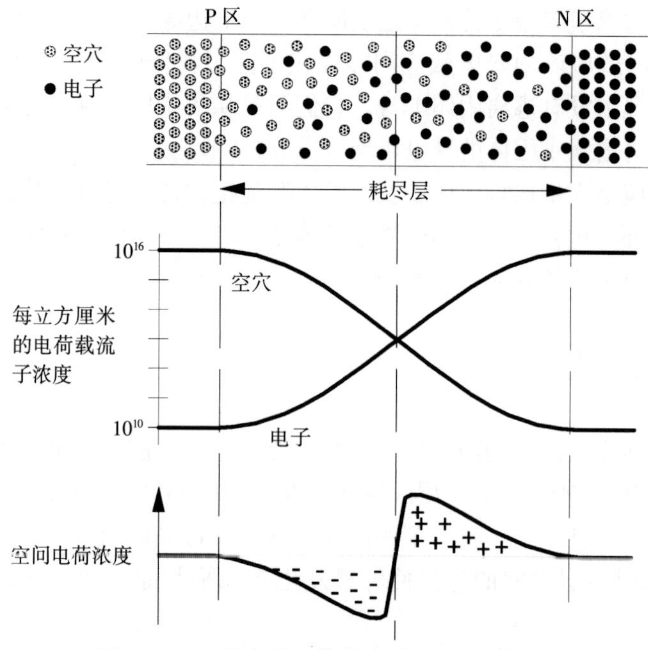

图 6-4　PN 结耗尽层的创建（不同材料来源）

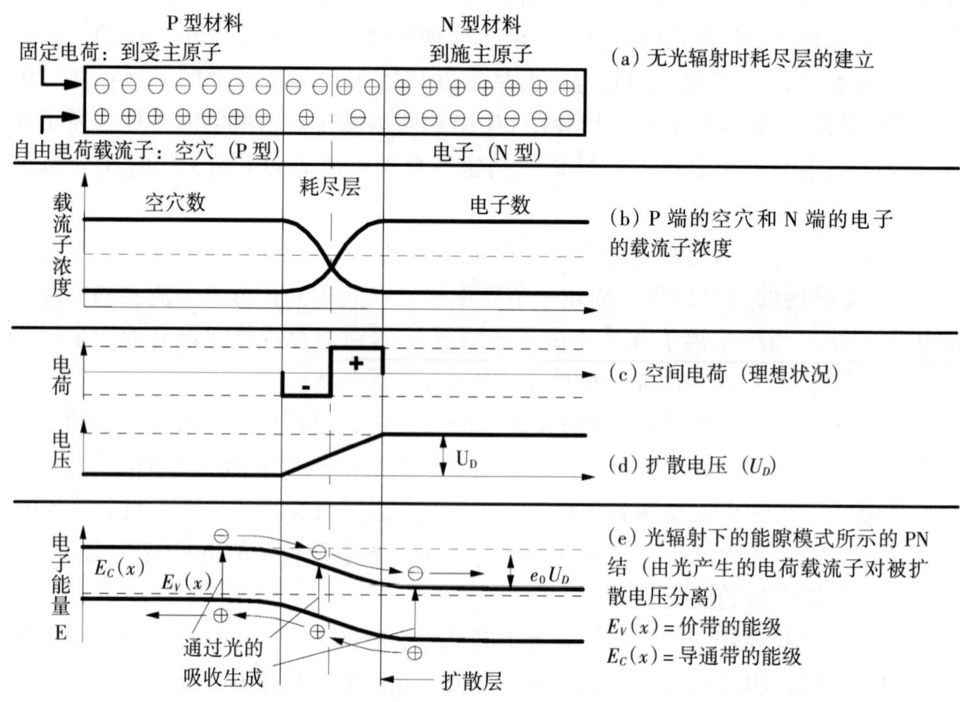

图 6-5　太阳能电池中的 PN 结（e_0 初级电荷）（不同材料来源）

6.1.6 光生伏特效应

如果光子，即光能量子，照射并穿透到半导体内部，它们就将能量转换给价带上的电子（见图 6-5）。如果有这么一个光子被耗尽层吸收，这个区域的电场就会直接将产生的电荷载流子对分开。电子会移向 N 区，反之空穴会移向 P 区。当光能这样被吸收时，电子—空穴—对在耗尽区外的的 P 区或 N 区（即电场外部）产生，它们便有可能通过热运动的扩散（即其运动方向没有预先被电场决定）到达空间电荷区。在此刻，代表性的少数载流子（即 P 区的电子和 N 区的空穴）会在空间电荷区电场的作用下被收集转移到相反端。耗尽层的势垒压下降，相比之下，反映了各自的多数载流子。

最终，P 端成为带正电的，而 N 端为带负电。光子被吸收进来，同时，在耗尽层的外部促成充电。这个光诱导使电荷产生分离的过程被称为 PN 节的光电效应或光生伏特效应。

因此，光生伏特效应仅在当两个电荷载流子中的一个在光被吸收期间通过 PN 结的时候发生。这也仅可能发生在当电子—空穴—对生成于耗尽层时。在这个电场外部有一个可能持续增加的电荷载流子对由光创造出来而通过复合又会消失。这就像是有更大的距离位于电子—空穴—对的产生地和耗尽层之间。这在半导体材料中被量化为电子—空穴—对的“扩散长度”。“扩散长度”这个术语指出了区域内的电子或者空穴在复合发生之前没有电场时需要克服的平均路径长度，这个扩散长度由半导体的材料决定，若材料相同，主要取决于杂质的含量，从而也取决于掺杂量（掺杂量越大，扩散长度越短）和晶体的完美程度。对于硅来说，扩散长度的范围大概从 10~100μm。如果扩散距离小于电荷载流子到 PN 结的距离，大多数电子和空穴就会复合（用数学语言表达为：在克服了一定的扩散长度后光诱导的电荷载流子数目减少到 l/e；在覆盖了两个扩散长度处减小到 $1/e^2$ 等。为了使电荷载流子达到有效的分开，扩散长度在光伏电池片中应当是太阳辐射入射长度的倍数）。

由于照射期间电荷会分离，电子会在 N 区积聚，反之空穴会在 P 区积聚。电子和空穴会一直积聚直到已积聚的电荷之间出现斥力从而阻止电荷的继续积聚，即直到由聚集空穴和电子所产生的电势能与 PN 结中扩散势能达到平衡。然后便达到了太阳能电池片的开路电压。达到这个状态的时间短得几乎无法测量。

如果将 P 端和 N 端从外部短接，就能测出短路电流。在这种操作模式中，扩散电压在 PN 结中会重新形成。依照太阳能电池片的这种操作原理，短路电流的增加和太阳能的辐射成比例，并且几乎是线性比例（参见文献/6–4、文献/6–10/）。

6.2 技术说明

基于光伏发电的技术在接下来的几节中会进行概述，含有所有的解释，包括已明确的关键数据及影响工艺的状态。更高端的实验室电池片或者组件可能会有更好的性能。

6.2.1 光伏电池及其组件

（1）结构。图 6–6 所示为一块光伏电池片的基本结构，包括 P 传导的基体材料和顶部的 N 传导层。整个电池片的背面被金属接触覆盖，同时辐射面配备了手指形的接触系统，用来使阴影损失最小化。正面还全部覆盖使用了透明的导电层。为了减少反射损失，电池片的表面可能会额外地提供一层减反膜。一块有这种结构的硅太阳能电池片通常表面会呈现蓝色。对电池片进行倒金字塔的表面处理后能大大减少反射的损失。倒金字塔可以使光子从一个斜面反射到另一个斜面，从而相当大地增强了晶体对太阳光的吸收，使太阳能电池片几乎可以吸收所有的太阳光，使其表面呈现黑色。

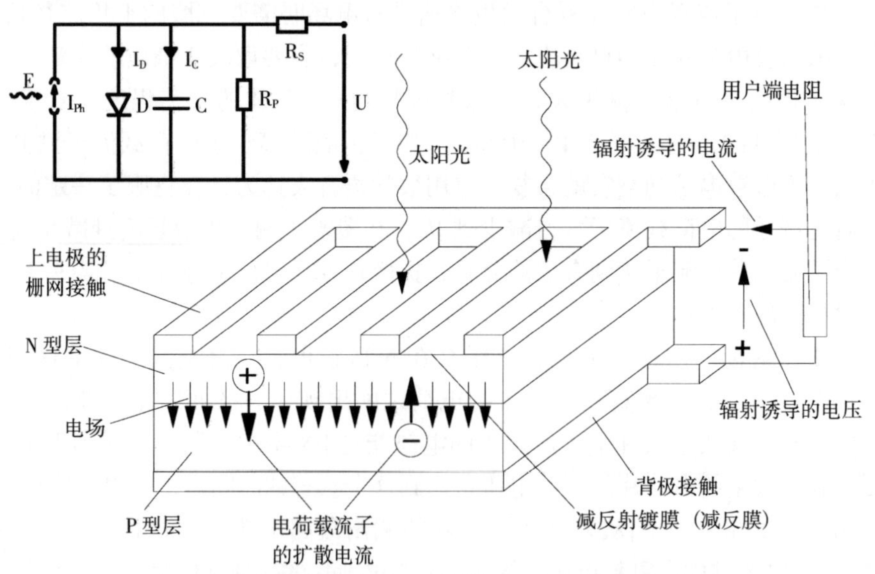

图 6–6　典型的太阳能电池片结构及等效电路图（左上图）

资料来源：文献/6–1/、文献/6–10/。

（2）电流电压特性曲线和等效电路。图 6–6 所示的太阳能电池片可理想地看作一个并联了平行二极管的电流源。光电流 I_{Ph} 假设与电池片表面入射的光子流成比例。肖克利方程对理想的二极管［方程（6–1），参见文献/6–3/］描述了电池片电流与电压的相互作用关系。

$$I=I_{Ph}-I_0\left(e^{\frac{e_0U}{kT}}-1\right)$$

$$U=\frac{k}{e_0}\cdot T\cdot\ln\left(1-\frac{I_0-I_{Ph}}{I_0}\right) \tag{6–1}$$

其中，I 代表流过接线端子的电流，I_{Ph} 代表光电流，I_0 代表二极管的饱和电流，e_0 代表基本电荷量［1.6021×10^{-9} As（安培秒）］，U 是电池片的电压，k 是玻尔兹曼常数［1.3806×10^{-23} J/K（焦耳/开）］，θ 代表温度。然而在方程（6–1）中，电流 I 的符号与传统的标注方向相比是反向的。这就是为什么特性曲线（见图 6–7）不在第四象限而位于第一象限。然而，这种表示法已经成为习惯作法。

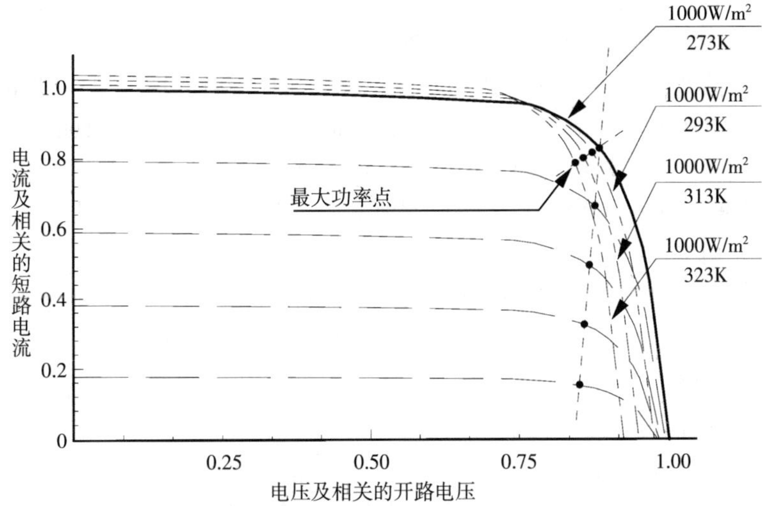

图 6–7　在模拟标准测试条件下辐射和温度对电流电压特性曲线的影响（依据文献/6–11/中硅太阳能电池片的典型曲线形状）

在实际条件下，太阳能电池片的性能可以用图 6–6 左上角所示的等效电路图来说明。没有太阳辐射时，太阳能电池片等效于一个普通的半导体二极管，其作用也是由光的照射来保持的。这就是为什么二极管 D 在等效电路图中要并连在光伏电池片中。每个 PN 结也有一个特定的耗尽层电容，然而，它在太阳能电池片的模型中通常是被忽略的。在增大的反向电压中耗尽层会变宽而使电容减小，类似于拉伸了平行板电容器的电极距离。因此，太阳能电池片可以表示成可变的电容，其容量级由当前的电压值决定。这些影响可当成是位于和二极管平行处的电容器 C。串联电阻包括接触面的电阻和连接线的电阻以及半导体材料自身的电阻。为了使损失最小化，连接电缆应该提供最大型的横截面。

并联或者分流电阻包括位于光伏电池片边缘的“漏电电流”，理想的 PN 结分流效应可能是减小的。然而，对优良的单晶硅太阳能电池片来说，分流电阻通常在 kΩ 的范围内，因此对电流电压特性曲线几乎没有影响。

图 6–7 所示是在不同运行模式（例如改变辐射和温度）下的经典电流—电压曲线形状。在曲线和坐标轴的交点上短路电流 I_{SC}（它是最近似等于 I_{Ph} 的值）是位于 U＝0 以及开路电压 U_{OC} 在 I＝0 的所有坐标点上。从短路电流开始，电池片电流首先仅有微弱的减小，当持续增加电池片电压到达开路电压之前，电池片电流有短暂的超比例的减小。这些过程显示于特性曲线里（参见文献/6–2/、文献/6–5/）。

电功率定义为电压和电流的乘积。因此，在特性曲线的某一点太阳能电池片可达到最大功率。这个工作点被称为 MPP（最大功率点）。这个特性曲线以及 MPP 是光伏电池片光辐射和温度的函数。

• 光电流或短路电流的增加几乎与光伏电池片辐射的增大呈线性比例关系。同时，开路电压的增大依据方程（6–1）；然而，这种增大是成对数的。电流电压的曲线因此随着太阳辐射的增加而平行于纵轴移动。相应地，太阳能电池片的功率同时会随着辐射的增加而整体超比例地增加；在图 6–7 中这种结果被表示为连接不同最大功率点（MPP）的倾斜曲线。

• 这种关联只有在太阳能电池片的温度保持恒定的时候是准确的。如果温度增加，PN 结中的扩散电压就会减小。硅太阳能电池片的开路电压，例如就会改变大约–2.1（毫伏/开）。在并联时，由于半导体内的电荷载流子的移动性增强，短路电流会增加大约 0.01。因此，在温度增加的情况下，一个市场上可以买到的硅太阳能电池片的电流电压特性曲线与微小增加的短路电流及相关的大量减小的开路电压有关（见图 6–7）。电池片的功率因此会随着温度的增加而减小（如在 1000 的辐射下 MPP 在特性曲线组中的移位见图 6–7）。

最大功率（由 MPP 点中的电流 I_{MMP} 和电压 U_{MPP} 相乘）和与开路电压 U_{OC} 与短路电流 I_{SC} 的乘积的关系式被称为填充因子 FF。

$$FF=\frac{I_{MPP}U_{MPP}}{I_{SC}U_{OC}} \tag{6–2}$$

填充因子作为光伏电池片的“质量”的指标。在 PN 结有良好的整流性能下可达到高的数值（例如，对于一个低的饱和/闭锁电流 I_0，会有一个低的串联电阻 R_S 和一个高的并联电阻 R_P）。

(3) 转化率和损耗。为了使一个电子从价键跃迁到导通带，需要有一个与材料相关的，能通过能隙精确定义的最小的能量值 E_g。光子的特性在于能量低于能隙时是不能够开始这个过程的，因为它们的能量不足以使电子跃迁到导通带。然而，光子的能量值需超过 E_g 也是不合适的，只有精确的能量 E_g 才能用于电力发电。任何能量超过 E_g 会以热的形式直接传输给晶体。因此，在常见的太阳能电池片中每个光子只产生一个电子空穴对（见图 6-2）。

太阳能辐射的特征在于有宽的光谱分布（见图 2-8），即它包含能量值差别很大的光子。因此，一个太阳能电池片首先应该转换，进而吸收尽可能多的光子，然后应当尽可能优质有效地转化光子能。

应用的半导体中价带和导通带之间的能隙越小，就越容易满足第一个条件。举例来说，硅的能隙值 E_g 大约为 1.1eV，因此可以吸收太阳能光谱中的主要部分。因为光电流与每单位时间内吸收的光子数成比例，太阳能电池片的光电流会随着能隙的减小而增大。

然而，能隙也决定了 PN 结中势垒的上限（见图 6-5 的扩散电压），因此一个小的能隙其相关的开路电压也总是很小。由于功率是电流和电压的乘积，因此很小的能隙仅会有很小的转化率。大的能隙会产生大的开路电压，但只可以吸收太阳能光谱中非常有限的部分。光电流因此只有很小的值，并且最终电流和电压的乘积也很小。

这种极端情况的分析揭示了在光伏应用中有一个与选择半导体材料相关的最优能隙。图 6-8 所示为相应的理论计算的太阳能电池片转化率与相关的平均太阳

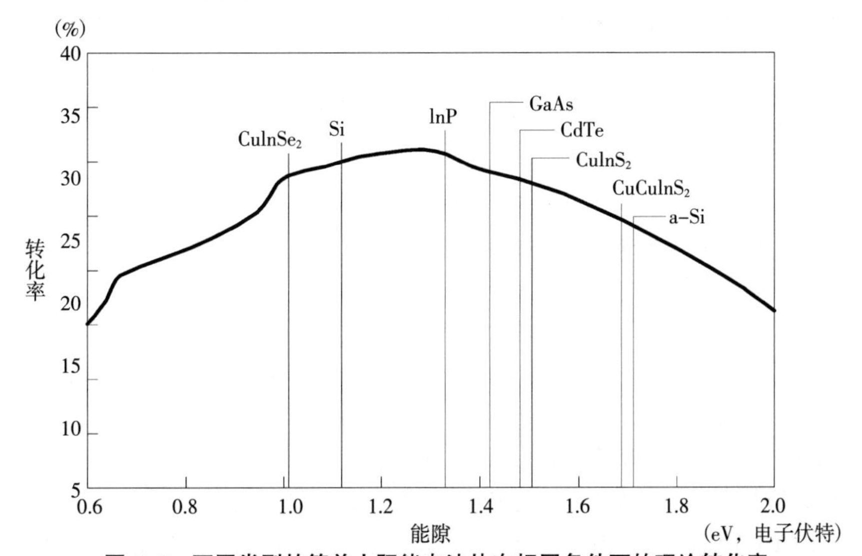

图 6-8　不同类型的简单太阳能电池片在相同条件下的理论转化率

资料来源：文献/6-12/。

光谱下的半导体材料的能隙 E_g（参见文献/6-12/）。依靠其各自的应用材料，简单的太阳能电池片（即没有被串联的太阳能电池片或者其他类型的组合电池片）可以达到的最大理论转化率约为 30%。

由于其他影响，实际太阳能电池片的转化率远远低于显示的理论转化率（参见文献/6-28/）。在其他的因素中，主要可归纳为以下几个机理：

• 部分的入射光被手指型的接触系统或者安装在正面的导电栅极反射了（见图 6-6）。通过选择细小的接触栅极，可以使栅极之间有最大的间隔，从而让反射损失保持在最小。但是，必须要有一个位于半导体层与栅极最大接触面之间的低阻抗过渡电阻。同时，位于栅极之间的接触间隔必须不能超过不许可的限制，以使电荷载流子在通过半导体时的阻抗损失最小化。

• 由于有不同的折射率，当光辐射从空气进入半导体材料时会发生反射损失。减反膜和结构化处理的太阳能表面可较大程度地减少这些损失。

• 短波光通常没有长波光在半导体材料中折射得深。为了使用短波光，半导体表层的结构化的性能非常重要。层的掺杂越厚，层就应该越薄，因为电荷载流子易在这种层中快速复合。被吸收的太阳光因此对于太阳能电池片的光电流只有很小的贡献。

• 大的短路电流、开路电压及填充因子意味着最大化的扩散长度。然而，电荷载流子易在有瑕疵的含有杂质的晶硅中复合。因此，疏松物质必须要有良好的结晶质量并且必须满足最大纯度的需求。

• 同时，半导体材料（即光伏电池）的表面是一个大面积的有瑕疵的晶格。有许多技术可以来钝化这种表面的瑕疵，同时减少由此导致的转化率损失。

• 进一步的损失发生在能量从太阳能电池片转移时。阻抗损耗会发生在电荷载流子移向接触面以及流经连接线缆的时候。制造的不合格可能会导致太阳能电池片的正面和背面之间发生内部短路。

对于高转化率的实验室硅太阳能电池片，这些损失总计大约为 10%。在其他的最佳状态下，理论上最大的太阳能电池片的转化率为 28%（见图 6-8），从而减小到的实际效率为 25%（实验室已达到最大的值，见表 6-1）。

这些转化率表明，对于光伏电池片，通常只要求达到确定的标准测量条件，因为太阳能电池片的功率输出需要依靠光谱中光的构成、温度以及辐射强度。标准条件需要提及上述通常涉及的所谓的“标准测试状态”（Standard Test Conditions，STC）：辐射量 1000W/m^2，太阳能电池片温度 25℃，辐射的光谱分布依据 AM（空气质量）= 1.5（AM=1.5 意味着垂直光线透过大气到达地面的距离为大气实际厚度的 1.5 倍；太阳辐射的光谱分布因此会在特有的方式中改变，这主要是由于光子在大气中吸收有特定的频率；AM1.5 光谱已经是标准化规定的，应用光

表 6-1 太阳能电池片的转化效率（同时参考图 6-16；仅考虑电池片表面面积大于 1 的情况）

材料	类型	转化率（%）		技术声明
		实验室	工厂生产线	
硅	单晶体	24.7	14.0–18.0	1
多晶硅，简单	多晶体	19.8	13.0–15.5	1
MIS 逆温层（硅）	单晶体	17.9	16.0	2
聚光太阳能电池（硅）	单晶体	26.8	25.0	2
玻璃基板硅	传输技术	16.6		3
非晶硅，简单	薄膜	13.0	8.0	1
串联 2 层，非晶硅	薄膜	13.0	8.8	2
串联 3 层，非晶硅	薄膜	14.6	10.4	1
磷酸镓铟	串联电池片	30.3	21.0	2
砷化镓（GaInP/GaAs）				
碲化镉（CdTe）	薄膜	16.5	10.7	2
二硒化铜铟（$CuInSe_2$）	薄膜	18.4	12.0	2

注：1 表示大规模生产；2 表示小规模生产；3 表示试点生产。

在太阳能电池片或组件中的校准必须遵守这个光谱）。太阳能电池片在这种情况下产生的功率被称为峰值功率。

然而，标准测试条件（STC）在实际中很少出现，准确地说，几乎没有。例如在欧洲，辐射为 1000W/m^2 的组件中产生的热比周围温度要高 20~50K（开尔文）。STC 温度和辐射因此只存在于外部温度数为 0 或者更低的冬天的理想状态里。但是由于低角度的太阳 AM 值在冬天增加了，导致了太阳光谱的移动。不过，在冬日晴朗寒冷的白天，太阳能组件的高转化率已经达到。

为了评估光伏模块在具体场所气象条件下的功率输出，现已发展起了所谓的年度转化率概念。实际组件的温度、太阳能辐射和太阳光谱依照它们出现的频率和频率所依据的温度、辐射和光谱的特定生产参数来被评估。因而基于这种方法的多种太阳能组件的功率输出的评估可能不同于在 STC 条件下的效率评定。然而，对于电厂操作者来说，到最后只有年度效益是最重要的，因为其决定了电能产量（参见文献/6–13/）。

（4）电池片类型。根据图 6–8 所示的能隙，晶体硅对于光伏电池片来说并不认为是理想的半导体材料。此外，硅被称作间接带隙半导体，它对于光辐射的吸收系数显示出的相关值很低。由这种半导体材料制成的太阳能电池片必须要有相应的厚度。如图 6–6 所示，层的厚度必须不低于相应值才可差不多完全吸收入射的太阳光。层若太厚意味着高材耗和因而产生的高成本。虽然如此，晶体硅还是普遍用来制作光伏电池片的材料。主要的原因是硅是半导体材料，表现出最广泛的市场突破性，这些已经在理论上被充分理解，而且其生产过程很容易被控制。

早在20世纪60年代，一系列的研发活动已经被实施用来发展经济、高效的薄膜太阳能电池片（参见文献/6-14/）。为了这个目的，必须要用“直接带隙”的半导体。这种物质类别主要包括Ⅱ-Ⅵ族、Ⅲ-Ⅴ族和Ⅰ-Ⅲ-$Ⅵ_2$族的化合物。另外还有非晶硅（a-Si），于20世纪70年代在光伏工程领域里被发现，是一种直接带隙半导体。其特性为有良好的吸收性能，似乎很适合做薄膜太阳能电池片的基体材料。

然而，由于仍然有一些与半导体材料和技术有关的争议性问题未得到解决，晶体硅（包括单晶和多晶技术）在未来的几年或几十年里将继续为主导的基体材料。

由于太阳能电池片（仍然）比较贵，有种研究趋势是聚焦太阳光的辐射，从而也减小了光伏电池片所需的面积。此外，光伏电池片的转化率趋向于随着光辐射的增强而增大（假设电池片的温度保持恒定）。对于聚光系统，许多成本较高但效率更高的太阳能电池片技术便可能会有成本效益。比如，用平面镜和透镜系统可集中太阳光辐射。但是在这种情形里需要额外的跟踪系统，帮助增加单位面积的电能产量。这种聚光系统最适合用于光的直接辐射（只有直接的辐射会被聚焦），因此应用区域对于全世界范围来说取决于那些太阳光辐射为直接辐射的地方（如在沙漠里）。所以，它在中欧地区的应用基于年辐射的直接辐射和散射基本上各占一半，则大多数情况下是不适合的。

这种工艺形态的技术在太阳能电池片开发方面的实验室的研究和制造已经在表6-1中进行了概括。下文对不同类型的太阳能电池片的技术进行简短的概括。

1）晶硅太阳能电池片。这种电池片技术主要基于半导体工业中的应用制程（见图6-7、6-8、6-9、6-15）。与晶硅电池片相关的制造分为以下三个步骤：

- 生产高纯度硅作为基体材料；
- 制造硅片或薄膜；以及
- 太阳能电池片的生产。

硅沙（SiO_2）给高纯度硅的制造提供了基本的原料。通过一种特定的还原法（熔化电析法），硅沙可转化成“冶金级硅”，其特性在于最大纯度为99%。然而，这种纯度仍然不满足太阳能电池片的生产。

因此，需要进一步昂贵的提纯步骤来进行硅的生产来用于半导体产业，因为对半导体硅（半导体级别的硅；SeG-Si）来说，杂质含量必须不能超过10^{-9}。这种要求的硅的提纯在世界范围内大多数情况下运用的是西门子制程。这种提纯方法首先用盐酸将冶金级硅转换成三氯氢硅。随后的分流以确保符合最大程度的纯度需求。然后将提纯的三氯氢硅高温分解后再一次获得硅。当在适当的高温分解反应器中处在一种还原性气体氛围中时，三氯氢硅就会在热棒中分解。硅元素于是从多晶体材料中分离出来。这些获得的“多—硅”满足“SeG–Si”（半导体级别的硅）的要求以及其会展现出在 μm 量程内的研磨尺寸。

迄今为止，光伏工业已能够用多晶硅品质的硅来生产标准产品。这种多晶硅的质量虽不满足半导体工业的需求，但仍然足以用于太阳能电池片的生产。由于一方面半导体工业的增长率逐渐减小，另一方面光伏工业的产品逐渐强烈增加，这种“等级外”材料会在未来的几年内越来越缺乏。尽管一些国家对冶金级硅的提纯已经研发出了可代替的方法，旨在生产出有成本效益的“太阳能硅”，这种发展在 20 世纪 80 年代的世界范围内已经开始进行了；然而，由于“等外硅”的竞争，它们已经结束了。

多晶硅是提供制造单晶硅的基本材料。应用于生产这种单晶硅的标准制程称为裘可拉斯基制程（Cz 制程）。在保护气的氛围中多晶硅在坩埚中融化（见图 6-9）。籽晶硅浸入到已融硅中通过不断地旋转使多晶硅再次被缓慢地分离出来，与此同时，精确地控制温度梯度来获得圆柱形的单晶条。在线锯的帮助下对这些晶硅棒进行切片能得到很薄（250~300μm）的单晶硅硅片。然而，切片（标准技术）会造成高达 50%的（很贵的）材料报废。半导体工业中应用这种硅片来生产集成电路板，随后又将单个的硅片细分为不同功能的“内存条”用于电脑和其他的电子设备中。在光伏工业中，这些硅片用于制造单晶硅太阳能电池片。因此，这种圆形的硅片要被额外切边来获得正方形的面板，以便可以有更好的空间利用率从而增强组件具体表面的转化率。

用这种裘可拉斯基制程生产出的不合格的硅片来制造太阳能电池片，有记录转化率为 25%，因为有很多晶体不合格并有杂质出现。这种高技术的太阳能电池片需要单晶硅的生产依靠浮动空间制程，这种制程相比裘可拉斯基制程更精密，成本更高。这种浮动空间制程因此不适合大量硅片的生产。

除了单晶硅硅片，还有“多晶—硅”硅片成功地用在光伏工业里。为了这个目的，多晶硅体被融化后缓慢地调整着投入到铸块模型里使凝固。这种多晶硅块（颗粒的尺寸范围从毫米到厘米不等）被用线锯二次切割成多晶硅片。然而，为了更便宜地制造和改良多晶硅从而能大量使用，但相比较单晶硅材料，其更低的转化率抵消了上述因素，因为很多晶体的边界形成了复合中心，尽管使用了钝化处理还是减小了少数载流子的扩散长度。

自 20 世纪 60 年代中期已经开始研究以硅带或者铸造或者烧结板的形式进行硅片的直接制造来达到光生伏特的目的，因此避免了晶体的生长或者铸造铸块后

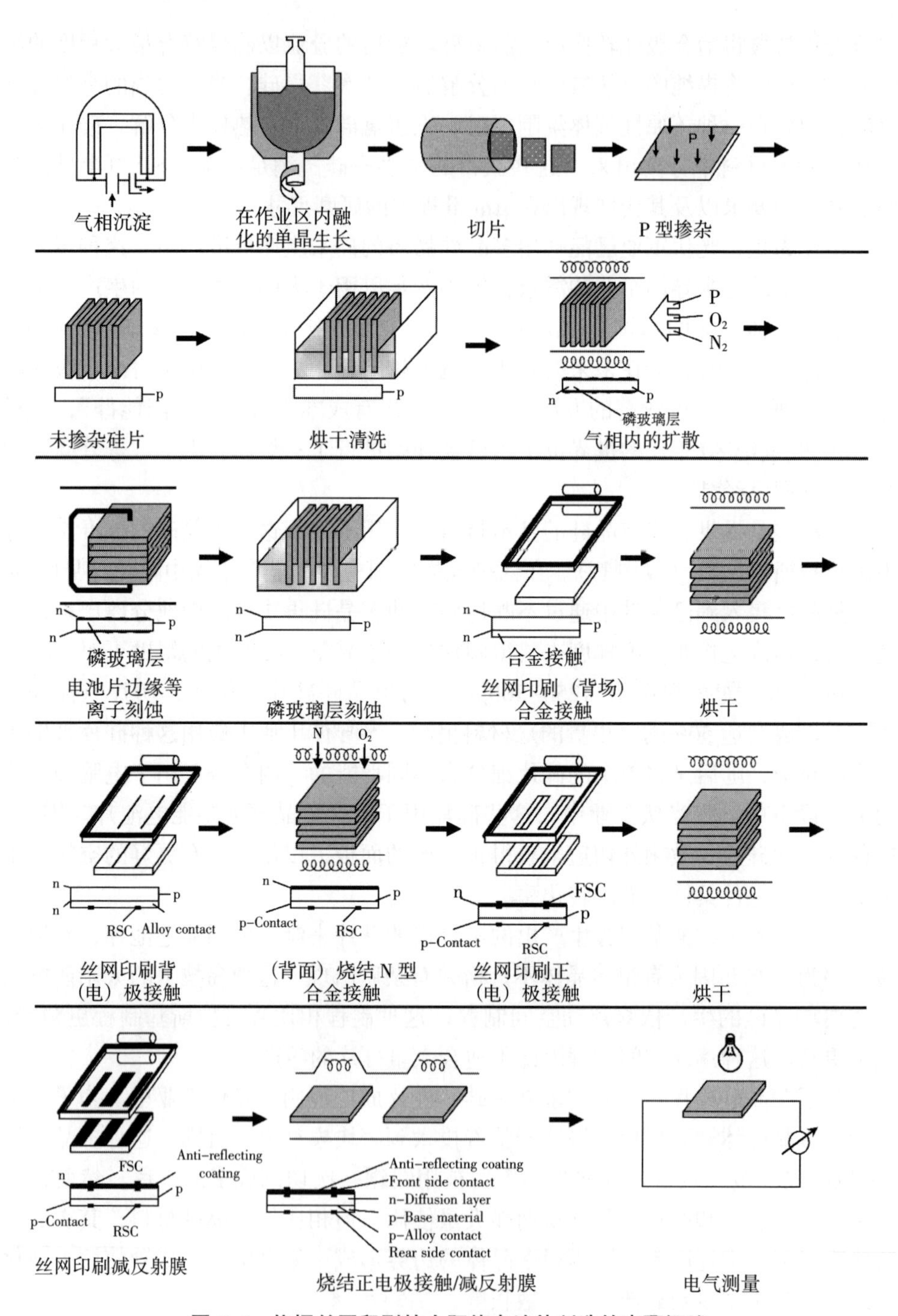

图 6-9　依据丝网印刷的太阳能电池片制造的步骤概述

注：FSC：front side contact 表示正（电极）面接触；RSC：Rear side contact 表示背（电极/电场）面接触。
资料来源：文献/6-44/。

再来切片。在这个研究领域里已经有超过 20 种不同的制程用以调查和测试相关的制造技术（参见文献/6-17/）。然而，迄今为止只有“边缘确定的薄膜喂养生长(边缘喂养生长带)”制程被成功地应用于太阳能电池片制造的实践之中（参见文献/6-18/）。依靠这个工序六角形的硅管被制成后紧接着被激光切成带状或者片状。这种带状材料的太阳能电池片的转化率总体达到了 15%。

对于这种实际由硅片制造而成的光伏电池片仅有几个步骤必须要被执行（见图 6-9）。作为基体材料的多晶或者单晶硅片，在被使用时通常已经进行了 P 型掺杂。首先，化学刻蚀净化硅片表面。紧接着，通过旨在建立一个 N 型掺杂表层的磷在材料表面的扩散，获得了 PN 结（例如，P 型掺杂的硅片通过磷原子的扩散而过度补偿达到最大 0.2~0.5μm 的深度）。N 型掺杂必须接着通过等离子刻蚀而从硅片的边缘擦除。此外，在磷扩散使磷玻璃形成于硅片表面期间，也不得不移除之前的来进行下面的处理步骤。

为了将 N 型掺杂物从硅片的背面移除，首先需要通过丝网印刷过程在背面涂上一层铝膜，同时在应用额外的背部金属化之前需要干燥。随后的烧结确保铝原子中从背部扩散进硅片从而过分补偿硅片的背部的不希望得到的 N 型掺杂。最后在 PN 结中只有磷扩散层仍然在硅片的正面。

随后，正面接触是以网格的形式印刷在硅片上然后烘干。再应用减反射涂层来增强对光的捕获，最后的烧结步骤实施在对光伏电池片进行准确的电气测量之前。

事实上，所有的单晶硅和多晶硅硅片制造商应用的描述技术和标准技术是一样的。电池片像单晶硅硅片的制造基于裘可拉斯基制程可以达到的转换率为 14%~18%，多晶硅硅片的转换率从大约 13%延续到 15.5%。因此，这种描述的工艺步骤一方面是一种在简单和成本效益的流程设计及硅片材料间的折衷，另一方面，由于简单化使转化率的损失最小。

但同时，单晶硅和多晶硅如今相比较从工业制造得到的转化率，已经可以达到非常高的值（见表 6-1）。然而，为了利用这些提高的转化率，还需额外的工序，关键是要提高光伏电池片的光的捕获，以及表面和边缘区域的电气性能。例如，对于由单晶硅制成的转化率高的太阳能电池片，可应用多级磷扩散到 PN 结和背面接触的结构中（可能为点接触，也可能为线形接触）（参见文献/6-7/、文献/6-8/）。因为上文提到的这种高性能的流程意味着大量额外的复杂且昂贵的工序（例如，光刻法），它们当前没有成本效益，尽管其增强了电池片的转化率。如果整个光伏系统的具体成本有显著的减小，高转化率的电池片制造预计会有一个更广阔的工业规模。

另一个增加电池片转化率的思路是使用金属绝缘子半导体（MIS）太阳能电

池片。这样命名的太阳能电池片的类型源于固定正电荷层的影响，其位于P型掺杂层的表面。这一层又称为反型层，因为部分接近表面的P型层实际上扮演的是N型层的角色，由于电场由固有的表面电荷创建。靠近表面的P层因此就类似于颠倒过来了。这种电池片的优点在于在相应的低温水平中只需要六步制作工序。在大规模生产中，这种电气电池片的转化率整体可基本达到16%。

还有一个类似的思路，也为了使生产流程（参见文献/6-19/）有显著简化，有一种所谓的异质结含有内部的薄层结构，整流前端连接到单晶硅片（N型掺杂）是由（本征）无掺杂的和P型掺杂的双层非晶硅的沉积建立的。因此，一个位于N型传导晶体和P型传导非晶硅之间的整流PN-异质-连接就形成了。两层的整体厚度仅为几十纳米，由此非晶硅是不能提供光电流的。实际的光伏吸收材料仍然是单晶硅片。通过扩散制造PN结的高精度和消耗能源的流程代替了相对简单和节约能源的双层非晶硅沉淀流程。这个新技术可以得到的电池片电气转化率高于20%（在实验室内）。

最重要的是，当前的研究旨在减少太阳能电池片生产成本的同时维持最大电气性能的电池片转化率。为了这个目的，材料的使用以及整个制造流程链需要一遍又一遍地检查以减少潜在的生产成本。除了上述提到的新思路，当前的调查焦点在于应用更薄的硅片（像70μm薄的厚度）。这种薄硅片在实验室内已经获得了良好的转化率。然而，它们的缺点一方面是生产成本较贵，另一方面是它们在工业制造流程中的稳定性较差。

2）薄膜非晶硅（a-Si:H）太阳能电池片。在20世纪70年代中期氢钝化非晶硅第一次作为基体材料应用在光伏电池片上。这种材料是从已分解的硅烷在温度80℃~200℃通过等离子体增强的化学气相沉积直接得到的。基于这一事实，非晶硅形成了一个直接带隙半导体，有一个量程在1μm的非常薄的活性层是必须的。因此，只需要非常少的材料。另外，这道工序的特点是需要的沉积温度非常低及能量的消耗很小。结果这种太阳能电池片的制造成本相比晶硅太阳能电池片有了很大的减少。

这种薄膜非晶硅太阳能电池片的结构完全不同于晶硅太阳能电池片。不是PN结，而使用到了p-i-n结构。即光伏活性层的主要部分的厚度大约为几百纳米，包括（本征）无掺杂的氢钝化非晶硅（a-Si:H）及从顶部到底部约几十纳米的N型掺杂层。这种结构的电场因此覆盖了整个光吸收区域，并且确保在所有区域通过吸收太阳能辐射后可以使产生的电子—空穴对分离。

图6-10所示为一种典型的非晶硅（a-Si:H）结构层序列的太阳能电池片。依照这种结构，可区分出不同基质的技术。这一层在从阴影层到光暴露层的方位被沉积下来（见图6-10左）。从导电基体（不透明）的顶部开始，就像不锈钢

箔，一层的序列含有型掺杂、无掺杂以经过气象沉淀的P型掺杂的氢钝化非晶硅(a-Si:H)。最终，一个透明的半导体氧化物（TCO）成为了光暴露面的接触层。叠加层技术始于光暴露层的沉积，即首先导体氧化物成为透明的接触层，随后这一层的序列包含氢钝化硅（a-Si:H）和最后的需要沉积的金属背面接触（见图6-10中）。

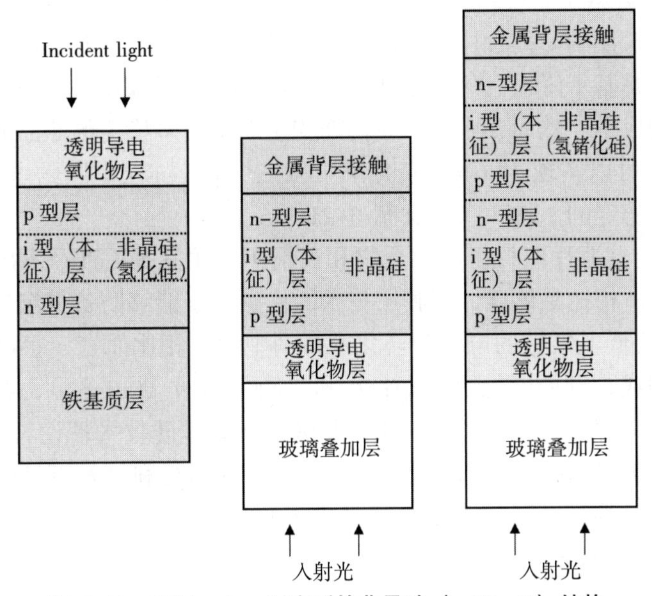

图6-10 不同p-i-n层序列的非晶硅（a-Si: H）结构

注：左：不锈钢基质的电池片，中间：顶层为玻璃叠加层的电池片，右：顶层为玻璃叠加层的a-Si: H与a-SiGe: H制成的串联电池片；对于所有的电池片来说，沉积序列始于底层止于顶层）(TCO：透明导电氧化物)。

除了给太阳能电池片提供单个的p-i-n结，还有串联结的电池片甚至三结的电池片也有应用。对于这些应用，两个或者三个的p-i-n结是在顶部互相堆积起来的，然而，这个结在高度的N型掺杂和高度的P型掺杂材料之间绕过了两个层（所谓的沟道接触）。两个或三个p-i-n层的电压就相加上升了。对太阳能光谱的最佳利用是，这些p-i-n结构中的每个能隙经常性地加强或者减小，是通过氢钝化非晶硅（a-Si:H）和非晶碳或非晶锗的合金化处理实现的。这些离光暴露端最近的电池片会出现最大的能隙。虽然这些电池片只吸收太阳光谱的短波辐射，但它更好地利用了光能。这种电池片因此在相关的能隙下供应了更大的电压。位于太阳光遮蔽端的这种电池片能隙最小，于是仍有部分低能量的光子没有被第一片电池片吸收。图6-10右图所示为一个串连电池的例子，其中组合了两个p-i-n结构的氢沉积非晶硅（a-Si:H）和一个SiGe:H。

在小型消费性电子产品的应用中，非晶硅已经在世界范围内得到了一个无可争议的垄断地位（例如手表以及计算器等）。然而，由于很不稳定的物理特性，它不适合用在需要较大安装功率的地方（比如说并网光伏系统）。当应用在户外时，其电气转化率在第一个月的运行中在某些情况下是相对减小的。迄今为止，转化率的减小仍然明显地高于 1/4，以至于转化率明显减小到低于 10%（降级；Staebler-Wronski 效应）（参见文献/6-20/）。不过需要注意的是，在最近的两年操作中，所有的长期的监控程序中显示出降级效应的饱和度。非晶硅电池片的额定功率于是通常是基于降级后的稳定功率。因此，客户可以在一个公平的基础上对比电力相关的成本。然而在中期，我们期望生产出更多稳定的非晶硅电池片；最近的发现表明可以实现 14.6%的转化率（有三个 p-i-n 层串联的电池片），而且降级后会达到稳定的 13%（参见文献/6-21/）。

3）薄膜光电池片取材于硫化合物和黄铜矿，尤其是 CdTe（碲化镉）和 CIS（二硒化铜铟）。相比晶体硅，薄膜层技术的优点在于能够防备氢沉积非晶硅（a-Si：H）与相关低电气性的电池片转化率抵消中和。相比而言，多晶硅的薄膜直接由半导体制成，例如碲化镉（CdTe）和二硒化铜铟（$CuInSe_2$），在实验室规模下达到的转化效率在 16%~18%；基本上达到了晶体硅技术理论转化率的 75%。两种材料可在玻璃上放置的温度为 600℃。由于两种材料都是直接的半导体，几微米厚的光伏活性层就足以在各自材料内吸收太阳光谱中能量大于能隙 E_g 的所有光子。碲化镉（CdTe）的能隙值大约为 1.45eV，二硒化铜铟（$CuInSe_2$）的为 1.04 eV。然而，最新一代的太阳能电池片由黄铜矿代替了纯 $CuInSe_2$，Cu（In，Ga）Se_2 合金中镓的成分占铟（In）和镓（Ga）总量的 20%~30%。由于能隙在 1.12~1.2 eV，合金接近了理论上能达到的最佳转化率（见图 6-8；参见文献/6-21/、文献/6-22/）。

有良好电子性能的薄膜型碲化镉（CdTe）和二硒化铜铟（$CuInSe_2$）只能制造成 P 型掺杂的电池片。因此，太阳能电池片的制造中需要二次的 N 型掺杂的材料，它可以与第一种材料组合形成一个 PN-异质结。在两种情况下，需要用到 N 型掺杂的硫化镉（CdS）。这种半导体异质结构表现出的微小缺点是，在两种材料间的边界面上，光生电荷载流子会出现复合增强。然而，这种缺点被其顶层可以设计成“窗户的”优点所补偿，多亏了可以来选择大能隙的半导体（比如说 CdS：E_g=2.4eV）；因此，这种描述的顶层可能只吸收有限的太阳光谱成分，其接着就在光电流中消失了。在剩下的照射光传输过这个窗户层后，入射辐射主要的成分就被吸收接近 PN 结，因此在最大点电场会增强。这导致光生载流子分离，因而转化率非常高。

图 6-11 左图所示为 CdS/CdTe 异质结构的太阳能电池片的层序列。这种电池

技术是一种叠加结构。即铟锡氧化物（ITO）制成的暴露于太阳光的透明前端电极，通常应用时依靠喷溅涂覆法。随后，将硫化镉（CdS）沉积成窗户层或者过渡层，紧接着实际的光伏活性吸收层包含碲化镉（CdTe）。通常来说，两个层（例如，厚度在 0.1~0.2μm 的窗户层及厚度大概为 3μm 的吸收层）使用了同样的技术（例如，用了升华冷凝方法和丝网印刷技术）进行叠加。为了获得足够质量的光生伏特层，需要在沉积后执行一个基于在氯化镉（$CdCl_2$）上进行温度处理的激活步骤。电池片的制造通过由石墨、铜或者两者混合制成的金属背电极的镀层完成。在实验室规模中，碲化镉（CdTe）太阳能电池片在应用于较小表面时已经达到的转化率峰值接近 17%。在过去的几年里，一些针对表面面积为$0.5m^2$、转化率范围为 8%~10%的大面积 CdTe 组件的实验性生产线已经进行使用。

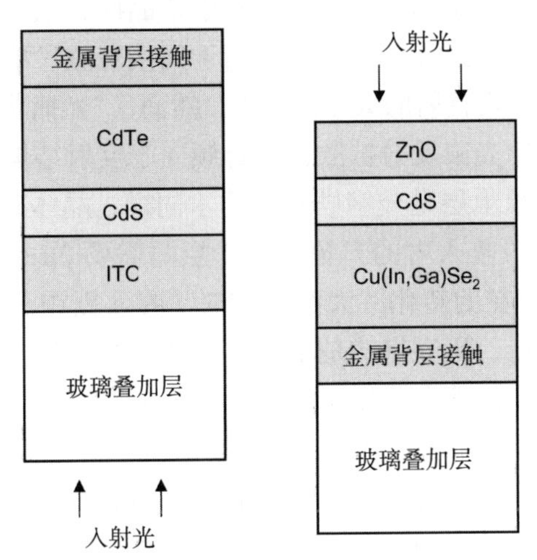

图 6–11 硫化镉（CdS）/ 碲化镉（CdTe）的层序列（左）与一个硫化镉（CdS）/ 铜铟镓硒（右）异质结构的太阳能电池片（ITO：indium stannous oxide 铟硒氧化物）

随着转化率高于 18%，CdS/异质结构的太阳能电池片在所有的薄膜太阳能电池片中达到了最高的电气转化率。如图 6–11 右图所示，图例说明了这种异质结构的太阳能电池片的层序列。这种类型的太阳能电池片制造始于钼在后端接触的镀层，紧接着镀层的是厚度小于 2μm 的光伏活性层。下述的两种镀层方法适合用于工业规模中。

• 第一，在加热的基质上物理性的同时蒸发所有的元素（例如，Cu、In、Ga 和 Se），以便 Cu（In，Ga）Se_2 化合层在气相沉淀时就形成。

• 第二，所有元素在未加热的基质上沉淀（即利用阴极真空喷镀）。随后，第二步加热，称为硒化法，用来获得 Cu（In，Ga）Se_2 的化合物。

随后，依靠上述的两个方法中的一个来进行吸收体制造。CdS 层的厚度大约是 0.05μm 被沉淀下来从化学优先浴到镀层的 ZnO 从电极。一个近似的厚度为 0.05μm 的 CD 层沉积化学浴前溅射沉积氧化锌前电极。

Cu（In，Ga）Se_2 太阳能组件已经在试验项目和小规模的制造工厂进行了安装操作。转化率高于 12%的组件已可以在市场上买到。两种技术（即 CdTe 和 Cu（In，Ga）Se_2）将必须验证在下一年是否持续在市场上销售。一般而言，对于晶体硅太阳能电池片的制作流程是否合理需要充分掌握基于半导体工厂的经验。但是由于硅片很厚，其材料成本很高。对于上面讨论的薄膜技术它是相反的，材料成本很低，生产流程复杂且昂贵。因此，薄膜技术可以在经济的基础上竞争，条件是仅能在大型生产场地上运行。

4）用单晶硅制作的薄膜太阳能电池片。他们同样尝试使用与经济和流程相关的薄膜太阳能电池片技术的优点，例如对于单晶硅，减小材料消耗，完整模块的制造通过单个层在制作过程中结构化。由于间接带隙，单晶硅能隙层的厚度至少需要 20μm 来充分吸收直射的太阳能辐射。然而，"光捕获"容许更进一步的层厚度的减少。如果一个光束反射扩散，或者倾向于反射结构是叠加在光电池片的背面，或者在薄硅膜涂上层是金字塔状结构。同样，晶体硅只需要几 μm 厚度的层便可充足以致完全吸收入射的光辐射。光层只需要 2μm 的厚度且优化了"光捕获"，已经估算出潜在的转化率大约为 15%。在实践中，不同的薄膜沉淀方法以及后续处理已经进行，研究目的是制造这种硅电池片产生经济效益。

不同的沉淀模式中的等离子强化的化学沉淀来自气象允许镀层的微晶硅。尽管这种类型的材料的晶体硅的规模只有不到 10nm（因此同样被称为纳米晶硅），基于 p-i-n 结构在实验室内已经达到了高于 10%的电力转化率。因为纳米晶硅沉积物状态和沉积物温度在 200℃~300℃。和这些非晶硅相似的是，两种材料可能结合在串联电池片中，在实验室的规模里其场效应转化率超过 10%（参见文献/6-23/）。对于高转化率的硅薄膜电池片来说，硅需要在温度高于 700℃的环境中沉积，所以便宜的玻璃基片是不适宜的（参见文献/6-24/）。这种更高增加的温度容许颗粒尺寸达到 100μm，因此是一个更好的光伏质量的多晶硅层。这种被称为转移技术是有前途的，可代替制造甚至是单晶硅结构薄膜太阳能电池片（参见文献/5-25/、文献/5-26/）。典型的来讲，厚度为 20~50μm 的单晶硅层是制作前期处理的单晶硅结构，随后是分离的和转移到任何类型的异质基层。这种硅结构可能后来又一次被用于这种途径。随着在实验室规模里达到 16.6%的转化率，由单晶硅转移硅制成的太阳能电池片对于异质层上的薄膜硅类型来说可以达到最高的转化率。

5）集成串联电路的薄膜硅电池片（见图 6-12）。这种太阳能组件的单个电池片必须是串联连接的，如果要使组件的电压优于组成的电池片，通常期望电压值为 12 伏或者 24 伏。所有薄膜技术的主要优点是串联连接单个的电池片成为组件可能需结合真实的电池片制造技术。串联连接过程完全依靠硅片为基础的太阳能电池片的制造技术。而串行连接的过程完全独立于以硅片为基体的太阳能电池的制造和检验，薄膜组件由单个电池片位于基质或者叠加层的薄片安装组成。

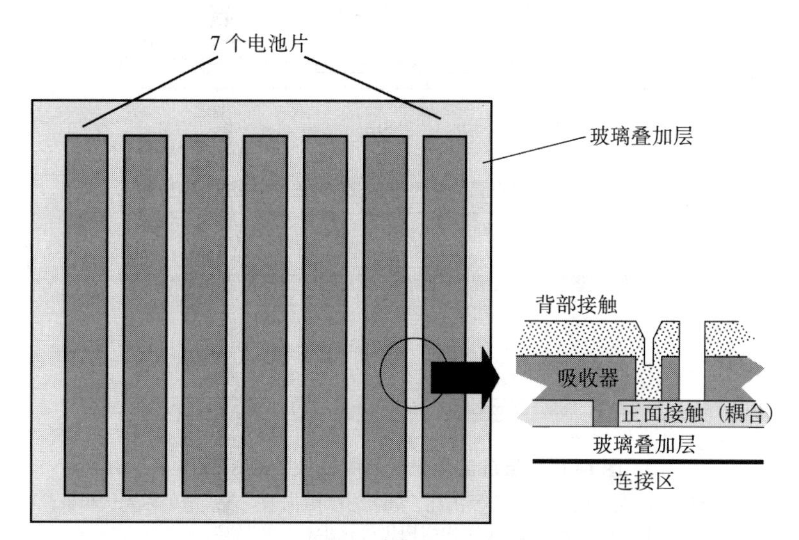

图 6–12 在基板上的薄膜太阳能电池单元条的集成串行连接
（例如，串联连接相关的电池片单元条的底层电极到下一个单元条的顶部电极）

对于这些太阳能栅线的串联，有三步结构必须在太阳能电池片制造过程中执行。图 6–13 显示的就是这些集成串联的生产原理下用氢钝化非晶硅（a–Si∶H）薄膜太阳能电池片作为一个例子。首先，光玻璃叠加层涂有透明导电的氧化亚锡铟层。其接着会成为正面的接触体，在第一结构化的步骤中被周期性移除。在接下来的几个准备步骤中，光伏活跃层（吸收层）是被放置的。对于进行了氢钝化的气象硅的太阳能电池片来说，这个制作步骤包含三个层的沉积物（p 掺杂的、i 掺杂的和 n 掺杂的 a–Si∶H），假如简单的 p–i–n 型电池片或者六层排列的电池片被制成串联电池片。在吸收了第二步的沉积物后，一个微小并行定位的结构化的步骤被执行，它去除了吸收层而非前端接触体。然后后端接触就会沉积，于是依靠两个前述的结构化步骤，电池片焊带（汇流带）的前端焊点就被连接到下一个焊带后端焊点上。单独电池片焊带的短路电流通过后端接触避免了第三个结构化步骤。这个方法类似于以基板为基础的技术。

6）聚焦光伏系统中的太阳能电池片。聚焦光伏系统中的太阳能电池片相比支架固定的电池片照明的亮度是标准测试状态的 500 多倍。然而，更高的辐射由于高的电流浓缩了串联电阻构成了一个主要的问题。这就是为什么聚光电池片必

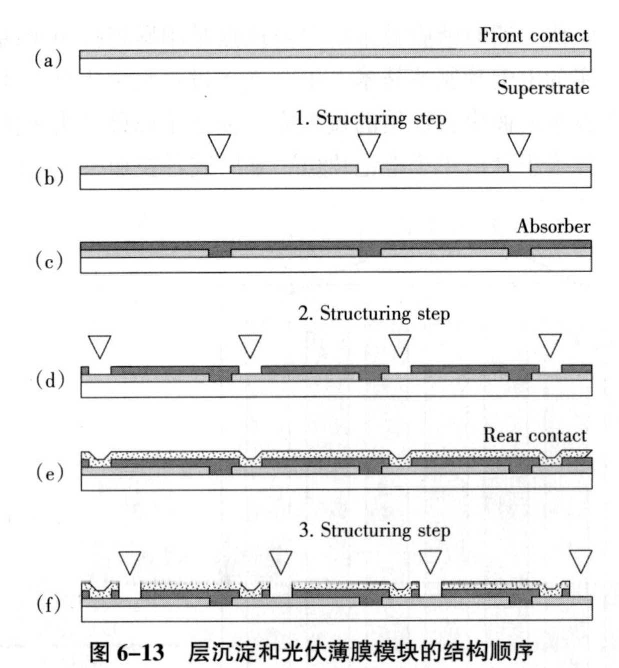

图 6-13　层沉淀和光伏薄膜模块的结构顺序

注：(a) 为光玻璃叠加层上的透明正电极沉淀；(b) 为结构化第一步；(c) 为光伏积极吸收层的沉淀；(d) 为结构化第二步；(e) 为背电极沉淀；(f) 为结构化第三步。

须有特别高的掺杂，但同时却提供给低损耗的接触的原因（参见文献/6-27/）。

地面聚光光伏系统是几乎唯一的提供硅基片的太阳能电池片，其结构与如上所述的高效率的硅太阳能电池片相似。在实验室 140 倍聚焦辐射的条件规模下，他们让电子转化率规模达到了 29%。

此外，集中电池片基于砷化镓（GaAs）和三元 III-V 副族合金，对一部分封装的串联结构已经进行了研究和调查。关于向 epitactically 增长的单晶硅串联结构，在 100~300 倍的聚焦下已经报道出转化率高达 34%。

对于这种聚焦体的系统特别重要的是要避免高温环境，这也可以导致功率的损耗。此外，聚焦系统需要注意的因素是，必须需要两个轴跟踪的系统和一个直接的辐射物。

7）由多孔的二氧化钛（TiO_2）制成的镀膜的电池片。电化学的太阳能电池片由纳米多孔的氧化钛利用二氧化钛（TiO_2）粒子层，典型的颗粒大小为 10~20nm。这些纳米材料的接触层确保由液态电解液运用氧化还原反应的 J_3^-/J^-电子转化。这种类型的太阳能电池的光伏活跃度取决于铷染色的单分子层被二氧化钛颗粒表面吸收。由于能透气的海绵型结构的二氧化钛，其表面是电池片表面的 1000 倍大。被染色而吸收的太阳光仅仅取决于这片区域的放大。

这些电池片表面被辐射的光子将一个在镀膜层里的电子从基态跃迁到激发态。这些位于镀膜吸收层到层的连接物可以很剧烈地在兆分之几秒内使受激电子射入层中。当染色镀膜被电解液制造出来后，例如，一个电子被传输到了镀膜的除基态以外的部分。

图 6-14 给出了设计这种太阳能电池片的概述，就像简单的能量计划对于基本的光伏积极性，基本的电荷分离于是需要三个步骤：

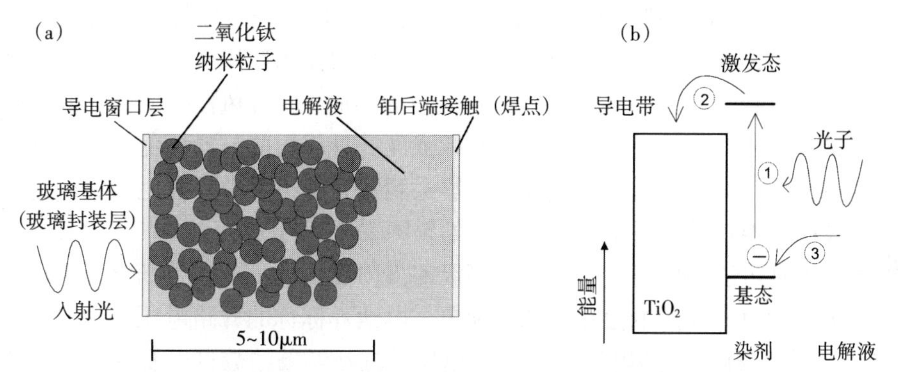

图 6-14 （a）纳米多孔染色太阳能电池片的原理图（单分子染色层吸附厚度约 20 纳米的纳米粒子）；（b）简化了的电荷载流子的原理图

- 镀膜染色层的激发；
- 镀膜染色层中的电子从被激态射入的导通带；
- 在电解液中重新形成染色层。

电荷分离最终是依靠光伏电子通过二氧化钛网状物到达正面接触层的扩散来生成的，同时电解液在相反的背面铂（Pt）电极再生。

另外，这个新的太阳能电池片技术引人注目的是材料花费低、生产流程简单，因此可以产生有意义的成本节约。但镀膜太阳能电池片的物理特性不同于其他（固态）所有的太阳能电池，其还没彻底地进行研发，因此还没有被全面掌握。实际上，主要的电荷载粒子转移进镀膜太阳能电池片就相似于电荷载流子转移过程实现于光合作用过程中。

在实验室内，当第一个小的太阳能组件达到 5%以上的转化率时，镀膜太阳能电池的转化率已经高于 10%。现在，已对这种太阳能电池片的镀膜进行研究，使其有长久的稳定性（参见文献/6–28/）。重点强调增加电解液的替换，用凝胶或者固体电解液来避免模型漏电的风险。另外需要了解的是，这些类型的太阳能电池片包括多数在固体流程中更易受老化机制影响的电化流程。

（5）太阳能组件。单个光伏电池结合的光伏组件形成了基本的太阳能发电单元。通常来说，这种组件包括内部电气连接的光伏电池片，含有前玻璃面和后侧盖的包装材料、电气连接线缆或者接线盒，以及局部通常由塑料或铝制成的框架。然而，同样也有一些需要特殊密封措施的无框架组件越来越多地投入使用。单个电池片封装到组件中有助于保护其免受天气的影响，确保额定电压的上限级和各自的最大安培，于是可以让安装的光伏发电机符合用户要求的电流电压特性曲线。

电池片的内嵌以及边缘封装都需要遵循高要求。例如，电池片表面受温度影响的波动范围为-40℃到将近 80℃，在一年中必须使其免受任何一种湿气（例如雨和霜）损害，这个过程贯穿 20~30 年或者更长的技术使用寿命。此外，当其机械性能因受直径大于几厘米的冰雹或者风速为 50m/s 的阵风侵袭而劣化时，必须采取保护。另外，还需确保要有高的绝缘强度并且使用的材料要免受细菌的侵害和动物（例如鸟类）的损坏。市场上能够买到的光伏组件需要满足所有的这些要求，以及确保能在整个技术使用期里自始至终安全运行。

由于各种可能的应用，各种功率等级的太阳能组件出现在市场上。组件标称为开路电压的由串联的电池片的数目和单个电池片标称的开路电压来决定（见图 6-15）。组件标称为短路电流的是由电池片平行互连条的数目以及单个电池片标称的短路电流来决定。这种标称的短路电流取决于电池片技术、使用材料的质量以及制造的程序，还有更重要的是电池片的尺寸。短路电流与太阳辐射以及电池片的有效表面积都成线性比例，因此，整个组件电流—电压特性曲线的改变，较之于那些单个电池片，取决于这些电池片的内部连接。

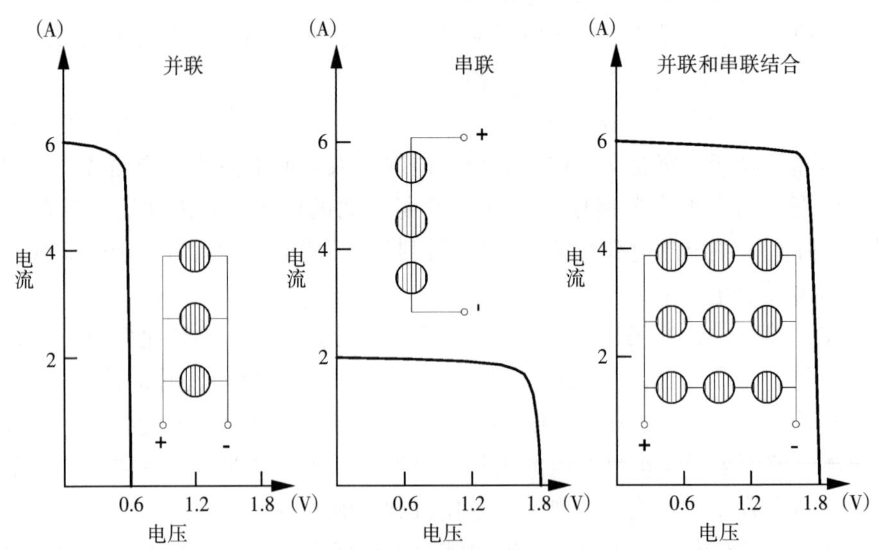

图 6-15 结合各种光伏电池片组件的电流电压特性曲线的改变，电池片可借鉴的基本单位为 2A 的短路电流和 0.6V 的开路电压（依照不同的来源）

光伏组件的额定功率取决于全部数量的电池片。常见的光伏组件额定功率范围为50~75W，由表面面积大概为100的36片硅电池片串联连接而成。然而，尤其对于并网安装的光伏设施仍然有大面积的太阳能组件的容量上达300W。如今市场上还提供表面面积为225的单个硅片。

如果运行组件上的单个的电池片投上阴影或者如果它们的原始额定功率由于产品不合格而减小，它们连接在组件内部就不再发电，而是起负载的作用。按照这种类型的连接，它们将或者运行在反向偏置（电压方向有误），或者超过它们的开路电压（电流方向有误）。在不利的情况下，它们可能会比周围的电池片产生更多的热量（“热斑”效应）。

单就不利影响而言，串联电池片的局部遮光会造成相当大的损失。作为一级近似，电流在一系列串联电池片中由它们当中最差电池片的电流决定。因此，由于局部阴影造成的损耗要在整个面积的阴影损耗中占更大比例。对于这种电池串联或者并联的电池片，损耗仅与阴影面积成比例。

尤其是考虑到阴影的影响，对于光伏电池片的集成建造是很有必要的，因为，例如外观元素、框架以及窗口经常会造成局部阴影。这就是为什么设计需要仔细分析来避免过多的损耗。

对于连接几个组件模块的有效的保护措施在图6–16进行了概述：一般而言，它们同时提供一些电池片的连接组合成一个组件，旁路二极管（续流二极管）与

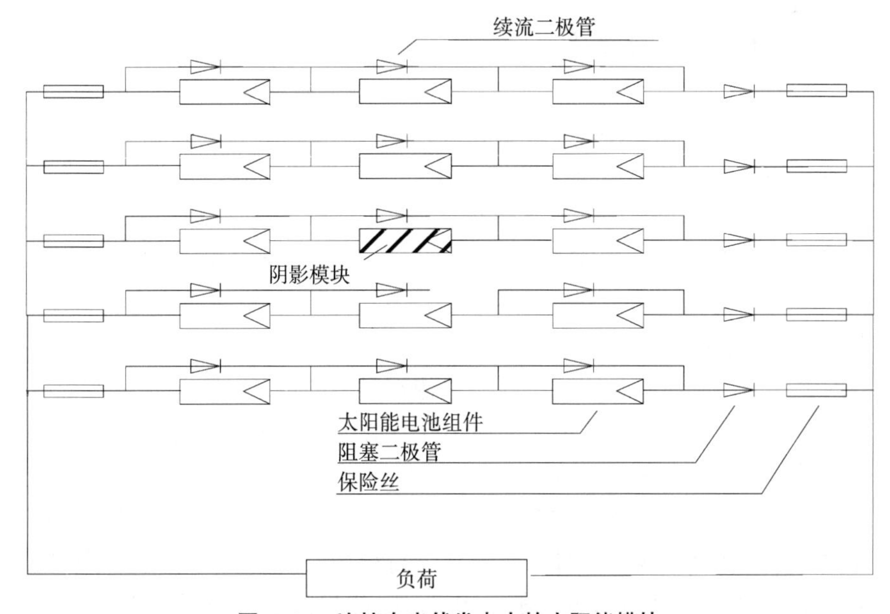

图6–16　连接在光伏发电中的太阳能模块

资料来源：文献/6–10/。

电池片并联，保护有可能由阴影导致热斑的太阳能电池片。合并接入阻塞二极管保护电池片互连条上的平均电流不会反向流通，如果其电压低于邻近的电池片互连条，那么可能由于有局部阴影或者电池片性能发生了改变（例如，损坏的电池片）。

然而，经验告诉我们，既没有旁路二极管在组件的单个电池片互连条上，也没有阻塞二极管在组件的末端是必需的。这种安全措施造成了更多的能量损失从而增加了成本费用。此外，二极管比起电池片和组件来说技术使用期更短。然而，如果几个组件连接成为一个大的单元（阵列、阵列场和发电机），情况便有所不同，因为局部阴影更像是会在这些情形中出现（例如，当云彩漂浮过天空，投影会形成建筑、树木等在一天的光伏发机的组件上）。在这种情况下，上述讨论的转化效率就被认为是组件代替了独立的电池片。每一个组件因此被续流二极管桥接到了一起，这些有时会由制造商提供以及合并入组件中。现今，阻塞二极管通常被忽略掉了，因为电流的均衡不会损害安全性。此外，附带保险丝到组件互连条的终端来防止组件中的互连条发生短路时组件和电缆会过载。

由于单个电池片的串联给光伏组件造成的损失总计占单个电池片终端夹或者连接电缆有效电能的 2%~3%。如果几个组件组成大的发电机单元，这些取决于发电厂规模的进一步损耗量必须要考虑在内。然而，对于特定类型的组件，每个电池片的前期选择要参考它们的电气性能参数，然后通过制造来减少这些损耗。

6.2.2 其他系统部件

(1) 逆变器。太阳能发电机和电池储能系统的原理一样，传输直流电压或者直流电流（DC）。许多小型电子器件（比如电子表和计算器）都设计成直流供电。然而，大多数电器工作需要幅值为 230V、频率为 50Hz（在一些地区为 120V、60Hz，例如美国）的交流电压（AC）。甚至对一些未连电网的独立光伏系统来说，使用逆变器是为了频繁周期性地将直流电（DC）转换成适用的交流电，这是商用电器必需的。然而，逆变器必须要使并网的光伏发电机产生的电力与所连的电网之间的电力特性相匹配。有一种特殊类型的设备被称为水泵逆变器，它能够将光伏发电机提供的直流电转换成电压和频率可调的交流电，以适用于对水泵旋转变量的操作（参见文献/6-29/、文献/6-30/）。

用于连接光伏用电设备的逆变器的功率范围大约从一百瓦直到几百千瓦，应用了各种各样的拓扑结构和部件。它有一个持续增长的市场，新的发现会导致新型的逆变器理念和产品（参见文献/6-9/），因此接下来仅概括逆变器设计的基本原理和主要需求。

1）岛型逆变器。虽然欧洲低压电网只提供 230V/50Hz 的正弦波电能，岛型逆变器根据电压形状可细分为三组：矩形逆变器、梯形逆变器以及正弦波逆变器（见图 6–17）。在小功率的范围内，例如在直流电网中给当地独立的交流用户提供，会多次使用矩形或者梯形逆变器。与此相比，在大型系统（超过 1kW）里，正弦波逆变器使用得最普遍。如今小规模的应用中也有使用正弦波逆变器的趋势。

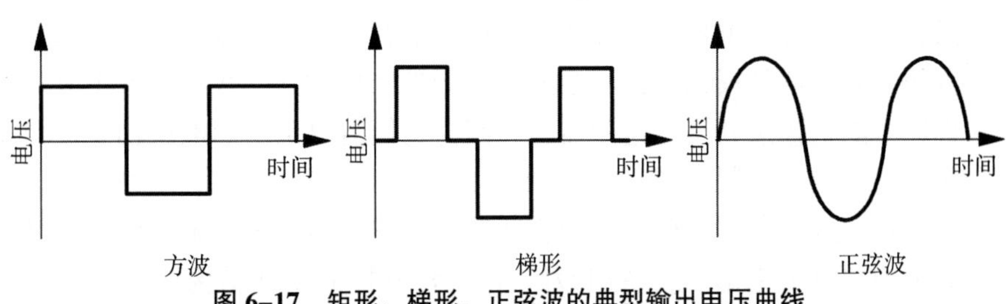

图 6–17　矩形、梯形、正弦波的典型输出电压曲线

方波逆变器的特点为结构比较简单。图 6–18 中举例所示为一个电压为 12V 或者 24V 的电池用于频率为 50Hz 变压器主端，电流通过了包括开关 S1~S4 有交换特性的桥电路。开关 S1 和 S2 通常为二极管或者 MOS 场效应管，在第一象限处于关断状态。S3 和 S4 在第二象限有同样的应用。这种关断直流电压随后被变压器转化为需要的输出电压（参见文献/6–29/）。

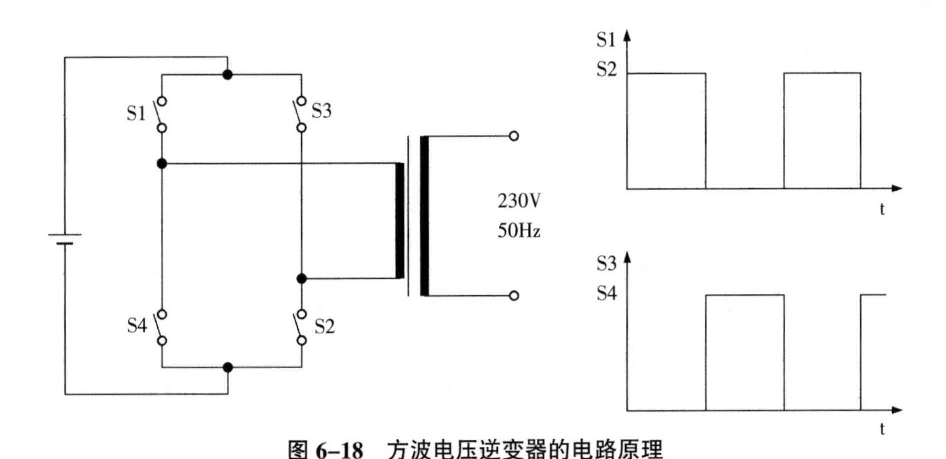

图 6–18　方波电压逆变器的电路原理

这个概念有个缺点就是输出电压水平与电池电压的波动成正比，例如，其终端放电电压为 11V，排气电压为 15.5V。对于一个 12V 的铅蓄电池以及一个模拟恒定传输比的变压器，其输出电压的覆盖范围为 210~297V。

这种所谓的梯形或“类一正弦”的逆变器基于相同的电路原理，且避免了上述缺点。然而，它的输出电压内含有一段空白间隔。用一个适当的控制电路可以确保其空白间隔的宽度是可调的，以至于甚至对不同的输入电压也能达到基本上恒定的实际输出电压。

在这种逆变器运行时，经常需要查证是否有预定的电力用户，其通常设计成正弦波的电压，能够可靠地在给定的电压条件下执行。通常来说，这种特性的电能会提供给日光灯、熨斗或者其他简单的用电器（例如电钻）都不会有任何问题。然而，如果这种用电器装配在变压器或者电容分压器的电力入口，就会产生噪声或者相当大的额外损耗，甚至会给用电器带来损害。一些电子家用电器（例如洗衣机）不能直接接到这些逆变器上，因为它们需要确定的电压轴零点交叉的正弦电压提供给内部控制系统。

相比而言，这种输出正弦电压的逆变器和那些公共供电系统一样，可以毫无问题地给所有的用户提供可靠的电力。在各种各样的拓扑结构或电路中选出图6–19所示的脉冲宽度调制（PWM）逆变器及其原理。

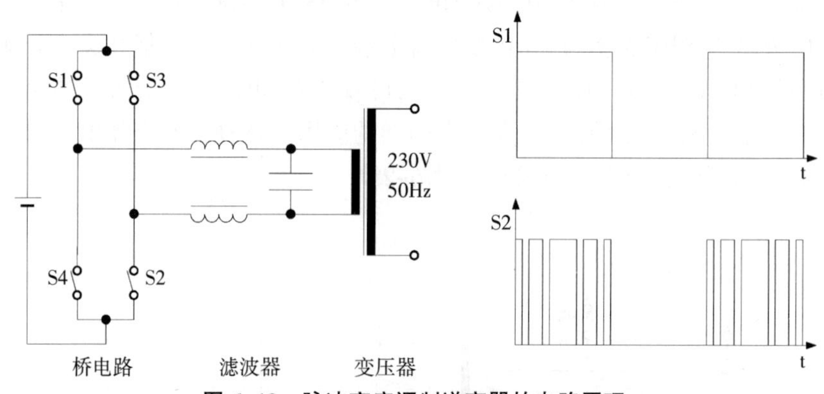

图 6–19 脉冲宽度调制逆变器的电路原理

不同于矩形逆变器的输入电压在非常高的频率范围（几十 kHz 到几百 kHz）是大量衰减。对于正电极半波的正弦振荡，在图 6–19 中开关 S1 是持续关闭的，同时开关 S2 在高频可变的脉冲下被不断打开和关断（脉冲宽度调制，PWM）。一个适合的频率模式可以确保方波电压产生在桥电路的出口，其时间段内的平均曲线是正弦波。下游段的滤波器会抑制（滤除）这个信号的高频部分，致使在电压输出口，只有所需的正弦波的电压存在。下游的变压器会调整电压为所需的230V。这种系统组件可以在输入电压足够高（>350V）的情况下被忽略。这可以产生与逆变器相关的电能节约以及比较高的转化率，特别是在较低的局部负荷范围里。无变压器的逆变器也明显减少了重量。

对于独立的系统或者孤立的电网，这种高的输入电压在当前仅提供给大型工厂，其实质主要是由于蓄电池需要串联在一起来获得这种高电压。然而，由于不同电池片个体性的风险，在高压等级下运行蓄电池比在低压下困难得多。对于安装容量高达 10kW 的电厂其输入电压范围通常在 48~60V。

为了避免这些缺点，另一种类型是在电池和逆变器之间含有一个 DC/DC 整流器来提供适当的电压等级。这个理念可以给任何类型的光伏系统设计无变压器的逆变器。所有无变压器的类型的一个缺点是事实上它们没有触电中断，因此必须将一些额外的安全特性集成在里面。

依据此类应用，以下是与岛型逆变器相关的规格要求（参见文献/6–29/）。

● 高效。岛型逆变器的转换效率应当尽可能的高，在较低区间的局部负荷范围内应当已经很高。然而，如果逆变器仅不定期地在 DC 电网中开启来给一个指定的 AC 用户供电，则内部功率损耗和逆变器转化效率就成为次重要的了。但如果逆变器持续工作来提供电力给电网内的住所房子，它的自损耗便是一个关键的变量。每个逆变器内部消耗量的百分比减少了大约 10%的年平均效率。因此，逆变器的自损耗应低于 1%的额定输出功率，相应的高于 90%的效率额定输出功率为 10%。然而，85%~90%的效率在额定功率中已经充足了，因为逆变器在额定功率中的运行占整个运行时间中很小的一部分。在图 6–20 中给出的两个效率曲线中表现出来的“理想效率曲线”对于年度更高效率的光伏设备来说表现了更合适的转化率曲线。

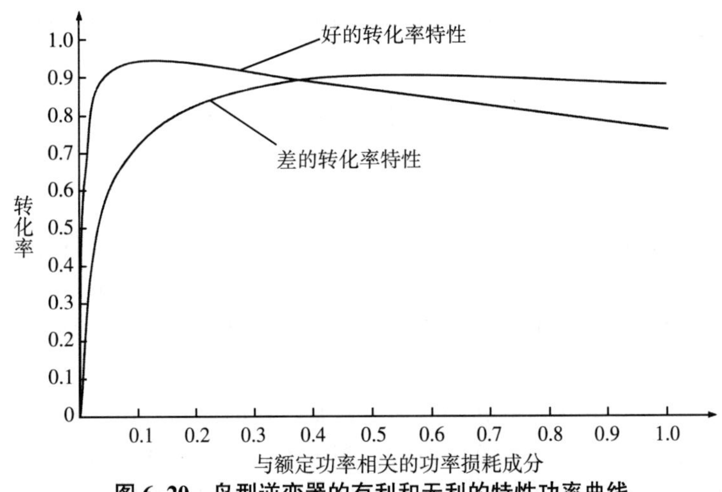

图 6–20 岛型逆变器的有利和无利的特性功率曲线

资料来源：文献/6–29/。

● 较低的自损耗。如果逆变器仅在需要时开启，其由于高的自损耗引起的能量损耗便可以减小，同时它的待机消耗在剩余时间（睡眠模式）里是很低的。然而，它需要确保即使在负载很小时，比如像小型荧光灯，也总需进行安全的检测并且逆变器是打开的。主变/从变压过程表示了这种安全负荷检测的可能性：一个小的逆变器（主变压）可确保永久的功率供应，反而从变仅仅是在需要额外功率的时候被打开并进行操作。

• 稳定的运行特性。岛型逆变器的输出电压应当使相关的频率和振幅（电压源）尽可能的稳定。这尤其使用在更大规模的电厂里，如果有许多客户需要同时提供服务。在大型用电设备启动（例如，洗衣机、电冰箱）时电压等级不能失效，并且导致例如使同步操作的计算机崩溃。

• 正弦波形输出电压没有直流偏压。输出电压应该是正弦波（例如，少量的噪声或者失真）。一个指示器是失真的因素之一，其能够低于 5%。此外，输出电压不会有直流偏压，因为它可能会预磁化而使变压器和电动机劣化。此外，逆变器应该能作为操作电感以及电容性负载（例如，荧光灯、交流电动机）和不对称的负载（例如，头发吹风机），其只有一半正弦曲线被用到。这种特性通过可容许的功率因子表达出来。对于电动机的启动（例如，电冰箱和洗衣机），应当在短期内可以承受 2~3 倍的超负载运行。

• 整个电压范围的覆盖。逆变器接入端应当覆盖整个电池电能储存电压范围的-10%~+30%的额定电压。在一些最小输入电压在短期时间内下降的情况中，应将其断开，自动或通过控制输入来保护电池避免过度放电。

在未来，岛型逆变器几乎将唯一设计成正弦波逆变器和增加的设备数字将满足论及的需求。另外，大规模生产以及使用现代半导体元件还可以使其产生长远的潜在经济效益。

对于大型独立操作的混合系统有越来越多的双向逆变器使用。它们还可以给其他的发电机进行充电，例如风力发电机、柴油发电机和水电。尽管系统依靠上述提到的措施被简化了，但逆变器还是要处于高要求的状态。

2）并网逆变器。为了将太阳能输入电网，通常需要用逆变器将光伏系统产生的直流电（DC）转换为与输电干线匹配的交流电（AC）（参见文献/6-29/）。不同于岛型逆变器主要由电池提供直流电，并网逆变器直接接入没有额外储能系统的光伏系统。

大多数 20 世纪 80 年代的并网的逆变器是改良的晶闸管逆变器，它已经应用在无数的电力设备中。然而，这些设备在额定负载中的最佳运行往往不适合光伏发电机的典型局部负荷操作。由此，它们经常只能达到非常低的运行效率。

现代的半导体组件，例如 MOS-FET’s（金属氧化物半导体—场效应三极管）或 IGBT’s（绝缘栅双极型晶体管）结合在优良的电路技术中，引发了特殊太阳能逆变器的发展，使其性能在20世纪90年代初有了显著改善。尤其系统的自损耗已经极大地减小了，以至于在90%以上的需求效率便可达到10%的额定输出功率。同时，岛型逆变器通常转化主要能源的成分大约为额定功率的20%，在中欧的太阳辐射条件下的并网逆变器在整个功率范围内有一个相关的平均分布的负载。除了低的自损耗，并网逆变器同样有高效率的输出功率的特性。同时，在市场中功率范围从10~100kW的广泛的设备使用范围变得可行。通常来说，在MW范围内的设备包括几个逆变器［例如，300kW的设备运行在主/从模式（常常带有自绕线主变压器）］。为了这个目的，需运用到一个应用领域很广的原理。其中一些将在下面讨论。

- 电网整流逆变器。根据其设计，电网整流逆变器需要一个强力的电力网来运行。晶闸管作为基本的电子系统元件，具有鲁棒性和经济实用性。然而这种逆变器通常有失真（噪声），会导致提供的输出电压或者相关输电线电压的象限移位。因为这些缺点，需要额外的滤波器和补偿措施，其他概念在低电压范围会产生更多的成本效益。但是晶闸管逆变器仍然适用于几百千瓦及以上的功率范围。
- 自整流逆变器。自整流逆变器基于脱离的电源开关，因此不需要额外的电网来进行正常操作。一个广泛应用的功能的原理是脉冲宽度调制（PWM）来提供宽波段的电路拓扑结构。与岛逆变器相比，电网接入的逆变器需要与电网同步；逆变器的持续操作在万一功率在电网中失效的情况下必须尽一切办法来保障其安全，为了使建立的独立电网的风险最小化，所有的输电干线是没有连接的。例如，德国规定了太阳能逆变器的正弦相位电网的管理，简称ENS。这些规章的目的是防止输电干线的区域被认为在没有连接的情况下由于逆变器而保持通电，所以确保了在电网中的维修工作能够在安全的环境中执行。其他许多国家缺少这种规章。

倘若输电电压足够高，逆变器就可以直接输送电力网而不需要一些变压器进行电压调整。除了减少费用、重量和体积，直接输送给电网明显地减少了逆变器的自我损耗。后者，反过来说，有助于改进局部负载范围内的效率。因此，这就是一种无变压器的面向概念的趋势。

设备提供给变压器可以进一步区分的系统配置是50Hz的变压器以及高频率的变压器。后者提供了重量和体积上的优势，但是同样更容易发生更高的损耗和故障，可能会导致更复杂的电路布局。对于这些设备，有种趋势是面向更简洁和可靠的理念，凭借使用高质量的元器件而得到一个更有利的效率曲线，尤其是对于50Hz的变压器而言（参见文献/6–29/）。

第一代的并网设备已经装配有中枢逆变器。因此，光伏组件首先需要进行串联（互连条）来获得需要的电压。为了保证需用功率，这些互连条随后应运行在并联状态。这种内部连接的光伏发电机然后便输送给独立的逆变器。有时其各自电力被分配到几个操作在主/从模式下的中枢逆变器。

分散式模块化的逆变器日益受到重视。这种设备可进一步地在逆变器中分为小型逆变器（分支理念），同时逆变器集成在单个组件中或者甚至直接合并进它们的接线端子中（面向模块的逆变器）。这些思路（理念）提供了一连串的效益。

• 每一个组件或者组件团最适宜运行在其最大功率点（MPP）。

• 损耗是由于不同组件的特性曲线（失配损耗）减小了。

• 局部阴影只影响独立的模块或者模块组。

• 逆变器故障仅损害相关的发电机组。

• 组件的线缆或者模块组位于各自其中的仅执行在交流电流（AC）端，因此降低了传统技术（直流电（DC）电弧）的潜在危险。

• 许多小的等同单元的大规模生产可以使成本降低。

然而，除了上述提到的效益，同样还要预测到一些不足，并且不得不通过更精确的独立设备的设计来进行补偿。

• 尤其是模块集成的逆变器受控于高的热应力，其需要使用合适的设计元件。其中一些元件享有 25 年的保用期。然而，关于模块集成逆变器的技术寿命和相关的模块仍然有很大部分需要弥补。

• 对于模块集成逆变器的代替，例如在外部框架的使用上，是很昂贵的。

• 许多小的逆变器的功能需要被中枢部位控制。例如，这种需要可以通过在电源线上传输数据而不需要额外的布线来满足，但是需要在通信界面有特殊的效果和投资。

• 电能逆变器很难增加逐渐减小的额定功率来使光伏用电设备得到合适的功率曲线，因为其自身的能耗不能被平均减小。因此，对于非常小的系统，需要预期减小整体效率。

特别地，对于目前大型工厂的安装，有一个趋势是大型逆变单元，范围从 5kW 直到几个 100kW，可以进行监测。大型的逆变器单元可以相当大程度上减小逆变器的费用，既包括原始的投资费用，也包括维护、监管和修理的运作费。

总体来说，电网连接的逆变器应当满足以下需求（参见文献/6-9/、文献/6-29/）：

• 输出电流需要与输电干线同步。不同于岛型逆变器应该提供基本的恒定输出电压（电压源），并网逆变器扮演的是功率源，其电流取决于当前输入的功率水平。

• 输出电流应该是正弦曲线。失真以及因此泛音的等级必须不能超过规定的极限值。

• 输出电流中不应有直流偏压，因为其在电网中的 premagnetise 变压器可能同样会损害漏电保护开关的功能。

• 输送的电流以及电网电压不应当出现一些相位位移，来避免在电网和逆变器之间由振荡产生的无功功率，其或许会产生额外的损耗。未来的新生代逆变器需要有源无功补偿来增强供应质量并减小传送损耗。这类工厂的此种运营因此可以给电网运营者创造额外的价值。

• 万一发生异常的操作情况（例如电源电压丢失或者过量、目标频率偏差大、短路或隔离故障），逆变器必须自动与电网切断。为了监控电网的参数特性，例如电压和频率，在过去所有三相电的监控同样要求监控单相逆变器。因为 ENS（设备对电网监控使用的分配串联开关）的启动要使光伏用电设备达到 5kW 以上已经是认为简化了的。通过测量电网的阻抗、动态电网阻抗变化以及电网电压和频率，这个系统可以探测电网的故障并用两个独立的开关将逆变器和电网断开。对于安全目的的监控设备必须要有冗余设计。依据工厂理念，这种 ENS 可提供给单个逆变器，也可提供给多个逆变器。

• 进一步的安全组件例如绝缘体或者接地漏电保护开关适合于 AC 或者 DC 的电流，必须与逆变器理念提供的一致。

• 脉动控制信号通过电力供应公司整合进电网电压，必须不能被逆变器失真或者干扰其运行。

• 入口侧应当适合太阳能发电机，例如，通常使用的 MPPT 算法通过在周期间隔内，如每一分钟或者每一秒，运行搜索函数来决定光伏发电机的最大功率点。为了这个目的，太阳能发电机的工作电压可通过一个很小的量值进行修改；按照这个操作，如果逆变器的输出功率增加，搜索方向会在下个搜索函数中被保持，否则它就会被反向。最优电压值由这个程序决定，其将会保持到下一个搜寻。由于这个方法途径，工作电压受一定范围内各地波动的实际最大功率点（MPP）的支配。其他周期间隔内的 MPPT 进程通过光伏发电机特性曲线的特定区间来决定最大功率点，这些也一直保持到下一次的搜索功能。

• 输入电压的起伏值（电压波动）应当较低（$<3\%$），使单相逆变器输入电能到 50Hz 的电网来确保逆变器运行在最优工作点。为此，需要一个足够尺寸的缓冲电容器用于逆变器的接口处。

• 超额电压，例如由理想的太阳能发电机在较低的温度和较高的太阳辐射下产生的，或者由远处的闪电造成的，其必须不能对系统造成任何损害。

• 逆变器相比光伏发电机通常将额定功率设计得稍低（例如，因数范围从 0.8 到 0.9）。这取决于一个现象，即太阳能发电机仅有很少达到它们的额定功率，因为太阳光辐射期间会使整个组件的温度升高，从而减小了所有电池片的转化效率。除此之外，较小的逆变器显现出更低的自损耗。尽管研究整个效率比可以发现一个最优状态。然而，如果逆变器出现超负荷，逆变器功率的输入必须通过对开环电压置换操作点被精确地限制。在理想的状态下，可容纳的功率适用于电流被动冷温度的元件，然而在没有最优解决方式的情况下就需断开，并及时在过载的情况下重新启动逆变器。

• 并网逆变器应当由太阳能发电机自身提供能量，以至于在夜晚时间没有来自电网的电能。此外，逆变器应当可以在非常低的太阳能辐射水平便能启动并稳定执行。

• 对于较小生产量，应已经达到较高的转化效率（在额定电压为10%的情况下要大于90%），这种被称为“欧洲效率”，可以通过考虑到的典型的能量分配及依照典型的欧洲气候的太阳能发电来简单对照不同形式的逆变器。出于这个目的，逆变器的效率可权衡为六个不同的功率等级。中间的电容量级被认为有最高的供能量，因为转化率曲线应当在这个区域有最高的场值。欧洲的最小逆变器（小于1kW）的效率应当高于90%，对于大型逆变器平均应在95%~97%。

• 如果需要，并网逆变器应该提供集成的装配有友好使用显示器和界面的自监控系统给交流系统。后者要求有持久的监控以及远距离诊断，这些没有必要让广大用户来提供。

（2）安装系统。光伏组件的电能产量与辐射的太阳能成正比。这就是为什么模块界面的方向朝太阳是很重要的。在这里，固定的装配系统和一或两个轴跟踪系统需要被区分开来。一般来说，这种跟踪系统较之于没有跟踪系统的装置，需要增加电力发电系统。对于聚焦太阳光的光伏系统，这种跟踪系统是不可缺少的，因为这种设施仅需要用在直接光辐射中。

由于这个原因，能量损耗归结于温度升高过快，还必须要考虑其归属的次优系统（参见文献/6-31/）。例如，一个光伏组件安装在距离斜屋顶只有10cm的地方，发电的额外损耗就归结于加热损耗的年电能产量相比面向太阳光尺寸相同的完全脱离电网的太阳能发电机产量在1.5%~2.5%。如果组件被全部集成在屋顶而没有其后的通风设备，损耗相比于完整的分离系统将会在4%~5%；对于一个正面合并的发电机，假设在欧洲的天气条件下，其损失总计会达到7%~10%。

安装系统设施时，必须适应于各自场所的条件和相关材料（热镀锌钢、木头等）以及土壤条件（混凝土基础、地锚桩基、桩驱动型材、无地基装置等）。要配有相关屋顶及正面的特殊安装系统。为了防止屋顶安装变形，系统安装时可能需要与屋顶表面保持一定的距离；然而，同样也有技术可能合并在屋顶。选择后者更强调建筑和美学的因素，就不需要一些传统的屋顶覆盖方式。然而，它使组件的对流冷却更困难，因此致使上述提到的能量损失增加了。

固定的系统组件方向朝南可以产生最大的产能量。若向东或者向西偏差低于30°，在许多情况下只有微不足道的影响，因为电能产量的减小低于5%（参见文献/6–32/）。太阳能最佳的倾斜度根本上取决于纬度。如果被选择的倾斜角垂直于正午的太阳高度，其精确地与各自的纬度一致。如果要达到最大的年产能量，在夏天，由于每年这个时刻有最大的太阳光辐射，太阳能组件的角度应该安装得较低。像中欧的纬度，从并网组件的角度来看倾斜角在25°~45°有最大的电能产量。

然而，还是很难设定独立组件的最佳倾斜角。系统若缺少额外的电力发电机（例如，柴油发电机），要使其在一年里可以提供相同的能量值，应当设置大约为60°的更陡峭角度。同时，这种系统中的产能量需要在冬日里进行优化，而在夏天，超额的电能通常不能完全被使用。对于独立的光伏系统，拥有额外的发电机可提供超出20%或者更多的年电能需求，其倾斜角在35°~45°最适合中欧的条件。季节性的倾斜角跟踪也有技术的可行性及需求量，但仅有很小的效果（夏天：平角；冬天：斜角）。

太阳能组件对太阳光真实高度的跟踪可增加产能。需要对下面的跟踪系统进行区别：

- 围绕着水平旋转轴的单轴跟踪；
- 围绕着极轴的单轴跟踪；
- 单轴跟踪，其围绕着垂直旋转轴倾斜安装组件；
- 双轴跟踪。

总之，单轴跟踪系统比起双轴系统在工程花费上需求较少。依据跟踪模型以及场所的特殊条件，单轴跟踪系统可以增加20%~30%的产能。双轴系统可达到最高的产能量，然而，后两个单轴系统选项的生产量仅仅稍有降低。跟踪系统只需要很少的电能，在年度产能量的0.03%~3%范围内变动。当太阳能辐射时，其特性是直接辐射占有较大成分，跟踪系统的能量需求就接近于上述提到的间隔较低值。如果可利用的太阳能以散射为主，这种情况则反之。

小型的并网光伏系统通常固定安装在屋顶，并且通常由于土木工程或者美学原因不装配跟踪系统。对于平的屋顶，例如车库和工厂厂房的情形就不一样了，先进的跟踪系统会由于相关的性价比而受欢迎。并且如今的调查显示被动跟踪系统很受欢迎。

然而，必须注意到随着光伏组件加大降低成本，跟踪系统开始变得不那么有吸引力。较之于固定系统，跟踪系统需要更多的空间、更高的维护成本、更贵的安装设备，并且在中欧的气候条件下，其仅有很小的降低成本的可能性。

在中欧的条件下，即使对太阳能发电站安装较高的电力（即MW级别），也主要使用固定安装系统。当比较可达到的额外输出电能与所需的额外成本时，较之于固定安装系统，跟踪系统到目前为止总是会牵扯到更高的成本花费。然而，这种情形或许会因一些地方的太阳能直射辐射占有较大份额而不同。

特别是对提供焦距透镜的高聚焦系统需要非常精确的双轴跟踪系统。就所有的聚焦系统而言，只有直接辐射可以被聚焦。因此，这个技术难以应用在中欧，鉴于其年散射辐射大约占总辐射的50%，但是在直接辐射占高于80%的例如西班牙或者北非是有利可图的（见2.2节）。

（3）蓄电池和充电控制。只有在很特殊的情形中并网光伏系统会与电池相连，电池是独立供电系统中的集成组件。电池存储中电能由光伏组件或者额外的发电机提供，同时当客户需要电能时就提供给他们。典型的来说，优先于消费，会有70%~100%的电能马上储存于这种系统中。电池也允许连接到功率要求高于相应的光伏发电机额定功率的用户，因为根据电池的排列，它们可以提供非常高的功率。

但是，电池有有限的技术使用寿命，在整个光伏系统的使用期（其由光伏发电机的大约25年的技术使用期决定），不得不在使用若干次后更换。计算系统的整个使用期，概括起来电池的花费通常占了整个使用期花费的20%~40%，因此它代表着主要的成本要素，等级甚至高于光伏发电机。因此，蓄电池的整个技术使用期长短在很大程度上取决于应力剖面和操作策略（例如，蓄电池的管理），蓄电池尤其需要重视规划以及电池与光伏系统的耦合操作这两方面（参见文献/6–9/、文献/6–29/）。特别在经济方面值得一提的是铅基体蓄电池的可利用性，它当今是一种大众产品，还没有显著的“规模经济”效应。此外，由于即将到来的国际市场资源短缺而导致的价格上升，预计铅蓄电池会变得更加昂贵。

给小器件（例如电子表和计算器）直接提供光伏电能，首先会使用镍镉电池。除此之外，还有镍—金属—氢化物电池、铅酸蓄电池、锂基体电池系统，以及电容（所谓的双层电容器或者超级电容器）在使用中。提供的小规模光伏系统和混合系统通常装配在常见的铅蓄电池中。

到目前为止，除了上述提到的小型家电消耗，只有铅酸蓄电池得到了重要使用（参见文献/6–9/、文献/6–33/）。然而，这种铅酸蓄电池有个欠佳的比重能量密度，为20~30瓦时/公斤（Wh/kg）。但是，这个缺点对于其在光伏供电系统中的使用来说是次要的，因为它不同于使用在电动车里，电池工作在静止状态而不需要运动。

这种铅酸电池（蓄电池）以化学能的形式来储存电能，它会通过放电重新转换成为电能。化学能储存在两个电极（正电极和负电极）中，两者之间有电势差。图6–21所示为一个铅酸蓄电池的示意图。当完全充满电时，正电极由多孔的二氧化铅（PbO_2）组成，负电极含有多孔的海绵状的铅（Pb）。两种电极的多孔性远大于 50%，并且活性物质必须要有一个良好的晶体结构来提供大的活性表面。这两个电极浸在有导电离子的稀硫酸（H_2SO_2）电解液中，并被一个可渗透离子的隔板分开以防止短路。电化过程的充电和放电触发电子流与离子流之间进行相互转化。

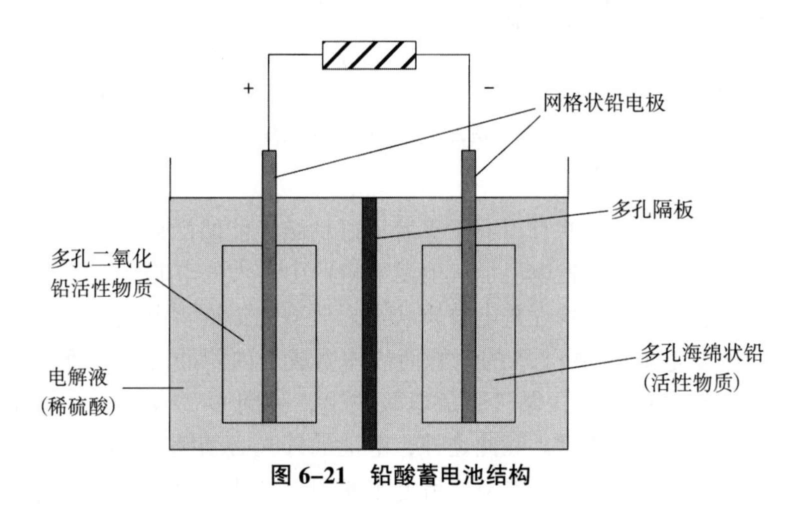

图 6–21 铅酸蓄电池结构

在放电过程中，两种活性物质通过消耗硫酸转化成硫酸铅（$PbSO_4$）[等式（6–3）]；这个过程稀释了电解液的浓度，因此使电解液的物理与化学性能（包括冰点、导电性、在腐蚀方面的强度和硫酸铅的溶解度）都发生了改变。铅酸蓄电池的电气特性随着放电深度的增加而衰退。

$$PbO_2 + Pb + 2H_2SO_2 \underset{\text{放电}}{\overset{\text{放电}}{\rightleftharpoons}} 2PbSO_4 + 2H_2O \tag{6-3}$$

这里有很多种类的不同设计的铅酸电池应用在市场上，可分为为大容量而设计的电池（例如机动车的启动电池）、为较长的技术使用寿命和可循环使用多次（主要为不间断电源供电）而设计的电池，以及为了很强的循环操作性（例如，适合于电力机动车、叉车升降系统或者轮椅）而设计的电池。按照各自的需求，不同的电极设计和几何学被应用，主要的区别可见于“平板电极”和“管状板电极”，如图 6–22 所示。近来还有带绕线电极的电池在使用。它们在一些应用领域里有非常好的前景成果。

对于平板电极，有一个网格从硬铅（铅合金中有锑或者钙为进一步的添加剂）上携带活性物质并粘贴到网格的里面和外面。这种设计提供了一个有成本效益的生产和大功率密度的优点。对于管状电极板，活性物质要填充到围绕着一个中心硬铅棒的多孔管。这种主要应用于正电极和生产成本较高的极板技术，有非

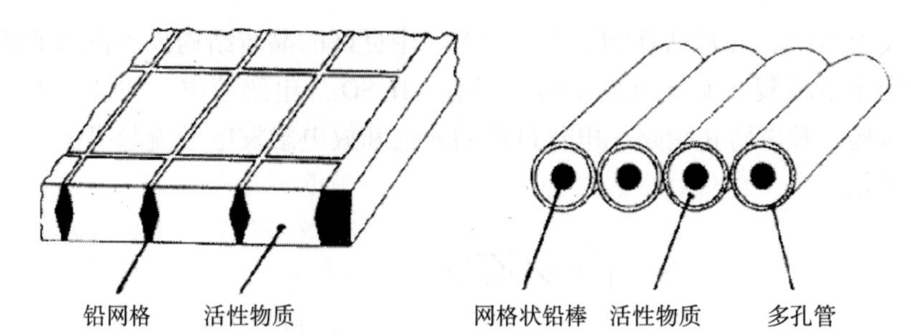

图 6–22 适合光伏蓄电池的电极类型

注：左：平板电极，右：管状板电极。

常长的循环使用寿命，这些都得益于有着良好粘结性能的活性物质。这种电极类型因此在混合系统（光伏发电机加其他发电机）中有大的电能传输时是理想的。

一个更深层次的典型特性是电解质状态。典型的铅酸蓄电池提供有液态电解质（所谓的浸没电池）。由于水的电解使气体生成于内侧的反应并通过电池直接排放（氧气由正电极放出，氢气由负电极放出，见图 6–23 左）。这个过程消耗水，所以必须定期重新注水。除此之外，电池的外壳必须满足高性能要求。这种外壳需要有效、自然或者积极的空气流通来避免氢气或者氧气浓度达到危险的临界值。此外，电子组件和设备必须要进行来自气体的防护，因为后者被硫酸弄湿后会有腐蚀反应。

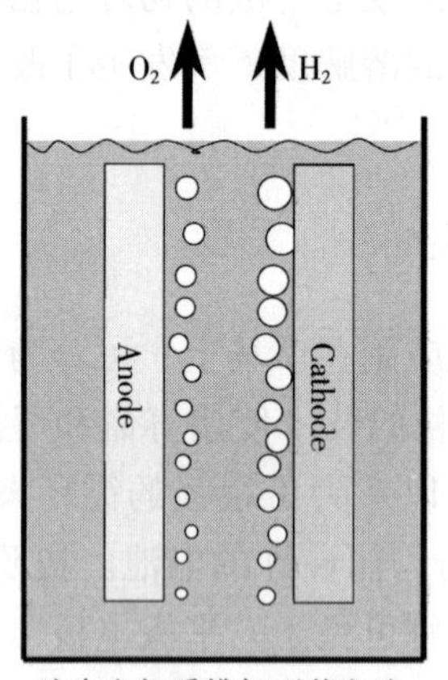

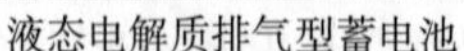

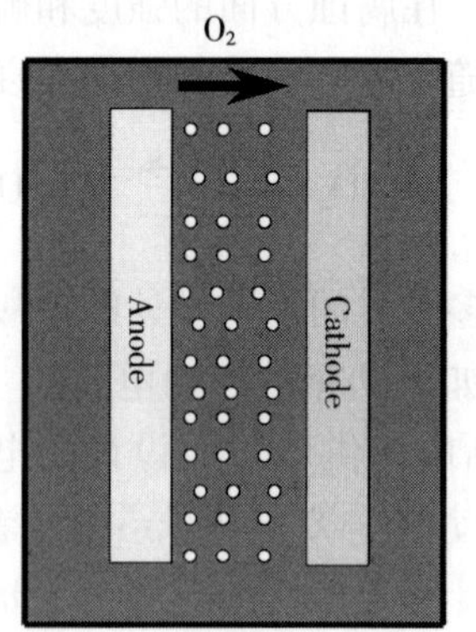

图 6–23 液态电解质电池的排气（左图）和凝胶或者 AGM（吸收性玻璃纤维毡）电解质的阀控密封电池

作为一个可替换的及所谓的凝胶或者 AGM（吸收性玻璃纤维毡）电池成为可能，其代替了液体硫酸（包含的凝胶或者 AGM 可附属酸或者把酸吸附）。这种类型的电池可以通过凝胶里的微型气孔或者玻璃垫隔板，使正电极产生的氧气扩散到负电极。当氧气再次在负电极减少了水时，没有氢气在这里产生。然而，这仅仅适用于当所有的反应很好地达到平衡时。如果不在这种状况里，会有极大的压力在电池内部产生。因此，在过压的情况下气体要通过排气栓进行释放。然而，这会导致水分流失，由于这种安全措施使电池不能重新注水。这种电池技术的有利之处是减少排气量，防止被认为低的需求在电池分层，确保更高的安装灵活性，以及防止电解液漏液和渗液。然而，其缺点是高成本、在过度充电保护方面的高需求，以及在一些应用中相比于液态电解质，有较短的技术使用寿命。不管怎样，尤其是提供管状电极的高质量凝胶电池在结合了适当的充电程序后已经显示出了令人满意的耐用性。AGM 电池相比较传统的汽车启动电池在循环使用中展现出了更长的使用寿命（参见文献/6–34/）。

这种电池的电能含量由它们的电容量和其额定电压的乘积来表示。电容量被定义为电流流量通过蓄电池放出直到达到一个特定的放电结束时的电压在安培小时（Ah）内的测量量［即安培数（安培，A）乘以时间（小时，h）］。电容量取决于放电电流、温度以及被定义为放电结束时的电压。额定电压通过材料在参与电化学反应时，可以被计算出的基于理论动态平衡一致性的无电流等价状态来定义。当为镍镉电池和镍氢电池时所示的每个电池的额定电压为 1.2V，铅电池的特性为每个电池 2.0V，以及锂离子电池为每个电池 3.6V；后者因此经常用于移动应用。额定电压定义为多少个电池片串连在一起来达到用户所需的电压等级。

有用的电池电能主要取决于相关的放电电流。电流为额定电流的表示单位。放电速率越大，电压减小的越快。提取电容量从而也作为有用的电能而减小了。图 6–24 所示为不同放电电流的放电特性曲线。安培数 I 表示以 10 小时为单元的放电电流（I_{10}），然而萃取的容量表示为与电容量相关的 10 小时的放出电流产生的有效值。按照这个基本原理，仅仅约 50%的电容量是有效的，如果电流增大 10 倍；假设相比而言，电流减小了（与 10 个小时的放电电流有关），大约有 30%更多的电容量变得有效。但是一般而言，蓄电池会随着一个大电流放电之后附加有一个非常小的电流来完全放电。

铅酸蓄电池的容量随着温度增加 1 开尔文而增加大概 0.6%，同时也会随着温度的降低而减少相应的值。额定容量被定义为按照制造商定义的典型的参考温度处于 20℃~27℃范围内。然而，磨损和自放电的效应会成倍于温度的增加，铅酸电池应用于光伏系统中的最佳操作温度因此大概为 10。

这种蓄电池储存了更多的电能，大约为 95%~98%的一个安时（Ah）—效率（库伦效率）。如果电池在局部的充电状态（<80%的充电状态（SOC））中运行在循环的操作中，安时—效应总量几乎为 100%。增加电能的接收率（典型值为 80%~90%）被称为瓦时（Wh）—效率，其结果值来自较之于放电电压时更高的

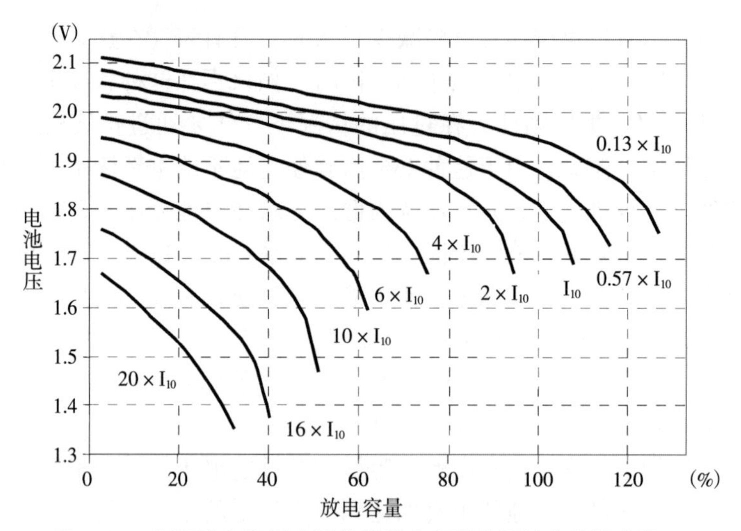

图 6-24 依照放电容量功能的管状电极的典型放电特性曲线

注：以 10 小时为额定容量的标准放电电流 I_{10}，结束放电压为 1.8V/电池片。

充电电压，在 25℃的自放电总量为每月 2%~3%。这个速率随着每 10K 温度的增加而大约增加双倍。

充电控制器对于电池的安全可靠运行是非常重要的。它们必须保护电池以防深度放电（按照电池技术，放电量不能超过 60%~80%）来避免其过早老化。此外，充电控制器可负责充电的方式。为了这个目的，电压值是有限制的，那样一方面能使电池很快充电，另一方面能保护电池以防排气和腐蚀使其损伤。这就是为什么电压需要被限制。特别是对于拥有凝胶和 AGM 电极的电池，过压可能会产生过量的气体，其若不能在内部复合就可能因此要通过排气栓来释放。这个对于让最大充电电压适应电池温度是同样重要的。最大的电压是随着电池温度的不断增大而变低以避免过量的排气和腐蚀。

由于这个原因，高的需求放置在充电控制器中为了可靠地计算应用给深放电及过度充电保护，然而，重要的是应当附上标准例如自消耗，使用者展览来显示电池的状态以及反极性电流保护。好的充电控制应当允许额外的测定电池的充电状态（参见文献/6-9/、文献/6-30/、文献/6-33/、文献/6-34/）。

（4）其他的系统组件。其他的光伏系统组件是绝不可忽略的成本因素，如组件、蓄电池和逆变器之间的直流电连接线缆。此外，保险丝、接地装置、雷电保护、电度表以及低压或者过压的监控保护都是必需的。一些组件还需要遵从法律规定，而另一些，比如说雷电保护，强烈推荐依附于电厂暴露。光伏发电站同样需要一个变压器通过需求的电力特性将电能输入到电网之中。这些额外系统组件的全部损耗总计占输送到输电干线电力的 5%~12%。

6.2.3 独立电网系统

独立电网的应用进一步可分为单机和离网应用（参见文献/6–29/）（举例见表 6–2）。

表 6–2 光伏应用的典型领域选择（各种来源）

应用领域	应用举例	额定功率（W）
小型用电器	电子表，计算器	0.001~1
消费品	收音机，车辆通风设备，工具，照明灯	0.5~100
交通工程	浮标，反射光，建筑工地交通标识，信息板	20~500
食品/卫生保健	制冷技术，灌溉	50~5000
航空航天	卫星电能供应	500~5000
通信工程	中继站，中继器，发射器，移动无线电台	10~7000
水利工程	地表至地下水水泵	400~6000
环境工程	水处理和通风设备，远程测量站，污水处理	10~200000
农业	种植栽培，牧场栅栏，户外挤奶站，家畜饮水器，鱼塘换气设备，小屋与住宅，医疗护理站	5~20000
更多独立系统	小公司，远程电力供应	40~50000
并网分散式应用	一户或多户家庭，工业区和市政建筑	1000~20000
光伏发电厂	个体发电站，混合系统，氢气生产	高于 1000000

- 在工业化国家中的应用被称为独立应用，该系统用于假如光伏电能的供应是依据电力网的成本效益、操作、安全或者环境保护的一些原因而有选择地给电力网实施供电；虽然输电线在闭合连接（at close hand）时也是可用的。如果这种独立的系统被使用到室内（在日光或者人造光下），它们就会被称为室内应用系统；一个典型的事例是光伏供电的计算器。这种系统可能会进一步分为住户型应用（例如，光伏花园灯）和工业型或专业型应用（例如，违规停车罚单印制机、城市装饰材料）。这些应用的光伏发电机的容量从几毫瓦（mW）到几百瓦（W）。
- 光伏能量供应系统被称为离网系统，该系统用于假如到最近的电网连接点的距离问题而导致的技术上与经济上等一些因素很难达到时（例如，位于阿尔卑斯山区域的小屋或者住户缺少基础设施的电力供应）。对大型的系统通常也用

“独立应用”或者“自动电能供应系统”作为其称呼。同样在这方面，系统又进一步地分成工厂型应用（在无线通信系统中占最大的市场份额）为一类，住户型供应为另一类。特别是对于发展中国家，其边境线比较松动，因为经济活动常常只可以在有电力供应的住户中进行。

光伏抽水系统在独立电网系统中占有一个特别的位置。它们的主要典型特征是没有电能储存部件。当有充足的太阳能辐射使泵有效运行时，就可抽水并储存于架高的水槽中。尽管泵也是依靠直流电工作的，但大多数的这种系统还是专门配备了一个逆变器，使泵可以工作在最优状态。

（1）系统概念。自动电力供应系统可分为：

- 有蓄电池储能的光伏系统；
- 有蓄电池储能和其他电力发电机的光伏系统（所谓的混合系统）。

纯光伏发电系统由于太阳能的辐射，仅可以依靠光伏发电站来提供尽可能多的电能。可用的电能量因此主要受季节改变和天气状况变化的影响而波动。相比之下，混合系统确保了更多的能量供应。

应用的光伏系统，例如提供给住户或者小用户的，一般包括一个太阳能发电机、一个充电控制器和与一个直流电母线连接的电能储存装置（见图 6-25）。在大多数情况下，这种系统会直接供应直流电给用户。它们常应用于露营和闲暇时间以及使机动车运行时。此外，太阳能家庭系统为发展中国家和新兴国家的农村地区进行基本的电力供应。不过，有些系统仍然需要提供一个逆变器来给用户供应标准的交流电。

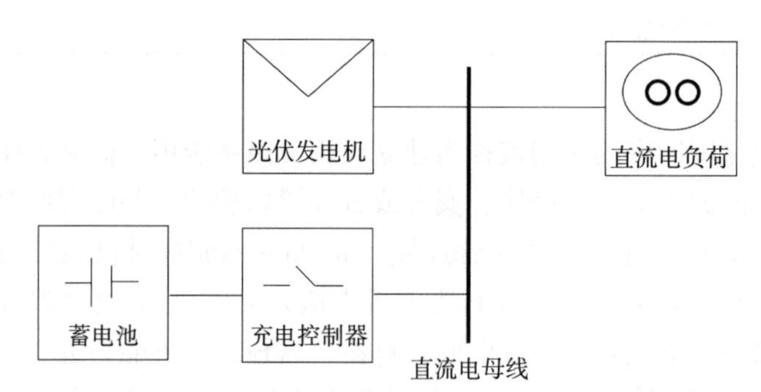

图 6-25 对于直流电（DC）负荷或直流电用户应用的光伏供电系统原理

混合系统应用在需要提供大量可靠的电能而不受季节和天气条件的制约的条件下。这对于高度因素尤其重要，例如在中欧，高的辐射在夏天的月份和冬天的月份有不同特性。为了这个目标，不同的电力发电机在倍数和电能方面彼此间完全耦合。最普遍的应用就是附加的功率发电机为装配有柴油机引擎的发电机（称为柴油发电机）。这种柴油发电机工作在因太阳能辐射量不足或者电力需求过量而使蓄电池的充电状态过低的情形里。柴油发电机的运行基于化石燃料能源。这里有个优点就是柴油燃料很容易被储存。按照各自的系统概念或者为蓄电池处于放电状态或者为柴油发电机产生直流电直接供应给用户。图 6–26 所示为一个包含电动发电机的示例框图［除了柴油发动机同时还有（生物）气体或者生物燃料的燃气发动机可能被使用］以及一个风能转换器，此外还有光伏发电机。风能转换器和太阳能系统彼此之间随着与季节性和天气相关的波动在许多地点能很好地互补。例如，在中欧，风力能源在秋天和冬天能完全和太阳能互补。此外，在有不良天气延长的期间，经常会增加风力能源的有效利用。电动发电机仅仅会在有高需求提供的额外弹性期间里为了系统的运行而开启，以确保更加顺利地运行和因此来延长蓄电池的服务寿命。

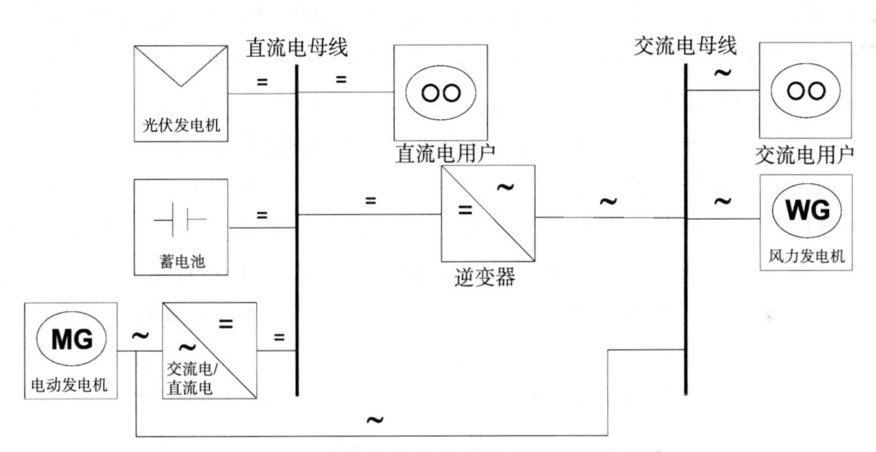

图 6–26 有直流电和交流电母线的混合系统

直流（DC）发电机可能会连接到直流电母线上，这种电力供应系统或者还有可能经过逆变器直接连接到交流电（AC）母线上。对于混合系统，例如还有小型水电站或者甚至燃料电池也可能被应用于马达或风力发电机。然而，柴油机发电机的工作仅能达到中等的转化效率（几乎在年度测量的基础上不高于 15%），同时还有高的维护需求，燃料电池的特征在于低噪声排放、局部零排放、更高的转化效率，尤其是当运行在局部的负载时，其可利用性几乎可达到任何额定功率；然而，仍然存在的高成本和低使用寿命是它们的主要缺点。

系统设计如图 6–26 所示，有一个单向的或者双向的逆变器需要被使用。在样板设计中，电动发电机依靠经由逆变器的母线来供能；依据这个蓄电池是负荷的，按照如图 6–26 所示系统的布局，风车仅能提供与交流用户直接使用一样多的电能。相反，如果一个双向逆变器用于所有系统就都可以只装配一个交替使用的交流母线。在这种情形下，逆变器不再需要附属于电动发电机。此外，额外的电力可以用于给电池充电。这种集成的双向逆变器同样允许对系统的设计仅用一个交流电的母线而不用直流电母线。对于这种系统，同样电池和光伏发电机通过独立的逆变器直接连接到交流电母线上（对于光伏系统是单向的，对于蓄电池是双向的）。

这个直流电两端的电压主要由用户的电力连接和来自发电机的电力供应来决定，致使电流来决定布线方面的次序要求，以及特别是线路中所需的直流电开关及保险丝。尤其对于大的安培值，后者的部件需极其精密和昂贵。例如，对系统提供 100 安培的交流电要在直流端标记一个合理的上限。

（2）举例。紧接着，将会讨论一些典型的、当前正在使用的自动、独网的光伏电力供应系统。

• 门牌号照明。许多信息应当在晚上还是可见的。例如，紧急营救服务、警察、紧急营救组织一直以来被认为照亮街区名和门牌号面板。为了达到这个目的，由光伏电力提供的门牌号照明已经趋于成熟。白天产生的能量被储存在镍镉电池或者铅酸蓄电池中。这种系统允许附着上门牌号给建筑的任意一点而不需要连接任何的露天电线。门牌号照明自动在黄昏点亮，在第二天的早晨熄灭。整个时序控制同时还有负荷监控的累加器都以电子形式控制，所以系统几乎不需要进行维护。被照亮的表面包括荧光集电极同样需保证在白天要有极好的易辨认性，通过基于整个内部反射的光收集能力。只有在背面涂印的区域有光的发射（例如，只有数字会发光）。一个发光二极管就可作为光源。这种照明系统同样适用于大面积型的信息板来显示街道标识牌，同样也适用于广告的用途。

• 公共交通车辆（像公交车、有轨电车）站点的信息板。但经常由于铺设电缆的高成本使公交车站没有提供电力供应照明或者信息系统。光伏供电系统可以通过无线电按照时序差来接收信息使信息面板运行。当前的出站或者延时信息可能会基于与 LCD（液晶显示屏）的联网显示给乘客。除此之外，在夜间，节能的 LED 光引导面板会照亮显示器。当与移动探测器相结合，照明可以在低辐射的时候按照需求进行控制。较大的光伏系统还可以用于广告照明从而使额外的收入进账。

• 移动网络的直放站和基站。光伏离网系统最重要的市场是商业、工业的远程通信应用。由于不断扩大的移动电话和其他的无限通信服务，使其同步运行要求网络的可用性是无限的，这样的一个不断增长需要有自动的电力供应给相关的通信网络基础设施；这种供电系统的可靠性要放在最高需求的位置。极大规模的光伏发电机和蓄电池能够满足这种高级别的需求。为了可靠地、有成本效益地运行，这种发电系统配备有远距离诊断和监控的算法设备，这样就可按照需求进行维护了。

• 家庭太阳能系统。高投资成本的电力配电设施与低的电力需求相结合阻碍了电网连接到距离远、居住人口稀少的地区，特别是在发展中国家。按这样应用粗略算来有 20 亿人没有任何渠道可连接到电网，而且这个数据似乎在接下来的几十年里不会有所下降。这就是为什么独立系统获得了与日俱增的重要性。因此，家庭太阳能系统在发展中国家的农村和工业化国家里代表了技术性以及普及电气化的有效经济解决途径。这种电气化的意图在于覆盖基本的住户照明和信息需求。家庭太阳能系统通常包括 40~70W 的太阳能组件、容量为 60~120Ah 的 12V 铅酸蓄电池、一个充电控制器，以及用电设施。典型的用电设施为节能灯、收音机和黑白电视系统。此外，还有一些处于中心的公用电气设施，如水泵、冷却设备。举例来说，还有提供医务治疗、以教育和高级训练为目的的视屏设施等。对于这种系统，大多数通常使用直流用电设备，有提供高电能效率的优点。然而，也可以使用额定功率在 150~500W 的逆变器。效益在于几乎任何的商业用户可以连接并对电池可以进行有效的保护以免电力滥用，因为直接连接到电池的用户不可能滥用。这种应用技术由于提供使用了高质量的部件，所以是极为有效和可靠的。但这种技术的传播仍然是有阻碍的，社会经济和社会技术的问题阻挡了其更广泛的使用。

• 村庄电力供应系统。所谓的村庄电力供应系统表示为家庭太阳能系统的一个替代物。即一个连接在微型电网上给住户提供电能的中心电力供应系统。集中系统更容易维护，同时在电能消耗与分散的电力供应系统相似时还可以给每个用户提供更多的电能。集中电力供应系统通常是混合系统，包括通常对特定发电所允许的所有可能方式（例如，微型水力发电、风电、柴油发电机）。

• 在休闲区的住宅楼宇及服务站提供能量供应。即使在高度工业化的国家里仍然有一系列的住宅楼和服务站来进行休闲活动，在阿尔卑斯地区的小屋至今仍没有连接主输电干线，这是由于长的距离以及相关的接线成本。例如，在欧洲 15 国，大约有 300000 套房屋没有接口连接到电网。时至今日，唯一的有效解决途径是安装发电机（即柴油发电机）直接给用户提供电力。柴油发电机因此常运行在部分负荷的状态，在断开的时刻，电能通常没有被利用。持续的操作几乎是没有必要的，不仅因为部分的负荷效率、噪声以及排出的废气，还由于引擎在这种工作状态的有限的燃油技术寿命。如“Rotwandhaus”的事例，一个在欧洲阿尔卑斯地区的服务站，已经给予了混合系统，包括光伏发电机（5kW）、风能转换器（20kW）以及柴油发电机（20kW），可以提供大约 11MWh/a（兆瓦时/年）、安装容量 10kW 的可靠电力给这个全年开放并为 100 人提供餐馆和睡觉房屋的山区。当有效风速充足时，风能可转换供应于发电。当蓄电池重复充电到最大电压时，风力涡轮发电机、光伏发电机以及柴油发电机的电力输出必须相应地减少。有一个逆变器用于将蓄电池中的直流电（DC）转换成230V的交流电（AC），这样就可以使用普通的家用电器了。柴油发电机确保了不中断的电力服务，即使在极端恶劣的天气条件中。为了尽可能有效地利用能源，用了一台电脑对整个系统进行监控和控制。

6.2.4 并网系统

光伏系统将产生的电能输入到电力网，利用逆变器使来自光伏系统中的直流电与输电干线的电力特性相匹配（见表6-2）。这种系统的基本结构如图6-27所示。

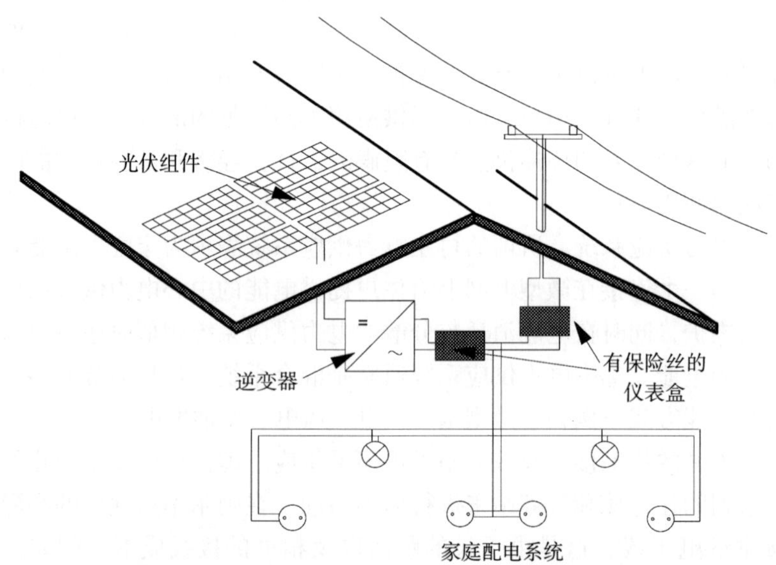

图6-27 屋顶安装的光伏发电机向公共电网直接输电

在与电网的连接中，以下的光伏系统的想法是可以利用的（见图6-28）：

• 对于所谓的分散式系统，大多数常见的是光伏组件安装在屋顶，相关的仅需要几千瓦的小型光伏发电机连接到输电干线经由一个逆变器来匹配光伏发电机的容量。他们最常见的形式是输入到低电压的电网中。光伏发电机的能量规格与不同住户的当前能量需求之间的差异通过电网使其相对称。

• 预集中系统（见图6-28）很少将小规模的系统与大规模的光伏发电站进行混合。在这个系统的配置中，光伏组件仍然会安装在有支撑的结构中（例如，屋顶)。但是，不同于分散式系统，单个的太阳能发电机结合到有着大单位的电力容量范围在 100kW 到几个 MW 的直流端。这些系统然后经由大的逆变器连接到各自的电力供应网上。为实现这些系统在覆盖距离和相关传输损耗之间的一个技术—经济最优效果，一方面，低的逆变器损耗与较高的安装容量相关；另一方面，需要知道由于电能输入到中压电力网需要额外的变压器。然而，预集中系统还没有进行大规模的落实。

• 有着几百 kW 和几 MW 的集中系统已经代表性地安装在了地面上或者非常大的屋顶上，如图 6-28 所示。太阳能电池组件可能或者固定地安装，或者通过单轴或双轴跟踪系统来跟踪当前的太阳高度。通过光伏发电产生的电能输入到低压或者中压电网要依靠几个逆变器和变压器。这种类型的光伏电站目前显示出的电力容量在几百 kW 至 5MW。然而，实际上更大的容量从技术角度来说要实现已经没有任何问题。

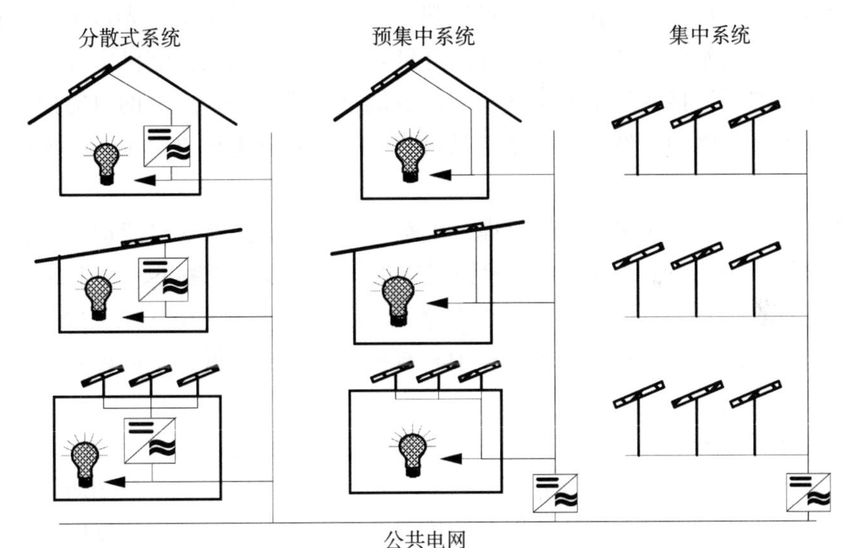

图 6-28　并网光伏电站的概念

资料来源：文献/6-10/。

6.2.5 能量转换链、损耗，以及功率特性曲线

(1) 能量转换链。光伏发电并网的目的是提供与网络兼容的交流电（AC），其提供了图 6-29 所示的几个水平。

就像图中所示的，太阳辐射的能量（例如，散射的和直接辐射的），因光子的内能，首先转化成半导体材料的电子势能；电子现在可以在晶格内自由移动。

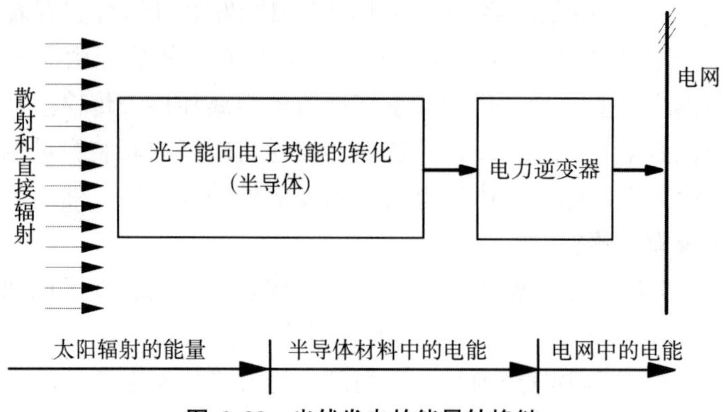

图 6-29　光伏发电的能量转换链

资料来源：文献/6-11/。

如果没有复合很快发生，就没有能量以热的形式释放在晶格中。光伏电池片提供的这些能量是直流电（DC）。这些直流电接着在并网的光伏发电机中转换成交流电，并通过之后连接的逆变器将光伏电能的属性转换成相应规格的电能使其可以直接输入到电力网中。然而，小型电站可直接输入到低电压电网中，大型的系统输入到中型的电网中。

（2）损耗。根据描述的损耗机理，仅有一小部分太阳能辐射能量可以在电网连接点处输入电力网。图 6-30 所示为贯穿整个光伏发电过程的一些非常重要的能量流的损耗，同时还显示了这些损耗各自的数量级。这些显示在图 6-30 里的损耗只是平均的数值，在实际的操作中其有可能偏高或偏低；它们涉及组件表面的全部太阳能辐射。

根据图 6-30，实际的光伏电池片将太阳能的辐射能量转换成直流电期间，产生损耗目前为止占主要的部分（参见文献/6-2/、文献/6-10/）。如图所示，与太阳能辐射相关的太阳能电池片的近似转化率总计为 16%，但是，这仅仅是相对应的大概的转化率，其年平均值在 13%~14%。

电池片外部产生的损耗主要包括直流电（DC）线缆、逆变器和所需的交流电（AC）线缆中的欧姆损耗，与辐射的太阳能有关的这些损耗是比较低的，在大多数情况下只占很小百分比的数量级。在标准模拟测试条件（STC）下，它们在系统中的转化率结果在 11%~14%。整个系统的硅太阳能电池片的年平均转化率从而在 10%~12%。必须指出的是，当前的光伏电站已经显示出了值得注意的更好的整体转化率，甚至是在年度转化率的基础上。

（3）特性功率曲线。辐射的太阳能会通过所描述的转换链转化成电能。这被定义为介于给定的一个时间内太阳能辐射在电池片材料上和由光伏电池片或者逆

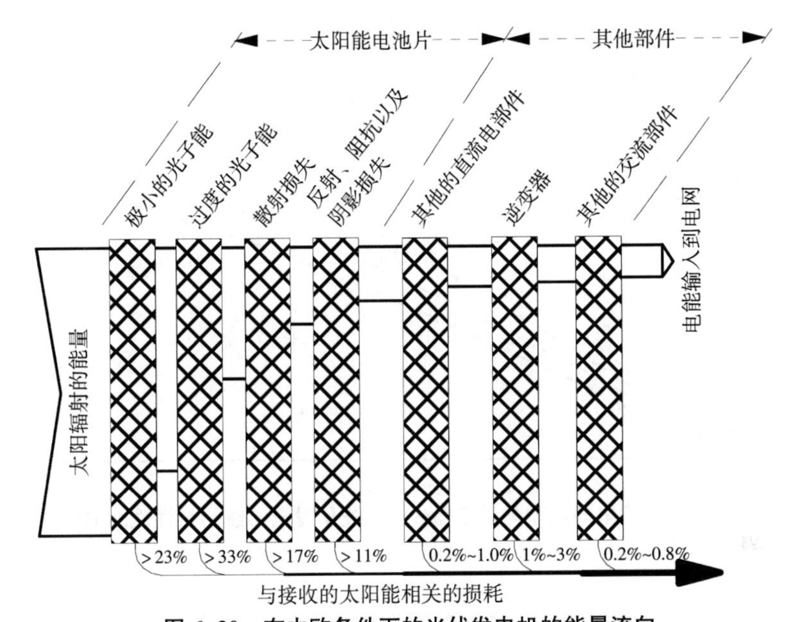

图 6–30　在中欧条件下的光伏发电机的能量流向

注：太阳能电池片的损耗已经假设为在标准测试条件（STC）下的最小损耗。
资料来源：文献/6–11/。

变器提供的有效电能之间的一个关联。但是输出的功率因数或者电池片的转化率会减小大约 0.5%/K。增加的组件温度是由于增加的太阳能辐射。图 6–31 显示的是相关的功率特性曲线在两种不同的电池片类型和逆变器的设计。这种特性曲线由太阳能辐射的时间总数（kWh/m²）和提供的交流电（AC）发电量（kWh/m²）表示。图 6–31 所示为各自的日常光辐射总数伴随着相应的直流和交流的发电量。

考虑到高辐射和高的环境温度之间特有的关联，图中揭示了为什么转化率在太阳能辐射较高的时间段（主要在夏天的月份中）平均值明显低于低辐射期间所达到的值（特别是在冬天的月份中）。图 6–31 很清晰地给出了这些微小偏差的特性显示。然而，必须要注意到转化率的相对增强开始于低辐射，随着辐照度的增加，开路电压使转化率随着辐照度成对数增加。图 6–31 同时明显地给出这个因素在低辐射总量上的区间。

根据图 6–31，对于多晶硅电池片来说，在组件的表面不断增强的太阳辐射产生了一个增大的直流电（DC）。但是，双倍的辐照量由于被讨论的上升的电池片温度而并没有精确的双倍的直流电总量。这种情况与单晶硅电池片相似，也显示在图 6–31 中；然而，在后者的例子中有效面积的发电量较高是由于电池片有较高的转化率。

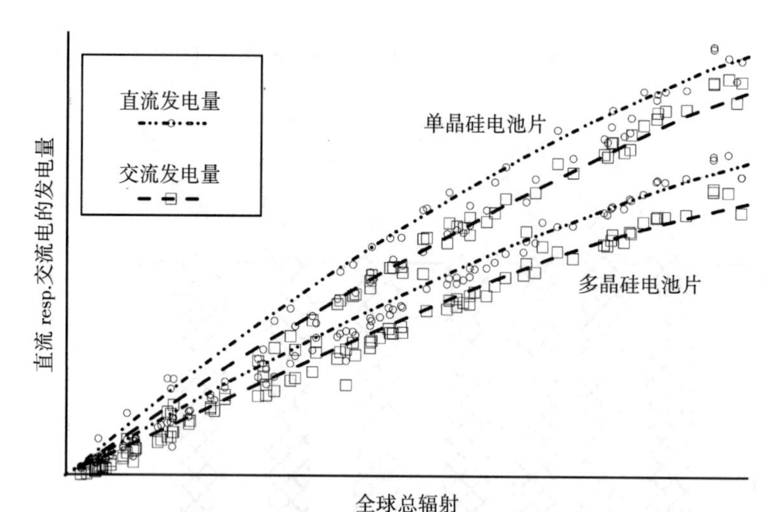

图 6-31 不同电池类型与逆变器设计的光伏发电系统的特性性能曲线

资料来源：文献/6-11/。

图 6-31 揭示了对于一个给定各自的有效面积的光辐射，交流电的发电量稍微低于有着相同比较条件的相应的直流电是由于电流在逆变器中发生了损耗。

6.3 经济和环境分析

在接下来的部分，将通过讨论国家最先进的并网光伏发电机对具体的电力生产成本和被选择环境的负担进行阐述和讨论。

然而，独立光伏发电系统的经济和环境的评估是非常困难的，需要大量地依靠各自的地点环境。例如，混合系统的经济和环境参数受发电站中单个分配的发电单元的影响很大。此外，这里没有固定简单的可确定的对比状况来促使经济和环境进行比较。然而对于并网系统，上述提到的参数通常可由电站来代替比较，独立电网的评估相对而言就显得更加困难。例如，通过家庭型的光伏太阳能系统产生的光通常用来代替蜡烛、煤油灯和铅电池。此外，独立系统通常仅应用在那些超出电网延伸的经济边缘区域。经济评估迅速地揭示出即使没有很多电力生产成本，但电力分配成本仍占电力用户最终使用价格的主要成分。出于这个原因，接下来的整个环节中不会对这种系统的更多细节进行讨论。

6.3.1 经济分析

当今并网的光伏发电主要为安装在屋顶的系统，同时光伏发电站的重要性也日益增长。因此，接下来要分析一个额定电容量为 3kW、安装在倾斜的屋顶的典型的光伏系统。除此之外，还要考虑一下位于工厂厂房水平屋顶的安装容量为 20kW 的系统。了解一下整个市场，可分析得出额外的执行因为 2000kW 的光伏电站安装在地表的铁框架里面。

在领域宽广的太阳能电池片技术之外，如今在市场上可见到的唯一的多晶硅太阳能电池片的转化率为 16%，将会在模拟标准测试条件中分析（在文献中被称为 STC）。

在中欧的气候环境和现行的技术范围的条件下，若分析满负荷小时的系统，总计需要大约 800h/a（地点 1）来提供给中欧北部地区，大约 1000h/a（地点 2）给南欧中部地区，以及大约 1200h/a（地点 3）提供给南欧到北非的有发展前景的地方。太阳能组件的使用寿命大约为 30 年。电站的参考技术数据总结在表 6–3 中。

表 6–3 光伏系统技术数据分析

		单位	系统Ⅰ	系统Ⅱ	系统Ⅲ
系统额定电容量		kW（千瓦）	3	20	2000
基体材料			硅	硅	硅
太阳能电池片类型			多晶	多晶	多晶
转化效率		%（百分比）	16	16	16
技术寿命		a（年）	20	20	20
满负荷小时	场所 1	h/a（小时/年）	800	800	900
	场所 2	h/a（小时/年）	1000	1000	1100
	场所 3	h/a（小时/年）	1200	1200	1300

对于这些系统的技术有效性假设为 99%，即仅有 1%的年发电量由于误动或者维护而无法利用。这是很现实的，因为维护工作在由于缺乏太阳能辐射而没有可提供的电能时只能执行一部分（例如，在夜晚期间）。

接下来，变量和固定成本，以及电力的生产成本将会被讨论。根据电场规模和应用技术，成本开支可能会千差万别。因此，下面要讨论的成本仅能给出一个基于平均条件的粗略成本。

（1）投资。光伏系统的安装成本通常包括组件和逆变器的成本、框架的成本、设计和安装以及进一步的开支（包括例如施工执照的花费）。表 6–4 所示为与确定的光伏系统相适宜的成本结构。

表 6–4　主要的投资和操作成本及光伏发电机的生产成本（对分析了参数的电厂定义见表 6–3）

		单位	系统Ⅰ	系统Ⅱ	系统Ⅲ
系统额定容量		kW（千瓦）	3	20	2000
满负荷小时	场所 1	h/a（小时/年）	800	800	900
	场所 2	h/a（小时/年）	1000	1000	1100
	场所 3	h/a（小时/年）	1200	1200	1300
投资					
组件		k€（千欧元）	7.8	46.3	4134
逆变器		k€（千欧元）	1.1	7.8	741
具他部件		k€（千欧元）	1.2	7.9	872
杂项		k€（千欧元）	2.9	16.0	1667
总计		k€（千欧元）	13.0	78.0	7414
操作成本 *		k€（千欧元）	0.03	0.8	108
发电成本	场所 1	€/kWh（欧元/千瓦时）	0.42	0.41	0.36
	场所 2	€/kWh（欧元/千瓦时）	0.34	0.33	0.30
	场所 3	€/kWh（欧元/千瓦时）	0.28	0.27	0.25

注：* 表示操作、维护、杂项。

通常来说，具体费用会随着电场规模的增加而减小。例如，制造一个完整的特定为基于多晶硅的 1kW 的电站，电厂在平均基础上的整体投资成本范围在 4900~6800€/kW（排除增值税）。对于相同条件的 3kW 电厂，表 6–3 定义的范围为 4100~5600€/kW。对于 10kW 的系统，同样为基于多晶硅的光伏电池片，电厂的整体投资的花费为 4000~5000€/kW。同时分析 2000kW 的电厂，它们的粗略变化范围在 3500~4100€/kW（参见文献/6–35/）。

除了减少的组件价格，在高的销售数量，成本偏差同样归结于减少的逆变器花费、增加的安装容量，以及减少其他的特殊费用（包括电力设施、规划和安装）。这些花费的优点是应用了甚至更多更大的电厂。然而，由于更高的折旧和对地面安装组件电力安装需求的特别开支，花费的优点被部分补偿了。

开支账目的主要成分是组件花费。对于单晶硅组件，当前的粗略开支为 2000~3000€/kWh。多晶硅光伏组件的价格要稍微低于这个数量级，它们大概在

1900~3200€/kWh，按照这个，组件的成本对整个光伏发电机而言贡献了 55%~65%的投资需求。

变频器在整个成本中占的主要份额显示在表 6–4 中。它们现在的范围在 300~450€ /kWh。它们占了整个光伏系统投资的 7%~12%的份额。

除了上述提到的对光伏组件和逆变器的支出，框架安装依靠需要的技术（安装在倾斜或者平的屋顶上）占了整个投资的 10%~15%。额外的花费还包括对光伏组件的安装。表 6–4 中显示的数据包含整个的屋顶安装以及整体电力设备安装，例如金属盒的安装及与电网的连接等。如果承包人有充足的经验，设计花费占整个电厂的投资估算最多有 2%（参见文献/6–35/、文献/6–36/）。

（2）操作成本。操作成本包括维护和服务的花费以及其他更多的费用（例如，修理、组件清理、仪表租金、保险）。按照安装类型和电厂规模的不同，年运作费在 5~30€/kW。对于分析的参考电厂的日常花费（见表 6–4），3kW 的电厂总共需要大约 30€/a，对于 20kW 的电厂需要 800€/a，对于 2000kW 的电厂需要 108000€/a。

（3）电力生产成本。通过年金法，可以基于整体投资和年操作费用来计算电力生产成本。为了这个目标，要假定 4.5%的实际利润，并且折旧期要超过 30 年的整个技术寿命。表 6–4 所示为计算的电力生产成本与相关的分析参考模型。

图 6–32 所示为作为结果的特殊发电成本对于光伏产生电力能量对于场所 1 的典型。按照这个图形，提供的成本随着电车安装容量的增大而减少；这尤其适用于电容量在 1~5kW 的情况。例如对于 1.5kW 的发电厂，装配有多晶硅太阳能光伏组件，其电力生产成本在 0.5~0.6€/kWh。通过安装 3kW 的发电机，这些成

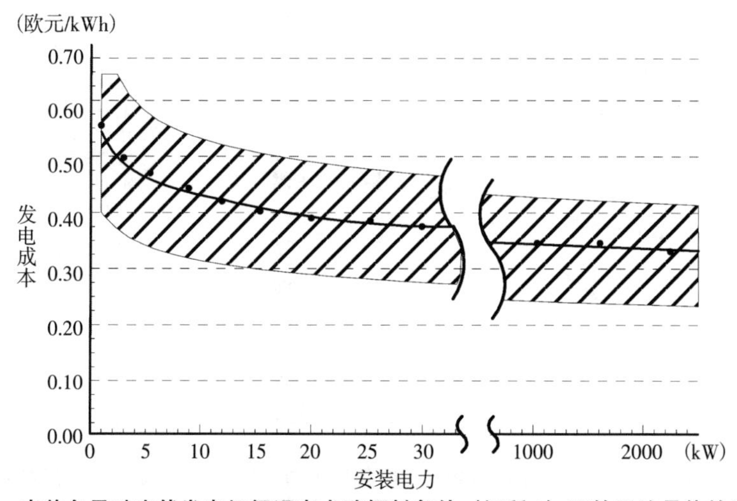

图 6–32　当前多晶硅光伏发电机假设在中欧辐射条件（场所 1）下的平均具体的发电成本

本可以减小到 0.40~0.55€/kWh。随着电厂容量的继续增加，具体的生产成本会进一步地减小。对于一个 2000kW 的电厂，它们的范围会保持在 0.34~0.38€/kWh。

对于一个安装在屋顶的多晶硅组件系统，平均的有效功率值成本因此期望在 0.40~0.55€ /kWh（场所 1）。图例所示的幅度差是由于中欧地域性的辐射偏差以及对相同容量的电场有不同投资，其原因在于市场上不同的技术解决方案花费不同。

随着光伏发电厂容量的增加，具体的电力生产成本进一步地减少了，然而，这些减少是相当低的。对于 2000kW 的光伏发电站，在上述讨论的环境里（场所 1），主要的光伏生产成本范围在 0.25~0.4€/kWh。对于甚至更高的安装电力容量，进一步的预期减小量仅为很小的几个百分值。部分巨大的光伏发电厂的具体电力生产成本相比在屋顶安装的太阳能系统，主要归因于整体较低的具体投资成本、通常来说更高的年平均逆变器转化率，以及最佳的倾角和方向，可以假定为地面式安装的电厂。多亏了后面的两个原因，增加的满负荷小时数能在同一场所达到。

但是，在特殊的情况下以及在不同的现场条件中，电力生产花费可能极其不同于表 6–4 显示的数量级。为了评估这些影响在电力生产成本中的冲击，图 6–33 举例说明了一个主要的参数在+/–30%的变化范围的灵敏度分析，应用了表 6–4 中在场所 1 基于多晶硅组件的 20kW 光伏系统的事例。因此，除了工厂投资的费用，满负荷小时数的计算基于系统的使用率以及有效辐射的太阳能在一个工作场合中一年的过程，对电力的生产成本已经有了非常重要的影响。因此，光伏发

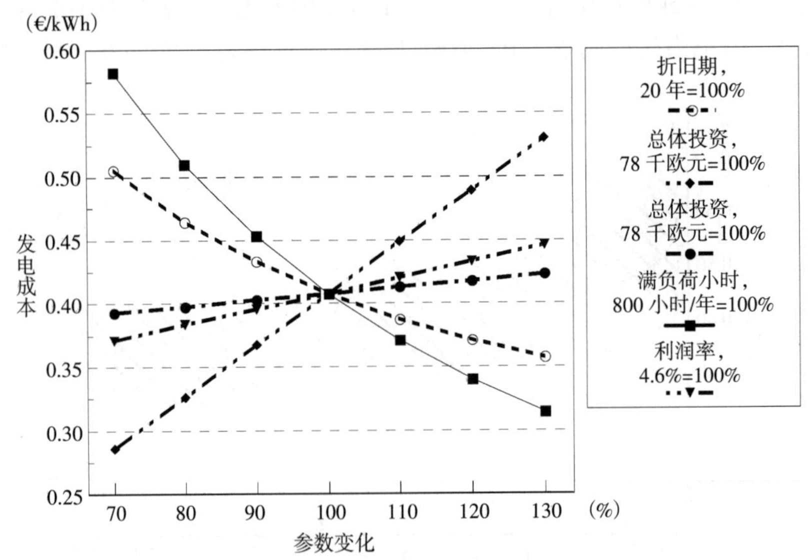

图 6–33　表 6–3 和表 6–4 显示的场所 1 中具体电力生产成本为 20kW 的光伏的多晶硅发电机主要影响变量的参数变化

电的成本通过投资量的减小会有显著的减少，即归结于有成本效益的电池片的制造方式的增多或者车间效率的增大，例如，通过超过现行技术状态的进步来完成。操作成本和利率，相比之下，已经只是很小地影响着光伏发电量的成本。只有折旧期仍对于光伏发电量的具体生产成本有特定的影响。

这些结果数据显示了在地球太阳直射带上的电力生产成本（例如，南欧和北非），由于其太阳辐射为中欧的两倍，因此成本会减小得很明显。在这种有利的条件下，小规模光伏系统中的电力生产成本已经低于 0.3€/kWh。对于光伏发电厂，生产成本甚至低于 0.25€/kWh。

6.3.2 环境分析

光伏电力的供应特性是操作无声、无有毒物质释放或者在实际转换中电厂产生微粒。不过，仍然有可能会发生下面的环境影响：

（1）结构。环境影响有关光伏发电厂的生产，特别是在生产太阳能电池片期间。在近些年里，它们首要在矿物资源缺乏和有毒性的背景下讨论。

单晶硅和多晶硅以及非晶硅的普遍特性是消耗低的稀有资源，然而碲化镉（CdTe）和 CIS 电池片技术显示为矿物资源的中等消耗。锗（Ge）的应用对非晶硅太阳能电池片的生产好像问题尤为突出；同样的应用出现于铟（In）在 CIS 电池片以及碲在 CdTe 电池片中。依据现有的知识，这些元素在地球上仅含有很有限的数量。

在毒性方面只期望晶体硅技术对环境影响很低。然而，CdTe 和 CIS 电池片技术由于它们很高的镉（Cd）、硒（Se）、碲（Te）和铜（Cu）的含量，被认为问题更加突出。除此之外，在 CIS 组件的生产中可能会产生气态有毒物质［例如，硒化氢（H2Se）］，其通常可能对相关的特定环境产生潜在的危险。

总体来说，太阳能电池片的生产对环境的影响与整个半导体工业的影响相似。然而，这些描述的环境影响比较低是由于挑战了环境保护法律法规。这些的真实存在是由于在太阳能电池片生产中必需的材料纯度引起的。另外，在这种情况的故障中可能存在一个与制造相关的潜在风险。

（2）正常操作。在屋顶安装的光伏组件的运行中，无噪声产生，也没有任何物质释放。只有逆变器在当前市场上存在的特性为通过特殊设计的措施将噪声最小化。这对环境友好型的电力产生是优先允许的。此外，光伏组件在吸收和反射的特性上与屋顶十分相似。因此，没有主要的需对当地的气候预期注意的影响。但是，组件被安装在倾斜的平顶屋上在某种情况下从长距离来看是可见的。这可能会影响城市和农村的面貌。但是另一方面，这种安装不需要额外的（几乎没有）空间。

地面安装的光伏发电机（例如，光伏发电场安装在比如说以前的农业区或者原来的露天采矿地）的地面安装部分或者全部禁止另作其他用途。然而，仅有非常小的部分土地另有其他的用途（例如，仅有位于支撑太阳能组件框架的周围基地）。剩余的主要部分仍可以被绿化或者用于耕种（例如，养羊的牧场）。这与集中的植物耕种生态环境相比甚至有所改良，例如可用来创建生活小区（参见文献/6-38/、文献/6-39/）。

由于比较大的覆盖表面和高度散开的吸收和反射条件，相比于农业玉米地，对气候的微型影响是有可能发生的。但是这种环境的影响仅仅与在加强光伏使用的情况下有关，其与经济因素有很大不同。

光伏发电机的操作同样与电磁辐射的透过率有关（电磁兼容性方面）。不同于普通的发电站，光伏发电站通常需要提供给大量的直流电布线以及相关的太阳能发电机的相应大辐射表面；此外，它们部分安装在住宅区附近（参见文献/6-40/）。然而，在安装期间，这个电厂通常要保证供电流通，就像天线一样，保持尽可能的小。这是个保护措施，以免辐射和电磁辐射的接收。后者特别指出的是，闪电在太阳能电池组件附近的冲击在大型接收面积的情况下可能会产生过量的电压和电流。其结果可能会毁坏电力组件，然而，低频率的电磁场会通过频率不高于这些家用电器的光伏组件发出；辐射量比起那些比如说电视机来说是相当低的。在设计方面，制造以后的方向是进一步地减小辐射，所以说没有主要的影响需要被事先注意。

（3）误动故障。为了避免光伏发电机的误动操作对人类和环境有危险，发电机的故障和不许可的误动电流必须要被准确地监测出来并发出报警信号。逆变器和光伏电厂的设计必须遵循电源断路检测和自动关断。光伏系统必须只能连接到可靠的电网上。现代的逆变器一般包含相关的自我防护系统，所以上面给定的需求通常能够满足。

若建筑物失火，会使太阳能组件和建筑的包装材料燃烧，可能会导致太阳能电池片中包含的某些组件蒸发。例如，对于碲化镉和CIS的薄膜型电池片，大量关键的镉（Cd）、碲（Te）和硒（Se）可能会被释放出去；例如，进行燃烧的实验1小时会显示释放出了4g/h的硒（Se）、8g/h的镉（Cd）和碲（Te）（参见文献/6-37/、文献/6-43/）。然而，这些物质的释放值低于为这些物质定义的有害关断值。由于低浓度，预期的甚至全部的镉（Cd）释放掉的有害的镉浓度对周围的空气团会仅到达不足100kW的电网容量（参见文献/6-41/）。这种容量的屋顶安装组件仅仅适用于特殊情况（例如，对于工厂建筑），当火灾发生在电力工厂组件（例如电缆、逆变器）的情况中时，额外的大多数有害的物质可能会释放到环境中。然而，它们对光伏电厂没什么特别的危害。

此外，经验已经显示出在极端、不现实、淘洗的情况下（例如，由于雨水或者模块已经浸入到小溪或者河流中），限制的饮用水的处方不能超过表现。

落下的太阳能组件可能会导致其损害、不适当地安装在屋顶的平板上或者侧墙上，或者在电气连接点电力电压不适当，可能会极大地排斥在电子技术的电厂建设或者运营中附属的可使用标准之外。

总之，光伏发电站发生故障的倾向很小，而且故障总是局限于一个特定的部位。假如组件安装和操作得适当，几乎没有任何需要预期注意的环境影响。

（4）结束操作。根据现在的知识，太阳能组件的大量回收利用是很有必要的。举例来说，玻璃板部件的大量回收仅需要很小的努力，是完全有必要的。对于其他组件部分的回收，相反来说，需要高精度的化学分离程序。非晶无框架组件更适合被回收，因为它们可能被转换成中空玻璃进行回收而不需做任何预处理。合理的回收方式适合于“经典”的光伏组件，包括从粘合剂上进行酸分离的太阳能硅片，将无边框的组件转换成硅铁合金来适用于铁产品，同时也完成了组件中玻璃、金属和硅片的分离（参见文献/6–37/）。但是，碲化镉（CdTe）和 CIS 技术需要进一步地评估它们的重金属含量以决定它们是否可以排放或者还需进一步地处理（参见文献/6–42/）。随后出现的环境效应可能与工业分支对自然环境的普遍影响极其一致。然而，由于光伏系统的回收利用仍然处于初期，相关的环境影响可能在未来会得到减少。

❼ 风力发电

7.1 原　理

风力机利用的是流动的空气中蕴含的动能。接下来的内容将对这种能量转化的物理学原理进行阐释。但像帆船这种风能利用形式将不会涉及。

由于风与运行情况随时间不断变化，风力机从风中获得的能量是一个与时间相关的变量，所以在大多数情况下用确定的能量瞬时值（功率）对时间累加（积分）来计算有用的能量（功）。由此可知，风能 P_{Wi} 由以下变量决定：空气密度 ρ_{Wi}、风所通过路径的横截面积及风速 $v_{wi,1}$。利用风力机，风力发电站通过降低通过的风速来获得部分风能。

大部分现代风力机通过带有一个或多个叶片的叶轮获取风能。风推动叶轮转动将能量转化为轴上的机械能 P_{Rot}。机械能以一个固定的转动的方式从轴上传递到机械装置（如发电机或泵）中。一个完整的风力发电站包括风力机（叶轮）、机械传动装置与发电机。

在物理原理上是不可能利用全部的风能的。在这种情形下空气流动将会停止，此时空气将不能通过风叶轮区域推动叶轮，风能也就无法利用了。

从风中获取能量有两种不同的原理。阻力型风力机效率较低，通过风施加在迎风面上的阻力驱动，此为第一种原理。第二种原理被称为升力型，通过流速差驱动叶轮。这种风力机被广泛地应用在风能利用中。与阻力型相比，升力型风力机在同样的横截面内可以得到 2~3 倍的输出功率。因此在 7.2 节中只关注应用升力型风机的电厂。尽管如此，在接下来的内容中将概述两种原理以对比区别，之后会讨论理想风力机（以叶轮为例）能够获得的最大输出功率。

7.1.1 理想风力机

本节对于风力机（如叶轮）的理论转换风能能力的讨论基于以下理想情况假定：

- 光滑平稳的气流；
- 气流持续无切向变化［即风速在迎风横截面的（如叶轮的旋转表面）每一点都是相同的，而且方向是垂直于横截面的］；
- 无紊流（即没有偏离流向方向气流）；
- 不可压缩流体（$\rho_{Wi}\approx$ const.=1.22kg/m^3）；
- 风力机周围无气流（没有外部影响）。

在以上假定的基础上可以由理想模型导出最大的风能利用情况，不受风力发电站的其他技术条件的限制。

为此，假定存在一个具有空气微粒的封闭环境，气流被一个假定的流管限制。考察这个流管的三处横截面（S_1——通过风机前的风道，S_{Rot}——叶轮旋转平面，S_2——通过风机后的风道），如图 7–1 所示。

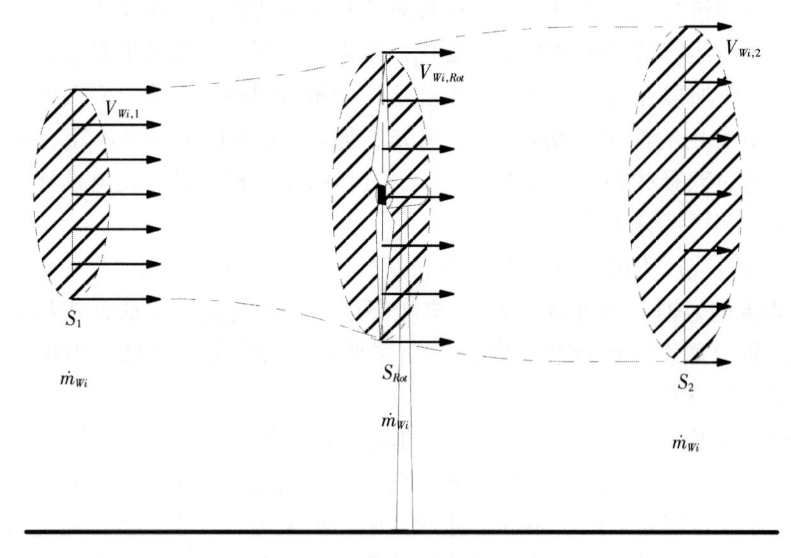

图 7–1 气流流过理想风力机

根据质量守恒定律，每个横截面进出的空气质量（即流量$\dot{m}_{Wi}$）必须一致（在叶轮前令 $i=1$，在叶轮处 $i=\text{Rot}$，在叶轮后 $i=2$）。对应即有 S_1、S_{Rot}、S_2。由此可得出如下的连续方程：

$$\dot{m}=\rho_{Wi}S_i v_{Wi,i}=const \tag{7-1}$$

根据伯努利定律，每一处气流具有的能量 $P_{Wi,i}$ 包括动能（$\frac{1}{2}\dot{m}_{Wi,i}v_{Wi,i}^2$）、压能（$\frac{\dot{m}_{Wi,i}p_{wi,i}}{\rho_{Wi}}$）和可以近似忽略的重力势能。由能量守恒可以得到在叶轮前与叶轮后两处的能量方程如式（7–2）所示。

$$P_{Wi,i}=const.=\frac{1}{2}\dot{m}_{Wi}v_{Wi,i}^2+\frac{\dot{m}_{Wi}p_{Wi,1}}{2}=\frac{1}{2}\dot{m}_{Wi}v_{Wi,i}^2+\frac{\dot{m}_{Wi}\rho_{Wi,2}}{\rho_{Wi}}+P_{Rot,th} \tag{7-2}$$

其中，$P_{Rot,th}$ 表示叶轮转轴上获得的机械能。不考虑风力机的实际运行，假设风力机前后的气压与空气密度相等（$\rho_{Wi,1}=\rho_{Wi,2}$，$p_{Wi,1}=p_{Wi,2}$），则由式（7–2）可知风机获得的风能 $P_{Wi,ext}$ 等于经过风机前（$P_{Wi,1}$）后（$P_{Wi,2}$）的风能差。由能量守恒可知，得到的风能即为理论上风机轴上获得的机械能 $P_{Rot,th}$。

$$P_{Wi,ext}=P_{Rot,th}=P_{Wi,1}-P_{Wi,2}=\frac{1}{2}\dot{m}_{Wi}v_{Wi,i}^2-\frac{1}{2}\dot{m}_{Wi}v_{Wi,2}^2=\frac{1}{2}\dot{m}_{Wi}(v_{Wi,1}^2-v_{Wi,2}^2) \tag{7-3}$$

式（7–3）表明，对于自由流动的气流，只有通过降低风速才能利用其中的能量。因此，风能中只有动能可以被利用。

由质量守恒定律［式（7–1）］，在获得能量的过程中风通过的流管截面积应当增加，如图 7–1 所示，这是由于风能减小风速下降所致。由于风速不能瞬间变化，流管横截面积稳定增加。

对于自由通过叶轮旋转平面 S_{Rot} 的风所含动能可由式（7–4）得到。$\dot{m}_{Wi,free}$ 表示自由流动的空气通过流管时的流量（$\dot{m}_{Wi,free}=\rho_{Wi}S_{Rot}v_{Wi,i}$），并假设叶轮旋转平面具有不受干扰的气流速度 $v_{Wi,i}$。

$$P_{Wi}=\frac{1}{2}\dot{m}_{Wi,free}v_{Wi,i}^2=\frac{1}{2}\rho_{Wi}S_{Rot}v_{Wi,i}^3 \tag{7-4}$$

上面等式表明风能正比于风速的三次方（$P_{Wi}\propto v_{Wi,1}^3$），对于风电技术和选址来说具有重要意义。

如果从风机前到风机后持续地观察气流（见图 7–1 及图 7–2），由式（7–2）可知风速应当平稳下降，与此对应的压强相应上升。在叶轮旋转平面，理论上叶轮几乎瞬间从气流中获得能量。因为风速不能瞬间变化，所以能量的损失使压强有突变 $\Delta\rho_{Wi}$。忽略其他环境条件只考虑了叶轮前后的空气压强为 $\Delta\rho_{Wi,0}$。气压受天气条件影响。

由牛顿定律，作用力等于反作用力，风施加在风机上的力（$F_{Wi,WED}$）等于风机对风的力。这个力（$F_{Wi,slow}$）使气流减速，如式（7–5）所示：

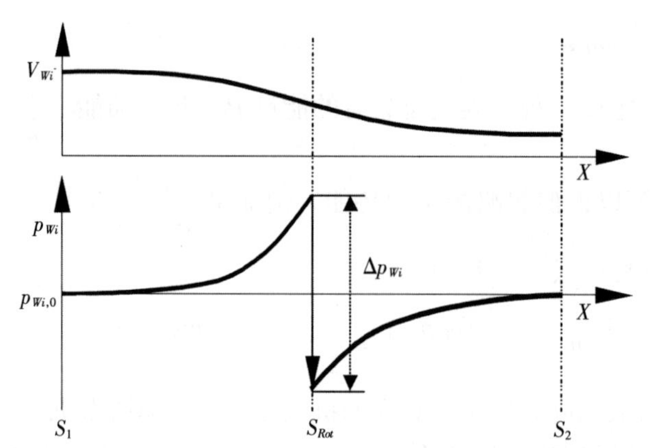

图 7-2 从风机前，风机叶轮旋转平面到风机后的风速与压强曲线

$$F_{Wi,WEC}=F_{Wi,slow}=F_{Wi,slow}\dot{m}_{Wi}(v_{Wi,1}-v_{Wi,2}) \tag{7-5}$$

在叶轮旋转平面 S_{Rot}，风施加的力 $F_{Wi,WEC}$ 与风此处的风速 $v_{Wi,Rot}$ 的乘积等于叶轮轴上获得的机械能功率理论值 $P_{Rot,th}$ 或风机得到的能量功率 $P_{Wi,ext}$，如式（7-6）所示；此处有 $P=Fv$，P 为功率，F 为力，v 为速度。

$$P_{Wi,ext}=P_{Rot,th}=F_{Wi,WEC}v_{Wi,Rot}=\dot{m}_{Wi}(v_{Wi,1}-v_{Wi,2})v_{Wi,Rot} \tag{7-6}$$

联立式（7-3）与式（7-6）可得，在叶轮旋转平面的风速为 $v_{Wi,1}$ 与 $v_{Wi,2}$ 的算术平均值（Froude Rankin 定理：$v_{Wi,Rot}=\frac{v_{Wi,1}+v_{Wi,2}}{2}$）。流量 $\dot{m}_{Wi}$ 可由式（7-1）得到，则叶轮获得的理论功率值 $P_{Rot,th}$ 或从风中获得的功率 $P_{Wi,ext}$ 可由叶轮前后风速（$v_{Wi,1}$、$v_{Wi,2}$）、叶轮旋转截面积 S_{Rot} 及空气密度 ρ_{Wi} 表示。

$$P_{Wi,ext}=P_{Rot,th}=\frac{1}{2}\rho_{Wi}\left(\frac{v_{Wi,1}+v_{Wi,2}}{2}\right)S_{Rot}(v_{Wi,1}^2-v_{Wi,2}^2) \tag{7-7}$$

理论功率系数 $c_{p,th}$ 表示风能转换成叶轮的机械能的最大值与不受干扰的风所含风能之比。定义式为获得的风能［$P_{Wi,ext}$ 如式（7-7）］与理论上风所含能量的最大值［P_{Wi} 如式（7-4）］。功率因数计算如式（7-8）所示，由叶轮前后的风速（$v_{Wi,1}$、$v_{Wi,2}$）表示。

$$c_{p,th}=\frac{P_{Wi,ext}}{P_{Wi}}=\left(\frac{v_{Wi,1}+v_{Wi,2}}{2v_{Wi,1}}\right)\left(\frac{v_{Wi,1}^2+v_{ui,2}^2}{v_{Wi,1}^2}\right)=\frac{1}{2}\left(1+\frac{v_{Wi,2}}{v_{Wi,1}}\right)\left(1-\frac{v_{Wi,2}^2}{v_{Wi,1}^2}\right) \tag{7-8}$$

风能利用的目的是获得尽可能大的风能利用比例。由于物理学原理的限制，流过叶轮的气流不能完全停下来，这样会“阻塞”叶轮旋转，妨碍能量转换过程的持续进行。另外，在气流中提取过能量后风速是一定会下降的。由此可知，一定存在一个确定的叶轮前后的风速比使功率因数实现理论最大值 $c_{p,th}$。

为了确定获得的最大风能，令表示转换的风能的式（7–7）对 $v_{Wi,2}$ 求导得 0（见式（7–9））。

$$\frac{\mathrm{d}\left(\frac{1}{2}\rho_{Wi}\left(\frac{v_{Wi,1}+v_{Wi,2}}{2}\right)S_{Rot}\ (v_{Wi,1}^2-v_{Wi,2}^2)\right)}{\mathrm{d}v_{Wi,2}}=0 \tag{7–9}$$

解式（7–9）可得叶轮后风速应为叶轮前 1/3。图 7–3 所示曲线也揭示了这个关系。由图 7–3 可知最大的（$c_{p,ideal}$）理论能量利用率 $c_{p,th}$ 在叶轮前后风速比为 1∶3 时实现。

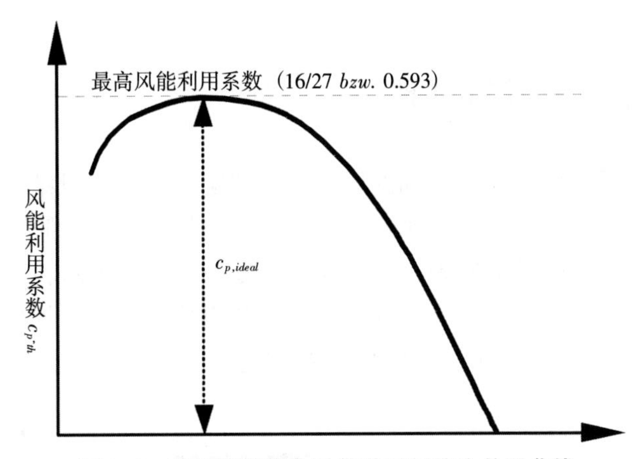

图 7–3 能量利用率与叶轮前后风速比关系曲线

由式（7–8）可得最大能量利用率为 16/27。这意味着理论上能利用的风能接近式（7–4）表示的总风能的 60%，也意味着达到叶轮旋转平面的气流中至少 40%的能量不能利用。这里面 1/4 的损失要归因于风速的下降（$v_{wi,1}^2/v_{wi,2}^2$）和流体管面积由 S_1 扩大到 S_2。

对于理想的叶轮，假定理想的工作情况（包括叶轮速度等同于风速），风速下降到理想的 1∶3，此时的能量利用率被称为理想风能利用率（$c_{p,ideal}=0.593$）。

在 20 世纪 20 年代，Albert Betz 第一个发表了上面所阐述的最大可利用风能的理论，完全不依赖于风能转换的形式。以 Betz 的理论的理想模型与假设为基础，发展出了更多的拓展理论，并持续推动了对于实际情况的研究。例如，模型中可以考虑旋转损失（即由于气体反向转动造成的动能损失），特别是在低叶尖速比下会减少利用率。

叶尖速比指桨叶叶尖切向速度（$v_n=d_{Rot}\pi n$；其中 n 为叶轮转速，d_{Rot} 为叶轮直径）与叶轮所在平面风速 $v_{Wi,ot}$ 之比（见式（7–10））。叶轮桨叶数越少，叶尖速比越高。

特别是对于桨叶较少现代风力机（即所谓高速风力机），能量利用率取决于叶轮桨叶的角动量和摩擦。在理想工况下，现代的三叶风机理想能量利用率可达0.47。

$$\lambda = \frac{vn}{v_{Wi,Rot}} \tag{7-10}$$

由轴承和齿轮等带来的机械损耗及发电原件的损耗在相应的效率 $\eta_{mech.-elec.}$ 中考虑，在现有的风力发电站中通常可达 90%。风力发电站可利用的电能可用式（7-11）计算。P_{Wi} 即为风含功率，c_p 为风能利用率。

$$P_{WEC}=c_p\,\eta_{mech.-cle\,c.}P_{Wi} \tag{7-11}$$

7.1.2 阻力与升力原理

对于旋转的风力机有两种不同的原理，在特定情况下也可结合使用。升力和阻力两种原理都可以将能量从流动的气体中提取出来。下面分别介绍这两种原理。

（1）升力原理。由升力原理，气流在桨叶处被分开产生对转子的圆周力。对于高速的螺旋桨型风力机，在大多数情况下叶片根据机翼理论评估。如果一个桨叶（如图 7-4 所示的平板翼型）对称地受到风速为 v_{Wi} 的气流的压力，在气流方

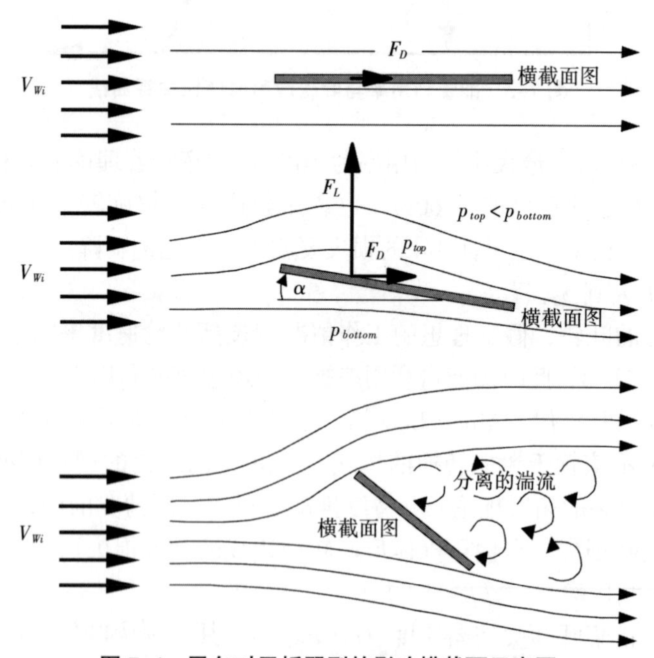

图 7-4 风向对平板翼型的影响横截面示意图

注：第一个为风向与桨叶同向；第二个为风向与桨叶所成角度满足平流的形成条件；第三个为风向与桨叶所成角度满足紊流形成条件。

向所受到的力被称为阻力 F_D。这个力是由叶片形状与摩擦阻力产生（如图 7–4 第一个图及图 7–9 所示）。不过如果桨叶设计对气流友好，这个阻力会很小。

只有桨叶两侧气流不对称时（如倾斜一个特定角度），叶片上下的气流会经过不同的长度（见图 7–4）。考虑图 7–4 具有平流部分的结构，不计损耗（即无漩涡或摩擦），气体质点在通过桨叶之后需要重新汇合。所以，需要通过较长距离的气体质点有更快的流速（见图 7–4 第二个图，从桨叶上方通过的气流）。如式（7–2）所显示（由伯努利定律，不考虑势能的情况下能量为定值），风含功率相同的情况下，更高的风速产生的压强更低。因此，桨叶下方（压力面）的压强要高于桨叶上方（吸力面），提供了一个垂直于风速方向的力（升力 F_L）。除了升力之外，也有阻力 F_D 施加在桨叶上，这个阻力比桨叶方向平行于风速时的阻力要大（见图 7–4）。

升力 F_L（如式（7–12）或图 7–5）可以分为切向分量 $F_{L,t}$ 与轴向分量 $F_{L,a}$，相似地，风速与阻力 F_D（如式（7–13）或图 7–5）也可分为切向分量 $F_{D,t}$ 与轴向分量 $F_{D,a}$，力的大小取决于空气密度、流入的风速、投影在迎风面上的横截面的形状（在二维的情况下考虑桨叶轮廓线的长度 l 及理想情况下相对无限薄的厚度 b，见图 7–6）及升力系数 cl 与阻力系数 cd。

$$F_L=\frac{1}{2}\rho_{Wi}v_i^2lc_l(\alpha)b \tag{7–12}$$

$$F_D=\frac{1}{2}\rho_{Wi}v_i^2lc_d(\alpha)b \tag{7–13}$$

对于旋转的（发电的）风力机来说，流入的风速 v_i 为叶轮所在平面的风速 $v_{Wi,Rot}$ 与叶轮的线速度矢量和（见图 7–5）。角 γ 为 v_i 与叶轮转动线速度 v_R 之间的

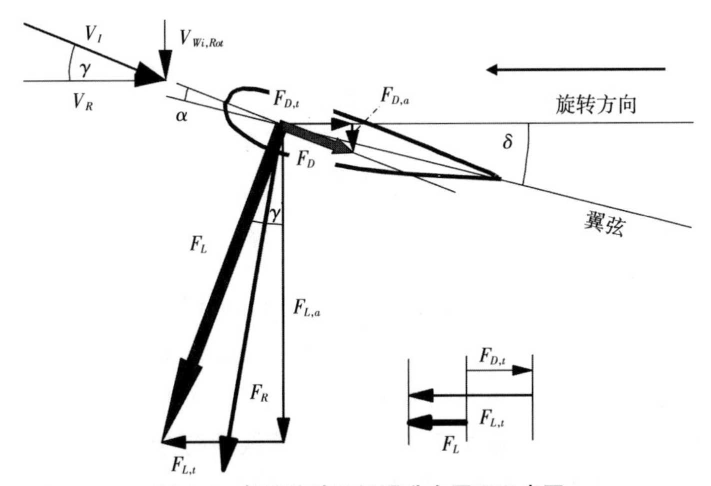

图 7–5 气流流动及机翼升力原理示意图

夹角。流入角度 α 表示 γ 与桨叶转动线速度夹角 δ 的差值。如果流入角度在整个桨叶上都相同，则由于线速度的下降，从尖端到底部攻角 γ 会显著增加。

图 7–5 还标出了桨叶所受合力 F_R，即 F_D 与 F_L 的矢量和。图中也标出了桨叶的切向受力 F_T，可由阻力与升力的切向分量 $F_{D,t}$ 与 $F_{L,t}$ 的差值计算。

式（7–12）与式（7–13）中的系数 c_l 与 c_d 由桨叶的形状决定，并且与流入气流的角度 α 有关。它们之间的关系可由利兰热尔极线（lilienthal polar）形象地表示（见图 7–6 左）。图中还标出了独立极线（isolated polar）（见图 7–6 中）。由图 7–6 可知，在特定的入射角度 $\alpha_{operation}$，两条极线决定了升力系数 c_l 与阻力系数 c_d。图 7–6 左图与中图为这些现象的图示。

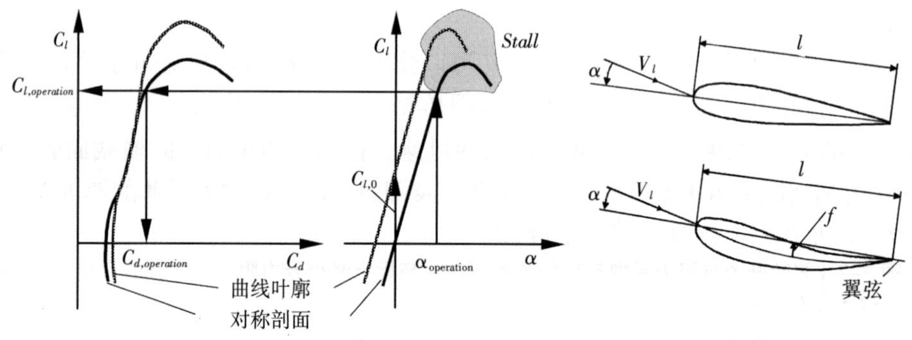

图 7–6 利兰热尔极线（左）、独立极线（中）、对应对称桨叶（右上）与弯曲形状（右下）

作为对比，用拱形桨叶代替对称桨叶，升力 F_L 与升力系数 $c_{l,0}$ 在流入角度为 0°时就已经存在。偏离对称的设计来提高气流的分流情况来提升升力作用可以提高极线，增大升力系数。

升力系数 c_l 可以通过式（7–14）计算，其中的 f 为弓形高，l 为长度（见图 7–6）。升力系数取决于流入的角度 α 与桨叶轮廓的弦和弧所成的角度 β。

如简易公式（7–14）所示的关系，对于流入角度不太大的普通桨叶形状都能很好地应用。升力的增加——同时有阻力与升力的合力 F_R 的增加——对于攻角是线性的，与曲率 f/l 相关。

$$c_l = 2\pi sin(\alpha + \beta/2) \approx 2\pi(\alpha + 2f/l) \quad (7–14)$$

对于风力机，大部分情况下桨叶采用对称形状，因为在攻角很小时其阻力很小，升力也很小。升力与阻力系数——最终结果即为升力与阻力——随攻角升高。在一个特定的角度升力不再随攻角上升而是下降（即失速效应，见图 7–4 下及图 7–6 中）。这表明流入的气流将不能再以流线型的方式沿桨叶表面分开流动（见图 7–4 下）。升力的下降会在叶轮上产生机械张力（比如强烈的震动），并影响所有部件，引起材料应力甚至机械故障。

图 7–7 左用准确的数字显示了攻角 α 与升力、阻力系数的关系（分别为 c_l、c_d）。由给出的例子可知，升力系数，即升力，随攻角上升直至大约 13°达到峰值，随后到 15°由于紊流的出现开始下降。阻力系数在大约–4°达到最小值，在两侧几乎以 2 次方增加。

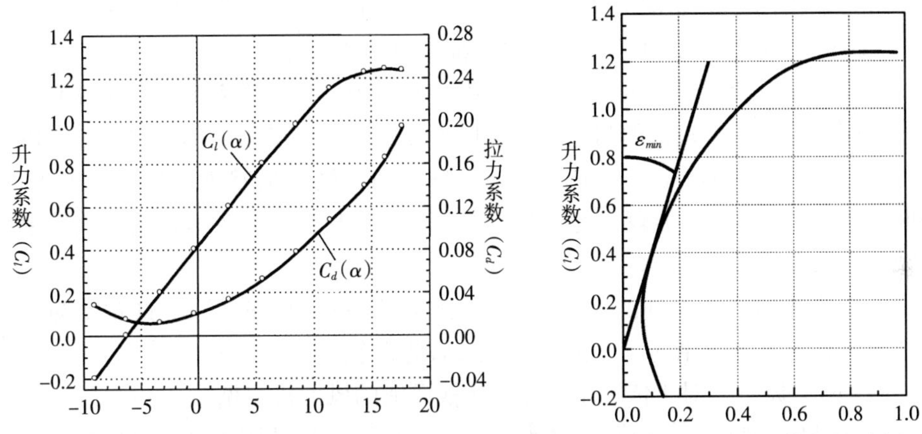

图 7–7　桨叶升力与阻力系数与攻角关系（左）与标出最小升力阻力比的轮廓极线（右）

图 7–7 右标出了图左对应的轮廓极线。升力系数与阻力系数的比值简写为 *L/D* 比 ε。气流友好的设计可以提高相对阻力系数，提高升力系数。最优攻角在 *L/D* 比最低的时候达到，在图中考虑的形状此时流入角度为 0°。

桨叶获得的圆周方向（切向）的驱动力 F_T 由升力与阻力在切向的分量（$F_{L,t}$ 与 $F_{D,t}$）组成（见图 7–5）。叶轮的转矩可由 $F_T = F_{L,t} - F_{D,t}$ 计算，再与有效半径相乘（见图 7–8）。

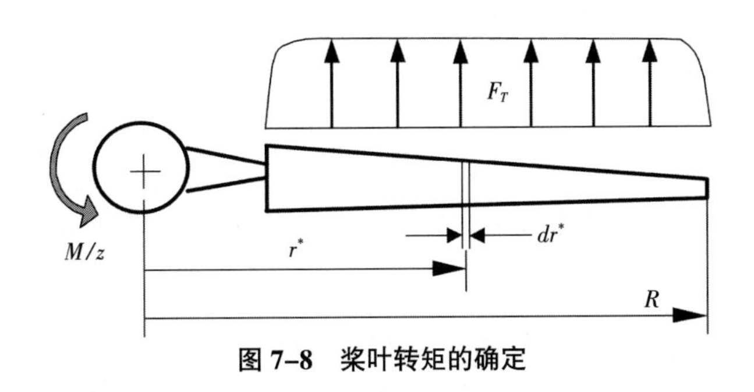

图 7–8　桨叶转矩的确定

由式（7–15）可知，给定桨叶数量 z，驱动转矩 M 可以被计算出来，其中 R 为叶轮半径，r 为每一点位置的半径。

$$M = z\int_{r^*=0}^{R} F_T(r^*)\, r^*\, dr^* \tag{7-15}$$

由转矩 M 与转速 n，叶轮功率 P_{Rot} 可由式（7–16）计算得出，其中，效率 η_{Rot} 表示相对于理想叶轮功率 $P_{Rot,th}$ 考虑旋转与摩擦损失。

$$P_{Rot} = 2\pi nM = P_{Rot,th}\,\eta_{Rot} \tag{7-16}$$

最终输出功率的切向力 F_T 受阻力切向分量 $F_{D,t}$ 影响。尤其在桨叶的外围部分，γ 通常在 20°以下，几乎所有的阻力都在阻碍切向力。

因此，在设计与生产风力发电设备中，要得到最佳功率系数，应保证桨叶形状与表面粗糙度产生较低的阻力。现代风力发电站装备了水滴形的桨叶，可以最优化 L/D 比（$\varepsilon \approx tan\varepsilon = c_d/cl = F_D/F_L$）。在空气动力最优形状下，L/D 比在 0.02~0.08。对于空气动力性能较差的形状（如 ε=0.1），最优的叶尖速比与最大功率系数减少大约 50%。

上文描述的升力原理的风力机几乎能够达到 Betz 功率系数。这就是为什么在几乎所有的商业应用的风力机中采用的都是这个原理。

（2）阻力风机。对于依靠阻力原理转换风能的风力机（见图 7–9），气流以速度 $v_{Wi,Rot}$ 吹到迎风面 S。得到的功率 P_{Wi} 由迎风面所受的阻力 F_D 与速度 v_S 计算（见式（7–17））。阻力的大小 F_D 与使气流减速的反作用力 F_R 是相同的。

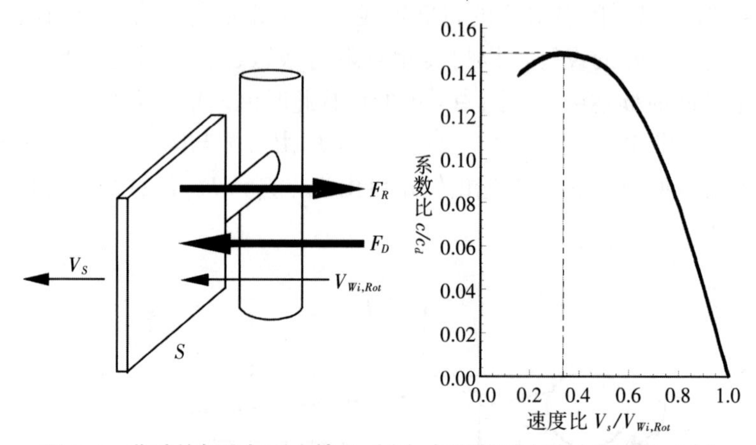

图 7–9　桨叶的气流与受力情况（左）与形状对应的功率系数（右）

$$P_{Wi} = F_D v_S \tag{7-17}$$

风速 v_{Wi} 与对迎风面 S 施加的 v_S 的相对速度（$v_{Wi} - v_S$）决定了阻力。已知阻力系数 c_d，阻力 F_D 由式（7–18）计算。F_D 主要由（$v_{Wi} - v_S$）的平方决定。

$$F_D = c_d \frac{\rho_{Wi}}{2}(v_{Wi} - v_S)^2 S \tag{7-18}$$

从风中获得的功率 $P_{Wi,ext}$ 由阻力风机的原理可从式（7-19）中得出。

$$F_{Wi,ext}=F_D v_S=c_d\frac{\rho_{Wi}}{2}(v_{Wi}-v_S)^2 Sv_s \tag{7-19}$$

气流中的风含功率与能从气流中得到的功率的关系如式（7-4）所示。功率系数 c_p 因此由式（7-20）得出（即风含功率与获得的功率的关系）。

$$c_p=\frac{P_{Wi,ext}}{P_{Wi}}=\frac{c_d(v_{Wi}-v_S)^2 Sv_s}{v_{Wi}^3} \tag{7-20}$$

将算式对 v_S 求导并使之为零，即可得到阻力原理能够得到的最大功率。这些数学上的运算揭示了最大的功率系数 c_p 在迎风面以风速 1/3 运动时得到（见图 7-9），由 Betz 定律，这个关系并不依赖于风能转换的形式。如式（7-21），在此速度关系下最大功率系数 $c_{p,max}$ 为阻力系数 c_d 的 14.8%。

$$c_p=\frac{4}{27}c_d \tag{7-21}$$

例如，一个无限大平面的阻力系数为 2.01；在此情况下最大功率系数 $c_{p,max}$ 为 0.3。对于阻力型风力机的桨叶来说最大阻力系数可达到 1.3，对应最大功率系数为 0.2 或者说 20%。阻力原理只能实现理想的 Betz 值 0.593 的大约 1/3。

这种理论上的概念在实际中由于特殊的设计要求会使功率系数更低。通常来讲，旋转的叶轮推动发电机，所以迎风面必须绕轴旋转（见图 7-9）。多数情况下几个叶轮会以星型绕轴排列。但是风只能推动一半的叶轮前进，另一半应当以另一个方向前进。所以，对侧的桨叶要么被遮挡要么被设计为更低的阻力系数，这样才能使叶轮旋转。能量转换被进一步降低了。阻力原理因此只在很少的场合应用（如杯式风速计）。

7.2 技术说明

在列出的风能利用的原理的基础上，接下来介绍风能发电的技术基础。其中会包括一些最新的技术进展。

7.2.1 风力机设计

现在有很多种不同种类的风力机。几种概念中最重要的特征如下：

- 叶轮轴位置（水平或垂直）；

- 桨叶数量（单叶、双叶、三叶或多叶）；
- 转速（低速或高速）；
- 转速是否变化（定速或变速）；
- 叶轮在上风方向或下风方向；
- 功率控制方式（失速或变桨）；
- 抗风强度（遮挡或变桨调整）；
- 有无变速箱；
- 发电机种类（同步、异步或直流发电机）；
- 并网方式（直接并网或通过中间直流环节）。

各种风力机可以被分为四大类（见图 7-10）。根据升力原理工作的风力机被分为水平轴（见图 7-10，单叶、双叶或三叶的高速风机或多叶风机）与垂直轴（见图 7-10，达里厄型或 H 型）两类。此外，还有的风力发电站采用集中气流的方式（见图 7-10，导风式风力机），还有的采用阻力原理（见图 7-10，萨瓦里欧斯式、杯式风速计）。

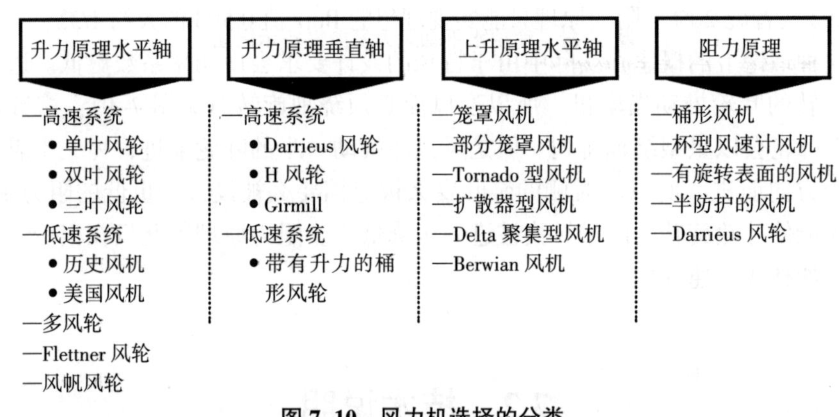

图 7-10 风力机选择的分类

7.2.2 系统组成要素

在当前及未来的几年中，直接并网的水平轴（三叶，在很少的情况下也有两叶）风力发电机取得了最主要的市场地位。发电设备的设计原则如图 7-11 所示。一个直接并网的风力发电设备包括叶轮、轮毂、齿轮箱、发电机、塔架、基础和电网引线。根据相应的风力机类型添加其他的设备。图 7-11 还展示了有无齿轮箱的不同。齿轮箱可以将叶轮的转速升到更高来匹配标准的、成本更低的发电机。而无齿轮箱的情况需要特殊的能够直接在任意转速下运行的发电机。

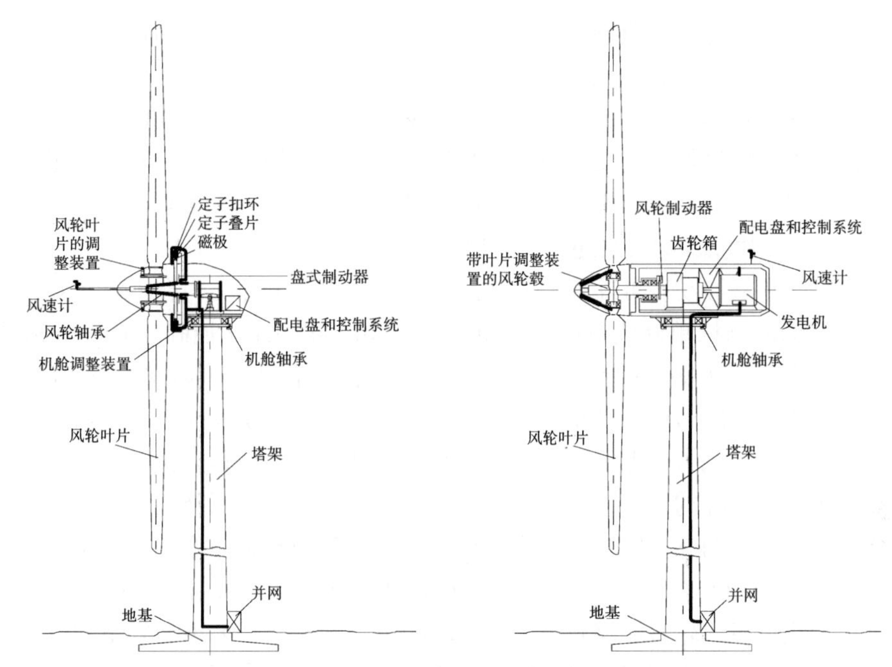

图 7–11　商用水平轴风力发电设备示意图

注：带齿轮箱（右）与无齿轮箱（左）。

过去，风力机主要安装在大陆上。但是，海上的风速平均要比大陆上高，近些年在海上风力发电开始发展起来。由于风力机的设计应当能适应不理想的环境情况并避免故障，在海上安装风力机对其结构设计有不同的要求。例如，运行维护要更难，成本更高。但是，海上风力发电仍然处在发展初期，最终的结论还不能得出。

接下来的叙述主要集中在陆上风力发电技术，海上风力发电也有所涉及。

（1）叶轮。现代风力机将风能转化为机械转动的部分一般称作叶轮。叶轮由一个或多个叶片及轮毂组成（见图 7–11）。叶片根据升力原理从流动的气流中获得部分动能。能够从自由流动的空气中获得动能的最大效率可达到 50%，这个效率与叶轮桨叶表面有关（见式（7–8））。当前技术条件下，在设计运行点叶轮所谓的空气动力学效率通常能达到 42%~48%。

为了额外的齿轮传动系统，风轮叶片的数量与形状设计要求能够使转速达到一个较高的水平来匹配通常的高速发电机。这些发电机转速通常在 1000~1500 r/min。或者可以采用专为风力发电设计的低速发电机来达到直接风轮驱动（即无齿轮箱）的目的。

在每一个风速下都存在一个最优转速（即设计运行点）使风轮获得最大功

率。高于或低于这个转速都会使获得的功率下降（见图 7–12 与图 7–16）。为了在较高的转速下（即较高的叶尖速比）（见图 7–16）获得最大的有用功率，即从风中获得最大功率，风轮的叶片数应当较少，形状应当较窄，这样也能使转矩与摩擦的损失降到最低。这就是为什么现代风力机组使用一到三个叶片，超过三个叶片的机组事实上没有应用到并网发电的风力发电站中。除了高转速的优点（见图 7–12），叶片较少的机组还节约材料。

• 三叶是能够动态可控的最少叶片数。由于质量分布更为合理，三叶风力机的动态振动问题比单叶或双叶风力机要小。由于叶尖速比控制在 6~10，叶尖风速不会太高而导致额外的噪声。平滑的运行特性也有助于风力发电被广泛应用。当前投入使用的风力机超过 95%为三叶。即使对于快速发展的当前市场来说，包括兆瓦级的海上风力发电机，叶片数量在可预见的未来也不会变化。

• 相对于三叶的风机，双叶风机减少了一个桨叶，从而降低了材料用量与成本。但是，由于动态控制变得更为困难，轮毂的负担会相应增加。由于质量分布更差，增加的扭转与弯曲的力可能被传递到整个风机，从而导致更高的动态应力。尽管跷跷板式轮毂能够减小上述问题的影响，但它需要更为复杂的设计，会带来额外的成本。当与三叶对比时，双叶的一个特征就是更高的叶尖速比，可达到 8~14，从而会得到较高的叶尖速。但是叶尖的噪声可以被控制在一个范围内，不构成主要障碍。双叶风轮在市场上很难看到，相对于整个风机市场处在次要位置上。例如在德国，双叶风机大概只占一个很低的百分比。双叶风轮在未来也很难有更广泛的应用。

• 虽然单叶风轮材料消耗最小，但是它需要加装平衡物，并且轮毂需要足够坚固来对抗叶片的离心力。叶片离心力对动态性能的影响对设计提出了很高的要求，从而增加了成本，并且更需要维护。即便额外的技术要求得到了满足，控制器转动也非常难。其叶尖速比可达 14~16，叶尖速非常高，会发出很强的噪声。由于这些原因，单叶风轮在市场上没有获得成功。可以预见，单叶风机由于其对轮毂的高机械应力与机械设计的高要求将继续在市场上扮演次要角色。单叶风轮的效率也要稍低于双叶与三叶。

(2) 叶片。叶片（见图 7–11）通常由塑料制成，个别情况也有铁或木制。通常会使用纤维增强材料性能，如玻璃纤维、碳纤维及芳纶纤维。直到现在，最经常使用的是玻璃纤维增强塑料。但是随着风机体积的增加，有使用碳纤维增强塑料替代的趋势。选择材料的主要标准是材料的疲劳强度、比重、容许应力、弹性模量和抗断强度。决定因素也在发展变化，材料与生产成本也由这些技术关键参数决定。

叶片长度随着风机容量变化而变化。在一些较小的普通风力机上叶片长约

5m；对于兆瓦级风力机，比如可能作为海上风力发电使用的机组，叶片可以长达 60m。相应的风轮旋转扫过的面积为 80~10000m²，在特殊情况下也可能超出这个范围。

（3）轮毂。轮毂将叶片与轴相连（见图 7–11）。风力机具有变桨调节的功能，所以轮毂包括了相应的变桨机构与变桨轴承。轮毂及其附属结构除了钢板焊接结构外，主要为铸钢件与锻件。轮毂主要有以下三种结构：

• 刚性轮毂。这种轮毂可用于三叶或双叶风轮，是一种典型的失速控制风机的结构。其优点为制造与维护费用都比较低，并且低磨损。缺点为刚性连接导致的相对较高的叶片应力，并会传导到风机其他部分。

• 柔性轮毂。柔性轮毂是一种半刚性连接设计，部分应用在双叶风轮上。这种轮毂的叶片固定在一个可以摆动的位置上（万向架）。如此，叶片就能够围绕刚性轴摆动来减小非对称的风轮负荷。当风轮停止或低转速时，机械的或液压的阻尼设备可以防止叶片摆动过大。不仅如此，阻尼设备设计必须能够吸收在一定风速下风轮承受的巨大张力。这种叶片的优点是可以补偿和减少由扭转和弯曲引起的应力。

• 铰链式轮毂。叶片也可以由铰链与轮毂单独连接。这种设计适合大容量单叶系统与小型多叶片风机。叶片可相互独立地摆动，并且在振动方向钳住使叶片不受弯曲力矩。铰链只需要吸收离心力并传递转矩。铰链式轮毂的缺点在于较高的制造及维护成本。这种结构与风轮数量之间没有关系。但由于其高昂的制造成本及其动态特性导致控制较难，这种轮毂在实际中很少应用。

（4）变桨装置。一般的风轮及轮毂设计以刚性和柔性区分。为了能够可靠控制转速与功率，当前超过 100 kW 的风力机通常装备变桨装置。

除了在正常运行时可以进行功率控制，变桨系统还可以在紧急停止时调整到全顺桨（没有切向力）状态使风轮静止。出于安全考虑，风力机应当具有冗余安全系统（因此设有刹车装置），变桨装置也可以作为刹车装置的辅助。

变桨装置的主要组成部分有叶片轴承、变桨驱动、供能装置及紧急调整系统（如果需要的话）。

• 叶片轴承。通常来讲，叶片轴承铰链在轮毂与叶片根部。从原理上分为耳轴与力矩轴承。与其他典型轴承不同，此处的轴承不以扭曲程度为优化目标，而以静态与动态张力为优化目标。一些叶片设计只允许调整外部叶片范围（即叶尖调整）。在这种情况下轴承被置于叶片外围。

• 变桨驱动。变桨系统有电动机械式与液压式两种。对于液压系统来说，定心驱动装置安装在轮毂内，直接驱动或经过相应的换向杆产生旋转运动。对于有电机驱动的系统来说，叶片由被电机驱动的机械装置（如主轴、齿轮箱）来调整角度。在最新的设计中，每一个叶片有单独的驱动使每个叶片都能得到对于当前风向的最优朝向。

• 供能装置。供能装置安装在机舱内，能够给变桨提供能量。为确保风力机在故障状态下能够停车，机舱内设置相应的能量储存装置（对液压系统使用蓄压器、对电动机械式使用电池）。

• 紧急调整系统。在断电故障或其他故障状态紧急调整系统能够安全锁住风轮。例如，可以将风轮调整至全顺桨状态，防止在失去负荷时转速快速上升。由于安全系统应当有冗余设计，通常还要加装机械刹车。

（5）齿轮箱。为了将机械能转化为电能，传统的风力机使用四极或六极同步电机或异步电机，通常要求转速为 1000 r/min 或 1500 r/min 来尽量接近电网频率（50Hz）。当前使用的风力机风轮转速在 10~50 r/min，使用范围从几百千瓦到兆瓦级。所以，如果没有特殊发电机就必须使用传动齿轮箱（见图 7–11）。

在这种情况下，齿轮箱也是能量链条上的一部分，连接起风轮与发电机的轴。它将系统分为“慢”与“快”两部分。齿轮箱位于机舱内，通常也做风轮的主轴。

当前应用的主要是单级或多级的圆柱齿轮传动与行星齿轮传动。对于变桨风机，圆柱齿轮风机的优点在于可以通过主轴使馈线等到达轮毂，缺点为需要更大的建筑量与更宽的机舱。行星齿轮传动相比较起来更为紧凑轻便，但是相应的变桨调节的设计成本会更高。

每级的齿轮传动效率大约为 98%。能量损失是由不可避免的齿轮间的摩擦产生的热量与噪声所引起。后者可能是风力发电能否为大众所接收的一个限制因素。不过噪声可以通过适当的设计来减小。特别是声波从齿轮箱到风机外部的传播（如机舱、塔架）的部分应当避免产生共振。例如，在汽车制造业中，这种振动传播可以通过相应部分支撑件以橡胶避震缓冲来避免。

当前投入使用的无齿轮箱风力机也越来越多。多对极发电机通过直流中间环节与电网相连，可以在变动的转速下运行。由于在这种情况下转速不必转换，风力机就不需要齿轮箱。

（6）发电机。发电机将机械能转换为电能（见图 7–11）。一般风力机使用在普通商用发电机基础上少量修改的发电机，无齿轮箱风力机使用特殊设计的三相交流发电机。一般情况下，主要应用的发电机有同步、异步两种。

1）同步发电机。由外部固定的定子与内部安装在轴上的转子构成。在大多数情况下，直流电流经过滑环通向转子。直流电流在转子线圈上产生磁场。当轴带动转子转动时，旋转的磁场在定子内会产生确定的电压，频率同旋转磁场的转速相同。为了减小维护费用，通常会用无刷同步电机代替，需要增加同步旋转的励磁机。

如果同步发电机与稳定电网相连，比如欧洲电网在 50 Hz 的频率下工作，那么电机的转速就由电网决定（见图 7–12）。这对于风力机运行不利，尤其是在阵风下，传动系统中会有强大的张力。通过直流中间环节与电网相连或孤立运行，同步电机就可以在不同的转速与频率下运行。

同步电机在没有负载的情况下也需要发出一定功率提供给各种装置。同步电机与异步电机相比效率要略高一些。

2）异步发电机。也由固定的定子与转动的转子组成。但是转子的励磁（产生磁场）的方式与同步电机不同。异步电机转子绕组直接或并联短路。当一个静止的异步电机同交流电网相连时，在转子内会像变压器一样产生感应电压。此时频率与施加在电机上的频率相等。由于绕组被短路，会产生极大的电流，此时转子产生了很强的磁场。由于转子产生的磁场趋向于跟随定子磁场，转子开始加速。转子转动越快，转子绕组与旋转磁场的相对速度就会越小，所以转子绕组上的感应的电压就会下降。在电机作为电动机空载运行时，转子在电磁力大于摩擦损耗时会一直向同步转速接近。但是，由于当转速与磁场相同时，转子内将不会有电流，即不会有磁场和转矩产生，所以同步转速不可能达到。转子与旋转磁场转速的差值被称为滑差。因此，电机运行时转子与磁场是异步的。异步电机所带负载越大，所需的磁场越强，所以电机滑差越大。滑差越大，在转子上感应的电压就越大，就能够产生更大的电流与更强的磁场。在作为电动机运行时，转子转速低于同步转速；作为发电机运行时，转子转速高于同步转速。由于是电励磁，

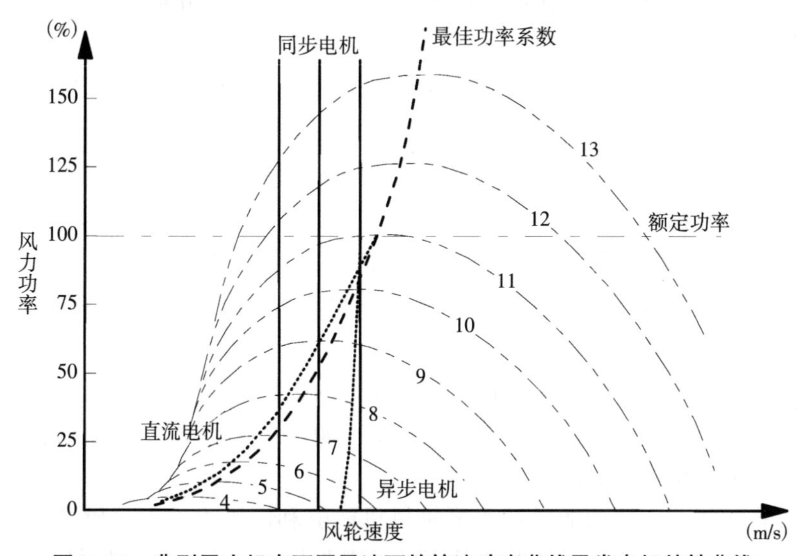

图 7–12　典型风力机在不同风速下的转速功率曲线及发电机特性曲线

电压与电流并不同步，因此需要无功功率。根据不同的功率状况，需要连接或断开合适的电容器。这个缺点在孤立运行时更为明显。对于德国或荷兰这样的国家，所需要的无功功率由可用的装备同步电机的电厂提供。

这种“灵活”的运行特性（见图 7-12）有助于降低风机与稳定电网并网时风机传动系统中的张力，尤其是在阵风的时候。但是没有相应的调整，只有小功率异步电机的转差能达到大约 10%。转差随着电机容量的上升而下降。容量在数百千瓦到兆瓦级的普通发电机转差只能在 0.5%~1%，因此运行特性几乎像同步电机。

通过在转子绕组电路中加入电阻，可以提高滑差，但是发热损失就会增加，效率下降。直接向转子绕组串联电抗器会使电机内部与外部相通，增强散热。但是由此带来的空气，特别是在沿海地区，会含有盐分，腐蚀绕组绝缘。现在也有关于如何将外部的电阻加入封闭式设计的研究。

另一种调整滑差的方案为采用双馈异步发电机。转子绕组通过变频器与电网相连，转子直接与电网相连。现代的绝缘栅型双极晶体管使动态控制滑差成为可能，能够适应不同的转速与空载状态。一种混合的解决方案为采用超同步静态克雷默变换器（一种级联系统）。滑差功率单向流动，只能由电机流向电网（见表 7-1）。

异步电机也可以用作电动机起动风力机。通常来讲，相比同步电机，异步电机成本更低，鲁棒性更强，维护更简单。

（7）偏航系统。这个系统的作用在于调整风机机舱角度，从而使风轮尽可能正对风速方向。偏航系统将机舱与塔架顶端相连，其部件分别属于两个部分的一部分（见图 7-11）。

机舱通常由固定在塔顶的齿轮传动装置转动，并由机械的、液压的或电机驱动。小容量风力机的偏航可由尾舵、伺服电机或偏航玫瑰舵实现，不过现在很少制造了。大容量风力机通常使用液压或机电伺服系统，可以有更低的成本、更小的体积与更大的转速。

所有的风力机都装备有刹车来锁紧旋转机构。此处刹车可以在风向微小变动时避免张力施加在旋转机构上，延长使用时间。刹车还可以用来在维护时锁死机舱。

对于大型风机，塔架顶端的轴承应当设计为滚动轴承，而小型风机通常使用滑动轴承。整个偏航系统由特殊的控制系统控制。系统从安装在机舱外壳的风速仪与风向仪采集相关数据。

（8）塔架。塔架的功能是让水平轴风机能够利用距离地面足够高处的风能，并吸收施加在风轮、传动系统及机舱上的动态与静态张力，将其传导到地面（见

图 7-11）。另一个决定塔架规格与设计的关键因素是塔架—机舱—风轮整个系统的自然振动，应当避免发生共振，尤其是在启动阶段。其他需要考虑的因素还有运输条件允许运送装备的大小、重量，架设方案，起重机与机舱等。长期因素需要考虑抗风化性与机械疲劳。

多数塔架由钢铁水泥建造。对于钢结构塔架来说，早期风力发电机组中多采用桁架式塔架，而现今多采用圆筒形塔架，有拉索式、单柱式等形式，塔架多设计为锥形。

塔架最低高度由风轮半径决定。随着塔架高度的升高，成本随之上升，而风的稳定性与发电量也随之上升。最终确定的高度是两者妥协的结果。因此，优化的方向为最大发电量与可接受的塔架成本。现今，塔架高度设计随着选址的不同区别很大。通常情况下在 40~80m 范围内变化。相对于沿海，内陆地区风速较低，需要靠高度提高风速，通常塔架会更高（有可能达到 90m 或 100m 甚至更高）。

同等的发电量，海上风力发电机的高度可以比陆地上的低 25%（即海上风速随高度而稳定的速度大于陆地）。降低高度可以降低塔架成本。

（9）地基。圆筒形塔架的地基形式取决于风力发电机的整体大小、气象条件、运行时的张力、当地的土壤情况。地基结构可以分为浅埋与深埋，两种都是当前可采用的技术，但是成本有可观的差距。地基设计是否合适也取决于对土壤情况的调查。

在海上架设风力发电机成本非常高，需要很多技术保证稳定性。地基，包括整个支撑设备（地基加塔架）及如何在海上固定都需要先进技术。一般来讲，架设方案应当尽可能降低制造成本（通过量产与选择适当材料）、组装成本（物流与快速安装）与维护成本（腐蚀与疲劳）。

当前的海上风力发电机有底部固定式支撑和悬浮式支撑两种。底部固定式支撑通常在水深 50m 以下时采用。悬浮式支撑在技术上可行，但只有在水深超过 50m 时考虑。底部固定式支撑需要考虑的方面有预计的风速、海浪与海冰的情况及其他地理情况（水深、海底情况等）。

底部固定式支撑的结构分为三种（见图 7-13），即重力沉箱式基础、单桩基础与三脚桩基础。还有一种不太重要的四柱栅格式结构，类似于桁架式塔架，应用于海岸线上的风力机。

1）重力沉箱式基础靠重力作用固定塔架。重力沉箱由水泥或钢铁框架构成，漂到安装地点后装入压舱物沉下。基础置于海床的水平面上，并设有补偿层防止拉力传导到海床上并保持系统对水动力负荷的敏感。对基础施加的力受浪高影响。由于最大浪高主要取决于水深，所以随着水深增加，基础体积应扩大。从经

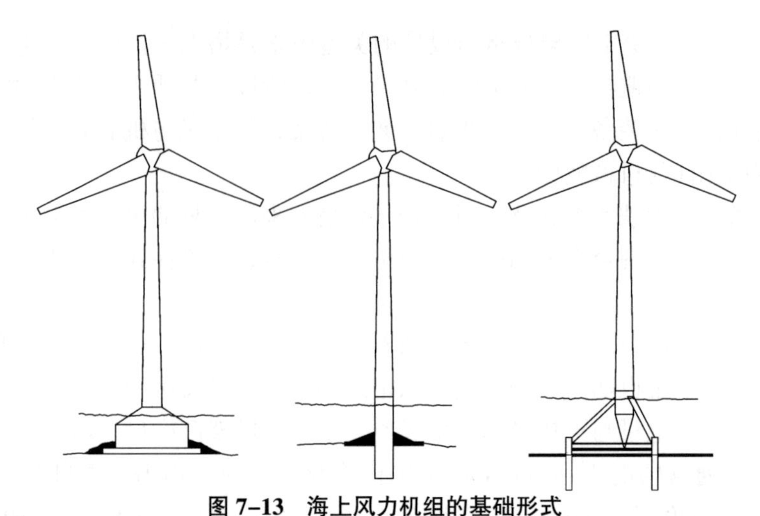

图 7-13 海上风力机组的基础形式

注：重力沉箱式基础（左）、单桩基础（中）、三脚桩基础（右）。

济的角度来讲，这种基础只在水深 10m 左右应用。从物理的角度来讲，这种基础应在水深 20m 以下应用。重力沉箱式基础已经在丹麦的 Vindeby 和 Middelgrunden 的海上风力发电厂使用，其在 5m 的水深下使用了约 1500 吨的基础，风机容量为 1.5MW。

2）单桩基础由单个桩体组成，类似于将塔架延伸至海床以下。根据风力机大小与塔架结构，直径在 3~4.5m 选取，质量为 100~400t。架设包括钻孔、振动、打桩等环节，埋深在 18~25m。风力机塔架与基础间有专门的连接部件来纠正基础可能存在的倾斜。根据现在的主流观点，单桩基础的合理的应用水深在 25m 以下。单桩基础在水深 20m 时似乎相对比较经济，已经在瑞典的 Bockstigen 与 Utgrunden 风电场实际应用。

3）三脚桩基础由中心柱连接塔架，并在三个方向上由桁架钢结构共同支撑，可将塔架所受力和转矩传导到支撑点。基础桩结构的直径约为 0.9m。根据土壤情况的不同，埋深在 10~20m。三脚桩结构最适合的水深为 20m 左右，水深在 7m 以下时海浪会冲击水面下的钢结构。当前还没有海上风电场采用这种地基。但是德国的第一个位于北海的海上风电场“Borkum West”计划采用这种结构，风电场所处海域水深约 30m。这种为兆瓦级风机设计的地基质量大约有 800t。

（10）并网。风力发电场可以直接或间接与电网相连，被称为并网运行或孤立运行。同步或异步发电机都可以应用在这两种情况（见表 7-1）。

• 与频率固定的电网相连，同步发电机以固定转速运行，异步发电机转速由电网频率决定，几乎不变（见图 7-12）。由于是“硬”连接，尤其是对同步电

表 7-1 并网运行与孤立运行对比

	同步电机	异步电机
直接与电网连接	$n_G=f$ 转速为常数；与电网硬连接	$n_G=(1-s)f$；$-0.01\leq s\leq 0$ 转速随容量增加而小幅下降；简单同步；消耗无功功率；较硬连接
间接与电网连接	$0.5f\leq n_G\leq 1.2f$ 转速为变量；通过整流与逆变连接电网（即直流中间环节）；柔性连接	$0.5f\leq n_G\leq 1.2f$ 转速为变量；鼠笼转子电机通过直流中间环节与电网相连；绕线转子电机通过动态滑差控制，超同步静态克莱默系统或采用双馈异步发电机与电网相连；柔性连接

注：n_G 为发电机转速；s 为滑差（转速与标定转速差距）；f 为电网频率。

机，可能会有强大的张力施加在传动系统上。这就是为什么大多数情况下直接并网采用异步发电机。

- 通过直流中间环节间接与电网相连允许发电机转速变化，即所发出的交流电频率变化。电流首先被整流为直流，然后重新逆变为电压频率符合电网要求的交流电。这就允许风轮在额定转速的 50%~120%的范围内寻求空气动力学的最优运行情况（见图 7-12）。可变的转速减少了风力机的动态张力。但是直流中间环节会带来额外的成本与电能损失。对于中型与大型风力机，直流中间环节被广泛采用，并且多数使用同步电机。

对于早期装备直流中间环节的风力机，其所采用的变频设备给电网带来了大量谐波。对于比较脆弱的电网，这些谐波可能会影响其他设备工作。但是随着功率半导体器件的发展，变频设备的谐波越来越小，并在一定程度上应用在备用电源上（例如使用绝缘栅门极晶闸管（IGBT）及脉宽调制（PWM）方式逆变）。

如果电网对参数要求比较严格，风力发电机也可以通过直流环节与电网间接连接。

风力发电机可以独立同电网连接或以风力发电场的形式与电网相连。在风力发电的接入点上，风力发电所带来的对电网的扰动必须考虑。除了能导致肉眼可见的灯泡闪烁的短时波动，电压的长期的低频脉振与可能的谐波也应当考虑。波动程度可以用风力发电产生的电流与短路电流的比值来衡量。如果比值超过了特定值，接入点就应当换到一个短路电流值更大的地方，以此来防止影响电网中的其他负荷。

与电网连接部分的主要组成为将电网与风力发电机或发电场相连的变电站，包括中压变压器及与电网相连的母线及开关等。

所有的风力发电设备的设计都要包括控制与保护设备。这些设备必须能消除所有对电网有潜在破坏可能的故障（如短路或断路等）。在维修等状态时应当能保证与电网的可靠断开。

当风力发电机并网发电时会出现损耗，主要由变压器的损耗引起，不过相对于总体发电量来说很小。

(11) 海上风力发电系统。这项已经可以实际应用的技术需要根据海上的不同情况来做相应调整，与陆上风电还是有很大不同，技术也要相应优化。

由于陆上风力发电多数情况下要以最小噪声为优化目标，叶尖速是噪声的决定性参数，所以限制了风轮的转速，尤其是随着风轮半径的扩大，转速更要下降。对于海上风力发电，噪声就不那么重要，这样就允许有更高的转速设计，从而降低风轮转矩，有助于减小机舱重量（即传动系统重量），降低成本。但是过高的叶尖速会损坏叶片。海上的空气中含盐量高、湿度大，还有雾状水滴的存在。海上风力发电设备必须能够抵抗这些腐蚀，因此需要额外的防护。

电力设备与电子设备（如控制器、传感器、发电机、变压器等）需要对水雾与沉积做额外防护。出于这个目的，需要对相应部分密封，并使其中气压略高于大气压来保证其中的空气情况正常。不过还是应当避免将风电设在温度或湿度极端的区域，避免出现过热或水汽凝结。

海上风力发电设备的设计应当包括安装时的海上吊装，包括发电机、齿轮箱等部件应该能很方便地在不需要复杂外部设备的情况下安装到机舱内。并且，每个海上风力发电机应当提供一个平台可以上下人员并进行维护补给。

为了保证设备安全与断电状态下安全地自启动，必须设置紧急发电单元。可以选用电池或者备用发电设备给电动机械设备供电，液压储能设备给液压系统储能，弹簧给机械部分储能。但是这些短时储能设备只能保证风力发电设备在突然断电时的安全，应当有特殊的备用单元保证持续断电时的安全。

从气象条件上看，海上风力发电要远比陆上条件恶劣，尤其是在冬季。要达到相同的可靠性，所有部件都必须保证其质量和稳健性能够在长期恶劣条件下保持不变。为了这个目的，我们需要一个很复杂的控制系统。该系统能够在故障早期发现问题，在电网故障时自启动并维持风力发电机的正常运行。系统应该能够从陆上进行远程控制、编程、初始化工作。为此，应当设计高效的远程监控与可靠的信息交互技术，并且风力发电机组应当安装足够的传感器（如振动监视、温度检测等）。

7.2.3 能量传递链，损耗与发电功率特性曲线

(1) 能量传递链。风力发电设备将流动空气中的动能转化为电能。如图 7–14 所示，转换过程包括几个环节。

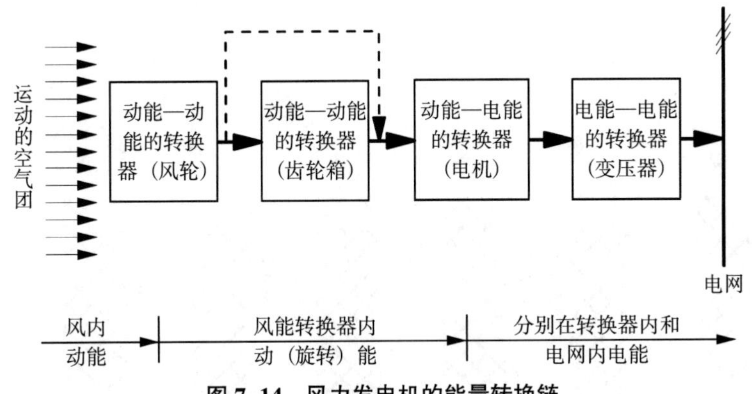

图 7–14 风力发电机的能量转换链

如图 7–14 所示，流动空气中的动能首先被转化为风轮旋转时的机械能，这样就进入了传动机构。传动机构主要包括提高转速齿轮箱，方便需要高转速的同步或异步发电机使用。当然也有特殊发电机不需要齿轮箱（见图 7–14）。接下来机械能被发电机转换为电能。由于发电机发出的电不一定符合电网要求，多数情况下还要有电力变换设备。最简单的就是变压器。但是间接与电网相连的发电设备还需要直流中间环节。

（2）损耗。图 7–14 列举了不同的能量转换步骤。步骤不同会引起不同的机械损耗。这些损耗有可能显著降低整体的效率，使总效率不能达到 59.3%的 Betz 效率系数。商用的风力发电机在持续的不被干扰的气流中能达到 30%~45%的总效率。这种能够实现的最大效率与理想最大效率之间的差距是由实用风力发电中不可避免的一系列损耗引起，不仅存在于风力发电中，也存在于一切能量转换的过程中（见图 7–15）。

发电机所能够输出的电能由风含功率的总量减去一系列的损失所决定。这些不同的机械损耗解释如下。

- 空气动力学损失是由于叶片形状不可能优化到使风轮扫过平面全部被覆盖到。空气动力学损失由实际功率因数（风含功率中可以利用的部分减去损失）来衡量。功率因数受叶片形状与数量影响最大（即受叶尖速比影响），由此风轮设计非常关键。图 7–16 显示了能量因数与叶尖速比的关系。图中不同设计对应不同的特性曲线 c_p（λ）。最重要的参数为：①风轮数量；②轮廓特性；③叶片扭转形式。

图 7–16 显示了不同风轮设计的功率因数的不同。最大功率因数与理想功率因数之间的显著不同主要由旋转损失引起。图 7–16 也说明高速螺旋桨型风力机（高转速低叶片数）与低速风力机相比很有优势，旋转损失要小很多。相应的最

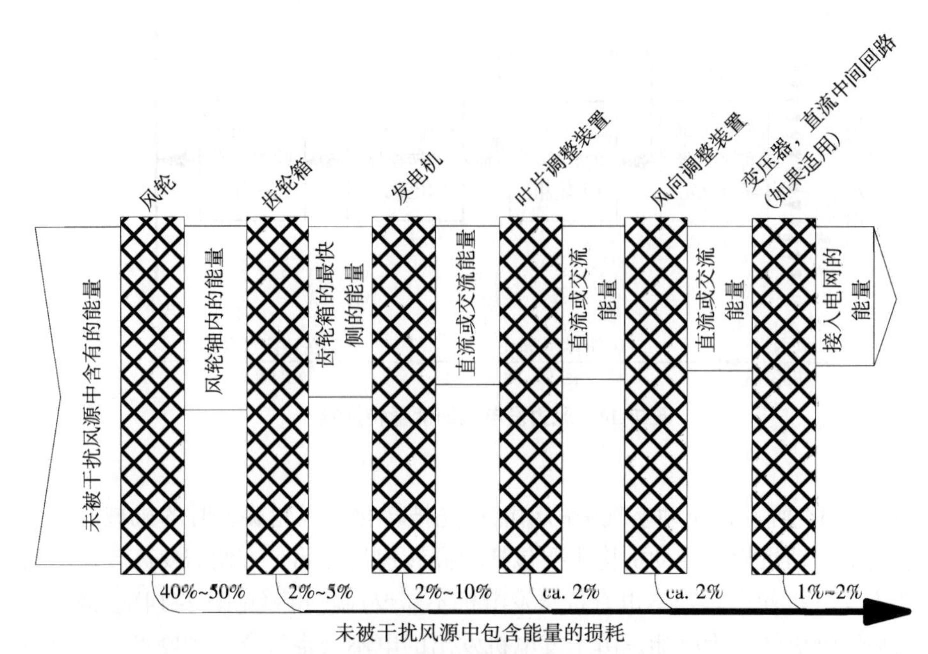

图 7–15　能量在风力发电机组中的流动

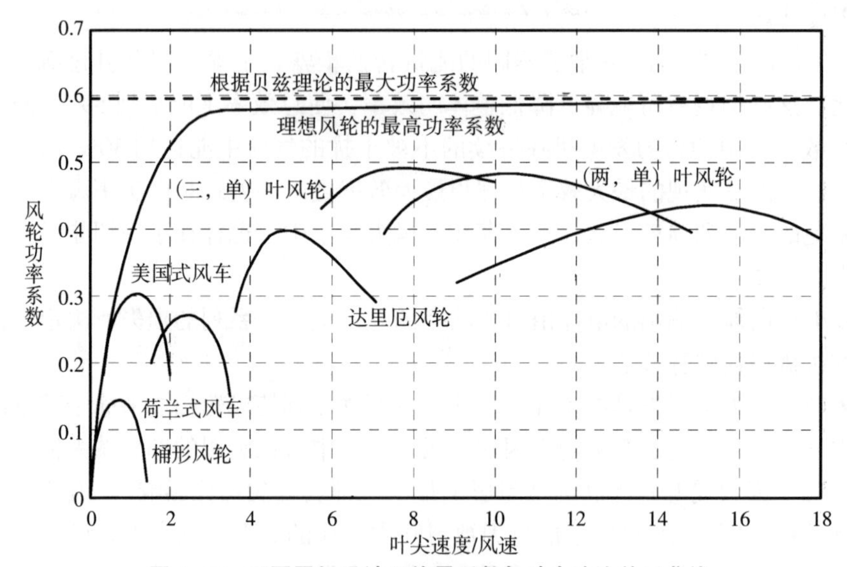

图 7–16　不同风机设计下能量系数与叶尖速比关系曲线

大功率因数在 50%左右时对于高速风力机存在一个效率最大值。相对于低速风力机，高速风力机的特性曲线相对平缓，在很宽的叶尖速比范围内效率都比较高。对于叶片较少的风力机，偏离最佳叶尖速比对功率因数影响比较小。总之，根据最新的技术，现代双叶或三叶风轮在实用风轮中达到了最高的效率。

• 机械损失主要由摩擦引起，会在风轮轴及轴承上发热。如果有齿轮箱，在速度转换的过程中也会有损失。

• 电力损失由发电机转换过程中的损失、电网的损失及直流中间环节的损失(半导体器件等）组成。根据不同情况还有变压器的损耗。

（3）发电功率特性曲线。由风力机转化的电能，比如 10 分钟内的平均功率，可以由功率特性曲线描述。它可以显示平均发电功率与平均风速之间的关系，从而说明风力发电机的运行特性。由这个运行特性可以定义四个运行阶段（见图 7–17）。

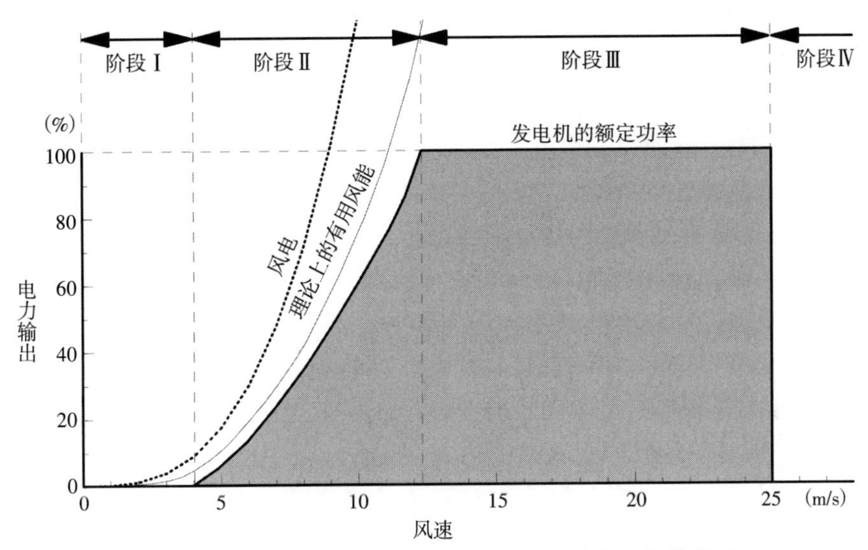

图 7–17　典型实用水平轴风力机风速与发电量之间的关系

• 阶段Ⅰ为风速小于风力机运行最小风速，不会启动。尤其对于迎风面比较小的高速风机来说，此时静止不动。风含功率不足以克服摩擦等阻力使风力机转动。因此此时无发电功率。

• 阶段Ⅱ为风速可以使风力机启动，此时风力机转动并带动发电机发出电能。此时发电功率与风含功率不是简单正比关系，原因在于一些损耗随转速的上升呈非线性变化。功率控制应当考虑使风力机达到额定风速，然后再达到额定功率。此时电能等于风含功率与空气动力、机械与电能效率之积。使用风力机在这个阶段的风速范围为 3m/s 或 4m/s 左右到额定风速的 12m/s 或 14m/s 左右。

• 阶段Ⅲ为受发电机容量限制，风力机吸收的风能所转化出的能量不能超过发电机的额定功率。能量控制装置必须使理论上可以吸收的超出的风能被减掉，不能传递到发电机的转子轴上。在这个风速范围内，获得的发电功率基本等于发电机额定容量。可以工作的运行范围对应的风速可以达到 24m/s 或 26m/s 左右。

• 阶段Ⅳ为风速超过了风力机所允许的最大值，风力机必须关闭以防止机械损坏。此时发电功率为零。

在功率曲线的基础上（见图 7–17），如果已知风速的频数分布，风力机在一段时间内所转化的电能可以计算。频数分布指每个风速在一段时间间隔内出现的可能性。

风力机产生的风能 E_{WEC} 可以被式（7–22）所计算，其中 h_i 为每段速度间隔 i 内该风速的频数。$P_{el,i}$ 表示在此风速下能够产生的发电功率。在一个时间间隔内全部的能量输出即等于所有对应可能的风速所能产生的能量之和。

$$E_{WEC} = \sum_{i=1}^{n} h_i P_{el,t} t \tag{7–22}$$

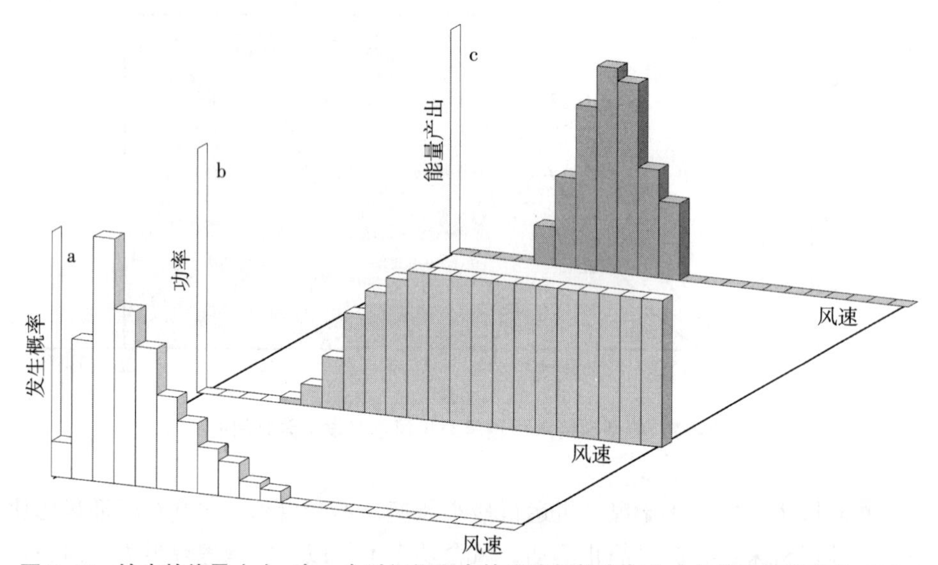

图 7–18　输出的能量（c），在一个时间间隔内的风速频数分布（a）与发电功率特性（b）

7.2.4 功率控制

当风速较高时，风力机需要恰当的控制策略与机械装置来限制从风中获得的能量（见图 7–17）。能量控制是防止风轮机械损坏和发电机容量限制的共同要求。

控制方式可分为速度控制与功率控制。如果转速必须控制为恒定值，或几乎不变，那么功率就要相应变化，不能超过发电机容量，否则发电机会过热并最终烧毁。如果转速能够在一定范围内变化（见表 7–1），那么其必须限制在最大转速以下，否则风轮及其他转动部件会损坏。同时功率也应当被监控。

当前两种控制方式都已经实际应用在商用风力发电设备上，分别称为失速控制与桨距角控制。两种方法都可以应用于控制风轮吸收的功率。

（1）失速控制。从风中获取能量可以被所谓的失速效应（主动使气体流动分离）限制（见 7.1 节）。在这种情况下，风力发电设备必须与足够坚强的电网相连，并且必须控制转速恒定，不论风速是多少。当运行情况改变时，风轮流入气体的情形（固定转速，单独叶片）改变，当超过某个风速时气流分开（见图 7–19）。由于涡流的存在，风轮速度下降或维持在一个固定的转矩下。

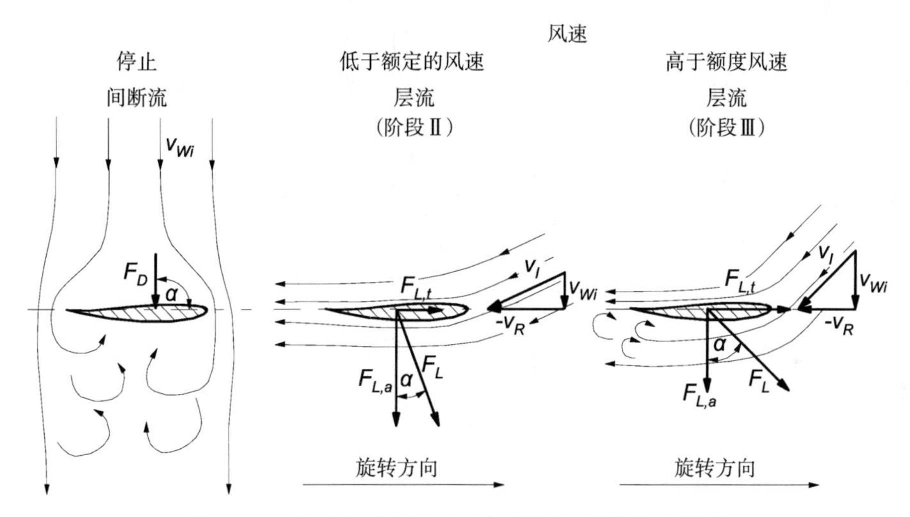

图 7–19　失速控制风力机叶片剖视方向的气流示意图

当速度超过接入风速但在额定风速以下时，风轮所受升力由风轮表面所受气流的力组成。流入风速与风轮轮廓线的弦所成的攻角 α 随风速提升而增加，控制风轮转速为定值或几乎不变。

当风速超过额定风速时，攻角过大导致气流不能完全沿叶片表面流动。气流在上方失速（见图 7–19，气流的流入侧）。由于气流失速，升力会下降，这样风轮获得的功率就可以控制在一个恒定的水平上。

叶片上的失速现象并不是发生在固定的攻角（称为静态攻角）上。失速现象取决于攻角的前后变化情况（比如阵风）及在三个维度上气流相对于叶片的风速（在离心力影响下呈放射状的气流）（称为动态攻角）。两种情况都会延迟失速，即使失速发生在风速更高的情况下。因此，最大的可利用风力或者额定容量可能被超过，使风力机过载，尤其是发电机。另外，动态失速发生在风轮位于特定角度范围的较短时间内。结果导致随着角度变化动态失速间歇出现（比如当转动到底层时发生一次）。这种周期性的力可能激起共振甚至导致风轮损坏。所以风轮设计应当避免此类机械破坏，尤其是叶片，使在寿命内可以可靠工作（主动失速控制也可能产生涡流，对叶片产生可观的张力）。由讨论可知，有很多不确定性因素的失速效应只能在一定范围内控制发电机功率。

图 7–20 所示为失速控制的发电功率曲线。当风速稍高于额定风速时，发电机输出功率会超过额定发电机功率（过载可达到 110%）。在风速达到关停范围时，输出功率要略低于额定功率。

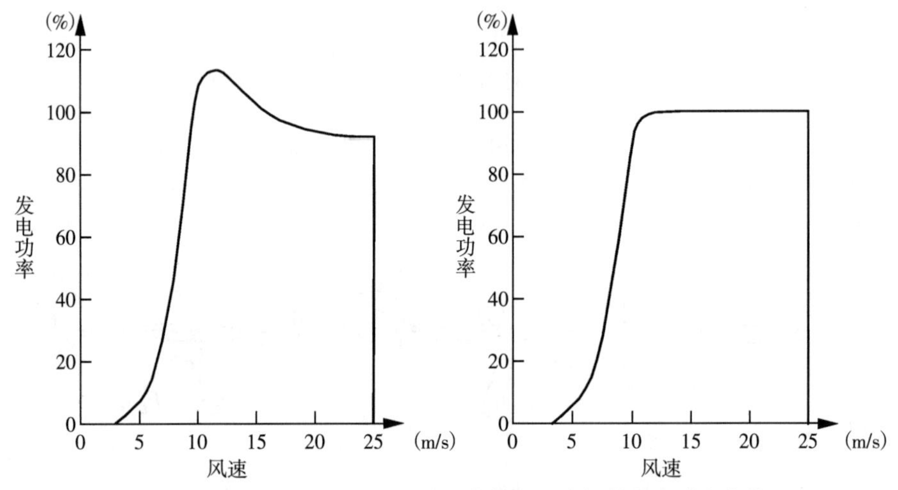

图 7–20　失速控制（左）与桨距角控制（右）的发电功率曲线

除了失速控制，还有一种称为主动失速控制的方法在实际中被应用。风轮通过变桨装置改变叶片角度，产生失速效应。主动失速控制可以产生相对平滑的发电功率曲线，与桨距角控制对应曲线很接近。

（2）桨距角控制。由于失速控制有诸多缺点，尤其是对于大功率风力发电设备，人们研究应用了桨距角控制方法。通过扭转叶片使施加在叶片上的力在风速大于额定值时保持在确定的值，从而在风速大于额定风速时获得接近常数的发电机输出功率（见图 7–20）。

变桨装置可以连续地调整流入空气对叶片的攻角，所以风轮吸收的功率可以被调整。叶片角度使剖面轮廓弦对应风轮平面在叶片半径 70%时为 0°，当近似垂直风轮平面时被称为全顺桨状态。

在正常运行范围内，气流作用在叶片上，因此变桨距控制避免失速效应。如果调整叶片角度使攻角更小就能够达到目的。在大多数情况下，调整范围从开始工作的0°可以调整到全顺桨状态的90°或100°。在全顺桨状态，叶片好像一个风向标，几乎不产生转矩。

当设定角度达到启动位置，变桨装置使风轮转动。在转速上升时，叶片角度需要连续调整优化流入气流的角度来保证一个正的升力，尽管线速度不断上升。

一旦达到理想角度，叶片通常不再调整直到到达额定转速，尽管可以调整到更优角度。如果风速继续上升，发电机输出功率将超出额定。此时桨距角控制可以达到相当好的效果（见图7–21）。

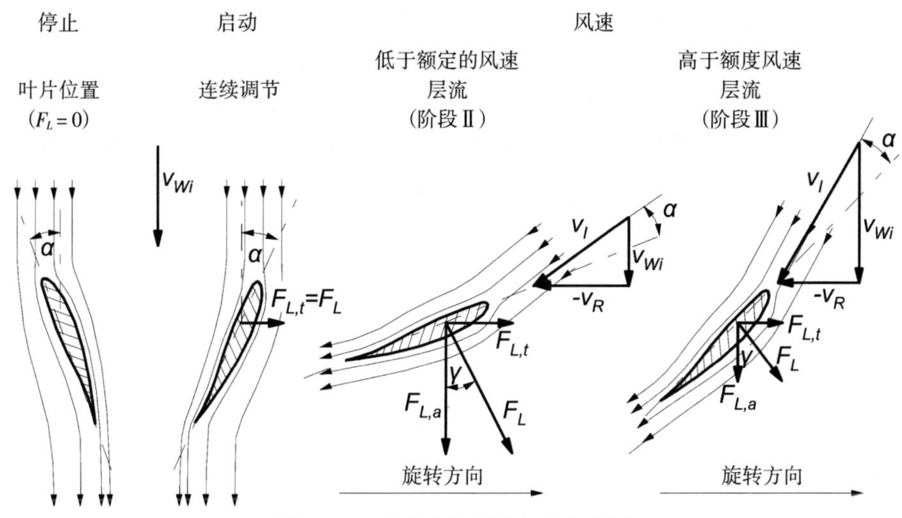

图7–21 桨距角控制的气流示意图

对于孤立运行的风力发电设备，不用像并网运行那样追求最大输出功率。变桨距控制具有调整输出功率的能力，适应不同的能量需求（即从原理上讲，根据需求运行是可能的）。

由于需求原因（比如大容量风力设备孤立运行）或连接电网的原因，发电机相电网输出的能量可能达不到理想的功率曲线。在风速下降时也可能通过调节叶片使输出功率维持在一定范围内。因此，同其他的功率控制的发电站一样，风力发电也可以在一定范围内控制。

与失速控制相比，桨距角控制允许在风速超过关停风速时主动、相对平滑地关闭风力机（由阶段Ⅲ到阶段Ⅳ，见图7–17）。桨距角控制可以避免从额定功率到0输出过程中的大扰动，从而减小了过程中的机械张力，减轻对电网及传统备用发电站的影响。

7.2.5 风电场

(1) 风电场设计。风力发电设备可以在空旷地带设置，比如在较低的山顶，这样空气流动的干扰较少。可以排成一排或者摆成一片。对于后者，两个风机间存在一个不互相干扰的最小距离，这个距离随具体情况的不同而不同。若前后风机距离过近，位于下风处的风机将受到前面风机尾流的影响。由于其中的湍流等因素，风轮所受的动态张力会升高。

为了减小最小间距，通常有两种方法使在有限的空间内容纳更多的风机：一种是在有首选风向的前提下优化排列，另一种是不需要已知风向的优化排列（见图 7–22）。这个距离应当使因经过风力机损失动能而速度下降的气流与未受干扰的气流重新平衡，不影响下风处的风机。此时可以假设风机所受到的风没有被干扰。每个风力机间的距离受气象、地理条件及当地特殊情况（如法律或行政规定）影响，不同地点之间会有很大差距。

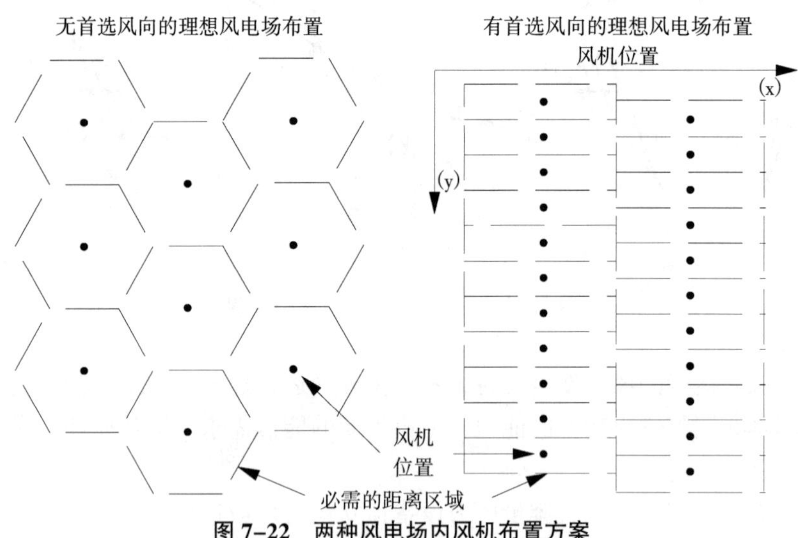

图 7–22 两种风电场内风机布置方案

两个相邻风机间的最小间距记为 k_A，定义为风机间距与风轮直径的比值。距离为 k_A 与风轮直径的乘积。

如果选址地点有首选的风向，并且在地形上适合安装风力机（平坦靠海），风力机可以采用多排布置（见图 7–22 右）。由于在此情况下存在主要风向，所以只需要考虑主要风向方向的两个风机间尾流的影响。根据具体情况不同，主要风向的 $k_{A,x}$ 的值在 8~10，垂直于此方向的 $k_{A,y}$ 在 4~5。如果受空间限制或经济要求，$k_{A,x}$ 可以减小到 4。风机周围的最小空间记为 A_{WEC}，可由式（7–23）计算，其中 d_{Rot} 表示风轮直径。

$$A_{WEC}=k_{A,x}k_{A,y}d_{Rot}^2 \tag{7–23}$$

如果没有特定的风向，这种情况一般出现在内陆，如果没有地理条件的限制优化布置，则在所有方向上的尾流影响都应当考虑。在每个风机周围应当有一个近似圆形的区域，会产生类似蜂窝的形状。这种情况下，k_A 的确定过程与有主要风向时类似（根据具体气象地理等条件一般在 6~15）。风机周围面积由式（7–24）计算。

$$A_{WEC}=\sqrt{\frac{3}{4}}(k_A d_{Rot})^2 \tag{7–24}$$

根据选址优化风机间距最终应当使风机间尾流影响最小，空间得以最充分利用。相对于单个不受干扰的风机，风力发电场总会带来一定的风力的损耗，由风力发电场效率体现。根据环境的不同，效率可由 90%到 98%变化。尽管有尾流带来的损失，风力发电场的形式通常效率更高。在考虑整个项目的经济效益时，尾流的损失通常被更方便的电网连接、交通条件、更低的维护修理费用所补偿。

对于远离海岸线的海上风力发电场，优化的最终面积小于陆上风电场。这是由高昂的电网连接成本导致的。成本主要由海底电缆的长度而不是容量所决定。对于使用的海上风电场的设计，应当考虑更高的风速与更小的湍流。但是经验显示，相对于陆上风电，海上风电对于经过风力机的风影响更大。风速会下降更多，湍流现象更严重。当对比海上与陆上风力发电场时，海上风力发电场对效率影响更大，主要风向下风处的风机机械疲劳更快。通常对周围空间需求也不同。

（2）电网连接。风力发电场有两种连接电网的方法：一是采用直流母线，二是直接通过普通交流母线连接。对于第一种连接，同步电机转速可变，与直流中间环节相连，并使用有源逆变器，与另一种方法相比，主电路反馈与可靠性问题是主要缺点。另外，直流电没有过零点，故障时若产生电弧不易熄弧。因此，这种连接很少在实际中采用。

直接与电网相连的同步或异步电机可以直接连接三相电网。根据相应的额定容量，电流通过一个或多个变压器接入中压电网。如果低压电缆就能够满足容量要求，那么低压母线也可以采用，否则发电机必须通过变压器。这些已经在实际中得到应用。现在的风力机一般每个都单独配备变压器，向实际电网供电，比如 20kV 的网络。

由于需要长距离输电，海上风电场的电网连接更为困难，主要的影响因素就是风电场到海岸的距离与总装机容量。比如，海底电缆的设计必须保证防腐蚀和破坏，如渔船拖网。这就是为什么电缆通常埋在海床内。

海上风电场中的每一个风机都可以通过中压交流母线直接相连，或通过中压直流母线相连，与陆上风电场类似。在后一种情况下，每一个风力发电机需要单独配备整流设备。为了将电能输送到岸上与电网相连，可以采用高压交流或高压直流，有可能需要分别加设变电所。根据风电场的容量与电压等级，按需要铺设一根或多根海底电缆。高压直流传输可以允许在很远的距离上输送很高的容量，不需要交流输电所需的无功补偿装置。但直流输电需要增加相应的整流逆变装置。有两种整流方法可供选择：采用传统晶闸管技术或绝缘栅型门极晶闸管（IGBT）技术与脉宽调制（PWM）相配合。PWM 技术可以独立控制交流侧的电压电流与无功功率。以当前技术来讲，高压直流输电距离在 60km 以上是比较经济的。

7.2.6 孤立运行

现在的风力发电设备主要采用并网运行的方式。但是还是有很多孤立运行或为微网设计的风力发电设备。现介绍如下。

（1）风电—蓄电池系统。大多数情况下，孤立运行的风—蓄混合系统适用于小容量风力发电机组，配合蓄电池与整流设备，对一个或几个负载供电。这种系统的容量可以从几百瓦到几百千瓦。尤其是在发展中国家，当该地光照与风能资源都很丰富时，风—蓄混合系统还可以加上光伏发电设备。

风—蓄混合系统所应用的风力机组跟前几节所说的相比容量较小，通常为几千瓦。通常风轮直径在 6m 左右，容量在 10~20kW 的机组被称为小型风力发电机组。但在某些情况下，这个范围也会包括直径 16m 容量 100kW 的机组。这些小型机组包括双叶或三叶的高速风力机或多叶的低速风力机。在这个范畴内也包括垂直轴风机（Savonius 型或 H 型）。

接下来的这些经济上与技术上的设计原则应当保证。

- 超过 6m/s 的风速在一年中应当出现 200 天以上。
- 较极端的大风应当在 48 小时之内能够平息下来。
- 可能的话，风轮扫过范围的地点应当比周边环境的最高障碍物高 10m 以上。
- 保证启动转矩在风速 4.5m/s 的时候可以达到（即平滑的齿轮箱或无齿轮箱，也可采用电力启动控制）。
- 发电机容量不应超过风轮能提供的最大功率的 1.5 倍。
- 在距离住宅区 20m 处的噪声不能超过 60dB，在舰船上安装噪声不能超过 45dB。
- 从停转到额定工作点不能出现明显共振，包括塔架、拉索等在内。

塔架的高度从几米到 30m 都有。塔架通常都会设计得比较简单，如桁架结构或有拉索的塔架。

上面描述的系统通常在多风的发展中国家使用（尤其是缺乏供电的乡村），也可能在工业国使用（当架设电网成本太高时采用）。典型的应用包括偏远地区的照明、高速公路上的通信及信号设施、偏远地区的住宅供电等。还有一些应用在舰船的蓄电池充电、电子围栏供电及阴极防腐蚀保护。

同时还有大容量的风—蓄系统与电网相连，保证在低风速时有最小功率输出，减小风力波动的影响。

（2）风力泵。风力泵根据是否使用电力传动分为两种：使用电力传动的风力泵需要先将风能转化为电能再重新转化为机械能，通常在容量较大时采用，标准风力泵也可能采用。风力机与泵的分离可以更为方便地安排泵与风力机的位置，这样的优势是多方面的，因为灌溉区经常位于山谷或风能较少的区域。机械传动的风力泵直接将风中的动能传递到泵上，不需要向电能转化，图 7–23 所示的就是这样一个系统，典型的应用包括生活或畜牧用水、灌溉用水及排水。

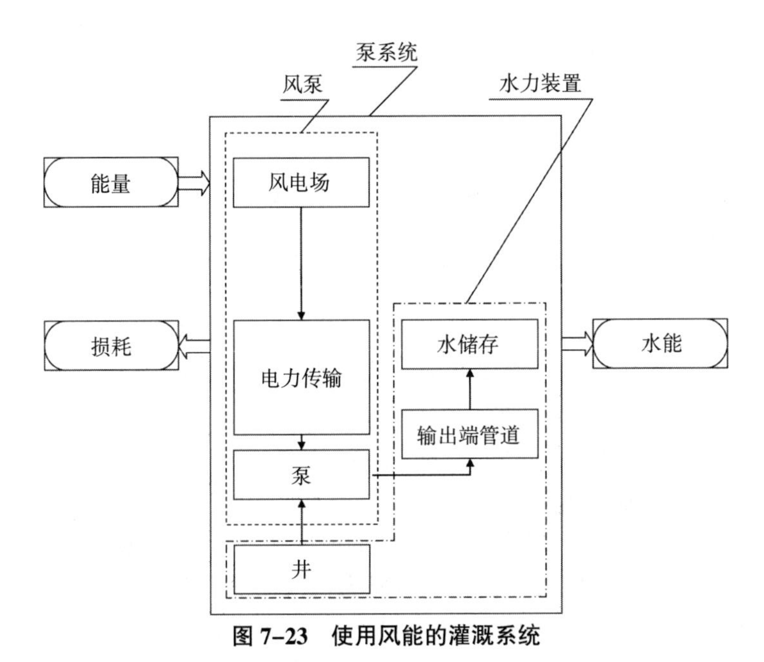

图 7–23　使用风能的灌溉系统

为了将风能转化为水能，已知水流所带能量很重要。这包括水密度、当地重力、水流量及水头高度。是高流量低水头还是低流量高水头应当考虑清楚。前者通常是灌溉或排水，后者通常是生活供水。

对于这种系统可以应用的泵有很多种，包括活塞式、单级或多级离心型、隔膜式、链式泵等。

对于设计好的系统，理想的泵与风力机的连接是必不可少的。所以风力机与泵的转矩参数必须匹配。转矩设计匹配是一方面，运行速度的匹配需要合适的传动装置，如减速机实现。另一方面，转矩匹配需要保证风力泵的顺利启动。

为了理解风力泵的运行，相互影响的风速与流量之间的关系特性曲线很重要。图 7-24 所示为配备活塞泵与离心泵的风力泵风速与流量之间的特性曲线。只有当风速到达最低值时才能开始抽水。对于活塞泵，当风速高于最低风速后，稍稍提高风速，流量就会有一个快速提升。但当达到一个较高的水平后，再提高风速流量提升就较少。对于离心泵，与之不同，特性曲线在很宽的风速下几乎是线性的。

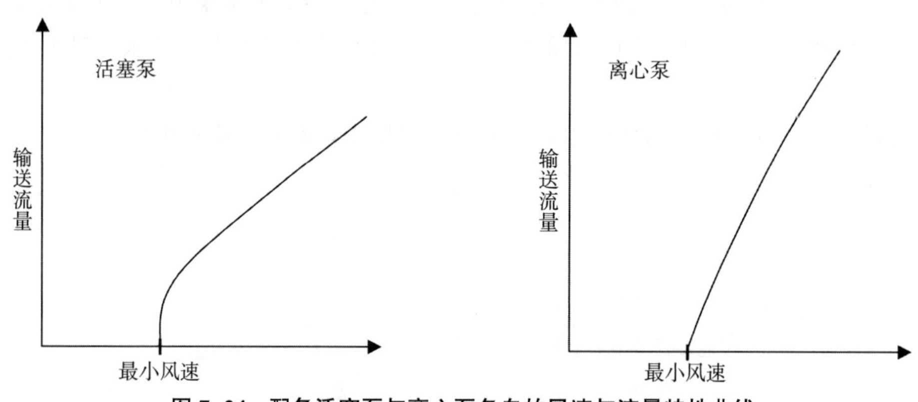

图 7-24　配备活塞泵与离心泵各自的风速与流量特性曲线

（3）风力—柴油发电系统。风力—柴油发电系统可以在 100 kW 以下的小容量系统中使用，也可以为城市微网或岛屿供电，其容量可达 10 MW。与风电场连接大电网相比，这套系统面临的主要问题是不能很好地缓冲系统波动。在上面所说的应用场合中，风电穿透功率，即系统所能接受的风力发电最大容量与系统最大负荷的比值，都非常低，或者需要采用其他手段补偿风电的波动。不仅如此，这种情况下连接风电—柴油发电系统的电网通常都比较脆弱，尤其是风电直接与电网相连。除了稳定发电的问题（风力机与柴油机的配合），还有如何配电的问题。因此，扩大风电—柴油发电系统的容量通常要求扩大整个电网容量或者加入其他保护措施。这种风电—柴油发电系统通常在发展中国家使用，不过有时候也在岛屿或工业国家采用。

（4）风电海水淡化。蒸馏和反渗透是两种可行的海水淡化的方式。采用蒸馏，海水需要先加热蒸发，然后再浓缩得到脱盐的蒸馏液，剩下的浓缩后的海水就可以丢弃了。大部分的处理工艺都使用蒸馏余热来预热海水或者用于低压蒸馏。每立方米的蒸馏液消耗的热量在 60~80 kWh。另外，每立方米还需要 3 kWh 消耗在泵上。

采用反渗透，海水需要加高压通过半透膜（压力在 50~80bar）。大部分溶解在水中的离子留在半透膜以外，这样就得到了低盐的饮用水。在这个过程后剩下的浓缩液也被丢弃了。高压海水中剩余的能量可以通过水力涡轮或压力交换器回收。不包括能量回收，反渗透法海水淡化的能耗在 6~8 kWh/m^3，包括能量回收则在 3~4 kWh/m^3。因为反渗透装置与蒸馏相比显著节能，所以更适合与风力发电相结合。

图 7–25 为反渗透法海水淡化的主要组成示意图。首先去除海水中的微小悬浮物来保护半透膜。其次由高压泵加压到所要求的压力。部分（30%~50%）海水透过半透膜，剩下的以浓缩液的形式留下来。浓缩液中具有的压力能通过涡轮或压力交换机回收。在向消费者送水前，应先做加氯、调整 pH 值与硬度等处理。

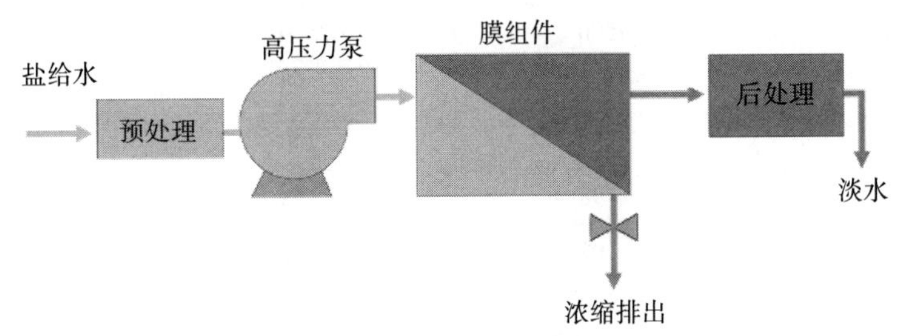

图 7–25　反渗透海水淡化的主要组成部分

将海水淡化系统与风力发电相结合是不错的方案。与电能不同，水储存相对简单。因此，在负荷较低时，多余的电能可以用来淡化海水，而高负荷时海水淡化系统可以断开，所需的水可以使用储存好的。

特别是对岛屿，海水淡化与风电的结合可以解决淡水不足与高需求（如农业与旅游）的矛盾。海水淡化对能量的需求可以通过风电解决，因为风能在海岛上通常很丰富。典型的应用已经出现在加那利群岛与爱琴海上。有的时候也使用风电—柴油系统，供电更稳定。

7.3　经济和环境分析

这部分主要关注风力发电的经济和环境的影响。

7.3.1 经济分析

以三种不同容量（1.5MW、2.5MW 及 5.0 MW）的陆上风力发电机组作为代表，安装在中等规模的风电场（大约 10 台风机）。

风轮使用玻璃钢制作，具有三个叶片；塔架材料为钢。风力机的制造，假定为批量生产。风力机需要安装在可以提供良好支撑的地面上，浅基础就可以保证安全运行。表 7–2 包含了其他的重要参数，并且使用了一般风力机的典型参数作为当前大量不同型号的替代模型。作为模型的风力机只能代表当前最普遍的技术。接下来的对照如风力机型号、材料或生产方式会有很大区别。

表 7–2 风力发电站关键参数

	1.5 MW	2.5 MW	5.0 MW
额定容量（kW）	1500	2500	5000
风轮直径（m）	70	80	126
塔架高度（m）	85	100	135
可靠性（%）	98	98	98
风电场效率（%）	92	92	92
设计寿命（年）	20	20	20
满负荷小时数（小时/年）			
选址 1	1800	1800	1800
选址 2	2500	2500	2500
选址 3	4500	4500	4500

因为风力发电本质上依赖风能资源量，所以假设了有三个不同的选址结果。选址 1 位于普通丘陵地带；选址 2 为条件不错的海岸；选址 3 为条件优良的多风岛屿。

所选位置的风力发电的潜力可由风力发电的发电功率特性曲线与该地点的风速频数分布来计算。假设风速频数分布满足形状参数为 2 的威布尔分布。得到的满负荷小时数（即每年风力发电以额定容量运行的时间）如表 7–2 所示。另外，发电机的可使用时间假设为 98%（可靠性），在风电场中的效率假设为 92%。

评定风能利用的成本最先考虑的可变成本与固定成本阐述如上，接下来风力发电的成本计算与可利用的风能的量有关。

（1）投资。投资成本包含制造、运输、组装、地基、并网及其他费用（包括设计及基建费用）。风力机的容量与选址对成本结构有决定性影响。

当前所用的风力机的总费用的量级如表 7–3 所示。这些数据基于当前市场的平均价格计算，并与表 7–2 中的塔高有关。1.5 MW 的风力机建设费用总和大约要 1.6 M€（1090 €/kW）。3/4 的费用用在风力机本身上。而 2.5 MW 的风力机总费用在 2.6 M€（1040 €/kW）。5 MW 风力机总费用在 4.9 M€（980 €/kW）。如果系统在海上安装总费用会显著上升。根据当前的经验，2.5 MW 与 5MW 风机的成本几乎会翻倍。

表 7–3 在表 7–2 中对应机组的平均投资、运营成本及发电成本

容量（kW）	1500	2500	5000
投资			
风力机（k€）	1250	2180	4150
连接电网（k€）	185	200	380
其他（k€）	205	219	418
总和（k€）	1640	2599	4948
年费用（k€/a）	95	151	295
发电成本			
1800 h/a（€/kWh）	0.082	0.078	0.075
2500 h/a（€/kWh）	0.059	0.056	0.054
4500 h/a（€/kWh）	0.033	0.031	0.030

分析每平方米风机风轮面积对应成本可以发现，小容量风机要优于大容量风机。例如，1.5MW 的风机为 350 €/m^2，而大型风机的这个值会上升到 430 €/m^2。

以上提到的投资成本主要是每个风力机的单独成本。对于风电场，通常在同一规格下交易很多风机。这样的情况下成本会有可观的下降，因为制造商在大型项目中提出的价格会低一些，经验显示价格大约会下降 25%。

其他的附加投资成本包括与电网的连接、地基建设费用及发展设计费用。这些费用随项目类型的不同（风机的数量、容量等）与选址不同而差别很大。通常，连接电网的费用是主要部分，大约是机组容量的 5%~30%，地基建设费用通常在 3%~9%，后续费用是 1%~5%，技术成本是 1.5%~3%，还有其他成本占总成本的 5%~8%。这些附加费用在陆上风电项目中占总成本 16%~52%。小容量的风电场的这些成本会比大容量风电场低。对于非常大规模的风电场，数量众多的风机的联网所带来的费用（变电站的建设等）可能会使成本显著上升。

对于海上风电场来说，附加成本远高于陆上风电场，主要是由于地基建设与电网连接的成本上升。在现在的技术条件下，估计附加成本会上升 70%~105%。这个成本受水深与离岸距离的影响很大。

（2）运营成本。运营成本包括土地租金、保险、维护修理及技术作业。这些数据只是基于几年的实验，对于大多数的普通商用风力机，成本的预估差别会很大。不过，平均年费用可以估计为 5%~8%的总投资费用（见表 7-3），主要包括维护、服务、修理、保险及土地租金等，而且行政管理费用也很可观。对于海上风电场，与之相反，维护、修理与保险费用显著增高。

（3）发电成本。发电成本由总投资折旧、运行维护及能源需求预期所决定。通常认为折旧 4.5%，摊销期限为设计使用寿命，假定为 20 年。另外，运行维护在使用寿命内假定为定值。

表 7-3 显示了三种风力机在三个不同的选址条件下的发电费用。由数据可知，发电成本随年满载运行小时数的上升显著下降，即更为稳定、足够的风速十分有利。

能够有 4500 h/a 的条件的地方很少见，通常出现在多风岛屿的海岸或开阔的海滩地带，这种地方的发电成本在 0.030~0.033 €/kWh。相比较而言，2500 h/a 更为常见，条件较好的海岸就能达到，这种地方发电成本在 0.054~0.059 €/kWh。如果满载运行时间更低（如 1800 h/a），发电成本显著提高（见表 7-3）。这种趋势不会因为不同的风力机技术或不同的容量有明显的变化。

除了上面所说的条件外，尤其是对容量 50~1000 kW 的风机，随单机组容量上升发电成本会下降。不过，这个容量范围的风机在欧洲已经不再扮演主要角色。这种变化趋势主要是因为随着容量上升，塔架高度相应提高。在同一个地方，随着高度提升，平均风速也会相应提升。上面所举的例子中，最小的风机（1500 kW）也比这些低容量风机成本要低，所以这些小容量风机在过去的几十年中逐渐被淘汰了。

发电成本被众多因素影响。图 7-26 所示为主要影响因素变化时对成本的影响。图中是对 2.5 MW 的机组在 2500 h/a 的条件下进行分析。图 7-26 显示，满载运行小时数（或者说年平均风速）对于发电成本影响最大。由于高度越高年平均风速越大，可以优化塔高来达到发挥所选地点最大潜力的目的。除了年满载运行小时数，投资成本的影响排在第二位。运营费用、利率和使用寿命与之相比影响较小。

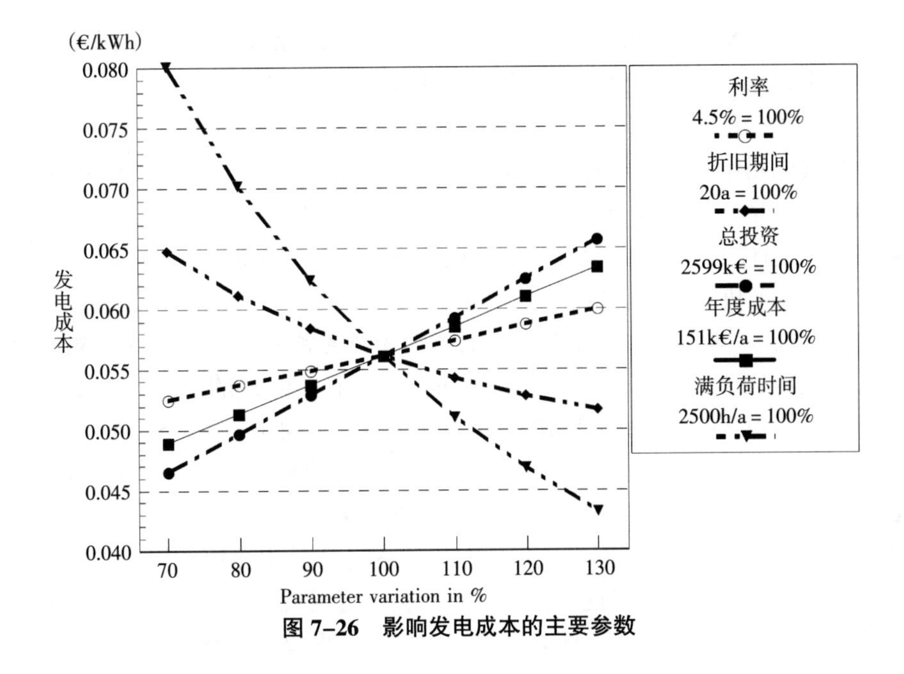

图 7–26 影响发电成本的主要参数

7.3.2 环境影响分析

风力发电也对环境有很大影响。下面从建造、正常运行、故障及停运等方面讨论。

（1）建造。传统的学科分支，如机械与电气工程，都在风力发电中有所涉及。因此，风力发电设备的制造也对土壤、水体与空气有相似的影响。由于现在对环保的严格要求，这些环境污染相对小了很多。并且在建造时基本不会破坏环境，除了钢铁冶炼之外。

（2）正常运行。风力发电站不直接排放有毒物质。但是，风力发电机组的运行对于自然环境有其特殊的影响。主要影响如下文。

1）可听见的声音。旋转的风轮是声音的主要来源。声音的来源是风轮的气动噪声和齿轮箱与发电机的噪声。

后一种噪声源可以通过改进机舱盒与采用无齿轮箱结构来改善。并且在现代风力机设计中，发电机与齿轮箱并不与机舱接触，机舱不再是共振体，相比 20 世纪 90 年代的设计噪声已经显著下降。

气动噪声是由风轮与周围空气作用产生及风轮与塔架的气流场相互作用引起，通常会在中等及高叶尖速的风机上发生。单独对于自然环境来说低风速与中等风速时的噪声影响较大，因为自然风在高风速时本身声音起主要作用。在过去的研究中，气动噪声主要靠优化风轮叶片与叶尖形状减小噪声。总的来说，在过去的十年中，这些方法已经使噪音有所下降（5~10 dB（A））。风力发电的噪声在风速较低时才会从背景噪声中突出出来。

风力发电场设计中，声音的传播是一个需要考虑的基本参数。合理的排布并选取相应的模型在持续运行的时候可以降低噪声大约 10 dB（A）。对噪声的立法会规定在住宅区、工业区及混合区域的最低噪声，这是不能超过的。为了获得风电场或风力发电机组的施工执照，必须进行实际调查，防止不可接受的噪声出现。

2）次声波。风力发电机主要产生的气动噪声为频率在 0.6~1.5 Hz 的次声波。人耳的听阈在这个频率下可达 120~130 dB（A）。在 120 m 的距离上，500 kW 的风力机产生的次声波有 75~85 dB（A），在 300 m 的距离上可下降到 67~77 dB（A）。在确定距离上的声音强度必须确定以符合法律标准，不能对人造成伤害。由目前经验来看，风电的次声波对动物行为的影响较小。

3）眩光影响。在受到阳光直射的时间段内，如果阳光照在风轮的光亮表面上，可能会有炫目的反光出现。但是反光不会一直出现，仅太阳在一定位置时有可能被看到。由于风轮表面一部分是凹面，光污染现象不很显著。出现数个小时连续不断的眩光的可能基本可以排除。并且随着低反射风轮光面设计的出现和应用，这种现象还会被进一步削弱。

4）阴影遮盖。主要指风力机在有日照时产生的晃动的阴影，主要取决于天气、太阳高度、风力机大小与运行方式等因素。例如，1.5 MW 的风力机组最大阴影可以达到 1000 m。这种现象的影响一般以理论上阴影的持续最长时间（任何条件的光照，旋转的风轮及不恰当的风向，风轮面向太阳）与实际阴影持续时间（由实际天气条件计算）为标准衡量。实际阴影持续时间为理论最大值的 20%左右。

但是，阴影对风力机或风电场周围的居民有很大影响。出于这个原因，人们试验了周期出现的阴影对人行为的影响。被试者在平均有 5~10 h/a 阴影遮挡的情况下进行三个标准的实验。例如，对于有超过 15h/a 阴影遮挡的实验组，被调查的三个区域都出现了较强的影响。另一项调查针对 30 分钟的阴影遮挡的单一影响是否会对人产生压力。尽管没有被试者表示感到明显焦虑，但是心理与身体测验表明，在长期积累下这些因素可能积累到产生问题的程度。

不过，在初始阶段的良好规划与恰当选址可以显著降低影响，将对居民的影响降到最低。

5）结冰抛击事故。在一定的气象条件下，风电机组叶片上可能会结冰。当冰块松动就会坠落或抛出。结冰的危险主要取决于相应的气候条件与所选的地点（如或高或低的山脉）。但是冰块抛出 200 m 的可能性也很小，几乎与雷击等同。

6）自然景观。风力发电机组是一种工业建筑，必然与周围的自然景观不同。在过去的10~15年中，机组容量与塔架高度都在不断提高，对于自然景观的影响也越来越显著。对于风力机组来说影响有两个方面：一是改变了景观的维度，二是有明显的距离效应。这种影响对于平原与开阔的低矮山脉最为明显，因为风力机组在很远的距离就能看到，而且风力机的数量与塔架高度也是关键因素。但是，恰当的颜色、塔架设计、叶片数量及风轮转速可以改善负面影响。例如，大多数情况下，圆筒形塔架比桁架式更为美观，三叶片的风机由于其平滑的转动比双叶或单叶更容易让人接受。

风力发电机组的视觉效果并不能用客观参数衡量，更依赖于观众各自不同的联想与审美。风力机周围的环境也是一个决定因素。现在的风力机在大部分情况下并不让人不快。另外，电脑辅助设计的应用可以优化排布，减小对景观的影响。

7）鸟类保护。随着风力发电的广泛应用，干扰鸟类捕食与栖息、影响鸟类迁徙与击伤鸟类的报告开始出现。

鸟类倾向于远离风力发电机组选择栖息地，通常会有数百米远。在这个方面，特定的鸟类（如麻鹬、流苏鹬）比其他鸟类如海鸥更为敏感。

对于很多的鸟类来说，风力机组并没有显著地影响它们的行为。不过也有一些调查结论不这样认为。例如，白鹳对其繁殖领地附近的风力机组很敏感。总的来说，不同鸟类的表现不同。对于田凫和蛎鹬，风力机的出现没有什么影响；而对于红脚鹬和黑尾鹬来说，这种影响就不能排除。

风力机组击伤鸟类的事故不经常发生，可能是由于风轮的声音所致。这种影响相对于其他建筑与道路交通来说并不大。在两年的调查中，有9个风力发电场观察到了这个现象。在7个地点发生了32起事故，涉及15种不同的鸟类。

总的来说，风力发电对鸟类的负面影响可以通过在选址上避免特定区域（如自然保护区、动植物栖息地）来减小。这种考虑已经包含在现有的风电场规划中。

8）对动物的影响。在当前的调查中还没有涉及迁徙的昆虫，也没有发现对于野生动物（如野兔、獐鹿、狐、灰松鸡、乌鸦等）有明显影响，应该可以说对于动物的潜在影响非常小。

9）对空间的消耗。风力发电的土地占用一般来说不大。直接占用的建筑是地基、道路与管理建筑。对于1.5MW的风机来说，占用的面积为200m^2。风力机之间的空间可以完全用于农业。相比其他可再生能源发电技术或者火电，风电对空间的占用比较低。

10）海上风力发电。由于距离居民区非常远，海上风电的噪声、次声波及光污染基本没有影响。但是，海上风电仍然有其需要讨论和注意的影响。其一，风力机组发出的噪声也可以向海中传播，可能对其中的动物造成影响；其二，施工对海底共生的动植物的影响；其三，可能的撞船事故对环境的影响。

更多的调查会继续研究海上风力发电是否会对环境有显著影响。当前的调查认为这个影响应该比陆上风电要小。

11）社会认可。社会对风电的接受程度也是风电对人类及环境影响的一个象征。在这个背景下，人们对风电与旅游业的相关联系进行了科学的调查。调查显示，安装了风力机组的旅游区相对于没有安装的地区对游客的吸引力有所下降。但是，风电机组还没有成为改变度假地点的原因。而且，风电被认为是一种环境友好的可持续发展的能源利用方式，这比吸引力更为重要。

（3）故障。从当前的经验来看，风力机组故障对环境没有什么特别的影响，在最坏的情况下影响也有限。为了最小化这些影响，带齿轮箱的风力还装备了集油盘。

不考虑这些影响，电力设备起火（包括线缆）会对环境释放污染物。不过，这并不是风电独有的现象，其他发电形式也会出现。另外，这种事件可以通过严格执行安规避免。

机械故障（如风轮断裂）会破坏植被（如草地）。但是对于规定的安全距离以外的居民区来说，人身伤害的可能非常低。因为这种事故通常发生在风暴等情况下，不太可能导致人身伤害。

（4）停运。风电机组主要由金属部件构成，回收处理都有固定的流程。但是对于玻璃钢的叶片仍没有成熟的方案。热处理回收似乎是最佳方案。不过还有很多的风电机组的部件是可以回收再利用的。回收利用可以避免制造新材料时所不能避免的一系列环境影响。

❽ 水力发电

8.1 原 理

水力发电站依据经典力学原理利用流水储存的势能发电。河流中给定两点间的理论水能 $P_{Wa,th}$ 可由方程（8–1）（见 2.4.1 节）计算得出：

$$P_{Wa,th}=\rho_{Wa}gq_{Wa}\ (h_{HW}-h_{TW}) \tag{8–1}$$

其中，ρ_{Wa} 为水的密度，g 为引力常数，q_{Wa} 为流经水力发电站的体积流率，h_{HW} 与 h_{TW} 描述了水头与水尾的大地水平（geodetic level）。

由于在水力发电站中存在不可避免的物理上的能量转换损失，根据方程（8–1）计算得出的水能只有部分得以利用。为了说明这一点，伯努利方程（见 2.4.1 节）可以做相应变形。于是，方程的每一项均采用地理长度为单位则可以用图解表示（见图 8–1）。

如果两个参照点——水电站的上游和下游间的能量衡算是给定的，则伯努利方程可以写成方程（8–2）的形式：

$$\frac{p_1}{\rho_{Wa,1}g}+h_1+\frac{v_{Wa,1}^2}{2g}=\frac{p_2}{\rho_{Wa,2}g}+h_2+\frac{v_{Wa,2}^2}{2g}+\xi\frac{v_{Wa,2}^2}{2g}=\text{const} \tag{8–2}$$

其中，$P/(\rho_{Wa}g)$ 为压力能，h 为势能，动能为 $v_{Wa,2}/(2g)$，损失能能量为 $\xi v_{Wa,2}/(2g)$。ξ 为损耗系数，p_i 与 $v_{Wa,i}$ 分别代表两个参照点相应的压强和流速。能量损失即为额定输出的一部分，通过摩擦而转化为环境中的热量，这部分在技术上无法使用。

（1）系统设置。依据规模的不同，一个水力发电站通常由坝或堰、系统组成部分的引水工程、压力管道（某些情况下是引水沟），再加上动力室和尾水道构成（见图 8-1；另见 8-2 节和图 8-2）。水流经由引水工程、压力管道和引水沟进入涡轮机。之后，水流通过引流管进入尾水道。

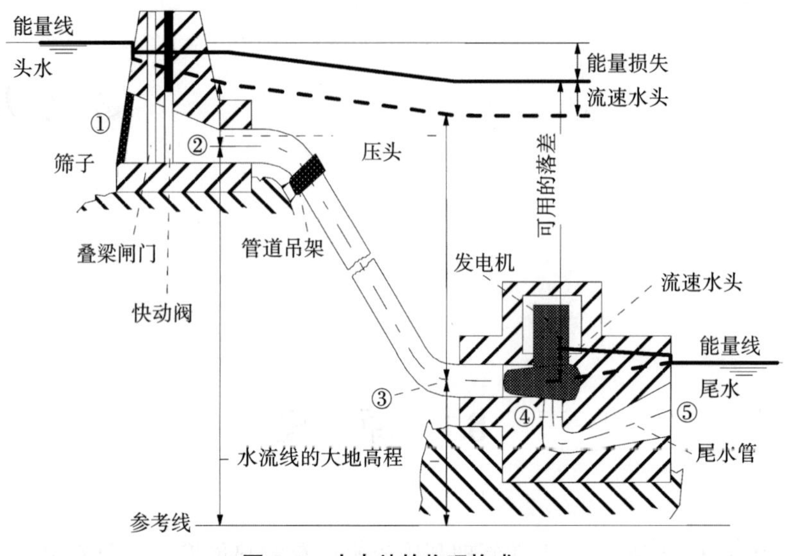

图 8-1 水电站的物理构成

在图 8-1 中，这些线对伯努利方程做出了图解。图中的点线代表了流入水电站的水流的地理高度。所谓的能量线位于图的左上角，它指明了位置及各自的能量损失。虚线与能量线下的距离与水的动能一致，这在引水工程中是显而易见的，这里由于截面变窄而导致水流量增加，水的动能因此而同时增加。大地水平与虚线间的差距为压力能级。

（2）进水口。进水结构是连接上游水与压力管道及涡轮机的枢纽。在图 8-1 中进水结构的入口处，有一个筛分网过滤水中的碎屑防止其进入水电站。另外，进水结构还有叠梁门和一个快速反应截止阀。叠梁门可使水电站在维修期间排出水。快速反应截止阀可以防止发生事故时水流入水电站。

在进水结构中，一部分势能转化为动能（参照点 1 到参照点 2；见图 8-1）。由于进水口处的能量损耗及筛分网处的流水阻力，一部分能量在进入涡轮机利用前已经损耗。这些损耗在方程（8-3）中合并为进水结构的损失调整值 ξ_{IS}。由于上游水的流速通常可以忽略，方程（8-3）左侧流速对应的字母可以去掉。进水结构中上下游水的密度 ρ_{Wa} 视为常数。因此，进水结构中的能量损耗被表示为压力级的下降。这在图 8-1 中表示为参照点 1 处能量线的下降。

$$\frac{p_1}{\rho_{Wa}g}+h_1=\frac{p_2}{\rho_{Wa}g}+h_2+(1+\xi_{IS})\frac{v_{Wa,2}^2}{2g} \tag{8-3}$$

（3）压力管道。压力管道连接了上游水或进水结构与涡轮机间的距离（平衡点 2 到平衡点 3；见图 8–1）。在此处，势能进一步转化为压力能。由于管道处存在摩擦，一部分能量损耗掉了。压力管道处的伯努利方程可以写成方程（8–4）的形式：

$$\frac{p_2}{\rho_{Wa}g}+h_2=\frac{v_{Wa,2}^2}{2g}=\frac{p_3}{\rho_{Wa}g}+h_3+(1+\xi_{PS})\frac{v_{Wa,3}^2}{2g} \tag{8–4}$$

损耗系数 ξ_{PS} 与摩擦因子和压力管道的直径有关，并且与管道的长度成比例增长。摩擦因子又取决于直径、流速及压力管道的粗糙程度，在实际应用中可以通过图表得出（参见文献/8–1/）。

压力管道的长度取决于水电站的规格，而管道的直径却是可变动的。直径的增加减少了摩擦损耗，并增加了涡轮机的功率。然而，与压力管道相关的成本也同时增加。因此，目标总是获得一个技术上与经济上的最优方案。上游较低的径流式水电站没有压力管道结构；水流直接从进水结构进入涡轮机。

（4）涡轮机。在涡轮机中，压力能转化为机械能（参照点 3 到参照点 4；见图 8–1）。转换损失由涡轮机的效率 $\eta_{Turbine}$（见 8.2.3 节）来衡量。方程（8–5）部分可用的水能在涡轮机主轴处转化为机械能 $P_{Turbine}$：

$$P_{Turbine}=\eta_{Turbine}\,\rho_{Wa}\,gq_{Wa}\,h_{until} \tag{8–5}$$

其中，h_{until} 指涡轮机处适用的水头，$\rho_{Wa}\,gq_{Wa}\,h_{until}$ 表示实际可用的水能 $P_{Wa,act}$。

涡轮机处的能量损耗被区分为容积损失、紊动损失和摩擦损失。由于这些损失的存在，方程（8–5）涡轮机主流处的能量 $P_{Turbine}$ 小于实际可用的水能 $P_{Wa,act}$。

（5）泄水孔。反动式涡轮机（例如卡普兰涡轮机、弗朗西斯涡轮机）通过引水管能够更好地利用水头。

可以通过跟踪从尾水到涡轮机泄水孔水流的流线来说明这一系统的工作原理。尾水的能量线由大地水平及环境压力决定（见图 8–1）。当进入尾水，水流通过紊流失去了剩余的动能。这在图 8–1 中被表示为参照点 5 处能量线的下降。如果——正如图 8–1 所指明的——涡轮机的出流和排水管的泄水孔（参照点 4、5）具有相同的大地水平，这两点间的伯努利方程可以简化为方程（8–6）的形式：

$$\frac{p_4}{\rho_{Wa}g}+\frac{v_{Wa,4}^2}{2g}=\frac{p_5}{\rho_{Wa}g}+\frac{v_{Wa,5}^2}{2g} \tag{8–6}$$

由于尾水管末端水流的截面大于紧随涡轮机后水流的截面，所以 $v_{Wa,5}$ 小于 $v_{Wa,4}$。在进入尾水之前，尾水管减少了水流的流速。于是，涡轮机出流的压强 p_4 小于尾水管末端尾水的压强 p_5。最终，这使由于紊流导致的能量损失降低并更好地利用了水头。

（6）系统总体。在水电站中水力流失主要发生在进水结构、压力管道和出流（平衡点 1~5；见图 8–1）。实际可利用的水能 $P_{Wa,act}$ 可通过从理论水能中减去各损失项（例如进水结构处、压力管道处及出流处）计算得到，用方程（8–7）来描述：

$$P_{Wa,act}=\rho_{Wa}gq_{Wa}\left[(h_{HW}-h_{TW})-\xi_{IS}\frac{v_{Wa,2}^2}{2g}-\xi_{PS}\frac{v_{Wa,3}^2}{2g}-\frac{v_{Wa,5}^2}{2g}\right] \quad (8\text{–}7)$$

于是，能量损失取决于流速，并可通过水电站的设计安排予以最小化。最终，在涡轮机主轴处得到的能量与实际可利用的水能和涡轮机的效率有关。

8.2 技术说明

以前述水力发电应用的物理关系为基础，对水力发电的技术要求做以下说明。

8.2.1 示意图

图 8–2 中所描述的各组成部分是径流水电站用于将水能转化为电能的技术转化中所必需的。这些组成部分包括上游的取水口、堰、进出涡轮机的入水口和出水口、下游的出水口，以及机械和电力设备的动力室。这些系统结构通常整合于可利用水头的坝及动力室中。

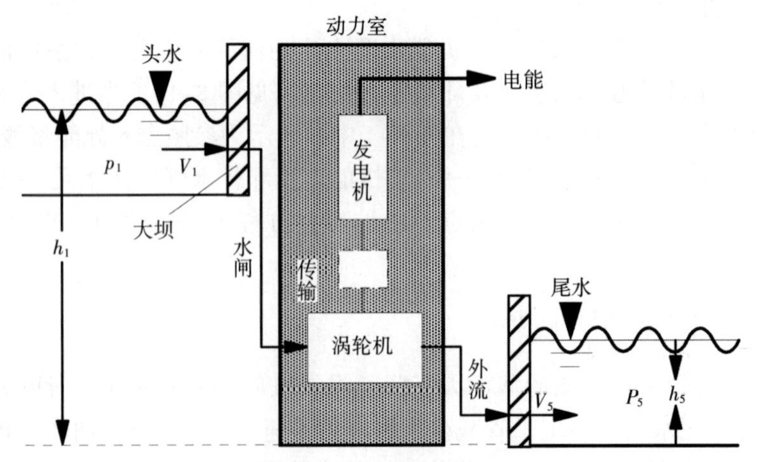

图 8–2 水力发电站示意图

注：p 代表压强，h 代表高度，v 代表速度，指标参见图 8–1。

资料来源：文献/8–5/。

其中有两部分是典型水电站进行实际能量转换的主要部分：一部分是将水能转化为机械能的涡轮机，另一部分是将机械能进一步转化为最终产品电能的发电机。当发电机与涡轮机的转速不同或这两部分不同轴时，还需要另外装配传动装置，这取决于发电站的配置。在较小的发电站中，传动装置常常由皮带传动代替。

8.2.2 分类和建设类别

水力发电站可分为低、中、高水头发电站；另外，径流发电站和带有水库的发电站能够区分开来。这些不同类型的发电站间的差异并不十分清晰。在实践中，有很多组合类型和混合类型（见图 8-3）。接下来，我们对这些不同类型的水电站值得注意的方面做一简要探讨。

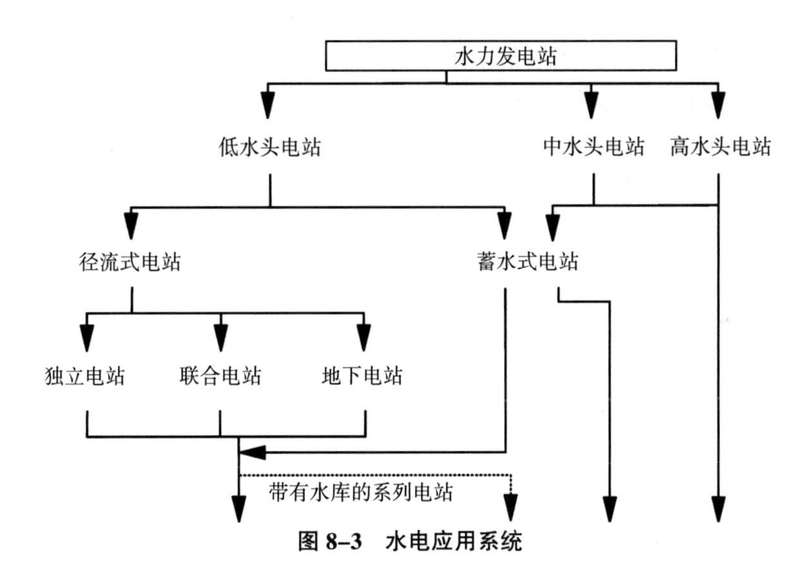

图 8-3 水电应用系统

“小水电站”这一概念用得相当频繁，一般不对其进行严格定义。举例来说，在德国，1MW 常常是区分大小水电站的界限；然而，在俄罗斯 10MW 以下、在瑞士 300KW 以下即可被称为小水电站。对小水电站的另一种区分是“传统”与“非传统”。

所谓的“传统”小水电站，指径流水电站及带有水库的水电站，它们相应的电力输出低，位于自然及人工河流附近。在这些发电站中，重点是电能或机械能的生产（即它们并非另外一个高技术层级的发电站的附属电站）。这种发电站的例子包括带有一个或多个水车的磨坊或配有一个或至多两个涡轮机的小水电站——主要是径流式水电站或引水式水电站。特别地，非常小的水电站直接用于驱动机器。

另外，对于这些与大型电站没有显著区别的小水电站而言，还存在称为"附属电站"的电站（即发电只是整个系统的副产品）。这种情况出现在例如因为特定原因需要降低水能的能级的情形。可以用涡轮机将水能转化为电能从而代替节流阀。这种系统的例子包括饮用水供应网络、污水及生活用水系统，以及大坝或现存发电站中用于传送水流的涡轮机和梯处"吸引水流"的水供应。

（1）低水头电站。低水头电站利用河中的水流，在大多数情况下，不配有储存系统；它们是典型的径流水电站。它们以通常较大的水流及大约 20m 的水头为特征。例如，德国大部分径流式水电站是低水头水电站（参见文献/8–6/）。

依据电站的布局，电站可以区分为引水式水电站与径流式水电站。

1）引水式水电站。在引水式水电站中，动力室在河床之外，位于沿着水渠方向的某处，水流在此水渠处改道。水流从河流中大坝处获取，之后改道进入导水渠或管道到达发电站，在尾水渠末端转入河床（见图 8–4）。所谓的"溪内正常流量"仍旧保留在原始的河床之内。这由生态标准和经济标准来设定。

另外，引水式水电站又可以分为侧槽式与曲流截断式。对于前者，坡降低的人工水道在一个地方集中更长河段的落差，水电站建在集中落差地方（所谓的"引水渠式电站"；见图 8–4）。曲流截断式径流水电站对景观的破坏比侧槽式要小。

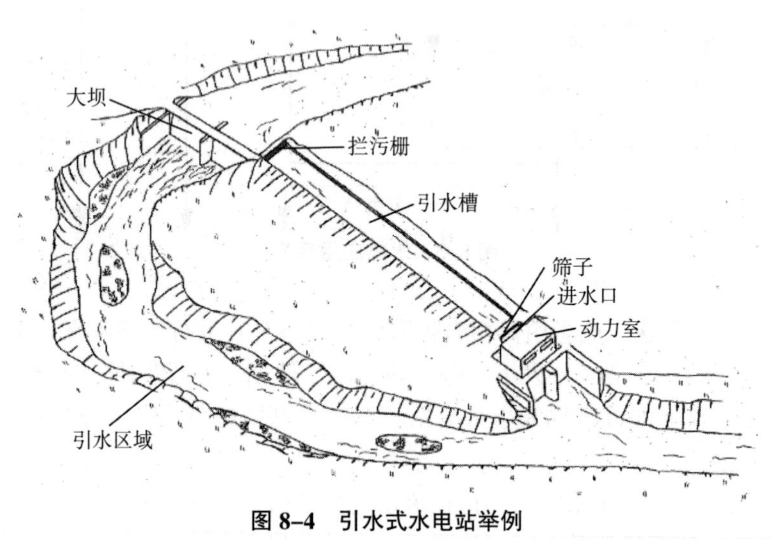

图 8–4 引水式水电站举例

2）径流式水电站。"径流式"水电站的概念也用于描述建在河床中的水电站。依据大坝和涡轮机室的设置，可以使用以上所描述的不同设计类型。在洪水控制、航运（即船闸运作）及地下水稳定的情形下，径流式水电站往往有附加任务。例如，图 8-5 展示了用于尚未成为航运水路的河流的一种可能的典型设计。

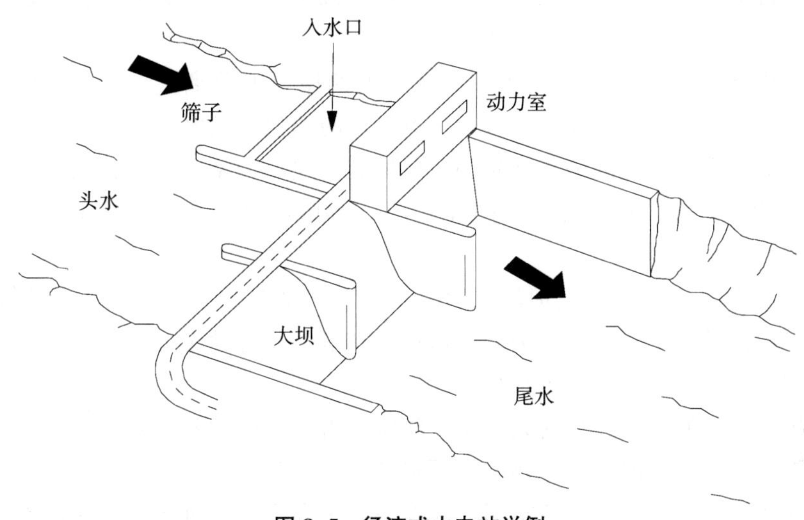

图 8-5 径流式水电站举例

资料来源：文献/8-5/。

对于径流式电站而言，在河床中的动力室与大坝的不同安排是可能存在的(见图 8-6)。大体上可以分为单岸（block）、双岸和多岸设计；此种分类与大坝和动力室分别所在的位置有关。第三种设置为浸水设计，独立于另外两种。此处，动力室在大坝之内。这些不同的设计可以进一步细分为下面几种。

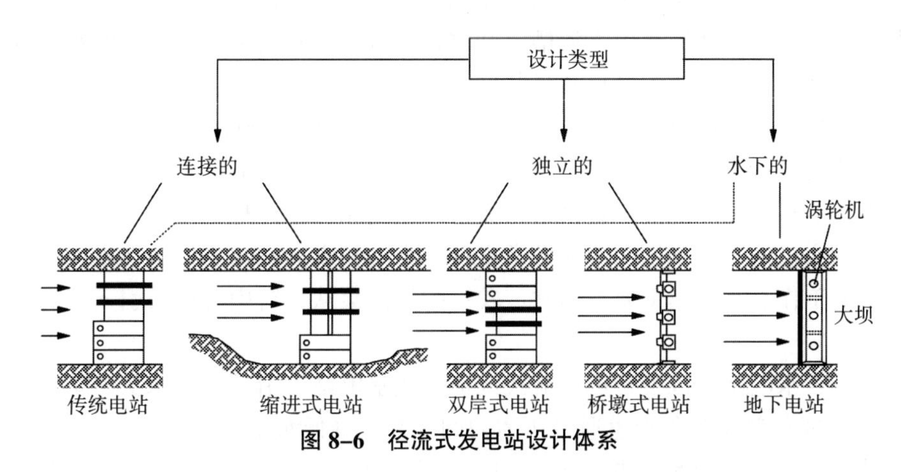

图 8-6 径流式发电站设计体系

• 传统岸设计 在单岸布局中，动力室与大坝的垂直轴与河流流向相垂直。这种设计只有在上游最大洪水能够无风险通过拦水坝区域时才可能采用。这种水电站通常位于河曲，因为外河岸的床沙负载量低（见图 8-5、图 8-6）。

- 缩进式发电站　动力室建在人工港湾处位于河床之外（即连接设计；见图 8-6）。在极为狭窄的河流中，当大坝需要以全部河宽为泄洪渠时，就需要应用这种设计。

- 双岸式电站　这里，动力室位于河的两岸（即分离式设计；见图 8-6）。这种电站通常建于边境河流处，因为这可以使两国独立发电。

- 桥墩式电站　在闸墩式电站中，机械装置及动力室与支撑拦河坝闸门的闸墩是同一的（即分离式设计；见图 8-6）。这种电站以有利的流量运输和充分利用空间的设计为特征。

- 地下电站　电站与大坝建在同一个岸区（见图 8-6）。这样，机器组所占的空间以坝都被减少到最小。因此，这种电站能够很好地融入周围景观。在头水高度，基本上看不见电站的各部分。

如果在一条河流中，径流式电站一座紧接着另一座而建，则这几座电站构成了电站链。在极端情况下，一座电站蓄水的回水曲线达到上游另一座电站的尾水区域；这里几乎不存在自由流动河段。在一些情况下，这种水电站链前端配有巨大的水库或是在电站之间配备补偿水库；这些水库容量很大，能够储蓄一定时间的水量以优化设备性能。

（2）中等水头水力发电厂。中等水头水力发电厂专门建成拦河坝的样式，主要由大坝和位于其基部的动力室构成。因此，这些电站能够应用大坝所造就的水头，而这些水头的高度在 20~100m。涡轮机所用的平均流量部分来自于对水库的恰当管理。如果中等水头水力发电厂建成引流式发电站，它们有时需要用到一条或几条河流，这些河流被引入河槽、开放式或低压式管道从而流入补偿水池或水库，进而从那里经过压力管道和竖井进入动力室。

（3）高水头发电站。高水头发电站的水头在 100~2000m（最高值）。在或高或低的山脉中可以发现它们的身影，通常配有水库以储存流水。其流量相对较低。低压电站的可用能源来自巨大的流量，与之相反，这种电站的可用能源来自较高的水头。由于可利用的水流常常来自很小的积水面积，所以为在水库中储存水而做的工作有时相当重要。通常，较小的河流会从平行山谷中被引入建有水库的山谷。

高压式水电站可以设计成引流式或堤坝式水电站。引流式高水头电站将水流从水库通过洞室或低压管道通过所谓的调压井（降低水击）；经此，水流由压力水道或高压洞室进入涡轮机。整个电站可以建在附近的岩石中（洞穴式电站）。在堤坝式电站中，动力室在堤坝的底部。欧洲阿尔卑斯山处的巨大水库都是引流式水电站的调度模式。这些电站往往远离位于干流较低山谷处的水库。

水库中的水根据需要送入水电站中发电。水库可以分为日、周、月、年及年际水库。例如年度水库，储存春季与夏季的冰雪融水用于满足同年冬季用电高峰时的发电需求。在产生相同的电量的情况下，可用的水头越高，所需要的水库就越小。

抽水蓄能电站具有与配有水库的电站同样的任务。另外，水可以被抽入较高处的水库从而将来自基底负载水电站的水储存一段特定的时间；当用电需求处于高峰时，这部分储存起来的水能通过涡轮机转化为电能。因此，抽水蓄能电站可作为电力调节装置（即将基底电量"转移"到高峰电量）。另外，它们还可用于频率控制。有无自然水流的抽水蓄能电站是存在差异的；这两种情况在实际中都可以找到。

（4）辅助电站。近来，越来越多的辅助电站出现在饮用水供水系统中。压力管道将水从高位水库输送至用户，涡轮机或水泵则正好相反，可用于再次剩余的能量。因此，通过水泵抽送至高位水库的水能只有一部分能够再次利用（即没有对可再生能源的利用）。只有在自然形成的高海拔的井或泉水处才能够利用能量再生。此种电站的优势在于只需要一个起着反转水泵作用的涡轮机或一个与浸入式发电机相连的特殊轴涡轮机。更进一步说，反转螺旋水泵有些情况下应用于污水处理厂中，那里水库水位的高度显著高于出流的高度。因此，一部分输入的能量可以再次利用。

相同的情况发生在那些建有防洪坝的发电站从而增加枯水流量或是作为饮用水或灌溉用水的水库。那些需要被分配利用的水可以通过涡轮机输送出去。在此种情形下的水库主要不是用于生产电能；因此，与其大坝或水库相比，这种电站的发电效率相对较低。

另一种辅助电站是将涡轮机置于大型引流式电站的大坝处，从而为满足生态需求而释放特定的流量于河床中（见图 8-4）。在这种情形下，只有大坝的直接高度可作为水头而加以利用，而不是该水电站本身可利用的全部水头；然而，一部分可再次利用的能量通常会因为补偿溪内正常流量而损耗。此种鱼梯所需要的流量（图 8-4 中未标明）无法应用于涡轮机。但是涡轮机的出流却可以收集起来用于鱼梯的吸引流量。持续性或季节性变动的溪内流量的优点在于其相对易于构建——因此成本也相对较低——涡轮机因恒定流量而可以利用。

8.2.3 系统组成部分

涡轮机、发电机及某些情况下需要用到的传动装置都位于动力室。更进一步，建筑性及机械性部分，以及其他系统成分也是必须的。依据当前技术的最新水平，下面将对它们展开讨论与描述。这些技术信息通常应用于大中型电站，但在大多数情况下也可应用于小型水电站。然而，后者可能含有一系列的特殊组成部分。我们将对相关部分分别讨论。

（1）坝、堰或拦河闸。大坝须进行堵水从而能够从积滞水获得可控的供水用于水力发电。因此，河流的自然水头集中于一处。在大坝或拦河闸的上游建有特定容量的水库。大坝和泄洪道必须能够排出洪水并在缺水时保持特定高度处的水位。

大坝可以建成很多样式；可以采用固定的堰、拦河闸、土及碎石堤坝、巨石及混凝土堤坝。堰可以设计成固定或可移动式，而拦河闸往往有可移动的闸门。

在小型水电站中，挡水结构的选取取决于头水的水头是否需要保持恒定。在水头很低或径流式电站，这种结构是必需的。在这种情况下，带有闸门的拦河闸或堰是必要的。这些结构可以在坝的上游保持一个恒定的水位，而涡轮机也依据这一恒定水位而建造。如果蓄水的流入量超过涡轮机设定的流入量，闸门将打开一部分从而直接释放超额流量至河床而不是抬高头水的高度。

带有翻板闸门和充气橡胶坝的固定的堰主要应用于这种情形（见图 8-7）。翻板由于其外形而通常称为鱼腹式翻板闸门，是由水压、链条或齿条驱动的；在洪水中，它们降低至大坝以下。充气坝由坚固的多层橡胶膜构成，其中充满气体或水。与之相连的泵利用内部压力控制大坝的高度。

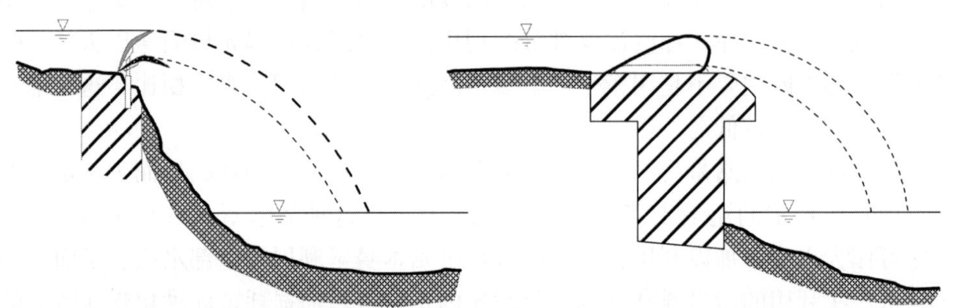

图 8-7 装有鱼腹式翻板闸门大坝（左）及充气式大坝（右）的截面图

资料来源：文献/8-7/。

在不久之前，充气坝越来越多地被接受，只要没有被蓄意破坏的风险就被证明是非常可靠的；然而，值得考虑的是，此种非没入式充气坝缺乏美学意义。两种变形都可以完美运用并处理很大的排水量。冰、浮木及推移质都可以通过而不造成任何破坏。

对于那些没有必要保持头水高度恒定的电站，不带有活动部分的大坝也是可以应用的。这种情况主要应用于拥有高水头的引流式发电站。在水头较高的情况下，头水的轻微变动对可应用的水头的影响很小，因而是可以接受的。在保持上游特定水位的同时排出设定的洪水，这种水压式设计的固定大坝显著降低了投资成本。对于固定式坝或堰，需要采用贴近自然的设计（例如粗糙的坡道），同时，这种设计也可作为鱼道。

对于险峻的河流及较高的水头，提洛尔式拦河闸可以用于在不蓄水的情况下从底部分水。在河床底部建有格栅或穿孔的平板用于将水引入下面的水道。提洛尔式拦河闸没有可移动部分，而其负荷超载能力很强。超过格栅网格直径的推移质被传送到下游。当提洛尔式拦河闸没有占据整个河宽时会带来一些生态利益，而且一部分水因此而留在河中。

（2）水库。山区（例如欧洲阿尔卑斯山脉）造就了蓄水的自然条件。这些自然或人工湖泊——作为日、周、月、年水库或在某些情况下作为年际水库——可以使波动的自然水供应与同样具有波动性的电力需求间达到一个平衡。抽水蓄能电站可以临时储存多余的来自热电厂或径流式电站的基底电量并之后用于高峰负荷电量。冬季枯水期水库中储蓄的水流可用于增大流量较小河流的水流，从而增加了那里的水电站的发电量。

（3）进水口。进水口建立了头水与涡轮机间的联系。在进水口的入口处通常配有拦污栅将漂浮物拦截在电站之外。闸门或闸梁也是进水结构的组成部分，它们可在维修时封闭水电站或在发生意外时进行截流。在很小的电站中，这些安全装置并非必需，有时仅仅装有滑动式阀门。

（4）导水渠/压力水道。水库中的水直接进入进水口或者首先经过导水渠、洞室或管道、压力水道进入涡轮机。重要的是最小化水压损失，这常常通过设计足够大的横截面和与水压相适应的横截面的几何结构来实现。

如有必要，所谓的“调压井”应置于进水口前直至压力管道，它能够降低启用、关闭电站及每次负载交变时水本身的惯性所带来的水击及压力波动。头水或进水结构与涡轮机间的液压连接通过洞室及压力管道建立起来，并且各组成部分间的距离得以克服。由于上游水道（进水口、洞室、压力管道）的损耗，一小部分水流的势能无法用于生产能量。

依据地势、生态性及经济性框架结构的条件，有很多种上游水道的组合可供选择。例如，头水流入的水流可以通过开放式上游水渠或无压力的低斜度洞室进入。在低水头径流式电站，水流可以从进水结构中直接流入涡轮机。在那种情形中，洞室、调压井及压力管道都不需要。

压力管道通常由焊接钢管构成的独立管段组成。洞室可以建成开放式、低压式或高压式。依据水压的需求，它们或者包含加固的混凝土内衬，或者配有钢铁外壳尤其是与高压电站相连时。在小型电站，其他材料也可用于上游引流（例如PVC 管道或近来的配有紧圈的木质管道）。

（5）动力室。动力室包含有水电站的主要结构。这包括涡轮机、有时有传动装置、发电机、控制系统、有时有变电站的变压器、有时有管线的截止阀。

（6）涡轮机。将流入水流的能量转化为转动的水压机称为涡轮机。水车是这种机器的先驱，但是近来已经很少应用了。

由于不同的水头和流率及其所导致的变动的水压和速度状况，涡轮机有多种类型可供构建。依据能量转化的不同，可以将其分类为反动式涡轮机与冲击式涡轮机：

- 反动式涡轮机。反动式涡轮机主要将水的势能在涡轮机扇叶处转化为压力能，进而在那里转化为动能。反动式涡轮机即弗朗西斯式、螺旋桨式、卡普兰式及贯流式涡轮机。当前，卡普兰式涡轮机的最大功率是500MW每组，而弗朗西斯式为大约1000MW每组。

- 冲击式涡轮机。在冲击式涡轮机中，水的势能和压力能全部转化为动能。这些能量随后被传送至涡轮机并转化为机械能。涡轮机转化前后的压强相等；它大约等于大气压。目前，水斗式涡轮机的最大输出功率为500MW每组。

目前，从1m到大约2000m的水头都得以开发利用（参见文献/8-8/）。大中

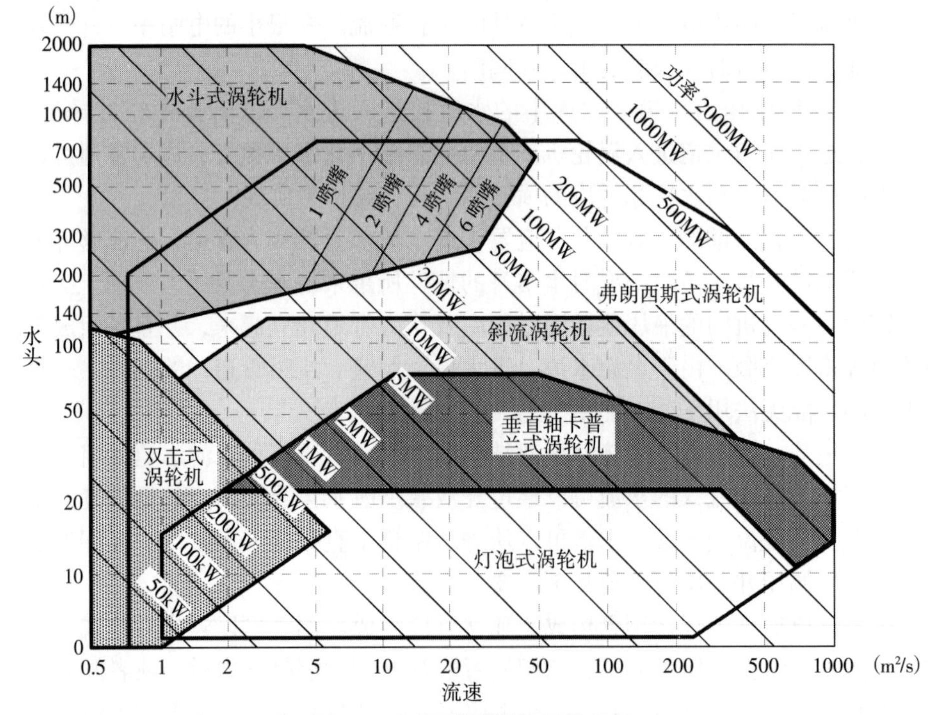

图8-8 不同类型涡轮机的应用

资料来源：文献/8-8/。

型容量的机组通常用于以下地区：

- 水斗式涡轮机　　约 600m 至 2000m
- 双击式涡轮机　　约 1m 到 200m
- 弗朗西斯式涡轮机　　约 30m 到 700m
- 垂直轴卡普兰式涡轮机　　约 10m 到 60m
- 水平轴卡普兰式涡轮机　　约 2m 到 20m

对于小容量的机组，水斗式涡轮机有时用于 50 米水头，弗朗西斯式涡轮机用于 6 米水头，在早期的小水电站中甚至用于只有 2 米的低水头。

依据涡轮机的类型和规格，在设定的流量和水头处，其效率可达到 85%到大约 93%。涡轮机的效率定义为涡轮轴处的能量及涡轮机进水口与排水管道之间可利用的水能，包括涡轮机出口处所损耗的能量。由于涡轮机依据特定排水量设计，其效率取决于不同水流的可利用性。图 8-9 表明了主流类型涡轮机有时极为不同的效率曲线。例如，水斗式涡轮机在流量仅有其最大值 20%时依然效率很高。然而，螺旋桨式涡轮机不得在低于其设定流量的 70%~80%时运作，否则将造成很大能量损耗。

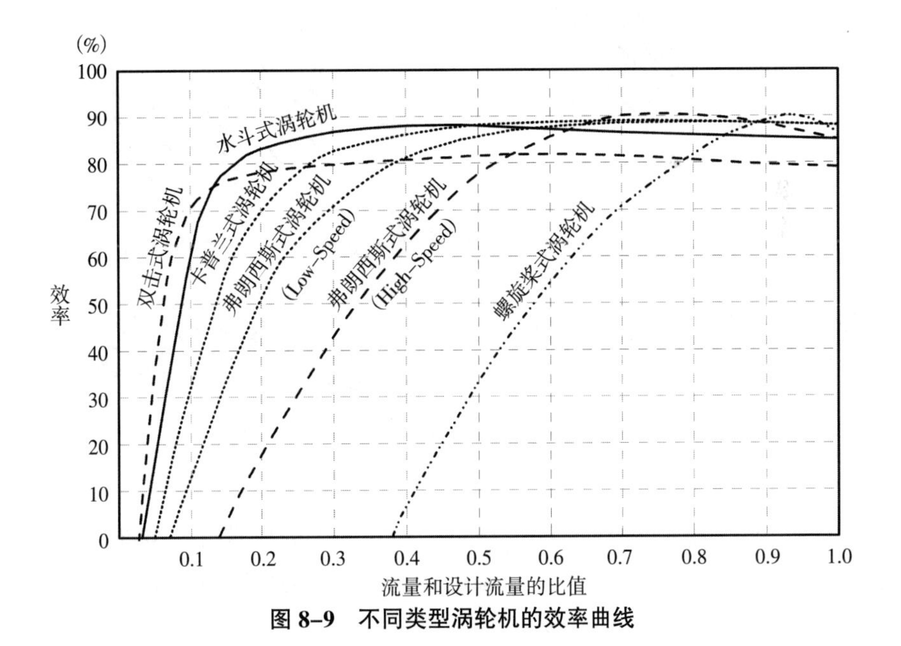

图 8-9　不同类型涡轮机的效率曲线

1）卡普兰式、螺旋桨式、灯泡式、锥齿轮式、S 式及贯流式涡轮机。卡普兰式涡轮机及其衍生类型在原则上像反转的螺旋桨般运作。除了带有竖直轴的卡普兰式涡轮机具有径向水流，其他均为轴向水流。在竖直轴卡普兰式涡轮机中，水流直接经由可调节的导流叶片至旋转转轮。可能出现竖直、水平及倾斜的涡轮轴。另外，卡普兰式涡轮机及其衍生类型具有可调节的转轮叶片（所谓的“双调节涡轮机”）。它们能够更好地适应不同的流率，从而提高在不同操作环境下的效率。

螺旋桨式涡轮机具有固定的转轮叶片。由于叶片固定，它们对于变动水流的适应性不高，但是对于设定水流具有很高的效率。它们主要用于一座水电站中几台机器组合运用的情形中，因此得以保证每台机器分别在设定流量下运行。

灯泡式贯流涡轮机即拥有近似水平轴的卡普兰式涡轮机。它们的轴向水流不需改变水流方向。这种原理减少了水力损耗。此种设计中，发电机位于涡轮机前方的钢球中。发电机可以通过杆相连。这种设计与图 8-10 中的贯流式涡轮机相似。然而，其球状物更大，因为其中容纳了发电机与涡轮机的轴承。

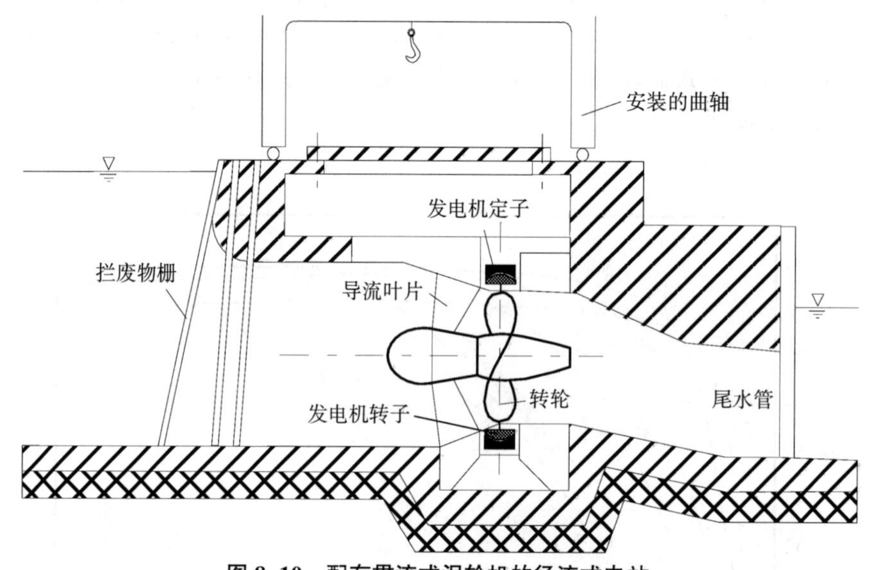

图 8-10　配有贯流式涡轮机的径流式电站

资料来源：文献/8-9/。

锥齿轮式涡轮机采用相似的方法建造。浸没的外壳仅带有一组锥齿轮，它们将涡轮机轴承处的转动传递至发电机轴承处，其轴承与涡轮机轴承垂直。发电机固定在涡轮机外壳并可以自由进入。

S 式涡轮机的尾水管在近似水平放置的涡轮机之后显著弯曲。涡轮机轴承导向外面的发电机，从而可在维修时自由进入。

贯流式涡轮机——贯流是贯通水流的缩写——与卡普兰式涡轮机的系统设计相似，其发电机位于外部边缘处，即其转子位于固定在涡轮机转轮处的环上。图

8-10 也标明了这种设计。在转轮的钢球之后只有涡轮机的轴承。这种设计的缺点是转轮与发电机间的密封很昂贵。

由于贯流式涡轮机的设计，其平缓的效率曲线可以达到一个总体上较高的水平（见图 8-9）。因为其双调节结构，所有卡普兰式涡轮机及其衍生设计能够在较宽的部分负载范围（额定功率的 30%~100%）运作并具有相对较高的效率。

2）弗朗西斯式涡轮机。在弗朗西斯式涡轮机中——它们是典型的反动式涡轮机——水流在转轮叶片上径向从导流叶片流入螺旋形箱，之后再轴向流出，从而改变了水流方向。与卡普兰式涡轮机相反，弗朗西斯式涡轮机转轮叶片不可移动。水流只能通过导流叶片调节。转速快慢的涡轮存在差异（所谓的“低速”与“高速”转轮）。在较大的高水头涡轮机中，水流通过蜗壳流入导流叶片。在较小的机器中，导流叶片位于简单的涡轮机坑中。通常，高转速的转轮不得不以较小的机器尺寸为目标，因为高转速导致了涡轮轴承处的低扭矩；这样，涡轮机的成本及在某些情况下其他水电站组成部分的成本得以降低。弗朗西斯式涡轮机通常可以在其最大功率 40%及以上时运作（见图 8-9）。在高速转轮的情形中，仅在最大流量的 60%处才有较高的效率。

图 8-11 展示了一个配有弗朗西斯式涡轮机的径流式电站的例子。导流叶片的调节通过涡轮机轴承后面的转轴进行，这可以打开或关闭叶片。

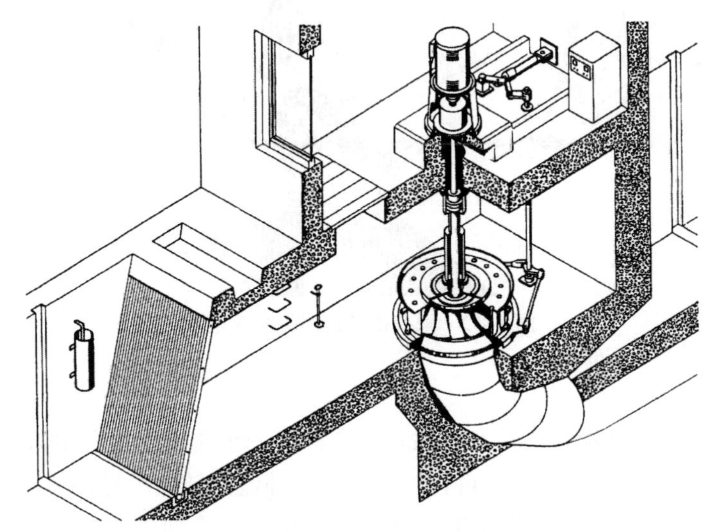

图 8-11　配有垂直轴弗朗西斯式涡轮机的发电站

资料来源：文献/8-10/。

早期的小型水电站在水头较低仅有 2 米时往往采用弗朗西斯式涡轮机（见图 8-8）。如果现在再建这种电站，将采用双调节卡普兰式管状涡轮机或 S 型涡轮机。由于其在较大流量范围内具有极高的效率，它们能够保证对能源充分利用。如果重新激活早期的水电站，其整个进出流部分需要加以调整。这些调整工作通常很昂贵，故而依旧采用弗朗西斯式设计，即便其效率曲线让人稍有不满。

3）水斗式涡轮机。水斗式涡轮机——一种冲击式涡轮机——配有带有固定的消力戽的转轮（水斗式水轮）。它通过一个或多个带有矛状阀门的喷嘴进行调节，这些阀门控制着水流并将水注沿水轮切线导入消力戽（见图 8-12）。在这一过程中，当水流离开喷嘴时将所有的压力能转化为动能。这些能量经由水斗式水轮转化为机械能。之后，失去能量的水或多或少落入转轮下面的水库中。

水斗式涡轮机的特点在于其相对平缓的效率曲线（见图 8-9）。因此，它适用于流量在设定流量的 10%~100%范围内变动性极高的情况。

水斗式涡轮机也可应用于小型水力发电站，但是通常用于比大型水电站更低的水头（见图 8-8）。30 米以上水头对于驱动小型水斗式涡轮机就足够了。对于较大的流量，带有几个消力戽（最多 6 个）的模型即可应用。

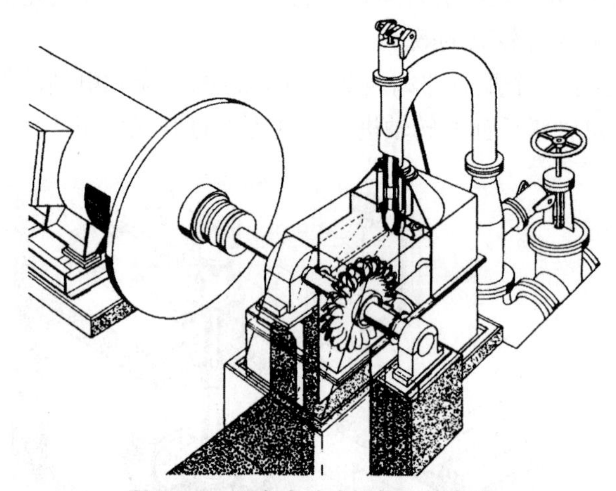

图 8-12 配有水斗式涡轮机的电站

资料来源：文献/8-12/。

4）双击水式涡轮机。在双击水式涡轮机中，水流经过简单的导流叶片后到达转轮，之后通过轮的内侧，再自外向内再向外流出转轮（见图 8-13）。转轮被设计为卷筒状，并沿轴承方向以 2∶1 的比例分为两个独立的室，如此设计使在部分流量的情况下拥有较高的效率。

与水斗式涡轮机相似，双击水式涡轮机有其适用于高度变动的水流。卷筒状转轮可以被驱动——依据可利用的流量——在部分荷载的情况下仅打开小室、大室或者两者同时打开。因此，涡轮机的效率曲线非常平缓（见图 8-9）。然而，

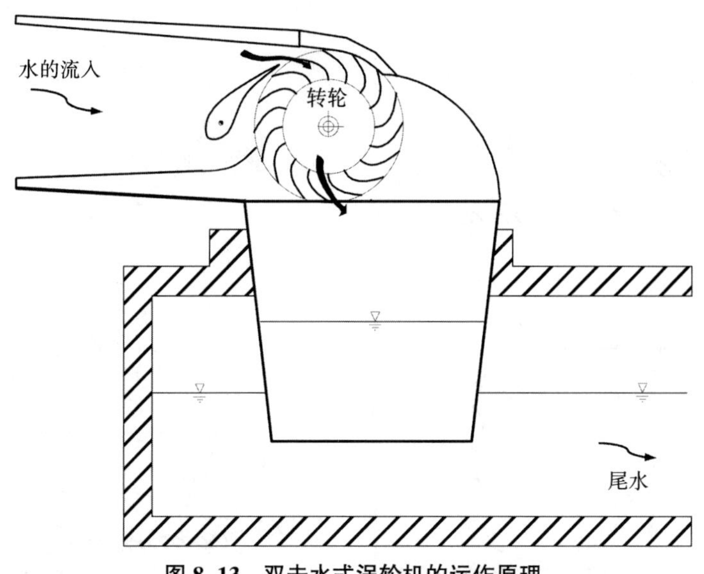

图 8–13 双击水式涡轮机的运作原理

资料来源：文献/8–6/。

其绝对效率没有其他种类的涡轮机那么高。另外，很低的水头无法得到完全利用。由于其对变动水流的适应性及简单、坚固——从而成本不高的设计——双击水式涡轮机常常用于小型水电站。对于中等、低水头电站，需要增设引流管以改善对水头的利用。

5）水轮。由于涡轮机是小型水电站最昂贵的部分，当流量很小时水轮依然可以应用。它们适用于最高 10 米的水头；对于更低的水头则几乎没有什么技术上的限制。传统的单轮水可用于大约最大 2 立方米/秒的水流。水车的效率可以达到 70%~80%。下冲式水轮、中击式水轮、上射式水轮的应用需依据可利用的水头而定（见图 8–14）。

水轮以 5~8 圈每分的较低速度转动。因此，为了提高转速以驱动发电机，传动装置或传动带是必需的。

初期，水轮主要是木质的。不久，钢制轮轴、轮缘及轮辐出现了。直至今日，在某些情况下轮叶依然采用木质。它们通常绕双侧的轴旋转，当出现厚重的冰层时则应置于封闭的轮腔内。最近的发展是配有标准行星传动装置及发电机组的单侧轴水轮。完整的水轮—发电机—传动装置可以预先购置并运往安装地。客户只需自行构建进水口、水轮渡槽及支柱基础。整套机组包含其中，在组装后可以立即实际运作。

（7）出流与尾水渠。水流离开涡轮机进入所谓的“尾水渠”。在反动式涡轮机中，引水渠用于改善对可获得的水头的利用并一直延伸至尾水。引水渠的横截

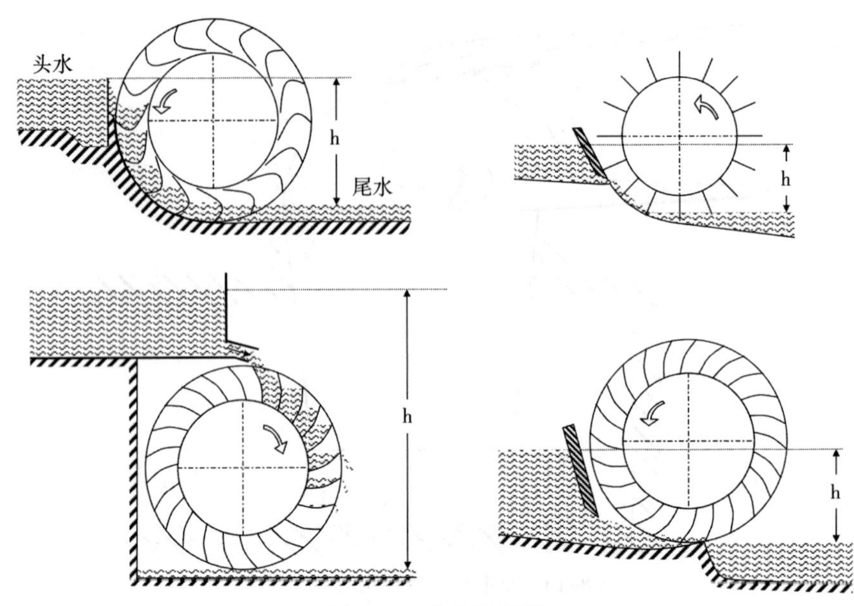

图 8–14　水轮的类型

资料来源：文献/8–6/。

面逐渐增大并在尾水出口处呈扩散器状。因此，在达到尾水之前，引水渠中的流速逐渐递减；于是，外流水流的部分动能能够在涡轮机中最大限度利用。

（8）联轴器及传动装置。涡轮机与发电机既可以直接相连，也可以通过传动装置间接相连。在大型电站中，涡轮机与发电机是同轴的。在这种情况下，仅需一个简单的联接器。然而，在很小的水电站中，大多数情况下传动装置是必需的，它可以提高转速从而应用标准的高速发电机。在大多数情况下，齿轮传动用于较小的机组，而齿轮或皮带传动用于极小的机组（不超过 100KW）。传动效率被定义为传动装置输出轴处的功率与涡轮机轴承处的能容的比率，为 95%~98%。

如果水头较低，小水电站中的涡轮机的转速相对较低，约为 75 圈每分钟。出于成本因素的考虑，发电机建造的相对较小。因此，在小型水电站中，需要在涡轮机与发电机间加入传动装置或皮带传动。

对于大约 50KW 的电功率而言，皮带传输被证明是有效率的，而今，它又被用于更高的功率水平。它们比传动装置稍便宜一些。但是它们的使用寿命更短并且需要更多的维修。近来，由于皮带可以通过移动式维修装置快速修理和更换，因此它们通常是成本效益最高的选择。

（9）发电机。在发电机中，从涡轮或传动轴传递来的机械能转化为电能。此处可采用同步式或非同步式发电机（其功能说明见 6.2.2 节）。当电站独立运转或水电站的供能是电网的主要来源时，可采用同步式发电机。它们可以调节电源电压并传递点抗性电流。非同步式发电机仅在其作为互联电力系统的一部分并提供激励电流时才可以使用。它们的设计要比同步式发电机简单，但其效率较低。当电网抛载时，可能出现超速，此时发电机必须能够经受得住。

在额定功率时，小水电站中应用的标准发电机的效率为 90%~95%。在大型电站中，发电机的功率可以达到 95%~99%。发电机效率被定义为发电机线夹处的功率与传动轴处功率的比值。

（10）变压器。当水电站输送至电网的电压不符合要求时，变压器用于将输出电压进行转化。这个组件的特点在于其效率高达 99%。

（11）调节。依据水电站不同的运作模式来考虑所采用的各种调节。独立运作的水电站总是需要进行频率调节。在变动的负载中，控制设备维持着电网的频率。在此种情况下，对水流或水头的同时调节是不可能的。

对于电网中运作的水电站，常见的是水位或流量调节。涡轮机打开时，即导流叶片和/或转轮叶片充分打开以维持需要的头水水位从而获得所要求的流量。涡轮机与发电机通常以恒定转速运转，与电网频率相一致。

8.2.4 孤立运行与并网运行

水电站在运行时通常与公共服务网络保持联系。直接驱动机器的电站（即提供机械能）及为小型工厂或工艺业务供电的电站（例如锯木厂）属于特例。

孤立运行的电站需要对电力的需求与供给进行精确的匹配。只有当水电站的设定流量与设定功率极低以至于总有足够的水量来满足最大电力需求时（即需求电量不超过供给电量），这种精确配比才可以通过水电站自身实现。相应地，当不需达到最大输出功率时，水流总是不得不通过涡轮机的旁路。这种设计通常是不经济的，而且近来在工业化国家中已不多见。

与大型电站相同，小型电站既可以孤立运行，也可以并网运行。它们也需要相应的同步式或非同步式发电机，这些发电机向电网输送低压交流电。

非常小的水电站用于对偏远地区的供能。如今，通过与电压调节装置相配合，同步式发电机可用于孤立运行并适于无功发电。频率取决于涡轮机的速度，主要通过电磁或电子频率调节装置保持恒定。

8.2.5 能量转换链、损耗以及功率曲线

（1）能量转换链。水力发电站由上述各部分构成（见 8.2.2 节）。能量转换链形成于系统各组件间的相互作用，图 8–15 做出了相应的示意图。

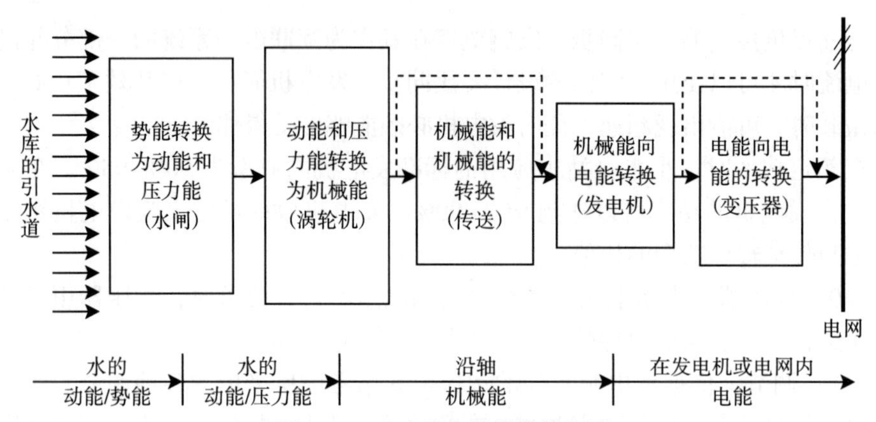

图 8-15 水力发电的能量转化链

因此，在到达涡轮机之前，在大坝之前的进水结构与尾水管中，水流的动能与势能转化为动能与压力能。随后，水流通过涡轮机；此处，水能转化为旋转运动并分别转化为涡轮机轴与转轮的机械能。这种动能有时会通过传动装置转化为其他转速并进入发电机，在那里将机械转动转化为电能。之后，需要变压器中的电能—电能转化装置对输入公共服务网络中的电压进行调节。

（2）损耗。在能量转化链中发生了可观的技术上无法利用的能量损耗；其结果为在电站出口处的能级比头水与尾水间可利用的水能的能级更低。因此，图 8-16 列示了能量转化链各部分的能量损耗及其变动范围。

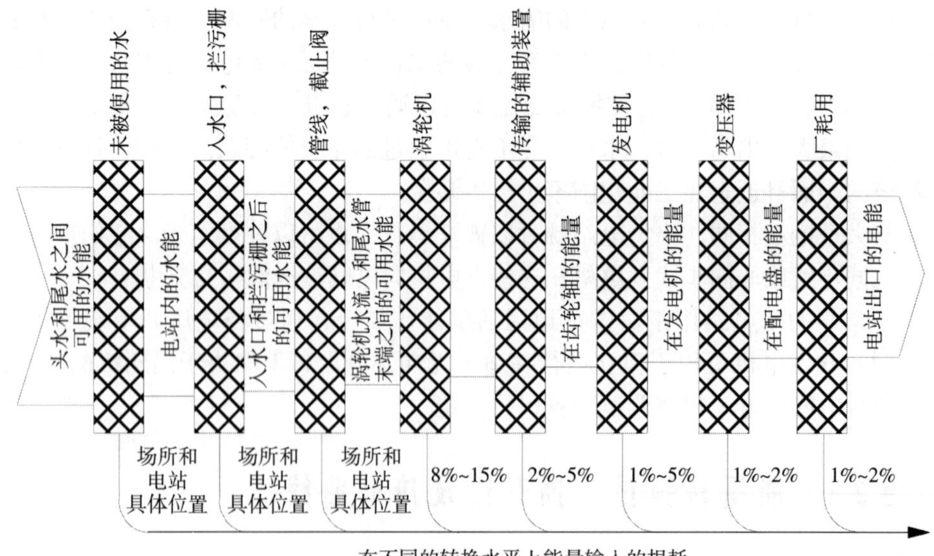

图 8-16 径流式水电站中的能量流动

资料来源：文献/8-5/。

电站中的能量损耗主要存在于进水口、筛网处、水渠、管道、尾水管及节流阀（若可应用）、一或多个涡轮机、传动装置、发电机中。在大型水电站中，变压器处也会产生相应的能量损耗。另外，能量损耗还可能发生于大坝处释放的水流的势能（例如在发洪水时）。水力部分的能量损耗尤其与位置及具体电站相关。因此，一个通常可应用可转化的大额损耗是不可能产生的，在极好的情况下只有百分之几的损耗。在满负载时，与其他系统组件处的能量损耗相加总，总体效率可以达到80%，有时可以达到90%或更高。总体效率指电站出口处的电功率与头水和尾水处功率的差值减去泄洪道中的功率的比值。由于水电站通常在部分负荷运作，因此其年平均利用率一般较低。在现代或设计良好的水电站中，这个利用率在70%~90%；在早期水电站，尤其是低功率范围的电站中，这一数字显著较低，仅为50%~70%。与水流的总体工作容量相关，这一利用率显著较低，因为部分水流（例如洪水）被改道而未利用，在大坝处通常每年会有一部分水量在发洪水时通过泄洪渠排除。

（3）运作状况与功率曲线。在径流式水电站中，一年中系统的表现也即运行效果在很大程度上取决于当时的可利用的流量及水头。图8–17表明了系统各组件的相互作用，其中包括了涡轮机处一年之中的流量。

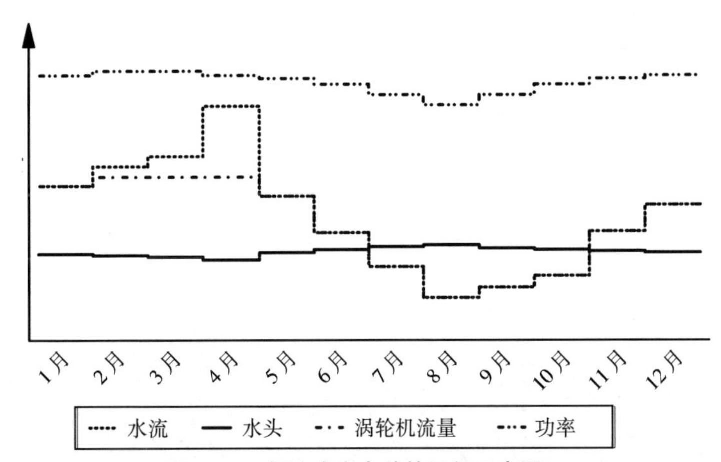

图8–17 径流式发电站的运行示意图

资料来源：文献/8–5/。

图中水头在夏季月份中上升，而随着流量的减少尾水下降。由于大坝处的条件，水头被维持在恒定水位。在冬季和春季，头水会相应下降。流出的流量增加从而尾水水位轻微上升。

涡轮机流量与河中的流量相关，因此，其在夏季会与较低的河中流量相一致而下降。由于涡轮机仅依照给定的最大流量（所谓的设定流量）设计，因而只有设定流量可以得到利用，而不论河中流量是否更高。超额流量不得不排放出去未能加以利用。在图 8–17 的例子中，这种情况出现在 2 月、3 月，尤其是 4 月。

发电站输出的功率几乎是与流经涡轮机的流量成比例（方程（8–5））。因此，在图 8–17 的例子中，它会在夏季月份下降，而夏季的特点是流量较小。更进一步，输出功率还取决于水头（方程（8–5））；由于水头不像通过涡轮机的流量那样变化较大，它对输出功率的影响没有那么大。水电站发电对水头的依赖性应该对 4 月输出功率的轻微下降负责，而不是归因于当时恰当的高流量。

这些相关性也可以通过图 8–18 所展现的典型径流式水电站的功率持续曲线来描述。根据此平面图，此明确设计的径流式水电站的特点在于其特定的流量与相应的水头，这些共同导致了特定的输出功率。考虑到这些设计条件，数值随流量的增减而变动。

• 发电量随流量的下降而下降。流量下降导致尾水轻微下降而相应的头水上升。如果流量非常低，发电站在一确定点不得不关闭，因为涡轮机在低于最小流量时无法运行。如果涡轮机的规格无误，则在这些情况下无法生产电能；这只是——如果存在的话——仅仅是一年之中有那么几天而已（见图 8–18）。

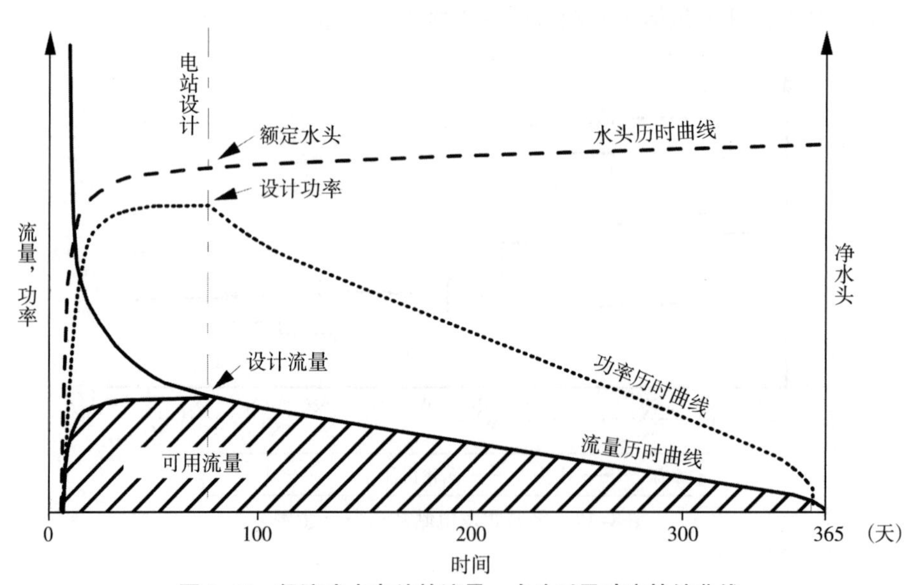

图 8–18　径流式水电站的流量、水头以及功率持续曲线

• 发电量也可能随流量的增加而下降。涡轮机无法处理超过设定功率的水流。当流量增加导致头水与尾水的水位差下降时，发电量也随之下降。超额流量不得不被排出从而不能用于产生电能。在最坏的情况下，发电站不能发电，因为头水与尾水间的高度差太小。通常，大坝或拦河闸的闸门打开时就是这种情况

(即发洪水时)。

8.3 经济和环境分析

水力发电站用于满足电力需求的时间已经有上百年。其相关的成本及对环境的影响将在下面的段落中进行分析。然而，我们要对被选择进行经济分析的电站下定义。不得不考虑的是，径流式水电站——不同于风力转化装置或光伏电站——一种在很大程度上依赖于当地、当时条件的电站。因此，投入的物料，以及与其相关的成本有时对不同的径流式电站可能是显著变动的。因此，一般的可应用的成本估计只能在非常有限的程度上进行。

8.3.1 经济分析

水力发电站以存在多种可能的设计为特征。因此，只有经过选择参考的水电站可以在此进行经济分析，这应当被视为由当地条件所决定的可能的电站配置的例子。对于结构性组件（即进水口、水头、尾水管或排水渠、动力室）尤其如此，这些组件在不同的电站间有时大为不同。

在下面的分析中，我们将对四种水电站进行仔细的观察，因为它们所应用的技术对于全世界广泛的地域而言是典型的（见表 8–1）。据此，将其分为电功率设置为 32KW 和 300KW 的两个小型水电站及电功率为 2.2MW 和 28.8MW 的两个大型水电站。

表 8–1 分析的参考系统的技术参数

参考电站	Ⅰ	Ⅱ	Ⅲ	Ⅳ
额度功率（MW）	0.032	0.3	2.2	28.8
电站类型	低压	低压	低压	低压
涡轮机类型	卡普兰	卡普兰	卡普兰	卡普兰
水头（m）	8.2	4.6	5.9	8.0
设计流量（m^3/s）	0.5	8	40	425
满负荷小时（h/a）	4000	5000	5000	6000
年出功（总）（GWh/a）	0.128	1.5	11	173

• 32KW 低压（水电站Ⅰ）。水流在大坝处改道，由卡普兰式涡轮机通过 8.2 米的水头流经 110m 长的玻璃纤维管进行处理。由直接相连的同步式感应发电机产生的电能被输送至低压电网。

• 300KW 低压（水电站Ⅱ）。水电站利用水泥大坝产生的 4.6m 的水头，大坝之后的旁路长达 200m。水流从进水结构通过头水渠直接进入水电站。通过传动装置与同步式发电机相连的卡普兰式涡轮机所产生的电能经由变压器输入附近的中压电网。

• 2200KW 低压（水电站Ⅲ）。这种径流式发电站被设计为河流水电站。5.9m 的水头由大坝创造。纵向的堤坝确保了长达大约 2000m 的回水。水能经由卡普兰式涡轮机转化为机械能，之后通过同步式发电机进一步转化为电能。这些电能被输入与水电站紧邻的中压电网。

• 28800KW 低压（水电站Ⅳ）。这种径流式水电站也被设计为河流发电站，动力室建在河床中。其流域约为 8.8km，水头达到 8m。两台球状卡普兰式涡轮机的组合流量为 425 立方米/秒，由发电机产生的电能经由两台变压器及一个金属镀层的（硫的六氟化物）常用开关板输入高压电网。所分析的电站处于在高峰负载（理论上）的小时数与电站的规格一致，在欧洲尤其如此。结构性组件的使用寿命假定为 70 年，而机械性组件的寿命为 40 年。电站所生产电量的 1%假定为自用。

为了估算这些水电站的成本，首先分析投资成本与运营成本。特定的发电成本是从这些成本中衍生出来的。

（1）投资。水电站的成本主要分为结构性组件成本（即动力室、大坝、进水口、闸门、筛网以及拦污栅清洁器）、机械性组件的成本（即单向阀、涡轮机）、电气工程组件成本（即发电机、变压器、能量输出）及其他杂项费用（即土地使用费、规划费、授权费）。

这些成本与地点高度相关，因而无法建立总体的和一般的可用指导纲要。很多情况下，结构性组件的成本达到总体成本的 40%~50%。机械性组件的成本（即发电机、变压器、调节器）占大型水电站总成本的 20%~25%，占小型水电站的最多 30%。5%~10%用于电气装置。其他还有杂项成本［即计划成本、额外建造成本、日常管理费用、建造利息费用（即投资资本在建造期间发生的利息费用）］。另外，日益增长的综合生态补偿措施的成本能够占总成本的 10%~20%。尤其对于流域广阔的径流式水电站而言，这些支出（例如对水库鱼梯的合理设计与构建）可能导致总成本的显著上升。

然而，水电站规模的增长带来了投资成本的显著下降。例如，对于新建一个输出功率在 100kW 以下的水电站，其投资成本在 7700~12800€/kW。一座输出功率在 1~10MW 的新建电站，仅有 4100~4600€/kW（见图 8-19）。

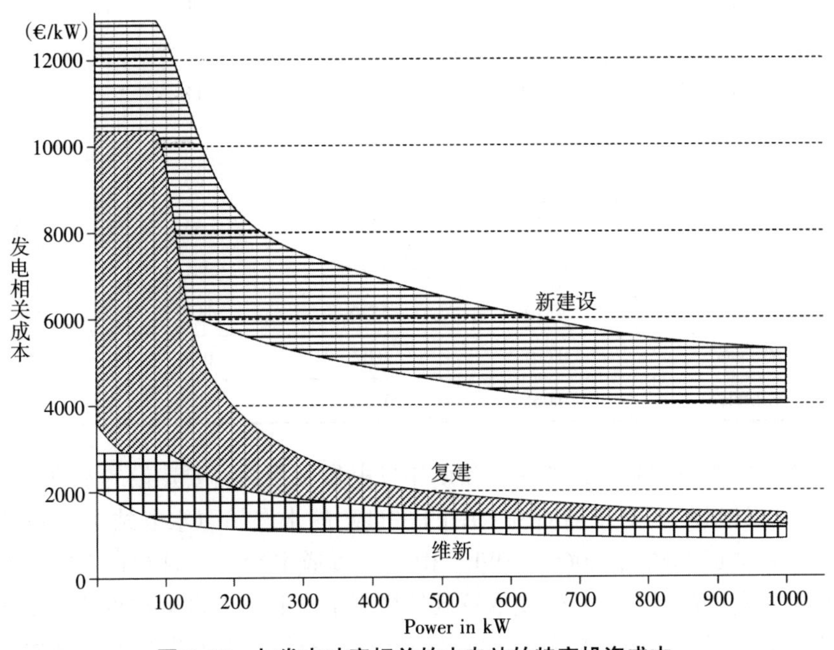

图 8-19 与发电功率相关的水电站的特定投资成本

与新水电站的增加建设相比，对老水电站的更新或现代化改造的成本要低得多。对于功率在 1~10MW 的水电站，其更新成本的报价大约为 1500€/kW，现代化改造的成本为 1000€/kW。更新成本在很大程度上取决于水电站中尚能使用的组件的可用性。

除额定功率之外，径流式水电站的成本还取决于潜在位置的水头。因此，对于额定功率相同的水电站，其特征是投资成本随头水与尾水间水头的增加而降低。

（2）运营成本。在最优化设计和低维护费用的水电站中，运营成本很低。变动成本即职工薪酬、维修费用、管理费用、计提折旧、筛网清理费用及保险金。单独成本的分配在电站间可能变动很大，这取决于当地的条件。每年的运营成本占总体投资成本的 1%~4%。对于小水电站及非常小的水电站，其运营成本比大型水电站要高。

（3）发电成本。源自投资成本的年均实际生产成本在水电站的摊销期内保持不变。对于输出功率在 1MW 以下的较小水电站以及对于较大的输出功率在 1MW 以上的水电站而言（见表 8-2），建筑性组件的技术使用寿命假定为 60~80 年。依据同样的分类标准，机械与电气组件的技术使用寿命分别为 30 年与 40 年。与当前的方法相一致，利率假定为 4.5%。

表 8-2 已分析的参考水电站的投资成本、运行成本和发电成本

参考电站		Ⅰ	Ⅱ	Ⅲ	Ⅳ
额度功率（MW）		0.032	0.3	2.2	28.8
年出功（总）(GWh/a)		0.128	1.5	11	173
投资					
结构组件（%）		63	57	60	52
电力组件（%）		37	43	40	48
合计	(Mio.€)	0.138	1.67	9.1	167
	(€/kW)	4310	5570	4140	5800
运行成本（Mio.€/a）		0.001	0.02	0.09	1.7
发电成本（€/kWh/a）		0.065	0.073	0.049	0.058

从这些框架条件着手，考虑到预期年发电量，当前将要建设的水电站的发电成本是可以计量的。对于前面例子中的 32MW 的水电站（水电站Ⅰ，见表 8-1）而言，其发电成本约为 0.065€/kWh。由于投资成本较高，只有在水电站超过例中所假定的满负荷运转且运营成本较低的情况下，其发电成本才可能较低（例如私人所有的低成本运营水电站）。与之相反，已分析过的额定功率为 300 千瓦的小型水电站（水电站Ⅱ）的发电成本约为 0.073€/kWh，因此，这种水电站——由于较水电站一更高的位置相关的投资成本——以较高的发电成本为特征。因此，这种电站并没有反映出通常那种可以识别出的趋势，该趋势为发电成本随电站额定功率的上升而下降。作为对比，我们在例中展示的第一个大型水电站反映了这种趋势，其额定输出功率为 2.2MW（水电站Ⅲ），其特征是发电成本为 0.049 €/kWh，从而是所有已分析的水电站中以千瓦时计算的发电成本中最低的。另外，之前分析的额定功率为 28.8MW 的水电站（水电站Ⅳ）的发电成本更高，这是因为尽管其满负荷运转时间更长，但其成本较高，这主要由严格的环境保护法规所致（见表 8-2）。

如果现有的发电站可以再度激活或完全现代化改造，这种特定的发电成本通常会低一些。尽管其具有高度的位置依赖性，此种条件下的成本为 0.03~0.08€/kWh；该范围的下限由较大输出功率的水电站决定，而其上限取决于较小或极小功率的水电站。如果在大修中，只有水电机械组件需要更新，更低的发电成本也是可能的；依据其个别的位置条件，兆瓦级别的发电成本约为 0.025€/kWh，对于功率在 10~100 千瓦的小型水电站和极小型水电站，其发电成本在 0.05~0.08€/kWh。

发电成本受一系列不同参数的影响。为了表明其影响，以额定功率为 300KW

的新建径流式水电站（水电站Ⅱ；表 8-1 及表 8-2）为例，图 8-20 列示了主要影响参数。该图表明，投资与满负荷运作时间对具体发电成本的影响最大。例如，假设总投资额增长 20%，则发电成本从 0.073€/kWh 增长到 0.086€/kWh，增幅 18%。另外，运营成本对发电成本几乎没有影响。摊销期长度同样对于发电成本仅有微小影响。

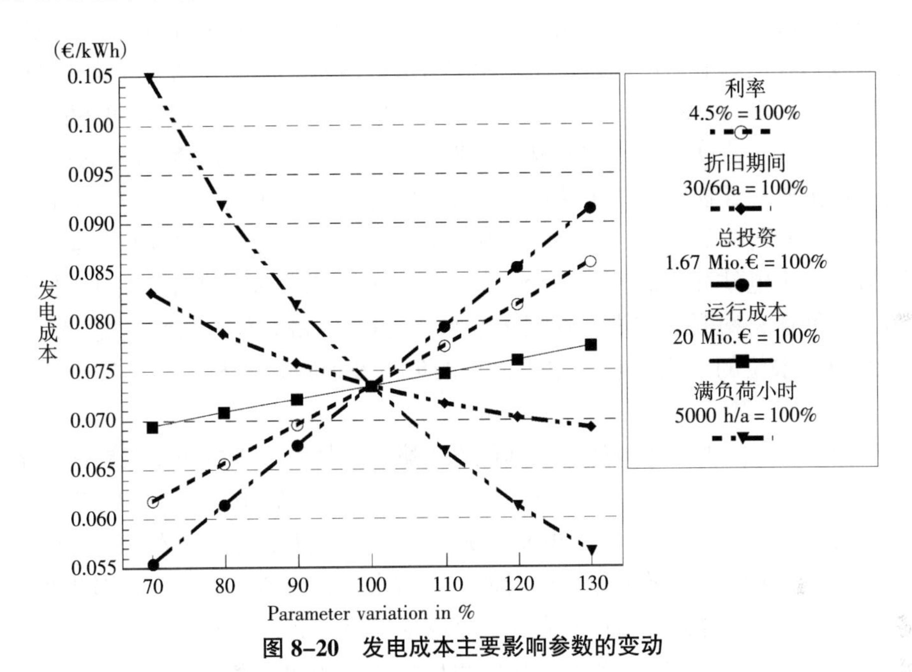

图 8-20 发电成本主要影响参数的变动

8.3.2 环境分析

在水电站建设期间、正常运营期间、发生意外时及停止运营时，可能会出现下文所讨论的环境影响。

（1）建设期间。水力发电站，与风力发电站相似，部分上是“传统的”机械工程与电气工程的产物。因此，例如在涡轮机与发电机运行期间，可能发生对土壤、水、空气部分的各种环境影响。受现行的意义深远的环境法规的管制，相应的环境影响被保持在一个相对较低的水平。在生产过程中发生偶发性破坏的可能性——除去一些特定的例外（例如钢冶炼）——一般相对较低。

另外，有些环境影响与水电站的建设——尤其是与配有水库的水电站——在其厂址处是相关的。为了举出几个例子，在新建、更新或现代化改造的建设期间的背景下，将会提到以下可能发生的环境影响（参见文献/8-13/）。

• 建筑材料、掉入河中的细粒土壤、挖掘产生的粉尘、不恰当清洗建筑机械等所导致的水污染。

• 由于建设或维修期间的不恰当操作导致的原油损耗。

• 原油渗漏，通常由水利系统导致，例如在进行拆除作业期间。

通过引入合理的操作程序并遵守现存的安全与环境法规，这些污染物都是可以避免的，或者至少可以最小化。另外，有一些相关的突发事件可能——也伴随着超区域的环境影响——尤其是在建设配有大坝或水库的水电站或径流式水电站时（例如发洪水）。然而，如果遵守相应的法规，预计不会造成重大的环境影响。

（2）正常运营期间。在水电站运营期间，除可能发生润滑剂泄漏的情况外，不会直接排放有毒物质。其所导致的环境影响可以保持在低水平并可以通过采用可生物降解的润滑剂消除，在小型水电站中，还可以采用不需润滑的设备。

另外，水电站往往服务于多个目的（尤其在配有水库的水电站中），例如水上活动、渔业、灌溉、防洪及饮用水蓄水。这在一些情况下也会产生生态利益，例如对地下水位的积极影响、水生群落的创造及通过涡轮机运作丰富水体的含氧量。

然而，水电站的运用可能通过其他方式影响环境。主要的三个问题区域描述如下（参见文献/8-13/、文献/8-14/、文献/8-15/、文献/8-16/、文献/8-17/）：

1）拦蓄。河流及引水式水电站造成回流效应，其配有的水库会影响该处河段的生态条件或毗邻流域的生态栖居地。在蓄水处，流速显著降低，因此河底的剪切应力下降。这导致了水中小颗粒的推移质的堆积，而这些物质通常是悬浮的（例如细沙、粉土、粘土）。现存河床的粗糙结构（例如浅滩、垂流及塘堰）及这些鱼和其他小型动植物的栖息地就会被这些细颗粒物质覆盖。这些微生物在河底生物带的栖息地被夺走了；但这正是在中高海拔的流动水体中发生的大部分生态过程的发生地。这导致了当地栖息地多样性的降低。

更深远的影响是当在河中频繁筑坝时，会导致水温上升从而使较深的水库中含氧量下降。更进一步地，每个水库都打断了水流的持续流动，即对出于多种原因需要在水中迁徙移动的生物而言，水库是一个需要极大努力才能克服的障碍，甚至是不可逾越的。在或多或少停滞的水库中，它们找不到合适的生存环境。因此，自然活水物种的组成结构发生了改变；由于捕食者可获得的食物不同，这使包括哺乳动物、鸟类及两栖动物的物种结构也发生了完全的改变。在最糟的情况下，由于有机沉积物的厌氧性分解，可能产生甲烷（即沼气）。

更进一步地，由于污染物（尤其是重金属）在细颗粒沉积物中聚集，可能导致水库中污染物集中度上升。除生物毒性的威胁外，水库中疏浚物质的倾倒可能导致更严重的问题。

通过对水库的冲刷，大量的以细小颗粒为主的沉积物在短时间内可能被释放出来。在过去，这常常导致对河流较低河段生态环境的巨大影响。流量缓慢增长的自然洪水对水库的冲刷、水体中足够高的含氧量、水体中可接受的漂浮物与污染物的最大含量，以及对水库冲刷时机与鱼类生物区系发展阶段的协调有助于最小化这些负面影响。

除去细颗粒沉积物外，粗质的河沙也受到水库的阻拦。由于大坝的下游缺少细颗粒沉积物，河床可能受到侵蚀甚至出现缺口。这可能导致与河流相关的地下水位的下降，而地下水位的下降又可能造成湿地干涸及河岸植被的改变。

将一系列水电站联系在一起时（即水电站链），这种影响是十分严重的。更长的河段丧失了其水流特性，并且一座水电站的回水区域一直延伸到下一座水电站的上游。

如果水库依据自然条件设计，则有价值的植物群系与动物群系可以被创造出来。它们将不会是典型的河流群落生境；它们与静水中的生物群落更为相似（参见文献/8–14/）。

2）水电站与动力室的栅栏效应 很多水生生物都会向上游或下游迁徙，例如产卵迁移、无脊椎动物或鱼类迁移至洪水后种群数量极少的河段、为了寻找更好的食物场而迁徙。水库、大坝及动力室对于所有的动物群而言都是阻碍，有时也阻碍了植物群的迁徙和分散。在水库中，随水流被动漂浮已不再可能，仅当发洪水时生物才可能被冲过大坝和泄洪渠。

这些装置阻断了流水的联系。这导致对水体栖息地的分裂并减小其面积，同时也影响甚至阻止了繁殖迁徙、觅食迁徙、扩张性和补偿性迁徙。对于被阻碍的鱼类迁徙，可能造成如下后果：

- 特定鱼类繁殖的可能性受到限制；
- 水坝上游生物多样性降低；
- 多种鱼类种群分离加剧；
- 对遭受灾难性事件如洪水与污染的地带的重新定殖更为缓慢。

对于迁徙到其他细小支流的回游性鱼类，大坝是最大的阻碍；对小型水坝而言，自然支流或鱼梯是可行的对策。为了发挥鱼梯的全部功能，其分配和规格必须合适。由于它们在过去没有起到很好的作用，自然支流渠道越建越多，除去流量较小外，它们可以提供与径流相似的栖息地。

如果流水因为大坝或水库而失去相互的联系性，下游鱼类的迁徙也会受到影响。例如，对于生活在急流中的鱼类而言，在水库中只能通过缓慢的流速勉强为自己定向。如果深度不够，鱼类在经过溢出堰顶时可能受伤。更进一步，由于当时的水压和流量条件，鱼类在经过涡轮机时也存在危险；另外，涡轮机可能对鱼身造成机械性损伤。这可以通过在流入涡轮机之前筛网处更紧的盖子或配置相应的设备阻挡鱼进入涡轮机而得到部分预防。

3）改道河域。在引水式水电站中，水流从原河床中被引入引水渠或管道中。这可能导致以下环境影响（参见文献/8-14/、文献/8-18/）：

- 河中流量减少；
- 自然的年间或日间期间性流量变动的消失；
- 低流量时期的延长；
- 河岸区域水供应的改变；
- 河流改道区域温度状况的改变；
- 洪水时的涌浪效应与下沉效应；
- 沉积物增加；
- 水质下降；
- 动植物群落种类数量下降；
- 繁殖地减少；
- 藻类增殖。

对于生活在流水中的生物而言，流量条件尤其关键，许多物种需要特定的流量条件作为栖息地。例如，流速降低意味着溶氧量与食物供应的减少及细颗粒物的堆积，这常常导致物种构成的改变。同时，合适的流量对于运输漂浮物与细颗粒物是必需的——它们的沉积物在改道河流中的影响与在水库中的影响相似。

改道河流中的低水位还会带来夏季和冬季极端水温的风险。如果水通过强烈的阳光照射而升温，水中的溶氧量将下降。藻类的过度繁殖会导致白天水中的溶氧量过于饱和，一旦藻类死亡，会使溶氧量急剧下降。

由于流量的减少，河流中一些部分或多或少会显著干涸。这可能导致鱼类或繁殖地可利用的遮蔽物的急剧减少。如果水生栖息地的面积减少太多，会造成鱼的数量的减少及生物多样性的整体降低，或者会带来该栖息地非典型性生物结构的发展。

然而，湿润地区的减少也可能导致有价值的次级生物区的发展。例如，流沙与碎石河岸变成特化物种，如底部筑巢鸟类、特殊的甲虫、蝗虫及蜘蛛——对于这些物种而言，这种极端的生物区往往是最后的退路。

如果预先考虑生态需求并将河中流量固定，引水式水电站所造成的负面影响是有限的。除了最小流量，还有很多单独的可能性在改道河流构建一个与未改道河流区段中物种结构相似的结构，而不论其水位是否相对较低。此处，河床的形态是一个关键因素。

近来，更多的研究得出的总体结论是经过恰当的设计和与生态相适应的最小水流控制，引水式水电站对“流水”栖息地的破坏比建有大型水库的河流式水电站更小。

（3）故障。如果运行中发生故障，润滑剂可能被释放出来。如果采用的是可生物降解的润滑剂（例如基于植物油的润滑剂）、装配有合适的保护机制（例如油分离器）且润滑剂存放于可能遭受洪水的区域之外，潜在的环境破坏的风险可以最小化。更进一步，电站的电器组件可能会燃烧（例如电缆），并向环境中排放有限数量的污染物，然而，这些污染物并非水电站所特有的。通常的机械组件的机器故障不是都会对人和环境造成危害——或者说这种危险被限制于特定的小范围中。如果堤坝崩溃，会对人口及动植物产生巨大的影响。这产生了潜在的重大事故，然而，在当前意义深远的法规的管制下，其可能性很低。

（4）终止运行。实际中，水电站的组件主要由金属材料构成，并采用公认的、通常环境友好的处理方法。对现场建筑性组件（大坝、拦河闸）的拆除可能会有较多问题。然而，通常假定在超过水电站的技术寿命之后，原电站所在地仍可用于电力行业。就此而论，这点尚不重要。对于大坝的拆除，可以发展环境友好型可回收的选件。如此，则对于水电站进行环境友好型处置是可能的。

9 周围空气和浅层地热的利用

周围空气和近地表热的一个典型特征是非常低的温度水平。这类热主要是通过太阳辐射产生的（第2章）。只有少部分土壤中的热不是通过太阳产生的，而是通过地球内部的可用的潜热（即深层地热能）引起的地热能流产生的。地热能的份额一般来说随着地球表面下深度的增加成比例地增加（第2章）。此外，这种类型的能定义为地热能——与近地表的能的来源无关（即不论是由于太阳辐射和/或储存在地下深处的地热能引起，第2章）（见图9-1）。

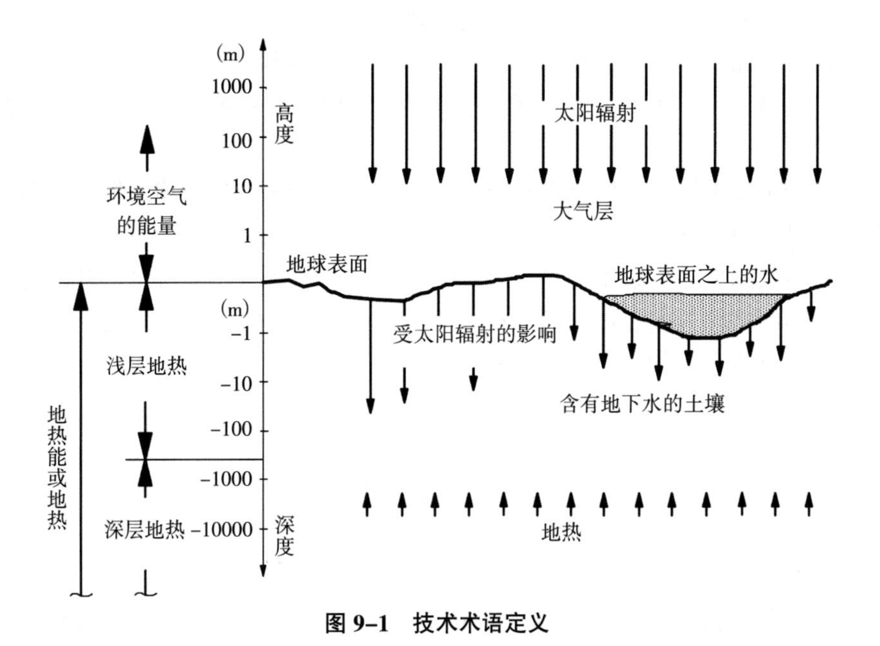

图9-1 技术术语定义

按照这些术语，一般地热能的利用，特别是浅层地热能的利用，开始于地球的表面（见图9-1），这一点已经达成一致。浅层地热能和深层地热能（见第10

章）使用的区别是随意的，最初可以追溯到瑞士制定的行政规定。根据这一规定，低于400m（深层）地热能利用系统通过承担钻井过程的风险而得到补助。由于长时间没有任何工厂在大约200m和500m深度之间运营，这一数字可以看作边界。作为浅层地热利用下限的400m值同时被其他的规范性的指南所采用（如德国VDI指南4640）。然而，为从浅层热利用到深层热开发设立这样一个精确转变界限是有问题的，因为持续的技术发展使如地热探测仪到达越来越深的深度。因此，浅层和深层地热学的界限越来越容易发生变化。

周围空气和浅层地热能可以通过许多不同的技术、方法和理念去利用。由于可利用的能正常来说在低温水平上（多数低于20℃）生产，为了使热到达技术利用（如给一个居住用建筑物供暖），一般来说需要一个增加温度的装置。这就意味着需要在系统中建造一个热泵。或者，底层土壤的问题可以通过储存额外热（如使用太阳能集热器收集的太阳能或者工业生产过程的热）提供温度。这一选择刚刚在实际中得到应用。为了利用周围空气和浅层地热，总是需要额外的外部能（如来自公共电网的电力、天然气或生物质、燃料）。

因此，通过周围空气和浅层地热的利用供应有用或最终能源的系统一般来说包括三个系统单元：

- 能够从周围空气和近地表抽取能的热源系统。
- 为了增加温度水平的热泵或另外必要的技术系统。
- 散热器，在一个更高的温度水平提供或利用热的系统。这一升温通过使用热泵获得。

前两个主要系统单元的原理和技术实现将会在下面进行描述。但是，散热系统对于供热来说是标准的系统，因此不用单独处理。此外，在描述作为低温热利用基础的热泵原理之后，不同热源系统的技术理念将会首先被讨论；其次将一起提供热泵和与之相关的总体系统的技术原理；最后从经济和环境角度分析这些系统，这也会显示它们的利用潜力和利用方式。

9.1 原　理

在真实气体过程的等焓节流（isenthalpic throttling）过程中，如果没有外部的热加入，温度一般都会下降。相反，一个真实气体或流体的等焓压缩过程中，温度会升高。这一被大众所知的焦耳—汤姆逊效应过程是基于气体分子之间的相互作用。这一工作减少了内部能，将会导致温度下降。因此，焦耳—汤姆逊效应是衡量从真实气体到理想气体偏离度的一种方法。

没有辅助设置，只有从高温到低温的热流是可能的。为了使周围空气和浅层地热可以利用，热流的方向必须要反转。在较低的温度下（即周围环境下）吸收热，在较高的温度下（如对于散热器，为生活用热水）释放热。为了使这样一个从低温向高温的“热抽取”过程可行，需要合适的设备和额外高品质的能（如电力）。

冷却物质（制冷剂）的循环通过蒸发和冷凝（冷蒸汽过程）在热的吸收和释放期间保持温度几乎恒定。在低压的一段，热通过制冷剂的蒸发（即来自周围空气和/或近地表的能）在一个固定的低温下被吸收。热从冷热源流向更加冷的制冷剂。随后，通过压缩机给蒸发的制冷剂加压。这将通过焦耳—汤姆逊效应引起温度升高，以及近似等熵和等焓压缩。在更高的温度和压力水平，热能够在冷凝器中释放给需要加热的热源。热又一次从高向稍低温度流动。在真实的热泵过程中，制冷剂在冷凝器中冷凝，有时候会稍微过冷。然后，首先通过节流阀等焓膨胀，因此通过焦耳—汤姆逊效应冷却。然后，蒸发过程重新开始。

图 9–2 显示了一个压缩热泵两种形式的热力学循环。在右边的 lg p–h 图（压力—焓图）更清楚一些，由于两种压力在这里清晰可见。假定是一个恒定的循环过程，在单个系统部件的内部能不会改变。因此，循环过程中每一部分热流 $\dot{Q}$ 是由质流和循环过程那部分焓差 Δh 产生。因此，单个部分过程的热流可以通过作为截面 lg p–h 图（x 轴是焓）来查看（见等式（9–1））。

$$\dot{Q}=\dot{m}\Delta h=\dot{m}T\Delta s \tag{9–1}$$

在图 9–2 左边的 T–s 图（温度—熵图）中，明显在压缩机的出口的温度显著高于随后的冷凝期间。散热器的一部分可能处于比冷凝温度高很多的温度水平。通过利用冷凝和蒸发，热的大部分能够在一个固定的温度下充或放，这对大部分热源和冷源（散热器）是一个优势。热容必须从 T–s 图的曲线（$T\Delta s$）（见等式

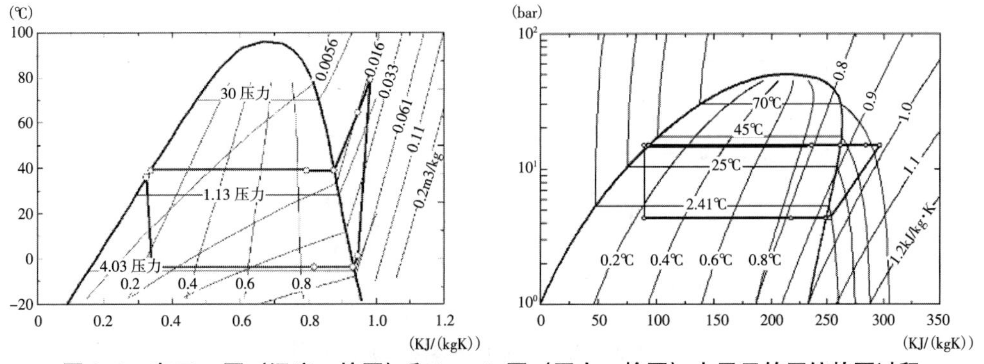

图 9–2　在 T–s 图（温度—熵图）和 lg p–h 图（压力—焓图）中显示的压缩热泵过程

(9-1)）下面积读出。

（1）热泵原理。热泵是一个“在一个特定的温度下（冷边）吸收热病，通过加入驱动功在一个较高的温度水平下又释放热的装置”（参见文献/9-1/）。因此，热泵在一个低温度水平下（如周围空气）提取热能。包括驱动功转化的热吸收的热能然后在一个较高的温度水平上作为可利用的热能供应。

根据热泵的功能，热泵能够用机械能或热形式的驱动能充热。相应地，根据产生驱动的原理，可以区分为压缩式（compression）热泵和吸式（sorption）热泵。此外，吸式热泵分为吸收（absorption）和吸附（adsorption）系统，迄今为止后者在这里分析的应用中很少用到。除吸附系统外，各自的基本功能原理下面将进行更加详细的说明。对于压缩热泵，假定为冷蒸汽过程。

1）压缩式热泵。在压缩热泵中，蒸汽循环在一个密封的回路中产生，主要包括蒸发、压缩、冷凝和膨胀四个步骤。因此该系统包括：

- 一个蒸发器。
- 一个带有驱动的压缩机。
- 一个液化器（冷凝器）。
- 一个膨胀阀（见图 9-3）。

除了运行所必需的控制部件，其他的系统部件和辅助装置如阀门、压力计、安全装置和其他控制工具也需要。

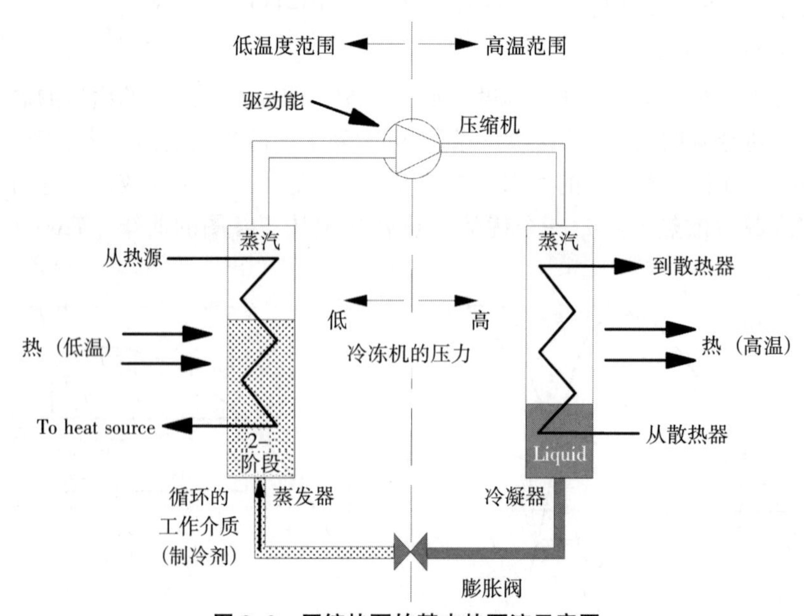

图 9-3　压缩热泵的基本热泵流示意图

压缩机通过电动机或内燃机进行机械驱动。内燃机驱动将发动机冷却产生热和供热过程连接了起来。

在热泵回路中，循环的工作介质在低压和低温（甚至低于0℃）下通过加热在蒸发器内蒸发。在直接蒸发的情形下，由周围空气和浅层热能产生的热经由一个热载体中间回路变得可以利用。在从热源提取能后，气化工作介质被压缩机吸取并压缩。在这一过程中，它的温度上升到比热利用系统（即居住建筑物的低温供热系统）的流更高。然而在高压力下，工作介质在冷凝器中液化，释放热给热利用系统。随后，它经由膨胀阀流到低温区域。这样又一个循环开始了。蒸发器和冷凝器作为换热器是连接热泵和系统其余部分的界面。

2）吸式热泵。作为吸式热泵的重要代表的吸收式热泵包括一个蒸发器、一个解吸器和冷凝器。在运行时需要两个膨胀阀和一个溶剂泵。在压缩式热泵中使用一个机械压缩机，而在吸收式热泵中使用一个“热压缩机”。这种“热压缩机”主要需要热能驱动（解吸器）。这种热驱动能可以由如气体或油的燃烧或使用（工业）余热提供。近年来，已经开始尝试用太阳能集热器提供或至少提供部分驱动热能。

一种两个成分的混合物（称为工作配对物质（working pairs））在吸收式热泵的溶剂回路中循环。一种成分（工作介质）在第二种成分（溶剂）中是高度可溶的。经典的配对物质组合是水/溴化锂和氨/水。第一种物质总是工作介质，而第二种物质是溶剂。

吸收式热泵的冷凝器、膨胀阀和蒸发器内的过程和压缩式热泵是相同的。相反，压缩过程开始于有不同压力水平的两个重叠的回路（见图9-4）。

溶剂泵使两种压力水平能够连接。它需要的驱动能比压缩式热泵少得多，因为液体介质被推上高压力水平需要的能量要比气体介质少。

在吸热器内，来自蒸发器的工作介质（水（H_2O）/溴化锂（LiBr）和氨（NH_3）/水（H_2O））被浓缩溶剂所吸收。在这一过程中释放热。稀释的溶液然后通过溶剂泵增加压力抽取到解吸器内，在解吸器内工作介质通过加热（驱动能）又从溶剂中脱离，然后到达冷凝器（液化器）。在一个冷凝过程中释放热。现在工作介质和在压缩式热泵中一样经历了同样的膨胀阀和蒸发器环节。然后又以气体形式到达吸热器内，同时，为了重新吸收工作介质，还原的溶剂又通过一个节流装置从解吸器中被直接运输到吸热器里。这样，在吸热器和冷凝器内生产可以利用的热。

进入热泵回路之后的工作介质的纯度对于热泵的运行效率很重要。它取决于工作配对物质（working pairs）之间的沸点温度差。如果使用的是盐和流体（如水/溴化锂），两者之间沸点温度很大，可以获得非常高纯度的工作介质水；如果

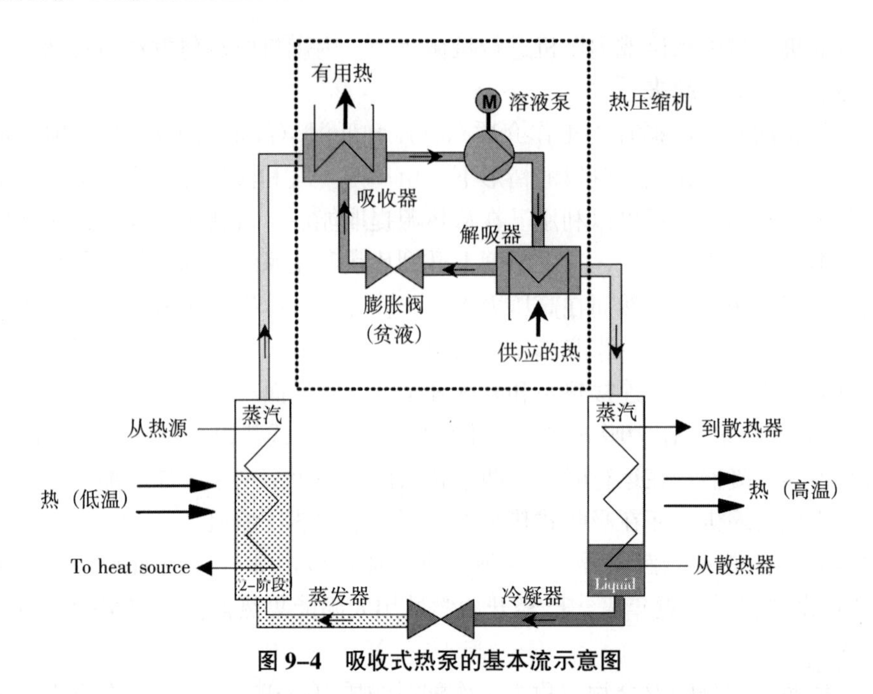

图 9-4 吸收式热泵的基本流示意图

使用氨和水，由于氨的沸点较低而起工作介质的作用。尽管两者的沸点有一个小的差异，为了确保工作介质的高纯度，需要添加额外的成分。

总之，吸收式热泵也在低温水平下（如周围空气或浅层地热）在蒸发器中吸收热。必须要在解吸器和溶剂泵中使用驱动能。吸热器的驱动能主要以热形式输入（即“热压缩机”）。驱动溶剂泵的抽取和给富液溶剂的增压的能量输入比较低。

（2）参数。根据热力学第一定律，压缩式热泵的能量平衡等式见式（9-2）。$\dot{Q}_{Evap}$ 表示对蒸发器的热流，P_{Drive} 表示压缩机的驱动能，$\dot{Q}_{Cond}$ 表示通过冷凝器释放的热流。

$$\dot{Q}_{Evap.} + P_{Drive} = \dot{Q}_{Cond} \tag{9-2}$$

热泵的效率通过和其他仪器的效率或利用系数相似的参数予以量化。效率或者利用率的参数通常以“产出”和“投入”的比例定义。因此，它总是小于 1。

这一定义提出了热泵给蒸发器供热的“投入”水平的问题。在这里这可以从近地表和周围空气获得投入，没有在其他方面大量利用，但现在通过热泵使用的热量就是“投入”。因此，当计算能量参数时不考虑它们，这和只使用化石燃料的系统的通常做法一样。

所以，所得的参数可能会高于 1，因为不是通过热泵利用的全部能力被平衡（可以和“效率”或“利用系数”比较）。因为这一原因，定义特殊的参数描述热泵的效率或利用率［即能效参数（COP）、（季节）能效系数（SPF）和供热率］。此外，由于 COP 和效能系数的值互为倒数，投入率或年投入率得到分析（见表 9–1）。由于一些术语只在德语国家使用，德语术语也在括号中给出。只有在英语地区使用的两个参数在表 9–1 中被定义。下面将更加详细地解释主要参数。

表 9–1 热泵的参数

	符号	计算	备注
能效比（efficiency rate）（leistungszahl）	ε	供热量/电力驱动能	只用于特定运行条件，是电力驱动压缩机热泵的特征
功率（work rate）（arbeitszahl）	β	供热功/电力驱动功	也有年功率（βa），是电力驱动压缩机热泵的特征
热效率（heat rate）（heizzahl）	ζ	供热量/最终能源载体的能含量	只是用于吸收式内燃机驱动热泵的特定运行条件
年热效率（annual heat rate）（jahresheizzahl）	ζ_a	供热功/最终能源载体投入的能含量	只用于吸收式内燃机驱动热泵
输入率（input rate）（aufwandszahl）		驱动能/供热量	可以代替能效比（如 VDI4650）
年投入率（annual input rate）（jahresaufwandszahl）		驱动能/供热功	可以替代功率（如 VDI4650）
能效系数（coefficient of perfor–mance）	COP	供热量/能量投入	英语地区，能效比 ε 和热效率 ζ 的结合
季节能效系数（seasonal perfor–mance factor ）	SPF	供热功/功投入	英语地区，年工作效率和年热效率的结合

注：德语国家定义的德语名称在汉语名称下面括号内，英语名称在右边括号。

1）能效参数（COP）。电力驱动的热泵的 COP 定义为特定的热源和散热器温度下冷凝器内释放的可利用热流和压缩机的电力驱动能的比值。因此，它可以和传统的供热系统的效率比较。它取决于系统的运行条件。在这里，只有用于驱动热泵的能量被认为是“能量投入”（如用于驱动电力热泵的电能）。ε 表示效率，$\dot{Q}_{Evap}$ 表示对蒸发器的热流，P_{Drive} 表示压缩机的驱动能，$\dot{Q}_{Cond}$ 表示冷凝器释放的热流。

$$\varepsilon = \frac{\dot{Q}_{Cond.}}{P_{Drive}} = \frac{\dot{Q}_{Evap.} + P_{Drive}}{P_{Drive}} = I + \frac{\dot{Q}_{Evap.}}{P_{Drive}} \tag{9–3}$$

热源和供热系统（即热利用系统）之间的温度差对于能效比有很大的影响。此外，制冷剂和热泵的设计对能效比有一定影响。随着热源和热利用系统之间温差的增加，热泵的能效比下降。这一点也可以从图 9–2 的 lg p–h 图中得出。如果蒸发器和冷凝器之间的温差增加，在这两个点之间的压力差同时增加。因此，压缩机必须要克服较高的压力比，从而要贡献更多的焓或比热输入。然而，如果压力增加，冷凝器内的焓差几乎保持不变。为了获得一个较高的 COP，热源的温度应该尽可能高，热利用系统中流速尽可能低。

2）功率（work rate）。经过较长一段时间的电动热泵效率用功率来描述，这里是释放的有用热和驱动功投入相比。除了压缩机的驱动功，也考虑属于热泵（例如泵）的辅助部件的能量消耗和非稳定运行的损失。这使描述一个确定时间期间的系统效率成为可能（如用一年期间的年功率或季节能效系数（SPF））。然而，COP 在假设的运行条件（温度）下决定，这些条件通过供热系统内实际运行确定。因此，功率（大多数情况下使用年功率或季节能效系数）描述热泵系统的效率更加有意义。

3）热效率（heat rate）。对于吸收式热泵和使用气体、丙烷或柴油的内燃机作为驱动能的热泵，用热效率代替能效比，用年热效率或 SPF 代替年功率。对于后者，是一段确定时期（大部分一年）可以利用的能和化石能源载体的能含量相比。

考虑到电力生产和配送的主要能效率，电动热泵的年功率可以和年热效率相比较。对于英语国家，供热率和年供热率用 COP 和 SPF 定义。

9.2 技术说明

使用周围空气和浅层地热作为热源的系统由两个主要部件组成：热源系统和热泵。这里不考虑和分析与许多普通能源供应系统相似的建筑物内的热配送系统（如散热器）。但该系统的单个系统单元将和它们组成的整体系统在下面进行描述和讨论。

9.2.1 利用周围空气利用热源系统

空气作为热源一般来说几乎在任何地方都可以获得。它可以在非常不同的温度水平上提供大范围的所需热。为了得到最优设计，需要考虑周围温度的季节性变化和日变化情况，如果可能，能够通过冷凝供应潜热的潮湿度的季节性和日变化情况也是需要考虑的。然而，热源“周围空气”的利用引起一些特定的问题（参见文献/9-2/）。

• 低密度（水密度和空气密度之比为 1000，即水的密度是空气密度的 1000 倍）和低 4 倍的比热容。这就需要大的体积排量，从而需要大型设备。如果空间太小，就会产生声学问题。此外，对于风扇来说需要一个适合的辅助系统。

• 供热季节强烈的温度波动。大部分国家如欧洲，很低和很高的温度出现得非常少，环境温度可能的平均范围在-3℃~11℃，这就相应需要高的设备投入。

• 在给建筑物供暖作为主要利用形式的情形下，受环境温度影响的热泵供热能力和建筑物的供暖需要之间的较大差异就会产生额外的问题。环境温度越低，房屋的供暖要求越高。同时，热源和散热器（由于房屋供暖需求较高，热利用系统的入口温度也高）之间的温度差异增加。高的温度差导致更低的供暖能力和更低的热泵 COP（见图 9-5）。

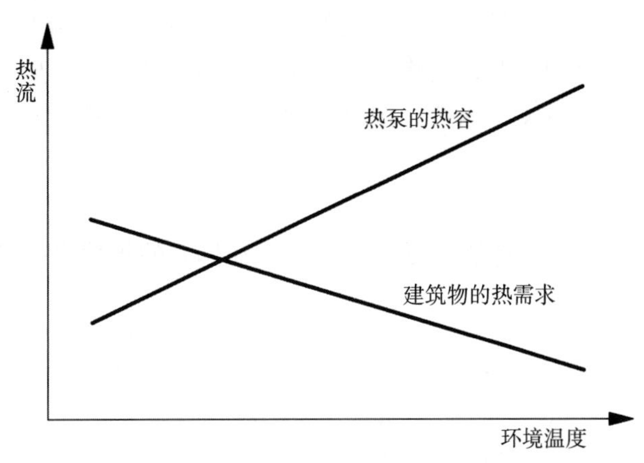

图 9-5 为环境空气使用的热泵的供热能力和一个建筑物供热需求之间的差异

资料来源：文献/9-2/。

从周围空气抽取热有不同的方式，最常用的方式是周围空气直接围绕抽取热的热泵蒸发器流动。一般来说，蒸发器建成一个翅片管换热器，有几束带翅片管子在空气一边平行运行，制冷剂从中流过。热泵蒸发器的空气流动效率应该在热源容量（蒸发器容量）的 300~500m²/KW。为了阻止风扇产生太大的噪声和使用过量的电力，空气流经换热器的速度应该在 2m/s，风扇作为热泵的整体的一部分对于热泵 COP 有负效应（参见文献/9-3/）。如果换热器表面的空气冷却到 0℃，湿气就会冷凝并作为霜附着在蒸发器壁上，这也可以发生在空气进入温度低于 6℃时。为了防止蒸发器“被堵塞”，在这样的运行条件下，蒸发器必须要不定期进行除霜处理。相关的停滞时间导致供热能力损失，从而使 SPF 下降。

如果不是用风扇，蒸发器被称为“静音蒸发器”。周围空气只是通过对流运动。这将导致一个较低的传输系数。由于更低水平的空气侧热传输，这种“静音蒸发器”需要更大的表面。但是优点在于它们是在完全静音状态下运行。为了实现这种形式的蒸发器，由于大的建筑体积，能否接受这种蒸发器可能必须要抗争。给静音蒸发器除霜也是一个问题。

一般来说，有三种利用周围空气作为热源的利用形式。

• 室外安装。图 9–6 的左图显示了带有热泵周围空气利用的这种形式。相应地，热泵完全安装在户外。热通过绝热良好的管道传输进房屋。安装热泵在室外的一般好处是尽可能地降低了室内的噪声。此外，这种安装方式只在建筑物内需要较小的面积。然而，为了避免冻结必须要确保供热管道不能低于 0℃。

• 分离安装。防止供热管道冻结的一种可能的途径是分离安装。这里热泵的蒸发器安装在室外（优点是最小化建筑物的噪声），而将热泵安装在室内（见图 9–6 右）。热泵的两部分通过制冷剂管连接。和室外安装相比，这种形式的安装需要室内更多的空间。但是，室内安装的热泵部分可以挂在墙上，从而节省了空间。分离安装也可以用于旧建筑物，因为不要大型安装工作。所有需要的是打透墙铺埋制冷剂管道。蒸发器内空气湿气的冷凝物必须要以防止结冰，在蒸发器下方排出。

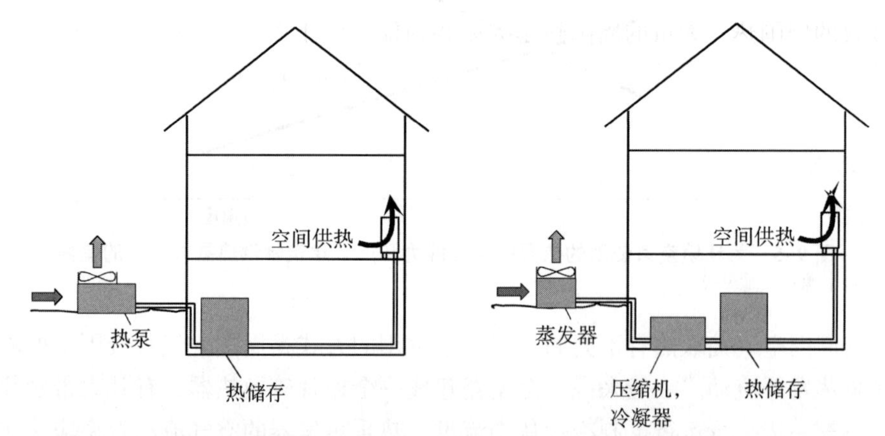

图 9–6 为环境空气使用的热泵的供热能力和一个建筑物供热需求之间的差异

资料来源：文献/9–2/。

• 室内安装。另外一种形式的安装是将热泵完全集成到建筑物内（见图 9–7）。在这种情形下，周围空气必须通过具有良好抗热和抗噪声的空气导管运输到热泵。冷却的空气然后必须要重新排出。入气口和排气口必须要以避免冷却的废气和输入空气之间“捷径”的方式建造。

集成有蒸发器管的平板吸热器综合了周围空气和太阳辐射的利用。在平板吸热器的情形下，由于进入制冷剂回路的油的重新循环是不能保证的，通常在吸热器和蒸发器之间安装一个盐水回路。由于平板吸热器使用散射和直射太阳辐射，

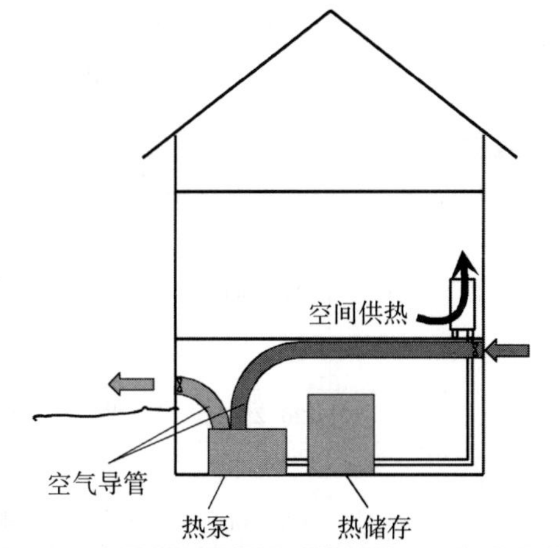

图 9-7　使用周围空气作为热的热泵（室内安装）

位置和方向很重要。此外，必须要有一种释放吸热器创造的冷凝物的途径。

属于平板吸热器组的一种特殊形式的周围换热器是固体吸热器。这种类型吸热器的换热器管是嵌入在固体混凝土构件里面，从而利用通过外部混凝土表面间接吸收的周围热。大量的周围热是太阳辐射能。由于大的构件体，固体吸热器能够储存大量热，从而在很大程度上补偿周围空气和太阳辐射的波动。正常来说，固体吸热器作为房屋的构件也具有一些类似功能。例如，庄园的墙、防噪声墙、建筑物的外墙或混凝土车库能够作为固体吸热器建造。

9.2.2　浅层地热能利用的热源系统

使用近地表层的热源一般利用储藏在地下［即土壤或岩石及它们的空隙充填物（大部分是地下水）］的热。主要根据从次土壤层热的抽取方式或释放给次土壤层热方式的不同，可以分为两种变体（见表 9-2）。

表 9-2　浅层能源利用的不同种类

	深度	热载体	备注
封闭系统			
地热源集热器（水平）	1.2~2.0m	卤水[a]	受气候影响，大表面
直接蒸发器（水平）	1.2~2.0m	热泵工作介质	铜材料，有时电镀
地热源探测器—打桩驱动（垂直或者斜对角）	5~30m	卤水[a]	钢材料，有时合成材料，只有在松散岩石中
钻孔（垂直）	25~250m	卤水[a]	HDPE[b] 材料，理想的是在坚石中

续表

	深度	热载体	备注
热传送极（“能量极”）；水平或垂直	5~30m	水，也有可能是卤水[a]	如果没有可能结霜温度，静态运行很重要
开放系统			
地下水井［双口（doublet）］	4~100m	水	至少两个井（生产和注入井），地下水泵
其他系统			
同轴井（垂直）	120~250m	水	高度钻孔成本，过载不可能
矿井水/隧道水		水	可能只限于特定地区
空气预热/冷却（垂直）	1.2~2.0m	空气	地下管道吸入空气

注：深度值是典型的平均值；a 表示防冻混合物（过去是盐，现在是某种类型的乙醇或乙二醇），b 表示高密度聚乙烯。

• 封闭系统。一个或多个换热器，或水平或垂直地安装在地下。热传送介质（或热载体，如水，多数情况下带有抗凝固剂或制冷剂）以一个封闭的回路流经它。这一过程从次土壤层（即土壤或岩石基体及空隙充填物）抽取热（或者夏天空间冷却给次土壤层充热）。热载体和次土壤层的热传输通过热传导进行。热载体不直接接触土壤或岩基及它们的空隙充填物。因此，这种类型的系统从理论上来说几乎在每一个地方都可以使用。

• 开放系统。当利用地下水时，水直接通过井从含水地层（蓄水层）抽取。因此，地下水自身就是一个热载体。它随后冷却下来（或者为了夏天空间冷却加热），并通过注入井重新输送到同一蓄水层。在次土壤层，热传送在地下水和土壤或者岩基之间发生。地下水作为热载体没有在一个确定的回路中循环，此外，它直接和蓄水层接触。因此，这些系统被称为开放系统（见表 9-2）。这一系统的必备条件是在次土壤层有合适含水地层。

• 其他系统。还有一些不是恰好满足上面分类的系统；还有一些没有完全从地下水封闭的系统；也有利用来自人工挖空的地下空间的水的系统空气预热的系统。空气预热系统的热载体和地下封闭，但随着持续吸入新空气，热载体不循环。

这些利用近地表能的不同热源系统在下面进行描述。

（1）封闭系统。封闭系统的地热源换热器可以区分为水平安装的换热器和垂直安装的换热器。此外，有一些形式不能明确地归类（即土壤接触组件），一般不主要用于能源生产（即双利用）。

1）水平安装的地源换热器。在欧洲常见两种形式的水平地源换热器（也称为地源热吸热器）以管寄存器（tube registers）的形式在图 9-8 中显示。在直接蒸发系统中的（电镀）金属管和有卤水介质循环系统中的主塑管被沉入地下结冻线（一般低于地表 1.0~1.5m）以下大约 0.5m 的深度。单个管之间的距离应该在 0.5~1.0m。为了避免危险，它们应该埋入一层砂中。

根据当前的绝热规则，为了能够在更长的寒冷期间从地下获取足够的热，建筑物的利用表面应该是被加热空间的 1.5~2.0 倍。对于低能源标准的房屋，空间可以更小一些。依据地层的质量，获得热的能力在 10~40W/m^2（见表 9-3）变动。这使在供热期间每平方米地层能够获得大约 360MJ 的热生产能力。

图 9-8 显示的沟渠集热器（trench collector）的安装方式也可以明显地减少所需要的空间。根据这一理念，热传送管道安装在沟渠的侧壁上，沟渠深大约为 2.5m，宽为 3.0m。需要的沟渠长度取决于土壤的质量和热泵的供热能力。每 kW 供热能力 2m 的特定沟渠长度可以作为一个指导值（参见文献/9-5/）。

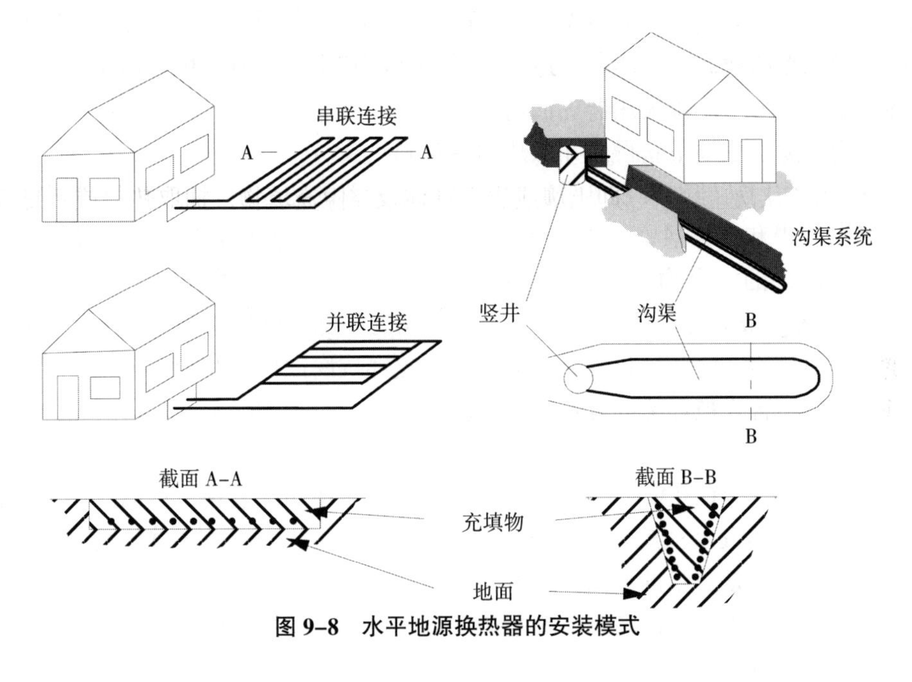

图 9-8　水平地源换热器的安装模式

表 9-3　从土壤中获取热能力的平均值（见 VDI4640，表 9-2）

土壤类型	获取热的能力
干砂土	10~15W/m^2
潮湿砂土	15~20W/m^2
干壤土	20~25W/m^2
潮湿壤土	25~30W/m^2
水饱和砂/砾石	30~40W/m^2

另外一种减少所需空间的方式是按螺旋式安装管道。有两种可能的螺旋状集热器的设计，主要建造在北美地区。这种集热器的根本缺点是会产生通风问题。

• 对于细长（slinky）或壕底渠（cunette）集热器，一卷从市场上可以得到的塑料管铺在一个宽的壕沟底面上，并以缠绕重叠的方式伸展到边上（垂直于旋转轴）。随后，壕沟被重新填上。这样一个集热器也可以垂直下沉进入一个小的槽模（slot-die）壕沟中。

• 对于 Svec 式的集热器（参见文献/9-7/），塑料管在生产期间弯曲成一卷。当下埋入一个准备好的壕沟时，管道因此可以伸展并像一个螺旋管一样固定（垂直于旋转轴）。随后，壕沟又被重新填上。

对于所有这些更加简约的地源集热器，如果它们只是出于供热目的，在夏天期间具有需要的热量回收不会产生的危险，原因是周围土壤和地球表面的边界标记范围相对于可获得量来说比较小。因此，这样一个设置更适合于能量的储存，同时，简约型的地源热集热器最适合于供热和冷却系统。对于单独出于供热目的的热泵来说，平面热源集热器更加适合。

有两种途径从地下获得热并从热源传送到热泵。

• 通过使用从地下吸收热泵释放给热泵蒸发器的热介质（“卤水”）的中间回路，可以获得和运输热能。在德国，一丙醇（monopropyleneglycol）和水（部分也有乙二醇）的混合物已经证明是最有效的，25%的乙二醇含量在温度大约为-10℃时防冻，38%的乙二醇含量在大约-20℃时防冻。外径达到 40mm 的塑料管用于地源换热器。这些材料具有足够的抗老化和抗腐蚀性，在给定温度下化学性能稳定。个体管线被焊接或者钉在一起。

• 通过所称的“直接蒸发”也可以实现热的获取和运输。在这种情形下，热泵的工作介质直接在热源换热器的管道中循环。它在那里蒸发，从而从地下获得热能。热泵的蒸发器被沉入到地下。一般来说，使用抗腐蚀的塑料涂层的铜管。直接蒸发的优点是少量的设备投入和热泵可以获得更高的 SPF。然而，从冷却的角度考虑，它需要一个精确调节的系统设计。此外，工作介质的充填量比中间回路的系统大得多。

2）垂直安装的地源换热器。封闭系统的垂直地源换热器和水平热传送介质相比需要的空间小很多。它们正常用于狭窄的空间或供热系统的改造，因为在安装过程中只需要很小的庭院空间。

地表探测器垂直进入，钻孔深度直到和超过 250m。主要的布置图见图 9-9。土壤和探测器之间良好的热传输必须要保证。这可以通过注入胶质水泥或有石英砂的额外充填物达到这一目的。

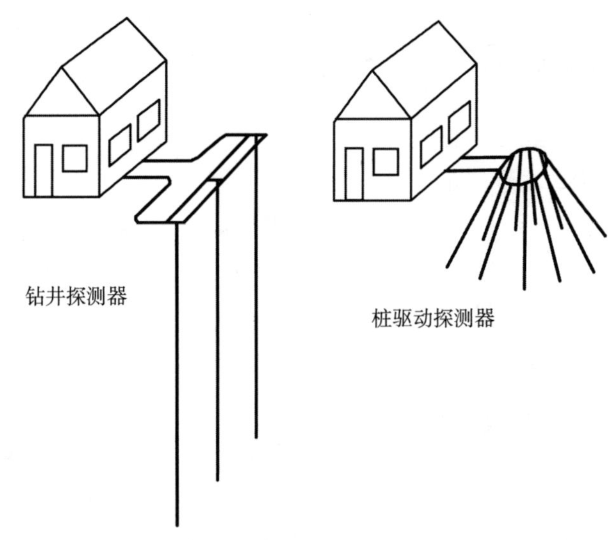

图 9–9 垂直钻入和打桩驱动的地源换热器的不同布置图

资料来源：文献/9–4/。

通过使用打桩驱动的钢探测器和用小型机械钻孔（达到大约 30m 的深度），可以获得如图 9–9 右边的布置图。桩的驱动和钻头安装在能够使它们旋转的位置。它们可以使地下探测器下沉而不用重新定位。对于打桩来说，大多数是用金属同轴探测器。如果不是用不锈钢，必须要应用阴极防腐蚀技术。使用合适的辅助机械装置，将塑料管的 U 型吊索直接埋入松散土壤的其他一些工序已经被开发。

最常见的地下探测器布置图的截面见图 9–10。单个探测器或者双 U 型管探测器包括底端相连的两个或四个管使热载体从一个管流下，从另外一个管向上流。在同轴的基本形式中，从土壤中热的获取只发生在一个流截面上（向上或向下取决于系统）。

地下探测器的材料主要是高密度聚乙烯（HDPE）（如根据 DIN8074 或 DIN8075 的 PE80 或 PE100）。对于探测深度为 100m、尺寸为 60m（长度）和 32mm × 2.9mm 的探测器，典型的管大小为 25mm × 2.3mm。对于同轴地下探测器，也使用成本较高的塑料涂层的高等级钢或铜管。一般来说，通过选择合适的材料必须使由于地下探测器腐蚀产生的泄漏危险尽可能的低。

像水平地源换热器一样，对于地下探测器也存在因空间不足和相应的过度热量的抽取造成土壤过于冷却的危险。这将导致热载体较低的温度，从而降低了热泵的 COP。和安装在深度 1.0m 和 1.5m 的水平换热器相比，更深地层在夏天不能完全恢复，必须要提供人工供热（如通过太阳能集热器或来自工业余热）。

使用该表的要求如下：只发生热的抽取（供热包括热水）；单个地下探测器

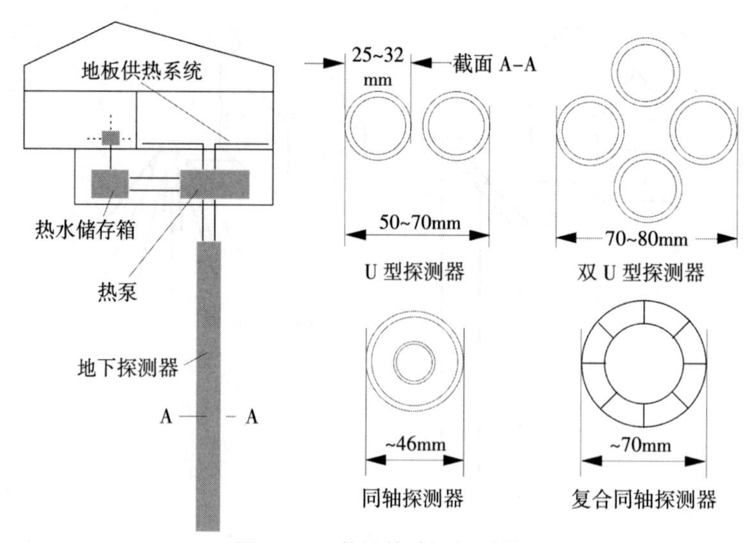

图 9-10　普通的地下探测器

资料来源：文献/9-4/。

表 9-4　小型系统满负荷运转下不同利用小时的地下探测器的具体的热抽取能力

	1800 小时/年	2400 小时/年
一般的指南		
不良的底土（干而松散的岩石）	25W/m	20W/m
坚硬岩石底土，水饱和达到松散岩石	60W/m	50W/m
有高导热性的坚硬岩石	84W/m	70W/m
单个土壤		
砾石，砂，干燥	<25W/m	<20W/m
砾石，砂，有水	65~80W/m	55~65W/m
砾石，砂，强地下水流，对小型系统	80~100W/m	80~100W/m
黏土，壤土，潮湿的	35~50W/m	30~40W/m
石灰岩（固体）	55~70W/m	45~60W/m
砂岩	65~80W/m	55~65W/m
酸性岩浆岩（如花岗岩）	65~85W/m	55~70W/m
碱性岩浆岩（如玄武岩）	40~65W/m	35~55W/m
片麻岩	70~85W/m	60~70W/m

的长度在 40~100m；对于长度为 40~50m 的地下探测器或长度超过 50~100m 的地下探测器至少 6m，两个地下探测器之间的最小距离是 5m。合适的地下探测器是

单个管直径 25mm 或 32mm 的双 U 型探头，或直径至少为 60mm 的同轴探头。上面给出的值依赖于诸如裂缝、叶理、风化等岩石特性会有很大变化。

表 9-4 显示了小型系统和不同类型土壤一个可能热抽取的指南。为了保持长期的平衡状态，年抽取的热量 180~650MJ/(ma) 的量必须不能超过，通过太阳能渗入地面和地热能向上流动来进行独有的恢复，这取决于单个的底土条件(参见文献/9-4/)。

显示的值只给出了非常粗略的指南。如果底土条件已知，更加精确的具体热抽取能量的值可以计算出来（见图 9-11）。对于更大的地下探测器系统，为了确定地下探测器的数量和长度，对于系统设计来说只有通过计算可以得到。这些计算可以通过已有的计算机程序进行。对于难度较大的情形，需要采用数量模型进行模拟，特别是在考虑流动地下水影响的情况下。为了对这类计算获得可靠的输入参数，已经开发了热响应测试（thermal response test）。它可以进行现场地热底土参数的确定。

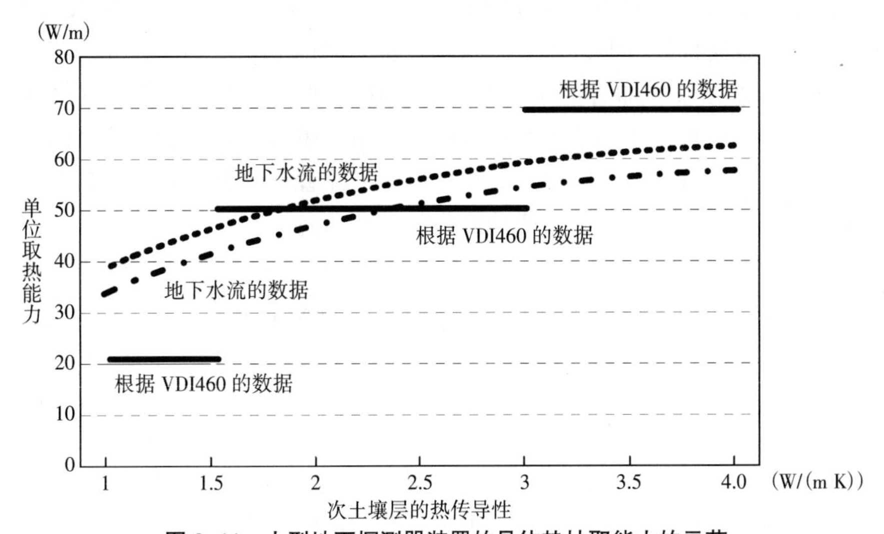

图 9-11 小型地下探测器装置的具体热抽取能力的示范

注：计算基础是独立家庭房屋需要 10kW 的供热，基于两个地下探测器和每年 1800 小时的满负荷，不包括热水。

资料来源：文献/9-2/。

通过钻孔方式埋地下探测器的方法与期望的地层和可用的空间都有关系（参见文献/9-4/）。

- 在松散岩石中钻孔可用中空钻杆打出。钻孔材料被运走和/或转移。
- 当用喷射（jetting）的方法钻孔时，它也可以用于松散岩石；钻孔流体持续带着钻孔材料从钻孔的最深点通过环形截面流出。此外，泵入钻孔的流体也使钻孔壁稳固，并维持和钻孔一样的直径。它也冷却和润滑钻孔工具，并利用和周围土壤反方向的钻孔中的过压造成的滤渣将钻孔和地下水完全隔离。为了达到喷射目的，通常使用水，有时候加入特性添加物质（如膨润土；也见 DVGW 指南 W115 和 W116）；这会在采用的描述特性中支持喷射并使之更好地完成任务。

• 钻孔锤方法已经被广泛地接受。对于喷射，利用空气驱动钻孔锤并以 15~20m/s 的上升速度运输地上的钻粉。根据钻孔锤，需要大于 10bar 的空气压力和超过 $10m^3/s$ 的空气体积（参见文献/9-4/）。如果必要，给空气中加入发泡剂改进钻粉的运输，并避免钻孔中碎石。

在将地下探测器埋入钻孔中之后，为了保证土壤和钻头之间良好的热传输，必须要将钻孔重新填上。充填物是膨润土水泥悬液。

也已经有一些采用直接蒸发的方法、使用热载体循环的方法的尝试。1990 年前后，这些系统在奥地利和美国建成。不同的问题会产生，如随着压缩机油和大量充填物的回流，从而导致破坏臭氧层的工作介质的大量使用。这些问题阻止了这一开发。最近，直接蒸发被重新讨论。今天，氨作为一种工作介质被使用。在靠近德国德累斯顿的科斯维希（Coswig）建有一座试验工厂。

地下探测器领域更加有前景的新发展是作为热管道的设计及二氧化碳的使用。因此，使用被水损坏的防冻剂可以避免。由于热管的运行能够节约循环泵中的能量，通过将热管和冷却剂回路相分离可以避免直接蒸发的缺点。具有这种热管的地源热泵已经在上奥地利州成功运行。

3）接触土壤的部件（能量桩，槽模壁（slot-die walls））。垂直地源换热器的另外一种变化是热传输桩，所谓的"能量桩"（energy piles）（参见文献/9-8/、文献/9-9/）。它们是为了打建筑物的基础用于不好底层的基础桩。这些桩配有热传输管，并允许在桩柱必须使用地方以较低的额外成本进行地源换热器的安装。

能量桩根本上可以和众所周知的土工结构桩基础方法联合起来。到目前为止，全截面由钢筋混凝土制作的现场浇注的桩（钻孔桩）和预制桩（夯扩桩），以及空心桩和钢桩已经被使用。每一种桩具有特定的优点和缺点。现浇桩是非常灵活的，但是从技术和经济的角度来说只能从最小直径大约 600mm 开始使用。它们的生产成本很高并需要许多照顾。预制桩易于在工厂生产，然而，在预制的过程中必须要提供对于管道连接的保护。热传送管只能附加到预制桩的长度。对于空心桩，热传送管可以在后来阶段添加到桩的空心中去，允许使用整个桩的长度，然而，它们缩短了管的可用直径。

除了基础桩，其他的混凝土部件可以用作地下的换热器（如槽模或桩壁制成的基础壕沟的覆盖层），因为这些固件一般在建筑物建成之后不再需要用于静态目标。承重墙、地下室墙或地基板也可以用作换热器。在这些情形下，对于铺设在楼板下面的多种能量桩系统来说，和室内良好的绝热是同等必要的，这将能使从底土有效地抽取热能，并防止地下室变冷或者潮湿。

（2）开放系统。近地表能源利用的开发系统是地下水井。下面对它们进行讨论。

由于地下水温度相对固定在 9℃~10℃，所以非常适于做热泵的热源。限制是这种可用热源的缺乏。富含质量合适的地下水而且不太深的地层（含水层）不是在每一个地方都可以得到。进一步的限制可能是由区域水立法引起的。

地下水利用的热源系统由提供一个地下水的生产井和将冷却的水重新注入地下水层的注入井组成（双井）。为了避免热水力学的短路（shortcut），抽取和注入井之间必须要有一个合适的距离。抽取井也不应该在注入井的冷地带，否则会降低热泵系统的效率。

井的容量需要保证在连接的热泵额定流量下的持续抽取，这相当于 0.2~0.3m³/h 每蒸发器容量千瓦。深井的容量取决于当地的地质条件。重新充入到注入井的地下水的温度变化不应该超过±6K。抽取的数量和最低重充温度应该符合各自的规定。

图 9–12 显示了一个典型的地下水利用的热泵系统的建设。常见的井深在 4~10m（参见文献/9–1/、文献/9–3/），在更大的系统中可以再深一些（向热液能源利用的转换这里是流体，见第 10 章）。砾石垫层上面的粘土坝（clay barrage）控制空气和重力水返回。井钻孔和过滤管之间的砾石垫层厚度应该在 50~70mm。抽取井中尾水泵的吸管、进口，以及注入井中的落水管必须要一直在每一运行状

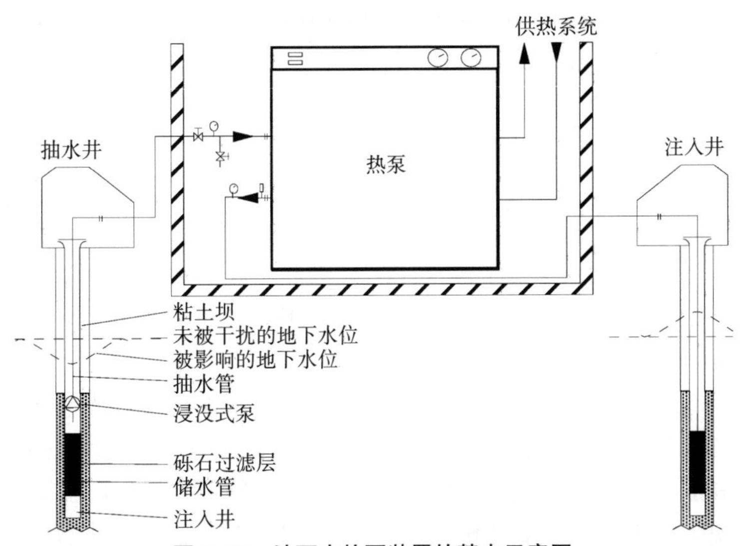

图 9–12　地下水热泵装置的基本示意图

资料来源：文献/9–10/。

态下的水面下结束。

在设计井之前，水文地质学分析应该说明地下水的化学结构、含水和无水可渗透地层，以及地下水水位和含水层的渗透性。为了达到这一目的，必须要进行试验钻井，该井可能在后边作为正式井使用。

一个特别的问题是注入井中铁赭石（iron ochre）的沉积。它经常发生在具有低氧化还原电位的无氧的地下水中。这种地下水不应该和周围空气接触。因此，整个系统需要封闭，并在所有时间保持过压之下，否则，需要进行除铁和除锰处理。但是，石灰沉淀在最高的±6K 温度波动下不起任何作用。

在特定的条件下，地下水热泵只包括一个或几个生产井是可能的。这种设计理念排除了注入井可能的问题。从技术角度来说，这需要含水层具有足够新产生的地下水，这些水可以重新通过一定渠道排出或者下沉。在德国，这种系统一般是不被政府允许的。

（3）其他系统。其他系统有具有同轴井的地下水的利用、矿井和/或巷道水的利用，以及近地表层土壤中空气的预加热或冷却。

1）同轴井（coaxial wells）。同轴井（单井回灌，standing column wells）放置在地下探测器和地下水井之间。一个底端有过滤的并被一堆砾石所包围的上升管建在钻孔中。朝着岩石，砾石堆可以用塑料衬垫（plastic liner）隔开。水用一个潜水泵从上升管抽取，和地下水井的方式相似。然后它在热泵中冷却（或加热），随后通过环形截面的砾石堆重新渗出。在下降的过程中，水从周围的底土中吸收热能或者释放热能给底土。

由于缺少同自然底土的隔离（一个塑料衬垫不能完全密封），防冻剂不能用于同轴井。所以，热泵以一种和使用地下水一样的方式防冻运行。由于这一原因，最大的年运行小时一般提前固定。此外，长的渗漏路径、钻孔环形截面大量的水及钻孔底部上升的温度被认为是有用的。因此，同轴井正常深度在 100~250m。

在正常的运行条件下计量的同轴井的热抽取能力在 36~44W/m，短期满负荷运行下是 90W/m 左右（参见文献/9-11/）。因此，它们和地下探测器的井具有相似的尺寸。但是，和地下探测器相比，平均的热源温度略微较高。这使热泵取得较高的 COP。

2）洞和巷道水。底土中人工空洞可以用做地下水集热器或地下水库。它们主要是矿山（不再或者还在运行）或隧道，这些空洞不是主要为地热利用而建立的。由于高成本，正常来说不考虑空洞空间的具体建造（排除地热储热）。有时候，当处理矿井和巷道时我们不考虑浅层地热能领域。例如，来自德国东鲁尔区煤矿的热利用的水可能从深度明显超过 1000m 的地方获得，从阿尔卑斯山隧道获得水，比如瑞士有时深度超过 2000m。

来自矿山的水可以通过高于地面的钻井获得。总之，矿井中水面深度决定热能的抽取方法。它有可能会导致高泵头（high pumping heads），相应地，运行泵需要高能量投入。一般来说，在冷却后，水必须要通过另外一个钻孔运输回矿井。抽取钻孔和输入钻孔之间的流应该尽可能的长（通过诸如不同水平的钻井获得）。低山地区内的矿石从山谷通过井巷道提升运输，自然地，来自这些井巷道的水流可以作为热源。

来自大型巷道建筑的水正常来说流到特定站点（portals），在那里可以作为热源使用。在一些阿尔卑斯山的隧道中，这种水具有明显高于年平均气温水平的温度。

3）空气的预热/预冷。在底土中空气预热的利用（没有热泵）已经在 18 世纪的农业领域中存在了。猪舍的进气通过在地下的管道吸入。这样一来，冬天和夏天的温度高峰就会被打破。作为进一步的发展，为了在冬天延长利用空气热源热泵的运行时间，一些系统通过地下的管道运输空气，并在那里预加热空气，然后运输空气到热泵蒸发器（参见文献/9-1/、文献/9-3/）（见表 9-5）。这种热源被称为混凝土集热器、空气井或空气调节器。由于空气具有非常低的热容，相对大量的空气必须要移动。最近，地下管道中进气的预热或预冷（无热泵）已经在低能量和被动式能源标准的建筑物的通风中得到重视。

表 9-5 地下空气预热管道的设计和配置

设计的类型
混凝土管（可以吸收潮气），PVC 管（低压力下降）
地下管道畅通，在顶部绝热，管在地基下平铺
单个管或管调节器（tube register）
运行的类型
新鲜空气总是通过管道运输
只有在排出温度高于周围温度的时候新鲜空气通过管道运输
在每次出口温度低于周围温度时新鲜空气通过管道运输，因为具有高温度蒸发器的热源总是被使用（额外的地下充热）

9.2.3 热泵

热泵，和其他技术系统一样，由不同的系统组件构成。下面，主要解释电动压缩热泵，因为这种热泵具有最高的市场份额（参见文献/9-1/、文献/9-2/、文献/9-3/、文献/9-12/)。它可以通过使用在蒸发器和冷凝器中的换热器，以及压缩机、膨胀阀、润滑剂和工作介质（制冷剂）进行区分。

（1）换热器。换热器是传输随着两个或多个物质之间温度梯度变化的热能的装置。同时，它们也使这些物质的热力学状态发生改变（冷却、加热、蒸发和冷凝）。对于热泵来说，它们主要用于热源和热泵（即蒸发器）之间及热泵和散热器（即冷凝器）之间热的传输。

换热器的尺寸和由此的热传输表面主要由温差（即梯度）驱动，温差是冷却的热源和蒸发器的蒸发温度之差，或者冷凝温度和冷凝器内加热的热传输介质温度之差。

对于一个给定的换热器容量，一个较小的温差（梯度）需要大的热传输表面。相反，一个大的温差需要小的热传输面积。为了获得高的热泵 COP，蒸发器和冷凝器内平均温度梯度应该尽可能的小。因此，冷凝器一边的热载体（如热水）和蒸发器的热载体（如卤水）之间的温度差没有必须过高。大约 5K 是已经好的折中值了。

换热器可以根据所涉物质的流向进行区分，它们是平行流、涡流或者逆流。混合类型也存在，如热载体是卤水或水，可以使用管壳式、平板或同轴换热器。

• 管壳式换热器通常由一束通过管板的孔连接到管箱（plenums）（有时候也称为水箱）的管组成。它们正好放入一个套管（壳）中。与这一过程有关的两种介质在管中及壳中管的周围流动。

• 平板换热器由焊接、锡焊或钉在一起的平板组成。两种介质轮换在平板之间流动。和束在一起的同容量管壳式换热器相比，需要的空间更小。

• 同轴换热器由一个内管和安装在其周围的外管组成。两种介质中一种流经内管，而另外一种主要以逆流的方式在内外管之间的空间内流动。

• 翅片管换热器是空气到液体换热器，由为了延长路径重新定向很多次的几个平行管组成。管的整堆通过翅片连接在一起。空气主要在管的周围翅片之间以涡流或者逆流的方式流动，流体在管内流动。

在热泵情形下，这些类型的换热器主要用于热源和热泵（即蒸发器）之间或者热泵和散热器（即冷凝器）之间热的传输。各自的特性在下面讨论。

• 蒸发器是热源和热泵之间的连接组件。热源和制冷剂的蒸发温度之间温差决定蒸发器的大小。蒸发可以分为干式蒸发、溢流式蒸发和泵抽取式蒸发。

— 在干式蒸发期间，能够被完全蒸发的制冷剂通过膨胀阀注入蒸发管内。它同时略微过热（这里过热意味着工作介质加热到高于它的蒸发温度）。在这种情况下，过热是一种制冷剂注入的测量。

— 在溢流式蒸发器中，蒸发器的一部分被液体制冷剂所淹没。蒸发发生在管的周围。饱和的蒸汽从换热器中释放出来，因此过热是不可能发生的。在终端连接的蒸发器中，在蒸发期间已经被携带的流体的落下必须要分离。

— 对于泵抽取期间的蒸发，制冷剂在管中蒸发。明显过量的流体被抽取出来进入二次回路，并从那里进入所谓的“泵容器”(pump container)。只有在那里蒸汽和流体最终分离。因此，即使大热传输表面也可以按照固定的负荷运行。

• 冷凝器是热泵和散热器之间的接口。它充入可利用的热能给液体或气体的运行介质。像蒸发器一样，它被作为换热器设计。它的平均温度梯度反映制冷剂的冷凝和热消耗物质冷凝（散热器）之间的温度差异。根据设计不同，可以区分为流体加热器（壳和管，同轴或平板的换热器）和空气加热器（主要翅状设计）。

（2）压缩机。在热泵的压缩机里，在蒸发器和冷凝器之间的封闭回路中移动的气体制冷剂被压缩，可以区分为全封闭式压缩机、半封闭式压缩机和开放式压缩机。

• 对于全封闭式压缩机，压缩机和发动机一起安装在一个不透气的熔焊/钎焊的壳内，驱动功率可以到达几千瓦。

• 对于半封闭式压缩机，发动机被安装（flanged）到冷凝器上。和全封闭式压缩机一样，它们具有一个共同的轴，驱动功率在4~150kW。

• 开放式压缩机中，发动机在实际的冷凝器之外。发动机和压缩机通过一个轴和联轴器连接。开放式压缩器主要用于大型系统。驱动可以是电力或者内燃机。

重要的压缩机设计有活塞式、卷轴式、螺杆式和涡轮式。

• 在活塞式压缩机中，通过减少密封的压缩机空间来增加压力（即通过移位机器（displacement machine）。它们被建造作为：驱动功率到达25kW左右的全封闭式压缩机，达到90kW左右的半封闭式压缩机，更高水平能量的开放式压缩机。吸入量流可以达到1600m³/h。这种设备可以按照从小到大1~16个气缸的功率建造。

• 在卷轴式压缩机中，一个具有螺旋翅片的圆盘在一个有相应的反翅片的固定圆盘之上做离心运动。在压缩机运行期间被翅片分隔的空间变动越来越小。因此，环绕的气体被压缩并在空隙重新扩大（即位移机械）之前通过空隙重新释放。为了保持压缩机空间尽可能的不透气，翅片的生产需要高精度。这种设计的优点是循环运动、很少的运动组件和在部分负荷运转时良好的性能。

• 螺杆式压缩机可以区分为无油系统和喷油冷却的系统。油作为冷却剂和润滑剂工作，并应该朝向框架密封在转子叶片之间的空隙中。这种压缩机的部分负荷效率比活塞式压缩机略低。具有螺杆式压缩机的热泵在连接压缩机一端的压力侧额外需要一个油分离器。在和工作介质分离并最终在油冷却器中冷却后，油又可以重新注入螺杆式压缩机。由于螺杆式压缩机只有很少的可移动部件（即无工作阀），所以具有相对长的运行寿命。

• 涡轮式压缩机是动态类型的压缩机，由一个或几个压缩过程构成。一阶段压缩机由具有固定叶片和导向叶片的转轮构成，它们转换动能为势能。在一个涡轮压缩机中，可以直到有 8 个这样的带有叶片的转轮安装，因此，可以获得 8~11bar 的压力。使用径向和轴向装置。但是，主要使用径向涡轮压缩机，因为这种压缩机和轴向压缩机相比，每阶段可以获得一个更高的压力比，成本更低。功率是按照住宅大小和叶片转轮的宽带来调整的。对于功率的均匀调整，可以调整转速和/或空气进入口的导向叶片。由于在涡轮压缩机中润滑油的供给是和工作介质完全分开的（工作介质的无润滑油压缩），工作介质的溶解能量是与润滑油无关的。涡轮压缩机的优点是：由于简单的构造所以具有低水平的磨损，在 10%~100%范围内功率均匀调节。它们需要的空间也相对较小，甚至对于更高容量的压缩机也是如此。这种涡轮压缩机只为大容量压缩机而提供。

如果需要，压缩机可以两种不同的方式耦合。对于几个阶段的压缩，如果蒸发器和冷凝器之间的压力差不再能被单个压缩机所控制，几个压缩机可以串联。然而，对于热泵的级联（heat pump cascade），每一个压缩机拥有各自的冷凝器和蒸发器。因此，理想的制冷剂可以在各自温度下使用。然而，这种类型的连接由于需要更多换热器数量会造成更高的系统成本和热损失（温度梯度）。

对于在周围空气和浅层地热利用及近地表能源主流的更低容量压缩，通常使用活塞式和卷轴式压缩机。它们通常和电动机一起密封在一个壳内（即全封闭压缩机）。作为对比，螺杆式和涡轮式压缩机及类似的半封闭或开放式压缩机，一般为更大容量的压缩需求定制。

（3）膨胀阀。在节流阀或膨胀阀中，液态制冷剂的压力从冷凝器的压力释放给蒸发器压力。此外，控制循环在热泵回路中工作介质的质流。膨胀阀的选择分别取决于制冷剂、压缩机的尺寸和热泵容量。可能的设计有恒温或者电子膨胀阀或毛细管。

• 恒温膨胀阀用于干式蒸发。它们由从蒸发器释放的制冷剂的蒸发压力和过热控制。由于过热在蒸发器中发生并需要相应的热传输表面，为了蒸发器的高效率，过热必须保持尽可能低。

• 电子膨胀阀通过采用包含制冷剂的热物理学特性和有关的热泵参数的数学算法调节。这些参数有制冷剂通过蒸发器的过渡时间、控制特性、压缩机数据等。它们使蒸发温度和过热控制成为可能。

• 毛细管和全封闭压缩机联合使用。它们非常细小（大多数的内直径在 1~2mm）。为了保证所需的节流效果，它们达到 1m 或 2m 长。但是，毛细管只能保证冷凝器的过冷，不能保证蒸发器的过热。因此，它们需要一个低压蓄压器来确保压缩机不吸入任何液体制冷剂。毛细管也和恒温或电子膨胀阀一起联合用于粗调节。例如，冰箱几乎全部采用毛细管制造。

● 更新的发展包括用安装小涡轮代替阀门，从而使压缩能可以重新获得（“膨胀机”）。这一进展只是在几乎从来不用于浅层地热能利用的更大热泵领域中为人所知。

（4）润滑剂。润滑剂的使用应该可以将压缩机的磨损减到最小。按照压缩机的设计，润滑剂（油）和制冷剂有着多多少少的接触。

● 在涡轮式压缩机中，制冷剂和油的分离可以容易地获得。可以使用不溶于制冷剂的油。

● 螺杆式压缩机需要大量的油去密封，因为它们直接和制冷剂接触。为了避免油损失，这里使用油分离器。

● 活塞式压缩机表面通过活塞运动持续用油去湿润。润滑剂和制冷剂也在这里接触。

● 卷轴式压缩机也用油润滑。润滑剂和制冷剂相互接触。

除涡轮压缩机以外，润滑剂特性对于制冷剂特性的最优适用非常重要。在用油润滑的冷凝器情形下，随着少量的油总是被释放进入冷却剂回路中，必须要确保它完全通过制冷回路运输。

（5）工作介质（制冷剂）。过去，在压缩热泵中主要以全卤化或半卤化的含氯氟烃 CFCs 和 HCFCs 作为热泵的工作介质（见表 9–6）。由于含氯氟烃在很大程度上会造成平流臭氧层的耗损，现在只有对臭氧层无害的制冷剂可以被使用。它们也应该具有相当低的全球变暖的潜能值。

表 9–6 制冷剂与它们环境温度相关的特性

R 代码	名称	分子式	沸点温度[a]	WDC[b]	ODP[c]	GWP[d]
CFCs[e] 和 CFC 混合物（不再合法）						
R12	二氯二氟甲烷	CCl2F2	−30℃	2	0.9	8500
R502	R22/R 115，比例 48.8：51.2 （R115–五氟一氯乙烷，C_2ClF_5）		−46℃	2	0.23	5590
HCFCs[f]						
R22	二氟一氯甲烷	$CHClF_2$	−41℃	2	0.05	1700
HFCs[g] 和 HFC 的混合物						
R134a	四氟乙烷	$C_2H_2F_4$	−26℃	1~2	0	1300
R407C	R32/R125/R134a，比例 23：25：52		−44℃	2	0	1610

续表

R代码	名称	分子式	沸点温度[a]	WDC[b]	ODP[c]	GWP[d]
R401A	R32/R125，比例50：50（R32-二氟甲烷，CH_2F_2；R125-五氟乙烷，CH_2F_5）		-51℃	2	0	1890
无卤无氯工作介质（丙烷和丙烯能够燃烧）						
R290	丙烷	C_3H_8	-42℃	0	0	3
R1270	丙烯	C_3H_6	-48℃	0	0	3
无卤无氯工作介质（丙烷和丙烯能够燃烧）						
R717	氨	NH_3	-33℃	2	0	0
R744	二氧化碳	CO_2	-57℃	0	0	1

注：a表示沸点温度；b表示水破坏类别（water damage category）；c表示平流臭氧层损害潜能值（相对值，R11是1）；d表示全球变暖潜能值（相对值，时间范围是100年，二氧化碳是1.0）；e表示全卤化的含氯氟烃，f表示半卤化的含氯氟烃，g表示碳氟化合物。

这里使用的制冷剂经常以它们的简写命名。在过去，主要是含氯氟烃R12、R22和R502在压缩热泵中使用，有时还使用半卤化的含氯氟烃R22。根据德国DIN8962，这一术语命名参考了物质的化学组成。加字母“R”的数字或字母为制冷剂的简写，反映制冷剂的原子组成。第一个数字代表碳（C）原子数量减去1，第二个数字代表氢（H）原子数量加1，第三个数字代表氟（F）原子的数量，剩余自由碳化合价必须要以氯（Cl）原子来表示。在氟代甲烷化合物中（一个碳（C）原子），不使用第一个数字。添加的小写字母代表同分异构体。例如，四氟乙烷（$C_2H_2F_4$）由此被称为R134a，而二氯二氟甲烷（CCl_2F_2）被称为R12。这种方法也适用于无氯和氟的碳氢化合物（如丙烷（C_3H_8）被称为R290）。来自根本不同物质组的工作介质分配以7开头的数字（如水（R718）或空气（R729））。

根据自1995年实施的CFC-Halon禁止规定（CFC-Halon-Ban Regulation），在新系统没有CFCs可以作为制冷剂使用，如德国。R22，一个半卤化的含氯氟烃，从2000年1月1日开始在新系统中被禁止使用。从2015年1月1日起，半卤化的含氯氟烃在已经存在的系统中不再允许使用（EU指南）。

由于对于制冷剂的许多要求，对于迄今已经被使用的介质，发现合适的替代物质的成本较高。如果它们包含许多氢原子，通常是易燃的。如果氯和氟所占份额较大，在大气中的平均寿命预期也较高。在这种情况下，平流层臭氧损耗潜能值高。根据这些标准，过去和当前已经使用制冷剂的分类见图9-13。因此，从当前视角来看，主要是下列两种HCFC的混合物及无卤代烷（halon）和氯的工作介质一起被考虑（如丙烷、丙烯、氨）。

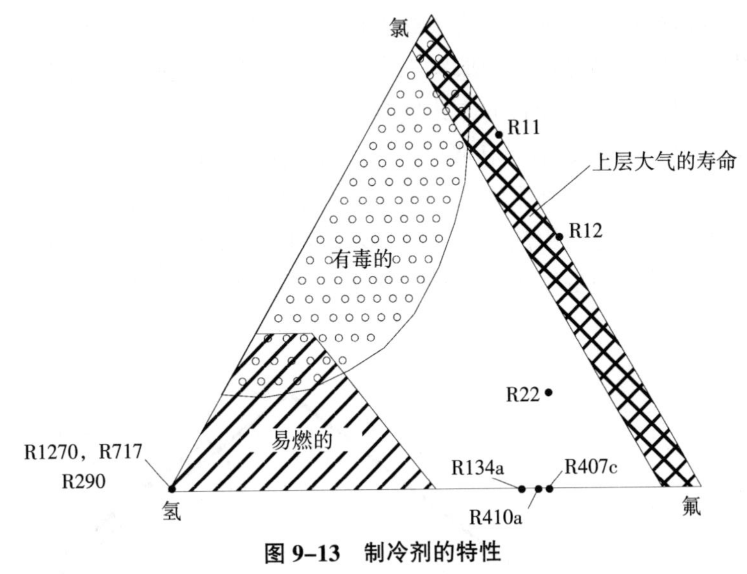

图 9–13 制冷剂的特性

资料来源：文献/9–14/。

在新的热泵系统中，诸如德国，有时使用制冷剂丙烷（R290）和丙烯(R1270)。这些物质没有平流层臭氧损耗或全球变暖潜能值，迄今为止和使用的材料和润滑剂配合得很好。此外，和半卤化的含氯氟烃 R22 相比，充填量有显著的减少。达到 10kW 的小型系统需要量只有 1kg 左右。由于 R290 和 R1270 的易燃性，必须要采取和充填数量相配合的特殊安全措施。它们一般在实际中可以毫无问题地被实现。对于更大型的系统，当前主要采用 R134a 作为替代的制冷剂。

9.2.4 总体系统

热源系统（9.2.1 节和 9.2.2 节）和热泵（9.2.3 节）集成到总体系统中，使可以利用周围空气和浅层地热作为终端或有用能源成为可能。因此，首先描述特色应用的典型系统配置，随后讨论总体配置的系统特征。

（1）系统配置。下面，将带有排风余热回收和排气与进气热泵，以及地源热泵与为了供热和冷却目标热泵系统的一个供热系统作为典型的总体系统配置进行介绍。

1）带有排气与进气热泵的供热系统。经过过去几年的发展，排气和进气热泵已经在具有非常低的供热需求和控制的通风系统的房屋中进行特别的开发。它们不只是通过加热进气满足整个的空间供暖需求，而且也可以很大程度上满足生活用热水需求。图 9–14 显示了这样一个热泵单元。在排气热被回收之后，进气通过热泵冷凝器被进一步加热。为了减少排气侧蒸发器的结冰，一种选择是在周围空气和排气热回收换热器之间放置一个地源热换热器。因此，换热器的排出空气不会非常冷却。冷却扇配置的方式使排气热量有助于加热过程（即在排气热回收的换热器的排气导管之前，在吸入空气导管的冷凝器之后）。如果有足够的加热能量给房屋，热泵转换到生活用热水生产系统的冷凝器。此外，额外的太阳能热系统可以用于生产生活用热水。在冬天寒冷和多云的时候，浸没式电加热器可用于生活用热水供应的备用系统。这种热泵系统可以获得达到 3.5 的 SPFs（参见文献/9–15/）。

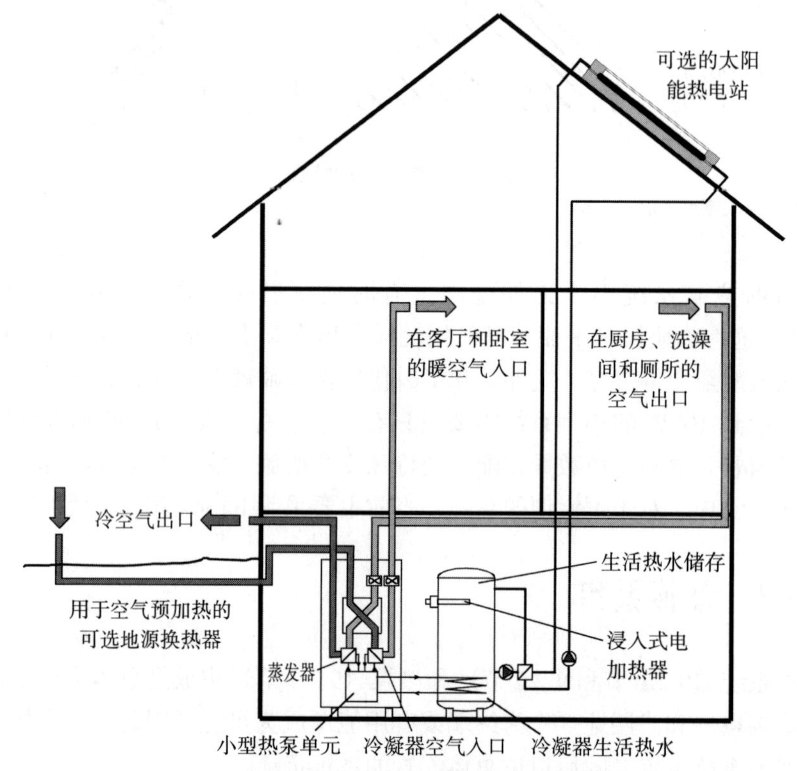

图 9–14　有排气到进气热泵用于空间供暖和生活用热水的生产及用于空气预加热的地源热换热器的被动式节能房屋的热泵系统

2）具有地源热热泵的供热系统。图 9–15 显示了具有一个水平地源热换热器的热泵供热系统。这里热泵主要供应空间加热水。从原则上讲，需要更高温度水平的生活热水的生产既可以通过热泵实现，也可以通过独立的加热器实现。热泵直接供热给温度水平要求低的地板采暖系统。由于地板采暖系统的热储存能力，可能不需要缓冲储存。只有对于室内温度质量增加的需要（如建筑物内温度的平衡，例如利用合理的太阳辐射）或如果需要单个加热回流的节流，缓冲储存可能需要恰当的控制装置。控制正常用开/关运行的热泵依赖于需要的空间供暖进口温度和周围温度。由于被加热建筑物表面（如石头地表、混凝土地板）的高储存量，热泵的开/关操作不会导致舒适房间温度的损失。

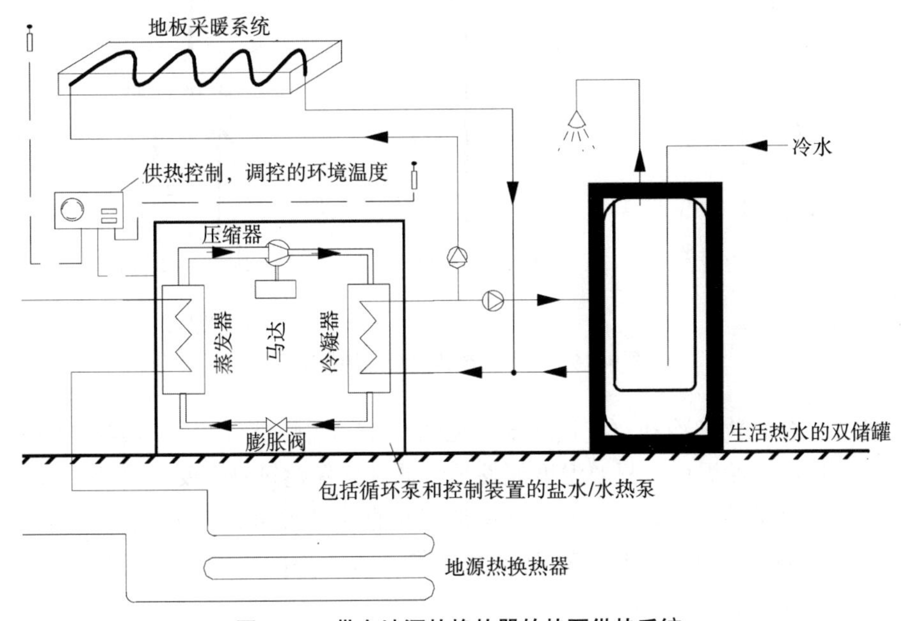

图 9-15 带有地源热换热器的热泵供热系统

资料来源：参见文献/9-1/。

3）加热和冷却目的的热泵系统。地源热泵不只是用于加热，也用于空间冷却目的，因为热泵的操作一般来说可以反过来。于是，热从建筑物传输到地下。通过对于成本较高的地下组件两用，这种冷热两用的系统可以以比较合理的成本运行。在垂直探头情况下，因为热传输到地下，水蒸气从管中冒出来，管道周围中空空间就会发生。这一情况必须要通过对管子充足的回填避免。

在中欧的气候条件下，如果冷却需求低的话，没有运行热泵作为制冷聚合（refrigerating aggregate）获得空间冷却也是可能的（即通过使用冷却顶板或对流器和来自地下的被冷却的卤水）。因此，图 9-16 显示了三个带有直接冷却的地源热泵的运行类型。

• 在冬天，热泵负责供热。这会使热泵蒸发器产生低温。底土冷却下来（见图 9-16 的热模式）。

• 在过渡时间——对于具有不是很高的冷却能力的合理设计的系统——在整个冷却期间，来自建筑物的热按照地层和冷却装置的自然温度差异被传输到地

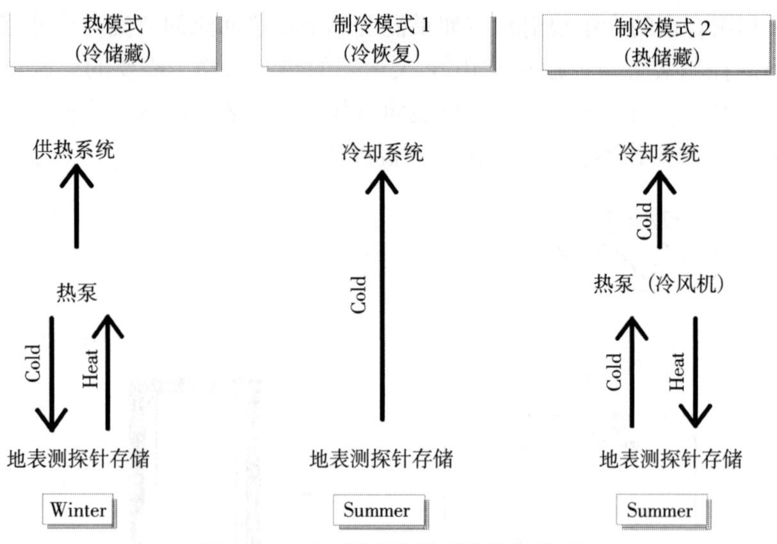

图 9–16 用于供热和冷却的地源热泵

下。这样，建筑物被冷却（直接冷却；见图 9–16 的制冷模式 1）。热载体的温度能超过地层的原始温度。只要温度能够足够低到确保建筑物需要的冷却，这是可能的。在大多数情况下，进口空气的除湿对于直接冷却（制冷模式 1）是不可能的，因为只有在冷却的初期，在空气调节器（air register）中温度被保证下降到低于 14℃~16℃的除霜温度。

• 在制冷模式 2（见图 9–16）中热泵作为制冷机械运行。空间的空气通过热泵蒸发器冷却，产生的热被传输到底土层。在这种运行模式下，可以达到每一运行条件（包括空气除湿）像传统的制冷系统。与释放冷凝热量给周围空气的传统制冷装置相比，对于驱动能的节约是一个优势。

4）用于空间供暖和冷却的分体系统空气调节器。分体系统空气调节器是拥有通过制冷循环的两根管子连接室内和室外单元的空气对空气的热泵。它覆盖了房间空调（RACs）的 70%的市场，构成了欧盟增长的电力终端使用。RACs 可能用于家庭，供购买和订购，所以被划分为家用电器。然而，同样的电器也通常在办公室、旅馆和小型商店使用。分体系统设备也频繁用于制造和过程的冷却。分体系统的广泛使用（在 1996 年已经大约有 100 万台设备在欧洲卖出，自从那时它的市场不断增长）是对于它们优势的一个肯定（参见文献/9–17/）。

在冷却模式下，室内单元包括蒸发器和它的风扇及排水管。室外单元由压缩机、冷凝器（包括风扇）、膨胀设备（经常只是一个毛细管）和过滤干燥器单元组成。在大多数的现代商业应用中，压缩器和冷凝器集成到一个单一的设备部件，称为冷凝单元（对于冷却应用）。

一些分体系统空调可以通过使用近压缩机的四通阀将制冷流反转（可逆的系统）。这种单元也可以以空气作为热源和散热器用作空间供暖装置。室内单元变为冷凝器，室外单元作为蒸发器（包括压缩机）。对于供热模式，使用另一个膨胀装置。这就意味着这种机械在膨胀单元周围也有两个磁阀，允许用不同膨胀装置进行加热和冷却。对于供热模式，必须要在室外单元放置一个通向房间的排水管，阻止冬天在排水管中形成冰。此外，室外单元的除霜模式也是需要的。

当代的系统有可编程序计时器遥控装置、变速压缩机、有逆变器技术的风扇、可调百叶窗，因此对于消费者可以很容易使用。一个典型的只用于冷却的分体空调系统如图 9-17 所示。这种系统的主要优点总结如下：

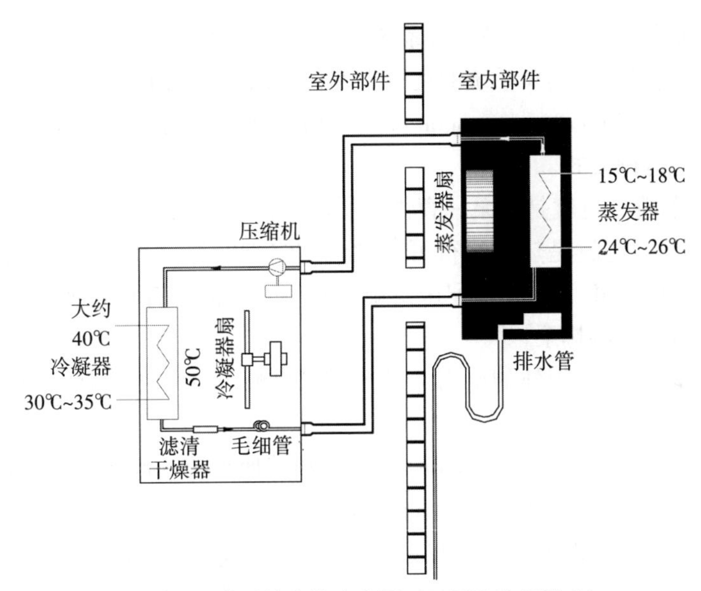

图 9-17　典型的分体式空调（只用于冷却模式）

- 低投资成本和适中的运行成本。
- 便宜、灵活和易于安装（对于冷却模式只需要在墙上有两个孔，对于供热模式的室外单元的排水需要另外一个孔）。
- 消费者容易使用。
- 高可靠性。
- 对于冷却模式大约 2.5 的 SPF（参见文献/9-17/）。
- 低空间需求。

分体式系统缺点讨论如下：

- 冷却建筑物特别是这种系统的一个主要缺点是在炎热夏季气候条件下（如

南欧）白天日益增加的电力需求。这将导致在一些欧洲国家白天和夜间不同的价格水平。

• 在冷凝单元使用的风扇可能是相对高的噪声来源，根据不同的应用可能需要特殊地考虑。

• 在建筑物中心的通风设备需要特殊装置以接纳室外空气。节热器（economiser）循环单元通常必须近外墙安置。

• 一个需要关注的因素是设计制冷剂的管道，特别是从距离管道运输。不合适的管道设计会造成系统损失能力，甚至会造成压缩机故障。

• 每个装置必须要配置用于室内除湿（冷却模式）或室外（供热模式）除湿的排水管。

（2）系统方面。下面选择一些系统方面进行讨论。

1）运行类型。就热泵系统的运行来说，可以区分如下种类：

• 单价运行（monovalent operation）。只有供应需要的生活用热。进一步，可以区分为下列运行模式。

— 没有中断（也就是热泵一直供应所需其自身的热）。

— 有中断［也就是热泵运行可以被供应终端能源（如电能）经营热泵的公用事业公司临时停止。如果热配送系统没有所需要的热存储过渡这些运行中断，必须有缓冲储存连接热泵］。

— 电动热泵具有额外的电阻去满足需求高峰。这种单能运行没有用于中欧的地源热泵。

• 双价运行（bivalent operation）。热泵和其他系统一起供应所需的热。可以区分为可转换的双价和单价并行运行。此外，还有双价混合模式。双价运行对于地源热的利用不是非常重要。只有对于大型系统，它可能具有特定好处。

— 对于可转换的双价运行，热泵满足所有的热需求直到特定的转换点（即一个特定环境空气温度）。随后，一个替代的另外加热器承接整个的供热（如一个燃气锅炉）。热泵系统只是设计到最大供热需求的特定百分比。但是，另外的加热器必须要能满足100%的整个供热需求。

— 对于单价并行运行来说，热需求从一个特定温度开始，由热泵和另外的供热系统同时满足。

从原理上来说，如果返流（return-flow）温度能够被接受，热储存器足够大，不同的额外热源可以集成到一个热泵系统中，如太阳能集热器或壁炉。

地源热泵的运行正常来说是单价的。这对于将地层作为热源只是显示较低的温度波动来说是可能的，因为在整个全年过程中都是可行的。可转换达到双价运行只是对于具有不能调节供热系统（高温度）的系统是有用的。对于单价并行运行，热泵的流体供应给加热器的返流，在那里加热器的水被进一步加热。特别是对于需求具有明显高峰的大型系统来说，这种模式的运行从经济角度来说是有意义的。如果利用环境空气，双价模式运行也能够确保相应供应安全。

2）应用领域。热泵系统的应用领域主要在空间供热和生活用热水供应方面。商业和工业使用的过程热的生产（也在低温部分）迄今起的作用很小（参见文献/9–18/）。

• 空间供热。对于空间供热，几乎完全使用电力驱动的热泵。相比较，内燃机驱动的压缩热泵和吸收热泵迄今为止还没有广泛使用。环境空气、地层（包括地下水）和可能的地表水可以被使用。为了获得高的SPFs，必须要使热源和散热器（heat sink）之间的温度差（空间供热系统的入口温度）尽可能小。图9–18显示的COP对于供热系统入口温度和热源温度的依赖关系说明热泵系统最好使用在低温供热系统中。因此，在流体温度达到70℃的旧式供热系统中使用热泵系统由于工作效率低和低温系统相比是不经济的。作为单个加热器（蓄热或燃煤加热器）的替代或可选择项，可以利用使用环境空气作为热源的单个空间热泵。这些体积小的设备（深度大约20cm）可以直接固定在需要供热空间的墙壁上。

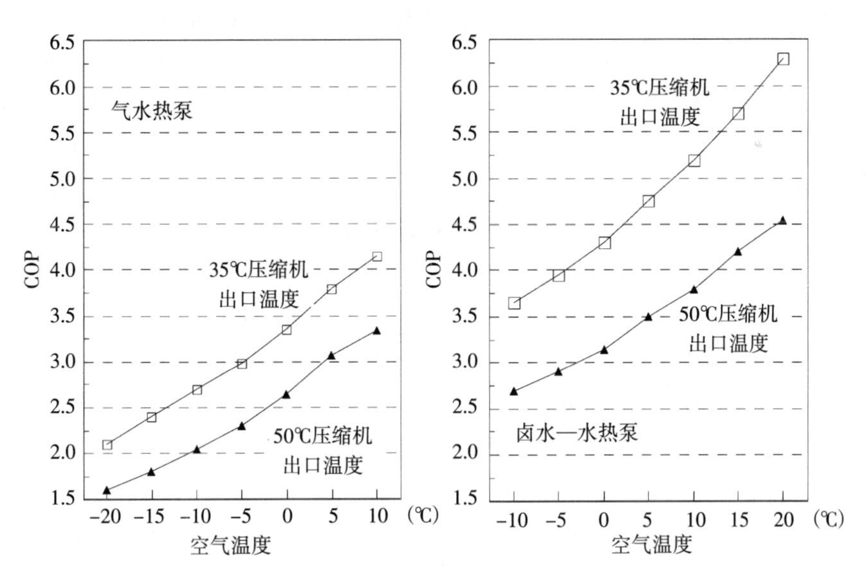

图 9–18 热源温度水平和空间供热入口温度对于热泵绩效系数（COP）的影响（有25%抗凝剂的卤水）

资料来源：文献/9–18/。

• 生活用热水。用于生活热水供应的热泵体积较小，一般用环境空气作为热源。它们通常安装在地下室，有时采用使用过空气运行。但是，最后也使用地层和环境空气用于生活热水供应泵。在空气温度低于7℃时，热泵就不能运行，必须使用电力加热接手生活热水供应。因此，足够的生活热水即使在需求高峰时期也可以供应。此外，为了避免军团菌，短期内可以生产更高温度的水。

• 空间供热和生活热水。用有一个换热器的热泵进行生活热水和空间供热的联合生产，由于生活热水高通常较高的温度水平和导致的整个系统低的 SPFs，一般来说不合理。因此，分离生活热水和空间供热是有用的。为了达到这一目的，生活热水可以用单独的热泵或电力加热的生活热水储存器生产。一个更经济的选择是使用同一热泵供应生活热水和空间供暖所需的热能。和供热系统一起的换热器一起，生活热水用的第二个换热器安装在热泵的冷凝器部分。如果产生的热充入供热回路，如果它被释放给生活热水回路，一个更低的冷凝器温度是需要的。因此，热泵可以在单个的最优状态下以尽可能高的 COP 运行。空间供热和生活热水系统联合的另外一种方法是使用在压缩机达到冷凝点之上后，过热的冷凝剂脱热到冷凝点时的热。冷凝自身用来加热空间热水。

• 进一步的使用，除了空间和生活热水的加热，热泵也可以用于空间冷却，因为热泵的运行一般是可逆的。在那些空间冷却作为居住建筑的标准特性的国家（如北美、日本），这一系统是广泛使用的。“热泵”经常主要作为空间冷却用治理设备运行，只有小部分作为合适的热泵使用。在中欧对制冷需求相对较低的气候条件下，空间冷却可以在没有热泵运行作为制冷聚合（refrigerating aggregate）情况获得。由地下探针组成的换热器可以用冷却顶板或冲击波换流器（blast convector）和 9℃~10℃的地下水的简单冷却提供充足的 8℃~16℃ 的温度。

3）COP 特性。热泵系统的质量可以用如 COP、SPF 和供热率（9.1 节）的指标所衡量。下面就目前可以获得的如下方面进行讨论。

• 效能系数（COP）。生产者所给出的 COPs 总是指特定的条件（热源和冷源温度）。在理想条件下，可以获得通过无损失的卡诺过程（carnot process）产生的 40%~65% COPs（参见文献/9-12/）。但是，这给出了现有技术状态发展到特定水平的巨大潜力的理由。图 9-19 显示了使用地面热源（卤水循环，没有直接的蒸发）和地下水的例子。在这一案例中给出了使用最大流体温度 35℃下，当前可获得的 COPs 的均值和未来可以期望值。

• 季节性效能系数（SPF）。对于地下水热泵，新系统的 SPFs 在大约 4.0 和潜在的略微高于 4.5 之间。当利用地层作为热源，当前可以获得 3.8~4.3 的 SPFs。对于直接蒸发，系统的 SPFs 大部分在 10%~15%。热泵系统高 SPFs 的决定因素是充足尺寸和热利用系统尽可能低的流动温度（如地板供暖 35℃）。

• 供热率。取决于其所采用的发电技术和热泵系统的 SPF，当前可获得供热率在 1.1 和 1.8 之间。

因此，COP 的高低依赖于热源和冷源（heat sink）之间的温度差是热系统的一个主要特性。图 9–20 显示了当利用热泵从环境空气或近地表层抽取能量时当前在运行时可以获得的特性曲线。

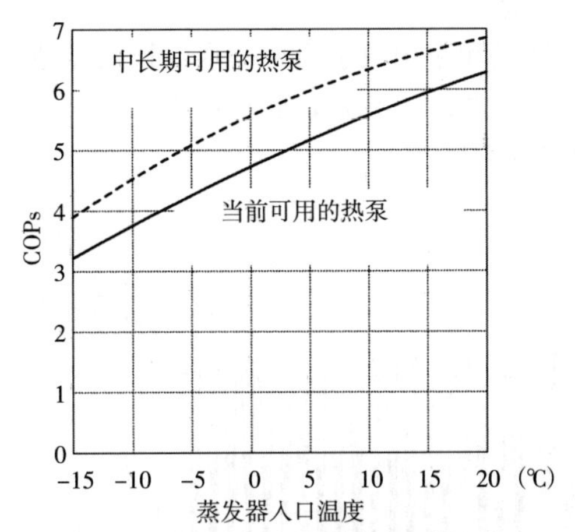

图 9–19　地源电动热泵效能系数（COPs）（供热系统的流体温度 35℃；卤水的蒸发入口温度大约–10℃到 10℃，水大约在 5℃到 15℃）

资料来源：文献/9–19/。

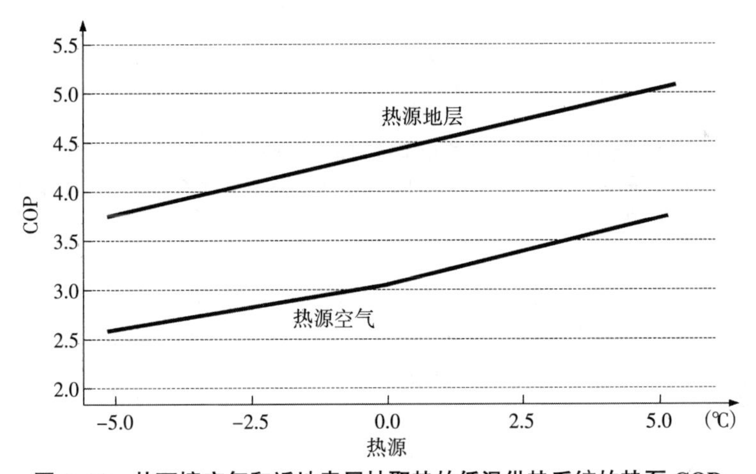

图 9–20　从环境空气和近地表层抽取热的低温供热系统的热泵 COPs

相应地，例如空气热泵在热源年平均温度为 0℃的情况下 COP 大约为 3。相比较，地源热泵在同样的条件下可以获得大约 4.5 的 COP。这是使用浅层地热能的热泵的安装逐渐增加的原因之一。空气热泵的重要性在中欧逐渐下降。

4）近地表层热的状况。从近地表层人工抽取和/或释放热会导致地下热状况的紊乱。因此，热缺口或过量热必须要通过热的传输进行平衡。同时，对于在底土中具有近似平衡的能源平衡的系统来说（如用于供热和制冷目的的热泵），这主要通过系统自身加入保证。对于只是从近地表层抽取热的地源热泵系统来说，这不适用。热的缺口必须通过自然的环境空气热流（即主要由太阳能和深层底土中地热能组成）加以平衡。

通过一个系统的计量和采用数字模拟外推，很明显地，源热泵可以经常运行，甚至仅仅是抽取热（也就是系统单独用于供热目的）。抽取的热用环境空气流进行平衡（见图 9–21）。

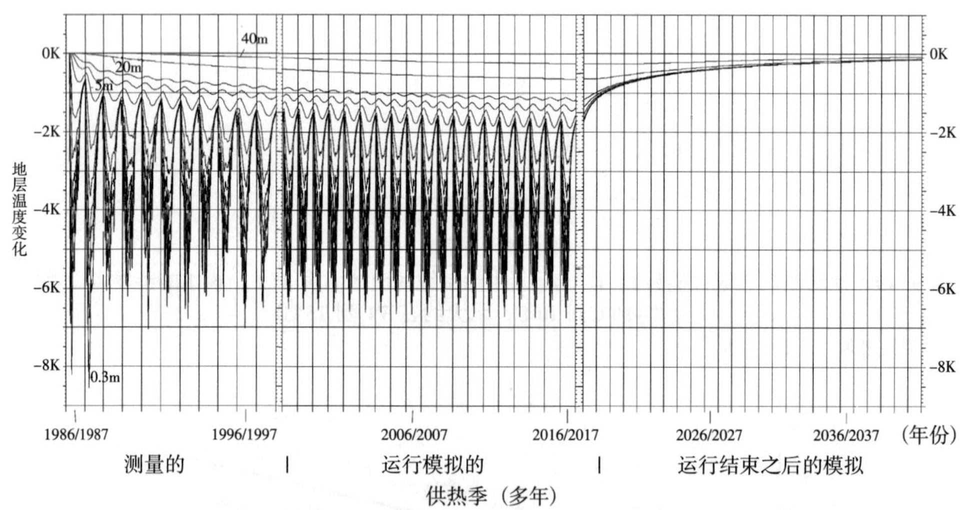

图 9–21 在 30 年运行期间和距离终止运行剩余 25 年中和地面探针不同距离情况下，测量和模拟的深度为 50m 底土温度的变化（和没有被干扰的温度相比冷却下来）

资料来源：文献/9–19/。

总之，这说明如果设计得当（如符合德国 VDI4640），持续的热供应可以通过地面探针获得。特别是在有限空间中有大量系统情况下，合理的探针长度和在极端的情形下——在夏天必须进行热供应。

9.3 经济和环境分析

下面，就反映当前市场范围技术参数的热泵系统的成本和选择的环境效应进行分析。

9.3.1 经济分析

在中欧，用于空间供热和生活热水的热泵主要是以电力驱动的单价（mono-valent）压缩热泵方式建造。下面的分析将涉及满足不同供应任务［三个不同保温类型单个家庭房屋（SFH）和一个多家庭房屋（MFH）；见 1.3 节］的系统—在每种情况下有不同的热需求（见表 9-7）。出于这一原因，定义了有直接蒸发、卤水回路或垂直换热器和与地下水相连的热泵系统系统配置。这些热泵系统生产空间供热生活热水，但优先于生活热水的生产。在所有系统中使用的工作介质是 R407C。热泵总是安装在建筑物的地下室。所能获得 SPFs 由热泵技术和热源的特性及生活热水作为热总需求一部分所占的份额决定。由于更高的温度水平，生活热水的生产比空间供热具有更低的 COPs。当计量用于控制的 SPF 辅助能量消耗时，卤水和地下水泵也必须要考虑。

表 9-7 分析的热泵系统的参考配置

系统		SFH-Ⅰ[a]	SFH-Ⅱ[b]	SFH-Ⅲ[c]	MFH[d]
空间供热需求	GJ/a	22	45	108	432
生活热水需求	GJ/a	10.7	10.7	10.7	64.1
名义上供热需求	kW	5	8	18	60
热源					
环境空气（无空气的预热）(AWO)		X	X		
环境空气（有空气的预热）(AW)		X	X		
有卤水回路的地层水平集热器（GB）率		X	X	X	
直接蒸发的地层水平集热器（GD）		X	X	X	
有卤水回路的地层探针（GP）			X	X	X
地下水（GW）			X	X	X

注：a 表示具有低能设计的单个家庭房屋（SFH-Ⅰ），b 表示根据目前保温标准的单个家庭房屋（SFH-Ⅱ），c 表示具有普通保温的老式建筑的各个家庭房屋（SFH-Ⅲ），d 表示多家庭房屋（MFH）；SFH-Ⅰ、SFH-Ⅱ、SFH-Ⅲ、MFH 的定义分别见表 1-1 和 1.3 节。

下面假定的 SPFs 高于那些没有很好保温的单个家庭房屋。在那一情形下，和供热相比生活热水生产份额下降。生活热水生产比供热需要更高的温度水平，这将导致热泵更低端的 COP。

• 有/无预热的环境空气（AW/AWO）。对于无空气预热的系统，空气通过绝热镀锌钢板导管和热泵之间传输。相反，对于 AW 系统，环境空气用被称为空气井（air well）的场所预热。这是大约60m、直径为25cm的混凝土导管。它嵌入地下大约1.5m深。分析的参考系统的SPF对于无预热系统（AWO）假定是2.17（SFH-Ⅰ）和2.37（SFH-Ⅱ），对于有预热系统假定是2.40（SFH-Ⅰ）和2.65（SFH-Ⅱ）。

• 由于卤水回路的地源热泵（GB）。HDPE导管和集热器一样嵌入1.2m深。热载体，和所有具有一个卤水回路的被分析的介质（地源热泵和垂直探针）一样，由30%的丙二醇和70%的水组成。因为它们相对高的表面需求，地层集热器只是用于相对较低的热容量水平（一般小于20kW）。所以，只有SFH-Ⅰ、SFH-Ⅱ、SFH-Ⅲ的系统能够作为有地层集热器的热源系统运行。用于生活热水生产和空间供热的综合系统的SPFs可以达到3.43（SFH-Ⅰ）、3.65（SFH-Ⅱ）和3.85（SFH-Ⅲ）。

• 带有直接蒸发的地源热泵（GD）。对于带有直接蒸发的假定系统，带有塑料涂层的铜管在一层砂土上嵌入1.2m深。由于需要相似的大表面，对SFH-Ⅰ、SFH-Ⅱ、SFH-Ⅲ有供应任务的热泵系统进行分析。制冷剂R407a用作从集热器到热泵热介质。这些系统的年工作效率（work rate）是3.76（SFH-Ⅰ）、4.00（SFH-Ⅱ）和4.20（SFH-Ⅲ）。

• 带有卤水回路的垂直地层探针（GP）。在假定的每米地层探针热抽取能力50W水平下，通过审查可以得出地下探针长度2m × 60m（SFH-Ⅰ）、3m × 90m（SFH-Ⅱ）和12m × 75m（SFH-Ⅲ）。HDPE探针设计成双U型管，安装在随后被悬浮液、水泥和水充填的钻孔中。用于生活热水生产和空间供热的系统的SPFs为3.59（SFH-Ⅰ）、3.77（SFH-Ⅱ）和3.73（SFH-Ⅲ）。

• 地下水井（GW）。对于SFH-Ⅰ、SFH-Ⅱ、SFH-Ⅲ的系统，生产和注入井各自挖掘20m深，相应地进行里衬和墙体的施工。抽取的用作热载体地下水通过注入井在热被热泵抽取之后又回到地下。SPFs为3.95（SFH-Ⅰ）、4.20（SFH-Ⅱ）和4.15（SFH-Ⅲ）。

为了能够估计上面定义的用热泵系统供应低温热的成本，在表9-7定义的参考系统的投资、运行成本和具体的热生产成本在下面提供。根据具体地点的地质条件（如地层条件、底土的热导性、地下水导管到地面顶部距离），综合系统热源系统的设计和成本结构会有区别。此外，电力成本和热泵到公共电网的连接成本根据当地公用事业条件有广泛的不同。因此，下面讨论成本只是给出了特定规模和平均参考值。在单个的系统中，依据当地框架条件，更低或更高的热生产成本都是可能的。

（1）投资。热泵系统具体的投资金额很大程度上由所采用的技术和系统的规模所决定。一般来说，单位成本随着系统规模扩大而降低。这主要是对于包括生活热水生产的热泵集合来说。和这种情况相比较，除将地下水作为热源的利用之外，热源系统成本显示略微下降。因此，分析的卤水/水和水/水热泵的具体投资成本在 220~1000€/kW。直接蒸发系统的热泵成本略低。对于热源的安装，具有垂直地下探针的系统成本在 540~600€/kW，对于地下水利用系统来说在 240~600 €/kW，对于使用卤水或直接蒸发的水平地层集热器的系统在 240~300€/kW。对于夯实的井来说，分析的系统的整个热源系统的投资成本对于一个 8kW 装置为 3000€左右，对于一个 18kW 的装置大约为 4000€，对于一个 60kW 的装置在 13000€（见表 9–8 和表 9–9）。

表 9–8　对于 SFH– Ⅰ和 SFH– Ⅱ参考配置的生活热水生产和空间供热的热泵系统的投资和运行成本以及热生产成本（见表 9–7）

系统	SFH– Ⅰ[m]				SFH– Ⅱ[n]					
热源	AWO[a]	AW[b]	GB[c]	GD[d]	AWO[a]	AW[b]	GB[c]	GD[d]	GP[e]	GW[f]
季节性能参数 (SPF)[g]	2.17	2.40	3.43	3.76	2.37	2.65	3.65	4.00	3.59	3.59
投资										
热源（€）	0	2725	1514	1514	0	3208	2267	2267	4845	4784
热泵（€）	6662	6056	4966	4542	8660	7500	6056	5450	6056	5753
热水（€）[h]	1671	1671	1671	1671	1671	1671	1671	1671	1671	1671
其他（€）[i]	1514	1514	1575	1696	1514	1514	1514	1635	2120	3149
总计（€）	9847	11966	9726	9423	11845	13713	11508	11023	14692	15357
O&M 成本（€/a）[j]	197	212	172	166	237	243	196	187	221	307
电力成本（€/a）[k]	628	568	397	362	979	876	636	580	646	588
热生产成本[l]										
€/GJ	53.0	55.3	43.9	41.8	41.4	41.1	33.3	31.3	38.5	40.6
€/kWh	0.191	0.199	0.158	0.150	0.149	0.148	0.120	0.113	0.139	0.146

注：a 表示无空气预热的环境空气热泵；b 表示有预热的环境空气热泵；c 表示有水平地下集热器卤水的热泵；d 表示有直接蒸发的地源热泵；e 表示有地下探针的热泵；f 表示地下水热泵；g 表示用于生活热水生产和空间供热；h 表示生活热水储存和连接到热泵；i 表示诸如加热器室成本，根据当地水立法的水文许成本，以及安装成本；j 表示不包括注入驱动热泵压缩机、控制、卤水循环泵等的电力成本的运行和维护成本；k 表示电力成本，如驱动热泵压缩机；l 表示以利率为 4.5%计算的年金，摊销期为系统技术生命周期（热源系统为 20 年，热泵以及生活热水生产和热存储为 15 年，建筑构件为 50 年）；m 表示低能设计的单个家庭房屋（SFH– Ⅰ）；n 表示根据当前保温标准的单个家庭房屋（SFH– Ⅱ）；SFH– Ⅰ、SFH– Ⅱ的定义分别见表 1–1 和 1.3 节。

表 9-9 对于 SFH-Ⅲ和 MFH 参考配置的生活热水生产和空间供热的热泵系统的投资和运行成本以及热生产成本（见表 9-7）

系统	SFH-Ⅲ[k]				MFH[l]	
热源	GB[a]	GD[b]	GP[c]	GW[d]	GP[c]	GW[d]
季节性能参数（SPF）[e]	3.85	4.20	3.77	4.20	3.73	4.15
投资						
热源（€）	4239	4239	10295	5027	35126	14535
热泵（€）	9266	9266	9266	9266	17442	17442
热水（€）[f]	1671	1671	1671	1671	1671	1671
其他（€）[g]	2846	2846	3452	4179	7328	7631
总计（€）	18022	18022	24684	20143	63530	43242
O&M 成本（€/a）[h]	297	297	339	403	744	865
电力成本（€/a）[i]	1285	1178	1312	1178	5542	4981
热生产成本[j]						
€/GJ	26.3	25.4	31.6	28.3	23.4	19.4
€/kWh	0.095	0.092	0.114	0.102	0.084	0.070

注：a 表示有水平地下集热器卤水的热泵；b 表示有直接蒸发的地源热泵；c 表示有垂直地下探针的热泵；d 表示地下水热泵；e 表示用于生活热水生产和空间供热；f 表示生活热水储存和连接到热泵；g 表示诸如加热器室成本，根据当地水立法的水允许成本，以及安装成本；h 表示不包括注入驱动热泵压缩机、控制、卤水循环泵等的电力成本的运行和维护成本；i 表示电力成本，如驱动热泵压缩机；j 表示以利率为 4.5%计算的年金，摊销期为系统技术生命周期（热源系统为 20 年，热泵以及生活热水生产和热存储为 15 年，建筑构件为 50 年）；k 表示具有普通保温的老式建筑的各个家庭房屋（SFH-Ⅲ）；l 表示多家庭房屋（MFH）；SFH-Ⅲ、MFH 的定义分别见表 1-1 和 1.3 节。

环境空气热泵的综合系统的具体投资成本在 1500~2400€/kW，高于可比的地源系统的总体成本。

除了热源系统和热泵的投资成本之外，也有生活热水生产和热储存成本（见表 9-8 和表 9-9）。此外，安装成本作为蓄能建筑物地下室的装备空间的局部成本也需要加进来。热泵系统正在使用地下水和地层的水文申请和报告给主管当局的成本也要包括进来。随着系统规模的增加，成本的份额从热泵转移到热源系统。比如，对于分析的 SFH-Ⅰ系统的参考系统来说，51%~68%的总成本分摊给热泵，而对于 MFH 系统，这一比例在 26%~29%。

（2）运行成本。运行成本由热泵的维护成本组成［如制冷剂或者热载体（卤水）更换；密封件的更换］。表 9-8 和表 9-9 给出了表 9-7 所定义的参考系统的这些成本的清单。依据系统规模，运行成本在 166~865€/a。没有包括驱动热泵压缩机的电力成本，诸如卤水循环泵、地下水抽取、环境空气通风机或控制的成本。这些成本在表 9–8 和表 9–9 中单独列出。热泵的电价以 0.15€/kWh 水平估计，正常电价是 0.19€/kWh。

地源热泵系统具有最低的变动成本。环境空气热泵系统由于更低的 SPF，有更高的能量或电力成本。地下水热泵系统和地源热泵相比具有明显较高的运行成本（不包括电力）。这些更高的成本也是由于热源系统造成。

（3）热生产成本。以 4.5%的利率和整个技术生命为摊销期，表 9–7 定义参考系统在表 9–8 和表 9–9 中列示的热生产成本可以年金的基础计算（见第 1 章）。技术系统生命周期假定是，热源系统为 20 年，热泵以及生活热水生产和热存储为 15 年，建筑构件为 50 年。

依赖于系统规模和年工作效率（working rate）（见表 9–8 和表 9–9），符合安装功率的热生产成本在 19.4~55.3€/GJ。使用环境空气的系统显示了最高的热生产成本，有垂直地下探针的系统具有平均值，具有水平地下集热器的系统和直接蒸发系统是以最低的热生产成本为特征的。这一情况在图 9–22 中很明显。该图显示了根据表 9–8 和表 9–9 的被分析的不同系统热生产成本的比较。

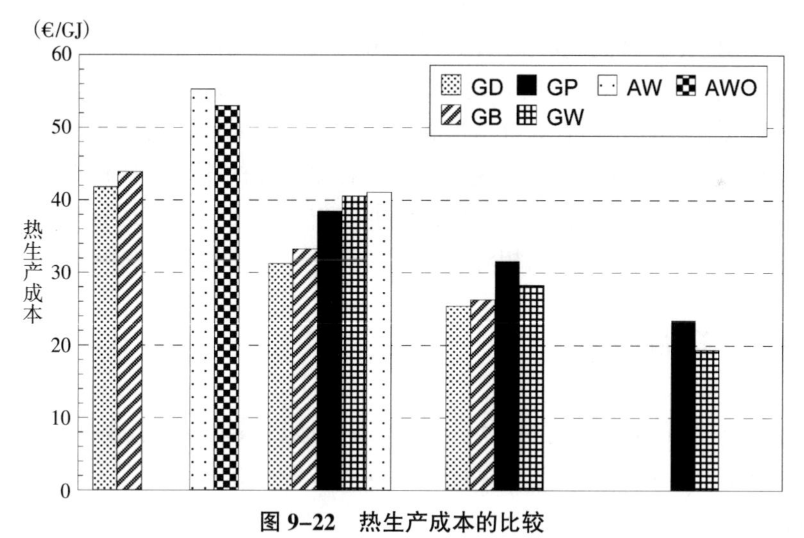

图 9–22 热生产成本的比较

注：见表 9–8 和表 9–9；AWO 表示无预热的环境空气热泵；AW 表示有预热的环境空气热泵；GB 表示具有水平地下集热器卤水的地源热泵；GD 表示带有直接蒸发的地源热泵；GP 表示带有垂直地层探针热泵；GW 表示地下水热泵；SFH–Ⅰ表示单个家庭房屋Ⅰ；SFH–Ⅱ表示单个家庭房屋Ⅱ；SFH–Ⅲ表示单个家庭房屋Ⅲ；MFH 表示多家庭房屋；见表 9–7。

根据图 9–22，热生产成本随着热需求的上升显著下降。此外，在所有被分析情形中，空气源系统和地源系统相比，具有较高的热生产成本。

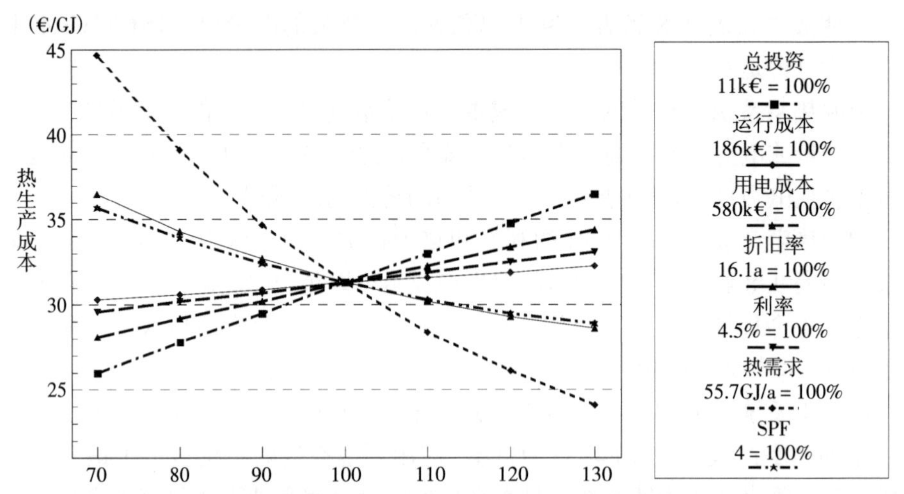

图 9-23 以配备水平地源换热器和直接蒸发（GD）的 8kW 热泵系统为例主要影响变量的变化对于热生产成本影响的参数变化

注：参考系统 SFH-Ⅱ；摊销期 16.1 年，对应的所有系统构件加权平均生命周期；见表 9-8 和表 9-9。

为了给出不同系统参数对于生产成本影响更好的估计和评价，图 9-23 显示了一个带有地层集热器和直接蒸发（GD）8kW 热泵系统主要成本敏感参数的变化。根据该图，投资和热需求量（与满负荷利用小时对应）对热生产成本有主要影响。这里假定热容量从而热源成本不受热释放变化的影响。摊销期长短也对热生产成本有显著影响，这和系统所能达到的 SPF 很像。电力和运行成本以及假定的利率对于热生产成本的影响相对较小。

9.3.2 环境分析

对于迄今为止分析的利用环境空气和浅层地热系统（见表 9-7），选择一定量的环境参数在建设、正常运行期间，以及事故和终止运行情况下，分别在下面进行讨论。

（1）建设。安装热泵系统造成的环境影响主要是由于将水作为热源，将地层探针嵌入到钻孔中。通过钻孔产生的潜在环境影响是通过钻孔设备、钻孔管和辅助设备释放污染物进入底土。由于钻孔流体导致的化学/生物变化也会造成环境影响。这种污染物的释放在很大程度上可以通过使用防护措施（DIN4021 和 DVGW W116）避免底土的感染、细菌污染和化学生物变化等，以及调整的钻孔方法/9-20/。此外，噪声污染会发生，如果遵守噪声污染的规定，正常来说可以控制在法律边界以内。

热泵系统自身的安装不会造成任何在传统供热系统安装时所发生的其他环境问题。过去存在的危险行动是由于制冷剂对于平流层臭氧消耗潜值，比如在充填的过程中发生损失。在那种制冷剂被禁止之后，这个问题已经不存在了。如果制冷剂仍然有特定的全球变暖潜值，它会潜在地损害气候。热泵的工业生产也会造成机械工程产业共有的环境影响。由于有环境影响限制的立法，它们在一个比较低的水平上。

（2）正常运行。对于正常运行期间地热能利用的环境影响的讨论主要包括以下领域：热泵工作介质的环境影响、土壤的热效应、地下水和大气层、由于地下水抽取产生的底土中水力变化、钻井造成的噪声影响和环境影响。这些方面将在下面讨论。

1）热泵工作介质的环境影响。制冷剂对于全球和局部环境都有影响。

全球影响（如破坏平流层臭氧层，增加人类的温室效应）取决于系统的使用和密封好坏。它们也取决于系统的类型、经常充填制冷剂的数量、制冷剂的处理方式和化学制剂（agent）的种类。基于含氯氟烃的制冷剂对于平流层臭氧有破坏，这种破坏用所谓的 ODP 值（臭氧损耗潜值）来描述。臭氧消耗型制冷剂的使用在新的系统中已经被禁止，如德国从 2000 年 1 月 1 日开始禁止（参见文献/9-20/）。

特定类型的制冷额外对气候有直接的影响。各自的贡献一般用 100 年时间段内对应二氧化碳来说明。它称为 GWP 值（全球变暖潜值）。当前使用的制冷剂的 GWP 为 1300（R134a）、1610（R407C）、3（R290）、0（R717）和 1（R744）（见表 9–6）。使用无 GWP 或者非常低 GWP 的制冷剂趋势日益明显。

如果假定正常运行中没有泄漏——这在采用当代的系统技术下应该容易实现——将会没有这些效应会发生。

2）对于底土、地下水和大气层的热效应。通过热泵对于地层、地下水及近地表大气层中热的利用会导致相应的制冷效应。

例如，在垂直的地层探针系统中，2m 的距离内温度的下降达到 2K。如果系统尺寸是合理的，可以建立长期的热平衡。此外，热抽取的影响限于局部。另外，中等程度的地层冷却对于其结构没有已知的影响。过量的热抽取所导致的冰冻以及随后的解冻过程会改变细颗粒土壤（如黏土）的结构变化，这将会造成嵌入的垂直地层探针周围土壤发生下沉（参见文献/9–21/）。由于在正常的使用的深度范围内，没有活的生物或植物部分，冷却不会导致任何已知的生态损害。此外，对于地球表面的影响是可以忽略的，并可以通过太阳辐射热所抵消。对于地下水的负影响也可以排除。

如果使用垂直地层探针，它们对于土壤的动物和植物群会有特定的影响，影响因素的范围取决于系统的设计。如果集热器的尺寸很小，土壤动物（如蚯蚓）的活动水平会减少，很大程度上是由于土壤的过冷造成的。它也会导致如植物的生长缓慢及收获量和花的减少。如果系统被合理地设计，这应该是系统设计一贯的目标，那么这些效应相对来说较小。例如，采用带有地源集热器的热泵抽取热没有发现原本以为会对甲虫群体造成的系统性改变（参见文献/9-21/）。在夏天，可以获得和没有使用集热器一样的温度水平。由于为放置探针的挖掘相当浅，对地下水的显著影响也可以排除。

情况和从大气层中抽取热的情形类似。近地表大气层中单独部分之间的换热器，和从地层或者地下水中抽取热相比，明显更加集约。因此，冷却的可能影响可以被立即抵消。因此，相应的环境效应迄今没有被观察到。此外，基于供热目的从环境空气抽取的热可以通过建筑物重新释放到环境空气中去。

此外，由于文化的影响（cultural influences），地层、地下水或近地表大气层的温度在许多地方已经上升了。因此，冷却具有正面影响。到目前为止，通过热泵系统对于地层、地下水和近地表大气层明显的负面影响还是未知的。

3）地下水的抽取造成的底土的水文改变。地下水的抽取以及随后的释放导致生产井周围的地下水平降低和注入井周围地下水平上升。这将导致局限于特定区域的流体的调整。

4）噪声影响。在过去，环境负面效应经常由于高噪声的系统动力水平而产生。和更早一些系统生产相比，市场上的新系统的声音辐射已经显著降低。带有约 10kW 供热能力的热泵有时候会达到低于 45dB（A）的声音强度。因此，声音的发射在今天实际上不是问题。

5）钻孔造成的效应。如果钻孔从地形的顶边密封不够，有害的地下水情况就会发生。这将导致水污染物质从地球表面渗入（参见文献/9-22/）。如果钻孔的挖掘和完成做得专业，这一方面在实践中不会发生。

如果开发钻井（如垂直地层探针）的挖掘没有控制而通过两个或几个具有不同压力水平的地下水层，地下水的水流条件能够以一种负面的方式影响。不同地下水层的水文接触不是所期望的，特别是如果有一个水层富含矿物或者污染的地下水情况下更是如此。通过一个水坝，可能的有害影响可以在很大程度上避免（参见文献/9-22/）。

（3）发生故障。如果放置在底土中的材料容易发生腐蚀和不抗压，热泵利用情形下的事故可能会发生。例如，用于垂直地层探针的材料，必须在深部钻井过程中能够抗压和不容易撕裂。迄今为止，比如在直到大约 150m 深度，PE 管还没有发生管道破裂（参见文献/9-22/）。

在发生故障情况下，热泵造成的环境影响的程度和涉及的热源部分取决于使用的制冷剂和抗冻剂的类型。当前使用最多的抗冻剂是乙二醇和丙二醇，两者对于水的风险等级均为 1 级。比如由泄漏造成的环境影响一般较小。对用于直接蒸发的热泵介质，除氨水之外，和使用的制冷剂一样，或者对水无害，或者只会造成非常小的损害。采用 R290 作为制冷剂的试验已经说明对于土壤和地下水只有相对较小且临时性的有害影响。这些影响也仅局限于一个特定的区域（参见文献/9–23/）。二氧化碳热泵的新发展肯定对于水是无害的。

由于加热剂的有毒特性，在热泵发生火灾或者爆炸时会有环境危害发生。根据 EN378–1，制冷剂分为三组。经常使用的制冷剂 R290 属于 A3 组（高可燃性，低毒性），R717 属于 B2 组（更低可燃性，更多毒性），R407c、R134a 和 R744 属于 A1 组（无火焰扩散，低毒性）。二氧化碳，作为将来可能更多使用的制冷剂，是已知的最环境友好的制冷剂［ODP=0（臭氧耗损潜值），GWP=1（全球变暖潜值），不可燃和无毒性］。潜在健康风险只会由于机械爆炸发生破裂和通过系统部件发生的泄漏而产生（参见文献/9–24/、文献/9–25/）。

如果根据 UVV VBG20、EN378 和 DIN7003E，遵守已经存在的安全措施（安装要求取决于空间大小、制冷剂的充填量、随后的通风装置等），事故可以避免或者至少其后果最小化。

此外，在发生故障时润滑剂可以造成土壤和地下水的污染。如果使用具有低水平水破坏效应和良好生物降解性的合成油，可以使这一环境危险最小化。这对于直接蒸发的情形尤为重要，因为在这种情形下要使用更多的油。

总之，在发生故障情况下从绝对损害角度来说，潜在环境的影响也是有限的，只对系统所在地点有影响。

（4）运行的终止。当使用地下水和深的垂直地层探针时，如果钻孔没有合理地封闭，终止运行的潜在环境影响会发生。此外，在拆卸系统期间制冷剂会发生泄漏。然而，如果遵守现行的规定，这些情况是不可能发生的。迄今为止所知，系统部件的回收不会造成任何具体的环境影响。

⑩ 地热能的利用

10.1 通过地质热液系统的热供应

地质热液（hydro-geothermal）系统利用是指在地下深处可以获得冷热（cold thermal）(40℃~100℃）和温热（hot thermal）(高于 100℃）水的能量潜值的开发。

通常，地热流体通过钻孔从地下被带到地面，在地面上其中热被潜在的消费者所使用。除了这一地热流体的使用情形之外，它们也可以通过第二个钻孔重新传送到地下。这一封闭循环可以保持质流平衡，从而避免水力问题。而且，由于环境的原因，特别是高度矿化的地热流体不能在地面之上处理。

在下面章节中，描述水—地热能的使用系统的技术基础、经济和环境影响。

10.1.1 技术描述

当描述这一系统时，我们要区分地热流体回路的孔口和孔底部分、区域供热系统和将地热能进入供应系统的吸收（参见文献/10-1/、文献/10-2/、文献/10-3/、文献/10-4/）。图 10-1 提供了这一能源系统基本概念的概览，显示了需要开发在地下的水—地热储存的双孔系统（由一个生产井和一个注入井组成）。但是，首先简要介绍地热井的钻进。

（1）地热井的钻进。由于高温下恶劣的钻孔条件，特别是在地热田，或者在坚硬的耐磨岩石类型（像干热岩库；见 10.3 节）钻孔，地热井的钻进与油和气井相比通常更具有挑战性。因此，在下面的解释中，对于深部钻井的讨论将聚焦在开发地热储层上。

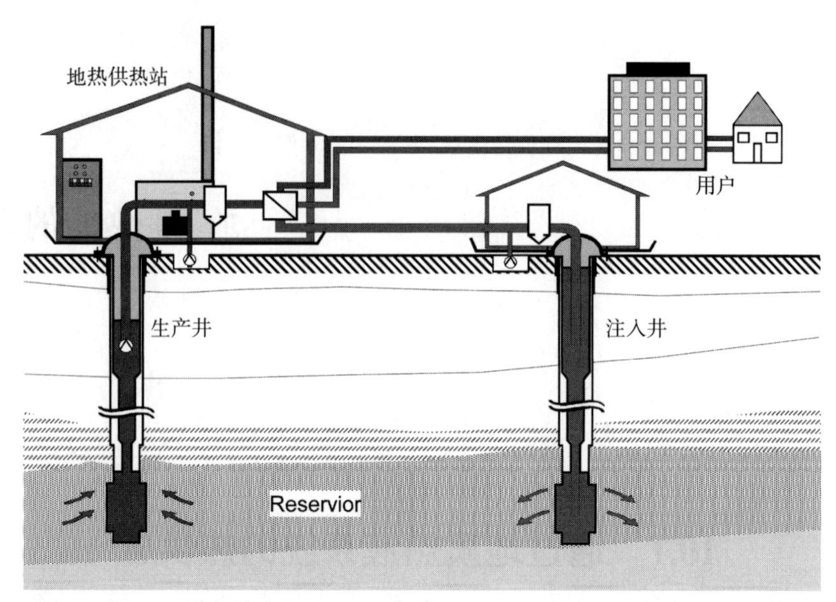

图 10-1 设计用来开发深部地下的地热的一个水—地热供热站的基本布置图

资料来源：文献/10-2/、文献/10-5/。

1）钻孔技术。地热井的钻孔技术和油气井非常相似/10-6/。几乎完全使用旋转钻井技术。钻井工具在大多数情况下是三锥齿轮钻头。钻头通过由钻井平台面上的钻盘驱动的钻杆旋转，钻杆是直径比钻头小得多的钢管。切割掉的岩石通过“钻井液”（drilling fluid）运输到地面，“钻井流体”通过钻杆压入地下，并通过钻杆和钻孔壁之间的环轮上升。由于环轮相对大的横截面，需要钻井泥高流量以获得必要的流速运输岩石颗粒。在钻井期间，钻杆的重量由钻机上塔吊承担。一串重而壁厚的钻铤安置在钻头顶部，为钻头提供支持负荷。钻铤的重量和大直径稳定钻井方向，使井保持垂直钻进。钻孔壁的进一步的钻进方向稳定和平滑通过安装在钻铤和配备有硬金属围绕钻孔壁旋转的圆柱之间的扩孔锥提供（参见文献/10-1/、文献/10-2/）。

三锥齿轮钻头的材料取决于岩石的特性，在更早一些的钻井操作中，根据相应的岩石类型依据经验进行选择。对于更加软的岩石，岩石结构像泥岩，硬质合金的锥体就足够了。对于坚硬的岩石，三锥配有钨甚至金刚石颗粒。钻头的寿命在几十公尺到几百米钻井范围之内。钻头的寿命是钻井成本的最重因素之一。这不因为钻头自身的成本，而是由于更换破损的钻头必须的起下钻（round trip）（拔出和下沉钻杆柱）的成本。

传统的深度超过 3000m 的钻井装置是重型建筑。塔的高度在 40~60m。勾的负荷经常达到 600t。包括循环和清理钻井泥的罐、泵和管道，钻井管的坡道和储存区域，人员、材料和记录单元的容纳区域，整个建筑要覆盖达到 1 公顷的区域。用于泥循环泵、转盘和重型发动机及用于起下钻的卷扬机是需要的（见图 10–2）。它们总能量达到几个 MW。钻井工地空间和噪声在人口稠密地区可能是一个严重问题，例如可以采用电动机取代柴油机改善与噪声有关的情况。

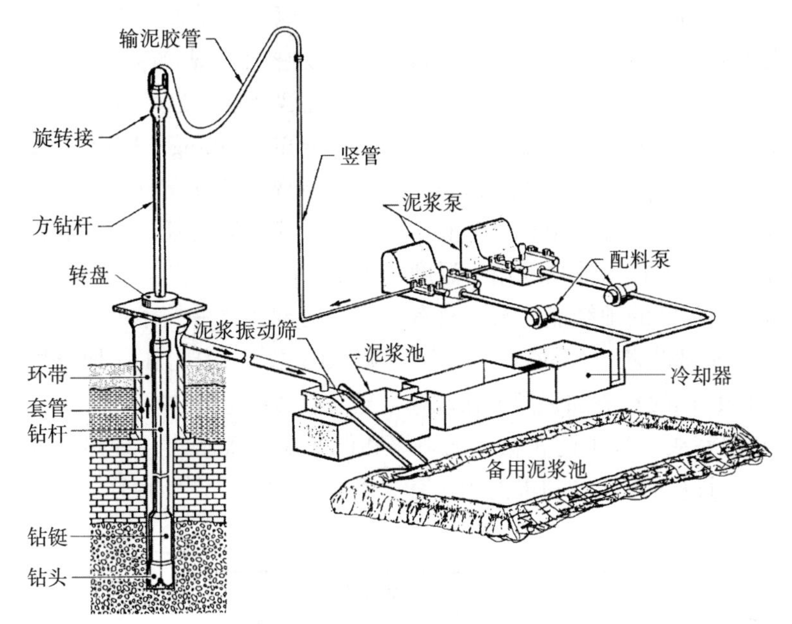

图 10–2　旋转平台和它的组件

资料来源：文献/10–2/。

钻井液或泥是钻井操作必要的组成。它的作用不仅仅是运输切割下来的岩石。相似的重要性是它稳定钻孔壁和阻止地层流体（formation fluid）侵入井的能力。两种功能都通过流体量产生的压力提供，从而需要钻井泥具有高密度。岩层中钻井液的损失必须要最小化。这可以通过选择在钻孔壁建成泥饼（薄层的颗粒）的钻井液和选择合适密度的钻井液实现。因此，实现的钻井液密度是一种折中方案，需要仔细考虑。必须要考虑岩石水破裂事故的可能性，它会导致循环的总体损失。总体损失也可能在高渗透性的岩层中发生。最后但并不是最不重要的是冷却钻头与减少钻孔壁和钻杆之间摩擦。钻井液的大部分是基于水，含有膨润土和触变性材料。液体密度的调整通过加入盐或重晶石实现。膨润土钻井液的稳定性在温度高于 150℃时会变成一个重要问题，因此它开始明显地变质（参见文献/10–6/），190℃似乎是水基钻井液的温度界限。这并不意味着它们不能在这些岩石温度下使用，因为只要液体循环维持岩石就可以冷却，但是，在较长时间的循环中止期间会变成一个问题。在坚硬的结晶岩层中，带有减少摩擦剂的卤水被证明在高于200℃时是十分有效的。

对于许多上面提到的开发方案中，定向钻井是必要的。这一技术为了海上油气田的钻井被向前推进，在海上钻井时从一个单独井底钻探多个井。当前，甚至从一个垂直井底进行几公里长的水平钻井是可能的。在这一条件的多数情形下，使用井下马达（down-hole motor）旋转钻头。这可以是由地面上的强注入泵使钻井液通过涡轮或莫诺马达（moineau motor）并驱动它们实现。当今，井下马达可以达到超过1000kW的驱动力。定向钻井通过传统旋转技术也是可能的。

定向钻井通过使用“边钻边测”（measuring while drilling，MWD）技术进行持续的监控。压力脉冲产生器通过钻井液向地面传输安装在钻杆底部的定向传感器传输信号。反向的信号传输和一个液压传动装置使可以在任何时候和任何深度调整钻井方向。这一技术成功地用于温度达到150℃的软岩层。

在高温度和深度的硬结晶岩石中只有非常少的利用这一技术的经验。它在热干岩（HDR）项目苏茨（Soultz）上应用（见10.3节），说明在这种类型的岩石中，钻柱（drill string）更加强烈的振动需要这一技术进行一些改进。

2）钻井的完成。为了防止钻孔的坍塌和保护浅层淡水层，地热井和其他任何深井一样，通过插入钢管和水泥固化套封到热储层（见图10-3）。做这些分几

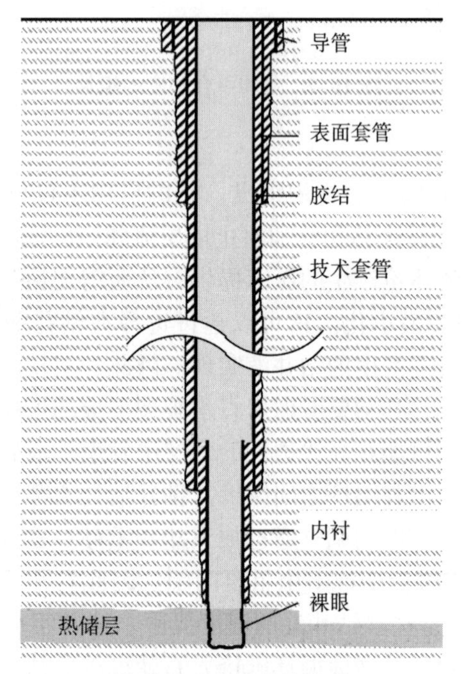

图10-3 生产井的完成

资料来源：文献/10-2/。

个阶段。在钻进最初的15m左右，放置大直径的导管并进行用水泥加固。这一管道有20~30ft的直径，给井和井口提供结构支持。在钻进另一个30~100m时，放置表面套管（surface casing）（外径为13 3/8）并注入水泥。这一套管提供了更加可靠的基础和保护淡水层避免污染（参见文献/10-6/）。在钻进到热储层之后，放置技术套管并注入水泥。这一套管需要最复杂的设计考虑。设计时必须要考虑预期机械不稳定的岩层压力，不同岩层包括地热储层中的流体压力，预期从热储层的流速，与侵蚀和结垢有关的流体特性，在生产和注入过程中产生的热胀冷缩，和其他因素。热胀对于地热井非常重要，因为它会导致中间套管的弯曲或破裂，特别是在因不稳定的岩石条件和不完全的加固造成的钻孔直径增大的截面部分。根据地热条件和热储层的深度，技术套管可以分两阶段安装。

在热储层中，有两种不同的完井方法正在使用：裸眼完井法（open hole completion）和套管完井法（cased hole completion）。

• 根据裸眼完井法，最终套管在热储层之上结束，留热储层裸露（因而热储层本身没有任何套管的保护）。因此，当岩石稳定的时候，热储层内的钻孔截面保持未套管状态。未来防止岩层中流动的细沙或粘土颗粒透入，砂岩热储层中可能需要砾石充填。裸眼完井法是成本最低的处理方法，给予热储层最大程度的接触，从而能得到更高的生产效率。但是在生产期间采用这种方法总是承担裸孔截面可能被松散岩石颗粒堵住或者钻孔爆裂的风险。

• 对于不稳定的岩层来说，热储层内的钻孔截面必须要用套管保护起来，套管和热储层之间的环层用水泥充填。这可以通过套管（也就是伸向地面的一根管）或衬管（也就是只延伸到技术套管底部的一根管）来实现。在水泥加固之后，热储层流体的通道通过用射孔枪穿透后部的套管和衬管截面或喷射切削来提供。

由于更加有利的水力特性，近些年来，裸眼完成法已经更加频繁地用于水地热供热站的生产和注入井方面。为了避免热储层岩石的低稳固性（例如，如果地热流体从储层中移走，砂岩热储层会坍塌），需要采取一些额外的完成措施。一种措施被称为填砾（gravelpack）。这里钻孔必须要在热储层内扩大。然后，安装一个绕线的过滤器。环形截面的剩余空间然后用适合于热储层岩石的砂岩颗粒尺寸的砾石充填。然而，如果热储层具有良好的稳定性，额外的砂岩控制措施可能是不需要的。

对于地热井来说，套管的良好水泥加固是强制性的。不完全的加固会因热膨胀导致套管的弯曲或破裂，会因落入套管后的洞中流体的热膨胀导致套管的坍塌，会因和套管外部接触的腐蚀性的地层流体导致套管失败。在大多数情况下，使用含水低的、热稳定性好的固井复合物。这些复合物含有石英粉防止强度弱化，并获得高温稳定性，为了防止在加固过程中岩层水压裂和循环停止，含有珍珠岩减少水泥密度，含有分散剂保持水泥黏性在一个适当水平，含有缓凝剂保持水泥泵能够在升高的温度中经过足够长的时间。水泥在现场混合，经常通过钻柱泵入套管和岩层与套管之间环状空间。充填环形空间的水泥用量通过井径测井记录的结果来计算。在多数情形下，环形空间充填水泥直到套管的顶部。在地热井中流行的高温下加固是一个复杂的工艺，需要详细的计划和测试，需要由专业的服务公司去做。

（2）井下部分。地热流体回路的井下部分需要从储层岩石抽取热或热流体，从而使它们可以作为能源载体加以利用（参见文献/10–1/）。

1）完井。位于储层岩石内井的末端所需的直径由需要的地热流体量所决定，在 200m 和 300m 之间变动。

从钻井阶段开始，为了评价热储存提供能源的能力，应该进行特殊的测试（与地热储层水动力特性的评估相关）、测量和分析。最重要的因素是可能的生产率（production rate）和地热流体的温度。

一旦钻井完成，水力学条件通过效能测试被确定，生产和注入井配有地热流体生产和注入的套管。它们是整个地热流体回路抗腐蚀系统的组成部分。一般来说使用内部涂层的钢管或塑料管。

一旦生产泵低于水位被安装（在生产时建造），为防止腐蚀，井配有惰性气体（如氮气）。

2）测试与建模。对地热储层的流体动力学特性的评估被称为“测试”。为了通过测试评估地热储层的特性，在钻井开始，就需要确定储存的生产能力和渗透性、储存产生的地热流体的温度和压力、地热流体的化学特性和含气量，以及岩石的稳定性。

德国东南部地热供热站的经验显示，对于生产和注入井 50~100m³/h 的流速，需要砂岩储层（多孔隙的岩石储层）具有最小有用孔隙度为 20%~25%，最小渗透性为 0.5~1.0μm²，最小有效深度为 20m。

可能的注入指数（injection index）（也就是对于一个相关的地热体积流量定义的注入压力）可以产生于储层岩石的地球科学调查和进行的生产试验。这样可以避免一直具有损坏储层风险的注入试验（参见文献/10–7/）。

在钻井期间，用于被试验的储层的选择，是在测量井和对移除的储层岩石进行的实验之后进行的。从储层的每一岩层中抽取一定数量的地热流体。在获得结果的基础上，选择最具有前景的储层用于生产。一旦储能被决定之后，最后要进行与可能的生产和注入量有关的评估。

在钻井阶段和区域地质调查中获得的数据和参数使模型可以详细描述一个地

热供热站在地热生产过程中储层的水力学和热力学行为。最重要的信息是生产井中预期的水位（为了确定生产流量的技术可行性）和储层温度消耗的时间规模，后者用于检查地热供热站所需的技术生命周期。

许多数字模型可以模拟热储层的运行。需要的建模深度布置取决于动力学调查，也取决于对于热储层的具体了解程度，特别是在地热站规划阶段。对于热储层的广泛了解只能通过打开热储层和评估已经讨论过的试验来获得。这些知识对于模型的选择也有重要的影响。

地热储层内的地质断层、相邻储层和地层之间的相互作用形成了明显的框架条件，需要详细地建模。这只能在数字模拟的基础上通过这些变量的离散化提供。特别是对于长期行为的评估，需要考虑复杂地质情况的复杂的数字模型。

迄今为止，CFEST（耦合流动，能源和溶质传输）和 TOUGH（不饱和地下水和热的运输）的 3D 模型被认为是模拟地热相关问题的最合适的模型。如果在规划阶段，对于热储层的了解很少，或在具有均匀的参数分布的同质储层的情形下，2D 模型 CAGRA（计算机辅助地热储层助手）也是合适的（参见文献/10-8/）。

3）井下系统的设计。因为地热流体回路占到地热供热站投资的主要份额，调查的目的是发现比双井系统（见图 10-4）更加经济的解决办法。如果生产和

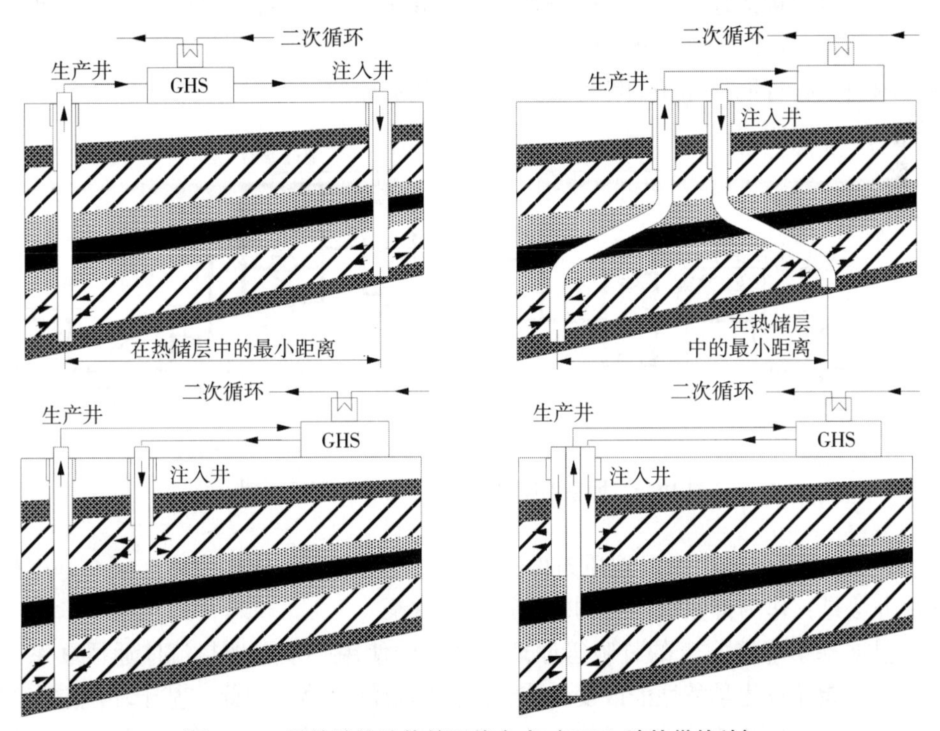

图 10-4 导输地热流体的可能方式（GHS–地热供热站）

注入井按照来自单个地点发散钻孔的方式钻进，地上管线的连接可以保持在最低水平。

如果在同一场地发现几个地热储层，同时开发一般来说是可能的。这样的系统布置可以使生产和注入井之间的距离最小。此外，诸如由于在公共游泳池内使用造成的带有污染地热流体的生产储层的破坏是不可能的。这种称为双层系统的限制是由于不存在质流平衡补偿，因此会导致储存内压力发生改变。经验说明，对于较低的 30~60m³/h 的生产量，地热流体的生产和注入可以在单个井内进行。

（3）地上部分。地上地热流体回路，也就是和生产和注入井相连的实际的地热供热站，将可用地热能和有明显地域和临时变化的热水和过程热等供热需求连接起来。地上供热流体回路必须满足以下需求：

- 地热流体的生产和转移。
- 二次热循环的热转移。
- 保证合理注入水质量的地热流体的处理。
- 注入之前的升压。
- 地热流体的注入。
- 过程安全。

下面讨论包括地上工厂具体外观、大小和运行的描述，以及对于主要部件的图示。图 10-5 是总体系统布局的图解。但是，我们需要记住，系统布局很大程度上取决于各自地热储层的特性及抽取的地热流体的特性。

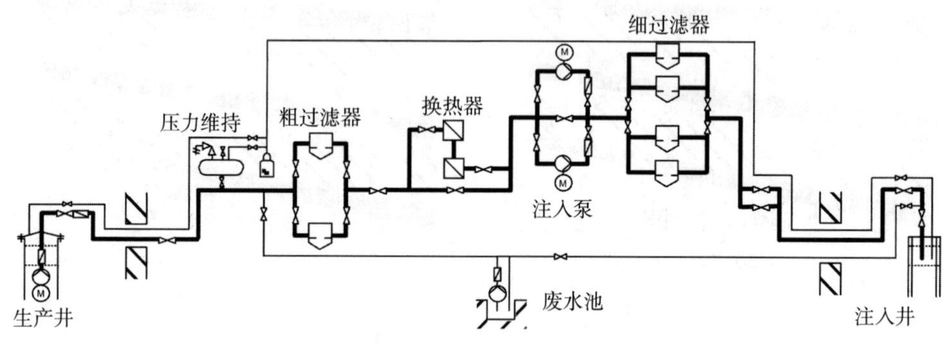

图 10-5 地热流体回路的地上部分的运行原理

1）地热流体的生产。地质条件经常需要使用泵产生地热流体。两个基本的解决办法是：作为虹吸管运行的气举或者机械泵。

根据基于环境空气的虹吸管原理，气举的使用必须和地热流体通风联系起来。这可能导致化学特性的改变，或许产生固定沉淀物。因此，基于环境空气的气举限于在地热井的钻井阶段执行的试验。由于它的高成本，基于惰性气体（如氮）的气举也不作为连续运行的实际解决办法。

这就是在地热流体的生产中，迄今无一例外地在生产井的水位之下安装和使用泵的原因。

如果低的安装深度是可能的，使用井下长轴传动泵（borehole shaft pump）。对于这样的单元，驱动装置位于地上，通过一个轴和泵连接。因为这一原因，通过截面的全部钻孔可用来抽取热流。

对于较高的安装深度，使用井下马达泵（borehole motor pump）。它们最适合由电力驱动的引擎供给动力。涡轮泵也可以通过地热流的迁移量所驱动，地热流在地面被压缩，然后泵送到地面之下的涡轮/泵送单元。在这种情形下，井套管和涡轮进料管（feed pipe）之间的环柱被用于泵送地面上的地热流体。

这一井下马达泵通常由一组泵、保护装置和引擎组成。泵安装在生产井内低于地热流体水位之下。需要的能量通过水泥套管和生产管之间的环形截面内的线缆提供。

泵通常是多阶段离心泵，泵送阶段的数量和要克服的高度差及影响体积流的叶轮设计有关。在多数情况下，使用三相异步电动机。特殊等级的油确保电动机线圈的绝缘、电动机轴承的润滑和电机外壳的热传送。内部的油压随着在不同温度下电动机油充填量的变化而变化（启动和停止电动机）。为了阻止水进入电机，泵装备有使地热流体进口压力和内部油压之间补偿的压力补偿系统。保护装置通常具有阻止水进入电动机的串联系统，它利用了地热流体和油之间存在的密度差。

需要的泵安装深度取决于在泵运行期间预期的水位的最大降低量，以及需要的最小浸入深度。在泵的运行期间（即地热流的生产期间），水位下落到空闲水平之下，和运送的体积流有关。原因是钻孔底部和泵入口之间的摩擦压力损失，以及不受影响的储层和井下过滤器内部之间的压力减少。此外，由于井内液柱与温度相关的密度变化，水位也会变化。

地热流体水平和井口之间所需的生产水平决定泵尺寸。此外，必须要考虑生产管道内的压力损失，以确保系统地上部分所需的流量。如果生产的地热流包含大量的气体，起泡点必须要低于泵的安装深度。这些取决于地质条件、完井和泵类型，安装深度可能在100~400m甚至更多范围内变化。

为了使地热流的生产满足给定的热需求，泵通过电动马达每分钟的转速（rpm）变化来控制。尽管地热供热站应该优先在基础负荷水平运行，即以连续的体积流运行，下面的控制技术也是推荐的。

- 允许对于储层条件的变化做出反应。
- 确保供热站运行的顺利启动和关闭。
- 根据由于增加过滤器负荷产生的逐渐增加压力损失，考虑地上供热站特性的变化。

2）回灌水的质量保证。冷却的地热流体的回灌和过滤是相似的（即地热流体泵送通过注入井、被钻井操作影响的储层岩石或者未被扰动的储层岩石）。因此，必须做到要么防止微粒物质进入储层，要么至少使其延迟进入储层。

在未被影响的储层中，有一个地热流和岩石之间的化学平衡。然而，在地热供热站内进行的地热流循环，平衡可能因压力和稳定的变化而被打破。这一情况会在下列情形下发生：

• 在抽取过程中的压力释放。

• 温度的降低和/或可能的氧气进入地上的地热流体回路中。

• 在回灌期间的压力的升高。

• 来自生产井的地热流体和在化学特性可能并不一致的注入井的地热流体的混合。

• 温度的升高。

由于压力的释放，额外的排气可能在生产过程中发生，导致 pH 值和氧化还原电位发生变化。氧化还原电位可以通过氧化作用额外升高。

预先确定的回灌地热流体的质量可以通过避免流经整个地热供热站的地热流体循环的可能污染，或者通过回灌水的过滤加以保证。两种选择简要介绍如下：

• 避免回灌地热流体的污染。大部分地热流体是带有少量未溶解气体的高度合成、高含盐和未饱和溶液。在大多数情况下，可溶盐的析出是不可能的。地球化学模型已经说明，只要地热流体和外来水的混合被阻止，用作能量载体的地热流体只受到铁沉淀的影响。在地上地热流的循环中，不希望有硫酸盐、碳酸和硅酸盐沉淀。为了达到这一点，整个地热流系统必须要不惜一切手段不让氧气渗入，这也会额外地阻止腐蚀。因此，总体系统在运行期间和空闲模式时，必须维持在长久的过压之下。为了达到这一目标，必须要安装非常尖端的气体保护系统。此外，已经观察到的因地热流体内的微生物活动产生的化学变化可能也会造成颗粒物质的合成（从而发生沉淀）。特别地，细菌诱发的硫化氢的形成会导致 pH 值发生改变，从而导致硫化物的沉淀。同时，细菌是有机物质，因此会加大颗粒物的污染。此外，在启动阶段，微量的油和润滑脂（如来自钻孔马达泵）可能进入地热流体循环，必须要采取适当的措施阻止这种情况的发生。

• 回灌地热流体的过滤。在所有过程控制防护行动之外，回灌的储层必须要持续地通过注入地热流体的过滤加入保护。在地热流体回路地上部分运行的适当的过滤器可以确保预定的颗粒物类型良好的分离，从而确保良好的净化。

3）热传输。含在生产的地热流体中的热需要尽可能以高效和低成本的方式传输到供热系统或加热水。为了达到这一目的，主要使用螺旋板式换热器，它主要有以下好处：

- 两种介质之间相当于 1k 的低温度差。
- 高热传输系数。
- 低建筑体积和质量。
- 对于相当于 16bar 的常见的地热压力的足够的耐压性。
- 由于容易拆解，板表面易于维护。

主要使用由钛制成的换热器，因为这种材料对于高腐蚀性地热流体具有高度耐腐蚀性。

为了避免地热流体进入热水回路中（如在渗漏情况下），换热器在供热系统一侧过压运行。在这种（不可能或无效率）情况下，需要采取其他措施（如通过测量导电性长久地监控热水，在两种介质之间安装双墙换热器。然而，这将会大幅度地损害热传输特性）。

4）防腐蚀和适用的材料。从操作安全性、环境保护和成本效率的角度，在地热流体回路中使用的设备必须要满足特定的要求。

- 由于腐蚀产生的壁孔和因而导致的环境污染需要努力地加以防止。
- 腐蚀物质随着地热流体回灌会损害储层，从而需要增加过滤要求。

除了描述的氧气排除，材料的慎重选择也很重要。

一些地热流体含氧少，但是富含侵蚀性碳酸。此外，腐蚀主要是由氯离子控制。这些情况下一旦氧气进入系统，腐蚀变得不可控。采用合金或基本合金钢的经验说明，例如，因很少的氧气进入，与流量相关的 0.05~2.0mm/a 的腐蚀就会发生。这种材料的去除不是平均分布在整个表面。很小的薄层被去除，从而留下一个有疤痕的表面。

然而，有一个大范围材料可以用作地热流体回路。对于材料的选择主要由地热流体的性质和温度、材料的抗压能力及所需的材料制造决定。例如，塑料、复合材料（塑料/玻璃纤维）、涂有和包裹橡胶金属和锆合金钢的几种组合是适合的。除了地热流体回路的要求之外，单个组件如传感器和它们的连接、配件和密封材料的需求也要认真地加以考虑。

5）渗漏的监控。保护系统不发生渗漏和在渗漏发生后快速地控制地热流是很重要的。下面的组合必须要拥有：

- 抗腐蚀套管材料。
- 安全的套管技术（稳定的套管连接，双套管技术等）。
- 渗漏监控装置（它们必须要确保永久控制，以及精确地和可靠地快速探测出甚至很小的渗漏）。

除了与换热器有关的地热流系统的观测，对于埋藏最深的生产和注入管、供热站和生产及注入井的连接的监控需要特别注意。为了达到这一目的，要应用为区域供热系统最初开发的控制系统，但是，需要双套管设施防止湿气进入控制区段。另外，可以采用无线监控过程。

6）溢出系统。溢出系统收集地热流回路外面的地热流。这一系统回收这些流体并输送它们回到循环管道中。溢出水产生于：

- 在第一次启动和长期的停止之后洗涤生产井和地上系统。
- 过滤器的更换。
- 修理。
- 套管系统的排空。
- 在诸如泵和过滤器密封时。
- 整体系统的渗漏。

主要的溢出容器位于最接近回灌井的位置。这一容器被设计用于在启动操作期间能够保护回灌井内储层岩石而吸收大量的被阻止的热流体。此外，它装备有回收颗粒物质的沉积罐。

另外的溢出容器位于其他的总体地热供热站的操作位置。它们需要收集地面吸收的渗漏。

7）地热流的回灌。在地热流回灌入储层岩石期间，需要克服回灌井套管内的回灌井压力损失。对于回灌井和未受影响储层之间所需要的过压也是如此。给定配置，这两个变量取决于流量。

在停止期间，地热流在回灌井内达到一个特定的水位。这一水位取决于井内地热流的温度和密度。然而，在供热站运行期间，回灌井内的水位随着给定压力损失而上升。流量达到一定水平，在井口存在负压的风险，必须要采取合理的措施（诸如井内安装底阀）避免这种情况的发生。

如果回灌的流量继续增加，井口的要求压力能够加强到一定的水平。这一压力水平通过由安装在生产井内的钻孔马达泵建立的压力和地上总体系统的允许的压力水平（大多数情况下相当于5bar）事先决定。只需要更高的压力，注入泵和接近回灌井的地热流体回路集成在一起。在这些情况下，泵的管道下游必须要为这一压力设计。

（4）区域供热系统。除了工业用户供应之外，和区域供热系统相连的以高的低温热需求为特征的家庭用户能够使用地热进行空间供暖和生活用热水供应。为了这一目的，通常采用配备有 1 条、2 条、3 条或 4 条线的以水运行的区域供热系统。但是，两线系统目前是主流的。

区域供热系统的技术结构主要由给定的城市条件（比如房屋和路线的安排）、供热网的规模和保持供热网运行的（地热）供热站的数量所决定。图 10-6 显示了典型区域供热系统的不同类型：辐射状、环状和网状的网络。

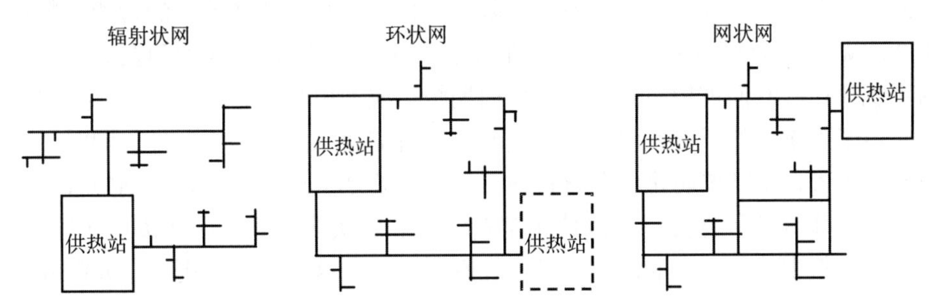

图 10–6 区域供热系统的主要配送网络

资料来源：文献/10–2/。

虽然环形网络允许将几个供热站合并在一起，但是一般来说它们和其他类型的网络相比更加费钱，因为它们的管道线路长度和环线的标称直径相对较大。不过，这一劣势可以通过高供给可靠性和非常良好的扩展性所补偿。但是，由于实现这样一个环形网络需要高投资成本，它们只适合于大型到巨型的供热配送网络。对于小型和中型的区域供热系统，辐射状的网络——典型的地热能利用的网络类型——更加适合，因为和环形网络相比减少的管线长度使投资成本大幅度降低（参考文献/10–2/）。

对于次级的配送和房屋连接也有不同的可使用的系统。一种选择是将每个客户单个地连接到网络。另外，从一座房屋到另外一座房屋的线路是可能的。第一种方式具有高度的灵活性，对于部分开发的地区尤为适用。在建筑物密集的地区，从一座房屋到另外一座房屋的路线更加经济。在后一种情况，房屋被一起分组，但是只有一座房屋和配送管线相连，所有剩下的房屋和这座房屋相连，以便到主配送管线需要更少的连接（见图 10–7）。通常，通过采用两种配送类型的结合可以同时从两种类型的优点受益。

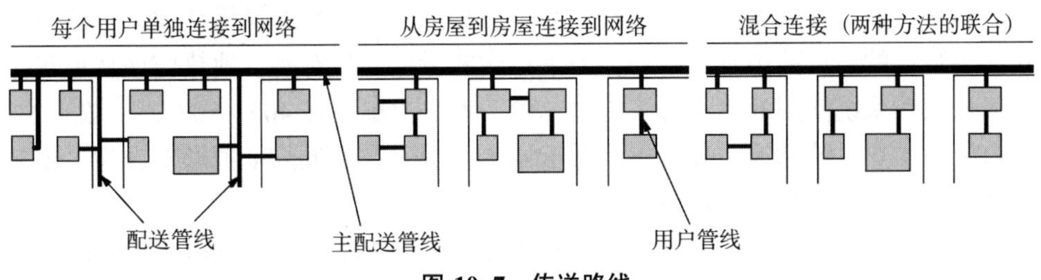

图 10–7 传送路线

资料来源：文献/10–2/。

供热系统主要装置类型是地上安装的管线以及通过导管内的管线，或者直接在地下的管线（所谓的无导管线（ductless lines））。地上管线是以视觉效果为特征的，可能限制在人口密集区域的有限空间使用。直接铺在地下的管线一般在低于 20MW 的热容量范围内流行（对于地热系统非常典型），因为和在导管中安装的系统相比，它们占用空间小、安装周期短、成本相对较低。

由于土壤内的湿度，耐腐蚀是热配送系统需要满足的主要条件。同时，为了限制热损失，也需要防止保温材料被湿润。主要地，要使用装备有钢中管的塑料外壳管。作为一种选择，可以使用塑料中管。就次线路和房屋连接灵活性来说，金属或塑料中管是适合的，它们是从线圈铺设的。这种管铺设更快，并能降低损坏的风险。

最后一点重要的是，房屋分站需要连接区域供热系统到房屋内已经存在的供热系统。这种分站在一个标准化的设计中可获得，配有所有需要连接建筑物到区域供热系统的附件。可以区分为直接分站和间接分站。

- 在直接分站中，来自区域供热系统的热水流经所有安装在每个房屋内的热配送系统的部件。温度通过简单加入更加凉的水加以控制，在大多数情况下，和间接系统相比，直接系统成本效率更高（参见文献/10-2/）。
- 间接系统是以一个位于区域供热系统和安装在每个房屋内的热配送系统之间的换热器为特征的。这种间接系统的主要好处在于房屋热配送系统和区域供热系统的压力条件和水特性的独立性。

（5）总体系统布置。由于利用地热能资源的高投资成本，一般来说，地热供热站需要和大型的区域供热系统相连。出于这一原因，在考虑地热供应之前，建议首先检查在规划地点建立或扩展一个区域供热系统的所有机会。一个 5MW 热容量的供应系统在大多数情形下构成一个主要家庭用户的下线。如果有一个设定满负荷小时的高容量热需求的满意的年负荷持续曲线（如通过一家大公司运行移位操作（shift-operation），和/或地热流体被（部分）用于原材料（像为了矿物水或温泉的生产），这种情况可能会发生变化。

地热供热站在基本负荷上运行。为了获得一个热容量的最优绩效，目的总是获得多数量的满负荷小时。此外，为了达到能量上的最有效，地热应该从地热流到区域供热系统使用的热水直接传送。由于地热流温度在 40℃~80℃，一般来说，来自区域供热系统的返回温度应该低于 40℃。只有在更低温度情形下，为了地热流体额外冷却才应该使用热泵。

图 10-8 显示了以成本有效的方法提供基本和高峰负荷的地热供热站的一些例子。根据这些，工厂可以由一个或几个用于直接热传送的换热器组成。可选择的是，热泵可以根据地热流温度集成在总体系统中。在这一情形中，可以使用吸收热泵、电动热泵和配备有燃气机的压缩热泵（见 9.2 节）。采用的技术由特定

地点具体情况、化石燃料以及特定场地电力和燃料之间价格关系所决定。

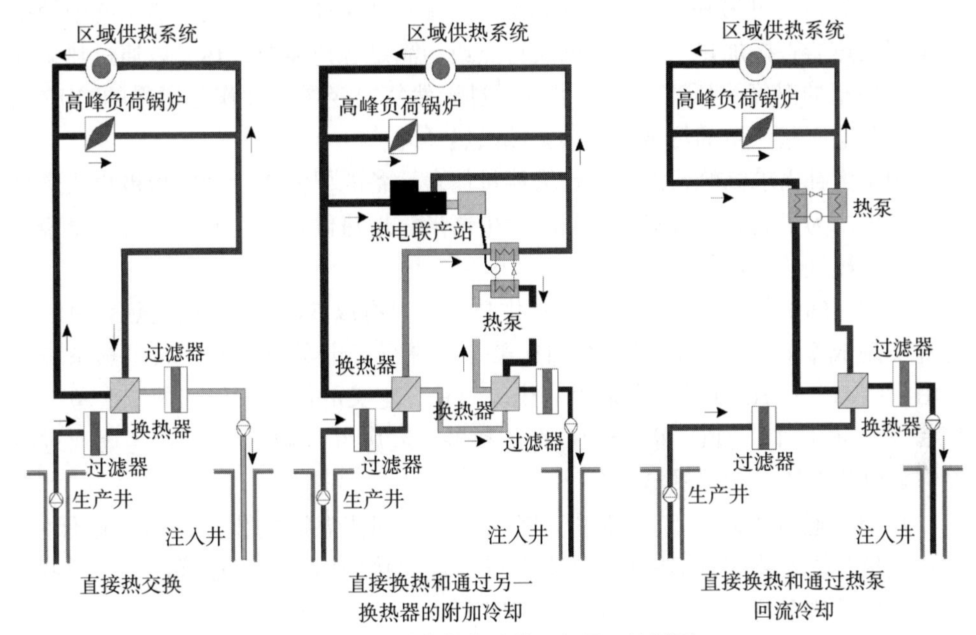

图 10-8 地热供热站的运行原理的例子

资料来源：文献/10-2/。

当前，由于将锅炉作为高峰负荷的热水器可以在空间（尺寸）上成本有效，锅炉驱动达到吸收热泵是首选。锅炉因此可以在地热流回路发生故障时实现热的供给。

许多地热供热站配有一个热电联产（CHP）站。这种系统满足 80~200kW 的大量满负荷小时的地热流生产和回灌的电力需求，额外生产的热可以输送到总体系统中。

一般来说，由化石能源（如轻质热油、天然气）支撑的高峰负荷和备用锅炉完成了整个供热系统。因此，锅炉根据总体最大热负荷设计。

地热供热站是根据特定的场地要求设计的。由于存在多种影响因素［诸如地热资源的特征、地热流体的特性、需求和客户行为、（已存在）供热网络参数、受地域影响的化石或再生能源的价格、设备操作员的组织结构］，一般的报告只能作为参考值使用。

10.1.2 经济和环境分析

下面的部分选择一些水—地热供热站进行经济和环境分析。

（1）经济分析。对于所有分析的地热供热站来说，地热流通过一个井提供，在冷却之后，通过另外一个井被压入储层（见图 10-1）。在区域供热系统中使用的水用换热器直接加热。如果因储层特点或为满足客户需要，热可以通过热泵提高到所期望的温度。所需的电力可以通过天然气或轻燃料油作为燃料的 CHP 站提供，和电一起产生的热被输送入区域供热系统。

为了弥补需求高峰或波动，作为能量储存设备的保温水罐经常地被集成进总体系统中。为了满足高峰需求或故障发生情形，地热供热工厂通常配有基于轻质燃油或天然气的高峰负荷站。

提供空间供热或生活热水的地热供热工厂只有以 5MW 或更高的热容量运行才能实现成本效益。满足需求案例在第 1 章进行了定义。只有区域供热系统Ⅱ（DH-Ⅱ）和（DH-Ⅲ）适合采用地热。但是，定义的需求案例（即三个单个家庭房屋（SFH-Ⅰ，SFH-Ⅱ，SFH-Ⅲ）和多家庭房屋（MFH））已经考虑通过两个区域供热系统进行热供给。

热配送通过平均 70℃的流量温度和 50℃的回流温度的供热网络加以保障。区域供热系统安装配有钢中管的塑料护套管和间接的用户网络连接设计。后者额外配有生活热水的中间储存（80%的利用率）。

• 参考系统 DH-Ⅱ。地热供热工厂装备有总体深度分别为 2450m 和 2350m 的一个生产井和一个回灌井，两个井之间相聚 1500m（见表 10-1）。用于能量供应的地热流体温度大约为 100℃。根据实际的热负荷，通过生产井生产的地热流体为 30~60m³/h，并输送到供热厂。生产和回灌井通过玻璃纤维加强型塑料的管路连接到供热站。在地热供热站，通过各自最大热容量为 1700kW 的两个负荷控制的钛平板换热器供热，换热器以中间回路的方式集成到总体系统中。这允许地热流体参数“温度”和“质流”与区域供热系统要求的热容量达到最佳温度匹配。全年提供的大约 85%的热通过地热流体满足，而剩余 15% 通过轻质燃料油做燃料的高峰负荷供热提供。地热供热站设计为大约 5MW 的热容量，其中 3.5MW 直接产生于地热流体。生产的热根据表 10-1 定义的供热网络加以配送。

表 10-1　参考地热工厂的技术数据

区域供热系统		DH-Ⅰ	DH-Ⅲ
热需求	GJ/a[a]	26000	52000
供热站的热	GJ/a[b]	32200	64400
地热占的份额	%	85	50.6[c]
基本负荷供热站			
地热容量	MW	3.4	2.1[c]

续表

区域供热系统		DH-Ⅰ	DH-Ⅲ
无地热供热站	GJ/a	27400	32600[c]
生产温度	℃	100	62
最高流速	m^3/h	60	72
生产/注入井深度	M	2450/2350	1300/1250
辅助单元			CHP 站/热泵[d]
高峰负荷供热站			
燃料		轻质燃油	天然气
燃烧炉技术		低氮氧化物	低氮氧化物
热容量	MW	5	2×5
锅炉效率	%	92	92
区域供热网络			
长度	M	6000	2×6000
输入/返回温度[e]	℃	70/50	70/50
网络效率	%	85	85
房屋分站效率[f]	%	95	95

注：a 表示连接到区域供热系统的用户热需求（见第 1.3 节）；b 表示包括热配送网络和房屋分站/热水中间存储的损失；c 表示直接热传输和通过热泵提供的地热份额；d 表示两个天然气作燃料的 CHP 站，每个 CHP 站参数（630kW 热容量，450kW 电力容量，热/电效率分别为 52%和 38%），电动机驱动的热泵（在热容量为 1450kW 时功效系数为 4）；e 表示年度平均；f 表示平均效率（80%生活热水系统和 98%的空间供热系统；包括热配送网络和建筑分站的热损失）。

• 参考系统 DH-Ⅲ。对于这一系统，从位于 1300m 深度的储层中生产温度为 62℃的地热流体。地热流体通过安装在生产井（见表 10-1）内深度 390m 的钻井泵以 $72m^3/h$ 的体积流量输送。随后，地热流体被泵送到地热供热站，在那里，根据具体的运行条件，通过换热器抽取 450~1400kW 的热容量。假设可以加热区域供热系统中的热传输介质到 70℃，由电力驱动具有 1450kW 热容量的双热泵随后冷却地热流体到大约 25℃。接着，被冷却的地热流体被回灌到深度大约为 1250m 的储层。热泵和其他辅助单元（如泵）运行所需的电力部分地通过一个热容量为 630kW 的两个天然气为燃料的 CHP 站所提供。除电能外，额外产生的热用于区域供热网络中。为了满足峰值需求，并确保在地热部件发生故障时的热供给，两个天然气做燃料的锅炉被集成在总体系统之中。对于安装热容量 10MW 的地热供热厂，约一半（50.6%）的年度热需求通过地热满足（直接热传送和通过热泵提供地热）。和来自 CHP 站与通过热泵提供的总体热一起，这一系统满足总体年热需求的几乎 85%。剩余的 15%通过天然气做燃料的高峰负荷供热站提供。通过两个独立运行的区域供热系统配送热见表 10–1。

下面讨论这些地热供热站投资和运行成本以及热生产成本。

特定场地影响因素和地区条件（诸如温度、盐度、地热流体生产率、当地用户结构和需求行为）导致地热供热系统设计会有很大的不同。这种不同会导致显著不同的地热供热工厂成本。由于这些不确定性，所以下面总结的成本只是描述一般情况下的大小。这也是依据个体案例可以获得或多或少的合适的热生产成本的原因。

1）投资。除了应用的技术，地热供热工厂的投资成本（见表 10–2）主要受系统规模的影响。成本一般随着工厂规模增加而下降。从根本上来说，生产和注入井的成本占地热供热工厂总体成本的主要部分。

表 10–2　提供生活热水和空间供热的地热/化石系统内地热工厂组件、区域供热网络内热配送的投资和运行成本，以及热生产成本

系统		DH–Ⅰ				DH–Ⅲ			
地热容量	MW	3.3				1.45			
地热热供应	GJ/a[a]	22100				26300			
总热供应	GJ/a	26000				52000			
地热占的份额	%	85				50.6			
供应案例		SFH–Ⅰ[b]	SFH–Ⅱ[c]	SFH–Ⅲ[d]	MFH[e]	SFH–Ⅰ[b]	SFH–Ⅱ[c]	SFH–Ⅲ[d]	MFHe
热需求		32.7	55.7	118.7	496.1	32.7	55.7	118.7	496.1
地热供热站									
生产井	Mio.€	2.5				1.7			
回灌井	Mio.€	2.5				1.7			
换热器	Mio.€	0.034				0.014			
热泵	Mio.€					0.22			
CHP 站	Mio.€					0.32			
高峰负荷热	Mio.€	0.45				0.72			
建筑	Mio.€	0.20				0.33			
杂项	Mio.€	1.74				1.66			
区域供热系统	Mio.€	2.31				4.62			
总计	Mio.€	9.73				11.28			
运行成本	Mio.€/a	0.13				0.16			
燃料成本	Mio.€/a	0.06				0.75			

续表

系统		DH-Ⅰ				DH-Ⅲ			
建筑连接									
投资成本	€	5520	5810	7120	13440	5520	5810	7120	13440
运行成本	€/a	102	107	129	237	102	107	129	237
热生产成本	€/a	49.9	44.1	40.0	35.8	48.7	42.8	38.8	35.8
	€/kWh	0.18	0.16	0.14	0.13	0.18	0.15	0.14	0.13

注：a 表示因区域供热网络、房屋分站和热水储存中间系统的总体热供应中地热所占份额，不包括热损失；b 表示低能独户式房屋（SFH-Ⅰ）；c 表示装备有最新热保温技术的独户式房屋（SFH-Ⅱ）；d 表示装备有一般热保温技术的独户老式房屋（SFH-Ⅲ）；e 表示多家庭房屋（MFH）；SFH-Ⅰ、SFH-Ⅱ、SFH-Ⅲ、MFH 的定义分别见表 1-1 和 1.3 节。

除了生产和注入井，地热供热站的主要部件是生产和注入泵、换热器、过滤器和溢出系统。如果地热流体温度相对于区域供热系统温度水平来说太低的话，就额外需要热泵。

在研究的两个案例中，两井占投资成本的比例大约为 51%和 30%（案例分别为 DH-Ⅱ和 DH-Ⅲ）。根据井的深度，生产和注入井的钻井成本会有很大的变化；对于平均地质条件来说，大约为 1000€/m。

依据管线尺寸、场地条件（如岩石或砂地层）和处理结构，区域供热网络的成本可能会有大幅度变化。但是，一个适合于地热供热站的区域供热网络的平均价格大约为 385€/m。根据表 10-2，房屋分站的投资成本包括供热网和建筑物之间连接成本和建筑物内费用（如生活温水储存）。

剩余的成本诸如地上地热流体回路的过滤器和溢出系统以及供热厂的规划对总体投资成本的影响较小。这种情况对于换热器以及建设成本（包括土地的建筑）也是如此。

给出的来自地热供热、为满足高峰负荷的化石燃料能源的成本还包括高峰负荷供热厂（包括锅炉、燃烧炉、燃料储存或天然气的连接）的成本，以及 CHP 站和热泵的成本（见表 10-2）。然而，相对于总成本来说，它们只占很小部分，分别仅占 4%和 11%。

2）运行成本。如果电能不是从地热供热厂内生产，运行费用（见表 10-2）包括修理和维护、员工、保险和电力（例如用于地热流体循环和热泵驱动的需要）的成本。但是，当和投资成本相比，它们是相对较低的（见表 10-2）。地热/化石系统的燃料成本在表 10-2 中分开列示。

3）热生产成本。在利率为 4.5%和技术生命的折旧周期的基础上，表 10-1 描述了参考工厂的热生产成本计算结果（见表 10-2）。

就技术生命周期来说，采用下面的假设：所有地热厂组件为 30 年，建筑和区域供热网络为 50 年，房屋分站、热泵和高峰负荷锅炉为 20 年，CHP 站为 15 年。

依照这些假设，根据地热能占总体热供给的份额、工厂规模和房屋分站的容量，热生产成本在 36~50€/GJ（见表 10–2）。

这些热供应成本涉及基于地热和化石资源联合热供应的总的热生产成本。之所以如此，是因为根据工厂设计，基础负荷通过地热能满足，而高峰负荷由化石燃料能提供（DH–Ⅱ和 DH–Ⅲ）。对于 DH–Ⅲ系统，额外一部分基本和高峰负荷热由 CHP 站和热泵提供（DH–Ⅲ）。没有化石燃料能使用的地热供热系统热生产成本将会增加很多，因为地热工厂组件又必须要额外满足高峰需求，导致地热部分满负荷小时的减少，从而也会导致地热资源提供热的减少。

总之，热生产成本随着工厂规模的增加而下降。由于利用地热资源相对较高的投资成本，相对较小热容的供热工厂是以相对较高的投资成本为特征的。同时，配有深井和直接热传送的小型供热站的热生产成本和用热泵补充的相对浅井的供热系统相比更高。所以，根据这里的假设，热泵的使用比更深井成本上更有优势。这种情况可能会随着从电网购买的电力成本和/或化石燃料能源成本的增加有变化。

热生产成本根据具体场地条件受到许多因素的影响，必须从最小化总体系统成本角度加以优化。热成本可以通过钻井成本的下降、供热网络和供热厂配置的优化进一步减少。

为了更好地估计和评价影响描述的热生产成本的不同因素，图 10–9 说明了和 8kW 热需求的房屋连接（SFH–Ⅱ）能够满足高峰热负荷的地热供应系统的主要敏感性参数的变化。假定房屋分站成本是固定的。同时，85%的热效率保持不变。

因此，投资成本和满负荷小时是影响热供应成本的最主要因素。满负荷和因此产生的不能使用的热在没有其他框架条件（诸如安装的热容）变化情况下，随着客户显示的需求行为和这里假定的家庭客户不同而可能会发生改变。对于在整个年度中具有恒定热需求的工业企业（如乳制品企业）的热供应允许大幅度增加提供的热（即满负荷小时数）和相应地降低热生产成本（见图 10–9）。利率和折旧期间也会对地热供应系统的生产成本有重要影响。相对来说，运行和燃料成本的影响微弱。

（2）环境分析。与任何其他形式的地质技术利用形式一样，热液能生产对于地球的上地壳的自然平衡构成干涉。这种干涉造成能量和物质变化、力学断裂事件和在一个较低的程度的物质流的位移（参见文献/10–3/）。但是，由于热液热开

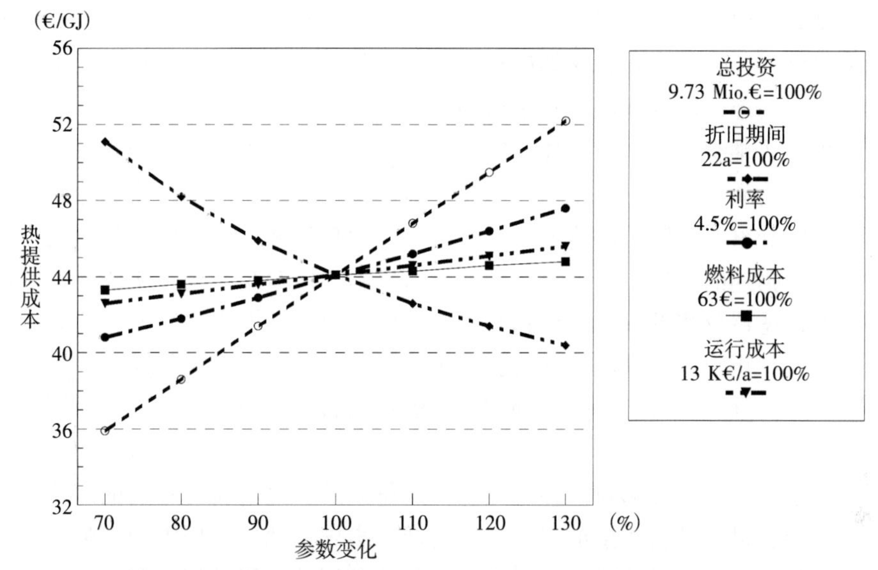

图 10–9 根据具有 8kW 热容的供应案例 SFH–Ⅱ，主要参数变化对于地热/化石燃料支撑的热供应系统（DH–Ⅱ）热生产成本的影响（与所有工厂组件平均折旧周期相应的 22 年的折旧年限，房屋分站不变化；见表 10–2）

发不产生空腔，和油田或露天开矿相比，对环境的影响小得多。

在这一基础上，就热液能的利用来说，下面的环境影响可以辨认（参见文献/10–5/）。为了达到这一目的，可以区分为地热供热站的建设、正常运行和可能的事故（故障）与终止运行。

1）建设。对于钻井来说，采用和矿物油及天然气的开发或利用及采水一样的程序。但是，当建设一个热液工厂时，这一程序和最大环境危险相连接。由于井的深度达到 3000m 或更多，存在不同地层和含水层各自有液压短路（hydraulic short circuit）的危险。但是，通过遵守为油和天然气工业开发制定的相应的规定，由于这一短路而产生的环境影响可以降低到最小。只是在钻井期间中等的可感知的噪声会在有限时间的过程中发生，但不会在地热供热厂的运行期间发生。由于器材使用、钻井泥的中间储存、钻井平台的空间占用产生的其他环境影响等，可以限制在短期和特定场地内。在钻井及完井之后，井口周围区域可以恢复到区域原始状态。

2）正常运行。在热液供热厂的正常运行期间，没有物质或颗粒排放。在地热厂的场地上的供热站运行期间，所有可能释放的排放物是由以化石燃料为动力的工厂构件或高峰负荷锅炉产生。

在地热供热站运行期间，使用含水层内的水平衡从理论上来说会由于不合理的回灌受到影响。这可能导致空隙压力的改变，随之后果是通过小级别的地震可能产生微震。但是，这一影响在过去很少发生。同时，含水层的冷却可能导致随之而来的储层化学的变化，比如矿物沉淀。但是，由于含水层距地面较远，一般不和生物层相连，迄今还没有对于植物群和动物群影响的报道。

此外，可能会释放诸如 CH_4、NH_3、H_2S、CO_2 等气体，也可能通过地下流体循环排出矿物质。但是，由于地热流体在地热供热站的封闭回路中运输，在正常的运行期间观察不到物质的排放。这种情况在地热流体用于浴疗目的时会有所不同。但是，描述的影响可以通过合理的技术措施加以避免。通过集成在地热流体回路中的过滤器分离的固体沉淀物必须要根据适用的规定进行处理。

因此，在正常运行期间，环境影响主要限制在对开发的热储层中上层和底层(即岩石床的上面和下面)、生产和注入井周围的岩石的热效应，以及长期运行中的地质力学影响。

- 对于含水层的热影响。在地热工厂运行期间，通过将冷却后的地热流体回灌到含水层，最初的含水层的温度持续降低，会导致储层和周围地层临时性变化的温度梯度（参见文献/10-5/）。结果热流从覆盖层传导到储层，部分地重新加热回灌的水，同时冷却覆盖层。周围岩石内的温度变化的计算已经说明，在 30 年后，最糟糕的情形是，只有 160m 的深度才受到热的影响，而在井周围达到 70m 的深度才能观察到温度减少超过 10K（参见文献/10-5/）。此外，没有观察到由于地下温度的下降对生物层造成的直接的环境影响，也没有储层以下任何有机生命可能受到影响的报道。
- 对井周围岩石的热影响。井传输热或冷给环境，并对环境产生热影响。对用于诺依施塔特/德国地热供热站的一个典型井周围的分析显示，在运行初期对于环境的直接热传输的最高值达到 230kW，在 30 年的运行后达到 180kW。在这一期间之后，假定供热没有中断，以流体温度比未扰动的岩石温度比率表示的热影响达到井周围 60m 的半径。在 10m 距离热影响将下降到 56%，在 20m 的距离将下降到 34%。因此，不存在因热井产生的深远的热影响。此外，只有井的环形区域可能会对植物和动物圈产生轻微的影响。但是，这一影响直到现在还没有被观察到。
- 地质力学影响。在注入井周围，随着注入的进行，冷水区域会在含水层内铺开。这可能会导致更深地下层的收缩，从理论上这将会减少层的厚度和造成地面的沉降。但是，模拟已经显示，如果这一沉降发生，它只会有微弱的影响，并只有在经过很长时间之后发生。根据这些调查，这种收缩达到大约 1~3mm/100m 含水层厚。和深层采硬煤和铁矿或为了矿物油或天然气的开发中常见的沉降，以及建筑物地基的处理发生沉降相比，在地热生产过程中观察到的这一影响几乎可以忽略。同时，在后运行（post-operation）期间，地质力学的影响不会发生（参见文献/10–5/）。因此，对于地面的影响，例如导致建筑物基础结构变坏是非常不可能的。

总之，在热液供热工厂正常运行期间的环境影响要么很低，要么与以化石燃料做动力的工厂相当（即对于景观和覆盖面的影响）。

3）故障。在发生故障的情况下，热的地热流体可能渗入地球表面。由于在一些储层中观察到具有较高的盐分，如果地热流体排放进入地表水，可能造成植物和生物圈环境的恶化。但是，通过合理地规划和监控（比如泄漏监控系统、压力平衡、溢出系统等），上述风险可以在相当大的程度上得以降低。理论上来说，如果由于地热流体较高的矿物含量，采用有害的化学制品避免管线中发生沉淀和阻塞，进一步的环境影响可能发生。然而，由于化学物品随后和冷却的地下流体一起被运输回地下，从当前知识来看，相应的环境影响是有限的。此外，有害物质由于电力部件（如电缆）起火可能会释放到环境中。但是，这些火对于地热工厂来说不是特有的，可以通过遵守相关火灾保护指南加以避免。

4）运行的终止。为了避免与终止运行有关的对于环境的有害影响，对井进行合理密封是非常重要的。钻孔的密封必须要排除有害物质从表面渗入洞中和任何不同地层短的水力回路。和传统机械部件处理因广泛法律指南还具有相对较小的环境影响一样，采用工厂的部件的处理不会产生额外的环境问题。

10.2　通过深井的热供应

如果地热流体不能通过深井加以利用，钻井还可以通过地热深井的方式加以利用；地热深井的功能和近地表的地热探针的功能相似（见 9.2 节）。因此，下面的段落包含地热深井技术的简要描述。随后，讨论经济和环境影响方面。

10.2.1　技术描述

为了以深井的方式开发储存在地下的热能，需要下套管的钻井（见 10.1 节）。此外，井必须要装备有双同轴套管。为了接触深部地下的热，通过生产管和井管（well casing）之间的环形截面，从地上往地下泵送热传输介质。从井的底部，加热后的热介质在生产井内抽回到地面（见图 10–10）。井管对于基岩来说是完全密封的（即封闭系统）。

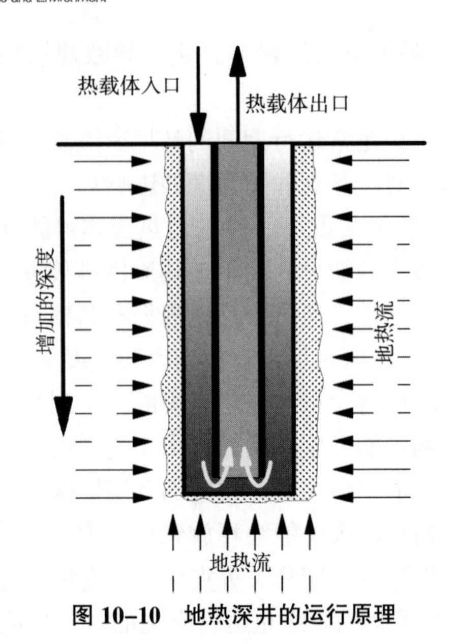

图 10-10　地热深井的运行原理

随着深度增加，岩石温度按地热梯度同比例上升，热传输介质在钻井底部的途中被加热，从而从地下抽取能量，使地热从技术上可以利用。但是，抽取的地下热量是通过自然地热流（平均 65mW/m²）提供。由于热传输介质不渗入套管，在深井和地下之间没有物质流传输（即封闭系统），这和地质热液利用情形是一样的（即开放系统）。

在多数情况下，水用作热传输介质。但是，水一般作为抑制剂最大程度地降低井下组件的腐蚀。为了达到这一目标，应用从已经存在区域供热系统获得的经验。

随后，上升的管线，即生产管道重新运输“充”有地热的热传输介质，从钻井底部向上上升到地面之上。为了确保在井口的高温和最小化热损失，全部生产管是热绝缘的。

通过井的热载体在被水泥固化在地下的套管的表面温度下降。尽管地下可利用岩石具有相对较低的热导性，由于热传输介质和周围岩石温度的差异，热被传送进入热载体，可能达到 200W/m 的量（参见文献/10-2/）。由于周围岩石不再保持在最初的温度水平，热传输介质只能达到较大程度上低于未受影响岩石的温度水平。

这样一个封闭系统（即地热深井）的热容主要受到以下因素的影响：

• 地质参数，比如当地地热梯度和井周围可以利用岩石在各自深度的热物理特性。

• 井的技术配置（即直径和材料，采用管的绝热特性，基岩、水泥和套管之间的热传输）。

• 整体系统运行原理。

对于普通的 1000~4000m 范围井的深度，和平均的地质条件，预期的地热热容在 50~500kW。

在深井中热传输介质的循环通过系统中主要井上部件——泵来进行。由于和地热流体的抽取相反，在实际的换热器中没有压力损失，介质流经封闭系统，所需要的泵的容量低于用于地质热液利用中的循环泵的容量。

由于在井口的温度一般低于 40℃，所以热泵是必需的。因为这种深井相对较低热容量（几个 100kW），通常应用电力或气体驱动压缩机热泵。这种系统的配置允许在深井中循环的热载体大范围的冷却。生产的热在同一时间被抬升到适合于小型区域供热系统的温度水平。为了获得最优的绩效系数（COP），热泵出口的中等温度是比较有利的（即区域供热网络的进口和出口温度）。如果供热网络的出口温度低于井口温度很多，可选择在热泵前门安装一个直接换热器。图 10-11 显示了热供应系统中深井的例子。

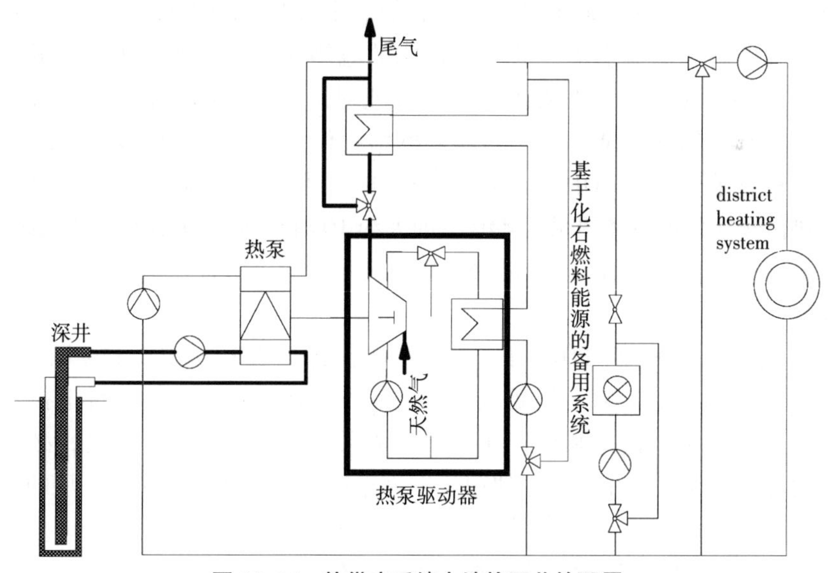

图 10-11　热供应系统中地热深井的配置

运行原理对于地热容量的影响主要取决于送入深井的热传输介质的温度。因此，热容受到集成在总体能量供应系统中地上系统组件和运行模式的影响。在有高热需求时，这将允许保证提供给客户的总体热量中地热占有较高的份额的运行方式。但是热载体很低的温度一般导致套管墙和井周围岩石温度梯度上升。在这种条件下连续地运行导致周围岩石温度下降程度较大，从而可能永久性地使系统容量下降。因此，为了保证最大化服务寿命（即井的可持续运行），运行模式应该在可容忍的水平上通过保持对地下的影响达到最大的输出。

由于地热深井在热供应系统中是非常资本密集型的部件，它们应该按照只满足基础负荷设计。在冬天，高峰的负荷通过传统的化石燃料支持的锅炉提供，锅炉可以允许供热温度的进一步提高（见图 10-11）。从经济角度来说，地热深井应该用于具有足够热需求的地方（如小型区域容热网络、大规模单个消费者、商业企业、当地政府）(参见文献/10-09/、文献/10-10/)。

10.2.2 经济和环境分析

和地质热液热生产系统相比，深井热供应系统由于是封闭回路系统（即封闭系统），几乎是与位置无关的。该系统由一个井和附属的完工设施，通常包括一个热泵和化石燃料做燃料的高峰负荷工厂组成。根据客户的结构，可能需要额外的热配送网络。随后讨论这种系统的经济和环境评估。

(1) 经济分析。在下面的解释中，我们假定带有 4MW 总体热容（包括化石燃料做燃料的高峰负荷锅炉）的 2800m 深的地热深井。此外，热需求根据小型区域系统（DH-Ⅱ）对消费者大约 26TJ/a 或对工厂 32.2RJ/a 假定（见 1.3 节）。地热容量达到大约 500kW。为了对供热网络提供必需的入口温度，系统配有热泵。热泵的性能系数（COP）是 4，对电力的需求大约是 600MWh/a。通过热泵供应的热份额几乎占总体热量的 44%（即大约 10.5TJ/a 地热集成在总体系统）。化石能源做燃料的高峰负荷工厂具有 6MW 的热容（为了保证供应安全）和 92%的总体效率。

通过区域供热网络（DH-Ⅱ）(供热网络温度 70℃/50℃，15%网络损失，1800 满负荷小时；1.3 节)，供给新的居住用不动产热量。分析两种选择：一个新井（参照系统Ⅰ）钻井和已存在井（参考系统Ⅱ）的使用。但是，必须要记住，不太可能发现已存在的井延伸用于作为靠近客户的深井。这种工厂的技术寿命大约达到 22 年。

在下面的解释中，讨论投资成本、运行成本和热生产成本。

1) 投资成本。表 10-3 显示了分析系统的投资成本。除了新井的钻井之外，成本主要是完井成本（地下部分）。和这些费用相比，换热器、热泵和高峰负荷工厂的成本相对较低。此外，高成本是由热配送网络造成的。

2) 运行成本。运行成本主要是由于使用辅助能源［用于热载体循环的热泵运行，高峰负荷工厂运行所需的化石燃料（分别在表 10-3 中显示）和热泵需要的电能]。进一步的费用是维护、维修和杂项费用。为满足定义的新的建筑不动产的热需求，总的年度成本达到大约 0.53Mio.€/a。

表 10–3 根据用于生活热水供应和空间供热的小型区域供热网络和房屋管道连接，配有深井和热配送的热供应系统的投资、运行和热生产成本

系统		已经存在的井				新井			
小型区域供热网络		DH–Ⅱ				DH–Ⅱ			
系统的综合		轻质油＋热泵				轻质油＋热泵			
总的热需求	GJ/a[a]	26000				26000			
供热站的热量	GJ/a[h]	32200				32200			
地热占的份额[i]	%	43.6				43.6			
供应案例		SFH–Ⅰ[d]	SFH–Ⅱ[e]	SFH–Ⅲ[f]	MFH[g]	SFH–Ⅰ[d]	SFH–Ⅱ[e]	SFH–Ⅲ[f]	MFH[g]
热需求	GJ/a[b]	32.7	55.7	118.7	496.1	32.7	55.7	118.7	496.1
供热站和网络									
投资									
生产井	Mio.€	1.7				3.0			
热泵	Mio.€	0.22				0.22			
高峰负荷工厂	Mio.€	0.63				0.63			
建筑等	Mio.€	0.8				0.8			
供热网络	Mio.€	2.3				2.3			
总计	Mio.€	5.65				6.95			
运行成本	Mio.€/a	0.16				0.16			
燃料成本	Mio.€/a	0.38				0.38			
房屋分站和房屋连接									
投资成本	€	5523	5814	7122	13444	5523	5814	7122	13444
运行成本	€/a	103	108	130	237	103	108	130	237
热生产成本[c]	€/a	52.1	46.2	42.1	39.1	55.7	49.8	45.7	42.7
	€/kWh	0.19	0.17	0.15	0.14	0.20	0.18	0.16	0.15

注：a 表示没有热配送网络损失和因建筑物分站/热水介质存储产生的损失；b 表示没有因建筑物分站/热水储存介质的储存产生的损失；c 表示 4.5%的利率和覆盖工厂技术生命周期（地热工厂部件 30 年，建筑物和供热配送网络 50 年，建筑物分站、热泵和高峰负荷锅炉 20 年）的摊销；d 表示低能独户式房屋（SFH–Ⅰ）；e 表示装备有最新热保温技术的独户式房屋（SFH–Ⅱ）；f 表示装备有一般热保温技术的独户老式房屋（SFH–Ⅲ）；g 表示多家庭房屋（MFH）；SFH–Ⅰ、SFH–Ⅱ、SFH–Ⅲ、MFH 的定义分别见表 1–1 和 1.3 节；h 表示包括热配送网络和建筑物分站的损失；i 表示通过热泵输送。

3）热生产成本。按照迄今为止的计算方法，热生产成本以 4.5%的利率作为年金计算。摊销期间覆盖整个技术生命期间。

图 10–12 以为给 SFH–Ⅱ（1.3 节）供热而设计一个新深井的例子显示了决定热生产成本的基本变量的变化。数字显示，满负荷小时和摊销期对于热生产成本有大的影响。但是，运行成本和燃料成本以及总投资成本也对热生产成本有较大的影响。

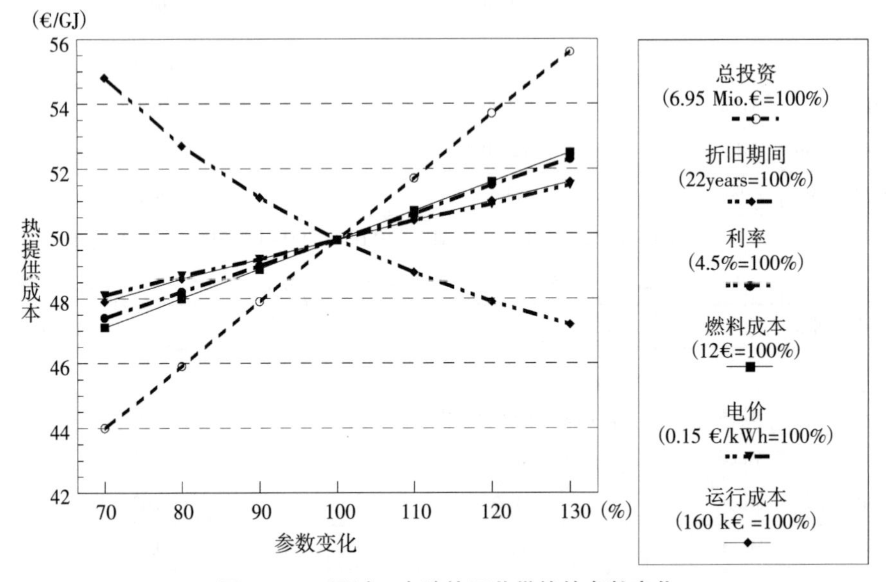

图 10–12　通过一个地热深井供热的参数变化

注：根据 SFH–Ⅱ需求情景的新深井，房屋分站不变化；见表 10–3。

（2）环境分析。此外，以深井方式为地热能利用设计的被分析的参考工厂，根据在下面的篇幅中详细讨论的选择性的环境角度进行评估。这些环境影响可以分为在工厂建设、运行和发生故障，以及在终止运行（即拆除）期间发生影响。

1）建设。在深井系统建设期间，环境影响主要在钻井期间发生，例如无法控制的两个或几个不同压力水平的含水层的钻井，钻井操作、钻管和附件造成有害物质渗入地下，或钻井液造成的化学生物改变。但是，如果遵循相应的法律指南，这些影响几乎完全可以避免。在建设阶段，可能会产生噪声，但只限于这一期间。钻井地点周围的区域也是如此。

2）运行。由地热深井系统造成的特定场地的环境影响和其他每一类型的热供应工厂是类似的。但是，由于部分的热是由在运行期间几乎无任何排放的替代化石燃料的地热资源所提供，向空气排放有害物质和其他与化石能源相关的影响与地热所占份额同比例减少。在热传输介质循环和运行热泵中所需要的额外的能量也必须要考虑进来。但是，总体来说，和直接使用化石燃料能的环境影响相比，这一系统的环境影响相对较低。

从理论上来说，在深井的正常运行期间，环境影响只会由于井的运行而可能发生。此外，由于深井相对于周围岩石来说一般是密封的（即封闭系统），不同的含水层带相互之间在水力上是分离的，所以，环境风险特别低。

水大多数情况下富含抗腐蚀剂，通常用于这种深井的一个热传输介质。因乙二醇加强型的热载体造成污染地层的环境风险，当开发浅层地热资源时可能发生，这种深井则不会发生。

此外，没有任何地质力学影响风险，或因地热液利用发生的压力改变风险，这是因为没有从地下移走物质（即封闭的系统）。

在工厂场地，进一步的环境影响与热泵的使用相关，如果遵循影响的指南，这种风险在正常运行期间也是非常低的。

总之，通过深井提供有用能源对于人类和自然的影响是非常低的。一般来说，它们低于使用化石能源做燃料的工厂（对于风景和空间占领也是如此）。

3）故障。在发生故障的情形下，环境影响可能产生于管线的老化，以及因之导致的不同含水层水力短路或有害物质的渗入。

环境风险还可能产生于与热传输介质毒性相关火灾或热泵的爆炸。然而，如果遵循相关的标准和安全规定，这种故障发生的可能性很小。

4）拆除。终止运行相关环境影响，和以近地表井的方式开发地热产生的影响是相同的。潜在的环境风险主要与井合理的完成和热泵的合理处理有关。

10.3 地热能的生产

地热能的生产具有相对较长的历史。在沃纳·冯·西门子的发电机发明之后的刚好 38 年，和 1882 年纽约的托马斯·爱迪生的第一台电站的启动之后的 22 年，Prince P. G. Conti 于 1904 年在意大利的拉德瑞罗（Lardarello）发明了地热能的生产。自从那时，在托斯卡纳（Tuscany）的地热能生产一直持续，在 1942 年电力装机达到 128MW，在 2003 年达到大约 790MW。在 1958 年，一座小型地热发电厂在新西兰开始运行，1959 年另外一座在墨西哥开始运行，在 1960 年，地热能在美国的加利福尼亚州的盖瑟尔斯热田（Geysers field）开始商业化生产。今天，有 25 个国家使用地热能进行发电，世界范围内的电力装机容量在 2004 年已经增加到 8930MW，在 1995~2000 年以年均约 17%的速度增长（参见文献/10-6/、文献/10-11/、文献/10-12/）。取得这一成绩的主要原因之一是地热能生产的基础负荷能力。

今天，地热能生产只有在相对浅的深度发现高温才在经济上是可行的。在正常的或略微高于约每 100m 深度 3K 的正常地热梯度的地区，为了获得高于 150℃的温度，钻井深度必须要超过 5000m。这种深井成本较高（一般超过5Mio.€），具有失败的高风险。因此，出于经济的考虑，地热能的生产主要限于具有极端高温度梯度和高热流的地热田。这种热田表面经常表现出诸如喷气口或温泉的表征。这种地热田的方案见图 10-13。热源是在地壳中从更深处（通常几十公里）上升到浅层区域的热岩浆体。产生于这些岩浆体的在覆盖层的高热流，加热在多数情况下覆盖有低渗透性帽岩（cap rock）的多孔或断裂的岩层中的流动的或海相成因（marine origin）的水。由于浮力效应，这些水开始在主岩（host rock）中聚集，给近地表带来更高的温度。根据温度和压力的不同，流体在特定的深度开始沸腾并产生蒸汽。蒸汽量决定这些系统以液体或蒸汽为主的储存。在几百米到 3000m 之间，典型的温度范围为 150℃~300℃。更高的温度在更深处可以遇到。

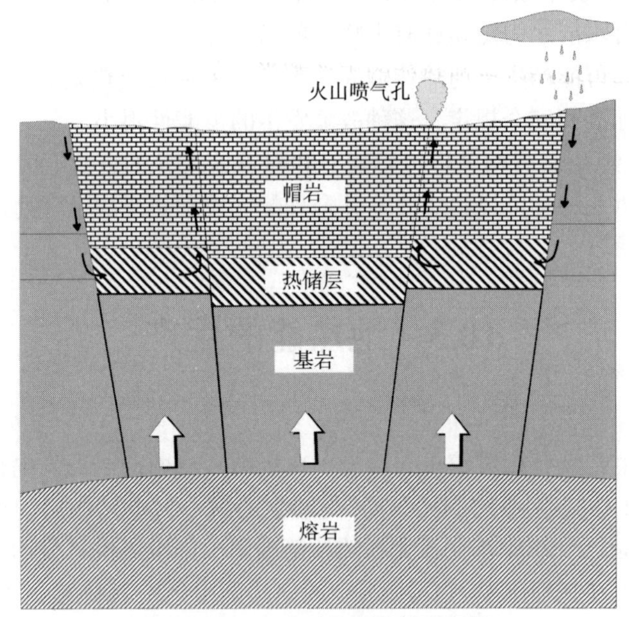

图 10-13　一个地热系统的示意图

今天使用的大多数地热田在活动火山地带。一般来说，不是很快冷却的火山，而是埋藏在火山下面的岩浆室（magma chamber），是长时期地热显示（geothermal manifestations）的热源，从而是地热能生产的间接来源。岩浆室包含硅（silitic）或玄武岩浆。它们的量按多约 1~105km^3 计量。它们的热含量是巨大的（达到 10^{23} km^2）(参见文献/10–6/)。

伴有火山活动的地热田（参见文献/10–6/）在海洋地壳被推倒到大陆地壳下面的活动大陆边缘的隐没带（subduction zones）可以发现。这些区域的例子是沿环太平洋火山带，如安第斯山脉高原，新西兰的陶波区域（taupo region），堪察加半岛和日本、印度尼西亚和菲律宾的一些区域。火山区域也可以在隐没带外的“热点”或地幔柱上面发现，这些区域如黄石火山田或带有间歇泉地热田的清湖火山田（clear lake volcanic field）。大陆断层也是最近和新的火山活动的地带。大陆地壳的断裂（分裂）发生在上部地幔的岩浆流向地球表面运动的地区，岩浆流的上移造成地幔壳边缘的上移和地壳变薄。带有高地热潜能的大陆断裂系统的一个突出的例子是东非大裂谷或地堑。这一地堑从红海伸展到非洲南部的莫桑比克。最大量的热岩浆沿大洋中脊上升。大部分扩展中心（spreading centres）在水下。但是，有一些跨在这些中脊的地区在水面之上，可以用来抽取地热。最知名的例子是冰岛。

从伴有火山活动的热田进行地热能生产的潜力是巨大的。最近的估计是可以达到 22000twh/年（参见文献/10–11/）。相比较，在 2004 年地热能的生产达到 57twh/年。这说明地热区域地热能的生产和当前相比可以提高至少 2~3 倍。许多中南美洲、亚洲和非洲的发展中国家已经可以从伴有火山活动的地热田中生产的地热能供应电力，且占他们电力需求的重要份额。

这种地热田通常的特征是：一方面，在相对较浅地层（一般低于 1000m）温度高于 150℃；另一方面，具有高水渗透性。虽然它们的潜力是巨大的，但在全球规模范围内占的份额是微不足道的。大陆的多数区域缺乏这种有利的条件且许多地热田在远离消费者的偏远地区。因为这些原因，地热能的生产面临两方面主要挑战：

- 第一，相对大深度处的相对较低的温度的地热储层必须要开发利用。
- 第二，在大深度的热岩层获取地热能可以是成本有效的理念需要形成。

由于岩石具有相对较低的热传导性，传导系数一般在 1~5W/(m K)，井本身是一个太小的换热器，从经济利益角度抽取热是不划算的。深井比较昂贵，热电站需要在至少 10MW 的级别范围内才具有投资价值。只有以超过每生产井 100m^3/h 的流速从储层产生流体的情况下才能达到这一规模。

这种地热能生产遇到的主要技术问题通常是深岩层具有较低的液体可渗透性。只有少数一些岩层类型如高空隙的砂岩、高裂隙岩体或岩溶石灰石才能提供足够的可渗透性以获得经济上合理的电力生产所需要的生产流速。这种类型的储层被称为热水含水层。它们的温度很少超过 150℃（只有在地热异常情况下出现），因此，一般预期的温度在100℃~150℃。一般来说，高温只有在深度达到5000m之上才能获得。但是，在这一深度岩石的渗透性一般较低，因而不足以进行地热能的生产。

开发利用这种致密的岩层有两种可能性。首先，利用向地下深处延伸较远且能使天然水流动的断层带；其次，根据热干岩（HDR）的历年创造人工的换热器表面。当前，在正常或略高的温度梯度区域的地热能的生产只有在这些类型的储层中显得可行：温水含水层、断裂带和结晶质的基岩层。

这些储层的地热能生产潜能在实际中是永不枯竭的。例如，最近进行的一项德国的研究（参见文献/10-13/）估计，缺少大的温度异常的相对较小国家的地热潜能超过1100EJ电能。在许多其他国家，结晶体基岩已经是和将是迄今所知的最大的来源。深层断裂带45EJ的地热潜能和温水含水层9EJ的地热潜能相对很小，但是，对德国年2EJ的电力消费来说，它们仍然是非常让人感兴趣的能源来源。但是，已经提到，温水含水层和深层断裂的水力特性在大量的区域是未知的，因此，很有可能它们不能满足期望生产效率。出于这一原因，刺激的方法（simulation methods），诸如注酸或水力压裂，可能在开发这些类型储层时非常重要。在许多情形下，情况可能和结晶体基岩的情况有很大的不同。这时候，为了获得期望的流速，必须要创造大型的人工破裂的表面。在热干岩项目进行的实验已经说明水力压裂技术是最适合的，有可能是达到这一目标的唯一方法。

在上面提到的框架条件的基础上，地热发电的方式可以区分如下几种：

• 通过开放系统发电。在开放系统中，热载体在开放的回路中循环（即热传输介质泵送到地下，和潜在可用的地热流体混合，并又抽取上来）。在这方面，区分下面类型储层。

— 温水含水层（即裂缝型储层）。通过一两口或多口井系统，含有热的地热流体的含水层可以导出到沉积盆地。假设含水层具有足够高的温度，并可以天然获得或者通过刺激方法获得足够的生产效率，这种一两口或多口井的系统可以用作热电联产（CHP），或者单独用于发电。

— 断层。断层是水流的潜在路径，在假定具有足够的可渗透性的情况下，可以通过与上面提到的温水含水层相似的两口井进行开发利用。由于它们一般伸入到地下深处，所以通过它们可以得到非常高的温度。

— 结晶体岩石（即热干岩（HDR）或热裂岩（HFR））。通过压裂新的或者扩大已经存在的小型断层，已经存在于基岩、热干岩或热裂岩的裂缝网络技术可以在地下人工的创造新的换热器。如果这一换热器通过诸如两口井的方式和地面相连，水可以循环和加热。因此，它可以用于地热供热和/或发电。

• 封闭系统的发电。在封闭系统中，热载体在封闭的回路中循环。因此，泵送入地下的热传输介质和任何可能存在地层中的流体是完全分离的。具体可以分为两种封闭系统。

— 单路径系统（one-way system）。通过一个通流系统，地下是开放的，热传输介质在一个井内单路径泵送入地下，然后从同一口井内的几公里深处抽取，然后用作供热和/或发电。

— 双路径系统（two-way system）。能量也可以从地下通过一个共轴的深井抽取，通过该井，热传输介质按照 10.2 节中讨论的方式循环。

但是，从当前观点来看，只有基于开放系统的地热发电理念从技术经济角度才具有前景。因此，下面的段落只讨论开放系统。

10.3.1 技术描述

地热发电系统主要由两部分组成：抽取热的地下系统（subsurface system）（地热的钻井技术和完井见 10.1 节）和地表的发电系统（参见文献/10-4/、文献/10-14/、文献/10-15/、文献/10-16/、文献/10-17/、文献/10-18/、文献/10-19/）。

10.3.1.1 地下系统

下面主要讨论与可以利用地热能发电或热电联产的工厂相联系的所有方面。

（1）开采方案。为了成功地打开地下开采地热能，有不同的满足各种地质条件的可供选择的开采方案。下面对适用不同条件的开采方案进行描述。

1）地热田。今天大部分采用地热能生产的电能来自蒸汽主导的热田。这种地热田最容易开发。在这些区域，从垂直方向钻密度或大或小的一排生产井，再从这些钻孔中生产蒸汽，在去除液体后，蒸汽通过地面保温管道运输到电站。液体和在电站冷凝的地热蒸汽在多数情况下处理为地表水。在这些地区产生的环境问题导致储层压力持续下降，如盖沙斯（The Geysers）和拉达莱罗（Lardarello）热田。因为这一原因，运营方开始钻回灌井并回灌地热液体和/或补给水（在拉达莱罗地区是海水）进入储层。这一方法不但停止了以前观察到的蒸汽生产水平的下降，也可以使生产流和地热能生产能力持续恢复。

在液体主导的热田中的开发方案本质上是相同的。和蒸汽主导的热田相似，地热流体在多数情况下不是主动通过井下生产泵而是由在生产井中地热流体的沸腾产生的浮力效应生产。在液体主导的地热田中，地热流体的回灌甚至是更加需要的，因为生产的流体具有较高的矿物质含量。

2）热水含水层。大体来说，至少需要两口井去开发这种类型的储层（即一口生产井和一口回灌井），因为经常高度矿化的地热流体在地表水中不能处理，为了维持储层压力也需要流体回灌。生产井和回灌井必须要相隔至少 1km，以避免回灌的冷水的快速到达，并确保系统具有较长的技术寿命。对于垂直井来说，这一距离也分离这些钻孔的井口，并在地面必须要安装一个长的绝热管线。在人口稠密区域，这不是一项容易完成的工作，一个地上管道外观在一些情况下可能是不被接受的。此外，需要两个钻井地点，并必须要在系统的整个生命周期内维护。与这种系统布局相关的在地上发生的额外成本在许多情形下在很大程度上是投资直接钻井所产生的，直接钻井允许在一个地点钻双井。对于达到 3000m 或以上深度的井，1000m 的分离距离在深处很容易通过从垂直的中等偏离获得。这在只有一个井是偏离的和另外一个垂直钻井时甚至也是事实。同时，这在许多情形下是最经济的解决办法。第一口井垂直钻探经常是有利的，因为它允许更好地规划第二个钻孔偏离度，最小化财务风险。

在多数情况下，在生产井中通过离心泵对地热流体的抽送出于几项原因是强制性的。首先，钻孔中的地下水位可能太深，而不能通过浮力效应平衡，以致产生一种自我抽送机制。其次，含水层的透水性很少足够高到通过浮力效应产生经济的生产流速。再次，井中高度矿化流体的沸腾可能在钻孔和表面管道中导致严重水垢问题（scaling problems），比如通过方解石的析出。最后但并非不重要的是，在地热循环中需要维持一个特定过压力以阻止造成在地表装置和回灌井的套管中腐蚀的氧气渗入，避免近回灌间隔由于氧化铁的沉淀造成地层堵塞。

3）断裂带。大的断裂或断裂带具有几十或几百公里的长度。可以到达 10km 或更深的深度。和或多或少水平的热水含水层相反，断裂带一般是垂直的或大致垂直的。因此，利用这一资源的深度是可以选择的，同时可以总是获得一个充足的温度。

在多数情况下，对于这种储层类型至少需要钻得一个生产井和回灌井。生产和回灌点的距离必须和热水含水层处于同一级别长度。然而，断裂或断裂带的垂直度允许通过钻一个深（生产）井和一个次深（回灌）井，在垂直方向实现距离的分离。这样可以显著地减少投资成本。钻垂直井在多数情况下是足够的。对断裂交叉深度的更好控制可以通过定向钻进获得，特别是在特定深度的断裂带下沉和方向没有准确知道的情况下。定向钻进也增加了更多单个裂缝组成断裂带交叉的机会。

在多数情况下，通过离心泵在生产井中主动地抽送是为了获得理想流速所需要的。

4）结晶体基岩。尽管深处的结晶体基岩由于存在开口裂缝、断裂或断层不是完全不透水的，但是总体透水性一般来说对于地热发电太低了。因此，热干岩技术的基本原理包括只是为连接两口井去创造大的断裂面。在运行期间，冷水注入其中的一口井，在断裂系统循环时通过岩石温度加热。然后在第二口井中产生热水。为了防止沸腾，在地热回路中需要维持一个过压。电力生产的蒸汽在通过一个换热器使用来自第一个回路传输的热的第二个循环中产生。依据钻井深度（通常大于5000m）温度（通常高于150℃），一个商业规模的双井系统将以30~100l/s的流速运行，电力容量在2~10MW。为了确保只是20年的技术生命周期，在深处两口井之间大约1000m的距离和5~10km^{2}的总体断裂面是需要的。

由于在断裂中，在回灌井和生产井附近的断裂中高的流速，断裂系统的流体阻抗（flow impedance）对于系统的效率是重要的。出于能量和经济方面的考虑，系统的流体阻抗（入口和出口压力之差除以出口的流速）应该超过0.1MP s/L。

断裂系统中流体损失对于热干岩系统的运行是另外一个重要影响因素。高于10%的循环流的流体损失在较长时期是不能允许的。这一要求不只针对以那种方式的非常大量的淡水损失，也针对额外抽运电力所需要的补充水。水损失的问题可以通过在回灌井中主动抽送加以避免或最少化。以这种方式，在回灌侧的高压力带中的流体损失通过在生产侧的低压力带中流体获得所补偿。

在过去多年来运行的国际项目中，不同类型的热干岩系统已经被提出和试验过（见图10-14）。

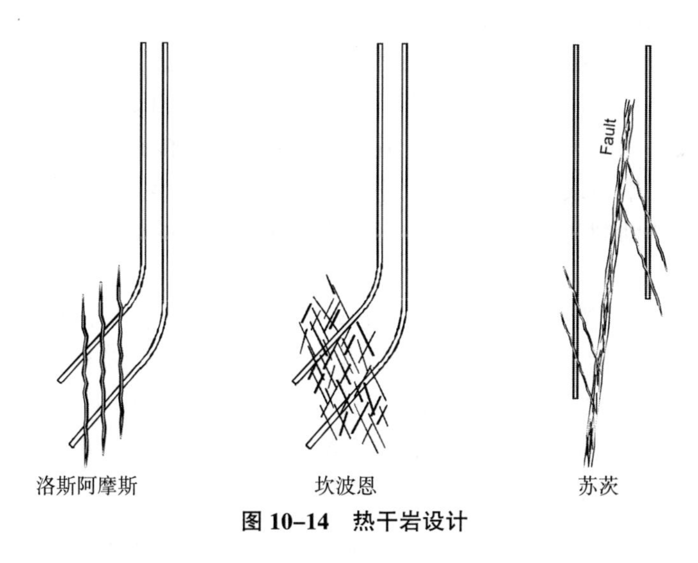

图10-14 热干岩设计

• 基本模型（“洛斯阿摩斯（Los Alamos）设计”，见图10-14）由平面平行断裂连接的成对偏离井组成。这些断裂通过在压力下注入大量的水进入独立的钻孔间隔所创造，这一技术被称为液压断裂法。断裂的方向和程度通过监控在断裂过程中产生地震来决定，为了穿透在第一个钻井创造的断裂系统，第二口井是定向钻得的。

• 由坎波恩（Camborne）矿业学校（英格兰康沃尔）提出的设计（“坎波恩

设计”，见图 10–14）是基于存在自然断裂（接缝）网络。通过大量的水的注入，这些断缝裂开并扩大，以便在井之间获得足够的流量。由于深度的自然断裂一般是垂直的或次垂直的，所以倾斜的钻孔是有利的。

• 应用于欧洲热干岩项目苏茨（Soultz）（见图 10–14）的设计是基于存在可渗水的断层带。这些大规模垂直或次垂直间断具有至少几个平方公里横向宽和几米到十几米厚。它们一般由具高度断裂和蚀变了的岩石材料构成，这种材料和周围岩基相比具有高得多的渗透性和多孔性。在地堑（graben）结构中，如上莱茵河谷，存在密集的这种间断网络，有利于在一口井中创造的大型液压断裂总是可以连接至少一个或几个这种断层或断裂带。因此，液压断裂的目的不是直接通过如洛斯阿摩斯设计中液压断裂连接钻井，而是连接分离的钻井到这些主要自然断层中。断层或断裂带的渗透性可以在断裂试验中因产生剪断而增加。苏茨设计已经被成功地应用于上莱茵河谷。1997 年，在 3000m 的深度，商业规模的热干岩系统已经被成功建立和成功试验。2006 年，带有中央注入钻孔和两个倾斜生产井的更大的热干岩系统已经在 5000m 深度和 200℃岩石温度下建立。这一系统在未来年度将被试验。

（2）提高生产率。和碳氢化合物相比，蒸汽或热水具有相对低的能含量，为了获得商业上可行的电力产出，地热井需要非常高的流量。在以蒸汽为主的储层中的商业井每小时生产几十吨的干蒸汽。在以液体为主的储层中，出于经济方面的考虑，需要每小时产出 100 到几百吨量的热水。这只能在具有非常高的渗透性的高度、多孔、断裂或喀斯特岩石层中获得。但是，地热井的生产效率可以通过加酸处理和液压断裂来提高到一定程度。在热干岩设计的情形下，不需要岩层的渗透性。流体通道通过人工采用水力压裂技术创造。这种方法在下面进行描述。

1）加酸处理。当井附近的流阻抗必须要移除或最小化时，酸的注入是提高生产效率的合理途径。在碎屑状岩石中，比如砂岩，酸溶解石英颗粒之间粘结桥，从而增加孔的大小。由于相对高的孔隙度（大于岩石体积的 10%），为了获得显著的效果，必须要移除大量的孔隙充填物。实践中，酸只影响钻孔壁周围最初几分米或几米。因此，它对于生产效率提高的效果是非常有限的。在断裂的岩石中可以获得更好的效果。在这种类型的岩石中，流体流限于接缝处、自然管道或渠道。这种次生孔隙度只占岩石体积很小比例（经常小于 0.01%），因此，可以在井周围更大的距离中增强。最佳结果可以在喀斯特碳酸岩石层中获得。在这种类型的岩层中，酸注入的效果经常包括建立或改善井和钻孔附近导流管道之间的流连接。

尽管经常应用于油井和气井，加酸处理仍然更像一门艺术而不是技术。酸（盐酸、氟酸、醋酸、甲酸和其他）的选择，它的浓度、体积和流速，以及如防腐剂的添加物，主要建立在实验和感觉基础上，而不是配方基础上。定量化的预测几乎是不可能的。一个加酸处理常见的酸量在几立方米到几十立方米。由于它需要专业化的设备在现场混合和注入，加酸处理是一个相对昂贵的技术（参见文献/10-20/）。

2）液压破裂。油井的液压破裂技术是为了提高生产效率在 1947 年发明的（参见文献/10-21/），目前是一项成熟的技术，并自那时之后已经应用于一百万口油井和气井。当流体压力达到特定的临界水平，岩石破裂。通常，一个单轴断裂首先破裂在几米到几十米的长度上，将钻孔分成两半。随着注入的持续，断裂延伸进钻孔两边的岩石中。一般假定断裂面在方向上和岩石中的最小主压应力分量（the minimum principal compressive stress component）的方向垂直。由于在多数地质构造环境中，最小主压应力方向是水平的，所以多数断裂是垂直方向的。对于油气井的液压断裂操作，通常以 10~100l/s 的流速和井口几十吨 MPa 的注入压力注入几百立方米的流体。油气井的液压断裂操作按断裂高度限于油气层厚度设计。在水平方向，典型的断裂长度在百米范围内。为了在压力减轻之后保持断裂打开，砂子或其他颗粒物（支撑剂）混合到断裂流体中并被抽送进入断裂面。出于这一原因，使用适用于运输支撑材料的胶态流体。同时，这些流体的高黏性使在断裂操作中流体在周围岩石中的损失降到最低程度。在支撑材料被放置之后，黏性分解，从而使油或气在断裂中可以转移。

尽管在油气井中液压断裂是一项成熟的技术，但对于其在地热开发中的应用只有很少的经验。但是，必须要说明的是，这项技术在地热开发中应用需求是非常高的。例如，在地热开发中（除蒸汽井之外），非常大量物质的流动需要更高的液压断裂的传导性和更高温度的断裂流体，对于腐蚀性更高的流体，需要支撑剂具有更高的化学抗性。因为这些原因，断裂操作的成本在几十万到几百万欧元。所以，很难预测在将来的地热开发中液压断裂能起怎样的作用。

3）水力压裂技术。热干岩和相关原理是建立在与几平方公里的表面区域相关的人工创造断裂或打开自然断裂的基础上的。这是一项很大的技术挑战，通过传统的液压断裂技术是从不会达到的。迄今唯一有前景的技术称为水力压裂技术。这一技术和传统断裂技术相似但是更加简单，不是注入少量到中量的含有支撑剂的黏性流体，而是注入非常大量的水使地层产生断裂。

水力压裂技术已经被广泛用于 HDR 项目中（参见文献/10-22/），被证明在结晶体岩石中通过注入几万立方米体积的水可以创造期望的大断裂面。它也被证明在压力减轻之后，由于自我支撑效应这些断裂仍可以保持打开。这一效应还没有被完全理解。最可能的解释是，两个相反的断裂面在断裂过程中通过不可逆转的剪切相对发生横向位移，由于断裂面的粗糙性和不平整，它们不再契合

(match)，在使用流体压力之后，开放的空间仍可以得以保持。它已经证明在结晶岩体中的自我支撑的断裂的导水率比在沉积岩中通过传统技术创造的支撑断裂的导水率要高得多。这些研究项目成功给出了在不久的将来安装商业化 HDR 系统的良好希望。在这一方面最先进的项目是欧洲的苏尔特（Soultz）项目，在那里，商业规模的 HDR 系统在 5000m 深度和 200℃岩石温度下正在准备中。

（3）储层的评价。为了描述地热储层的特性，必须要确定不同的参数。最重要的参数是深度、厚度、温度、岩层流体压力、孔隙度和渗透性。在火成岩类型中，断裂的分布、走向和特性同样重要。许多这些参数通过地球物理钻孔测量技术直接或间接地确定。可能的测量技术在下面讨论。对于热干岩系统来说，也要确定第一口井中创造的断裂系统的空间扩展性，其目的是将第二口井连接进入系统外围。为此，已经开发了地震裂缝成图技术（seismic fracture mapping），这一方面将在下面描述。

1）钻孔测量。地球物理钻孔测量（钻孔测井）在油气工业中是一项成熟技术，许多以此为基础开发的方面可以应用于地热井中。但是，最严重的环境条件，特别是在更高的温度和更加有侵略性的流体的情况下，需要地热井的测井设备做一些调整，限制了可用工具的数量。地球物理测井探头的高温版本使用高温电子元件或者由杜瓦（Dewar）外壳保护的探针，有时候在探针的内部配有散热器。对于 150℃以上的温度，几乎来自油气工业中整个测井设备套组可以使用。180℃左右是多数高温电子元件的界限，许多可用工具的数量在这一温度已经是有限的。高于 180℃需要特制的含有选择高温电子元件或热屏蔽的高温工具。一些工具，例如温度或压力探针，可以在没有电子元件的情况下运行，所以更加容易调整到更高的温度情况下使用。

对于地热井特别重要的是生产井。测量参数有在生产或回注时的温度、压力和流速，它们用于确定静态和动态的流体压力、定位和量化钻孔中主要入口或出口。

对于火成岩中的地热井，特别是对于热干岩系统来说，成像工具是非常有用的。当今，有两种类型的成像探针可以使用。

• 超声波钻孔电视以超声波方式扫描钻孔。当超声波通过光滑的井壁很好地得到反射时，它多多少少会被裂纹吸收一些。反射信号的波幅的颜色表示产生井面的光学图画，从而可以进行甚至非常精细裂缝的探测和特性描述，包括它们的方向。信号的传播时间用于确定钻孔的半径，并建立一个三维的钻孔几何图形，这对于不稳定的井截面是非常有用的，在那里可以观察到钻孔的突破（break-outs）。

• 地层微扫描仪（formation micro scanner）使用来自沿钻孔壁放置（scratch

pathches）的电极阵列的信号。每组电极之间的电阻的颜色表示产生钻孔壁定位的图像。充填在裂缝中的流体比岩石拥有高得多的电传导率，从而容易被探测到。地层微扫描仪的分辨率甚至高于超声钻孔电视。

2）地震裂缝作图。对于热干岩系统，为了设计第二个钻孔路径，确定在第一个钻孔中建立的裂缝系统的形状、程度和走向非常重要。为了达到这一目的，已经试验了不同的方法。最好的结果是通过使用在断裂过程中引致的地震活动获得的。在结晶岩体中进行大量的水裂试验会产生一万个小型地震事件（参见文献/10–23/）。这些信号能通过在地面或在热干岩场地中浅层钻孔中的地震检波器所记录。在不同站点信号的多次探测可以定位这些信号的震源。这些震源三维图给出了引致的或激活裂缝系统的详细的图像。

地震层析成像似乎也是有前景的，它通过在钻孔之一中的一个探头产生的地震波检查两个钻孔之间岩石截面，这可以确定作为地震吸热器或反射器的裂缝系统的位置。

在钻孔的附近，裂缝走向可以通过变声波测井工具予以确定。这一方法是建立在和钻孔交叉的断裂面上管波反射基础之上的。

10.3.1.2 地上系统

在地热发电中应用的电站技术可以分为以下三组加以讨论：

- 在电站内直接使用地热流体作为工作流体的开放系统。
- 传输地热流体中的热给另外一种工作流体，然后在电站中使用的封闭系统。
- 综合系统，开放和封闭系统的混合。

在所有这些不同选择中，工作流体的蒸汽压力在工作机器（例如蒸汽涡轮机、螺钉或者活塞膨胀机）中释放。旋转轮轴产生的机械能然后以发电机方式转换成电能。

相关的热动力学过程称为克劳修斯兰金过程（Clausius Rankine Process）（见 5.1 节），它是传统电厂技术的当前状况。蒸汽被加热到同一压力（即等压热供应）并蒸发，等熵地释放生产功，然后通过一个等熵压缩被恒压压缩。

建立在克劳修斯兰金过程基础上、来自地热流体、用于电力生产的不同过程在下面的部分进行解释。它们在可获得效率和地质资源利用方面是不同的。因此，图 10–15 显示了平均的具体数据。

（1）开放系统。根据地热资源的特性，有直接蒸汽利用系统或闪蒸系统可供选择。闪蒸系统可以进一步分为无冷凝的单闪蒸系统、有冷凝的单闪蒸系统和有冷凝的双闪蒸系统。它们将在下面进行解释。

1）直接蒸汽利用。这一过程应用于过热蒸汽直接产生或蒸汽占生产的热能

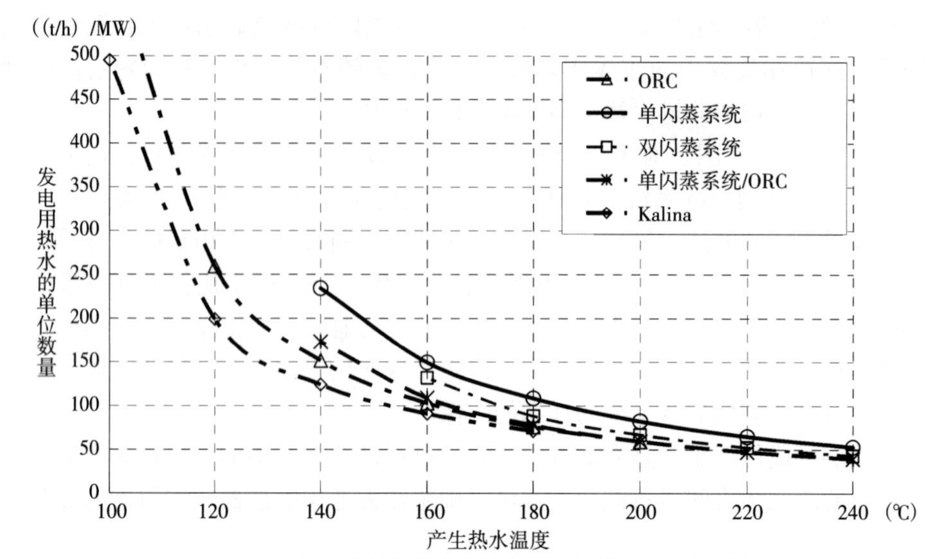

图 10-15 适用于地热发电不同循环的具体平均资源利用

注：ORC 表示有机兰金循环；Kalina 表示卡琳娜循环。

很高比例的地方的地热资源。在微粒物质和水滴分离之后，蒸汽压力直接传输到做功的一个涡轮机上。这是和闪蒸系统唯一不同之处，因为在直接蒸汽利用可能时，闪汽化及能量上逆压力减少是不需要的。

2）无冷凝的单闪蒸过程。生产的来自地下的热水或水蒸汽混合物输入到闪蒸容器中，在那里压力略微有所降低。通过这种措施，蒸汽所占的比例增加。随后，气态和液态阶段相互分离。在多数情况下，分离的液体被重新注入地下，而生产的蒸汽被送入涡轮机去产生功。同时，压力降低到大气层状态，蒸汽通过一个散风嘴释放到大气层中。

由于压力降低到大气压力水平，这种系统的能量效率一般来说非常低。然而，这种热电站由于不需要冷凝器和冷却塔，成本是很低的。

如果高热液体流量可以获得或者热液温度很高（或者如果高比例的可冷凝的气体不能被控制），单一闪蒸过程是比较适合的。

3）有冷凝的单闪蒸过程。图 10-16 显示了有冷凝的单闪蒸过程的原理。

从地下产生的沸腾的液体被排进闪蒸器中。在低于生产井压力水平下，生产少量的饱和干蒸汽和大量的沸腾水。一旦蒸汽和液体分离，就被输送到做功的涡轮机中。

冷凝器的冷却参数决定释放蒸汽的最小的最后压力，多数情况下明显处于真空状态之中。是否能够利用这一低压水平状态，取决于从冷凝器中排出不能冷凝的气体的成本。

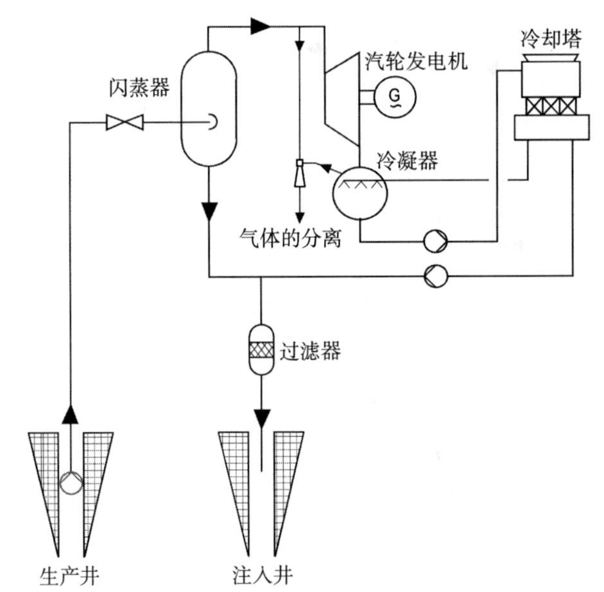

图 10-16 采用有冷凝的单闪蒸技术的地热发电设施示意图

在大约 160℃的温度水平上，最大资源开发能力可以达到 150（t/h）/MW；温度约 240℃地热流体的最大资源开发能力可以达到 50150（t/h）/MW（见图 10-15）。

除了技术和排放不能冷凝气体可能的环境问题之外，单闪蒸过程通常还有一个不好的特点是在闪蒸过程中产生固体降水。这种降水会使设备产生一层覆盖物，对于安全是有害的，需要清除和处理掉。

从地下最初产生的地热流体的很大一部分（即在闪蒸器中分离并被送回到地下的液体）不能用于发电目的，这是整个系统利用率相对较低的原因。

4）有冷凝的双闪蒸过程。在单闪蒸过程中产生的地热能相对低的利用率的缺点可以通过对单闪蒸系统附加一个简单的附件予以补救。从第一个闪蒸器（分离器）排出的沸腾水的压力在一个闪蒸器中再一次释放，并且产生的蒸汽又一次分离。随后，分离的蒸汽被另一个（低压）涡轮机或者在高压涡轮机补充的低压部分内所使用（见图 10-17）。

在第二个闪蒸器内额外压力降低的效率取决于冷凝器内的温度水平和高于大气压力的压力降低启动点。

尽管在 175℃~180℃的温度水平下闪蒸系统不再应用，但双闪蒸系统特别适用于解决与低资源温度相关的困难，比如低闪蒸压力和低蒸汽量。因此，由于它们简单的设计、低运行和维护成本，以及产生它们自己冷却塔水的能力，双闪蒸系统具有较多的优势，特别是和二元系统（binary systems）相比。然而，由于双

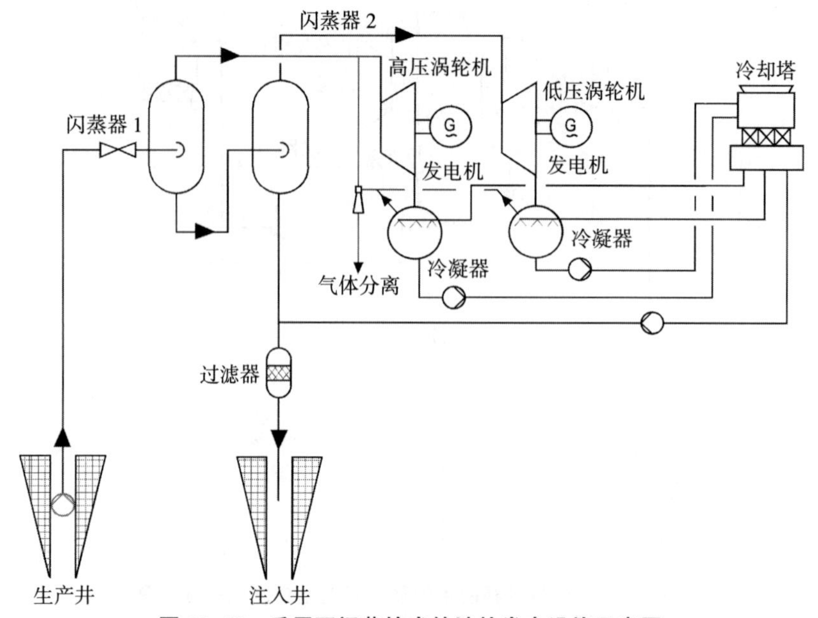

图 10-17 采用双闪蒸技术的地热发电设施示意图

闪蒸系统和可选择系统相比，需要额外的涡轮机或涡轮阶段以及额外闪蒸器、管线和控制系统等，所以具有较高的投资成本，需要从经济的角度进行优化。

（2）封闭系统。封闭系统是指地热发电站不直接利用地热资源，即在涡轮机中不使用通过压力降低为发电而抽取的蒸汽，而是使用第二介质。在这种封闭系统中，地热能通过合适的换热器（蒸发器）被运输到第二介质中。由于地热液体或液体和蒸汽混合物一般温度较低，第二介质必须具有低沸腾温度的特性。

按照以上的描述，使用有机工作流体的郎肯过程（Rankine Process）或卡琳娜过程（Kalina Process）最为适合。它们将在下面的章节中讨论。

如果原始介质不足以热，或如果它们压力太低而不能产生热动力学上减压需要的压力参数，就采用这种循环。此外，如果从地下产生的热水具有不好的化学特性（比如矿化、含气等），要么不能被直接控制，要么具有不合理的高成本，第二工作流体的使用是合理的。

1）有机朗肯循环（ORC）。除使用的工作流体以及实现温度和压力参数之外，有机朗肯循环和基于大量传统热电站中蒸汽的经典朗肯循环只有略微的不同。

和普通的发电循环一样，工作流体被预加热（在这里采用地热流体提供地热能加热）、蒸发，并以涡轮机的形式释放；然后，通过一个回热换热器（和释放的蒸汽相比，这类介质还是过热的）冷却、冷凝并通过泵送方式又上举到蒸发器中。相应的图解在图 10-18 中显示。

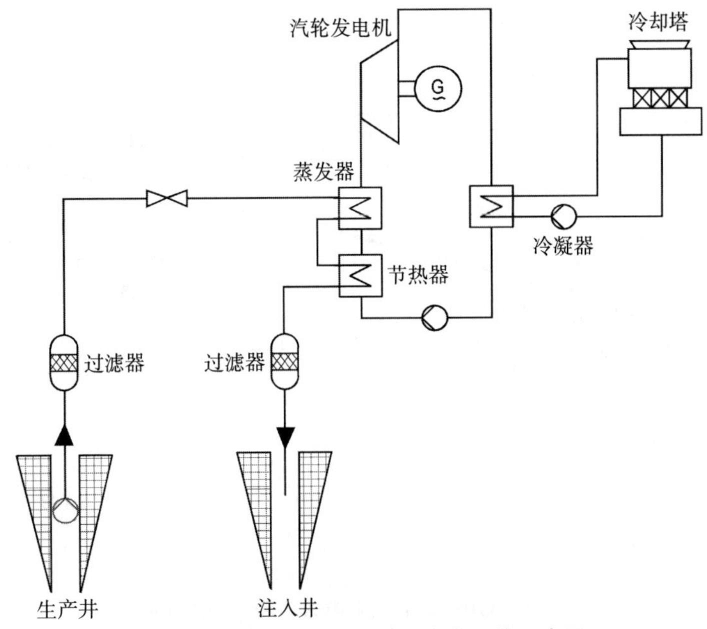

图 10-18　采用 ORC 的地热发电设施示意图

在从地热井中抽取的流体的温度范围内，通常采用碳氢化合物（如戊烷、乙丁烷）作为工作流体。在过去，使用碳氟化合物（如 C_5F_{12}）。此外，碳氢化合物混合物的使用也在考虑之中，因为它们具有平整的蒸发温度预计能够增加效率。

为了应用有机成因的工作流体，发电站的设计需要做出相应的调整。由于不同的分子重量和更低的比热容（specific heat capacity），这里的涡轮机不同于用水蒸汽的涡轮机。此外，关于涡轮机和换热器更高腐蚀性的预防性措施，以及与大气层相关的系统扩展的预防性措施必须要采取。

图 10-19 显示了选择的 ORC 电站的发电效率和平均效率曲线（参见文献/10-24/）。根据这一图示，平均效率在地热流体温度约 80℃时的 5.5%和地热温度在约 180℃时的 12%之间。其对应的资源的开发利用，80℃时超过 500（t/h）MW，180℃时超过 80（t/h）MW。地热资源温度达到约 135℃时，净发电效率低于 10%。假设地热流体的热含量被全部利用和期望的冷却温度能够达到，达到温度范围的上限（200℃），效率达到 13%~14%。

2）卡琳娜循环（Kalina Cycle）。和 ORC 过程相似，对于卡琳娜循环，工作流体用于在和地热流体分离的回路中循环。但是，这里氨和水的混合物作为工作流体。图 10-20 显示了这一循环最简单的版本。

由两种成分的混合物组成的工作流体，通过作为蒸发器的换热器内地热流体预加热并蒸发。工作流体中两种成分不同的沸点允许向蒸发温度平滑过渡。产生

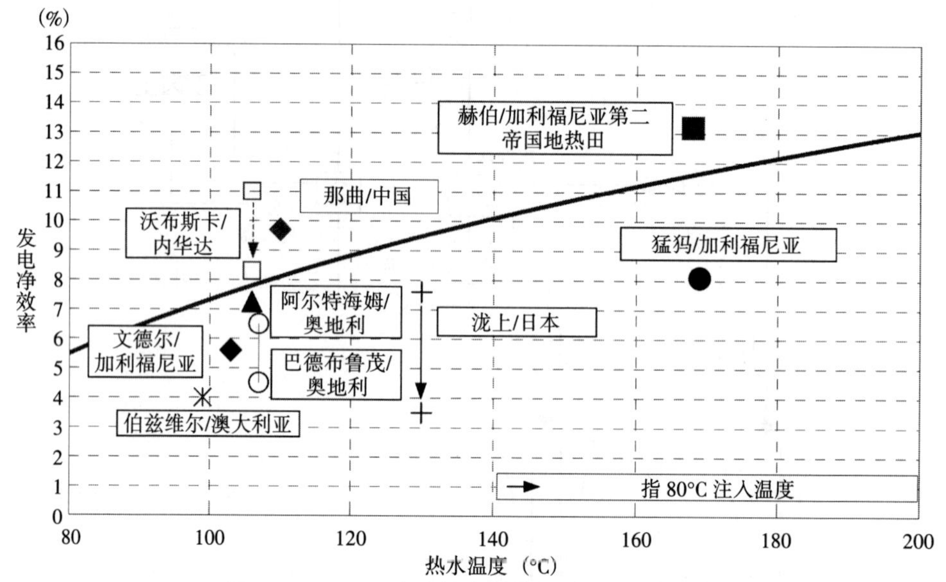

图 10–19 ORC 电站的发电效率和平均效率曲线

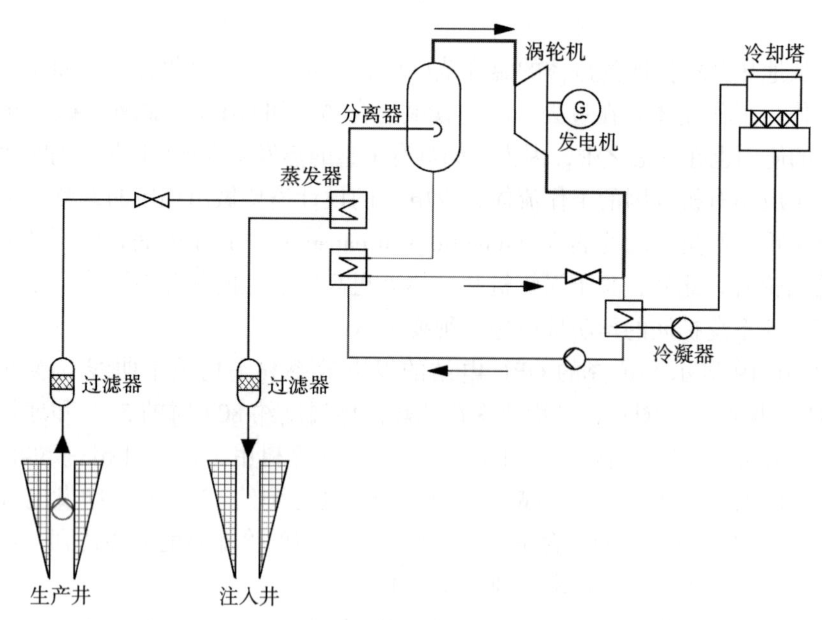

图 10–20 采用卡琳娜循环的地热发电设施运行示意图

富氨蒸汽，贫氨的流体仍旧保留。蒸汽然后被运输到涡轮机中，并释放生产功。随后，剩余的蒸汽和贫氨的流体又混合在一起，并向冷凝器传输以液化该混合物。在泵的帮助下，液体然后被带到蒸发压力。为了提高能源效率，在循环内安装有回流换热器（recuperators）。其中之一见图 10–20 的热的贫氨工作流体和冷的基本工作流体之间。

对于大约 80℃的地热流体温度来说，可以获得的效率达到 8.5%左右，对于大约 160℃的地热工作流体，达到 12%左右。因此，各自的资源的开发率可以达到 70~500（t/h）MW。然而，因卡琳娜循环仍旧在开发中，迄今很少有正在运行的示范电厂，很少有电厂达到这些相对高的效率。

这一循环的大的优势是，就纯物质来说（在 ORC 过程中使用），蒸发和冷凝不是在等温条件下实现。实际上，由于两种成分的混合，在蒸发和冷凝中不稳定的温度过渡是可能的。

- 从地下抽取的地热流体的地热温度曲线（例如从 150℃到 85℃的温度抵减）和在卡琳娜循环中使用的工作流体（从 75℃到 145℃的升温，假设为了满足这一特性，水/氨溶液被混合）在理想条件下相互适应。这将降低两种物质流的平均温度，从而减少热传输损失。
- 和纯物质应用相比，平均的蒸发温度上升，而平均的冷凝温度下降。这改进了循环的卡诺效率（即理论上的最大效率）。

除能量方面的优势，这一过程也对土木工程有益，因为氨和水具有相似的压力释放特性，可以使用蒸汽涡轮机。此外，氨/水混合物长期以来已经大规模地用于其他技术目的（例如冷藏）。因此，没有任何实质性的技术问题，其在大规模的循环中控制氨/水循环是可能的。然而，在换热器内低温差和不好的热传输特性与基于蒸汽循环的传统的发电厂相比，需要更大的设备。

（3）联合系统。这里，根据特定的场地条件，不同的过程可以联合在一起，例如单闪蒸系统和双循环过程（binary process）联合。一般来说，不同的循环是可能的。例如，一旦蒸汽已经通过蒸汽涡轮机，压力就会降低，它就可以用作 ORC 过程的热源。另一种可能性是，来自第一步的分离步骤的被排出的液体没有在第二个闪蒸器中再减少，但是加热了 ORC 电厂的蒸发器（见图 10–21）。与单一的系统相比较，联合系统提高了效率（见图 10–15）。

10.3.2 经济和环境分析

下面的部分包括地热发电和热电联产的经济和环境分析。

（1）经济分析。对于下面的考虑，假设地热资源的储层温度为 150℃和生产量为 100m³/h，地热储层通过由垂直井和斜井组成双井进行开发，开发的储层位于大约 4600m 深度的正常地热温度梯度的区域内（平均地热条件），或在大约 2700m 深度、更加有利的地热温度（前景不错的地质条件）区域内。成功的刺激

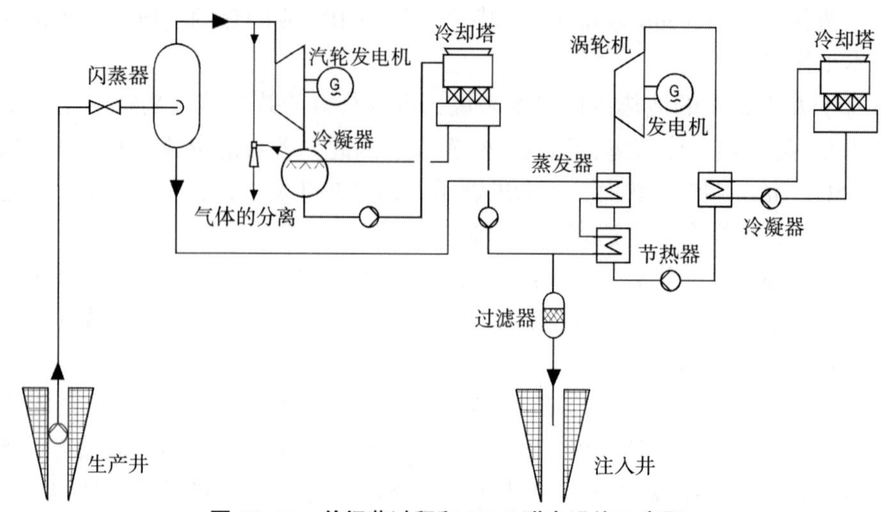

图 10-21　单闪蒸过程和 ORC 联合设施示意图

可以确保 100100m³/h 的生产率。基于这一概念，检验两种配置的工厂。

• 工厂 A。单独地假定地热发电通过电力效率为 11%和电力容量为 1000kW 的 ORC 工厂进行。此外，四种额外电站循环将会被检验（即卡琳娜、单闪蒸、双闪蒸与单闪蒸和 ORC 的联合）。发电厂假设以 7500h/a 的基本负荷运行。这能够满足自身的电力需求。

• 工厂 B。工厂 B 假定单独基于热电联产（CHP）。就工厂 A 来说，技术上最大电力生产可以实现。在电力生产过程之后给根据低能设计（3000h/a）的用户房产（SFH-Ⅰ），通过小型区域供热网络（DH-Ⅱ，返回温度大约 55℃），提供低温的生活用热（大约 70℃）。

热生产成本分别以 0.032€/kWh 和 8.9€/GJ（大约 26000GJ/a）的价格通过热电联产工厂供应的热的额度计算。

基于这些框架条件，首先讨论这类工厂的投资成本。然后分析运行成本，在此基础上提供能源的供应成本。

1）投资。包括套管在内的钻井成本由于地质条件的不同，有相当大的差异。平均来说，4000m 和 5000m 深度的井的成本达到大约 1500€/m。但是，成本并不随深度的增加而线性地上升；3000m 深度成本大约为 10001500€/m。

这一井的成本主要由租用和操作钻井平台的成本（包括人力和柴油机燃料的成本）所决定，它们平均占到井的总成本的 36%。大约 4%的成本用于场地的准备和一旦打井成功后的钻井场地的恢复，而大约 15%的成本是钻头和直接钻井服务，12%的成本是钻井液和混凝土，20%是包括立管（riser）的套管成本，12%是井口完工成本。这一比例依据当地的条件会有相当大的变化。此外，大约

235000€需要用于井泵（见表 10–4）。

表 10–4 投资、运行和电力生产成本

		平均条件	有利条件
安装的电力容量	kW	1000[a]	1000[b]
投资			
钻井	Mio.€	15.40[b]	9.4[c]
泵	Mio.€	0.24	0.24
地热流体回路	Mio.€	1.20	1.20
溢出和过滤系统	Mio.€	0.22	0.22
电站	Mio.€	1.90	1.90
DH 的换热器	Mio.€	0(A)/0.23(B)	0(A)/0.23(B)
建筑	Mio.€	0.50	0.50
规划	Mio.€	0.95	0.66
合计	Mio.€	20.39(A)/20.64(B)	14.11(A)/14.35(B)
运行、维护等	Mio.€/年	0.34	0.34
热额度（credit）	Mio.€/年	0(A)/0.22(B)	0(A)/0.22(B)
电力供应成本	€/kWh	0.22(A)/0.18(B)	0.17(A)/0.14(B)

注：DH 区域热，(A) 表示工厂 A（见正文），(B) 表示工厂 B（见正文）；a 表示地热流体温度 140℃，生产率 $100m^3/h$，两口垂直井，两口井之间距离 $2000m^2$；b 表示井深 4600m；c 表示井深 4600m。

刺激的成本甚至更加不确定，因为根据特定地点不同的地质条件，需要采用不同的断裂技术、断裂压力、断裂支撑剂和压入地下支撑剂的压力。就原油和天然气的生产来说，这些断裂技术都是先进成熟的工艺过程。但是，对于地热发电来说，情况并不是这样。这就是例如一个 $250m^3$ 流体量和约 60t 的支撑剂保守地估计 360000€的原因。然而，如果钻井平台需要转移并在具体地点安装，成本可能上升到 550000€。

包括管道、阀门和控制设备的基本地上地热流体回路的成本依据地面条件（如建筑物密集覆盖的岩石地下或沙土农业地下）会有很大的变化。这里该成本被估计大约为 600€/m。对于直接连接到热水循环的额外的系统部件（如边坡系统（slop system）、过滤器等）的成本，由于非常不同和场地具体安排，被假定在全球和地热容量相关，相关系数为 25€/KW。

电力容量 1000kW 的 ORC 工厂的成本大约达到 1.9 百万欧元。此外，还需要成本高的换热器。所有剩余系统组件放置的建筑物成本，包括土地产权的成本，也需要加上。在下面的计算中，假定它们的成本是 500000€。

此外，计划和准备成本（诸如地质调查、许可权费）也要考虑进来。对于这类分析的案例情形，假定它们占总体投资比例平均为4.8%。

2）运行成本。年度运行成本大体上由人力成本和维护成本构成。为了最小化该项成本，假定一个工厂的运行没有监督者（见表10-4）。

单个工厂组件的维护成本以这一参数估计，并按照投资成本的0.5%估算，管道、换热器和其他项按照成本的4%估计。对于ORC工厂或其他类型转换工厂和建筑物，维护成本按照投资成本的1%假定。

3）能源生产成本。在讨论框架条件下，对于ORC工厂电力的生产成本，ORC工厂从地下抽取热流体的流速是100m³/h，井口的温度为150℃（见表10-4）。根据图10-22，它们的成本在0.14~0.22€/kWh。

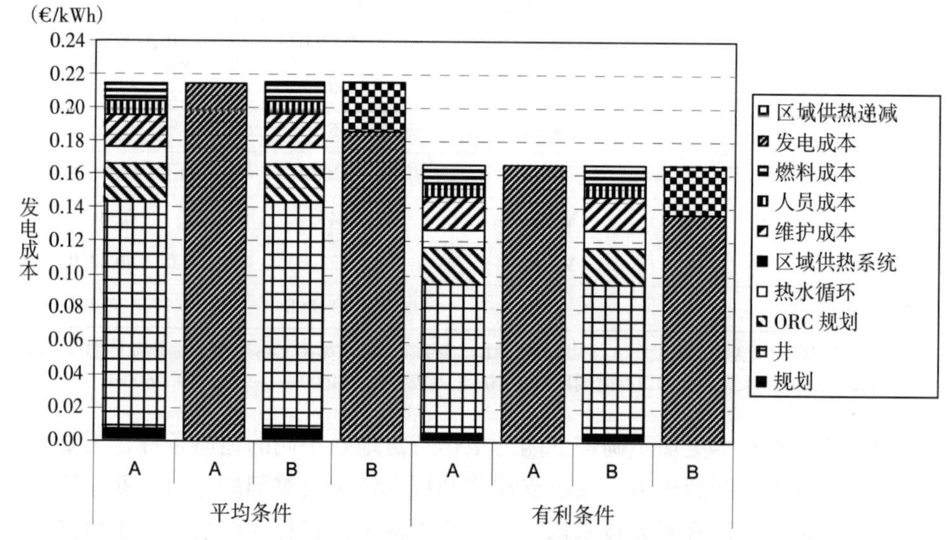

图10-22 参考工厂A和B的电力生产成本

注：左边条显示的总成本是单独发电成本（即无通过区域供热系统给家庭用户供热收益的完全发电成本），而右边条考虑了可能的供热收益（因此显示的是净发电成本）。

对于单独的发电（工厂A），计算电力生产成本在0.17~0.22€/kWh变动。井的成本，包括钻井、增产措施（stimulation）和泵，占大约70%，另外30%是ORC工厂、地热流体回路、杂项和运行成本。

电力生产成本在很大程度上受到抽取的地热流体温度的影响。图10-23显示了在平均的场地条件下单独进行地热发电这一效应的例子。在这一情况下，通过联合ORC/闪蒸过程和近似地热流体温度200℃，最小的电力生产成本大约为0.18€/kWh。和这一数据相比，由于单闪蒸或双闪蒸过程更低的效率，在同一钻井成本下，会生产更低的电量。所以，单位发电成本高很多。

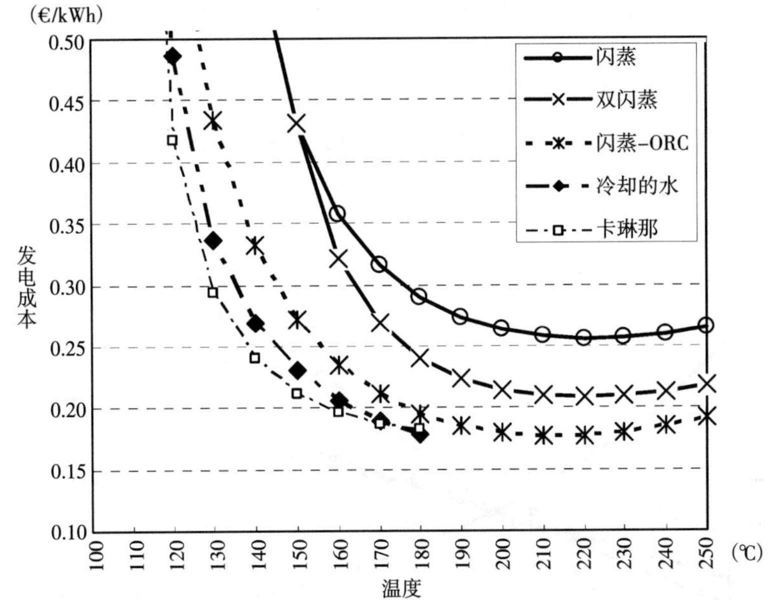

图 10-23 平均条件下（工厂 A，变化的温度，100m³/h 的生产量）的发电成本

图示说明了单位发电成本会随着温度的进一步上升而增加。这主要是由于钻井成本受到井深的影响，因为温度只有随着井深的增加而上升。上升的温度对于各自循环效率（从而对可获得电力产出）的影响不能补偿因为钻井成本随深度增加造成的超比例增加。

如果地热电厂位于温度异常（即随着深度增加温度超过平均地热温度梯度）的地点，发电成本会下降很多。为了获得一定的温度，一口井不需要钻平均条件下的深度，生产成本可能下降很多，因为钻井成本对于单位能源生产成本有重要影响。在提供的案例中，单独发电的最小成本大约为 0.17€ /kWh（对于带有水冷却和 180℃的卡琳娜循环 ORC，或者温度在 200℃~230℃的闪蒸/ORC 联合体）。

发电成本通过增加每双井系统流量到一定程度（如 200m³/h）进一步降低。在有利的场地条件下，单独发电的最小生产成本可以达到大约 0.08€/kWh（对于在 180℃，带有水冷却和卡琳娜过程的 ORC，或者对于在 200℃~230℃，闪蒸系统/ORC 联合）。纯闪蒸过程也可以以 0.09€/kWh 或 0.10€/kWh 的价格在约 220℃的地热流体温度下生产电力。

如果可以在工厂闸门（工厂 B）销售热，电力生产成本可以在平均场地条件下降低到 0.18€/kWh，在有利的地热条件下可以降低到约 0.14€/kWh。尽管和单独的发电相比，投资成本略微上升，额外的热的收益可以分摊到提供的电力，从而大幅度降低相应的电力生产成本。这是由于假定热的购买条件不会影响潜在的电力供应。因此，可以以非常低的额外成本获得额外热收益，从而极大地降低电力生产成本。

电力生产成本主要受到投资成本和温度的影响（见图 10-24）。如果，例如投资成本下降 30%，电力生产成本可以从 0.17€/kWh 下降到 0.13€/kWh，下降了 0.04€/kWh。

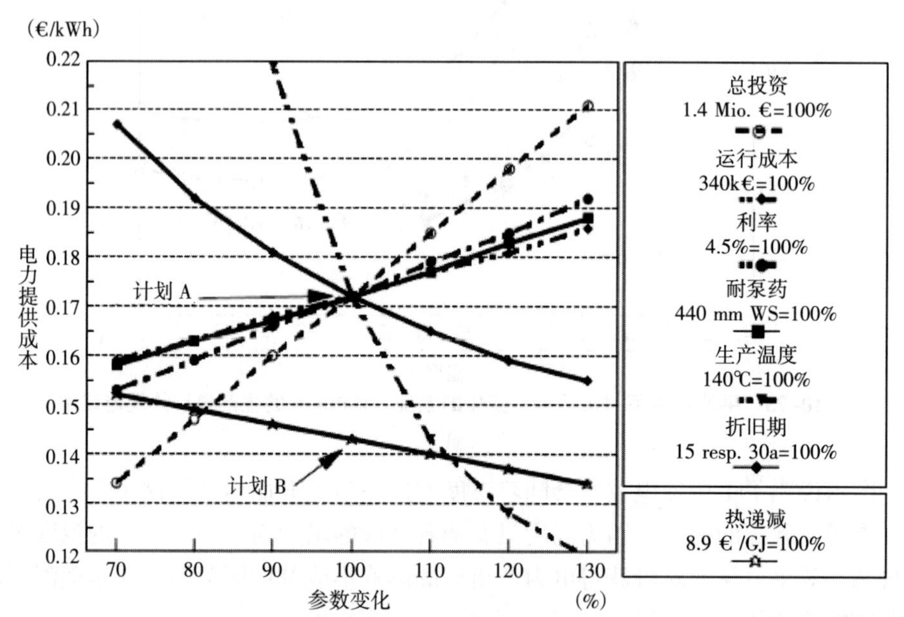

图 10-24 电力供应的参数变化（工厂 A，有前景的地热条件；出于比较的缘故，也提供随着供热收益变化的工厂 B 参数）

（2）环境分析。下面将根据选择环境效应来评估地热发电。同样，评估是根据工厂建设、运行、故障和终止运行期间相关的影响进行。

1）建设。为了开发地热能，在勘探和钻井期间的环境影响已经上升，如原油和天然气的勘探。但是，除了噪声影响必须要控制在现存法律框架规定界限之内，在钻井完成之后只有很少的环境影响，因为可能重新开垦除井口之外的钻井场地。此外，这一钻井的环境影响只是限于钻井短时期之内，长短取决于各自的深度，通常需要 3~6 个月时间。

2）正常运行。由于在换热器内（在地下）地热流体的循环，小浓度的盐和矿物质可能在地面之下几公里的范围内溶解。在火山区域之外，重金属或硫化物要么不存在，要么它们的浓度低到几乎很难察觉。但是，这些物质对于环境有害，因为地热流体在封闭的回路中运行，溶解的物质随后被重新运回到地下（参考文献/10-1/）。

如果地下由于冷却的地热流体的回灌完全冷却，机械压力场可能发生改变，这可能造成区别压力减轻，从而可能产生微震或小型地震。但是，在苏茨苏福雷(Soultz-sous-Forêts)进行的实验中，微震到现在只是在采用广泛增产措施(stimulations)期间，也就是在地下换热器生产期间可以观察到，而不是在正常的循环，即地热流体生产期间观察到。在地震不稳定区域，微震可能在自然事件之前产生小型地震。然而，这种情况非常不可能发生，因为由于这些区域的历史，该区域场地不可能被选择，或者至少在场地压力被探测到之后被排除。出于这一原因，最轻的声音信号也要被记录，它们发生在采取增产措施期间的岩石破裂。

由于相对低的温度，温度在150℃~250℃范围变动，地热发电厂的效率和传统发电厂相比较低。这是排放到大气层中大量的余热结果，从而会污染环境。但是，如果在发电厂区域有特定的低温热需求，热可能被用于替代其他对环境有害的热供应系统（如煤炭炉）。此外，余热也可能重新返回到地下。

和基于可再生能源和传统能源载体的其他发电厂相比，地热发电设施一般具有依储层和发电条件变化的较低场地需求。运输地热流体从井口到发电厂的管线需要额外的空间。在管线安装在地上的情形下，也会影响景观。冷却塔和电站可能需要额外空间。但是，这些空间需求和化石能源做燃料的发电厂本质上没有区别。

对于正常运行，总体只有很小的环境影响，按照现行的观点，没有显著有害影响人类和自然环境的效应可能发生。

3）故障。由于盐和矿物质含量，一旦发生故障，在地球表面可能发生因热传输介质（即热水或热蒸汽）泄漏产生的较小环境影响。但是，和在火山区域观察到相比，环境影响是较低的。进一步的环境影响可能产生于发电厂热传输介质的压力释放［由于回路故障（如泄漏）］。还可能排放少量的气体。然而，这一排放可以通过众所周知传统发电厂技术的合理的安全措施加以阻止（参见文献/10-1/）。就任何其他技术的发电厂来说，环境影响是一定发生的。但是，它们总是可以限定在特定区域，不会产生全球影响。就目前我们所知，它们只具有非常小的影响。

4）终止运行。为了防止不友好的环境影响，在运行结束时，井需要密封，以永久性地排除有害物质渗入或渗出地球表面，阻止不同地下地层的水力学短路。相对照而言，工厂组件不会造成任何环境影响，因为组件在很大程度上符合受法规约束环境非常有限的传统机械的标准。

附录 A　利用海洋能

A.1　来自波浪运动的能

波能是一种主要由风能造成的能源方式。这种波浪包含有势能和动能。对于不受地面摩擦影响的理想的深水波浪，一个 1m 宽的标准波浪的总能量和波高的平方与波浪周期的乘积直接呈比例关系。

基于波浪高度和周期之间的上述关系，一个假定的标准化波谱（standardised spectrum）可以确定与高度或频率相关的波浪力或能量。例如，在平均 6.2s 的波浪周期下，1.5m 的波浪高度是德国北海海滨的典型特征，可以产生 2.11m 高度波峰和约 14kW/m 的波浪能。如果有可能开发德国北海海滨长度（约 250km）的波峰整个能量，根据我们的模型，理论上可以生产约 3.6GW 的电力（参见文献 /1–1/）。

由于相当大的能源利用潜力，与发电相关的波浪能的调查已经进行了几十年。然而，大量的精心修饰的或多或少不现实的建议使对这种可再生能源利用产生疑问。经过几个研究小组的不懈努力，这一观点逐渐得以显著改变。波浪能的利用变得越来越认真，成为中小规模发电的重要选择。

波浪能的发电系统也可以用于保护海岸，因为使用波浪能的系统从海中转换能量成电力，从而移除了来自海的能量。在这些情况下，波浪能不仅仅被反射或消解。因此，发电和海岸线保护良好的结合也可以增强波浪能开发的经济吸引力。

转换海洋波浪动能成为有用机械能的原理非常简单。通过“反转”活塞式发动机原理，浮在波浪上物体（替代活塞）运动以连杆驱动的方式使轴发生旋转，旋转的轴然后驱动一个发电机。

这一基本原理的可行性已经得到证明（参见文献/A-3/、文献/A-4/）。使用波浪能的转换工厂的目标不是证明转换波浪能成为电能的技术可行性，而是以合理的成本增强提供电力的技术可靠性。在实际中，由于一系列在下面总结的要求，这一目标很少被完成。

• 水力参数优化（hydraulic optimisation）是获得高电力效率所决定、所需要的。如果，例如，只是利用向上和向下波浪运动，波浪中所含有的 50%的能量就会被浪费。但是，允许使用波浪整个能量的设计原理已经得到仔细制定。

• 发电厂也要为承受“世纪波”做设计。如果波浪能转换器被设计利用 1m 高的波浪，它也需要承受 10 倍于这一规模的波浪。在我们的案例中，这将是含有 10 倍以上波能的 10m 波浪。需要考虑的预防措施会产生不菲的额外设计成本。

• 发电动力必须要设计得即使在不利运行条件下也非常可靠。在波浪能非常有效的时期（如秋季暴风雨），维护或修理不能持续数周。如果系统在这一时期不能运行，效率就会因为长时期的停工而下降很多。

下面的章节包括不同波浪能利用系统的讨论。请注意，出于这一目标，不对碎浪能（breakers energy）和波浪能进行区分。前者被假定是后者的一种形式。

A.1.1 TAPCHAN 系统

在一个 TAPCHAN（锥形波道波浪能转换装置，tapered channel wave energy conversion device）系统内，由碎浪和涌浪推进到海滩上的水通过一个逐渐变窄的倾斜通道被导入到抬高了的水库中（见图 A-1）。这种锥形的通道汇集了来自不同方向的不同频率的波浪，同时将动能转换为势能。在这一通道内，由于宽度的缩小导致波高上升。这会导致水平面的上升，从而海水溢出窄的通道终端，进入水面高于平均海面几米的水库中。从这一蓄水库，由于高差积累了高能量的海水通过涡轮机重新流回海洋。

由于需要蓄水库，这一系统比其他大多数波浪能转换系统需要更多的空间。由于流入损失（包括浅水效应），只能利用到有限数量的原始波浪能（来自深水）。但是，由于蓄水库水平排水和应用了当前发电设备市场的低压涡轮机，这一系统比多数其他碎浪或波能支持能源利用系统运行要容易很多。另外一个优点是在电站内采用的系统组件不受露天海洋条件的影响，因而具有更长的技术生命周期。而且该系统的维护也相对容易。此外，运动的电站组件永远不会接触波浪，从动能到势能的转换通过加固了的固体混凝土构件进行。因此，这一电站也能经受住恶劣气候条件（“世纪波”）的影响。这种电站容易接触海岸也是有益的。由于海水持续地导入蓄水库，蓄水库也适于用作渔场。和平行于波峰的直接溢出边墙比较，这种拥有锥形通道的波浪或涌浪为动力的发电机相当大的好处是，为了通过狭窄的通道末端给抬高了的水库补水，所有的波浪大体上在同一点上达到需要的高度。

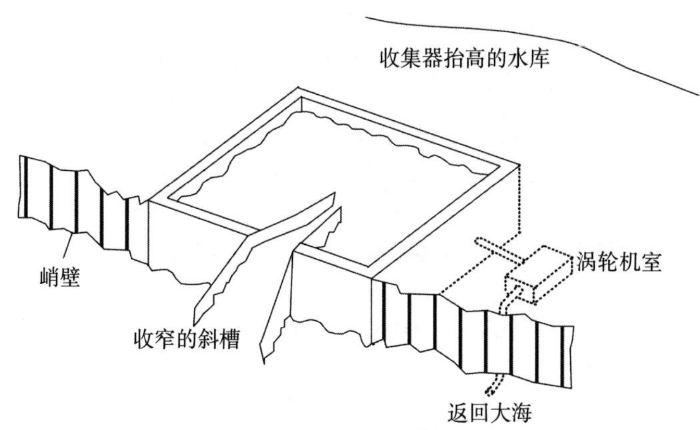

图 A-1　TAPCHAN 系统的运行原理

资料来源：文献/A-1/。

这一运行原理已经在 1986 年挪威靠近卑尔根市 Toftestallcn 建成的 TAPCHAN 示范性发电厂得到证明。

A.1.2　OWC 系统

另外一个利用波浪或碎浪能的系统一般被称为振荡水柱（OWC）。按照现有（至少短期）的观点，OWC 系统是最具有前景的波浪能转换方式。这种系统已经在 1910 年得到应用，可能是人类历史上最早的波浪能发电方式。在当时，利用的是压缩在岩石海岸洞中的空气。相比照，当前技术目标是在人工建造室内利用波浪的运动。几十年来，振荡水柱式技术已经被应用于提供浮标的照明用电。下面，将首先讨论浮标运行原理，然后讨论大型电站。

（1）OWC 浮标。OWC 浮标基于淹没于海水深处的垂直管道，管道达到的深处低于波浪运动发生水平。这种浮标包括一个不能直接跟随浮标或波浪运动的水柱，通过它的运动形成振荡。安装在管道内的水或空气涡轮机，位于管道高于海面的上面部分，通过水柱上下地运动旋转，驱动发电机发电（见图 A-2）。

OWC 系统的主要问题是将缓慢运动变换为可以用于发电的快速运动。由于这种变换连同成本更高的机械和水力系统构件只是在技术上是可能的，这种技术出于基本原因不适合于型系统。对于 OWC 系统，波浪运动于是以空气方式传输，通常采用井涡轮机（wells turbines）。

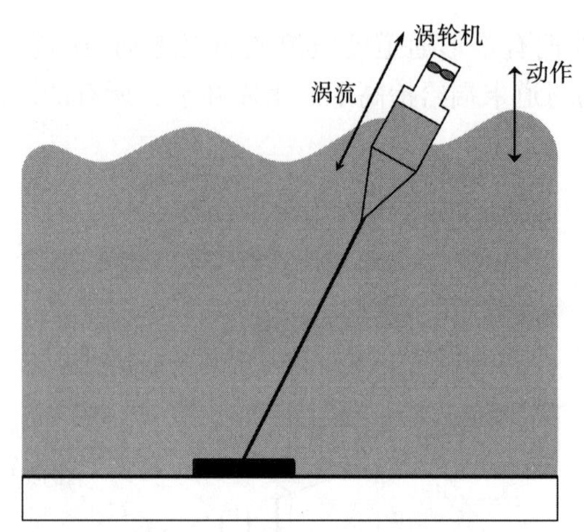

图 A-2 OWC 浮标的运行原理

资料来源：文献/A-2/。

根据 OWC 原理运行的照明浮标已经用在海上超过 20 年了。安装在这种浮标内部的小型空气涡轮机已经被证明是耐用和成本有效的。由于涡轮机的快速运动，水不会渗透进涡轮球轴承，从而会防止腐蚀。

（2）OWC 碎浪为动力的发电机。为了为大型波浪或碎浪能源的开发寻找方法，当前的调查聚焦于以 OWC 波浪和碎浪为动力的发动机。通常，这种 OWC 系统最好安装在近陡峭海岸海底。通过平均海水位下的开口，运动的水波能渗透进入大的箱里，然后传播波频给包含的水柱。随着水位的上下移动，OWC 工厂里在水面上的空气柱被“呼”入和“呼”出。随后，被吸收或吹出的动能通过合适的涡轮机部分地转换为电能。如果由流入、水柱、风量涡轮机（air quantity turbine）和流出组成的振动系统的频率和前进的波浪频率一致，那么就达到最佳发电效率。

图 A-3 是已经在北苏格兰建成的这种发电厂的例子。一个适合的陡峭海岸的截面的岩石已经在水面之上和之下部分地被击碎。截面面积为 50m² 的混凝土空气室必须要嵌入在这种方式制造的洞穴中。水渗入空气室的开口位于低于正常海平面的 3.5~7m 处。室内波浪的振幅（即波峰和波谷之间的差异）合计可以达到约 3.5m。一个封闭的钢柱被设计作为混凝土套管延伸到空气室的上部，在它的顶部，安装有带发电机的涡轮机。为了增加发电，在电厂的前段建有两座防波堤。它们通过共振集中碎浪。

和碎浪为动力的 OWC 发动机相连的涡轮机可以以两种不同的模式运行：

• 空气只从一个方向流经涡轮机。因此，OWC 设计必须要确保周期振动流转化为周期性脉冲流。几乎所有早期的系统是基于这一方法。但是同时，维持同

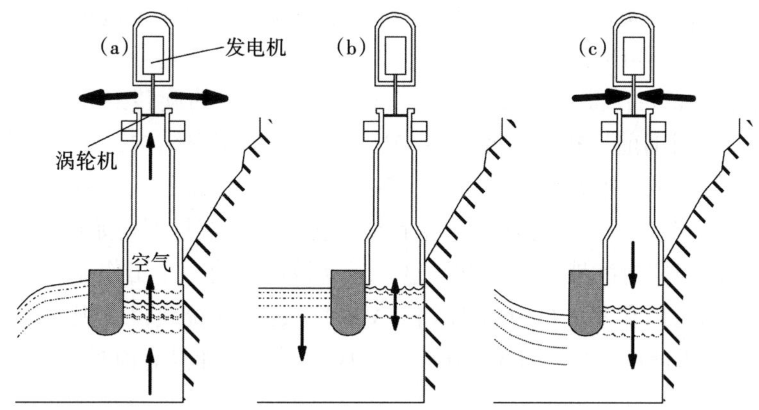

图 A-3 碎波为动力的 OWC 的发电机的运行原理 [(a) 前进波浪；(b) 波峰；(c) 反射波]
资料来源：文献/A-1/。

一旋转方向的涡轮在有不同流动方向时需要更换它们。

• 空气从交替方向流经涡轮机。为了达到这一目标，涡轮机需要按照即使空气流动方向发生改变，也要从一个方向驱动。迄今为止，这一挑战只是通过低效率的双击式（cross-flow）涡轮机来解决，当前，只有以发明者名字命名的威尔士涡轮机可以使用。这种低效率迄今只能在特定的范围内以高成本的方式增加。此外，所有配备有威尔士涡轮机的这种电厂，由于在海洋条件下阀门必须在约 10s 内打开和关闭，似乎从技术上是可以实现的。

A.1.3 进一步的方法

在过去，为了利用波浪能发电，已经开发了一系列其他的系统。但是，直到现在，它们还没有在市场取得成功。下面简要介绍它们其中的一些。

柯克雷尔（Cockerell）筏由铰链式连接的类似于浮箱的浮体组成。在这些浮体之间，安装连接的活塞式泵压缩工作流体（水或空气）。压缩了的工作流体随后用于驱动带有发电机的涡轮机（见图 A-4）。当今，这种类型的电站只是以微

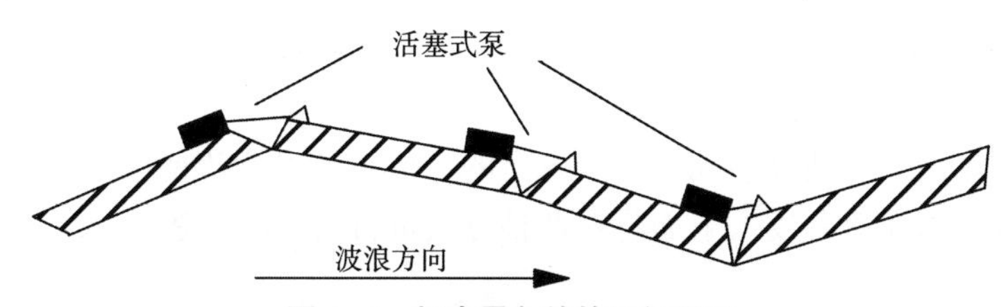

图 A-4 柯克雷尔筏的运行原理
资料来源：文献/A-5/、文献/A-6/。

型版本方式设计和实现（参见文献/A-6/）。按照现代的观点，这种设计在大型电站中使用是绝对不可能的。

萨尔特（Salter）波浪能转换器的特征是具有大量的旋转桨叶型浮体，这些浮体在水平轴周围前后排列（见图 A-5）。通过一个支撑结构，整个系统被锚定在海底，以便在半水下条件中桨叶的运转。随着每一次前进的波浪，它们朝着垂直向上的位置移动。一旦波浪已经过下面，它们就会恢复到初始的位置。因此，叶片随着波浪周期持续地上下运动。这一运动被传送给一个工作流体，工作流体被压缩驱动涡轮机和发电机（参见文献/A-6/）。这种系统获得重视或应用于大型电站是非常不可能的，因为 TAPCHAN 和 OWC 系统更加具有前景。

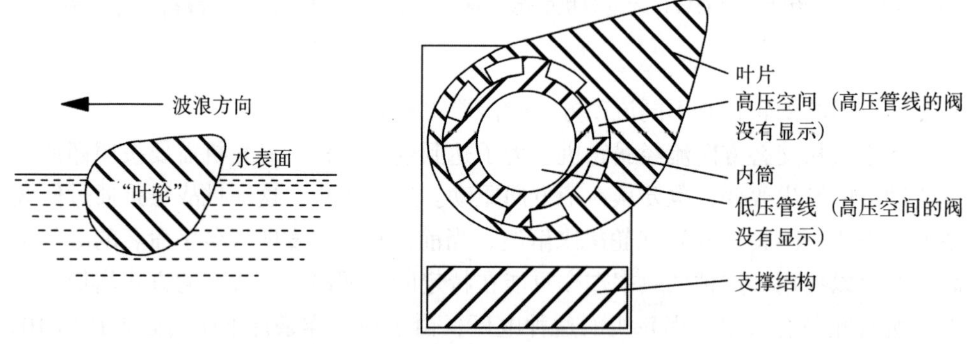

图 A-5　萨尔特波浪能转换器的运行原理（左图：运行原理；右图：基本设计）
资料来源：文献/A-5/和文献/A-6/。

A.2　潮汐能

和地球的旋转有关，月亮和太阳的吸引力（即行星的运动和引力；见第 2 章）周期性地改变海洋的水位。在开放的海洋中，潮汐波的特征是略高于 1m 的高差。但是，大陆对于潮汐波有制动效应，在海岸线造成水的回流，从而使水位最高变化达到 10m 或更多成为可能。在特定的滨海地区，例如海湾和河口，潮差高由于共振或漏斗可能升高到 20m。

就潮汐来说，有两种不同的用于发电的方法：通过潮汐能电站对于回水势能的利用，或者海洋流开发。下面将对两种方法进行简要的描述。

A.2.1　潮汐能电站

按照不同的方法，可以开发潮汐能，即潮汐差。

最容易的方式是由一个海盆系统组成，只能用于一个方向（见图 A-6 顶部）。一个海湾通过大坝可以和开放海洋隔离，但是通过泄水闸门和涡轮机与海洋保持连接。涡轮机和闸门的控制系统确保水只能通过闸门进入海湾，只能通过涡轮机流出海湾。这一涡轮机和供应电能的发电机连接。这种潮汐电站的主要缺点是能量只能在一个相对较短的周期产生（见图 A-6 顶部）。它的优势是涡轮机的设计简单。

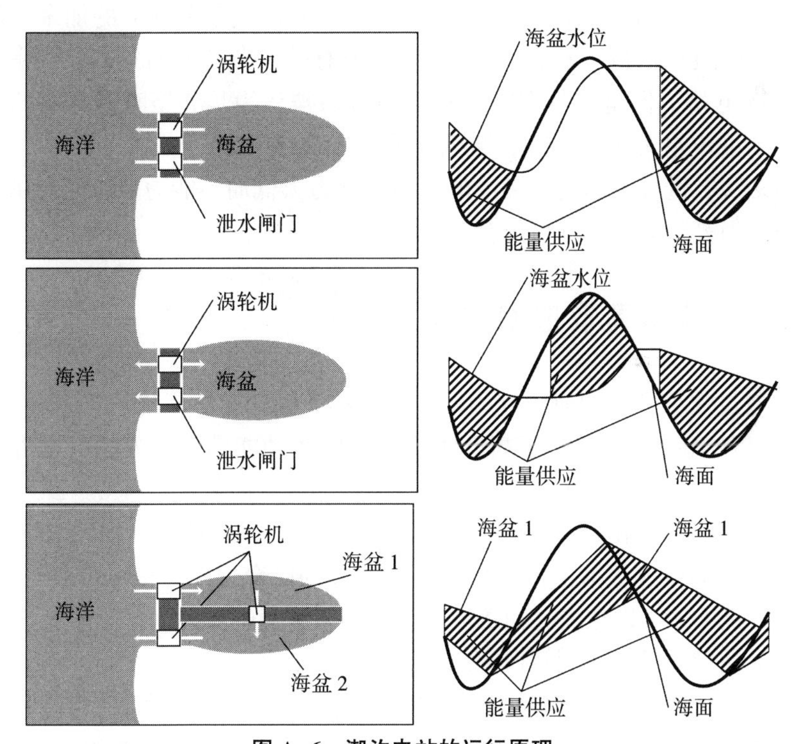

图 A-6　潮汐电站的运行原理

注：顶部：单向单库潮汐电站；中间：双向单库潮汐电站；底部：双库潮汐电站。
资料来源：文献/A-2/。

为了避免它的这一缺点，可以应用双击式涡轮机（cross-flow turbine）进行发电（见图 A-6 中间）。也需要为这种系统设计的闸门在海盆和海洋之间几乎没有水位差（即高潮汐和低潮汐）的期间加速水的流入和流出。这种设计确保了更长的时间的发电（见图 A-6 中间）。这种系统需要更高的技术成本支出。但是，一般来说更高可能的能源供应会完全补偿这一更高的成本。

潮汐电站也可以作为双海盆系统设计（见图 A-6 底部）。在两个海盆之间，加入了一台涡轮机。这一涡轮机既可以建在大坝中，也可以建在通过涡轮机连接海洋的两个海盆之间的连接河道中。随着在高潮汐时水进入一个海盆，通过相应的涡轮机之后，在低潮汐时通过另外一个海盆流出，水的流入和流出被控制。因此，能源生产更加规律，可以没有任何中断地进行。但是，这种电站的设计要求更高，而且两个海盆需要更大的空间。

在大多数的情形下，带有阻挡水直到水库外的水位达到较低水平的储水库的潮汐电站在实际中不经常使用，因为这种电站成本高而且消耗空间的设计具有显著的环境影响。当前，只有很少的潮汐电站在世界范围内运行。位于法国境内近圣马洛的兰斯河河口湾的电站自 1966 年开始运行。位于芬地湾的加拿大原型电站自 1984 年末已经开始成功运行。此外，还有俄罗斯的 Koslogubsk 一座电站和中国的两座电站。但是，只有第一座电站可以被认为是大型潮汐电站的原型电站，平均的潮汐差大约为 8.5m，装机容量为 240MW。

总体来说，世界范围内的潮汐电站技术潜力太低而不能为全球能源供应做出大的贡献。但是，局部条件可能会非常有利。

A.2.2 利用高低的潮汐流

由于通过大坝分隔的海湾利用海洋能会和大量的自然环境后果有关，最近，基于高低潮汐流，也就是基于高低潮汐引起的水动能的开发方法，也进行了调查。但是，这种系统的主要缺点是相对较低的洋流的能量密度。

受相对慢的流速和大的流截面影响的洋流只有非常小的压力差。因此，必须要开发适用于高低潮汐流的涡轮机，比如大型的萨窝纽斯（Savonius）和达里厄（Darrieus）转子，可以在描述的条件下，以令人满意的效果运行。图 A-7 显示了和近海风电站相比的相应项目研究的例子（见 7-2 节）。

就任何其他流来说，流经一个给定截面的高低潮汐流能量 P_{Wa} 可以根据用于风电站的等式（A-1）计算，也就是通过水的密度 ρ_{Wa}、水流截面积 S_{Rot} 和水流速 v_{wa} 的三次方计算。

$$P_{Wa}=\frac{1}{2}\rho_{Wa}\,S_{Rot}\,v_{Wa}^{3} \tag{A-1}$$

根据等式（A-1），如果水具有很高的流速，开发高低潮汐流是合理的。对于流速为 0.1m/s 的水流来说，可以产生的能量密度为 0.5W/m²。如果流速上升以 2~4m/s 的倍数增加，能量密度会以 4000~8000W/m² 的倍数上升。

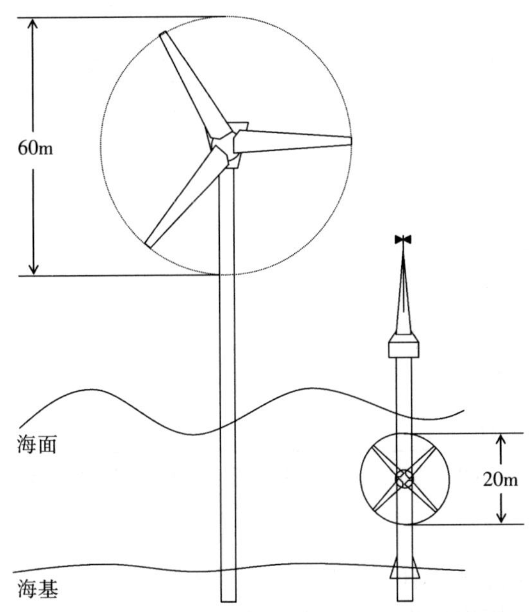

图 A-7　和近海风电站相对照的使用海洋流的转子的运行原理

直到现在，由于规划大型涡轮机还有未解决的技术问题，单纯的高低潮汐流的开发项目还没有在实际中运行。但是第一台样机已经运行。

A.3　进一步的可能

除了讨论的选择，还有其他的一些可能方法开发海洋能进行发电。

A.3.1　热梯度

太阳能的主要部分作为热储存在大气层和地球表面的固体或液体组件中。来自太阳的总辐射能约 20%只是在热带海洋中转换为热。从技术的角度，利用这种热是可能的。而且，由于赤道带内大面积的水表面，这一选择理论上的潜力是相对较高的。

图 A-8 显示了与水深度相关的赤道海洋典型的水温变化。根据这一图示，在接近表面的水层内温度大体在 22℃~28℃范围内变化（整年内）。更深层温度在全年内保持大体恒定，且和表面水相比相对较低。

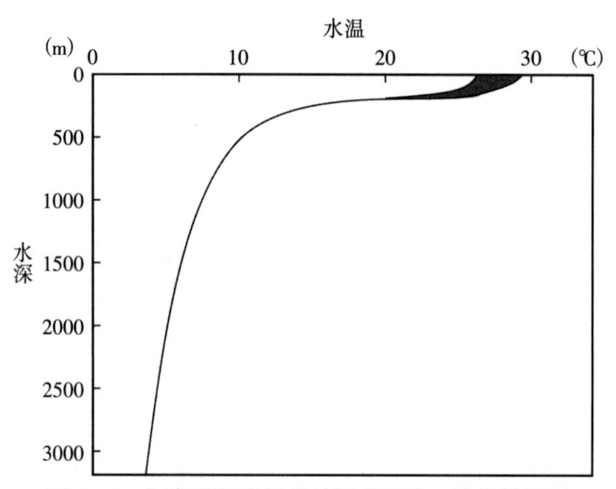

图 A-8　与海洋深度相关的温度变化，简化的图示

资料来源：文献/A-2/。

从原理上说，这种热能可以以开放或封闭的朗肯过程（Rankine processes）（ORC 过程）的方式用作发电。这一循环是基于最高温度在 22℃~28℃的热表面水和温度在 4℃~7℃的深部冷水之间的温度差进行的。这种循环的效率取决于可用的温度差。由于最大可利用温度差只有约 20K，这类电站只能获得 1%~3%的很低效率。此外，对于这类发电方法，需要大量的水进行循环。而且，水需要从深海层传输到海洋表面和相反方向，所以这类电站的设计是非常昂贵的。

为了使能源传送到用户距离最短，海洋热能转换工厂主要建在海岸线上。同时，需要能容易获得冷的深水运行这一循环。

和大量需要传送物质或水流相比，这种电站的能量产出较低，这种技术一般被称为 OTEC（海洋热能转换），迄今为止，由于经济方面的原因还没有被应用（见图 A-9）。由于对于这类海洋热能转换工厂还有一些没有解决的技术问题，在我们星球阳光照射的地方，它们的应用在未来几年内还是不能期望的。

对于同时拥有海洋流和地热能的地理区域，有不同技术适用，这些技术将在后面作介绍。这类方法得益于近火山结构和冷海洋水之间的温度差。但是，这类方法由于相当多的技术温度，在最近几年内不可能在实际中得到应用。

A.3.2　海洋流

开发不同区域因不同温度产生的海洋流也是可能的。这种开发对于可以获得高流速的海峡是特别合适的。

例如，佛罗里达海洋流的最窄的部分宽度是 80km。在这一点上水的通过量

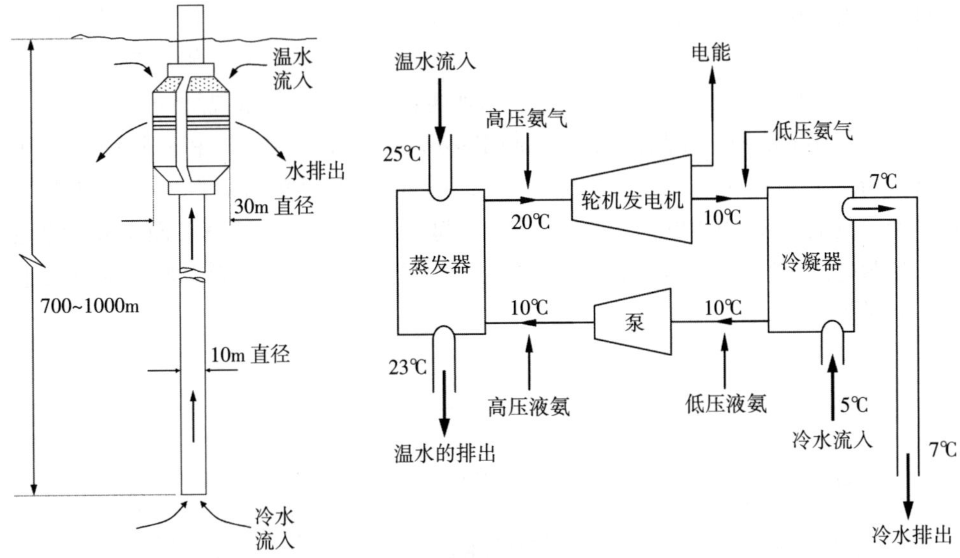

图 A-9 OTEC 工厂的例子（左：布局；右：电站循环）

资料来源：文献/A-1/。

以平均 0.9m/s 流速计算在 20~30Mio.m³/s 变动。基于这样一个 50km 平均宽度、120m 平均深度和洋流核心部分约 2m/s 的流速的海洋流，使用合适的转换设备可以提供 2000MW 的电力（参见文献/A-6/）。但是，海洋流慢流速不可避免地导致了低的能量密度，即使在洋流的核心也是 2.2kW/m²。因此相应的转换工厂必须具有相当大的规模。这种可再生能源开发方法的原理和使用高低潮汐流的原理是一样的。

由于只有很小的压力差，但具有相对较高可开发的流速，需要开发在上面提到条件下可靠运行的涡轮机［与风力发电站的转子相似（见图 A-7）］。在海洋流能量的转换工厂中应用的多数涡轮机的运行原理和巨型风力发电站相似，只是在这里海洋流取代了风力。但是，涡轮叶片由于低海洋流速只是每分钟旋转两次或三次。由于低能量密度，迄今所有提到的方案都需要 150m 或以上直径的涡轮机，但这种涡轮机迄今没有建造。

和上面原理相比，之前已经提出了配有海降落伞的适用于慢速水流的能量转换器（参见文献/A-8/）。海降落伞由非常稳定的材料制成，大量地排列在一个循环绳上。带有降落伞的绳索从锚定在海床上并配有发电机的滑轮上运行。降落伞的旋盖直径可能达到 100m，通过海洋流撑开和驱动。当超过绳索的顶端，例如根据设计研究在 18km 之后，降落伞由于缺乏冲击压力而关闭，被拉到朝向滑轮和海洋流相反的位置。降落伞需要通过相应的装置锁在封闭的位置，否则，在拉回的时候由于内部受洋流的干扰会打开，从而阻止整个系统的运行。在已经通过滑轮之后，降落伞又在海洋流内膨胀，前面描述的过程又重新开始。当今，还没有试验工厂，由于基本技术弱点，这一原理能否获得市场的重视是一个问题。

为了利用 Ganzirri 和佩措角（Punta Pezzo）之间墨西拿海峡相对较高的海洋流速（南意大利和西西里岛之间的海峡），图 A-10 显示的方案已经详细地进行了解释。这种类型的 100 台涡轮机需要一起安装在大约低于海平面 100m 的地方，在那里洋流达到它的最大流速。但是，对于这种方法，能否克服技术挑战也是一个问题。

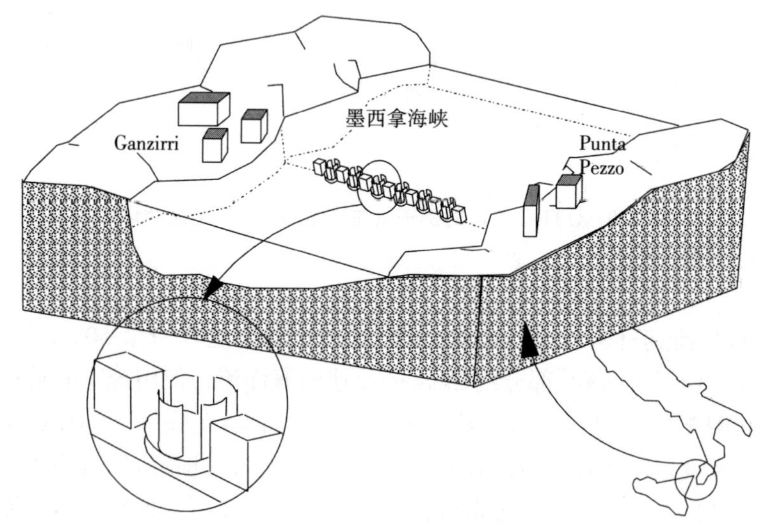

图 A-10　一个墨西拿海峡海洋流能量转换工厂原理性研究

资料来源：文献/A-1/。

由于经济和环境的原因，海洋流能量的转换工厂能否大规模地进行运营是值得怀疑的。一方面，已经进行的项目研究显示它们具有很高的投资成本和相当大的技术挑战。另一方面，高流量的海洋流能量转换工厂可能对环境有相当大的影响，例如，各自的海洋流可能发生转向，比如欧洲气候可能因为墨西哥湾流的转向而发生根本的变化。按照现代的观点，这一可再生能源的类型不可能用于大规模的能源供应。

A.3.3　盐分梯度

全球的水循环导致大量的淡水的产生（见第 2 章）。这些淡水随着河流汇入大海又一次和盐水混合在一起，从而完成全球水的循环。从根本上来说，淡水从盐水中的分离需要储存在分解的水量中的能量。有利用从淡水和盐水混合的河口释放的能量的提议。从理论上来说，化学能可以被转化为势能（通过渗透压效应），随后可以通过合适的水力电站转化为电力。尽管运行的原理简单，由于需要的半渗透膜还不能获得，这一方法从技术上是不可行的。

A.3.4 水蒸发

在全球水循环中，水在海面蒸发并上升到很高的高度，然后冷凝下落产生降水（见第2章）。这一自然过程可以通过安装在海洋中的巨型塔（巨型电力塔，参见文献/A–9/）的方式通过能量生产系统来模仿。其他的流体，例如氨替代水，这种流体比水在更低温度下蒸发需要更少的热能维持这种循环。在这种能量生产系统内，在蒸发期间，例如氨从海洋中吸收热能并蒸发。氨蒸汽在塔内上升，并在塔顶由于塔顶高度冷大气而发生冷凝，液态氨降落到地板，驱动适合的涡轮机，以达到供应电力的目的。

最简单的设计包括约5km高度、直径200m的塔，和直径50m的上升管道。为了启动循环在底部和顶部之间获得足够的温度差，这一提升是必需的，在塔的底部和顶部，巨型容器收集降水或蒸发液体。

为了使塔的重量最低，建议使用两边由铝覆盖的塑料基材作为建筑材料。尽管这种建筑重量达到400000t，它只浸入海洋1.4m，因为类似于气体充填气球的巨大的氢气充填罐将抬升塔并保持塔垂直。通过厚度30cm、长度达到8km的绳索，这一建筑将在三点上得到“稳固”。

另外一种变体包括一个高度7.5km塔。在此维度上，底部的直径达到大约2500m，管道内直径750m，顶部平板冷凝器直径达到大约1200m。

两种设计适于抵抗大风。两种模式的研究已经揭示在塔顶有344m，或者各自57m的倾斜，这是由固定其下管道的平板冷凝器巨型重量所造成（参见文献/A–9/）。

直到现在，只是进行了这种方法的概念性研究，在最近几年内这一选择不可能对电力供应做出大的贡献。

附录 B　生物质能的使用

术语“生物质”描述的是有机物质（如含碳物质）。因此生物质包括：

• 自然浮游植物和浮游动物（植物和动物）、产生的剩余物、副产品和废料（如动物粪便）、死（还没有变成化石）的浮游植物和动物（如秸秆）。

• 泛义上，所有因有机物质的技术转换和/或物质利用产生物质（如黑液、纸和纤维素、屠宰场的废料、有机家庭垃圾、植物油、酒精）。

将生物质和化石能源载体界定开始于泥炭，也就是二次化石分解产品。根据这一术语界定，泥炭不认为是生物质；但是，在一些国家（如瑞典和芬兰），泥炭被认为是生物质。

生物质可以进一步分为原始产品和二次产品（参见文献/B-1/）。

• 原始产品产生于对太阳能光合作用的直接利用，包括所有的浮游植物，如来自能源植物栽培的农业和林业产品（诸如速生树、能源草）或来自农业和林业及其深加工业（包括秸秆、林业和工业残余木）的蔬菜残体、副产品和废料。

• 二次产品，相反，只是间接地接受来自太阳的能量。它们通过更高生物体（如动物）中有机物质分解或转换形成。它们包括所有的浮游动物以及它们的排泄物（如粪便、固体废料）和下水道污泥等。

B.1　典型的供应链结构

基于生物质的能源供应链包含从能源植物的种植，或残料、副产品及有机废物供应，直到最终能源供应（注入区域热或电能）的所有过程。因此，它覆盖了有机物质从生产，也就是原始能源，直到相应的有用能源的生命周期（见图 B-1）。

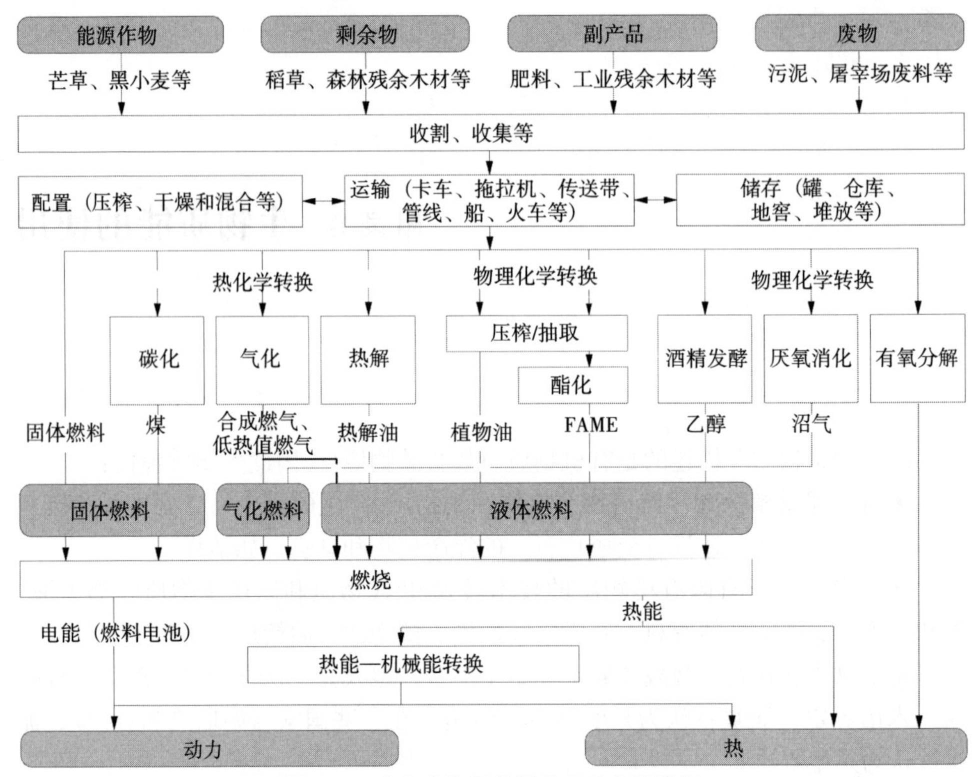

图 B–1　来自生物质能源供应的各种选择

注：灰色阴影区域：能源载体；非灰色阴影区域：转换过程；没有考虑将光作为有用能源的简化演示；FAME 脂肪酸甲酯；发生在燃料电池中的反应被看作“冷”燃烧。

资料来源：文献/B–1/。

这种生物质供应链的目标是满足最终或有用能源需求的可能变化，并给必需的转换工厂提供需要的质和量的有机物质（参见文献/B–1/）。

组成生命周期的每一供应链可以分为生物质生产、供应、转换和处置过程，一般来说，每一段过程可以进一步分为许多单个的过程。例如，其中生物质生产需要种床培育、施肥和养护。由于整过生命周期内不同过程不是发生在同一地方，相应的距离必须要通过合理的运输（例如卡车、拖拉机和管道）来连接。

最后，特定的供应链一方面由生物质生产（供应侧），另一方面由最终能源供应（需求侧）的框架条件所决定。额外绝对因素是经济和技术（和管理）的框架条件，这些因素对于将一个生物质供应链投入实际应用有显著的影响。例如，特定的转换方法的选择，除其他因素之外，由提供最终能源载体形式（例如热能、电能）或相应的有用能源（如热、电）决定，但目前最重要的是由环境法律规制所决定的。此外，一个供应链也由供应和/或利用过程中产生的物质所规定的处置方法所决定（诸如生物质生产之后发酵肥料剩余物、在固体生物质燃料燃烧后灰烬剩余物）。剩余物、副产品、废物的处理选择和/或使用的转换技术也需要不同的生物质特性（诸如规模、形状、水含量），这些特性在转换之前通常必须要明确和确保。因此，首先生产适合的二次能源载体（如木头颗粒、木材板、秸秆捆）可能是有利的。此外，生物质类型（诸如木本或草本生物质）、质量（如含水量、成分），以及与季节差异有关的能源需求和生物质供应的变化也非常重要。上述特性可能导致不同的储存需求，例如，为了保障储存和稳定性，生物质的脱水可能是需要的。此外，选取的组合需要在给定框架条件下经济上是可行的，可以被核准的，从社会角度可以被接受（参见文献/B-1/）。

B.2 转换成最终或有用能源

在一个供应链内，根据许多不同的方法和选择，可用的生物质可以被加工并转化成期望的能源（参见文献/B-1/）。

利用木质纤维素生物质最简易的方式是在机械预备（诸如切削或挤压）之后，直接在炉子中燃烧。然而，对于大量的其他具有前景的应用（诸如轿车和卡车发动机的燃料供应或燃气涡轮机内高效动力的生产），建议或要求首先转换生物质成为液态或气态二次能源载体。因此，成为最终或有用能源的实际转换是在一个或几个下面的生物燃料特性被特别地加强之后进行：能量密度，搬用、储存和运输特性，环境绩效和能量利用，替代化石能源载体的潜力，剩余物、副产品和废料的可处置性。

转换生物物质成为固体、液体或气体二次能源载体的可行过程，是在转化为期望的最终或有用能源之前进行，一般可以分为热化学转换、物理化学转换和生物化学转换过程（见图 B-1）。

B.2.1 热化学转换

通过热化学过程（诸如气化、热解和碳化），主要使用热把固体生物燃料转换成为固体、液体和/或气体二次能源载体（参见文献/B-1/）。

（1）气化。在热化学气化中，固体生物燃料更合适转化为气体能源载体。为了达到这一目的，含氧气的气化剂（比如空气）以化学比例加入，转换比如生物燃料碳成为一氧化碳，成为气体的能源载体。同时，需要运作这一过程的过程热通过使用的一些生物燃料的部分燃烧来提供。生产的低热燃料气体适于以燃烧器的方式供热，以及通过气体发动机、涡轮机或燃料电池的方式提供电力或进行热电联产。产生的气体也可以进一步转换成液体或气体二次能源载体（例如甲醇、费托（fischer-tropsch）柴油燃料、生物质合成天然气），这些物质适于在运输领域使用。

（2）热解。就热解来说，固体生物燃料只能以最大化液体产品份额为目的的热能方式利用。这种热解过程是基于缺氧的高温条件下生物质的热分解。在热化学转换过程中，有机物质转化为气体产品（如一氧化碳、二氧化碳）、液体产品（如生物油）和固体产品（如木炭）。假设需要的技术是可行的，生产的液体二次能源产品可以作为合适炉子的燃料，或者作为发电燃料或 CHP 电厂中热电联产的燃料，以及作为运输目的的燃料。

（3）碳化。碳化是指以固体产品（木炭）最大化产出为目的的固体燃料热化学转换。对于这种过程来说，有机物质也是被热分解。需要过程热经常通过使用过的原材料部分燃烧来提供（也就是通过释放的气体和液体分解产品的热分解）。因此，碳化本质上和气化或热解没有差别。但是，这种热化学转换的方法的条件是按照确保固体反应产品的最大化产出来设定的。随后，产生的碳化生物质主要用于相应工厂的热供应。另外，它也可以用于除能源生产之外的其他目的。

B.2.2 物理化学转换

物理化学转换包括基于油籽的能源载体供应的所有可选择的方法。对于这些过程，含有植物油或脂肪的生物质用作初始的材料（如油菜种子、向日葵种子、椰子）。首先，液体油阶段和固体阶段相分离。分离可以通过机械压力［如将菜籽油从固体残余物（菜籽饼）中分离］。或者，油的分离使用溶剂萃取也是可能的。来自这一物理化学过程的产品剩余物是植物油和溶剂的混合物以及油籽残留物和溶剂的混合物。溶剂一旦又一次在过程中使用，已经从植物油中去除，而保留油渣粉。两个过程经常联合使用。首先进行机械压榨，随后进行萃取。获得的植物油可以作为发动机和 CHP 工厂的燃料使用，使用中既可以单纯使用，也可以通过化学转换（即酯交换反应）为脂肪酸甲酯（FAME）使用（参见文献/B-1/）。

B.2.3 生物化学转换

生物化学转换使用微生物或细菌，即生物过程，转换生物质为二次能源载体或有用能源（参见文献/B-1/）。

（1）酒精发酵。在相应的准备之后，含有糖、淀粉或纤维素的生物质可以以酒精发酵的方式在水介质中分解成为乙醇。酒精通过蒸馏从这种浆料（slurry）中去除。由于乙醇和水形成一个恒沸点的混合物的事实，纯酒精通过脱水，随后使用共沸蒸馏共沸剂获得。产生的纯乙醇作为提供最终或有用能源的发动机或 CHP 工厂的燃料使用。在一些国家，乙醇和低浓度的传统汽油混合，这种混合物（如称为 E5 的燃料）可以作为配有奥托发动机所有运输工具的燃料使用。

（2）厌氧分解。通过细菌，在厌氧条件下的有机物质（也就是在没有空气下的转换）可以被分解。这种厌氧分解的一种产品是蒸汽饱和气体混合物（生物气体），这种混合物由大约 60%的甲烷（CH_4）和 40%的二氧化碳（CO_2）组成。这种分解过程可以在湖底自然发生，在生物气体工厂、下水道污泥和垃圾填埋场中从技术上使用。在气体清洁后产生的气体作为气体燃烧器或发动机中的能源载体使用。在合适的加工和压缩之后，气体混合物从原理上说也可以送入天然气管线，可以发挥和天然气一样的作用。运输目标也是可以使用的（因为天然气已经实现了这种功能）。

（3）有氧发酵。就有氧发酵来说，生物过程也可以在有氧的情况下用于分解生物质。这种过程的主要氧化产品是二氧化碳（堆肥形式）。在这种过程内，释放的热，可以通过热泵利用，也可以用于满足给定热需求的低温热提供。但是，这种可选择的方法还没有投入实践。

附录 C 能源单位

小数前缀

Atto	a	10^{-18}
Femto	f	10^{-15}
Piko	p	10^{-12}
Nano	n	10^{-9}
Mikro	μ	10^{-6}
Milli	m	10^{-3}
Zenti	c	10^{-2}
Dezi	d	10^{-1}
Deka	da	10^{1}
Hekto	h	10^{2}
Kilo	k	10^{3}
Mega	M	10^{6}
Giga	G	10^{9}
Tera	T	10^{12}
Peta	P	10^{15}
Exa	E	10^{18}

换算系数

	KJ	kWh	Kg SKE	Kg OE	m^3 气体
1Kilo 焦耳（KJ）		0.00278	0.000034	0.000024	0.000032
1Kilo 瓦特小时（kWH）	3.600		0.123	0.086	0.113
1kg 硬煤（SKE）	29.308	8.14		0.7	0.923
1kg 油等价物（OE）	41.868	11.63	1.486		1.319
$1m^3$ 天然气	31.726	8.816	1.083	0.758	26.0

注：转换系数参考净热值。

参考文献

/1-1/ Kaltschmitt, M.: Renewable Energies; Lessons; Institute for Environmental Technology and Energy Economics, Hamburg University of Technology, Summer Term 2006 and Winter Term 2006/07.

/1-2/ Hulpke, H. u. a. (Hrsg.): Römpp Umwelt Lexikon; Georg Thieme, Stuttgart, New York, Germany, USA, 2000, 2. Auflage.

/1-3/ BP (Hrsg.): BP Statistical Review of World Energy 2005; BP, London, UK, June 2006 (www.bp.com).

/1-4/ Kaltschmitt, M.; Hartmann, H. (Hrsg.): Energie aus Biomasse; Springer, Berlin, Heidelberg, Germany, 2001.

/1-5/ Wöhe, G.: Einführung in die Allgemeine Betriebswirtschaftslehre; Franz Vahlen, München, Germany, 2005, 22. Auflage.

/2-1/ Aschwanden, M.: Physics of the Solar Corona; Springer, Berlin, Heidelberg, New York, Germany, 2004.

/2-2/ Flemming, G.: Einführung in die angewandte Meteorologie; Akademie, Berlin, Germany, 1991.

/2-3/ Liljequist, G. H.; Cehak, K.: Allgemeine Meteorologie; Springer, Berlin, Heidelberg, Germany, 1984.

/2-4/ Kaltschmitt, M.; Huenges, E.; Wolff, H. (Hrsg.): Energie aus Erdwärme; Deutscher Verlag für Grundstoffindustrie, Stuttgart, Germany, 1999.

/2-5/ Malberg, H.: Meteorologie und Klimatologie; Springer, Berlin, Heidelberg, New York, Germany, 2006, 4. Auflage.

/2-6/ Häckel, H.: Meteorologie; UTB, Stuttgart, Germany, 2005, 5. Auflage.

/2-7/ Kaltschmitt, M.: Renewable Energies; Lessons, Institute for Environmental Technology and Energy Economics, Hamburg University of Technology, Summer Term 2006 and Winter Term 2006/07.

/2-8/ Duffie; J. A.; Beckman, W. A.: Solar Engineering of Thermal Processes; John Wiley & Sons, New York, Brisbane, USA, 1991, 2nd edition.

/2-9/ Liu, B. Y. H.; Jordan, R. C.: The Interrelationship and Characteristic Distribution of Direct, Diffuse and Total Solar Radiation; Solar Energy 4 (1960), 3, S. 1-19.

/2-10/ Taylor, P. A.; Teunissen, H. W.: The Askervein Project: Overview and Background Data; Boundary-Layer Meteorology 39 (1987), S. 15-39.

/2-11/ Intergovernmental Panel on Climate Change, IPCC Data Distribution Centre, http: //ipcc-ddc.cru.uea.ac.uk/.

/2-12/ DWD (Hrsg.): Deutsches Meteorologisches Jahrbuch; Deutscher Wetterdienst, Offenbach a. M., Germany, verschiedene Jahrgönge.

/2-13/ Neubarth, J.; Kaltschmitt, M. (Hrsg.): Regenerative Energien in Österreich -System technik, Potenziale, Wirtschaftlichkeit, Umweltaspekte; Springer, Wien, Austria, 2000.

/2-14/ Streicher, W.: Sonnenenergienutzung; Vorlesungsskriptum; Institut für Wörmetechnik, Technische Universitöt Graz, Austria, 2005.

/2-15/ Christoffer, J.; Ulbricht-Eissing, M.: Die bodennahen Windverh.ltnisse in der Bundesrepublik Deutschland; Berichte des Deutschen Wetterdienstes Nr. 147; Selbstverlag des Deutschen Wetterdienstes, Offenbach a. M., Germany, 1989.

/2-16/ Möller, F.: Einführung in die Meteorologie; Band 2; Bibliographisches Institut, Mannheim, Germany, 1973.

/2-17/ Hellmann, G.: über die Bewegung der Luft in den untersten Schichten der Atmo-sphöre; Meteorologische Zeitschrift 32 (1915), 1.

/2-18/ Hsu, S. A.: Coastal Meteorology; Academic Press, London, UK, 1988.

/2-19/ Etling, D.: Theoretische Meteorologie; Vieweg & Sohn, Braunschweig/Wiesbaden, Germany, 1996.

/2-20/ Tangermann-Dlugi, G.: Numerische Simulationen atmosphörischer Grenzschicht -strömungen über langgestreckten mesoskaligen Hügelketten bei neutraler thermischer Schichtung; Wissenschaftliche Berichte des Meteorologischen Institutes der Universitöt Karlsruhe Nr. 2, Karlsruhe, Germany, 1982.

/2-21/ DWD (Hrsg.): Karte der Windgeschwindigkeitsverteilung in der Bundesrepublik Deutschland; Deutscher Wetterdienst, Offenbach a. M., Germany, 2001.

/2-22/ Troen, I.; Petersen, E. L.: European Wind Atlas; Risø National Laboratory, Roskilde, Denmark, 1989.

/2-23/ Vischer, D.; Huber, H.: Wasserbau; Springer, Berlin, Heidelberg, Germany, 2002, 6. Auflage.

/2-24/ DWD (Hrsg.): Leitfaden für die Ausbildung im deutschen Wetterdienst; Nr. 1: Allgemeine Meteorologie; Deutscher Wetterdienst, Offenbach a. M., Germany, 1987.

/2-25/ Bundesanstalt für Gewässerkunde (Hrsg.): Deutsches Gewässerkundliches Jahrbuch; Bundesanstalt für Gewässerkunde, Bonn, Germany, verschiedene Jahrgänge.

/2-26/ Cralle, H. T.; Vietor, D. M.: Solar Energy and Biomass; in: Kitani, O.; Hall, C. W. (Hrsg.): Biomass Handbook; Gordon and Breach Saina Publishers, New York, USA, 1989.

/2-27/ Lerch, G.: Pflanzenökologie; Akademie, Berlin, Germany, 1991.

/2-28/ Kaltschmitt, M.; Hartmann, H. (Hrsg.): Energie aus Biomasse; Springer, Berlin, Heidelberg, Germany, 2001.

/2-29/ Knauer, N.: Grundlagen der Futterproduktion auf Weidegrünland; Schriftenreihe der Landwirtschaftlichen Fakultät der Universität Kiel, Germany, Heft 47, 1970.

/2-30/ Lieth, H.: Phenology and Seasonality Modelling; Ecol Studies 8, Heidelberg, Germany, 1974.

/2-31/ Larcher, W.: Ökophysiologie der Pflanzen; UTB, Stuttgart, Germany, 2001, 6. Auflage.

/2-32/ Ludlow, M. M.; Wilson, G. L.: Photosynthesis of Tropical Pasture Plants, II; Illminance, Carbon Dioxide Concentration, Leaf Temperature and Leaf Air Pressure Difference; Australien Journal of Biological Science 24 (1971), S. 449–470.

/2-33/ Brehm, D. R. u. a.: Ergebnisse von Temperaturmessungen im oberflächennahen Erdreich; Zeitschrift für angewandte Geowissenschaften 15 (1989), 8, S. 61–72.

/2-34/ Haenel, R. (Hrsg.): Atlas of Subsurface Temperatures in the European

Community; Th. Schäfer, Hannover, Germany, 1980.

/2-35/ Hurtig, E. u. a. (Hrsg.): Geothermal Atlas of Europe; Geographisch-Kartographische Anstalt, Gotha, Germany, 1992.

/2-36/ Haenel, R.; Staroste, E. (Hrsg.): Atlas of Geothermal Resources in the European Community, Austria and Switzerland; Th. Schäfer, Hannover, Germany, 1988.

/2-37/ Strasburger, E.: Lehrbuch der Botanik; Gustav Fischer, Stuttgart, New York, 1983, 32. Auflage.

/2-38/ BP (Hrsg.): BP Statistical Review of World Energy 2005; BP, London, UK, June 2006 (www.bp.com).

/3-1/ Hahne, E.; Drück, H.; Fischer, S.; Müller-Steinhagen, H.: Solartechnik (Teil 2), Lessons; Institut für Thermodynamik und Wärmetechnik (ITW), Universität Stuttgart, Germany, 2003.

/3-2/ EN 410: Glas im Bauwesen -Bestimmung der lichttechnischen und strahlungsphy-sikalischen Kenngrößen von Verglasungen; Beuth-Verlag, Berlin, Germany, 2004.

/3-3/ EN 13790: Wärmetechnisches Verhalten von Gebäuden, Berechnung des Heizener-giebedarfs, Wohngebäude; Beuth-Verlag, Berlin, Germany, 2004.

/3-4/ Platzer, W.: Eigenschaften von transparenten Wärmedämmmaterialien; Tagungsband: Transparente Wärmedämmung, Arbeitsgemeinschaft Erneuerbare Energie, Gleisdorf, Austria, 1995.

/3-5/ Treberspurg, M.: Neues Bauen mit der Sonne; Springer, Wien, Austria, 1999, 2. Auflage.

/3-6/ Feist, W.: Das Niedrigenergiehaus-Neuer Standard für energiebewusstes Bauen; C.F. Müller, Heidelberg, Germany, 2006, 6. Auflage.

/3-7/ Heimrath, R.: Dynamische Simulation' der Betonkernkühlung mit Hilfe eines Erdwärmetauschers; Report; Institut für Wärmetechnik; Technische Universität Graz, 2000.

/3-8/ Kerschberger, A.: Transparente Wärmedämmung zur Gebäudeheizung: Systemaus-bildung, Wirtschaftlichkeit, Perspektiven; Institut für Bauökonomie, Universität Stuttgart, Bauök-Papiere Nr. 56, Stuttgart, Germany, 1994.

/3-9/ Streicher, W.: Informatik in der Energie-und Umwelttechnik; Lessons; Institut für Wärmetechnik, Technische Universität Graz, Austria, 2004.

/3-10/ Streicher, W.: Sonnenenergienutzung; Lessons; Institut für Wärmetechnik, Technische Universität Graz, Austria, 2005.

/3-11/ Heimrath, R.: Sensitivitätsanalyse einer Wärmeversorgung mit Erdreich-Direktverdampfungs-Wärmepumpen; Diplomarbeit, Institut für Wärmetechnik, Technische Universität Graz, Austria, 1998.

/4-1/ Duffie; J. A.; Beckman, W. A.: Solar Engineering of Thermal Processes; John Wiley & Sons, New York, Brisbane, Australia, 1991.

/4-2/ Ladener, H.; Späte, F.: Solaranlagen-Handbuch der thermischen Solarenergienutzung; Ökobuch, Staufen, Germany, 2003, 8. Auflage.

/4-3/ Themeßl, A.; Weiß, W.: Solaranlagen Selbstbau-Planung und Bau von Solaranlagen-Ein Leitfaden; Ökobuch, Staufen, Germany, 2004, 4. Auflage.

/4-4/ Fink, C.; Riva, R.; Pertl, M.: Umsetzungsstandard von solarunterstützten Wärmenetzen im Geschosswohnbau-Technik, Messergebnisse, Wirtschaftlichkeit; Otti Tech-nologie Kolleg (Hrsg.): 16. Symposium Thermische Solarenergie, Kloster Banz, Staffelstein, 2006, S. 136-141.

/4-5/ VDI-Gesellschaft Verfahrenstechnik und Chemieingenieurwesen (Hrsg.): VDI Wärmeatlas; Springer, Berlin, Heidelberg, Germany, 2006, 10. Auflage.

/4-6/ Streicher, W.: Sonnenenergienutzung; Skriptum, Institut für Wärmetechnik, Technische Universität Graz, Austria, 2005.

/4-7/ Mittelbach, W.: Sorptionsspeicher-Neue Perspektiven für Solare Raumheizung; Tagung "Gleisdorf Solar 2000", Gleisdorf, Austria, 2000.

/4-8/ Holter, C.; Streicher, W.: New Solar Control without External Sensors; ISES World Solar Conference, Gothenburg, Sweden, 2003.

/4-9/ Streicher, W.: Minimizing the Risk of Water Hammer and Other Problems at the Beginning of Stagnation of Solar Thermal Plants-a Theoretical Approach; Solar Energy, Volume 69, Number 1-6, 2001.

/4-10/ Clairent (Hrsg.): Stoffwerteprogramm von Antifrogenen; Clairent GmbH, Frankfurt, Germany, 1998.

/4-11/ Peuser, F. A.: Zur Planung von Solarkollektoranlagen und zur Dimensionierung der Systemkomponenten; Wärmetechnik 31 (1986), 7, 10, 12 und 32 (1987), 2.

/4-12/ Arbeitsgemeinschaft Erneuerbare Energie (Hrsg.): Heizen mit der Sonne; Gleisdorf, Austria, 1997.

/4-13/ Frei, U.; Vogelsanger, P.: Solar thermal systems for domestic hot water and space heating; SPF Institut für Solartechnik, Prüfung, Forschung, Rapperswil, Switzerland, 1998.

/4-14/ VDI (Hrsg.): VDI-Richtlinie 2067: Wirtschaftlichkeitsberechnungen von Wärme-verbrauchsanlagen, Blatt 4: Brauchwassererwärmung; VDI, Düsseldorf, Germany, 1974.

/4-15/ Hertle, H.: Passivhaus schlägt Solarenergie? Evaluation des Solar-und Energiepreises Pforzheim/Enzkreis; Otti Technologie Kolleg (Hrsg.): 16. Symposium Thermische Solarenergie, Kloster Banz, Staffelstein, Germany, 2006, S. 256-261.

/4-16/ Lange, F.; Keilholz, C.: Anlagenpreise contra Qualität? Wertschöpfung und Kostensenkung im Zeitspiegel; Otti Technologie Kolleg (Hrsg.): 16. Symposium Thermische Solarenergie, Kloster Banz, Staffelstein, Germany, 2006, S. 522-527.

/4-17/ Streicher, W.; Oberleitner, W.: Betriebsergebnisse der größten Solaranlage Österreichs, Solarunterstütztes Biomasse-Nahwärmenetz Eibiswald; Otti Technologie Kolleg (Hrsg.): 9. Symposium Thermische Solarenergie, Kloster Banz, Staffelstein, Germany, 1999.

/4-18/ Fink, C.; Heimrath, R.; Riva, R.: Solarunterstützte Wärmenetze; Teil Thermische Solaranlagen für Mehrfamilienhäuser; Report, Institutfür Wärmetechnik, TU Graz, Austria, 2002 (www.hausderzukunft.at).

/4-19/ Thür, A.: Sonnige Herbergen, Markteinführung von Solaranlagen in Beherbergungs-betrieben; Erneuerbare Energie, 1/97, 1997.

/4-20/ Themessl, A.; Kogler, R.; Reiter, H.: Erneuerbare Energie für die Stadt Villach; Arbeitsgemeinschaft Erneuerbare Energie, Gleisdorf, Austria, 1995.

/4-21/ Vakuum-Beschichtungen von Solarabsorbern-Dünne Schichten, die es in sich haben; Sonnenenergie (2000), 6, S. 20-23.

/4-22/ Markenzeichen: Dunkelblau; Sonne, Wind und Wärme 24 (2000), 1, S. 18.

/5-1/ Rabl, A.: Active Solar Collectors and Their Applications; Oxford University Press, UK, 1985.

/5-2/ Baehr, H. D.: Thermodynamik-Grundlagen und technische Anwendungen; Springer, Berlin; Heidelberg, Germany, 2006, 13. Auflage.

/5-3/ Weinrebe, G.: Technische, ökologische und ökonomische Analyse von solarthermischen Turmkraftwerken, IER Forschungsbericht 68, Institut für Energiewirtschaft und Rationelle Energieanwendung, Universität Stuttgart, Germany, 2000.

/5-4/ Becker, M.; Klimas, P. (Hrsg.): Second Generation Central Receiver Technologies A Status Report; C. F. Müller, Karlsruhe, Germany, 1993

/5-5/ Winter, C.-J. u. a.: Solar Power Plants; Springer, Berlin, Heidelberg, Germany, 1991.

/5-6/ Pacheco, J. E.: Results of Molten Salt Panel and Component Experiments for Solar Central Receivers (SAND 94-2525); Sandia National Laboratories, Albuquerque, New Mexico, USA, 1995.

/5-7/ Sánchez, M. et al: Receptor Avanzado de Sales (RAS)-Setup, Test Campaign and Operational Experiences Final Report of a 0.5 MWth Molten Salt Receiver at the Plataforma Solar de Almería, Ref. PSA-TR 02/97; CIEMAT-PSA, Tabernas, Spain.

/5-8/ Becker, M.; Böhmer, M. (Hrsg.): Solar Thermal Concentrating Technologies; C.F. Müller, Heidelberg, Germany, 1997.

/5-9/ Buck, R.; Bräuning, T; Denk, T; Pfänder, M.; Schwarbözl, P.; Tellez, F.: Solar Hybrid Gas Turbine-based Power Tower System (REFOS); Journal of Solar Energy Engineering 124 (2002), 3.

/5-10/ Fesharaki, M.: Industrielle Anwendungen inverser Gasturbinenprozesse-Biomasse Sonnenenergie und Industrielle Abgase; Dissertation, Institut für Thermische Turbomaschinen, Technische Universität Graz, Austria, 1997.

/5-11/ Tyner, C. u. a.: Solar Power Tower Development: Recent Experiences; 8th International Symposium on Solar Thermal Concentrating Technologies, DLR, Köln, Germany, 1996, Proceedings.

/5-12/ Steinmüller (Hrsg.): PHOEBUS Solar Power Tower; Steinmüller, Gummersbach, Germany, 1995.

/5-13/ Haeger, M. u. a.: Operational Experiences with the Experimental Set-Up of a 2, 5 MW_{th} Volumetric Air Receiver (TSA) at the Plataforma Solar de

Almeria; PSA Internal Report; CIEMAT, Almeria, Spain, 1994.

/5-14/ Romero M. et al.: Design and Implementation Plan of a 10 MW Solar Tower Power Plant Based on Volumetric-Air Technology in Seville (Spain); in: Pacheco, J. E.; Thornbloom, M. D. (eds): Proceedings of Solar 2000: Solar Powers Life, Share the Energy; ASME, New York, USA, 2000.

/5-15/ www.solarpaces.org (Mai 2006).

/5-16/ Schiel, W. et al: Collector Development for parabolic trough power plants at Schlaich Bergermann und Partner; 13th International Symposium on Concentrating Solar Power and Chemical Energy Technologies, June 2006, Seville, Spain.

/5-17/ www.solarheatpower.com (Mai 2006).

/5-18/ www.schott.com (Mai 2006).

/5-19/ Cohen, G. u. a.: Recent Improvements and Performance Experience at the Kramer Junction SEGS Plants; ASME Solar Energy Conference, San Antonio, Texas, USA, 1996; Proceedings, S. 479-485.

/5-20/ Keck, T. et al: Eurodish-Continuous operation, system improvement and reference units; 13th International Symposium on Concentrating Solar Power and Chemical Energy Technologies, June 2006, Seville, Spain.

/5-21/ Stine, W. B.; Diver, R. E.: A Compendium of Solar Dish/Stirling Technology (SAND 93-7027); Sandia National Laboratories, Albuquerque, New Mexico, USA, 1994.

/5-22/ Laing, D.; Goebel, O.: Natrium Heat Pipe Receiver der 2. Generation für ein 9 kWel Dish/Stirling System; 9. Internationales Sonnenforum, Stuttgart, Germany, 1994, Tagungsband.

/5-23/ Walker, G.: Stirling Engines; Clarendon, Oxford, UK, 1980.

/5-24/ Werdich, M.; Kübler, K.: Stirling-Maschinen: Grundlagen, Technik, Anwendung; Ökobuch, Stauffen, Germany, 2003, 9. Auflage.

/5-25/ Mancini, T. et al: Dish-Stirling Systems: An Overview of Development and Status; Journal of Solar Energy Engineering, Vol. 125, May 2003.

/5-26/ Günther, H.: In hundert Jahren-Die künftige Energieversorgung der Welt; Franckh'sche Verlagshandlung, Stuttgart, Germany, 1931.

/5-27/ Schlaich, J.; Schiel, W.; Friedrich, K.; Schwarz, G.; Wehowsky, P.; Meinecke, W.; Kiera, M.: Aufwindkraftwerk, Übertragbarkeit der Ergebnisse von Manzanares auf größere Anlagen; Report (BMFT-Förderkennzeichen 0324249D)，Schlaich，Bergermann und Partner，Stuttgart，Germany，1990.

/5-28/ Schlaich，J.；Bergermann，R.；Schiel，W.；Weinrebe，G.：The Solar Updraft Tower-An Affordable and Inexhaustible Global Source of Energy; Bauwerk-Verlag，Berlin，Germany，2004.

/5-29/ Gannon，A.J.；van Backström，T.W.：Solar Tower Cycle Analysis with System Loss and Solar Collector Performance；in：Pacheco，J. E.；Thornbloom，M. D.（eds）：Proceedings of Solar 2000：Solar Powers Life，Share the Energy；ASME，New York，USA，2000.

/5-30/ Dos Santos Bernardes，M.A.；Voß，A.；Weinrebe，G.：Thermal and technical analysis of solar chimneys；Solar Energy，Vol. 75（2003），6，S. 511-524，Elsevier，New York，USA.

/5-31/ Haaf，W.；Friedrich，K.；Mayr，G.；Schlaich，J.：Solar Chimneys，Part I：Principle and Construction of the Pilot Plant in Manzanares；Solar Energy 2（1983），S. 3-20.

/5-32/ Haaf，W.；Lautenschlager，H.；Friedrich，K.：Aufwindkraftwerk Manzanares über zwei Jahre in Betrieb；Sonnenenergie 1（1985），S. 11-17.

/5-33/ Weinrebe，G.：Solar Chimney Simulation；Proceedings of the IEA SolarPACES Task III Simulation of Solar Thermal Power Systems Workshop，Cologne，Germany，September 2000.

/5-34/ Kumar，A.；Kishore，V.V.N.：Construction and operational experience of a 6，000 m^2 solar pond at Kutch，India；Solar Energy 65(4)，S. 237-249 (1999).

/5-35/ www.ormat.com（September 2006）.

/5-36/ www.rmit.edu.au/news（August 2001）.

/5-37/ Xu，H.（Ed.）：Salinity Gradient Solar Ponds，Practical Manual Part I：Solar Pond Design and Construction，El Paso Solar Pond Project，1993.

/5-38/ Schiel，W.；Keck，T.：Dish/Stirling-Anlagen zur solaren Stromerzeugung；BWK 53（2001），3，S. 60.

/5-39/ Budgetary Cost Estimate for a 10 kW Dish/Stirling System，Schlaich Bergermann und Partner，Stuttgart，2006.

/5-40/ Goebel，O.：Direct Solar Steam Generation in Parabolic Troughs（DISS）- Update on Project Status and Future Planning；PowerGen'99，June 1999，Frankfurt，Germany.

/5–41/ Tabor, H.: Solar Ponds; The Scientific Research Foundation, Jerusalem, Israel, 1981.

/6–1/ Meissner, D. (Hrsg.): Solarzellen–Physikalische Grundlagen und Anwendungen in der Photovoltaik; Vieweg, Braunschweig/Wiesbaden, Germany, 1993.

/6–2/ Schmid, J. (Hrsg.): Photovoltaik–Strom aus der Sonne; C. F. Müller, Karlsruhe, Germany, 1993, 3. Auflage.

/6–3/ Shockley, W.: Electrons and Holes in Semiconductors; D. Van Nostrand, Princeton, New York, USA, 1950.

/6–4/ Sze, S. M.: Physics of Semiconductor Devices; J. Wiley & Sons, New York, USA, 1981.

/6–5/ Fonash, S. J.: Solar Cell Device Physics; Academic Press, New York, USA, 1981.

/6–6/ Coutts, T. J.; Meakin, J. D. (Hrsg.): Current Topics in Photovoltaics; Academic Press, London, UK, 1985.

/6–7/ Goetzberger, A.; Voß, B.; Knobloch, J.: Sonnenenergie: Photovoltaik; Teubner, Stuttgart, Germany 1997.

/6–8/ Green, M. A.: High Efficiency Silicon Solar Cells; Trans Tech Publications, Aedermannsdorf, Switzerland, 1987.

/6–9/ Luque, A.; Hegedus, S. (eds.): Handbook of Photovoltaic Sciences and Engineering; J. Wiley & Sons, New York, USA, 2003.

/6–10/ Köthe, H. K.: Stromversorgung mit Solarzellen; Franzis, München, Germany, 1991, 2. Auflage.

/6–11/ Kaltschmitt, M.: Renewable Energy; Lessons; Institute for Environmental Technology and Energy Economics, Hamburg University of Technology, Summer Term 2006.

/6–12/ Henry, C. J.: J. Appl. Phys. 51, 4494 (1980).

/6–13/ Raicu, A.; Heidler, K.; Kleiß, G.; Bücher, K.: Realistic reporting conditions for site–independent energy rating of PV devices, 11th EC Photovoltaic Solar Energy Conference, Montreux, Canada, 1992.

/6–14/ Archer, M. D.; Hill, R.: Clean Electricity from Photovoltaics; Imperial College Press, London, UK, 2001.

/6–15/ Green, M. A.: Silicon Solar Cells: Advanced Principles and Practice;

Bridge Printery, Sydney, Australia, 1995.

/6-16/ Green, M. A.; Emery, K.; King, D. L.; Igari, S.; Warta, W.: Solar Cell Efficiency Tables (Version 19), Progr. in Photovoltaic Research & Applications 10 (2002), 55.

/6-17/ Shaped Crystal Growth 1986; J. Crystal Growth 82 (1987).

/6-18/ Chao, C.; Bell, R. O.: Effect of Solar Cell Processing on the Quality of EFG Nonagon Growth; 19th IEEE Photovoltaic Spec. Conference, New Orleans, USA, 1987; Proceedings.

/6-19/ Taguchi, M.; Kawamoto, K.; Tsuge, S.; Baba, T.; Sataka, H.; Morizane, M.; Uchihasi, K.; Nakamura, N.; Kyiama, S.; Oota, O.: HITTM Cells-High Efficiency Crystalline Si Cells with novel structure, Progr. in Photovoltaic Research & Applications 8 (2000), 503.

/6-20/ Stäbler, D. L.; Wronski, C.: Optically induced conductivity changes in discharge-produced amorphous silicon; J. Appl. Phys. 51 (1980), 3262.

/6-21/ Rau, U.; Schock, H. W.: Cu (In, Ga) Se_2 Solar Cells; in: Archer, M. D.; Hill, R.: Clean Electricity from Photovoltaics; Imperial College Press, London, UK, 2001.

/6-22/ Bonnet, D.: Cadmium Telluride Solar Cells; in: Archer, M. D.; Hill, R.: Clean Electricity from Photovoltaics; Imperial College Press, London, UK, 2001.

/6-23/ Keppner, H.; Meier, J.; Torres, P.; Fischer, D.; Shah, A.: Microcrystalline Silicon and Micromorph Tandem Solar Cells; Applied Physics A (Materials Science Processing) A69, 169 (1999).

/6-24/ Catchpole, K. R.; McCann, M. J.; Weber, K. J.; Blakers, A. W.: A Review of Thin-Film Crystalline Silicon for Solar Cell Applications. II. Foreign Substrates; Solar Energy Materials and Solar Cells 68 (2001), 173.

/6-25/ Brendel, R.: Review of Layer Transfer Processes for Crystalline Thin-Film Silicon Solar Cells; J. Apppl. Phys. 40 (2001), 4431.

/6-26/ Werner, J. H.; Dassow, R.; Rinke, T. J.; Köhler, J. R.; Bergmann, R. B.: From Poly-crystalline to Single Crystalline Silicon on Glass; Thin Solid Films 383 (2001), 95-100.

/6-27/ Luque, A.: Solar Cells and Optics for Photovoltaic Concentration; Adam Hilger, Bristol and Philadelphia, USA, 1989.

/6-28/ Hinsch, A.; Kroon, J. M.; Kem, R.; Uhlendorf, I.; Holzbock, J.;

Meyer, A.; Ferber, J.: Long-term Stability of Dye-sensitised Solar Cells; Progr. in Photovoltaic Research & Applications 9 (2001), 425.

/6-29/ Roth, W. (Hrsg.): Netzgekoppelte Photovoltaik-Anlagen; Fraunhofer-Institut für Solare Energiesysteme, Freiburg, Germany, Juni 2001.

/6-30/ Roth, W. (Hrsg.): Dezentrale Stromversorgung mit Photovoltaik; Seminarhandbuch Fraunhofer -Institut für Solare Energiesysteme, Freiburg, Germany, 2002.

/6-31/ Sauer, D.U.; Kaiser, R.: Der Einfluss baulicher und meteorologischer Bedingungen auf die Temperatur des Solargenerators-Analyse und Simulation; 9. Symposium Photovoltaische Solarenergie, Staffelstein, Germany, 1994, S. 485-491.

/6-32/ Götzberger, A.; Stahl, W.: Global Estimation of Available Solar Radiation And Costs of Energy for Tracking And Non -Tracking PV -Systems; Proceedings, 18th IEEE Photovoltaic Specialists Conference, Las Vegas, Nevada, USA, October 1985.

/6-33/ Jossen, A. (Hrsg.): Wiederaufladbare Batterien-Schwerpunkt: stationäre Systeme; Seminarband OTTI-Technologiekolleg, Ulm, Germany, 2004.

/6-34/ Wagner, R.; Sauer, D.U.: Charge strategies for valve-regulated lead/acid batteries in solar power applications, J. Power Sources 95 (2001), S. 141-152.

/6-35/ Hartmann, H.; Kaltschmitt, M. (Hrsg.): Biomasse als erneuerbarer Energieträger -Eine technische, ökologische und ökonomische Analyse im Kontext der übrigen erneuerbaren Energien; Schriftenreihe "Nachwachsende Rohstoffe", Band 3, Land -wirtschaftsverlag, Münster -Hiltrup, Germany, 2002, vollständige Neubearbeitung.

/6-36/ NN: Kostendaten zu Photovoltaiksystemen bzw. Systemkomponenten; Photon Special 2005, Solar Verlag, Aachen, 2005.

/6-37/ Fachinformationszentrum Karlsruhe (Hrsg.): Photovoltaikanlagen -Untersuchungen zur Umweltverträglichkeit; BINE Projekt Info Nr. 6, September 1998.

/6-38/ Bernreuter, J.: Strom von der grünen Wiese; Photon 6 (2001), 2, S. 28-32.

/6-39/ Diefenbach G.: Photovoltaikanlagen als Naturschutzzonen -Landnutzung in Harmonie mit der Natur bei zentralen Photovoltaikanlagen am Beispiel der

340 kWAnlage in Kobern-Gondorf; Energiewirtschaftliche Tagesfragen 44 (1994), S. 41-64.

/6-40/ Degner, A. u. a.: Elektromagnetische Verträglichkeit und Sicherheitsdesign für photovoltaische Systeme-Das europäische Verbundprojekt ESDEPS; Ostbayrisches Technologie-Kolleg (OTTI), Regensburg (Hrsg.): 14. Symposium Photovoltaische Solarenergie. Staffelstein, Germany, 1999; S. 425-429.

/6-41/ Moskowitz, P. D.; Fthenakis, V. M.: Toxic Material Release from PV-Modules during Fires; Brookhaven National Laboratory, Upton, New York, 1993.

/6-42/ Möller, J.; Heinemann, D.; Wolters, D.: Integrierte Betrachtung der Umweltauswir-kungen von Photovoltaik-Technologien; Ostbayrisches Technologie-Kolleg (OTTI), Regensburg (Hrsg.): 13. Symposium Photovoltaische Solarenergie. Staffelstein, Germany, 1998. S. 549-553.

/6-43/ Moskowitz, P. D.; Fthenakis, V. M.: Toxic Materials Released from PV-Modules during Fires; Brookhaven National Laboratory, Upton, New York, USA, 1993.

/6-44/ Kleemann, M.; Meliß, M.: Regenerative Energiequellen; Springer, Berlin, Heidel-berg, 1993, 2. Auflage.

/7-1/ Kaltschmitt, M.: Renewable Energies; Lessons; Institute for Environmental Technology and Energy Economics, Hamburg University of Technology, Summer Term 2006.

/7-2/ Betz, A.: Das Maximum der theoretischen Ausnutzung des Windes durch Windmotoren; Zeitschrift für das gesamte Turbinenwesen, 20. 9. 1920.

/7-3/ Hau, E.: Windkraftanalagen; Springer, Berlin, Heidelberg, Germany, 2002.

/7-4/ Gasch, R.; Twele, J.: Windkraftanlagen; Teubner, Stuttgart, Germany, 2005, 4. Auflage.

/7-5/ Molly, J. P.: Windenergie-Theorie, Anwendung, Messung; C. F. Müller, Heidelberg, Germany, 1997, 3. Auflage.

/7-6/ Heier, S.: Windkraftanlagen; Teubner, Stuttgart, Germany, 2005, 4. Auflage.

/7-7/ Landesumweltamt Brandenburg (Hrsg.): Geräuschemissionen und Geräuschimmissionen im Umfeld von Windkraftanlagen; Fachbeiträge des Landesumweltamtes, Potsdam, Germany, 1997.

/7-8/ Osten, T.; Pahlke, T.: Schattenwurf von Windenergieanlagen: Wird die Geräuschab-strahlung der MW-Anlagen in den Schatten gestellt?; DEWI Magazin 7 (1998), 13, S. 6-12.

/7-9/ Krohn, S.: Offshore Wind Energy: Full Speed Ahead; www.windpower.org/aricles/offshore.htm.

/7-10/ Hafner, E.: Kleine Windkraftanlagen haben Zukunft; Sonne, Wind und Wärme 10/2002.

/7-11/ Crome, H.: Kriterienkatalog für kleine Windkraftanlagen, Erneuerbare Energien 8/2002.

/7-12/ Michalak, J.: Schattenwurf des Rotors einer Windkraftanlage; Windenergie aktuell 5 (1995), 2, S.17-23.

/7-13/ Imrie, S. J.: The Environmental Implications of Renewable Energy Technology-Full Report. DG Research, The STOA Programme; Luxembourg, Selbstverlag, 1992.

/7-14/ Galler, C.: Auswirkung der Windenergienutzung auf Landschaftsbilder einer Mittel-gebirgsregion-Optimierung der Standortplanung aus landschaftsästhetischer Sicht; Schriftenreihe des Institutes für Landschaftspflege und Naturschutz am Fachbereich für Landschaftsarchitektur und Umweltentwicklung der Universität Hannover, Arbeitsmaterialien 43, Hannover, Germany, August 2000.

/7-15/ Fachinformationszentrum Karlsruhe (Hrsg.): Windenergie und Naturschutz; BINE-Projektinfo Nr. 2, Karlsruhe, Germany, M.rz 1996.

/7-16/ Loske, K. -H.: Einfluss von Windkraftanlagen auf das Verhalten der Vägel im Binnenland; in: BWE (Hrsg.): Vogelschutz und Windenergie-Konflikte, Lösungsmög-lichkeiten und Visionen; BWE, Osnabrück, Germany, 1999.

/7-17/ Vögel brüten auch in der Nähe von Windparks; Neue Energie 10 (2001), 4, S. 25.

/7-18/ Menzel, C.: Mehr Hasen gezählt-Wildtiere lassen sich durch Windturbinen nicht stören; Neue Energie 10 (2001), 4, S. 24.

/7-19/ Bundesamt für Naturschutz (BfN): Empfehlungen des Bundesamtes für Naturschutz zu naturschutzverträglichen Windkraftanlagen; BfN, Bonn-Bad

Godesberg, Germany, 2000.

/7-20/ Umweltbundesamt (UBA): Hintergrundpapier zum Forschungsprojekt: Untersuchungen zur Vermeidung und Verminderung von Belastungen der Meeresumwelt durch Offshore-Windenergieparks im küstenfernen Bereich der Nord-und Ostsee (FKZ 200 97 106); UBA, Berlin, Germany, 2001.

/7-21/ Institut für Tourismus-und Bäderforschung in Nordeuropa (Hrsg.): Touristische Effekte von On-und Offshore-Windkraftanlagen in Schleswig-Holstein; Institut für Tourismus-und Bäderforschung in Nordeuropa, Kiel, Germany, September 2000.

/7-22/ Kehrbaum R.; Kleemann, M.; Erp van, F.: Windenergieanlagen - Nutzung, Akzeptanz und Entsorgung; Schriften des Forschungszentrums Jülich, Reihe Umwelt/Enviroment, Band 10, Jülich, Germany, 1998.

/7-23/ Beitz, W.; Küttner, K.H. (Hrsg.): Dubbel-Taschenbuch für den Maschinenbau; Springer, Berlin, Heidelberg, Germany, 1981, 14. Auflage.

/7-24/ Bundesverband Windenergie e.V. (Hrsg.): Windenergie 2005, Markt-übersicht; BWE Service GmbH, Osnabrück, April 2005.

/7-25/ Pohl, J.; Faul F., Mausfeld, R.: Belästigung durch periodischen Schattenwurf von Windenergieanlagen, Untersuchung im Auftrag des Landes Schleswig-Holstein; Institut für Psychologie, Christian-Albrechts-Universität Kiel, Germany, Juli 1999.

/8-1/ Schröder, W. u. a.: Grundlagen des Wasserbaus; Werner, Düsseldorf, Germany, 1999, 4. Auflage.

/8-2/ Giesecke, J.: Wasserbau; Skriptum zur Vorlesung, Institut für Wasserbau, Universität Stuttgart, Germany, 2000.

/8-3/ Laufen, R.: Kraftwerke; Grundlagen, Wärmekraftwerke, Wasserkraftwerke; Springer, Berlin, Heidelberg, Germany, 1984.

/8-4/ Rotarius, T. (Hrsg.): Wasserkraft nutzen-Ratgeber für Technik und Praxis; Rotarius, Cölbe, Germany, 1991.

/8-5/ Kaltschmitt, M.: Renewable Energy; Lessons; Institute for Environmental Technology and Energy Economics, Hamburg University of Technology, Summer Term 2006.

/8-6/ Giesecke, J.; Mosony, E.: Wasserkraftanlagen-Planung, Bau und Betrieb; Springer, Berlin, Heidelberg, Germany, 2005, 4. Auflage.

/8-7/ Bundesamt für Konjunkturfragen (Hrsg.): Einführung in Bau und Betrieb von Kleinstwasserkraftanlagen, Bern, Switzerland, 1993.

/8-8/ Vischer, D.; Huber, A.: Wasserbau; Springer, Berlin, Heidelberg, Germany, 2002, 6. Auflage.

/8-9/ Wasserwirtschaftsverband Baden-Württemberg (Hrsg.): Leitfaden für den Bau von Kleinwasserkraftwerken; Frankh Kosmos, Stuttgart, Germany, 1994, 2. Auflage.

/8-10/ Voith (Hrsg.): Francis-Schachtturbinen in standardisierten Baugrößen; Werks-schrift 2519, Voith, Heidenheim, Germany, 1985.

/8-11/ Voith (Hrsg.): Peltonturbinen in standardisierten Baugrößen; Werksschrift 2517, Voith, Heidenheim, Germany, 1985.

/8-12/ BMWi (Hrsg.): Bericht über den Stand der Markteinführung und der Kostenent-wicklung von Anlagen zur Erzeugung von Strom (Erfahrungsbericht zum EEG); Bundesministerium für Wirtschaft und Technologie (BMWi), Berlin, Germany, 2002.

/8-13/ Zaugg, C.; Leutewiler, H.: Kleinwasserkraftwerke und Gewässerökologie; Bundesamt für Energiewirtschaft, Bern, Switzerland, 1998, 2. Auflage.

/8-14/ Bunge, T. et al.: Wasserkraft als erneuerbare Energiequelle-rechtliche und öko-logische Aspekte; UBA Texte 01/01, Berlin, Germany, 2001.

/8-15/ Tönsmann, F.: Umweltverträglichkeitsuntersuchungen bei der Modernisierung von Wasserkraftwerken; In: Wasserbau und Wasserwirtschaft Nr. 75: Betrieb, Unterhalt und Modernisierung von Wasserbauten; Lehrstuhl für Wasserbau, Technische Universität München, Germany, 1992.

/8-16/ Bayerisches Landesamt für Wasserwirtschaft (Hrsg.): Grundzüge der Gewässerpflege; Fließgewässer; Schriftenreihe Heft 21, Bayerisches Landesamt für Wasserwirtschaft, München, Germany, 1987.

/8-17/ Strobl, T. u. a.: Ein Beitrag zur Festlegung des Restabflusses bei Ausleitungs-kraftwerken; Wasserwirtschaft 80 (1990), 1, S. 33-39.

/8-18/ Jorde, K.: Ökologisch begründete dynamische Mindestwasserregelungen in Ausleitungsstrecken; Mitteilungen des Instituts für Wasserbau, Universität Stuttgart, Heft 90, Stuttgart, Germany, 1997.

/9-1/ Halozan, H.; Holzapfel K.: Heizen mit Wärmepumpen, TüV Rheinland, Köln, Germany, 1987.

/9-2/ Kruse, H.; Heidelck, R.: Heizen mit Wärmepumpen; Verlag TüV Rheinland, Köln, Germany, 2002, 3. erweiterte und völlig überarbeitete Auflage.

/9-3/ Cube, H. L.; Steimle, F.: Wärmepumpen-Grundlagen und Praxis; VDI-Verlag, Düsseldorf, Germany, 1984.

/9-4/ Sanner, B.: Erdgekoppelte Wärmepumpen, Geschichte, Systeme, Auslegung, Installation; Fachinformationszentrum Karlsruhe, Karlsruhe, Germany, 1992.

/9-5/ Gerbert H.: Vergleich verschiedener Erdkollektor -Systeme; Symposium Erdge-koppelte Wärmepumpen, Fachinformationszentrum Karlsruhe, Germany, 1991.

/9-6/ Sanner, B.; Rybach, L.; Eugster, W.J.: Erdwärmesonden Burgdorf-ein Programm und viele Missverständnisse; Geothermie CH 1/97, S. 4-6.

/9-7/ Eugster, W.J.; Rybach, L.: Langzeitverhalten von Erdwärmesonden-Messungen und Modellrechungen am Beispiel einer Anlage in Elgg (ZH), Schweiz; IZW-Bericht 2/97, Karlsruhe, Germany, 1997, S. 65-69.

/9-8/ Gerbert, H.: Vergleich verschiedener Erdkollektor-Systeme; IZW-Bericht 3/91, FIZ, Karlsruhe, Germany, 1991, S. 75-86.

/9-9/ Messner, O. H. C.; De Winter, F.: Umweltschutzgerechte W-ärmepumpenkollektoren hohen Wirkungsgrades; IZW -Bericht 1/94, FIZ, Karlsruhe, Germany, 1994.

/9-10/ Bukau, F.: Wärmepumpentechnik, Wärmequellen -Wärmepumpen -Verbraucher -Grundlagen und Berechnungen; Oldenbourg, München, Germany, 1983.

/9-11/ Hellström, G.: PC-Modelle zur Erdsondenauslegung; IZW Bericht 3/91, FIZ, Karlsruhe, Germany, 1991.

/9-12/ Hackensellner, T.; Dünnwald, G.: Wärmepumpen; Teil VIII der Reihe Regenerative Energien, VDI, Düsseldorf, Germany, 1996.

/9-13/ Gilli, P. V.; Streicher, W.; Halozan, H.; Breembroeck, G.: Environmental Benefits of Heat Pumping Technologies; IEA Heat Pump Centre, Analysis Report HPC AR6, March 1999.

/9-14/ ASUE (Hrsg.): Gas-Wärmepumpen; Broschüre der Arbeitsgemeinschaft für sparsamen und umweltfreundlichen Energieverbrauch e. V., Hamburg, Germany, 1996.

/9-15/ Streicher, W. u. a.: Benutzerfreundliche Heizungssysteme für Niedrigenergie-und Passivhäuser, Endbericht zum Projekt in der Forschungsausschreibung "Haus der Zukunft"; Institut für W.rmetechnik, TU Graz, Austria, 2004.

/9-16/ Katzenbach, R.; Knoblich, K.; Mands, E.; Rückert, A.; Sanner, B.: Energiepfähle-Verbindung von Geotechnik und Geothermie; IZW-Bericht 2/97, FIZ, Karlsruhe, Germany, 1997.

/9-17/ Adnot, J.: Energy Efficiency of Room Air-Conditioners, Study for the Directorate-General for Transport and Energy, Commission of the European Union, Contract DGXVII4.1031/D/97.026, 1999.

/9-18/ Neubarth, J.; Kaltschmitt, M. (Hrsg.): Regenerative Energien in Österreich -Systemtechnik, Potenziale, Wirtschaftlichkeit, Umweltaspekte; Springer, Wien, Austria, 2000.

/9-19/ Kaltschmitt, M.; Huenges, E.; Wolff, H. (Hrsg.): Energie aus Erdwärme; Deutscher Verlag für Grundstoffindustrie, Stuttgart, Germany, 1999.

/9-20/ Europäisches Komitee für Normung (Hrsg.): Kälteanlagen und Wärmepumpen-Sicherheitstechnische und umweltrelevante Anforderungen, EN 378-1, Beuth Verlag, Berlin, Germany, Juni 2000.

/9-21/ SIA (Hrsg.): Grundlagen zur Nutzung der untiefen Erdwärme für Heizsysteme. Serie " Planung, Energie und Gebäude" ; SIA -Dokumentation D0136, Zürich, Switzerland, 1996.

/9-22/ Österreichischer Wasser-und Abfallwirtschaftsverband (Hrsg.): Anlagen zur Gewinnung von Erdwärme (AGE); ÖWAV-Regelblatt 207, Wien, Austria, 1993.

/9-23/ Ingerle, K.; Becker, W.: Ausbreitung von Wärmepumpen-Kältemitteln im Erdreich und Grundwasser; Studie im Auftrag der Elektrizitätswerke Österreichs, Wien, Austria, 1995.

/9-24/ Kraus, W. E.: Sicherheit von CO_2-Kälteanlagen, Kohlendioxid-Besonderheiten und Einsatzchancen als Kältemittel; Statusbericht des Deutschen Kälte-und Klimatechnischen Vereins, Nr. 20, Stuttgart, Germany, November 1998.

/9-25/ Fachinformationszentrum Karlsruhe (Hrsg.): CO_2 als Kältemittel für Wärmepumpe und Kältemaschine; BINE-Projektinfo 10/00, Karlsruhe, Germany, 2000.

/10-1/ Bußmann, W. u. a. (Hrsg.): Geothermie-Wärme aus der Erde; C. F. Müller, Karlsruhe, Germany, 1991.

/10-2/ Kaltschmitt, M.; Huenges, E.; Wolff, H. (Hrsg.): Energie aus Erdwärme; Deutscher Verlag für Grundstoffindustrie, Stuttgart, Germany, 1999.

/10-3/ Rummel, F.; Kappelmeyer, O.: Erdwärme-Energieträger der Zukunft? Fakten, Forschung, Zukunft; C.F. Müller, Karlsruhe, Germany, 1993.

/10-4/ Schulz, R. u. a. (Hrsg.): Geothermische Energie-Forschung und Anwendung in Deutschland; C. F. Müller, Karlsruhe, Germany, 1992.

/10-5/ GFZ (Hrsg.): Evaluierung geowissenschaftlicher und wirtschaftlicher Bedingungen für die Nutzung hydrogeothermaler Ressourcen; Geothermie Report 99-2, Abschlussprojekt zum BMBF-Projekt BEO 0326969, Potsdam, Germany, 1999.

/10-6/ Edwards, L.M.; Chilingar, G.V.; Rieke, H.H.; Fertl, W.H. (eds.): Handbook of Geothermal Energy; Gulf Publishing Company, Houston, London, Paris, Tokyo, USA, 1982.

/10-7/ Seibt, P. u. a.: Untersuchungen zur Verbesserung des Injektivitätsindex in klastischen Sedimenten; Studie im Auftrag des BMBF; GTN Geothermie Neubrandenburg GmbH, Neubrandenburg, Germany, 1997.

/10-8/ Poppei, J.: Entwicklung wissenschaftlicher Methoden zur Speicherbewertung und Abbauüberwachung; Bericht zum BMFT Vorhaben 0326912A, Bonn, Germany, 1994 (unveröffentlicht).

/10-9/ Brandt, W.; Kabus, F.: Planung, Errichtung und Betrieb von Anlagen zur Nutzung geothermischer Energie-Beispiele aus Norddeutschland; VDI Bericht 1236, VDI-Verlag, Düsseldorf, Germany, 1996.

/10-10/ Poppei, J.: Tiefe Erdwärmesonden; Geothermische Energie-Nutzung, Erfahrung, Perspektive; Geothermische Fachtagung, Schwerin, Germany, Oktober 1994.

/10-11/ Dickson, M.H.; Fanelli, M.: What is Geothermal Energy?; Instituto di Geoscienze e Georisorse, CNR, Pisa, Italy, 2004, http://www.earlham.edu/~parkero/Seminar/ Geothermal_20Energy.pdf.

/10-12/ Witt, J.; Kaltschmitt, M.: Weltweite Nutzung regenerativer Energien; BWK 56 (2004), 12, S. 43-50.

/10-13/ Jung, R. et al: Abschätzung des technischen Potenzials der geothermischen Stromerzeugung und der geothermischen Kraft-Wärmekopplung (KWK) in Deutschland; Bericht für das Büro für Technikfolgenabsch.tzung beim Deutschen Bundestag; BGR/GGA, Archiv-Nr. 122 458, Hannover, Germany, 2002.

/10-14/ Ura, K.; Saitou, S.: Geothermal Binary Power Generation System; World Geothermal Congress, Kyushu-Tohoku, Japan, 2000.

/10-15/ Bresee, J. C.: Geothermal Energy in Europe-The Soultz Hot Dry Rock Project; Gordon and Breach Science Publishers, Philadelphia, USA, 1992.

/10-16/ Rummel, F.; Kappelmeyer, O. (Hrsg.): Erdwärme; C. F. Müller, Karlsruhe, Germany, 1993.

/10-17/ Haenel, R. u. a.: Geothermisches Energiepotential; Pilotstudie zur Abschätzung der geothermischen Energievorräte an ausgewählten Beispielen in der Bundesrepublik Deutschland; Niedersächsisches Landesamt für Bodenforschung; Hannover, Germany, 1988.

/10-18/ Schulz, R. u. a.: Geothermie Nordwestdeutschland-Endbericht; Niedersächsisches Landesamt für Bodenforschung, Hannover, Germany, 1995.

/10-19/ Haenel, R; Staroste, E. (Hrsg.): Atlas of Geothermal Resources in the European Community, Austria and Switzerland; Th. Schäfer, Hannover, Germany, 1988.

/10-20/ Kalfayan, S.: Production Enhancement with Acid Stimulation; PennWell Corporation, Tulsa Oklahoma, USA, 2000.

/10-21/ Howard, G.C.; Fast, C.R.: Hydraulic -Fracturing; SPE Monograph, Houston, Texas, USA, 1970.

/10-22/ Murphy, H.; Brown, D.; Jung, R.; Matsunaga, I.; Parker, R.: Hydraulics and Well Testing of Engineered Geothermal Reservoirs; Geothermics, Special Issue Hot Dry Rock/Hot Wet Rock Academic Review, Vol. 28, no. 4/5 Aug./Oct. 1999, S. 491-506.

/10-23/ Iglesias, E.; Blackwell, D.; Hunt, T.; Lund, J.; Tamanyu, S. (eds.): Proceedings of the World Geothermal Congress 2000, Kyushu-Tohoku, Japan, 2000.

/10-24/ Rafferty, K.: Geothermal Power Generation-A Primer on Low-Temperature, Small-Scale Applications; Geo-Heat Center, Oregon Institute of

Technology, Klamath Falls, OR, USA, 2000.

/A-1/ Boyle, G.: Renewable Energy; Oxford University Press, Oxford, UK, 1996.

/A-2/ Graw, K.-U.: Nutzung der Tideenergie-Eine kurze Einführung; Geotechnik Wasserbau-Wasserwirtschaft: Materialien No. 2, Professur Grundbau und Wasserbau, Universität Leipzig, Germany, 2001.

/A-3/ Graw, K.-U.: Wellenenergie-Eine hydromechanische Analyse; Bericht Nr. 8 des Lehr-und Forschungsgebietes Wasserbau und Wasserwirtschaft, Bergische Universität-GH Wuppertal, Germany, 1995.

/A-4/ www.uni-leipzig, de/welle/index.html (September 2002).

/A-5/ Laughton, M. A.: Renewable Energy Sources; Elsevier Applied Science, London, UK, 1990.

/A-6/ Kleemann, M.; Meliß, M.: Regenerative Energiequellen; Springer, Berlin, Heidelberg, Germany, 1993, 2. Auflage.

/A-7/ Hoppe-Kilpper, M.: Persönliche Mitteilung; Institut für Solare Energieversorgungssysteme (ISET), Kassel, Germany, 2002.

/A-8/ Hoffmann, W.: Energie aus Sonne, Wind und Meer; Harri Deutsch, Thun und Frankfurt/Main, Germany, 1990.

/A-9/ Ziegler, T.: Wolkenkratzer für die Nordsee; Die Welt, 27. 01. 1996.

/B-1/ Kaltschmitt, M.; Hartmann, H. (Hrsg.): Energie aus Biomasse; Springer, Berlin, Heidelberg, 2001.